煤矿三项人员安全资格培训考核教材系列(第二版)

煤矿安全生产管理人员
安全资格培训考核教材
(第二版)

国家安全生产监督管理总局宣传教育中心　编

中国矿业大学出版社

内 容 提 要

本书按照《特种作业人员安全技术培训考核管理规定》(国家安全生产监督管理总局第 30 号令)编写，内容包括煤矿安全生产形势与法律法规、煤矿安全管理、煤矿开采安全管理、煤矿"一通三防"安全管理、煤矿爆破安全、煤矿机电与运输提升安全管理、煤矿灾害预防与事故应急管理和职业危害；同时在各章后附有国家考试题库中与各章内容相对应的考试题目。

图书在版编目（CIP）数据

煤矿安全生产管理人员安全资格培训考核教材／国家安全生产监督管理总局宣传教育中心编．—2 版．—徐州：中国矿业大学出版社，2011.1
 ISBN 978-7-5646-0241-3

Ⅰ.①煤… Ⅱ.①国… Ⅲ.①煤矿—安全生产—管理人员—资格考核—教材　Ⅳ.①TD7

中国版本图书馆 CIP 数据核字（2011）第 005370 号

书　　名	煤矿安全生产管理人员安全资格培训考核教材
编　　者	国家安全生产监督管理总局宣传教育中心
责任编辑	吴学兵　黄本斌
出版发行	中国矿业大学出版社有限责任公司
	（江苏省徐州市解放南路　邮编 221008）
营销热线	（0516）83885307　83884995
出版服务	（0516）83885767　83884920
网　　址	http://www.cumtp.com　E-mail：cumtpvip@cumtp.com
印　　刷	北京市集惠印刷有限责任公司
经　　销	新华书店
开　　本	787×1092　1/16　印张 25.25　字数 630 千字
版次印次	2011 年 1 月第 2 版　2011 年 1 月第 1 次印刷
定　　价	58.00 元

序

国家安全生产监督管理总局副局长
国家煤矿安全监察局局长　赵铁锤

安全生产关系广大人民群众生命财产安全和根本利益，关系改革开放稳定大局，始终受到党中央、国务院的高度重视。党的十六届五中全会明确提出了安全发展的指导原则，十六届六中全会把安全生产纳入了构建社会主义和谐社会的总体格局，十七大进一步强调要坚持安全发展。煤矿安全是安全生产工作的重中之重，它关系着煤炭工业的可持续发展，关系着国家的能源安全和经济安全，对全面建设小康社会和构建社会主义和谐社会也有着极其重要的影响。遵照党中央、国务院的决策部署，各级地方人民政府、各有关部门和广大煤矿企业，把煤矿安全工作摆上重要位置，进一步加强领导，层层落实安全生产责任，在深化煤矿瓦斯治理和整顿关闭两个攻坚战、加强煤矿安全基层和基础管理、整改治理重大事故隐患、强化煤矿安全培训等方面，做了大量富有成效的工作，取得了较好的效果。近年来，在全国煤炭产量持续快速增长的情况下，煤矿事故总量逐年大幅度下降，煤矿安全生产形势持续保持了总体稳定、趋向好转的发展态势。

但是，当前煤矿事故总量仍然偏大，重特大事故尚未得到有效遏制，在一些地区和一些时段事故还集中多发，煤矿安全工作依然面临着很大的压力和挑战，对煤矿安全工作的长期性、艰巨性、复杂性必须有足够的认识。当然，我们更要看到做好煤矿安全工作的有利因素，特别是当前正在全党开展的深入学习实践科学发展观活动，将促进地方各级党委、政府及其有关部门和煤矿企业进一步树立安全发展理念、落实安全生产责任，也将为逐步解决煤矿安全的一些深层次问题提供机遇，从而推动煤矿安全生产形势持续稳定好转，进而实现明显好转、根本好转。

在影响煤矿安全生产的诸多因素中，人的因素具有决定性作用。分析近年来发生的煤矿重特大事故，其直接原因大多与人的不安全行为有关，很多事故是由于违章指挥、违章作业和违反劳动纪律造成的。加强煤矿职工安全生产教育培训，提高其安全技能和防范事故的能力，始终是煤矿安全基础管理工作的重要内容，是煤矿安全生产工作的重要环节，也是在煤矿安全工作中贯彻落实科学发展观、坚持以人为本的必然要求。根据《安全生产法》等有关法律法规，煤矿企业是安全生产的责任主体，也是职工安全教育培训的责任主体，必须依法履行职工安全教育培训的责任，制定培训规划，落实培训经费，保证培训时间，确保培训效果。

2008年，国家安全监管总局以安全标准（AQ）的形式发布了企业主要负责人、安全生产管理人员安全资格培训大纲和考核标准，以及煤矿瓦斯检查工等6个特殊工种的安全技术培训大纲和考核标准。新的培训大纲和考核标准的发布实施，对于提高煤矿"三项岗位人员"培训考核质量具有重要的意义。根据新大纲新考标，并结合国家煤矿安监局发布的"三项岗位人员"资格考试题库的要求，国家安全监管总局宣教中心及时组织编写了这套煤矿安全生产培训系列教材。它体现了教、学、考、用的结合，具有系统性、实用性的特点。相信这套教材的编写出版，对于贯彻新大纲新考标，提高煤矿安全培训考核质量，乃至传播安全文化和安全技术知识、提升煤矿职工队伍素质，都将发挥积极的作用。

修订说明

为了提高安全培训教材的针对性和实用性，适应煤矿安全培训的实际需要，国家安全生产监督管理总局宣传教育中心依据《特种作业人员安全技术培训考核管理规定》（国家安全生产监督管理总局第 30 号令），并在深入煤矿企业、培训机构进行了大量调研和广泛征求各方意见的基础上，组织培训机构、大专院校、煤矿企业的有关专家、教师及工程技术人员，编写了这套最新版的《煤矿三项人员安全资格培训考核教材系列》。该教材系列与其他版本比较，突出了针对性和实用性，主要有以下特点：

1. 按照最新培训大纲与考核标准编写。本教材系列严格按 2009 年开始施行的新大纲与考核标准编写，是目前与新大纲新考标同步对接的最新版本。

2. 与国家题库无缝对接，有助于资格考试顺利过关。该教材系列把国家考试题库中的全部考题归类后附于对应各章之后，学员在学完各章内容后，可结合参考答案熟练掌握全部考题，可确保资格考试过关。

3. 严格按培训教材的体例编写，是"教、学、考"结合的最新版本教材。该教材系列前面均有"新大纲新考标与本教材的对应及培训学时安排表"，该表将新大纲新考标所规定的培训内容及其在本书的相应位置及其培训学时进行了一一对照，既便于老师讲授和课时安排，又便于学员学习和备考。

本教材系列在编审过程中，得到了内蒙古煤矿安培中心、中国煤炭工业环保安培中心、枣庄矿业集团安培中心、淄博矿业集团安培中心、肥城矿业集团高级技工学校、河南省平顶山煤业集团安培中心、鹤壁煤业集团安培中心、登封市煤矿安培中心、三门峡市煤矿安培中心、新安县煤矿安培中心、郑州煤炭高级技工学校、黑龙江鸡西矿业集团安培中心、七台河市七煤职业技术培训学院、江苏省连云港市煤炭公司安培中心、中煤五建公司安培中心、江西省萍乡安培中心基地、八景煤矿安培中心、福建省煤炭工业集团安培中心、安徽省中煤三建安培中心、辽宁省北票煤业公司冠山矿安培中心、重庆市安监局、陕西澄合矿务局、贵州黔南州煤矿安培中心等单位的大力支持和协助。在此，谨向上述单位的领导和专家表示衷心的感谢！

编　者
2011 年 1 月

编 委 会

主　　任：金磊夫

委　　员：于善勇　王　楠　王丕佐　王杜生　王从全
　　　　　王俊峰　方裕璋　尹森山　冯秋登　邢艳君
　　　　　刘玉华　刘康德　孙军华　杨会明　张　徐
　　　　　张新亮　张维杰　张宏升　陈　晖　郑孝东
　　　　　赵守超　胡宗福　党国正　郭　健　郭建勇
　　　　　唐文生　彭艳忠　曾宪荣　鲍　飞　谭永梅
　　　　　魏国平

编写人员：曾宪荣　赵守超　王丕佐　李　亮　唐晓雪
　　　　　栾伊芬　任伟林　于晓阳　沈　健　管泽廷

新大纲新考标与本教材的对应及培训学时安排表

国家安监总局最新发布了《煤矿安全生产管理人员安全生产培训大纲及考核标准（AQ 1070—2008）》，自2009年1月1日起施行。本教材为新大纲新考标的对接版，严格按照新大纲新考标的要求编写。为便于教学，本书将新大纲新考标所规定的培训内容、其在本书的相应位置及其培训学时进行一一对照，见下表。

新大纲新考标规定的培训内容	在本书中的位置	学 时
煤矿安全生产法律法规	第一章	8
煤矿安全生产管理	第二章	8
煤矿地质与安全	第三章	6
煤矿开采安全和"一通三防"安全管理	第三、四章	24
煤矿爆破安全	第五章	10
煤矿机电运输提升安全	第六章	12
煤矿事故应急管理	第七章	12
煤矿职业卫生	第八章	6
复习		2
考试		2
合计		90

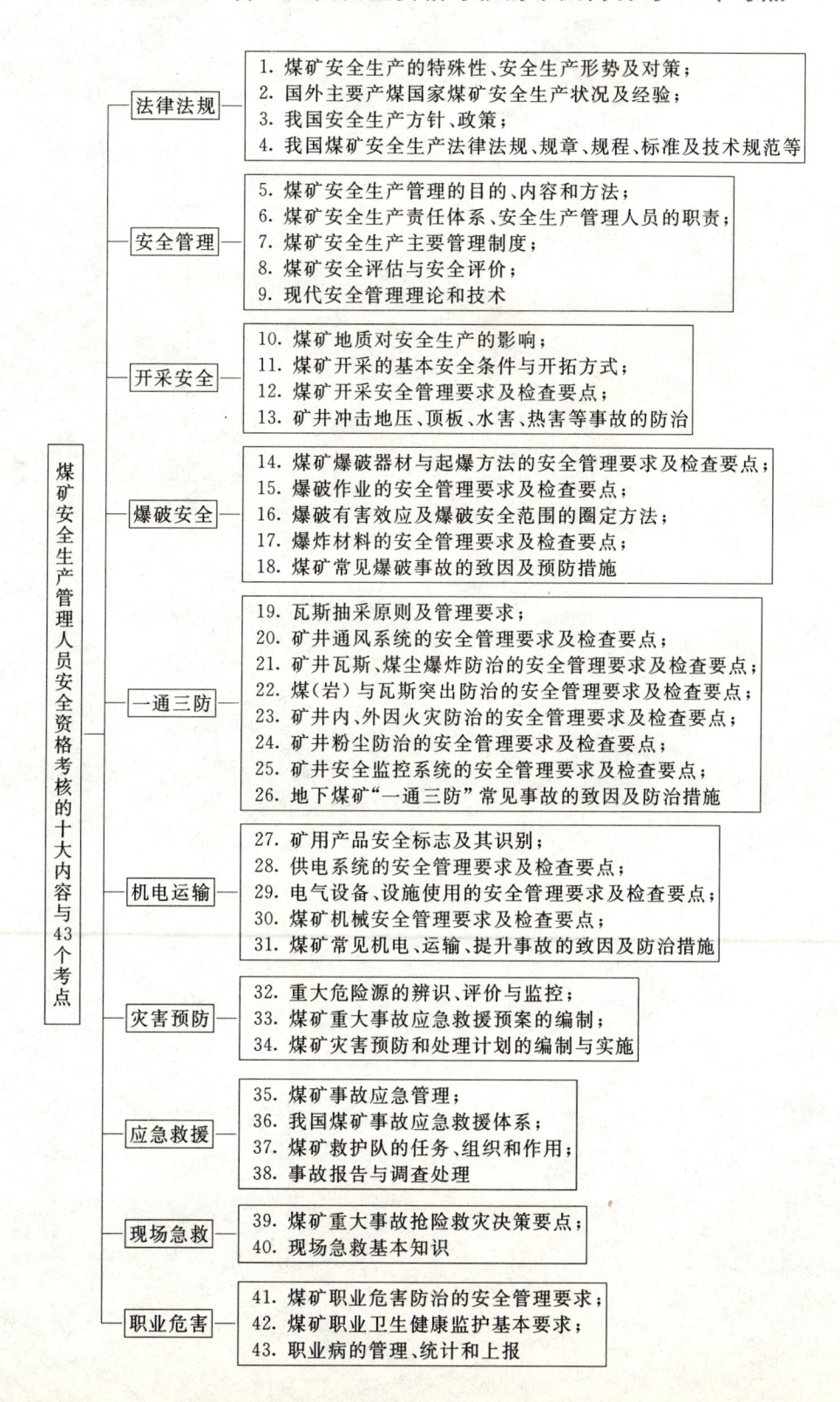

煤矿安全生产管理人员安全资格考核的十大内容与 43 个考点

煤矿安全生产管理人员安全资格考核的十大内容与 43 个考点

- **法律法规**
  1. 煤矿安全生产的特殊性、安全生产形势及对策；
  2. 国外主要产煤国家煤矿安全生产状况及经验；
  3. 我国安全生产方针、政策；
  4. 我国煤矿安全生产法律法规、规章、规程、标准及技术规范等

- **安全管理**
  5. 煤矿安全生产管理的目的、内容和方法；
  6. 煤矿安全生产责任体系、安全生产管理人员的职责；
  7. 煤矿安全生产主要管理制度；
  8. 煤矿安全评估与安全评价；
  9. 现代安全管理理论和技术

- **开采安全**
  10. 煤矿地质对安全生产的影响；
  11. 煤矿开采的基本安全条件与开拓方式；
  12. 煤矿开采安全管理要求及检查要点；
  13. 矿井冲击地压、顶板、水害、热害等事故的防治

- **爆破安全**
  14. 煤矿爆破器材与起爆方法的安全管理要求及检查要点；
  15. 爆破作业的安全管理要求及检查要点；
  16. 爆破有害效应及爆破安全范围的圈定方法；
  17. 爆炸材料的安全管理要求及检查要点；
  18. 煤矿常见爆破事故的致因及预防措施

- **一通三防**
  19. 瓦斯抽采原则及管理要求；
  20. 矿井通风系统的安全管理要求及检查要点；
  21. 矿井瓦斯、煤尘爆炸防治的安全管理要求及检查要点；
  22. 煤（岩）与瓦斯突出防治的安全管理要求及检查要点；
  23. 矿井内、外因火灾防治的安全管理要求及检查要点；
  24. 矿井粉尘防治的安全管理要求及检查要点；
  25. 矿井安全监控系统的安全管理要求及检查要点；
  26. 地下煤矿"一通三防"常见事故的致因及防治措施

- **机电运输**
  27. 矿用产品安全标志及其识别；
  28. 供电系统的安全管理要求及检查要点；
  29. 电气设备、设施使用的安全管理要求及检查要点；
  30. 煤矿机械安全管理要求及检查要点；
  31. 煤矿常见机电、运输、提升事故的致因及防治措施

- **灾害预防**
  32. 重大危险源的辨识、评价与监控；
  33. 煤矿重大事故应急救援预案的编制；
  34. 煤矿灾害预防和处理计划的编制与实施

- **应急救援**
  35. 煤矿事故应急管理；
  36. 我国煤矿事故应急救援体系；
  37. 煤矿救护队的任务、组织和作用；
  38. 事故报告与调查处理

- **现场急救**
  39. 煤矿重大事故抢险救灾决策要点；
  40. 现场急救基本知识

- **职业危害**
  41. 煤矿职业危害防治的安全管理要求；
  42. 煤矿职业卫生健康监护基本要求；
  43. 职业病的管理、统计和上报

目 录

第一章 煤矿安全生产形势与法律法规 ………………………………………… 1
  第一节 煤矿安全生产形势 …………………………………………………… 1
  第二节 煤矿安全生产法律法规 ……………………………………………… 6
  ※国家题库中与本章相关的试题 …………………………………………… 24

第二章 煤矿安全管理 …………………………………………………………… 67
  第一节 煤矿安全生产管理机构及安全管理人员 …………………………… 67
  第二节 煤矿安全管理的目的、内容和方法 ………………………………… 71
  第三节 煤矿必须建立健全的安全生产管理制度 …………………………… 75
  第四节 煤矿安全评估与安全评价 …………………………………………… 83
  第五节 事故分类、报告及统计分析 ………………………………………… 85
  第六节 煤矿现代安全管理理论与技术 ……………………………………… 89
  ※国家题库中与本章相关的试题 …………………………………………… 102

第三章 煤矿开采安全管理 ……………………………………………………… 117
  第一节 煤矿地质与矿图 ……………………………………………………… 117
  第二节 煤矿开采的基本安全条件与矿井开拓 ……………………………… 124
  第三节 煤矿开采安全管理 …………………………………………………… 133
  第四节 矿井冲击地压与顶板事故防治 ……………………………………… 140
  第五节 矿井水害防治 ………………………………………………………… 154
  第六节 矿井热害防治 ………………………………………………………… 163
  ※国家题库中与本章相关的试题 …………………………………………… 167

第四章 煤矿"一通三防"安全管理 …………………………………………… 195
  第一节 矿井通风的安全要求与安全检查 …………………………………… 195
  第二节 矿井瓦斯防治 ………………………………………………………… 207
  第三节 矿井火灾防治 ………………………………………………………… 214
  第四节 矿井粉尘防治 ………………………………………………………… 219
  第五节 矿井安全监控系统 …………………………………………………… 222
  ※国家题库中与本章相关的试题 …………………………………………… 225

第五章 煤矿爆破安全 …………………………………………………………… 253
  第一节 煤矿爆破器材与起爆方法 …………………………………………… 253

第二节　爆破有害效应与安全距离 ………………………………………… 255
　　第三节　爆破作业安全管理与事故预防 …………………………………… 257
　　第四节　爆破材料安全管理 ………………………………………………… 263
　　　※国家题库中与本章相关的试题 ………………………………………… 265

第六章　煤矿机电与运输提升安全管理 ………………………………………… 273
　　第一节　煤矿供电系统的安全要求与安全检查 …………………………… 273
　　第二节　煤矿电气设备的安全要求与安全检查 …………………………… 285
　　第三节　煤矿运输提升与采掘机械的安全要求与安全检查 ……………… 289
　　　※国家题库中与本章相关的试题 ………………………………………… 310

第七章　煤矿灾害预防与事故应急管理 ………………………………………… 331
　　第一节　煤矿事故应急救援体系 …………………………………………… 331
　　第二节　重大危险源的辨识、评价与监控 ………………………………… 333
　　第三节　煤矿事故应急救援预案的编制 …………………………………… 334
　　第四节　矿井灾害预防和处理计划的编制与实施 ………………………… 337
　　第五节　煤矿重大灾害事故抢险救灾 ……………………………………… 339
　　第六节　井下避灾与现场急救 ……………………………………………… 345
　　　※国家题库中与本章相关的试题 ………………………………………… 352

第八章　职业危害 ………………………………………………………………… 371
　　第一节　职业危害因素与职业病 …………………………………………… 371
　　第二节　煤矿粉尘浓度的监测与管理 ……………………………………… 373
　　第三节　职业健康监护 ……………………………………………………… 375
　　　※国家题库中与本章相关的试题 ………………………………………… 377

参考答案 …………………………………………………………………………… 383
参考文献 …………………………………………………………………………… 391

第一章 煤矿安全生产形势与法律法规

本章培训与考核要点：
- 了解煤矿安全生产的形势；
- 了解国外主要产煤国家煤矿安全生产简况；
- 掌握我国安全生产方针、政策；
- 熟悉我国煤矿安全生产法律法规、规章、规范和国家标准。

第一节 煤矿安全生产形势

上世纪 90 年代之后，随着工业化、城镇化进程加快和社会生产规模急剧扩大，我国进入了新一轮事故高发期。通过颁布实施《安全生产法》，建立健全国家安全监管监察体制，强化各级领导安全责任制，加大企业和公共安全投入，深化煤矿和其他重点行业领域安全专项整治，严肃追究事故责任，2003 年开始出现事故总量下降的"拐点"，最近几年事故死亡人数持续下降。以煤矿为例，2002 年全国煤炭产量 14.15 亿吨，事故死亡 6 995 人，百万吨死亡率 4.943。2007 年全国煤炭产量 25.5 亿吨，增长 78%；事故死亡 3 786 人，下降 46%；百万吨死亡率 1.485，下降 69.9%。

但由于种种原因，目前我国的安全生产形势依然严峻。高危行业企业安全生产基础薄弱的状况尚未从根本上扭转，重特大事故尚未得到有效遏制。如：2008 年 8 月，辽宁沈阳市法库县柏家沟煤矿二水平 301 采煤工作面发生瓦斯爆炸事故，26 人遇难；2009 年 2 月，山西西山煤电集团屯兰煤矿南四盘区发生瓦斯爆炸事故，共造成 78 名矿工遇难。相继发生的一些重特大事故，给人民生命财产造成严重损失，也影响制约着经济的持续健康发展和社会的和谐稳定。

党中央、国务院审时度势，提出和确立安全发展的指导原则，把安全发展作为落实科学发展观和构建社会主义和谐社会的一项重大任务，进而把能不能实现安全发展，提高到检验党的执政能力的新高度；强调要把安全生产作为人民群众最关心、最直接、最现实的民生问题，摆在应有的重要位置上，以更清醒的认识、更鲜明的立场、更严明的纪律、更有力的举措，推动安全生产与经济社会的同步协调发展。

一、我国煤矿安全生产状况、存在的主要问题及对策

（一）近年来我国煤矿安全生产总体状况

近年来，我国煤矿安全生产呈现了总体稳定、趋向好转的发展态势，事故总量逐年减少，主要指标持续下降。但我国煤矿事故总量仍然偏大，重特大事故尚未得到有效遏制，煤矿安全生产工作仍然面临很大的压力和挑战。下面是 2007 年、2008 年煤矿安全生产总体情况。

表 1-1　　　　　　　　　2007 年全国煤矿安全生产伤亡事故情况表

	总计 1～12月		总计 同期对比 事故起数 增(+)减(-)	总计 同期对比 事故起数 增(+)减(-)%	总计 同期对比 死亡人数 增(+)减(-)	总计 同期对比 死亡人数 增(+)减(-)%	较大事故 1～12月		较大事故 同期对比 事故起数 增(+)减(-)	较大事故 同期对比 事故起数 增(+)减(-)%	较大事故 同期对比 死亡人数 增(+)减(-)	较大事故 同期对比 死亡人数 增(+)减(-)%
	事故起数	死亡人数					事故起数	死亡人数				
全国煤矿	2421	3786	-524	-17.8	-960	-20.2	179	815	-58	-24.5	-257	-24.0
国有重点	315	475	-100	-24.1	-229	-32.5	16	76	-8	-33.3	-33	-30.3
国有地方	346	411	-35	-9.2	-200	-32.7	12	54	-22	-64.7	-93	-63.3
乡镇煤矿	1760	2900	-389	-18.1	-531	-15.5	151	685	-28	-15.6	-131	-16.1

	重大事故 1～12月		重大事故 同期对比 事故起数 增(+)减(-)	重大事故 同期对比 事故起数 增(+)减(-)%	重大事故 同期对比 死亡人数 增(+)减(-)	重大事故 同期对比 死亡人数 增(+)减(-)%	特别重大事故 1～12月		特别重大事故 同期对比 事故起数 增(+)减(-)	特别重大事故 同期对比 事故起数 增(+)减(-)%	特别重大事故 同期对比 死亡人数 增(+)减(-)	特别重大事故 同期对比 死亡人数 增(+)减(-)%
	事故起数	死亡人数					事故起数	死亡人数				
全国煤矿	25	402	-8	-24.2	-109	-21.3	3	171	-3	-50.0	-62	-26.6
国有重点	6	98			-14	-12.5	0	0	-2	-100.0	-79	-100.0
国有地方	1	21	-5	-83.3	-74	-77.9						
乡镇煤矿	18	283	-3	-14.3	-21	-6.9	3	171	-1	-25.0	17	11.0

从表 1-1 可见，2007 年，全国煤矿安全状况发生了很大的变化。最近三年（2005、2006、2007）全国煤矿事故死亡人数年均下降 17%。与 2005 年相比，2007 年煤矿重特大瓦斯事故起数和死亡人数分别下降 46.3% 和 65.4%。与 2002 年相比，2007 年全国煤炭产量 25.5 亿吨，增长 78%；煤矿死亡人数减少 3 209 人，下降 46%。百万吨死亡率从 2002 年的 4.94 降到 2007 年的 1.485，大大缩短了与先进产煤国家的差距。

2008 年，全国煤矿百万吨死亡率由 2007 年的 1.485 下降到 1.182，同比下降 20.4%；全国煤矿事故起数和死亡人数同比下降 19.3% 和 15.1%；较大事故起数和死亡人数同比分别下降 34.1% 和 34.4%。

（二）我国煤矿安全生产的特殊性

我国煤矿安全生产的特殊性主要表现为：行业管理有所弱化，煤矿生产与国民经济发展对煤炭的需求存在结构性和阶段矛盾；安全生产基础管理与煤矿安全质量标准化建设有待加强；自然灾害严重，重特大事故多发；煤矿职业危害严重；煤矿科技装备水平不高，特别中、小煤矿；绝大多数为井工开采，工作条件艰苦；安全生产整体水平与世界先进国家的差距较大。

我国煤矿安全生产的特殊性主要是由我国煤矿的地质条件及其自然灾害状况决定的，下面对此做相对具体的介绍：

(1) 地质条件。在国有重点煤矿中，地质构造复杂或极其复杂的煤矿占36%（煤炭生产能力约占27%），地质构造简单的煤矿占23%（煤炭生产能力约占26%）。据调查，大中型煤矿平均开采深度456 m，其中，华东地区约620 m，东北地区约530 m，西南地区约430 m，中南地区约420 m，华北地区约360 m，西北地区约280 m；采深超过1 000 m的煤矿有8处，超过800 m的有15处；采深大于600 m的矿井产量占28.47%。小煤矿平均采深196 m，其中采深超过300 m的矿井产量占14.51%。

(2) 瓦斯。在724处国有重点煤矿中，高瓦斯矿井152处，占21.0%；煤与瓦斯突出矿井154处，占21.3%；低瓦斯矿井418处，占57.7%。45户煤矿安全重点监控企业中，高瓦斯和煤与瓦斯突出矿井250处，占45户煤炭企业矿井总数的60.4%。地方国有煤矿和乡镇煤矿中，高瓦斯和煤与瓦斯突出矿井占15%。随着开采深度的增加，瓦斯涌出量的增大，高瓦斯和煤与瓦斯突出矿井的比例还会增加。

(3) 水害。我国煤矿水文地质条件较为复杂。国有重点煤矿中，水文地质条件属于复杂或极复杂的矿井占27%，属于简单的矿井占34%。地方国有煤矿和乡镇煤矿中，水文地质条件属于复杂或极复杂的矿井占8.5%。我国煤矿水害普遍存在，大中型煤矿有500多个工作面受水害威胁。小型煤矿乱采滥挖，老窑透水、地表水侵入事故时有发生。随着乡镇煤矿资源枯竭，破坏边界及露头煤柱的情况经常发生，对相邻深部的国有煤矿，特别是对国有重点煤矿造成的水害威胁和煤矿突水事故呈上升趋势。

(4) 顶板。我国煤矿顶板条件差异较大，多数大中型煤矿顶板属于Ⅱ（局部不平）类、Ⅲ（裂隙比较发育）类。Ⅰ类（平整）顶板约占11%，主要分布在义马、郑州、潞安、阳泉、大同等矿区。Ⅳ类、Ⅴ类（破碎、松软）顶板约占5%，主要集中在淮南、淮北、焦作等矿区。近几年来，顶板事故的起数和由于顶板事故造成的死亡人数所占的比例都是煤矿各类事故中最高的，其中乡镇煤矿顶板事故尤为突出，乡镇煤矿顶板事故起数和死亡人数均占到所有顶板事故的70%以上。

(5) 煤尘。我国煤矿具有煤尘爆炸危险的矿井普遍存在。全国煤矿中，具有煤尘爆炸危险的矿井占煤矿总数的60%以上，煤尘爆炸指数在45%以上的煤矿占16.3%。国有重点煤矿中具有煤尘爆炸危险性的煤矿占87.37%，其中具有强爆炸性的占60%以上。

(6) 煤层自然发火。我国具有自然发火危险的煤矿所占比例大、覆盖面广。大中型煤矿中，自然发火危险程度严重或较严重（Ⅰ、Ⅱ、Ⅲ、Ⅳ级）的煤矿占总数的72.86%。国有重点煤矿中，具有自然发火危险的矿井占47.3%。小煤矿中，煤层自然发火期不足6个月的煤矿占47.41%，煤层自然发火期为6~12个月的煤矿占47.85%，煤层自然发火期在12个月以上的煤矿占4.74%。自然发火灾害较为严重的地区有西北、东北、华东等。由于煤层自燃，我国每年损失煤炭资源2亿t左右。

(7) 冲击地压。中国是除德国、波兰以外冲击地压危害最严重的国家之一。我国910处大中型煤矿中具有冲击地压危险的煤矿47处，占5.16%。随着开采深度的增加，现有冲击地压矿井的冲击地压频率和强度在不断增加，少数矿井频繁发生矿震，还有少数无明显冲击地压的矿井也将逐渐显现出来。

(8) 热害。热害已成为矿井的新灾害。国有重点煤矿中有70多处矿井采掘工作面温度超过26 ℃，其中30多处矿井采掘工作面温度超过30 ℃，最高达37 ℃。全国煤矿热害突出的矿井有平顶山八矿、新汶斜庄矿、丰城建新矿、徐州三河尖矿、永荣曾家山矿以及新开发的巨野矿区等。

（9）矸石山灾害。目前，全国累计堆放的煤矸石总量约35.5亿t，占地约11万亩，而且每年仍以1.5~2.5亿t的速度增加。煤矸石的任意排放，不仅压占大量土地，而且在一定条件下会发生自燃，排放出二氧化硫、氮氧化物、碳氧化物和烟尘等有害气体，对生态环境构成严重影响。近几年，煤矸石自燃崩塌引发的灾害事故也时有发生，造成了严重的人员伤亡和财产损失。

（三）改善煤矿安全生产的基本对策

（1）落实煤矿安全生产责任。确保政府承担起安全生产监管主体职责，将安全生产工作纳入各级领导干部政绩考核指标体系。确保企业承担其安全生产责任主体职责，落实企业法定代表人作为安全生产第一责任人的职责，确保把安全生产责任落实到每个部门、岗位及职工。确保煤矿安全生产监管部门承担起安全生产监管的职责，各级煤矿安全监察机构，要落实行政执法责任制。

（2）强化煤矿安全生产监管监察。加强煤矿安全监察机构、执法队伍和执法能力建设，创新煤矿安全生产监管监察手段和方法。完善重点监察、专项监察和定期监察内容，进一步健全煤矿联合执法制度。加大煤矿安全生产事故责任追究和处罚力度，严厉打击无视法律、无视监管、无视生命的非法行为。

（3）依靠科学技术，加大安全投入，促进安全状况好转。我国煤矿自然灾害比较严重，特别是随着煤炭开采深度的增加和开采强度的加大，治理灾害的难度还会增加，因而必须大力研究和推广先进的煤矿灾害防治技术，开展技术交流。为加强煤炭行业防灾抗灾能力，必须加大安全投入，提高装备水平。按照企业负责、政府支持、社会参与的多元化融资原则，完善中央、地方和企业共同增加煤矿安全投入的长效机制。

（4）深化煤矿安全专项整治。突出煤矿安全专项整治重点，深化煤矿安全专项整治措施，加大煤矿安全专项整治力度，深入开展煤矿瓦斯治理和整顿关闭工作，遏制煤矿超能力、超强度、超定员生产，淘汰不符合国家煤炭产业政策、落后的生产工艺和不具备安全生产条件的煤矿。

（5）强化安全教育培训。为提高煤炭企业职工的安全意识、安全技术素质，必须强化安全教育培训，切实落实国家安全法规对从业人员进行安全培训的要求。

（6）建立规范的工伤保险体系。我国目前正在建立社会保障体系，工伤保险工作也正在逐步展开，但还缺乏与安全生产工作的有机联系。因此，要通过法律、法规的约束机制来保障工伤保险基金的收缴，并改变现行工伤保险收缴与使用脱节的现状，要切实根据煤矿企业的安全管理水平、企业类型和各类事故多少与职业病的发病几率等因素，来制订出合理和可行的收费费率，把工伤保险费的收缴、发放与安全生产的投入和事故、职业病的预防措施等的改进有机地结合起来，逐步建立起适应我国国情、与煤矿安全生产和工伤保险体系相结合的工伤保险管理体系。

（7）加快安全管理信息网络化建设。安全健康信息的采集、传递、处理和控制系统是现代安全管理工作中重要的基础工程。必须把建立安全生产管理信息网络的工作置于优先和重要的位置，大力推广和应用现代信息处理技术，建设安全生产信息网络，利用网络进行信息资源采集和信息发布。

（8）加快煤炭行业的改革和发展。加快大型煤炭基地建设，培育大型煤炭企业集团。按照煤炭发展规划和开发布局，选择资源条件好、具有发展潜力的矿区，以国有大型煤炭企业为依托，加快大型煤炭基地建设，形成稳定可靠的商品煤供应基地、煤炭深加工基地和出口煤基地。

（9）推进本质安全型矿井建设。充分发挥市场机制的作用，整合煤炭资源，积极推进中小型煤矿采煤工艺改革和技术改造，推进本质安全型矿井建设，提高煤炭企业本质安全水平。

二、国外主要产煤国家安全生产简况

1. 美国

美国是世界主要产煤国之一，煤矿安全状况处于世界领先水平，基本上杜绝了五大灾害事故中的水、火、瓦斯、煤尘事故。煤矿百万吨死亡率基本控制在 0.03 左右，见表 1-2。

表 1-2　　　　1995～1999 年美国煤矿事故死亡人数（统计表）

年度	1995	1996	1997	1998	1999
死亡人数（人）	47	38	30	29	34
百万吨死亡率	0.05	0.04	0.03	0.03	0.03

2. 俄罗斯

近几年俄罗斯煤矿事故率有所下降，煤矿安全形势稳定好转，见表 1-3。

表 1-3　　　　1993～2002 年俄罗斯煤矿事故死亡人数（统计表）

年度	1993	1994	1995	1996	1997	2002
死亡人数（人）	328	217	221	172	241	85
百万吨死亡率	1	0.82	0.85	0.7	1.06	0.34

3. 我国与世界主要产煤国的差距

以 1998 年世界主要产煤国煤矿安全状况为例，我国煤矿安全与世界发达产煤国还有一定的差距，见表 1-4。

表 1-4　　　　1998 年世界主要产煤国安全状况对比表

国家	波兰	印度	俄罗斯	南非	美国	中国
产煤量（亿）	2	2.9	2.6	2.1	9.8	12.22
死亡人数（人）	45	137	172	48	28	7508
百万吨死亡率	0.23	0.47	0.66	0.23	0.03	5.02

此外，在其他产煤国家，一次死亡十几人以上的重大事故已极为少见，一次死亡几十人以上的特大恶性事故则已近绝迹，而在我国却时常发生。这种严重损害我国形象，危害人民生命的现象，再也不能继续下去了。

第二节 煤矿安全生产法律法规

一、安全生产方针

1. 安全生产方针的内涵

"安全第一、预防为主、综合治理"是我国安全生产的基本方针。

"安全第一"是要求我们在工作中始终把安全放在第一位。当安全与生产、安全与效益、安全与速度相冲突时，必须首先保证安全，即生产必须安全，不安全不能生产。

"预防为主"要求我们在工作中时刻注意预防安全事故的发生。在生产各环节，要严格遵守安全生产管理制度和安全技术操作规程，认真履行岗位安全职责，防微杜渐，防患于未然，发现事故隐患要立即处理，自己不能处理的要及时上报，要积极主动地预防事故的发生。

"综合治理"就是综合运用经济、法律、行政等手段，人管、法治、技防多管齐下，并充分发挥社会、职工、舆论的监督作用，实现安全生产的齐抓共管。"综合治理"是我们党在总结了近年来安全监管实践经验的基础上作出的重大决策，体现了安全生产方针的新发展。

2. 贯彻落实安全生产方针的途径与方法

煤矿贯彻落实煤矿安全生产方针应当做到以下三点：

（1）坚持管理、装备、培训并重的原则。

先进科学的管理是煤矿安全生产的重要保证。严格和科学的安全管理，可弥补装备上的不足，能减少事故，保障安全生产。装备是实施安全作业、创造安全环境的工具。先进的技术装备可以提高工作效率，也可以创造良好的安全作业环境，避免事故的发生或减少事故损失。培训是提高职工安全技术素质的主要手段，许多事故的发生主要是法制观念和安全意识淡薄或缺乏专业技术知识造成的。只有强化安全培训，才能提高职工队伍素质，才能应用先进的技术与装备，才能进行科学管理。只有坚持管理、装备、培训并重的原则，才能真正落实好煤矿安全生产方针。

（2）落实煤矿安全生产方针标准。

1985年，全国煤矿安全工作会议提出了全面落实安全生产方针的10条标准，至今仍有重要的指导作用。如：企业管理的全部内容和生产的全过程都要把安全放在首位，任何决定、办法、措施都必须有利于安全生产；把坚持"安全第一"方针作为选拔、任用、考评干部的重要内容；把安全工作纳入党政工作的重要议事日程和承包内容；把安全技措工程、安全培训列入年度和月份生产和工作计划，建立健全安全生产责任制，层层落实；人、财、物优先保证安全生产需要，严肃认真、一丝不苟地执行《煤矿安全规程》、安全指令和文件；思想政治工作要贯彻到安全生产全过程；业务保安搞得好，安全教育广泛深入等等。在当今安全生产等各项法规逐渐完善、生产技术进一步发展的形势下，这些标准还应不断充实完善。

（3）坚持各项行之有效的措施。

深入贯彻安全生产方针，必须坚持以下各项措施：

① 要强化安全法制观念。随着我国法制建设的深入，安全生产法律法规体系已经建立，必须树立依法行事、依法治理安全的观念。出了事故，不仅要追究有关责任人的行政、党纪责任，而且要依法追究有关人员的法律责任。

② 要建立健全安全生产责任制。建立健全一套完善的安全生产责任制，如领导干部安

生产责任制、职能机构安全生产责任制及岗位人员安全生产责任制，将安全生产责任细化到每一个岗位、分解到每一个人。

③ 建立安全生产管理机构或配备专职安全生产管理人员。《安全生产法》规定：矿山应当设置安全生产管理机构或者配备专职安全生产管理人员。煤矿企业作为矿山企业中灾害最为严重、作业环境恶劣、危险因素多的高危企业，若没有一个专门的机构或专门的人员去管理、检查、监督生产过程中的各种危险因素和责任的落实，要想实现安全生产只能是一句空话。

④ 认真组织安全生产检查。煤矿企业要进行经常的、定期的、监督性的安全生产检查和日常安全巡回检查，这是搞好安全生产的一个重要措施。

⑤ 加大煤矿安全监察力度。煤矿安全监察机构是执法机构，要做到从严执法，公证执法。

⑥ 加强安全技术教育培训工作。抓好矿长、总工、区队长、班组长、特殊工种人员的上岗资格培训，使全体职工学好安全生产方针、安全法律法规，了解本矿安全现状、本矿安全措施，熟知安全技术知识、掌握操作技能、自觉遵守法律法规，以减少和杜绝事故发生，确保安全生产。

⑦ 关口前移，做好事故预防工作。预防为主是搞好安全的必然要求。把预防放在主要位置，预防在先、处处谨慎、措施得力、项项落实，以达到防止灾变、控制事故发生的目的。

⑧ 做好事故调查和处理工作。发生事故后，要按规定及时向上级报告，并立即采取应急措施，组织抢险救灾和调查处理。要坚持"四不放过"原则，即事故原因没有查清不放过、事故责任者没有严肃处理不放过、广大职工没有受到教育不放过、防范措施没有落实不放过。

⑨ 加大对事故责任人的处罚力度。依法落实对事故责任人的处罚，以起到惩罚本人、警示他人的作用。营造一种对安全工作不力、失职即被追究责任的氛围，使人人都重视安全，人人都从本职做好安全工作。

⑩ 要切实保障矿工的安全生产权利。矿工是煤矿事故和职业病的主要受害者，处于弱势群体地位，同时，他们也是最关心安全生产的群体。要切实落实法律赋予他们的安全生产权利，使他们敢于维护自己的安全，拒绝在危险状态下生产作业，从而使安全生产获得最有力的保证。

二、煤矿安全生产主要法律

涉及煤矿安全生产法律主要有：《安全生产法》、《煤炭法》、《矿山安全法》、《劳动法》、《矿产资源法》等。

(一)《安全生产法》

该法于 2002 年 6 月 29 日由第九届全国人民代表大会常务委员会第 28 次会议通过，中华人民共和国第 70 号主席令发布，自 2002 年 11 月 1 日起施行。

1. 立法目的

《安全生产法》的立法目的是：加强安全生产的监督管理，防止和减少安全事故，保障人民群众生命和财产安全，促进经济发展。

2. 主要内容

《安全生产法》主要内容包括以下七个方面：

(1) 生产经营单位是安全生产主体，企业法定代表人是安全生产第一责任者。

(2) 生产经营单位的安全生产保障。

(3) 从业人员的安全生产权利和义务。

(4) 政府是安全生产监管主体。
(5) 安全生产的社会监督。
(6) 中介机构的安全生产服务。
(7) 生产安全事故的应急救援和调查处理。

3. 生产经营单位的安全生产管理人员职责

(1) 根据本单位的生产经营特点，对本单位的安全生产状况进行经常性检查。
(2) 对检查中发现的安全问题，应当立即处理。
(3) 对发现的安全问题，由于问题重大或者自身权限等原因不能处理的，应当及时报告本单位有关负责人，由有关负责人及时处理。
(4) 将检查及处理情况记录在案。

4. 生产安全事故责任追究的有关规定

(1) 生产经营单位发生生产安全事故，经调查确定为责任事故的，除了应当查明事故单位的责任并依法予以追究外，还应当查明对安全生产的有关事项负有审查批准和监督职责的行政部门的责任，对于失职、渎职行为的，依照规定追究法律责任。

(2) 根据《安全生产法》的规定，对生产经营单位负责人有行政处分、个人经济罚款、限期不得担任生产经营单位的主要负责人、降职、撤职、处15日以下拘留等处罚；造成严重后果的，构成犯罪的，依照《刑法》有关规定追究刑事责任。

（二）《煤炭法》

《煤炭法》于1996年8月29日第八届全国人民代表大会常务委员会第21次全体会议通过，1996年12月1日起施行。这部法律为煤炭的生产、经营活动确立了基本规范。

1. 立法目的

《煤炭法》的立法的目的是：合理开发利用和保护煤炭资源，规范煤炭生产、经营活动、促进和保障煤炭行业的发展。

2. 主要内容

《煤炭法》确立了坚持安全第一、预防为主的安全生产方针，提出了保障国有煤矿的健康发展；开发利用煤炭资源，应当遵守环保法规、法律，做到使环境保护设施与主体工程同时设计、同时施工、同时验收、同时投入使用；严格实行煤炭生产许可证制度和安全生产责任制度及上岗作业培训制度；加强矿区保护，加强煤矿企业监督检查，要求煤矿企业依法办事；维护煤矿企业合法权益，禁止违法开采、违章指挥、滥用职权、玩忽职守、冒险作业以及依法追究煤矿企业管理人员的违法责任等。

（三）《矿山安全法》

《矿山安全法》于1992年11月7日由第七届全国人民代表大会常务委员会第28次会议通过，自1993年5月1日起施行。

1. 立法目的

《矿山安全法》的立法的目的是：保障矿山生产安全，防止矿山事故，保护矿山职工的人身安全，促进采矿工业健康发展。

2. 主要内容

《矿山安全法》的主要内容包括：矿山建设工程安全设施必须和主体工程同时进行设计、同时施工、同时投入生产和使用（简称"三同时"），矿井的通风系统，供电系统，提升、运输系统，防水、排水系统和防火、灭火系统，防瓦斯和防尘系统必须符合矿山安全规程和行业技术规范；矿山企业职工有权对危害安全的行为提出批评、检举和控告；矿山企业必须对职工进行安全教育、培训，未经安全教育、培训的，不得上岗作业；特种作业人员必须接受专门培训，经考核合格取得操作资格证书，方可上岗作业；矿长必须经过考核，具备安全专业知识，具有领导安全生产和处理矿山事故能力；矿山企业必须对瓦斯爆炸、煤尘爆炸、冲击地压、瓦斯突出、火灾、水害、冒顶等危害安全的事故隐患采取预防措施；已投入生产的矿山企业，不具备安全生产条件而强行开采要责令限期改进，逾期仍不具备安全生产条件，责令停产整顿或吊销其采矿许可证和营业执照；矿山企业主管人员违章指挥、强令工人冒险作业，因而发生重大伤亡事故的，依照《刑法》的规定追究刑事责任。对因矿山事故隐患而发生重大伤亡事故的，依照《刑法》的规定追究刑事责任。

（四）《职业病防治法》

2001年10月27日第九届全国人民代表大会常务委员会第二十四次会议通过《职业病防治法》2001年10月27日中华人民共和主席令第60号公布，自2002年5月1日起施行。《职业病防治法》共分总则、前期预防、劳动过程中的防护与管理、职业病诊断与职业病病人保障、监督检查、法律责任、附则等七个部分。

在《职业病防治法》中，对职业病病人保障做出了如下规定：

（1）职业病诊断应当由省级以上人民政府卫生行政部门批准的医疗卫生机构承担。

（2）劳动者可以在用人单位所在地或者本人居住地依法承担职业病诊断的医疗卫生机构进行职业病诊断。

（3）用人单位和医疗卫生机构发现职业病病人或者疑似职业病病人时，应当及时向所在地卫生行政部门报告。确诊为职业病的，用人单位还应当向所在地劳动保障行政部门报告。

卫生行政部门和劳动保障行政部门接到报告后，应当依法作出处理。

（4）当事人对职业病诊断有异议的，可以向作出诊断的医疗卫生机构所在地地方人民政府卫生行政部门申请鉴定。

职业病诊断争议由设区的市级以上地方人民政府卫生行政部门根据当事人的申请，组织职业病诊断鉴定委员会进行鉴定。

当事人对设区的市级职业病诊断鉴定委员会的鉴定结论不服的，可以向省、自治区、直辖市人民政府卫生行政部门申请再鉴定。

（5）职业病诊断、鉴定需要用人单位提供有关职业卫生和健康监护等资料时，用人单位应当如实提供，劳动者和有关机构也应当提供与职业病诊断、鉴定有关的资料。

（6）医疗卫生机构发现疑似职业病病人时，应当告知劳动者本人并及时通知用人单位。

用人单位应当及时安排对疑似职业病病人进行诊断；在疑似职业病病人诊断或者医学观察期间，不得解除或者终止与其订立的劳动合同。

疑似职业病病人在诊断、医学观察期间的费用，由用人单位承担。

（7）职业病病人依法享受国家规定的职业病待遇。

用人单位应当按照国家有关规定，安排职业病病人进行治疗、康复和定期检查。

用人单位对不适宜继续从事原工作的职业病病人，应当调离原岗位，并妥善安置。

用人单位对从事接触职业病危害的作业的劳动者，应当给予适当岗位津贴。

（8）职业病病人的诊疗、康复费用，伤残以及丧失劳动能力的职业病病人的社会保障，按照国家有关工伤社会保险的规定执行。

(9) 职业病病人除依法享有工伤社会保险外，依照有关民事法律，尚有获得赔偿的权利的，有权向用人单位提出赔偿要求。

(10) 劳动者被诊断患有职业病，但用人单位没有依法参加工伤社会保险的，其医疗和生活保障由最后的用人单位承担；最后的用人单位有证据证明该职业病是先前用人单位的职业病危害造成的，由先前的用人单位承担。

(11) 职业病病人变动工作单位，其依法享有的待遇不变。

用人单位发生分立、合并、解散、破产等情形的，应当对从事接触职业病危害的作业的劳动者进行健康检查，并按照国家有关规定妥善安置职业病病人。

(五)《矿产资源法》

《矿产资源法》于1986年3月19日第六届全国人民代表大会常务委员会第十五次会议通过，1996年8月29日第八届全国人民代表大会常务委员会第二十一次会议修正。《矿产资源法》是保障国家资源合理利用、保障矿山安全、促进采矿业发展的安全生产的相关法律。它共有七章53条，包括总则、矿产资源勘查的登记和开采的审批、矿产资源的勘查、矿产资源的开采、集体矿山企业和个体采矿、法律责任、附则。其中，与矿山相关的主要规定有：

(1) 矿产资源属于国家所有，由国务院行使国家对矿产资源的所有权。地表或者地下的矿产资源的国家所有权，不因其所依附的土地的所有权或者使用权的不同而改变。勘查、开采矿产资源，必须依法分别申请，经批准取得探矿权、采矿权，并办登记。从事矿产资源勘查和开采的，必须符合规定的资质条件。

(2) 国家实行探矿权、采矿权有偿取得的制度。开采矿产资源，必须按照国家有关规定缴纳资源税和资源补偿费。禁止将探矿权、采矿权倒卖牟利。

(3) 设立矿山企业，必须符合国家规定的资质条件，并依照法律和国家有关规定，由审批机关对其矿区范围、矿山设计或者开采方案、生产技术条件、安全措施和环境保护措施等进行审查；审查合格的，方予批准。矿山企业变更矿区范围，必须报请原审批机关批准，并报请原颁发采矿许可证的机关重新核发采矿许可证。

(4) 区域地质调查按照国家统一规划进行。区域地质调查的报告和图件按照国家规定验收，提供有关部门使用。矿产资源勘查的原始地质编录和图件，岩矿心、测试样品和其他实物标本资料，各种勘查标志，应当按照有关规定保护和保存。矿床勘探报告及其他有价值的勘查资料，按照国务院规定实行有偿使用。

(5) 开采矿产资源，必须采取合理的开采顺序、开采方法和选矿工艺。矿山企业的回采率、采矿贫化率和选矿回收应当达到设计要求。

国务院规定由指定的单位统一收购的矿产品，任何其他单位或者个人不得收购；开采者不得向非指定单位销售。

(6) 国家对集体矿山企业和个体采矿实行积极扶持、合理规划、正确引导、加强管理的方针，鼓励集体矿山企业开采国家指定范围内的矿产资源，允许个人采挖零星分散资源和只能用作普通建筑材料的砂、石、黏土以及为生活自用采挖少量矿产。矿产储量规模适宜由矿山企业开采的矿产资源、国家规定实行保护性开采的特定矿种和国家规定禁止个人开采的其他矿产资源，个人不得开采。国家指导、帮助集体矿山企业和个体采矿不断提高技术水平、资源利用率和经济效益。地质矿产主管部门、地质工作单位和国有矿山企业应当按照积极支持、有偿互惠的原则向集体矿山企业和个体采矿提供地质资料和技术服务。

（7）国务院和国务院有关主管部门批准开办矿山企业矿区范围内已有的集体矿山企业，应当关闭或者到指定的其他地点开采，由矿山建设单位给予合理的补偿，并妥善安置群众生活；也可以按照该矿山企业的统筹安排，实行联合经营。

集体矿山企业和个体采矿应当提高技术水平，提高矿产资源回收率。禁止乱挖滥采，破坏矿产资源。集体矿山企业必须测绘井上、井下工程对照图。

（8）县级以上人民政府应当指导、帮助集体矿山企业和个体采矿进行技术改造、改善经营管理，加强安全生产。

（9）违反本法规定，未取得采矿许可证擅自采矿的，擅自进入国家规划矿区、对国民经济具有重要价值的矿区范围采矿的，擅自开采国家规定实行保护性开采的特定矿种的，责令停止开采、赔偿损失，没收采出的矿产品和违法所得，可以并处罚款；拒不停止开采，造成矿产资源破坏的，依照《刑法》的相关规定对直接责任人员追究刑事责任。

单位和个人进入他人依法设立的国有矿山企业和其他矿山企业矿区范围内采矿的，依照前款规定处罚。

（10）超越批准的矿山范围采矿的，责令退回本矿区范围内开采、赔偿损失，没收越界开采的矿产品和违法所得，可以并处罚款；拒不退回本矿区范围内开采，造成矿产资源破坏的，吊销采矿许可证，依照《刑法》的相关规定对直接责任人员追究刑事责任。

（11）买卖、出租或者以其他形式转让矿产资源的，没收违法所得，予以罚款。违反本法第六条的规定将探矿权、采矿权倒卖牟利的，吊销勘查许可证、采矿许可证，没收违法所得，处以罚款。

（12）违反本法规定收购和销售国家统一收购的矿产品的，没收矿产品和违法所得，可以并处罚款；情节严重的，依照《刑法》的相关规定，追究刑事责任。

（13）违反本法规定，采取破坏性的开采方法开采矿产资源的，处以罚款，可以吊销采矿许可证；造成矿产资源严重破坏的，依照《刑法》的相关规定对直接责任人追究刑事责任。

（六）《刑法》中有关安全生产的内容

2006年6月29日，全国人大常委会完成了对《刑法》的新一轮修订。新修订的《刑法》加大了对安全生产犯罪行为处理的力度。

新修订的《刑法》将关于强令工人违章冒险作业，情节特别恶劣的，"处3年以上7年以下有期徒刑"的规定，修改为"处5年以上有期徒刑"。这样的修改也就是说，最高刑可以判处15年有期徒刑。

新修订的《刑法》将原第134条修改为：

"在生产、作业中违反有关安全管理的规定，因而发生重大伤亡事故或者造成其他严重后果的，处3年以下有期徒刑或者拘役；情节特别恶劣的，处3年以上7年以下有期徒刑。"

"强令他人违章冒险作业，因而发生重大伤亡事故或者造成其他严重后果的，处5年以下有期徒刑或者拘役；情节特别恶劣的，处5年以上有期徒刑。"

将原第135条修改为：

"安全生产设施或者安全生产条件不符合国家规定，因而发生重大伤亡事故或者造成其他严重后果的，对直接负责的主管人员和其他直接责任人员，处3年以下有期徒刑或者拘役；情节特别恶劣的，处3年以上7年以下有期徒刑。"

此外，还在原第139条后增加一条，作为第139条之一：

"在安全事故发生后，负有报告职责的人员不报或者谎报事故情况，贻误事故抢救，情节严重的，处3年以下有期徒刑或者拘役；情节特别严重的，处3年以上7年以下有期徒刑。"

（七）其他相关法律

与煤矿安全生产相关的其他法律还比较多，如：《劳动法》、《劳动合同法》、《行政处罚法》、《消防法》、《防洪法》、《突发事件应对法》等，这些法律中与安全生产相关的规定，也是煤矿企业必须遵守的。

三、煤矿安全生产主要法规、规章

（一）《煤矿安全监察条例》

《煤矿安全监察条例》于2000年11月7日以国务院第296号令颁布，自2000年12月1日起施行。

1. 立法目的

制定《煤矿安全监察条例》的目的：为了保障煤矿安全，规范煤矿安全监察工作，保护煤矿职工人身安全和健康，促进煤矿健康发展。

2. 煤矿安全监察工作方针

煤矿安全监察工作的方针是："以预防为主，及时发现和消除事故隐患，有效纠正影响煤矿安全的违法行为，实行安全监察与促进安全管理相结合、教育与惩处相结合。"

3. 煤矿安全监察的主要内容

煤矿安全监察机构对煤矿执行《煤炭法》、《矿山安全法》和其他有关煤矿安全的法律、法规以及国家安全标准、行业安全标准、《煤矿安全规程》和行业技术规范的情况实施监察。

4. 确立了煤矿安全监察法律制度

《煤矿安全监察条例》确立的法律制度主要有七项：

（1）煤矿安全监察员管理制度。

规定了煤矿安全监察员的条件、任免程序、职责、权利、义务及其执法要求，并特别规定了对监察员进行监督、约束和对其违法行为的行政处罚等。

（2）煤矿建设工程安全设计审查和验收制度。

规定了任何煤矿其安全设施设计在施工前必须经煤矿安全监察机构进行审查，不经审查或审查不合格的，不得施工。投工前，必须经煤矿安全监察机构进行验收，未经验收或验收不合格的，不得投入生产。

（3）煤矿安全生产监督检查制度。

明确了监督检查的内容、程序以及监察主体与监察对象各自的责任和义务，对各种违法违规行为进行处理与处罚的办法与措施等。

（4）煤矿事故报告与调查处理制度。

明确了事故报告的要求，调查处理的主体、程序，以及对隐瞒事故、干扰事故调查处理的处罚等。

（5）煤矿安全监察信息与档案管理制度。

规定了监察机构应当对煤矿安全信息进行搜集、分析和定期发布，必须建立安全监察档案。

(6) 煤矿安全监察监督约束制度。

明确将监察执法机构置于广大职工群众和社会的监督之下，约束其行为，体现了权利与义务相统一，监察主体与对象在法律上平等的规则。

(7) 煤矿安全监察行政处罚制度。

明确规定了对各种违法行为如何处理与处罚，以及适用范围、处罚的种类与幅度。

(二)《安全生产许可证条例》

《安全生产许可证条例》于2004年1月13日以国务院第397号令公布，自公布之日起施行。

1. 制定目的和适用范围

制定《安全生产许可证条例》的目的是为了严格规范安全生产条件，进一步加强安全生产监督管理，防止和减少生产安全事故，确保安全生产。

该条例适用于矿山企业、建筑施工企业和危险化学品、烟花爆竹、民用爆破器材生产企业。

2. 主要内容

条例规定了相关企业实行安全生产许可制度，明确了国务院安全生产监督管理部门及省、自治区、直辖市的安全生产监督管理部门负责生产许可证的颁发和管理，企业取得安全生产许可证应当具有的安全生产条件，许可证的有效期为3年，以及违反该条例应承担相应的法律责任。

3. 安全生产许可的条件

企业取得安全生产许可证，应当具备的安全生产基本条件包括：

(1) 建立、健全安全生产责任制，制定完备的安全生产规章制度和操作规程；
(2) 安全投入符合安全生产要求；
(3) 设置安全生产机构，配备安全生产管理人员；
(4) 主要负责人和安全生产管理人员经考核合格；
(5) 特种作业人员经有关业务主管部门考核合格，取得特种作业操作资格证书；
(6) 从业人员经安全生产教育和培训合格；
(7) 依法参加工伤保险，为从业人员缴纳保险费；
(8) 厂房、作业场所和安全设施、设备、工艺符合有关安全生产法律、法规、标准和规程的要求；
(9) 有职业危害防治措施，并为从业人员配备符合国家标准或者行业标准的劳动防护用品；
(10) 依法进行安全评价；
(11) 有重大危险源检测、评估、监控措施和应急预案；
(12) 有生产安全事故应急救援预案、应急救援组织或者应急救援人员，配备必要的应急救援器材、设备；
(13) 法律法规规定的其他条件。

4. 安全生产许可证的申请和颁发

安全生产许可是一种依申请的许可，安全生产许可证的申领和颁发要经过申请、审查和颁发三个环节。企业进行生产前，应当根据《安全生产许可证条例》的规定向安全生产许可证颁发管理机关申领安全生产许可证，并提供相关文件和资料。安全生产许可证颁发管理机关应当自收到申请之日起 45 日内审查完毕。符合规定的颁发安全生产许可证；不符合条件的不予颁发安全生产许可证，但必须以书面形式通知企业并说明理由。

特别应予说明的是：对于煤矿企业，《安全生产许可证条例》规定：煤矿企业应当以矿（井）为单位，在申请领取煤炭生产许可证前，依照本条例的规定取得安全生产许可证。

安全生产许可证由国务院安全生产监督管理部门规定统一的式样。

5. 法律责任

（1）未取得安全生产许可证擅自进行生产的，责令停止生产，没收违法所得，并处 10 万元以上 50 万元以下的罚款；造成重大事故或者其他严重后果的，构成犯罪的，依法追究刑事责任。

（2）安全生产许可证有效期届满未办理延期手续，继续进行生产的，责令停止生产，限期补办延期手续，并处 5 万元以上 10 万元以下罚款。

（3）转让安全生产许可证的，没收违法所得，处 10 万元以上 50 万元以下罚款，并吊销其安全生产许可证；构成犯罪的，依法追究其刑事责任；接受转让的依照上述第（1）款的规定处罚。

（4）安全生产许可证颁发管理机关工作人员有下列行为的，给予降级或者撤职的行政处分；构成犯罪的，依法追究刑事责任：

向不符合本条例规定的安全生产条件的企业颁发安全生产许可证的；

发现企业未取得安全生产许可证擅自从事生产活动，不依法处理的；

发现取得安全生产许可证的企业不再具备本条例规定的安全生产条件，不依法处理的；

接到对违反本条例规定行为的举报后，不及时处理的；

在安全生产许可证颁发、管理和监督检查工作中，索取和接受企业的财物，或者谋取其他利益的。

监察机关依照《中华人民共和国行政监察法》对安全生产许可管理机关及其工作人员履行本条例规定的职责情况实施监察。任何单位和个人对违反本条例规定的行为，均有权向安全生产许可证颁发管理机关或者检察机关等有关部门举报。

（三）《生产安全事故报告和调查处理条例》

《生产安全事故报告和调查处理条例》于 2007 年 3 月 28 日国务院第 172 次常务会议通过，自 2007 年 6 月 1 日起施行。

1. 制定目的

条例的立法目的：规范生产安全事故的报告和调查处理，落实生产安全事故责任追究制度，防止和减少生产安全事故。

2. 条例体现的基本原则

（1）贯彻落实"四不放过"原则。"四不放过"原则是事故调查处理工作的根本要求，《生产安全事故报告和调查处理条例》规定的主要制度和措施都体现了这一原则。

（2）坚持"政府统一领导、分级负责"的原则。各级人民政府都负有加强对安全生产工作领导的职责，特别是地方各级人民政府对于本行政区域内的安全生产负总责。因此，生产安全事故报告和调查处理必须坚持政府统一领导、分级负责的原则。

（3）重在"完善程序，明确责任"的原则。规范生产安全事故的报告和调查处理，首先需要完善有关程序，为事故报告和调查处理工作提供明确的"操作规程"。同时，还必须明确政府及其有关部门、事故发生单位及其主要负责人以及其他单位和个人在事故报告和调查处理中所负的责任。

3. 事故等级划分

条例将事故划分为特别重大事故、重大事故、较大事故和一般事故4个等级。

特别重大事故，是指造成30人以上死亡，或者100人以上重伤，或者1亿元以上直接经济损失的事故；

重大事故，是指造成10人以上30人以下死亡，或者50人以上100人以下重伤，或者5 000万元以上1亿元以下直接经济损失的事故；

较大事故，是指造成3人以上10人以下死亡，或者10人以上50人以下重伤，或者1 000万元以上5 000万元以下直接经济损失的事故；

一般事故，是指造成3人以下死亡，或者10人以下重伤，或者1 000万元以下直接经济损失的事故。其中，事故造成的急性工业中毒的人数，也属于重伤的范围。

4. 事故报告

条例规定，事故报告应当及时、准确、完整，任何单位和个人对事故不得迟报、漏报、谎报或者瞒报。任何单位和个人不得阻挠和干涉对事故的报告和依法调查处理。

(1) 进一步落实事故报告责任。事故现场有关人员、事故发生单位的主要负责人、安全生产监督管理部门和负有安全生产监督管理职责的有关部门，以及有关地方人民政府，都有报告事故的责任。

(2) 明确事故报告的程序和时限。事故发生后，事故现场有关人员应当立即向本单位负责人报告，单位负责人应当于1小时内向事故发生地县级以上人民政府安全生产监督管理部门和负有安全生产监督管理职责的有关部门报告。安全生产监督管理部门和负有安全生产监督管理职责的有关部门接到事故报告后，应当按照事故的级别逐级上报事故情况，并且每级上报的时间不得超过2小时。

(3) 规范事故报告的内容。事故报告的内容应当包括事故发生单位概况、事故发生的时间、地点、简要经过和事故现场情况，事故已经造成或者可能造成的伤亡人数和初步估计的直接经济损失，以及已经采取的措施等。事故报告后出现新情况的，还应当及时补报。

(4) 建立值班制度。为了方便人民群众报告和举报事故，强化社会监督，条例规定，安全生产监督管理部门和负有安全生产监督管理职责的有关部门应当建立的值班制度，受理事故报告和举报。

5. 法律责任

(1) 事故发生单位主要负责人有下列行为之一的，处上一年年收入40%至80%的罚款；属于国家工作人员的，并依法给予处分；构成犯罪的，依法追究刑事责任：

① 不立即组织事故抢救的；

② 迟报或者漏报事故的；

③ 在事故调查处理期间擅离职守的。

(2) 事故发生单位及其有关人员有下列行为之一的，对事故发生单位处100万元以上500万元以下的罚款；对主要负责人、直接负责的主管人员和其他直接责任人员处上一年年收入60%至100%的罚款；属于国家工作人员的，并依法给予处分；构成违反治安管理行为的，由公安机关依法给予治安管理处罚；构成犯罪的，依法追究刑事责任：

① 谎报或者瞒报事故的；
② 伪造或者故意破坏事故现场的；
③ 转移、隐匿资金、财产，或者销毁有关证据、资料的；
④ 拒绝接受调查或者拒绝提供有关情况和资料的；
⑤ 在事故调查中作伪证或者指使他人作伪证的；
⑥ 事故发生后逃匿的。

(3) 事故发生单位对事故发生负有责任的，依照下列规定处以罚款：
① 发生一般事故的，处 10 万元以上 20 万元以下的罚款；
② 发生较大事故的，处 20 万元以上 50 万元以下的罚款；
③ 发生重大事故的，处 50 万元以上 200 万元以下的罚款；
④ 发生特别重大事故的，处 200 万元以上 500 万元以下的罚款。

(4) 事故发生单位主要负责人未依法履行安全生产管理职责，导致事故发生的，依照下列规定处以罚款；属于国家工作人员的，并依法给予处分；构成犯罪的，依法追究刑事责任：
① 发生一般事故的，处上一年年收入 30% 的罚款；
② 发生较大事故的，处上一年年收入 40% 的罚款；
③ 发生重大事故的，处上一年年收入 60% 的罚款；
④ 发生特别重大事故的，处上一年年收入 80% 的罚款。

(5) 事故发生单位对事故发生负有责任的，由有关部门依法暂扣或者吊销其有关证照；对事故发生单位负有事故责任的有关人员，依法暂停或者撤销其与安全生产有关的执业资格、岗位证书；事故发生单位主要负责人受到刑事处罚或者撤职处分的，自刑罚执行完毕或者受处分之日起，5 年内不得担任任何生产经营单位的主要负责人。

(6) 参与事故调查的人员在事故调查中有下列行为之一的，依法给予处分；构成犯罪的，依法追究刑事责任。
① 对事故调查工作不负责任，致使事故调查工作有重大疏漏的；
② 包庇、袒护负有事故责任的人员或者借机打击报复的。

(四)《国务院关于预防煤矿生产安全事故的特别规定》

《国务院关于预防煤矿生产安全事故的特别规定》于 2005 年 9 月 3 日国务院令第 446 号公布，自公布之日起施行，共 28 条。

1. 制定目的

及时发现并排除煤矿安全生产隐患，落实煤矿安全生产责任，预防煤矿生产安全事故发生，保障职工的生命安全和煤矿安全生产。

2. 核心内容

一是构建了预防煤矿生产安全的责任体系；二是明确煤矿预防工作的程序和步骤；三是提出了预防煤矿事故的一系列制度保障。

3. 明确规定的煤矿十五项重大隐患

(1) 超能力、超强度或者超定员组织生产的。
(2) 瓦斯超限作业的。
(3) 煤与瓦斯突出矿井，未依照规定实施防突出措施的。
(4) 高瓦斯矿井未建立瓦斯抽采系统和监控系统，或者瓦斯监控系统不能正常运行的。

(5) 通风系统不完善、不可靠的。
(6) 有严重水患，未采取有效措施的。
(7) 超层越界开采的。
(8) 有冲击地压危险，未采取有效措施的。
(9) 自然发火严重，未采取有效措施的。
(10) 使用明令禁止使用或者淘汰的设备、工艺的。
(11) 年产 6 万 t 以上的煤矿没有双回路供电系统的。
(12) 新建煤矿边建设边生产，煤矿改扩建期间，在改扩建的区域生产，或者在其他区域的生产超出安全设计规定的范围和规模的。
(13) 煤矿实行整体承包生产经营后，未重新取得安全生产许可证和煤炭生产许可证，从事生产的，或者承包方再次转包的，以及煤矿将井下采掘工作面和井巷维修作业进行劳务承包的。
(14) 煤矿改制期间，未明确安全生产责任人和安全管理机构的，或者在完成改制后，未重新取得或者变更采矿许可证、安全生产许可证、煤炭生产许可证和营业执照的。
(15) 有其他重大安全生产隐患的。

煤矿有以上所列情形之一，仍然进行生产的，由县级以上地方人民政府负责煤矿安全生产监督管理的部门或者煤矿安全监察机构责令停产整顿，提出整顿的内容、时间等具体要求，处 50 万元以上 200 万元以下的罚款；对煤矿企业负责人处 3 万元以上 15 万元以下的罚款。

(五)《煤矿安全规程》

《煤矿安全规程》是煤矿安全法规体系中一部最重要的安全技术规章，具有强制性、科学性、规范性、稳定性、可操作性的特点。新中国成立以来，我国先后多次对《煤矿安全规程》进行了修订。最近一次对《煤矿安全规程》的修改是 2010 年 1 月国家安全监督管理总局以第 29 号总局令发布，新修订的《煤矿安全规程》自 2010 年 3 月 1 日起施行。

2010 版《煤矿安全规程》在原《煤矿安全规程》的基础上修改了 14 条。本次修订集中在煤矿生产方面，严格采煤工作面回风巷瓦斯浓度、专用排瓦斯巷管理以及煤与瓦斯突出和水害防治等方面，分别是第 48 条、第 50 条、第 132 条、第 136 条、第 137 条、第 148 条、第 168 条、第 176 条、第 201 条、第 209 条、第 253 条、第 273 条、第 274 条、第 285 条。

(六)《煤矿安全培训监督检查办法（试行）》

《煤矿安全培训监督检查办法（试行）》，试行办法对煤矿安全培训作了如下规定：
(1) 煤矿企业是安全生产教育和培训的责任主体。煤矿企业主要负责人（包括董事长、总经理、矿长）对安全生产教育和培训工作负主要责任。
(2) 煤矿矿长必须依法参加培训，经考核合格后取得矿长资格证。

煤矿企业主要负责人、安全生产管理人员必须参加具备相应资质的煤矿安全培训机构组织的安全培训，经授权机构对其安全生产知识和管理能力考核合格，取得安全资格证。

煤矿矿长依法取得矿长安全资格证、矿长资格证后方可任职，未取得上述两证的不得任职。

(3) 煤矿瓦斯检查工、井下爆破工、安全检查工、提升机操作工、井下电气作业、采煤机司机等特种作业人员，必须参加具备相应资质的煤矿安全培训机构组织的安全作业培训，经省级煤矿安全监察机构考核合格，取得特种作业操作资格证书，方可上岗作业。

(4) 煤矿企业必须建立健全从业人员安全生产教育和培训制度，制定并落实安全生产教育和培训计划，建立培训档案，详细、准确记录培训考核情况。

对煤矿从业人员的安全生产教育和培训由煤矿企业自行组织。不具备安全生产教育和培训条件的煤矿企业，应当与临近具备资质的煤矿安全培训机构或者大中型煤矿企业签订安全生产教育和培训协议，组织从业人员进行安全生产教育和培训。

（5）煤矿企业应当建立健全从业人员安全教育和培训工作检查制度，每半年进行一次自查自纠活动，研究制定整改措施，责任落实到人。年终进行总结，表彰先进，改进提高。

（七）《防治煤与瓦斯突出规定》

《防治煤与瓦斯突出规定》于 2009 年 4 月 30 日国家安全生产监督管理总局局长办公会议审议通过，自 2009 年 8 月 1 日起施行。

《防治煤与与瓦斯突出规定》要求：防突工作坚持区域防突措施先行、局部防突措施补充的原则。突出矿井采掘工作做到不掘突出头、不采突出面。未按要求采取区域综合防突措施的，严禁进行采掘活动。

区域防突工作应当做到多措并举、可保必保、应抽尽抽、效果达标。

（八）《煤矿防治水规定》

《煤矿防治水规定》于 2009 年 8 月 17 日国家安全生产监督管理总局局长办公会议审议通过，自 2009 年 12 月 1 日起施行。

《煤矿防治水规定》要求：防治水工作应当坚持预测预报、有疑必探、先探后掘、先治后采的原则，采取防、堵、疏、排、截的综合治理措施。水文地质条件复杂和极复杂的矿井，在地面无法查明矿井水文地质条件和充水因素时，必须坚持有掘必探。

《煤矿防治水规定》有以下特点：一是对防范重特大水害事故规定更加严格。二是对防治老空水害规定更加严密。三是对强化防治水基础工作作出规定。四是减少了有关防治水的行政审批。

（九）《煤矿作业场所职业危害防治规定（试行）》

《煤矿作业场所职业危害防治规定（试行）》（以下简称《防治规定》）自 2010 年 9 月 1 日起施行。

该《防治规定》确定了煤矿作业场所职业危害防治要坚持以人为本、预防为主、综合治理的方针，实行国家监察、地方监管、企业负责的制度。煤矿安全监察机构依法负责煤矿职业危害防治的监察工作，地方各级人民政府煤矿安全生产监管部门负责煤矿职业危害防治的日常监管工作，煤矿企业是煤矿职业危害防治的责任主体，负责职业危害防治规章制度的落实。

同时，这个规定建立了煤矿作业场所呼吸性粉尘浓度超标按职业危害事故调查处理制度，这主要是针对我国煤矿尘肺病高发这一现状而采取的一项强制性措施。通过强化职业危害事故调查分析，严肃追究责任，进一步促进煤矿企业重视粉尘危害防治工作，采取综合措施治理粉尘危害，减少尘肺病的发生。

（十）《特种作业人员安全技术培训考核管理规定》

《特种作业人员安全技术培训考核管理规定》（以下简称《管理规定》）于 2010 年 4 月 26 日国家安全生产监督管理总局局长办公会议审议通过，自 2010 年 7 月 1 日起施行。

该《管理规定》本着成熟一个确定一个的原则，在相关法律法规的基础上，对有关特种作业类别、工种进行了重大补充和调整，主要明确工矿商贸生产经营单位特种作业类别、工种，规范安全监管监察部门职责范围内的特种作业人员培训、考核及发证工作。调整后的特种作业范围共11个作业类别、51个工种。这些特种作业具备以下特点：一是独立性。必须有独立的岗位，由专人操作的作业，操作人员必须具备一定的安全生产知识和技能。二是危险性。必须是危险性较大的作业，如果操作不当，容易对操作者本人、他人或物造成伤害，甚至发生重大伤亡事故。三是特殊性。从事特种作业的人员不能很多，总体上讲，每个类别的特种作业人员一般不超过该行业或领域全体从业人员的30%。

（十一）《煤矿领导带班下井及安全监督检查规定》

《煤矿领导带班下井及安全监督检查规定》（以下简称《检查规定》）已由2010年8月30日国家安全生产监督管理总局局长办公会议审议通过，自2010年10月7日起施行。

《检查规定》共5章26条，包括总则、带班下井、监督检查、法律责任和附则等内容。其中明确煤矿领导带班下井和县级以上地方人民政府煤炭行业管理部门、煤矿安全生产监督管理部门，以及煤矿安全监察机构对其实施监督检查。煤矿、施工单位是落实领导带班下井制度的责任主体，每班必须有矿领导带班下井，并与工人同时下井、同时升井。

《检查规定》要求，煤矿应当建立健全领导带班下井制度，并严格考核。带班下井制度应当明确带班下井人员、每月带班下井的个数、在井下工作时间、带班下井的任务、职责权限、群众监督和考核奖惩等内容。煤矿的主要负责人每月带班下井不得少于5个。煤矿领导带班下井制度应当按照煤矿的隶属关系报所在地煤炭行业管理部门备案，同时抄送煤矿安全监管部门和驻地煤矿安全监察机构。煤矿应当建立领导带班下井档案管理制度。煤矿没有领导带班下井的，煤矿从业人员有权拒绝下井作业。煤矿不得因此降低从业人员工资、福利等待遇或者解除与其订立的劳动合同。

《检查规定》要求，煤炭行业管理部门应当加强对煤矿领导带班下井的日常管理和督促检查。煤矿安全监管部门应当将煤矿建立并执行领导带班下井制度作为日常监督检查的重要内容，每季度至少对所辖区域煤矿领导带班下井执行情况进行一次监督检查。煤矿领导带班下井执行情况应当在当地主要媒体向社会公布，接受社会监督。煤炭行业管理部门、煤矿安全监管部门、煤矿安全监察机构应当建立举报制度，公开举报电话、信箱或者电子邮件地址，受理有关举报；对于受理的举报，应当认真调查核实；经查证属实的，依法从重处罚。

（十二）《国务院关于进一步加强企业安全生产工作的通知》

2010年7月19日，国务院印发了《关于进一步加强企业安全生产工作的通知》（国发[2010]23号，以下简称《通知》）。

《通知》共9部分、32条，体现了党中央、国务院关于加强安全生产工作的重要决策部署和一系列指示精神，体现了"安全发展，预防为主"的原则要求和安全生产工作标本兼治、重在治本、重心下移、关口前移的总体思路。

《通知》涵盖企业安全管理、技术保障、产业升级、应急救援、安全监管、安全准入、指导协调、考核监督和责任追究等多个方面，既有政策措施，又有制度保障，既总结了我国安全生产工作的实践，也借鉴了国外先进经验、《通知》进一步明确了现阶段安全生产工作的总体要求和目标任务，提出了新形势下加强安全生产工作的一系列政策措施，是指导全国安全生产工作的纲领性文件。

(十三) 其他相关行政规章、标准

1. 其他相关行政规章

近年来，国家安全生产监督管理总局、国家煤矿安全监察局等相关部委，相继制定了一系列行政规章及规范性文件，如：《生产安全事故隐患排查治理暂行规定》《生产经营单位安全培训规定》、《煤矿重大安全生产隐患认定办法（试行）》、《关于加强国有重点煤矿安全基础管理的指导意见》、《关于加强小煤矿安全基础管理的指导意见》、《举报煤矿重大安全生产隐患和违法行为奖励办法（试行）》、《关于煤矿负责人和生产经营管理人员下井带班的指导意见》、《煤矿企业安全生产许可证实施办法》、《安全生产培训管理办法》、《安全生产行业标准管理规定》、《生产经营单位安全培训规定》、《安全生产领域违纪行为适用〈中国共产党纪律处分条例〉若干问题的解释》、《安全生产领域违法违纪行为政纪处分暂行规定》等，都是煤矿企业必须遵守的。以安监总煤调〔2007〕95 号发布施行。

2. 国家标准和行业标准

煤矿安全生产必须遵守相关国家标准如：《安全标志使用导则》（GB 2894—1996）、《矿山安全标志》（GB 14161—1993）、《矿用一般型电气设备》（GB 12173—1990）、《爆炸性环境用防爆电气设备—本质安全型电路和电气设备"i"》（GB 3836.4—2000）、《生产性粉尘作业危害程度分级》（GB 5817—1986）、《爆破安全规程》（GB 6722—1986）、《矿用一氧化碳过滤式自救器》（GB 8159—1987）、《重大危险源辨识》（GB 18218）、《煤矿井下采掘地点气象条件卫生标准》（GB 10438—1989）、《便携式热催化甲烷检测报警仪》（GB 13486—2000）等。

此外，近年来，国家安全生产监督管理总局制定，修订了一系列行业标准并以 AQ 标准的形式予以发布，这些行业标准，也是煤矿企业应执行的，见表 1—5。

表 1—5　　国家安全生产监督管理总局新近制、修订的安全生产行业标准目录

序号	标准编号	标准名称	代替标准号	实施日期
1	AQ 1049-2008	煤矿建设项目安全核准基本要求		2009-01-01
2	AQ 1050-2008	保护层开采技术规范		2009-01-01
3	AQ 1051-2008	煤矿职业安全卫生个体防护用品配备标准		2009-01-01
4	AQ 1052-2008	矿用二氧化碳传感器通用技术条件		2009-01-01
5	AQ 1053-2008	隔绝式负压氧气呼吸器		2009-01-01
6	AQ 1054-2008	隔绝式压缩氧气自救器		2009-01-01
7	AQ 1055-2008	煤矿建设项目安全设施设计审查和竣工验收规范		2009-01-01
8	AQ 1056-2008	煤矿通风能力核定标准		2009-01-01
9	AQ 1057-2008	化学氧自救器初期生氧器		2009-01-01
10	AQ 1058-2008	煤矿瓦斯检查工安全技术培训大纲及考核标准		2009-01-01
11	AQ 1059-2008	煤矿安全检查工安全技术培训大纲及考核标准		2009-01-01
12	AQ 1060-2008	煤矿井下爆破工安全技术培训大纲及考核标准		2009-01-01
13	AQ 1061-2008	采煤机司机安全技术培训大纲及考核标准		2009-01-01
14	AQ 1062-2008	煤矿井下钳工安全技术培训大纲及考核标准		2009-01-01
15	AQ 1063-2008	煤矿主提升机操作工安全技术培训大纲及考核标准		2009-01-01
16	AQ 1064-2008	煤矿用防爆柴油机无轨胶轮车安全使用规范		2009-01-01

续表1-5

序号	标准编号	标准名称	代替标准号	实施日期
17	AQ/T 1065-2008	钻屑瓦斯解吸指标测定方法	MT/T641-1996	2009-01-01
18	AQ 1066-2008	煤层瓦斯含量井下直接测定方法		2009-01-01
19	AQ/T 1067-2008	矿井风流热力状态预测方法		2009-01-01
20	AQ/T 1068-2008	煤自燃倾向性的氧化动力学测定方法		2009-01-01
21	AQ 1069-2008	煤矿主要负责人安全生产培训大纲及考核标准		2009-01-01
22	AQ 1070-2008	煤矿安全生产管理人员安全生产培训大纲及考核标准		2009-01-01
23	AQ 2013-2008	金属非金属地下矿山通风安全技术规范		2009-01-01
24	AQ 2014-2008	逆反射型矿山安全标志技术条件和试验方法	LD88-1996	2009-01-01
25	AQ 2015-2008	石膏矿地下开采安全技术规范		2009-01-01
26	AQ 2016-2008	含硫化氢天然气井失控井口点火时间规定		2009-01-01
27	AQ 2017-2008	含硫化氢天然气井公众危害程度分级方法		2009-01-01
28	AQ 2018-2008	含硫化氢天然气井公众安全防护距离		2009-01-01
29	AQ 2019-2008	金属非金属矿山竖井提升系统防坠器安全性能检测检验规范	LD87.5-1996	2009-01-01
30	AQ 2020-2008	金属非金属矿山在用缠绕式提升机安全检测检验规范	LD87.1-1996	2009-01-01
31	AQ 2021-2008	金属非金属矿山在用摩擦式提升机安全检测检验规范	LD87.2-1996	2009-01-01
32	AQ 2022-2008	金属非金属矿山在用提升绞车安全检测检验规范		2009-01-01
33	AQ 2023-2008	耐火材料生产安全规程		2009-01-01
34	AQ/T 3012-2008	石油化工企业安全管理体系实施导则		2009-01-01
35	AQ 3013-2008	危险化学品从业单位安全标准化通用规范		2009-01-01
36	AQ 3014-2008	液氯使用安全技术要求		2009-01-01
37	AQ 3015-2008	氯气捕消器技术要求		2009-01-01
38	AQ/T 3016-2008	氯碱生产企业安全标准化实施指南		2009-01-01
39	AQ/T 3017-2008	合成氨生产企业安全标准化实施指南		2009-01-01
40	AQ 3018-2008	危险化学品储罐区作业安全通则		2009-01-01
41	AQ 3019-2008	电镀化学品运输、储存、使用安全规程		2009-01-01
42	AQ 3020-2008	钢制常压储罐 第一部分：储存对水有污染的易燃和不易燃液体的埋地卧式圆形单层和双层储存罐		2009-01-01
43	AQ 3021-2008	化学品生产单位吊装作业安全规范	HG23015-1999	2009-01-01
44	AQ 3022-2008	化学品生产单位动火作业安全规范	HG23011-1999	2009-01-01
45	AQ 3023-2008	化学品生产单位动土作业安全规范	HG23017-1999	2009-01-01
46	AQ 3024-2008	化学品生产单位断路作业安全规范	HG23016-1999	2009-01-01

续表 1-5

序号	标准编号	标准名称	代替标准号	实施日期
47	AQ 3025-2008	化学品生产单位高处作业安全规范	HG23014-1999	2009-01-01
48	AQ 3026-2008	化学品生产单位设备检修作业安全规范	HG23018-1999	2009-01-01
49	AQ 3027-2008	化学品生产单位盲板抽堵作业安全规范	HG23013-1999	2009-01-01
50	AQ 3028-2008	化学品生产单位受限空间作业安全规范	HG23012-1999	2009-01-01
51	AQ 4101-2008	烟花爆竹企业安全监控系统通用技术条件		2009-01-01
52	AQ 4102-2008	烟花爆竹流向登记通用规范		2009-01-01
53	AQ 4103-2008	烟花爆竹 烟火药认定方法		2009-01-01
54	AQ 4104-2008	烟花爆竹 烟火药安全性指标及测定方法		2009-01-01
55	AQ 4105-2008	烟花爆竹 烟火药 TNT 当量测定方法		2009-01-01
56	AQ 4106-2008	烟花爆竹作业场所接地电阻测量方法		2009-01-01
57	AQ 4107-2008	烟花爆竹机械 滚筒造粒机		2009-01-01
58	AQ 4108-2008	烟花爆竹机械 引线机		2009-01-01
59	AQ 4109-2008	烟花爆竹机械 爆竹插引机		2009-01-01
60	AQ 4110-2008	烟花爆竹机械 结鞭机		2009-01-01
61	AQ 4111-2008	烟花爆竹作业场所机械电器安全规范		2009-01-01
62	AQ 4112-2008	烟花爆竹出厂包装检验规程		2009-01-01
63	AQ 4113-2008	烟花爆竹企业安全评价规范		2009-01-01
64	AQ 4201-2008	电子工业防尘防毒技术规范		2009-01-01
65	AQ 4202-2008	作业场所空气呼吸性煤尘接触浓度管理标准	LD39-92	2009-01-01
66	AQ 4203-2008	作业场所空气呼吸性岩尘接触浓度管理标准	LD41-93	2009-01-01
67	AQ 4204-2008	呼吸性粉尘个体采样器	LD40-1992	2009-01-01
68	AQ 4205-2008	矿山个体呼吸性粉尘测定方法	LD38-1992	2009-01-01
69	AQ 5202-2008	电镀生产安全操作规程		2009-01-01
70	AQ 5203-2008	电镀生产装置安全技术条件		2009-01-01
71	AQ 5204-2008	涂料生产企业安全技术规程		2009-01-01
72	AQ 5205-2008	油漆与粉刷作业安全规范		2009-01-01
73	AQ 6105-2008	足部防护 矿工安全靴		2009-01-01
74	AQ 6106-2008	足部防护 食品和医药工业防护靴		2009-01-01
75	AQ/T 6107-2008	化学防护服的选择、使用和维护		2009-01-01
76	AQ/T 6108-2008	安全鞋、防护鞋和职业鞋的选择、使用和维护		2009-01-01
77	AQ 6211-2008	煤矿用非色散红外甲烷传感器		2009-01-01
78	AQ 7005-2008	木工机械 安全使用要求		2009-01-01

续表 1—5

序号	标准编号	标准名称	代替标准号	实施日期
79	AQ 9003-2008	企业安全生产网络化监测系统技术规范		2009-01-01
80	AQ/T 9004-2008	企业安全文化建设导则		2009-01-01
81	AQ/T 9005-2008	企业安全文化建设评价准则		2009-01-01
82	AQ 6207-2007	便携式载体催化甲烷检测报警仪	MT 564-1996	2007-04-01
83	AQ 6208-2007	煤矿用固定式甲烷断电仪	MT 283-1994	2007-04-01
84	AQ 6209-2007	数字式甲烷检测报警矿灯		2007-04-01
85	AQ 1029-2007	煤矿安全监控系统及检测仪器使用管理规范		2007-04-01
86	AQ 1030-2007	煤矿用运输绞车安全检验规范		2007-04-01
87	AQ 1031-2007	煤矿用凿井绞车安全检验规范		2007-04-01
88	AQ 1032-2007	煤矿用JTK型提升绞车安全检验规范		2007-04-01
89	AQ 1033-2007	煤矿用JTP型提升绞车安全检验规范		2007-04-01
90	AQ 1034-2007	煤矿用带式制动提升绞车安全检验规范		2007-04-01
91	AQ 1035-2007	煤矿用单绳缠绕式提升绞车安全检验规范		2007-04-01
92	AQ 1036-2007	煤矿用多绳摩擦式提升绞车安全检验规范		2007-04-01
93	AQ 1037-2007	煤矿用无极绳绞车安全检验规范		2007-04-01
94	AQ 1038-2007	煤矿用架空乘人装置安全检验规范		2007-04-01
95	AQ 1039-2007	煤矿用耙矿绞车安全检验规范		2007-04-01
96	AQ 1040-2007	煤矿用启闭风门绞车安全检验规范		2007-04-01
97	AQ 1041-2007	煤矿用无极绳调速机械绞车安全检验规范		2007-04-01
98	AQ 1042-2007	煤矿用液压防爆提升机和提升绞车安全检验规范		2007-04-01
99	AQ 1043-2007	矿用产品安全标志标识		2007-04-01
100	AQ 1044-2007	矿井密闭防灭火技术规范	MT/T 698-1997	2007-07-01
101	AQ 1045-2007	煤尘爆炸性鉴定规范	MT 78-84	2007-07-01
102	AQ 1046-2007	地勘时期煤层瓦斯含量测定方法	MT/T 77-1994	2007-07-01
103	AQ 1047-2007	煤矿井下煤层瓦斯压力的直接测定方法	MT/T 638-1996	2007-07-01
104	AQ 1048-2007	煤矿井下作业人员管理系统使用与管理规范		2007-07-01
105	AQ 6210-2007	煤矿井下作业人员管理系统通用技术条件		2007-07-01
106	MT/T 1032-2007	煤矿监控系统线路避雷器		2007-07-01
107	MT/T 1033-2007	矿用光纤接、分线盒		2007-07-01
108	MT/T 987-2007	煤矿井下移动式瓦斯抽采泵站技术条件		2007-04-01
109	MT 1035-2007	采空区瓦斯抽采监控技术规范		2007-04-01
110	MT 1036-2007	煤矿井下深孔控制预裂爆破技术条件		2007-07-01

续表 1—5

序号	标准编号	标准名称	代替标准号	实施日期
111	MT 1037-2007	预抽回采工作面煤层瓦斯防治煤与瓦斯突出措施效果评价方法		2007-04-01
112	MT 1038-2007	煤矿许用裸露药包技术条件		2007-04-01
113	MT/T 1039-2007	含火药乳化炸药		2007-04-01
114	MT 624-2007	煤矿用隔爆型控制按钮	MT 624-1996	2007-07-01
115	MT 625-2007	煤矿用隔爆型信号开关	MT 625-1996	2007-07-01
116	MT 705-2007	煤矿用隔爆型低压插销	MT 705-1997	2007-07-01
117	MT 706-2007	一般兼矿用本质安全型安全栅	MT 706-1997	2007-07-01
118	MT 718-2007	矿用隔爆兼本质安全型安全栅	MT 718-1997	2007-07-01
119	MT 719-2007	煤矿用隔爆型行程开关	MT 719-1997	2007-07-01
120	MT 389-2007	煤矿用平巷人车技术条件	MT 389-1995	2007-07-01
121	MT 388-2007	矿用斜井人车技术条件	MT 388-1995	2007-07-01
122	MT 387-2007	煤矿窄轨矿车安全性测定方法和判定规则	MT 387-1995	2007-07-01
123	MT 164-2007	煤矿用涂覆布正压风筒	MT 164-1995	2007-07-01
124	MT 165-2007	煤矿用涂覆布负压风筒	MT 165-1995	2007-07-01
125	MT 380-2007	煤矿用风速表	MT 380-1995	2007-07-01
126	MT 381-2007	煤矿用温度传感器通用技术条件	MT 381-1995	2007-07-01
127	MT 222-2007	煤矿用局部通风机技术条件	MT 222-1996,MT 755-1997	2007-07-01
128	MT/T 1017-2007	选煤用磁铁矿粉		2007-07-01

※国家题库中与本章相关的试题

一、判断题

1. 煤矿安全监察工作属于行业管理的范畴。（   ）
2. 我国的煤矿安全监察机构属于行政执法机构。（   ）
3. 坚持"管理、装备、培训"三并重，是我国煤矿安全生产的基本原则。（   ）
4. 我国在煤矿安全管理工作中，坚持"谁投资、谁受益、谁负责安全"的原则。（   ）
5. "依法办矿、依法管矿、依法治理安全"是我国煤矿安全治理的基本思路。（   ）
6. "生产必须安全，安全为了生产"与"安全第一"的精神是一致的。（   ）
7. 所谓"预防为主"，就是要在事故发生后进行事故调查，查找原因，制定防范措施。（   ）
8. 实行煤矿安全监察制度，是贯彻执行安全生产方针、坚持依法治理安全的一项基本制度。（   ）
9. 法是由国家制定或认可，反映党的意志，并由国家强制力保证实施的行为规范总和。（   ）
10. 法是统治阶级实现阶级统治和执行社会公共职能的工具。（   ）
11. 法的指引作用是指法律作为一种行为规范，为人们提供了某种行为模式，指引人们如何行为，法的指引作用的对象是他人的行为。（   ）

第一章 煤矿安全生产形势与法律法规

12. 法的评价作用是指法律具有判断、衡量他人行为是否合法或违法以及违法性质和程度的作用，评价作用的对象是他人的行为。（　）
13. 法的预测作用是指当事人可以根据法律预先估计到他们相互将如何行为以及某种行为在法律上的后果。预测作用的对象是人们相互的行为。（　）
14. 法的教育作用是指通过法律的宣传教育对一般人今后的行为所发生的影响，这种作用的对象是一般人的行为。（　）
15. 法的强制作用有时通过制裁违法犯罪行为直接显现出来；有时则作为一种威慑力量，起着预防违法犯罪行为、增进社会成员的社会安全感的作用。（　）
16. 法的社会作用体现在两个方面：维护阶级统治和执行社会公共事务。（　）
17. 法在社会生活中的作用是重要的，但我们也应当看到法的作用的有限性，并以这种认识为基础，将法与其他社会调整机制有机地结合起来。（　）
18. 在当代政治和法律生活中，法与政策作为两种社会规范、两种社会调整手段，均发挥着其独特的作用。（　）
19. 违法行为亦称违法，是指人们违反法律的、具有社会危害性的、主观上有过错的活动。（　）
20. 法律责任是指由于违法行为、违约行为或者由于法律规定而应承受的某种不利的（或称否定性的）法律后果。（　）
21. 法律制裁是指由特定国家机关对违法者依其法律责任而实施的强制性惩罚措施。（　）
22. 煤炭资源实行属地所有原则，地表或者地下的煤炭资源的所有权，因其依附的土地的所有权或者使用权的不同而改变。（　）
23. 在同一开采范围内不得重复颁发煤炭生产许可证。（　）
24. 建设项目安全设施的设计人、设计单位应当对安全设施设计负责。（　）
25. 矿山建设项目的施工单位必须按照批准的安全设施设计施工，并对安全设施的工程质量负责。（　）
26. 矿山建设项目竣工投入生产或者使用前，必须依照有关法律、行政法规的规定对安全设施进行验收，施工单位对验收结果负责。（　）
27. 安全设备的设计、制造、安装、使用、检测、维修、改造和报废，应当执行当地地方标准。（　）
28. 煤矿使用的涉及生命安全、危险性较大的特种设备，必须取得安全使用证或者安全标志，方可投入使用。检测、检验机构对检测、检验结果负责。（　）
29. 煤矿对作业场所和工作岗位存在的危险因素、防范措施以及事故应急措施实施保密制度。（　）
30. 煤矿不得因从业人员在紧急情况下停止作业或者采取紧急撤离措施而降低其工资、福利等待遇或者解除与其订立的劳动合同。（　）
31. 从业人员在作业过程中，应当严格遵守本单位的安全生产规章制度和操作规程，服从管理，正确佩戴和使用劳动防护用品。（　）
32. 在作业过程中，正确佩戴和使用劳动防护用品是从业人员的权利。（　）
33. 从业人员应当接受安全生产教育和培训，掌握本职工作所需的安全生产知识，提高安全生产技能，增强事故预防和应急处理能力。（　）
34. 从业人员发现事故隐患或者其他不安全因素，应当立即向现场安全生产管理人员或者本单位负责人报告；接到报告的人员可以根据生产情况进行处理。（　）
35. 对未依法取得批准或者验收合格的单位擅自从事有关活动的，负责行政审批的部门发现或者接到举报后应当立即予以取缔，并依法予以处理。（　）
36. 对已经依法取得批准的单位，负责行政审批的部门发现其不再具备安全生产条件的，也无权撤销原批准。（　）
37. 安全生产监督检查人员执行监督检查任务时，对涉及被检查单位的技术秘密和业务秘密，没有义务

为其保密。 （ ）
38. 煤矿在领取安全生产许可证后，仍然应当时刻注意保持安全生产条件，而不得降低安全生产条件。 （ ）
39. 煤矿发生生产安全事故，造成人员伤亡和他人财产损失的，应由矿长本人承担赔偿责任。 （ ）
40. 我国《矿山安全法》规定：矿长必须经过考核，具备安全专业知识，具有领导安全生产和处理矿山事故的能力。矿山企业安全工作人员必须具备必要的安全专业知识和矿山安全工作经验。 （ ）
41. 开采矿产资源，按照国家有关规定不需缴纳资源税和资源补偿费。 （ ）
42. 非经国务院授权的有关主管部门同意，不得在港口、机场、国防工程设施圈定地区以内开采矿产资源。 （ ）
43. 非经国务院授权的有关主管部门同意，不得在重要工业区、大型水利工程设施、城镇市政工程设施附近一定距离以内开采矿产资源。 （ ）
44. 非经国务院授权的有关主管部门同意，不得在重要河流、堤坝、铁路、重要公路两侧一定距离以内开采矿产资源。 （ ）
45. 非经国务院授权的有关主管部门同意，不得在国家划定的自然保护区、重要风景区、国家重点保护的不能移动的历史文物和名胜古迹所在地开采矿产资源。 （ ）
46. 煤矿安全监察应当以处罚为主，发现事故隐患，及时进行惩处。 （ ）
47. 小煤矿伤亡事故由煤炭主管部门负责组织调查处理。 （ ）
48. 煤矿安全监察机构发现煤矿作业场所有未使用专用防爆电器设备的，应当责令立即停止作业，限期改正；有关煤矿或其作业场所经复查合格的，方可恢复作业。 （ ）
49. 煤矿安全监察机构发现煤矿作业场所有未使用专用爆破器材的，应当责令立即停止作业，限期改正；有关煤矿或其作业场所经复查合格的，方可恢复作业。 （ ）
50. 煤矿安全监察机构发现煤矿作业场所未使用明火明电照明，应当责令立即停止作业，限期改正。 （ ）
51. 煤矿安全监察机构发现煤矿有未依法建立安全生产责任制的，应当责令限期改正。 （ ）
52. 煤矿安全监察机构发现煤矿设置安全生产机构或者配备安全生产人员的，应当责令限期改正。 （ ）
53. 煤矿安全监察机构发现煤矿矿长不具备环保专业知识的，应当责令限期改正。 （ ）
54. 《煤矿安全监察条例》规定：煤矿安全监察机构发现煤矿特种作业人员未取得特种作业操作资格证书上岗作业的，应当责令限期改正。 （ ）
55. 煤矿矿长或者其他主管人员对重大事故预兆或者已发现的事故隐患不及时采取措施的，由煤矿安全监察机构给予批评教育，造成严重后果的，给予罚款。 （ ）
56. 煤矿矿长或者其他主管人员拒不执行煤矿安全监察机构及其煤矿安全监察人员的安全监察指令的，给予警告；造成严重后果，构成犯罪的，依法追究刑事责任。 （ ）
57. 煤矿矿长或者其他主管人员拒不执行煤矿安全监察机构及其煤矿安全监察人员的安全监察指令的，由煤矿安全监察机构给予批评教育；造成严重后果的，给予罚款。 （ ）
58. 我国《行政许可法》是《安全生产许可证条例》的主要立法依据。 （ ）
59. 国家对矿山企业实行安全生产许可制度。矿山企业未取得安全生产许可证的，不得从事生产活动。 （ ）
60. 国家对建筑施工企业实行安全生产许可制度。建筑施工企业未取得安全生产许可证的，不得从事生产活动。 （ ）
61. 国家对冶金企业实行安全生产许可制度。冶金企业未取得安全生产许可证的，不得从事生产活动。 （ ）
62. 国家对危险化学品生产企业实行安全生产许可制度。危险化学品生产企业未取得安全生产许可证

的，不得从事生产活动。 ( )

63. 国家对机械制造企业实行安全生产许可制度。机械制造企业未取得安全生产许可证的，不得从事生产活动。 ( )

64. 国家对烟花爆竹生产企业实行安全生产许可制度。烟花爆竹生产企业未取得安全生产许可证的，不得从事生产活动。 ( )

65. 国家对交通运输企业实行安全生产许可制度。交通运输企业未取得安全生产许可证的，不得从事生产活动。 ( )

66. 国家对煤矿企业实行安全生产许可制度。煤矿企业未取得安全生产许可证的，不得从事生产活动。 ( )

67. 国家对医药生产企业实行安全生产许可制度。医药生产企业未取得安全生产许可证的，不得从事生产活动。 ( )

68. 国家对食品企业实行安全生产许可制度。食品企业未取得安全生产许可证的，不得从事生产活动。 ( )

69. 国务院安全生产监督管理部门负责中央管理的非煤矿矿山企业和危险化学品、烟花爆竹生产企业安全生产许可证的颁发和管理。 ( )

70. 国家煤矿安全监察机构负责中央管理的煤矿企业安全生产许可证的颁发和管理。 ( )

71. 在省、自治区、直辖市设立的煤矿安全监察机构负责非中央管理的其他煤矿企业安全生产许可证的颁发和管理，并接受国家煤矿安全监察机构的指导和监督。 ( )

72. 国务院国防科技工业主管部门负责民用爆破器材生产企业安全生产许可证的颁发和管理。 ( )

73. 建立健全安全生产责任制，制定完备的安全生产规章制度和操作规程，是企业取得安全生产许可证必须具备的安全生产条件之一。 ( )

74. 建立健全财务管理制度，是企业取得安全生产许可证必须具备的安全生产条件之一。 ( )

75. 安全投入符合安全生产要求，是企业取得安全生产许可证必须具备的安全生产条件之一。 ( )

76. 设置生产管理机构，配备生产管理人员，是企业取得安全生产许可证必须具备的安全生产条件之一。 ( )

77. 主要负责人和安全生产管理人员经考核合格，是企业取得安全生产许可证必须具备的安全生产条件之一。 ( )

78. 特种作业人员经有关业务主管部门考核合格，取得特种作业操作资格证书，是企业取得安全生产许可证必须具备的安全生产条件之一。 ( )

79. 从业人员经安全生产教育和培训合格，是企业取得安全生产许可证必须具备的安全生产条件之一。 ( )

80. 参加医疗保险，是企业取得安全生产许可证必须具备的安全生产条件之一。 ( )

81. 依法参加工伤保险，为从业人员缴纳保险费，是企业取得安全生产许可证必须具备的安全生产条件之一。 ( )

82. 参加养老保险，为从业人员缴纳养老保险费，是企业取得安全生产许可证必须具备的安全生产条件之一。 ( )

83. 厂房、作业场所和安全设施、设备、工艺符合有关安全生产法律、法规、标准和规程的要求，是企业取得安全生产许可证必须具备的安全生产条件之一。 ( )

84. 有职业危害防治措施，并为从业人员配备符合国家标准或者行业标准的劳动防护用品，是企业取得安全生产许可证必须具备的安全生产条件之一。 ( )

85. 企业取得安全生产许可证的必备条件之一，是必须依法进行安全评价。 ( )

86. 企业取得安全生产许可证的必备条件之一，是有重大危险源检测、评估、监控措施和应急预案。 ( )

87. 煤矿企业应当以公司为单位，在申请领取煤炭生产许可证前，依照《安全生产许可证条例》的规定取得安全生产许可证。（　　）

88. 安全生产许可证有效期满需要延期的，企业应当于期满前 2 个月向原安全生产许可证颁发管理机关办理延期手续。（　　）

89. 企业在安全生产许可证有效期内，严格遵守有关安全生产的法律法规，未发生死亡事故的，安全生产许可证有效期届满时，经原安全生产许可证颁发管理机关同意，不再审查，安全生产许可证有效期延期 5 年。（　　）

90. 企业不得转让、冒用安全生产许可证或者使用伪造的安全生产许可证。（　　）

91. 违反《安全生产许可证条例》规定，未取得安全生产许可证擅自进行生产的，责令停止生产，没收违法所得，并处 10 万元以上 50 万元以下的罚款；造成重大事故或者其他严重后果，构成犯罪的，依法追究刑事责任。（　　）

92. 《安全生产许可证条例》施行前已经进行生产的企业，应当自《安全生产许可证条例》施行之日起 3 年内，依照该条例的规定向安全生产许可证颁发管理机关申请办理安全生产许可证。（　　）

93. 《国务院关于预防煤矿生产安全事故的特别规定》规定：煤矿企业是预防煤矿生产安全事故的责任主体。（　　）

94. 《国务院关于预防煤矿生产安全事故的特别规定》规定：煤矿企业负责人（包括一些煤矿企业的实际控制人，下同）对预防煤矿生产安全事故负主要责任。（　　）

95. 《国务院关于预防煤矿生产安全事故的特别规定》规定：煤矿未依法取得采矿许可证、安全生产许可证、煤炭生产许可证、营业执照和矿长未依法取得矿长资格证、矿长安全资格证的，煤矿不得从事生产。擅自从事生产的，属非法煤矿。（　　）

96. 《国务院关于预防煤矿生产安全事故的特别规定》规定：对 3 个月内 2 次或者 2 次以上发现有重大安全生产隐患，仍然进行生产的煤矿，县级以上地方人民政府负责煤矿安全生产监督管理的部门、煤矿安全监察机构应当提请有关地方人民政府关闭该煤矿。（　　）

97. 《国务院关于预防煤矿生产安全事故的特别规定》规定：发现煤矿企业未依照国家有关规定对井下作业人员进行安全生产教育和培训或者特种作业人员无证上岗的，应当责令限期改正，处 10 万元以上 50 万元以下的罚款；逾期未改正的，责令停产整顿。（　　）

98. 生产经营单位主要负责人是指有限责任公司或者股份有限公司的董事长、总经理，其他生产经营单位的厂长、经理、（矿务局）局长、矿长（含实际控制人）等。（　　）

99. 生产经营单位安全生产管理人员是指生产经营单位分管安全生产的负责人、安全生产管理机构负责人及其管理人员，以及未设安全生产管理机构的生产经营单位专、兼职安全生产管理人员等。（　　）

100. 生产经营单位其他从业人员是指除主要负责人、安全生产管理人员和特种作业人员以外，该单位从事生产经营活动的所有人员，包括其他负责人、其他管理人员、技术人员和各岗位的工人以及临时聘用的人员。（　　）

101. 《煤矿安全培训监督检查办法（试行）》规定：煤矿安全培训机构是安全生产教育和培训的责任主体。（　　）

102. 煤矿企业必须按规定组织实施对全体从业人员的安全教育和培训，及时选送主要负责人、安全生产管理人员和特种作业人员到具备相应资质的煤矿安全培训机构参加培训。（　　）

103. 煤矿企业主要负责人、安全生产管理人员必须参加具备相应资质的煤矿安全培训机构组织的安全培训，经煤矿安全监察机构对其安全生产知识和管理能力考核合格，取得安全资格证。（　　）

104. 煤矿矿长依法取得矿长安全资格证、矿长资格证后方可任职，未取得上述两证的不得任职。（　　）

105. 煤矿企业应当对井下作业人员进行安全生产教育和培训，保证井下作业人员具有必要的安全生产法律法规和安全生产知识，熟悉有关安全生产规章制度和安全规程，掌握本岗位的安全操作规程；未经安全生产教育和培训合格的井下作业人员不得上岗作业。（　　）

106. 根据《煤矿安全培训监督检查办法(试行)》,井下作业人员安全教育和培训应当使从业人员掌握的知识和技能不包括:安全生产法律法规知识。( )
107. 根据《煤矿安全培训监督检查办法(试行)》,井下作业人员安全教育和培训应当使从业人员掌握的知识和技能包括:矿井概况、工作环境及井下危险因素,所从事工种可能造成的职业健康伤害和伤亡事故,该工种的安全职责、操作技能及强制性标准。( )
108. 根据《煤矿安全培训监督检查办法(试行)》,井下作业人员安全教育和培训应当使从业人员掌握的知识和技能不包括:安全生产规章制度和劳动纪律。( )
109. 根据《煤矿安全培训监督检查办法(试行)》,井下作业人员安全教育和培训应当使从业人员掌握的知识和技能不包括:自救器等安全逃生装备和设施的使用与维护。( )
110. 根据《煤矿安全培训监督检查办法(试行)》,井下作业人员安全教育和培训应当使从业人员掌握的知识和技能不包括:入井须知、通风安全系统、报警系统和安全指示标志。( )
111. 煤矿企业必须建立健全从业人员安全生产教育和培训制度,制定并落实安全生产教育和培训计划,建立培训档案,详细、准确记录培训考核情况。( )
112. 安全培训机构从事煤矿安全教育和培训活动,必须取得相应的资质证书,教师应当接受专门的培训,经考核合格后方可上岗执教。煤矿安全培训机构要严格按照统一大纲组织教学活动,并每半年向社会公布一次培训计划。( )
113. 煤矿安全监察机构应当对煤矿特种作业人员持证上岗情况进行监督检查。监督检查的主要内容包括:证件的合法性(颁证机关、印章、项目内容是否过期等);人员、证件是否相符;在岗人员是否做到持证上岗等。( )
114. 《煤矿重大安全隐患认定办法(试行)》适用于各类煤矿重大安全生产隐患的认定。( )
115. 根据《煤矿重大安全隐患认定办法(试行)》之规定:矿井全年产量超过矿井核定生产能力的,属于煤矿重大安全生产隐患。( )
116. 根据《煤矿重大安全隐患认定办法(试行)》之规定:矿井月产量超过当月产量计划10%的,属于煤矿重大安全生产隐患。( )
117. 根据《煤矿重大安全隐患认定办法(试行)》之规定:一个采区内同一煤层布置3个(含3个)以上采煤工作面或5个(含5个)以上掘进工作面同时作业的,属于煤矿重大安全生产隐患。( )
118. 根据《煤矿重大安全隐患认定办法(试行)》之规定:未按规定制定主要采掘设备、提升运输设备检修计划或者未按计划检修的,属于煤矿重大安全生产隐患。( )
119. 根据《煤矿重大安全隐患认定办法(试行)》之规定:煤矿企业未制定井下劳动定员或者实际入井人数超过规定人数的,不属于煤矿重大安全生产隐患。( )
120. 根据《煤矿重大安全隐患认定办法(试行)》之规定:瓦斯检查员配备数量不足的,不属于煤矿重大安全生产隐患。( )
121. 根据《煤矿重大安全隐患认定办法(试行)》之规定:不按规定检查瓦斯,存在漏检、假检,不属于煤矿重大安全生产隐患。( )
122. 根据《煤矿重大安全隐患认定办法(试行)》之规定:井下瓦斯超限后不采取措施继续作业的,属于煤矿重大安全生产隐患。( )
123. 根据《煤矿重大安全隐患认定办法(试行)》之规定:煤与瓦斯突出矿井未建立防治突出机构并配备相应专业人员的,属于煤矿重大安全生产隐患。( )
124. 根据《煤矿重大安全隐患认定办法(试行)》之规定:煤与瓦斯突出矿井装备矿井安全监控系统和抽放瓦斯系统,设置采区专用回风巷的,不属于煤矿重大安全生产隐患。( )
125. 根据《煤矿重大安全隐患认定办法(试行)》之规定:煤与瓦斯突出矿井未采取防治突出措施的,属于煤矿重大安全生产隐患。( )
126. 根据《煤矿重大安全隐患认定办法(试行)》之规定:煤与瓦斯突出矿井未进行防治突出措施效果

检验的，不属于煤矿重大安全生产隐患。（　　）

127. 根据《煤矿重大安全隐患认定办法（试行）》之规定：煤与瓦斯突出矿井采取安全防护措施的，属于煤矿重大安全生产隐患。（　　）

128. 根据《煤矿重大安全隐患认定办法（试行）》之规定：煤与瓦斯突出矿井未按规定配备防治突出装备和仪器的，不属于煤矿重大安全生产隐患。（　　）

129. 根据《煤矿重大安全隐患认定办法（试行）》之规定：传感器设置数量不足、安设位置不当、调校不及时，瓦斯超限后不能断电并发出声光报警的，属于煤矿重大安全生产隐患。（　　）

130. 根据《煤矿重大安全隐患认定办法（试行）》之规定：矿井总风量不足的，不属于煤矿重大安全生产隐患。（　　）

131. 根据《煤矿重大安全隐患认定办法（试行）》之规定：主井、回风井同时出煤的，不属于煤矿重大安全生产隐患。（　　）

132. 根据《煤矿重大安全隐患认定办法（试行）》之规定：没有备用主要通风机或者两台主要通风机能力不匹配的，属于煤矿重大安全生产隐患。（　　）

133. 根据《煤矿重大安全隐患认定办法（试行）》之规定：违反规定串联通风的，属于煤矿重大安全生产隐患。（　　）

134. 根据《煤矿重大安全隐患认定办法（试行）》之规定：没有按正规设计形成通风系统的，不属于煤矿重大安全生产隐患。（　　）

135. 根据《煤矿重大安全隐患认定办法（试行）》之规定：采掘工作面等主要用风地点风量不足的，不属于煤矿重大安全生产隐患。（　　）

136. 根据《煤矿重大安全隐患认定办法（试行）》之规定：采区进（回）风巷未贯穿整个采区，或者虽贯穿整个采区但一段进风、一段回风的，不属于煤矿重大安全生产隐患。（　　）

137. 根据《煤矿重大安全隐患认定办法（试行）》之规定：风门、风桥、密闭等通风设施构筑质量不符合标准、设置不能满足通风安全需要的，属于煤矿重大安全生产隐患。（　　）

138. 根据《煤矿重大安全隐患认定办法（试行）》之规定：煤巷、半煤岩巷和有瓦斯涌出的岩巷的掘进工作面未装备甲烷风电闭锁装置或者甲烷断电仪和风电闭锁装置的，属于煤矿重大安全生产隐患。（　　）

139. 根据《煤矿重大安全隐患认定办法（试行）》之规定：有严重水患未查明矿井水文地质条件和采空区、相邻矿井及废弃老窑积水等情况而组织生产的，属于煤矿重大安全生产隐患。（　　）

140. 根据《煤矿重大安全隐患认定办法（试行）》之规定：矿井水文地质条件复杂没有配备防治水机构或人员，未按规定设置防治水设施和配备有关技术装备、仪器的，属于煤矿重大安全生产隐患。（　　）

141. 根据《煤矿重大安全隐患认定办法（试行）》之规定：在有突水威胁区域进行采掘作业按规定进行探放水的，属于煤矿重大安全生产隐患。（　　）

142. 根据《煤矿重大安全隐患认定办法（试行）》之规定：擅自开采各种防隔水煤柱的，属于煤矿重大安全生产隐患。（　　）

143. 根据《煤矿重大安全隐患认定办法（试行）》之规定：有明显透水征兆未撤出井下作业人员的，属于煤矿重大安全生产隐患。（　　）

144. 根据《煤矿重大安全隐患认定办法（试行）》之规定：国土资源部门认定为超层越界的，不属于煤矿重大安全生产隐患。（　　）

145. 根据《煤矿重大安全隐患认定办法（试行）》之规定：超出采矿许可证规定开采煤层层位进行开采的，属于煤矿重大安全生产隐患。（　　）

146. 根据《煤矿重大安全隐患认定办法（试行）》之规定：超出采矿许可证载明的坐标控制范围开采的，属于煤矿重大安全生产隐患。（　　）

147. 根据《煤矿重大安全隐患认定办法（试行）》之规定：擅自开采保安煤柱的，属于煤矿重大安全生产隐患。（　　）

148. 根据《煤矿重大安全隐患认定办法（试行）》之规定：有冲击地压危险的矿井配备专业人员并编制专门设计的，属于煤矿重大安全生产隐患。（　）

149. 根据《煤矿重大安全隐患认定办法（试行）》之规定：有冲击地压危险的矿井未配备专业人员并编制专门设计的，不属于煤矿重大安全生产隐患。（　）

150. 根据《煤矿重大安全隐患认定办法（试行）》之规定：有冲击地压危险的矿井进行冲击地压预测预报、采取有效防治措施的，不属于煤矿重大安全生产隐患。（　）

151. 根据《煤矿重大安全隐患认定办法（试行）》之规定：开采容易自燃和自燃的煤层时，编制防止自然发火设计或者按设计组织生产的，不属于煤矿重大安全生产隐患。（　）

152. 根据《煤矿重大安全隐患认定办法（试行）》之规定：高瓦斯矿井采用放顶煤采煤法采取措施后仍不能有效防治煤层自然发火的，不属于煤矿重大安全生产隐患。（　）

153. 根据《煤矿重大安全隐患认定办法（试行）》之规定：开采容易自燃和自燃煤层的矿井，未选定自然发火观测站或者观测点位置并建立监测系统、未建立自然发火预测预报制度，未按规定采取预防性灌浆或者全部充填、注惰性气体等措施的，属于煤矿重大安全生产隐患。（　）

154. 根据《煤矿重大安全隐患认定办法（试行）》之规定：有自然发火征兆没有采取相应的安全防范措施并继续生产的，不属于煤矿重大安全生产隐患。（　）

155. 根据《煤矿重大安全隐患认定办法（试行）》之规定：开采容易自燃煤层未设置采区专用回风巷的，不属于煤矿重大安全生产隐患。（　）

156. 根据《煤矿重大安全隐患认定办法（试行）》之规定：被列入国家应予淘汰的煤矿机电设备和工艺目录的产品或工艺，超过规定期限仍在使用的，属于煤矿重大安全生产隐患。（　）

157. 根据《煤矿重大安全隐患认定办法（试行）》之规定：矿井提升人员的绞车、钢丝绳、提升容器、斜井人车等未取得煤矿矿用产品安全标志，未按规定进行定期检验的，属于煤矿重大安全生产隐患。（　）

158. 根据《煤矿重大安全隐患认定办法（试行）》之规定：使用非阻燃皮带、非阻燃电缆，采区内电气设备未取得煤矿矿用产品安全标志的，属于煤矿重大安全生产隐患。（　）

159. 根据《煤矿重大安全隐患认定办法（试行）》之规定：未按矿井瓦斯等级选用相应的煤矿许用炸药和雷管、未使用专用发爆器的，属于煤矿重大安全生产隐患。（　）

160. 根据《煤矿重大安全隐患认定办法（试行）》之规定：采用不能保证2个畅通安全出口采煤工艺开采（三角煤、残留煤柱按规定开采者除外）的，不属于煤矿重大安全生产隐患。（　）

161. 根据《煤矿重大安全隐患认定办法（试行）》之规定：高瓦斯矿井、煤与瓦斯突出矿井、开采容易自燃和自燃煤层（薄煤层除外）矿井采用前进式采煤方法的，不属于煤矿重大安全生产隐患。（　）

162. 根据《煤矿重大安全隐患认定办法（试行）》之规定：年产6万t以上的煤矿单回路供电的，不属于煤矿重大安全生产隐患。（　）

163. 根据《煤矿重大安全隐患认定办法（试行）》之规定：年产6万t以上的煤矿有两个回路但取自一个区域变电所同一母线端的，不属于煤矿重大安全生产隐患。（　）

164. 根据《煤矿重大安全隐患认定办法（试行）》之规定：建设项目安全设施设计未经审查批准擅自组织施工的，不属于煤矿重大安全生产隐患。（　）

165. 根据《煤矿重大安全隐患认定办法（试行）》之规定：建设项目安全设施设计未经审查批准擅自组织施工的，属于煤矿重大安全生产隐患。（　）

166. 根据《煤矿重大安全隐患认定办法（试行）》之规定：对批准的安全设施设计做出重大变更后未经再次审批并组织施工的，不属于煤矿重大安全生产隐患。（　）

167. 根据《煤矿重大安全隐患认定办法（试行）》之规定：改扩建矿井在改扩建区域生产的，不属于煤矿重大安全生产隐患。（　）

168. 根据《煤矿重大安全隐患认定办法（试行）》之规定：改扩建矿井在非改扩建区域超出安全设计规定范围和规模生产的，属于煤矿重大安全生产隐患。（　）

169. 根据《煤矿重大安全隐患认定办法（试行）》之规定：建设项目安全设施未经竣工并批准而擅自组织生产的，不属于煤矿重大安全生产隐患。（　　）

170. 根据《煤矿重大安全隐患认定办法（试行）》之规定：生产经营单位将煤矿（矿井）承包或者出租给不具备安全生产条件或者相应资质的单位或者个人的，不属于煤矿重大安全生产隐患。（　　）

171. 根据《煤矿重大安全隐患认定办法（试行）》之规定：煤矿（矿井）实行承包（托管）但未签订安全生产管理协议或者载有双方安全责任与权力内容的承包合同进行生产的，属于煤矿重大安全生产隐患。（　　）

172. 根据《煤矿重大安全隐患认定办法（试行）》之规定：承包方（承托方）未重新取得煤炭生产许可证和安全生产许可证进行生产的，不属于煤矿重大安全生产隐患。（　　）

173. 根据《煤矿重大安全隐患认定办法（试行）》之规定：承包方（承托方）再次转包的，属于煤矿重大安全生产隐患。（　　）

174. 根据《煤矿重大安全隐患认定办法（试行）》之规定：煤矿将井下采掘工作面或者井巷维修作业对外承包的，不属于煤矿重大安全生产隐患。（　　）

175. 根据《煤矿重大安全隐患认定办法（试行）》之规定：煤矿改制期间，未明确安全生产责任人进行生产的，不属于煤矿重大安全生产隐患。（　　）

176. 根据《煤矿重大安全隐患认定办法（试行）》之规定：煤矿改制期间，未明确安全生产管理机构及其管理人员进行生产的，属于煤矿重大安全生产隐患。（　　）

177. 根据《煤矿重大安全隐患认定办法（试行）》之规定：煤矿完成改制后，未重新取得或者变更采矿许可证、安全生产许可证、煤炭生产许可证、营业执照以及矿长资格证、矿长安全资格证进行生产的，不属于煤矿重大安全生产隐患。（　　）

178.《煤矿隐患排查和整顿关闭实施办法（试行）》规定：煤矿企业是安全生产隐患排查、治理的责任主体，煤矿企业主要负责人（包括一些煤矿企业的实际控制人）对本企业安全生产隐患的排查和治理全面负责。（　　）

179. 煤矿企业应当以矿（井）为单位进行安全生产隐患排查、治理，矿（井）安全管理人员对安全生产隐患的排查和治理负直接责任。（　　）

180. 煤炭行业管理部门对所辖区域内煤矿的重大隐患和违法行为负有重点监察、专项监察、定期监察和依法查处的职责。（　　）

181. 煤矿企业要建立安全生产隐患排查、治理制度，组织职工发现和排除隐患。煤矿主要负责人应当每月组织一次由相关煤矿安全管理人员、工程技术人员和职工参加的安全生产隐患排查。（　　）

182. 煤矿企业要加强现场监督检查，及时发现和查处违章指挥、违章作业和违反操作规程的行为。发现存在重大隐患，要立即停止供电，并向煤矿主要负责人报告。（　　）

183. 一般隐患由煤矿主要负责人指定隐患整改责任人，责成立即整改或限期整改。（　　）

184. 重大隐患由煤矿主要负责人组织制定隐患整改方案、安全保障措施，落实整改的内容、资金、期限、下井人数、整改作业范围，并组织实施。（　　）

185. 煤矿企业应当于每季度第一周将上季度重大隐患及排查整改情况向县级以上地方人民政府负责煤矿安全生产监督管理的部门、煤矿安全监察机构提交书面报告，报告应当经煤矿企业主要负责人签字。（　　）

186. 县级以上地方人民政府负责煤矿安全生产监督管理的部门、煤矿安全监察机构发现煤矿超通风能力生产的，责令关闭，并将情况在5日内报送有关地方人民政府。（　　）

187. 县级以上地方人民政府负责煤矿安全生产监督管理的部门、煤矿安全监察机构发现高瓦斯矿井没有按规定建立瓦斯抽采系统，监测监控设施不完善、运转不正常的，责令关闭，并将情况在5日内报送有关地方人民政府。（　　）

188. 县级以上地方人民政府负责煤矿安全生产监督管理的部门、煤矿安全监察机构发现煤矿有瓦斯动

第一章 煤矿安全生产形势与法律法规 33

力现象而没有采取防突措施的,责令停产整顿,并将情况在 5 日内报送有关地方人民政府。（ ）

189. 县级以上地方人民政府负责煤矿安全生产监督管理的部门、煤矿安全监察机构发现煤矿有瓦斯动力现象而没有采取防突措施的,责令关闭,并将情况在 5 日内报送有关地方人民政府。（ ）

190. 县级以上地方人民政府负责煤矿安全生产监督管理的部门、煤矿安全监察机构发现煤矿在建、改扩建矿井安全设施未经过煤矿安全监察机构竣工验收而擅自投产的,以及违反建设程序、未经核准（审批）或越权核准（审批）的,责令关闭,并将情况在 5 日内报送有关地方人民政府。（ ）

191. 县级以上地方人民政府负责煤矿安全生产监督管理的部门、煤矿安全监察机构发现煤矿逾期未提出办理煤矿安全生产许可证申请、申请未被受理或受理后经审核不予颁证的,责令停产整顿,并将情况在 5 日内报送有关地方人民政府。（ ）

192. 县级以上地方人民政府负责煤矿安全生产监督管理的部门、煤矿安全监察机构发现煤矿未建立健全安全生产隐患排查、治理制度,未定期排查和报告重大隐患,逾期未改正的,责令停产整顿,并将情况在 5 日内报送有关地方人民政府。（ ）

193. 县级以上地方人民政府负责煤矿安全生产监督管理的部门、煤矿安全监察机构发现煤矿存在重大隐患,仍然进行生产的,责令关闭,并将情况在 5 日内报送有关地方人民政府。（ ）

194. 县级以上地方人民政府负责煤矿安全生产监督管理的部门、煤矿安全监察机构发现煤矿未对井下作业人员进行安全生产教育和培训或者特种作业人员无证上岗,逾期未改正的,责令关闭,并将情况在 5 日内报送有关地方人民政府。（ ）

195. 县级以上地方人民政府负责煤矿安全生产监督管理的部门、煤矿安全监察机构现场检查发现应当责令停产整顿的矿井,应下达停产整顿指令,明确整改内容和期限。（ ）

196. 县级以上地方人民政府负责煤矿安全生产监督管理的部门、煤矿安全监察机构现场检查发现应当责令停产整顿的矿井,不得依法实施经济处罚。（ ）

197. 县级以上地方人民政府负责煤矿安全生产监督管理的部门、煤矿安全监察机构现场检查发现应当责令停产整顿的矿井,要告知相关部门暂扣采矿许可证、安全生产许可证、煤炭生产许可证、营业执照和矿长资格证、矿长安全资格证。（ ）

198. 根据《煤矿隐患排查和整顿关闭实施办法（试行）》之规定：煤矿企业自接到有关部门下达的停产整顿指令之日起,必须立即停止生产。（ ）

199. 根据《煤矿隐患排查和整顿关闭实施办法（试行）》之规定：停产整顿期间,煤矿要组织职工进行安全教育和培训。（ ）

200. 停产整顿的矿井验收合格经批准的,由验收组织部门通知颁发证照的部门发还证照,煤矿方可恢复生产。（ ）

201. 煤矿无证或者证照不全非法开采的,负责煤矿有关证照颁发的部门应当责令该煤矿立即停止生产,提请县级以上地方人民政府予以关闭。（ ）

202. 煤矿关闭之后又擅自恢复生产的,负责煤矿有关证照颁发的部门应当责令该煤矿立即停止生产,提请县级以上地方人民政府予以关闭。（ ）

203. 煤矿经整顿仍然达不到安全生产标准、不能取得安全生产许可证的,负责煤矿有关证照颁发的部门应当责令该煤矿立即停止生产,提请县级以上地方人民政府予以关闭。（ ）

204. 煤矿责令停产整顿后擅自进行生产的；无视政府安全监管,拒不进行整顿或者停而不整、明停暗采的,负责煤矿有关证照颁发的部门应当责令该煤矿立即停止生产,提请县级以上地方人民政府予以关闭。（ ）

205. 煤矿 3 个月内 2 次或者 2 次以上发现有重大安全生产隐患,仍然进行生产的,负责煤矿有关证照颁发的部门应当责令该煤矿立即停止生产,提请县级以上地方人民政府予以关闭。（ ）

206. 煤矿停产整顿验收不合格的,负责煤矿有关证照颁发的部门应当责令该煤矿立即停止生产,提请县级以上地方人民政府予以关闭。（ ）

207. 煤矿1个月内3次或者3次以上未依照国家有关规定对井下作业人员进行安全生产教育和培训或者特种作业人员无证上岗的，负责煤矿有关证照颁发的部门应当责令该煤矿立即停止生产，提请县级以上地方人民政府予以关闭。（　）

208. 根据《煤矿隐患排查和整顿关闭实施办法（试行）》之规定：对决定关闭的煤矿，公安部门注销爆炸物品使用许可证和储存证，停止供应火工用品，收缴剩余火工用品。（　）

209. 根据《煤矿隐患排查和整顿关闭实施办法（试行）》之规定：对决定关闭的煤矿，供电部门要停止供电、拆除供电设备和线路。（　）

210. 根据《煤矿隐患排查和整顿关闭实施办法（试行）》之规定：关闭的煤矿，要拆除矿井生产设备和通信设施；封闭、填实矿井井筒，平整井口场地，恢复地貌。（　）

211. 对决定关闭的煤矿，煤矿企业要妥善遣散从业人员，按规定解除劳动关系，发还职工工资，发放遣散费用。（　）

212. 县级以上地方人民政府负责煤矿安全生产监督管理的部门、煤矿安全监察机构对被关闭煤矿，应当自煤矿关闭之日起30日内在当地主要媒体公告。（　）

213. 决定关闭的煤矿，仍有开采价值的，经省级人民政府依法批准进行拍卖的，应当按照新建矿井依法办理有关手续。（　）

214. 根据《举报煤矿重大安全生产隐患和违法行为的奖励办法（试行）》之规定：受理的举报经调查属实的，受理举报的部门或者机构应当给予实名举报的最先举报人1万元至10万元的奖励。（　）

215. 举报煤矿非法生产的，即煤矿已被责令关闭、停产整顿、停止作业，而擅自进行生产的，经核查属实，给予举报人奖励。（　）

216. 举报煤矿重大安全生产隐患的，经核查属实的，给予举报人奖励。（　）

217. 举报隐瞒煤矿伤亡事故的，经核查属实的，给予举报人奖励。（　）

218. 举报国家机关工作人员和国有企业负责人投资入股煤矿，及其他与煤矿安全生产有关的违规违法行为的，经核查属实的，给予举报人奖励。（　）

219. 举报人举报的事项应当客观真实，对其提供材料内容的真实性负责，不得捏造、歪曲事实，不得诬告、陷害他人。（　）

220. 受理煤矿重大安全生产隐患和违法行为举报的部门或者机构应当及时核查处理举报事项，自受理之日起10日内办结。（　）

221. 受理煤矿重大安全生产隐患和违法行为举报的部门或者机构应当依法保护举报人的合法权益并为其保密。（　）

222. 国有煤矿采煤、掘进、通风、维修、井下机电和运输作业，一律由安监人员带班进行。（　）

223. 国有煤矿副总工程师以上的管理人员，每月在完成规定下井次数的同时，熟悉生产的，要保证1至2次下井带班。（　）

224. 国有煤矿集团公司管理人员，要经常下井了解安全生产情况，研究解决井下存在的问题。（　）

225. 煤矿在贯通、初次放顶、排瓦斯、揭露煤层、处理火区、探放水、过断层等关键阶段，集团公司的负责人要按规定到现场指导，确保安全生产。（　）

226. 乡镇煤矿、其他民营煤矿的各类作业，必须由技术员在现场带班进行。（　）

227. 国有煤矿集团公司管理人员，以及集团公司机关处室负责人，所属各矿的负责人和生产经营管理人员的下井带班办法，由集团公司制订，报省煤炭行业管理部门批准，并报同级安全监管部门、煤矿安全监察机构和国有资产监管部门备案。（　）

228. 下井带班人员要把保证产量和进度作为第一位的责任，切实掌握当班井下的安全生产状况，加强对重点部位、关键环节的检查巡视，及时发现和组织消除事故隐患，及时制止违章违纪行为，严禁违章指挥、严禁超能力组织生产。（　）

229. 煤矿矿长、区队长是矿、区队安全生产第一责任人，下井带班人员协助矿长、区队长对当班安全

生产负责。（　　）

230. 煤矿发生危及职工生命安全的重大隐患和严重问题时，带班人员必须立即组织采取停产、撤人、排除隐患等紧急处置措施，并及时向矿长、区队长报告。（　　）

231. 煤矿发生生产安全责任事故，要在追究矿长、区队长责任的同时，追究当班带班人员相应的责任。（　　）

232. 实行井下交接班制度。上一班的带班人员要在井下向接班的带班人员详细说明井下安全状况、存在的问题及原因、需要注意的事项等，并认真填记交接班记录簿。（　　）

233. 下井带班的煤矿负责人和生产经营管理人员升井后，要将下井的时间、地点、经过路线、发现的问题及处理意见等有关情况进行详细登记，并存档备查。（　　）

234. 各级煤矿安全监察部门是落实煤矿负责人和生产经营管理人员下井带班制度的主管部门，要认真履行职责，抓好有关制度的建设和落实。（　　）

235. 对不执行煤矿负责人和生产经营管理人员下井带班制度的，要按照有关法律法规予以处罚。（　　）

二、单选题

1. 煤矿安全生产是指在煤矿生产活动过程中（　　）不受到危害，物、财产不受到损失。
   A. 人的生命　　　　　B. 人的生命和健康　　　　C. 人的健康

2. "安全第一、预防为主"是（　　）都必须遵循的安全生产基本方针。
   A. 各行各业　　　　　B. 高危行业　　　　　　　C. 煤矿企业

3. 煤矿安全生产要坚持"管理、装备、（　　）"并重原则。
   A. 监察　　　　　　　B. 培训　　　　　　　　　C. 技术

4. 由全国人民代表大会及其常务委员会制定的规范性文件是（　　）。
   A. 法律　　　　　　　B. 法规　　　　　　　　　C. 规章

5. 由国务院制定的规范性文件是（　　）。
   A. 法律　　　　　　　B. 行政法规　　　　　　　C. 规章

6. （　　）是由国务院组成部门（部、委、局等）以及省、市、自治区人民政府制定的规范性文件。
   A. 法律　　　　　　　B. 法规　　　　　　　　　C. 规章

7. 由地方权力机关制定的规范性文件是（　　）。
   A. 法律　　　　　　　B. 地方性法规　　　　　　C. 规章

8. 法的内容反映的是（　　）的意志。
   A. 统治阶级　　　　　B. 政党　　　　　　　　　C. 全体社会成员

9. 行政处分的对象只能是（　　）。
   A. 单位　　　　　　　B. 个人　　　　　　　　　C. 部门

10. 行政处罚的对象是（　　）
    A. 单位　　　　　　　B. 单位和（或）个人　　　C. 个人

11. 由人民法院实施（　　）。
    A. 行政制裁　　　　　B. 民事制裁　　　　　　　C. 行政处分

12. 由司法机关实施（　　）。
    A. 行政制裁　　　　　B. 民事制裁　　　　　　　C. 刑事制裁

13. 由特定国家行政机关实施（　　）。
    A. 行政制裁　　　　　B. 民事制裁　　　　　　　C. 刑事制裁

14. 刑事违法行为属于（　　）行为。
    A. 犯罪　　　　　　　B. 违约　　　　　　　　　C. 违纪

15. 《安全生产法》是（　　）制定的。
    A. 国家安监总局　　　B. 全国人大常委会　　　　C. 国务院

16.《国务院关于预防煤矿生产安全事故的特别规定》是（　　）制定的。
A. 国家安监总局　　　B. 全国人大常委会　　　C. 国务院
17.《安全生产许可证条例》是（　　）制定的。
A. 国家安监总局　　　B. 全国人大常委会　　　C. 国务院
18.《生产经营单位安全培训规定》是（　　）制定的。
A. 国家安监总局　　　B. 全国人大常委会　　　C. 国务院
19. 从业人员依法获得劳动安全生产保障，是劳动者应享有的基本（　　）。
A. 义务　　　　　　　B. 公共安全　　　　　　C. 权利
20. 从业人员有依法获得劳动安全生产保障权利，同时应履行劳动安全生产方面的（　　）。
A. 义务　　　　　　　B. 权力　　　　　　　　C. 权利
21. 保障从业人员安全生产权利的义务主体，是从业人员所在的（　　）。
A. 地区　　　　　　　B. 生产经营单位　　　　C. 政府
22. 从业人员有依法获得劳动安全生产保障的权利，同时应履行劳动安全生产方面的义务。安全生产的权利和义务是（　　）。
A. 对立的　　　　　　B. 不对等的　　　　　　C. 对等的
23. 只有每个从业人员都认真履行自己在安全生产方面的（　　），安全生产工作才有扎实的基础，才能落到实处。
A. 法定义务　　　　　B. 权利　　　　　　　　C. 权力
24. 生产经营单位必须执行依法制定的保障安全生产的（　　）。
A. 行业标准　　　　　B. 国家标准或者行业标准　C. 地方标准
25. 对因人为原因造成的（　　），必须依法追究责任者的法律责任，以示警戒。
A. 非责任事故　　　　B. 自然灾害　　　　　　C. 责任事故
26. 根据《安全生产法》的规定，对生产安全事故实行（　　）制度。
A. 协商　　　　　　　B. 责任追究　　　　　　C. 经济处罚
27. 依照有关法律、行政法规的规定，对生产安全事故的责任者，构成犯罪的，由司法机关依法追究其（　　）。
A. 民事责任　　　　　B. 行政责任　　　　　　C. 刑事责任
28. 管生产必须管（　　）、谁主管谁负责，这是我国安全生产工作长期坚持的一项基本原则。
A. 安全　　　　　　　B. 事故　　　　　　　　C. 经营
29. 煤矿生产建设各项活动中应认真贯彻落实"（　　）"的安全生产方针。
A. 安全第一　　　　　B. 安全第一，预防为主　C. 预防为主
30. 生产经营单位的主要负责人和（　　）应当具备必要的安全生产知识和管理能力。
A. 安全生产管理人员　B. 特种作业人员　　　　C. 从业人员
31. 生产经营单位的安全生产规章制度所约束的对象是（　　）。
A. 管理人员　　　　　B. 主要负责人　　　　　C. 所有从业人员
32. 在生产活动中，为消除能导致人身伤亡或造成设备、财产破坏以及危害环境的因素而制定的具体技术要求和实施程序的统一规定是指（　　）。
A. 安全法规　　　　　B. 安全操作规程　　　　C. 规章制度
33.《安全生产法》规定，煤矿企业的主要负责人应当保证本单位安全生产方面的投入用于本单位的（　　）工作。
A. 管理　　　　　　　B. 日常　　　　　　　　C. 安全生产
34. 煤矿的（　　）应当组织制定并实施本单位的生产安全事故应急救援预案。
A. 主要负责人　　　　B. 安全管理人员　　　　C. 从业人员

35. 容易发生人员伤亡事故，对操作者本人、他人及周围设施的安全有重大危害的作业是指（　　）。
   A. 危险作业　　　　　　B. 特种作业　　　　　　C. 登高作业
36. （　　），一般由安全色、几何图形和图形符号构成，其目的是要引起人们对危险因素的注意，预防生产安全事故的发生。
   A. 安全警示标志　　　　B. 产品广告　　　　　　C. 产品标志
37. 根据现行有关规定，我国目前使用的安全色中的（　　），表示禁止、停止，也代表防火。
   A. 红色　　　　　　　　B. 黄色　　　　　　　　C. 绿色
38. 根据现行有关规定，我国目前使用的安全色中的（　　），表示警告、注意。
   A. 红色　　　　　　　　B. 黄色　　　　　　　　C. 绿色
39. 根据现行有关规定，我国目前使用的安全色中的（　　），表示安全状态、提示或通行。
   A. 红色　　　　　　　　B. 黄色　　　　　　　　C. 绿色
40. 我国目前常用的安全警示标志中的（　　），即圆形内划一斜杠，并用红色描画成较粗的圆环和斜杠。
   A. 禁止标志　　　　　　B. 警告标志　　　　　　C. 指令标志
41. 我国目前常用的安全警示标志中的（　　），即在圆形内配上指令含义的颜色——蓝色，并用白色绘画必须履行的图形符号。
   A. 禁止标志　　　　　　B. 警告标志　　　　　　C. 指令标志
42. 我国目前常用的安全警示标志中的（　　），以绿色为背景的长方几何图形，配以白色的文字和图形符号，并标明目标的方向。
   A. 警告标志　　　　　　B. 指令标志　　　　　　C. 提示标志
43. 员工集体宿舍不得与车间、商店、仓库在同一座建筑物内，并应当与其保持一定距离的主要目的，是为了保障单位员工的（　　）。
   A. 生命财产安全　　　　B. 隐私权　　　　　　　C. 财产安全
44. 按照有关法律要求，告知从业人员作业场所和工作岗位的危险因素、防范措施以及事故应急措施，是保障从业人员的（　　）重要内容。
   A. 教育权　　　　　　　B. 知情权　　　　　　　C. 建议权
45. 煤矿发生重大生产安全事故时，单位的主要负责人应当立即（　　）。
   A. 组织抢救　　　　　　B. 发布消息　　　　　　C. 离开现场
46. 煤矿发生生产安全事故后，事故现场有关人员必须立即（　　）。
   A. 离开现场　　　　　　B. 组织抢救　　　　　　C. 报告本单位负责人
47. 煤矿发生生产安全事故和事故调查处理期间，主要负责人不得（　　）。
   A. 擅离职守　　　　　　B. 组织救援　　　　　　C. 立即处理
48. 我国目前已经建立的社会保险包括养老保险、失业保险、医疗保险以及工伤保险等。其中（　　）是与生产经营单位的安全生产工作关系最密切的社会保险。
   A. 医疗保险　　　　　　B. 养老保险　　　　　　C. 工伤保险
49. 煤矿主要负责人受到刑事处罚或者撤职处分的，自刑罚执行完毕或者受处分之日起，在（　　）不得担任任何生产经营单位的主要负责人。
   A. 1年内　　　　　　　B. 3年内　　　　　　　C. 5年内
50. 根据我国现行有关法律法规的规定，煤矿企业必须依法参加（　　）。
   A. 医疗保险　　　　　　B. 工伤社会保险　　　　C. 财产保险
51. 根据法律规定：构成重大劳动安全事故犯罪，应承担（　　）。
   A. 刑事责任　　　　　　B. 行政责任　　　　　　C. 民事责任
52. 与从业人员签订协议，免除或者减轻因发生生产安全事故造成从业人员伤亡依法应当承担的责任的，从（　　）起即为无效。
　　A. 发生事故　　　　　B. 检查发现之日　　　C. 签订之日
53. 煤矿不符合安全生产条件，经停产停业整顿仍达不到安全生产条件的，应依法予以（　　）。
　　A. 关闭　　　　　　　B. 警告　　　　　　　C. 罚款
54. 煤矿未依法提取或者使用煤矿安全技术措施专项费用的，责令（　　）；逾期不改正的，处5万元以下的罚款；情节严重的，责令停产整顿。
　　A. 限期改正　　　　　B. 立即关闭　　　　　C. 书面检查
55. 安全生产许可证由（　　）规定统一的式样。
　　A. 国务院安全生产监督管理部门　　　　　　B. 省级煤矿安全监察机构
　　C. 省（市）安全生产监督管理部门
56. 《安全生产许可证条例》规定：安全生产许可证的有效期为（　　）年。
　　A. 1　　　　　　　　　B. 2　　　　　　　　　C. 3
57. 矿山建设项目和用于生产、储存危险物品的建设项目，应当分别按照国家有关规定进行（　　）。
　　A. 安全警示和安全管理　　　　　　　　　　　B. 安全管理和监督
　　C. 安全条件论证和安全评价
58. 我国《安全生产法》规定，国家对严重危及生产安全的工艺、设备实行（　　）制度。
　　A. 淘汰　　　　　　　B. 检查　　　　　　　C. 年检
59. 煤矿对重大危险源应当登记建档，进行定期检测、评估、监控，并制定（　　），告知从业人员和相关人员在紧急情况下应当采取的应急措施。
　　A. 预防办法　　　　　B. 管理制度　　　　　C. 应急预案
60. 生产、经营、储存、使用危险物品的仓库不得与员工宿舍在（　　）。
　　A. 同一城市　　　　　B. 同一矿　　　　　　C. 同一座建筑物内
61. 我国《矿山安全法》是为了保障矿山生产安全，防止矿山事故，保护矿山职工人身安全，促进（　　）的发展而制定的。
　　A. 采矿业　　　　　　B. 建筑工业　　　　　C. 经济社会
62. 矿山企业必须具有保障安全生产的设施，建立、健全安全管理制度，采取有效措施改善职工劳动条件，加强矿山安全管理工作，保证（　　）。
　　A. 安全生产　　　　　B. 社会和谐　　　　　C. 经济效益
63. 矿山建设工程的设计文件，必须符合矿山安全规程和行业技术规范，并按照国家规定经管理矿山企业的主管部门批准；不符合矿山安全规程和行业技术规范的，（　　）批准。
　　A. 经主管部门同意的可以　　B. 经主管领导同意的可以　　C. 不得
64. 生产经营单位（　　）国家明令淘汰、禁止使用的危及生产安全的工艺、设备。
　　A. 不得使用　　　　　　　　　　　　　　　B. 经主管部门同意的可以使用
　　C. 经主管领导同意的可以使用
65. 矿山建设工程安全设施竣工后，不符合矿山安全规程和（　　）的，不得验收，不得投入生产。
　　A. 行业技术规范　　　B. 国家标准　　　　　C. 地方标准
66. 用人单位因劳动者依法行使正当权利而降低其工资、福利等待遇或者解除、终止与其订立的劳动合同的，其行为（　　）。
　　A. 无效　　　　　　　B. 有效　　　　　　　C. 需经主管部门批准
67. 煤矿发生重大生产安全事故时，单位的主要负责人应当立即组织抢救，并不得在事故调查处理期间（　　）。
　　A. 借故离矿　　　　　B. 坚守岗位　　　　　C. 擅离职守
68. 煤矿不得因从业人员对本单位安全生产工作提出批评、检举、控告或者拒绝违章指挥、强令冒险作业而降低其工资、福利等待遇或者解除与其订立的（　　）。

A. 劳动合同　　　　　B. 协定　　　　　　C. 责任书

69. 从业人员发现直接危及人身安全的紧急情况时，（　　）停止作业或者在采取可能的应急措施后撤离作业场所。

A. 无权　　　　　　　B. 有权　　　　　　C. 不得

70. 因生产安全事故受到损害的从业人员，除依法享有工伤社会保险外，依照有关民事法律尚有获得赔偿的权利的，（　　）向本单位提出赔偿要求。

A. 不能　　　　　　　B. 无权　　　　　　C. 有权

71. 煤矿对负有安全生产监督管理职责的部门的监督检查人员依法履行监督检查职责，应当予以（　　）。

A. 配合　　　　　　　B. 拒绝　　　　　　C. 抵制

72. （　　）对事故隐患或者安全生产违法行为，均有权向负有安全生产监督管理职责的部门报告或者举报。

A. 单位领导和群众　　B. 安全管理人员和技术人员　　C. 任何单位或者个人

73. 煤矿主要负责人在本单位发生重大生产安全事故时，不立即组织抢救或者在事故调查处理期间（　　）的，给予降职、撤职的处分，对逃匿的处15日以下拘留；构成犯罪的，依照刑法有关规定追究刑事责任。

A. 请假外出　　　　　B. 擅离职守或者逃匿　　C. 态度消极

74. 矿山企业职工（　　）对危害安全的行为，提出批评、检举和控告。

A. 无权　　　　　　　B. 有权　　　　　　C. 不得

75. 新工人入矿前，必须经过（　　），不适于从事矿山作业的，不得录用。

A. 文化测试　　　　　B. 政治审查　　　　C. 健康检查

76. （　　）必须为劳动者提供符合国家规定的劳动安全卫生条件和必要的劳动防护用品。

A. 监管部门　　　　　B. 劳动部门　　　　C. 用人单位

77. 从事特种作业的劳动者必须经过专门培训并取得（　　）。

A. 学历　　　　　　　B. 特种作业资格　　C. 安全工作资格

78. 煤矿企业的主要负责人对本单位的安全生产工作（　　）责任。

A. 负全面　　　　　　B. 负部分　　　　　C. 负直接

79. 煤矿安全生产要贯彻（　　）的方针。

A. 安全第一　　　　　B. 安全第一，预防为主　　C. 责任追究

80. 矿山安全生产责任制的建立是通过确立各级管理机构和人员的（　　）来实现的。

A. 安全生产职责　　　B. 安全生产权利　　C. 安全生产义务

81. 煤矿隐瞒存在的事故隐患以及其他安全问题的，给予警告，可以并处5万元以上10万元以下的罚款，情节严重的，责令（　　）。

A. 停产整顿　　　　　B. 矿长停职检查　　C. 关闭矿井

82. 煤矿提供虚假情况的，给予警告，可以并处5万元以上10万元以下的罚款，情节严重的，责令（　　）。

A. 停职检查　　　　　B. 劳动改造　　　　C. 停产整顿

83. 根据"（　　）"的原则，我国的相关法律法规明确规定了安全生产责任制中企业各级领导和各类业务人员在生产业务活动中应负的安全责任。

A. 管生产必须管安全　B. 依法行政　　　　C. 合理行政

84. 国家实行生产安全事故（　　），依法追究生产安全事故责任人员的法律责任。

A. 责任追究制度　　　B. 法律追究制度　　C. 隐患排查制度

85. 每个矿井至少有（　　）个以上能行人的安全出口，出口之间的直线水平距离必须符合矿山安全规程和行业技术规范。
    A. 1　　　　　　　　B. 2　　　　　　　　C. 3
86. 煤矿发生伤亡事故的，由（　　）负责组织调查处理。
    A. 煤矿安全监察机构　B. 煤炭主管部门　　　C. 纪律检查部门
87. 煤矿建设工程安全设施设计必须经（　　）审查同意，未经审查同意不得施工。
    A. 煤炭主管部门　　　B. 煤矿安全监察机构　C. 规划设计部门
88. 煤矿安全监察机构审查煤矿建设工程安全设施设计，应当自收到申请审查的设计资料之日起（　　）日内审查完毕，签署同意或者不同意的意见，并书面答复。
    A. 5　　　　　　　　B. 7　　　　　　　　C. 30
89. 煤矿建设工程竣工后或者（　　），应当经煤矿安全监察机构对其安全设施和条件进行验收，未经验收或者验收不合格的，不得投入生产。
    A. 投产后　　　　　　B. 投产前　　　　　　C. 投产中
90. 煤矿安全监察机构对煤矿建设工程安全设施和条件进行验收，应当自收到申请验收文件之日起 30 日内验收完毕，签署合格或者不合格的意见，并（　　）答复。
    A. 口头　　　　　　　B. 书面　　　　　　　C. 电话
91. 煤矿安全监察机构发现煤矿进行独眼井开采的，应当（　　）。
    A. 经济处罚　　　　　B. 批评教育　　　　　C. 责令关闭
92. 煤矿安全监察人员发现煤矿矿长或者其他主管人员违章指挥工人或者强令工人违章、冒险作业，或者发现工人违章作业的，应当（　　）。
    A. 给予警告　　　　　B. 给予罚款　　　　　C. 立即纠正或者责令立即停止作业
93. 煤矿安全监察机构及其煤矿安全监察人员履行安全监察职责，向煤矿有关人员了解情况时，有关人员（　　）反映情况。
    A. 不能随意　　　　　B. 应当如实　　　　　C. 有权拒绝
94. 《煤矿安全监察条例》规定：煤矿建设工程安全设施设计未经煤矿安全监察机构审查同意，擅自施工的，由煤矿安全监察机构（　　）。
    A. 罚款　　　　　　　B. 责令停止施工　　　C. 批评指正
95. 《煤矿安全监察条例》规定：煤矿建设工程安全设施和条件未经验收或者验收不合格，擅自投入生产的，由煤矿安全监察机构责令（　　）。
    A. 关闭　　　　　　　B. 停止生产　　　　　C. 停止使用
96. 煤矿作业场所的瓦斯、粉尘或者其他有毒有害气体的浓度超过国家安全标准或者行业安全标准，煤矿安全监察人员应责令（　　）。
    A. 限期改正　　　　　B. 立即停止作业　　　C. 关闭
97. 《煤矿安全监察条例》规定：擅自开采保安煤柱，或者采用危及相邻煤矿生产安全的决水、爆破、贯通巷道等危险方法进行采矿作业，煤矿安全监察人员应责令（　　）。
    A. 关闭　　　　　　　B. 限期改正　　　　　C. 立即停止作业
98. 被吊销采矿许可证、煤炭生产许可证的煤矿，由（　　）依法相应吊销营业执照。
    A. 煤矿安全监察机构　B. 工商行政管理部门　C. 司法部门
99. 煤矿安全监察人员滥用职权、玩忽职守、徇私舞弊，应当（　　）。
    A. 罚款　　　　　　　B. 警告　　　　　　　C. 依法追究责任
100. 煤矿拒绝、阻碍煤矿安全监察机构及其人员现场检查的，给予警告，可以并处 5 万元以上 10 万元以下的罚款，情节严重的，责令（　　）。
    A. 矿长停职　　　　　B. 矿长写出检查　　　C. 停产整顿

101.《安全生产许可证条例》是为了严格规范安全生产条件,进一步加强安全生产监督管理,防止和减少生产安全事故,根据（　　）的有关规定而制定的。

A.《安全生产法》　　　　B.《煤炭法》　　　　C.《矿山安全法》

102. 煤矿企业未取得（　　）的,不得从事生产活动。

A. ISO 9001 认证　　　　B. ISO 14000 认证　　　　C. 安全生产许可证

103. 煤矿必须为从业人员提供符合（　　）的劳动防护用品。

A. 国际质量标准　　　　B. 国家标准或者行业标准　　　　C. 企业质量标准

104. 煤矿的安全生产管理人员应当根据本单位的生产经营特点,对安全生产状况进行经常性检查,检查及处理情况应当（　　）。

A. 经领导认可　　　　B. 请示汇报　　　　C. 记录在案

105. 生产经营单位应当安排用于配备劳动防护用品、进行安全生产培训的（　　）。

A. 经费　　　　B. 规划　　　　C. 计划

106. 根据有关法律规定,因生产安全事故受到损害的从业人员,除依法享有工伤社会保险外,依照有关民事法律尚有获得赔偿的权利的,有权向（　　）提出赔偿要求。

A. 主管部门　　　　B. 保险公司　　　　C. 本单位

107. 根据《安全生产法》的规定,承担安全评价、认证、检测、检验工作的机构,出具虚假证明,构成犯罪的,依照刑法有关规定追究（　　）。

A. 刑事责任　　　　B. 民事责任　　　　C. 行政责任

108.《煤矿安全监察条例》规定：煤矿发生事故后,不按照规定及时、如实报告事故的,给予警告,可以并处 3 万元以上 15 万元以下的罚款,情节严重的,责令（　　）。

A. 关闭　　　　B. 限期改正　　　　C. 停产整顿

109.《安全生产法》规定的行政处罚,由（　　）的部门决定。

A. 当地人民政府　　　　B. 负责安全生产监督管理　　　　C. 当地法院

110. 各级人民政府及其有关部门和煤矿企业必须采取措施加强劳动保护,保障煤矿职工的（　　）。

A. 安全和健康　　　　B. 生命安全　　　　C. 健康

111. 煤矿企业应当采取措施,加强劳动保护,保障职工的安全和健康,对井下作业的职工采取（　　）措施。

A. 特殊保护　　　　B. 保护　　　　C. 严格管理

112.《煤矿安全监察条例》规定：煤矿发生事故后,阻碍、干涉事故调查工作,拒绝接受调查取证、提供有关资料和情况的,给予警告,可以并处 3 万元以上 15 万元以下的罚款,情节严重的,责令（　　）。

A. 关闭　　　　B. 限期改正　　　　C. 停产整顿

113.《煤矿安全监察条例》规定：煤矿发生事故后,伪造、故意破坏现场的,给予警告,可以并处 3 万元以上 15 万元以下的罚款,情节严重的,责令（　　）。

A. 停产整顿　　　　B. 关闭　　　　C. 限期改正

114.《煤矿安全监察条例》集中地反映了国家对煤矿安全生产工作的基本要求,是安全生产方针在（　　）的具体化。

A. 生产经营活动中　　　　B. 煤炭工业　　　　C. 安全管理

115.（　　）是指有关法律法规作出硬性规定必须进行的安全教育培训形式。

A. 非强制性安全培训　　　　B. 强制性安全培训　　　　C. 学历教育

116. 安全技术培训坚持（　　）的原则。

A. 教考分离　　　　B. 教学分离　　　　C. 学用分离

117. 监督检查（　　）被检查单位的正常生产经营活动。

A. 应当停止　　　　B. 可以暂停　　　　C. 不得影响

118. 政府有关部门的工作人员玩忽职守，致使国家和人民利益遭受重大损失构成犯罪的，依照《刑法》的规定追究其（　　）。
    A. 民事责任　　　　　　B. 刑事责任　　　　　　C. 行政责任
119. 行政许可由具有行政许可权的（　　）在其法定职权范围内实施。
    A. 立法机关　　　　　　B. 司法机关　　　　　　C. 行政机关
120. 企业依法参加工伤保险，为从业人员缴纳保险费，是其（　　）。
    A. 法定权利　　　　　　B. 法定义务　　　　　　C. 法定职权
121. 享受工伤保险待遇，是从业人员的一项（　　）。
    A. 法定权利　　　　　　B. 法定义务　　　　　　C. 法定职权
122. 用人单位应当按时缴纳工伤保险费，职工个人（　　）工伤保险费。
    A. 缴纳　　　　　　　　B. 不缴纳　　　　　　　C. 缴纳部分
123. 《安全生产许可证条例》规定：安全生产许可证颁发管理机关应当自收到申请之日起（　　）日内审查完毕。
    A. 15　　　　　　　　　B. 30　　　　　　　　　C. 45
124. 根据《安全生产许可证条例》的要求：煤矿企业应当以（　　）为单位，在申请领取煤炭生产许可证前，依照安全生产许可证条例的规定取得安全生产许可证。
    A. 法人　　　　　　　　B. 矿（井）　　　　　　C. 公司
125. 《行政许可法》规定：行政机关应当自受理行政许可申请之日起（　　）日内作出行政许可决定。不能按期作出决定的，经本行政机关负责人批准，可以延长10日，并应当将延长期限的理由告知申请人。法律、法规另有规定的除外。
    A. 10　　　　　　　　　B. 20　　　　　　　　　C. 30
126. 《安全生产许可证条例》规定：违反本条例规定，未取得安全生产许可证擅自进行生产的，责令停止生产，没收违法所得，并处（　　）的罚款；造成重大事故或者其他严重后果，构成犯罪的，依法追究刑事责任。
    A. 1万元以上5万元以下　　　　　　　　B. 10万元以上50万元以下
    C. 100万元以上500万元以下
127. 《煤矿企业安全生产许可证实施办法》规定：安全生产许可证颁发管理机关应当每（　　）向社会公布一次取得安全生产许可证的煤矿企业情况。
    A. 年　　　　　　　　　B. 6个月　　　　　　　　C. 3个月
128. 伪造安全生产许可证是一种（　　）。
    A. 严重的违法行为　　　B. 违纪行为　　　　　　C. 错误行为
129. 煤矿企业取得安全生产许可证后，（　　）降低安全生产条件。
    A. 允许　　　　　　　　B. 不得　　　　　　　　C. 可以
130. 煤矿企业取得安全生产许可证后，（　　）接受安全生产许可证颁发管理机关的监督检查。
    A. 可以拒绝　　　　　　B. 不再　　　　　　　　C. 应当
131. 安全生产许可证颁发管理机关发现企业不再具备本条例规定的安全生产条件的，应当（　　）安全生产许可证。
    A. 暂扣　　　　　　　　B. 吊销　　　　　　　　C. 暂扣或者吊销
132. 煤矿企业必须保持持续具备法定的安全生产条件，不得（　　）安全生产条件。
    A. 改变　　　　　　　　B. 降低　　　　　　　　C. 改善
133. 《安全生产许可证条例》规定的取得安全生产许可证应当具备的条件，是保证企业安全生产所应当达到的（　　）条件。
    A. 最高　　　　　　　　B. 最严格的　　　　　　C. 最基本的

134. 煤矿企业领取了安全生产许可证后,(　　)日常安全生产管理。
    A. 应当加强　　　　　　B. 可适当放松　　　　　　C. 可以简化
135. 取得安全生产许可证的企业必须接受依法进行的监督检查,并提供相应的便利条件,积极予以配合,这是企业的一项(　　)。
    A. 法定权利　　　　　　B. 法定义务　　　　　　C. 法定权力
136. 根据"谁审批,谁监督,谁负责"的行政审批的基本原则,安全生产许可证颁发管理机关对取得安全生产许可证的企业必须(　　)。
    A. 实施有效监督　　　　B. 进行日常管理　　　　C. 实施业务指导
137. 行政机关应当对公民、法人或者其他组织从事行政许可事项的活动实施(　　)。
    A. 日常管理　　　　　　B. 业务指导　　　　　　C. 有效监督
138. 安全生产许可证颁发管理机关依照(　　)的规定,履行安全生产许可证颁发、管理及监督检查职责,其根本目的是为了从源头上预防和减少生产安全事故的发生。
    A.《安全生产许可证条例》　B.《煤炭法》　　　　　C.《矿山安全法》
139. 矿山企业井下采掘作业,接近承压含水层或者含水的断层、流沙层、砾石层、溶洞、陷落柱,未采取探水前进的,(　　)。
    A. 责令改正　　　　　　B. 责令关闭　　　　　　C. 责令停止生产
140. 矿山企业井下采掘作业,接近与地表水体相通的地质破碎带或者接近连通承压层的未封孔,未采取探水前进的,(　　)。
    A. 责令改正　　　　　　B. 责令关闭　　　　　　C. 责令停止生产
141. 对生产经营单位及其有关人员的同一个安全生产违法行为,不得给予(　　)罚款的行政处罚。
    A. 1次　　　　　　　　B. 2次以上　　　　　　　C. 2次以下
142. 除法律另有规定外,违法行为自发生之日起(　　)年内未被发现的,不得再给予行政处罚。
    A. 1　　　　　　　　　B. 2　　　　　　　　　　C. 3
143. 生产经营单位及其有关人员主动消除或者减轻安全生产违法行为危害后果的,应当依法(　　)行政处罚。
    A. 加重　　　　　　　　B. 从轻或者减轻　　　　C. 免除
144. 煤矿企业在安全生产许可证有效期满时,(　　)延期手续,继续进行生产,是一种违法行为,应当承担相应的法律责任。
    A. 已办理　　　　　　　B. 未办理　　　　　　　C. 刚办理
145. 监察机关在实施监察工作中,(　　)要求安全生产许可证颁发管理机关及其工作人员提供与监察事项有关的文件、资料,并进行查阅或者复制。
    A. 无权　　　　　　　　B. 不得　　　　　　　　C. 有权
146. 监察机关在实施监察工作中,(　　)要求安全生产许可证颁发管理机关及其工作人员就监察事项涉及的问题作出说明。
    A. 无权　　　　　　　　B. 有权　　　　　　　　C. 不得
147. 监察机关在实施监察工作中,(　　)责令安全生产许可证颁发管理机关及其工作人员停止违反法律、法规和行政纪律的行为。
    A. 无权　　　　　　　　B. 不得　　　　　　　　C. 有权
148. 对于监察机关作出的监察决定,有关部门和人员(　　)。
    A. 应当执行　　　　　　B. 有权拒绝　　　　　　C. 应当拒绝
149. 生产经营单位及有关人员受他人胁迫有安全生产违法行为的,应当依法(　　)行政处罚。
    A. 免除　　　　　　　　B. 从轻或者减轻　　　　C. 加重
150. 对安全生产许可证颁发管理机关工作人员违反安全生产许可证条例规定的行为的举报,(　　)应当受理。

　　A. 安全生产许可证颁发管理机关或监察机关　　B. 检查机关
　　C. 检察机关

151. （　　）是指法律关系主体由于违反了法律规定的义务而依法应当承担的否定性法律后果。
　　A. 法律监督　　　　　　B. 法律行为　　　　　　C. 法律责任

152. 违法行为构成犯罪的，必须将案件移送（　　），依法追究刑事责任。
　　A. 上级机关　　　　　　B. 复议机关　　　　　　C. 司法机关

153. 法律责任通常表现为违法者要受到相应的（　　）。
　　A. 法律保护　　　　　　B. 法律制裁　　　　　　C. 法律援助

154. 违法行为构成犯罪的，必须将案件移送司法机关，依法追究（　　）。
　　A. 行政责任　　　　　　B. 刑事责任　　　　　　C. 民事责任

155. 凡是实施了（　　）的自然人、法人或者其他组织，都必须承担相应的法律责任。
　　A. 违法行为　　　　　　B. 行政行为　　　　　　C. 合法行为

156. 行政处罚必须遵守处罚（　　）。
　　A. 自主原则　　　　　　B. 法定原则　　　　　　C. 自由裁量原则

157. 处罚法定原则要求只在存在违反法定义务的行为，并且（　　）对该行为应予处罚时，才能对其进行行政处罚。
　　A. 法律明确规定　　　　B. 领导集体决定　　　　C. 群众要求

158. 行政处罚必须遵守处罚法定原则和处罚相当原则。处罚法定原则要求只在存在违反（　　）的行为并且法律明确规定对该行为应予处罚时，才能对其进行行政处罚。
　　A. 组织纪律　　　　　　B. 法定权利　　　　　　C. 法定义务

159. 法律责任以（　　）为必然后果。
　　A. 法律制裁　　　　　　B. 刑事处罚　　　　　　C. 行政责任

160. 任何法律责任最终都表现为一定的制裁，通过制裁迫使行为人（　　）实施违法行为，同时达到教育和威慑其他人的目的。
　　A. 继续　　　　　　　　B. 放弃　　　　　　　　C. 选择

161. 根据《刑法》规定，强令他人违章冒险作业，因而发生重大伤亡事故或者造成其他严重后果的，构成（　　）的，处5年以下有期徒刑或者拘役；情节特别恶劣的，处5年以上有期徒刑。
　　A. 重大责任事故罪　　　B. 玩忽职守罪　　　　　C. 受贿罪

162. 在法律分类中，（　　）主要包括行政法律责任和刑事法律责任。
　　A. 公法责任　　　　　　B. 私法责任　　　　　　C. 经济责任

163. 私法责任就是指（　　）。
　　A. 行政法律责任　　　　B. 刑事法律责任　　　　C. 民事法律责任

164. 违反《安全生产许可证条例》规定的行为人承担的（　　）主要是一种公法责任，即行政法律责任和刑事法律责任。
　　A. 法律责任　　　　　　B. 民事责任　　　　　　C. 行政责任

165. 法律规定的行政法律关系主体违反行政法律规范，损害行政法保护的个人、组织的合法权益或者国家、社会公益所应承担的法律责任是指（　　）。
　　A. 行政法律责任　　　　B. 民事法律责任　　　　C. 刑事法律责任

166. 行政法律关系（　　）包括国家行政机关及其工作人员和行政管理相对人。
　　A. 主体　　　　　　　　B. 客体　　　　　　　　C. 自然人

167. 煤矿企业虽然没有办理延期手续，但实际上已经主动停止了生产，则（　　）受到处罚。
　　A. 应当　　　　　　　　B. 不应当　　　　　　　C. 也必须

168. 生产经营单位及其有关人员配合安全生产监督管理部门或者煤矿安全监察机构查处安全生产违法行为有立功表现的，应当依法（　　）行政处罚。
　　A. 加重　　　　　　　　B. 从轻或者减轻　　　　C. 免除
169. 在行政处罚时，（　　）对违法者的处罚，有利于提高安全生产法律制度的权威性，进而真正实现从源头和根本上消除生产安全事故隐患的目标。
　　A. 加重　　　　　　　　B. 减轻　　　　　　　　C. 停止
170. 在追究法律责任时，（　　）是特定的行政机关或法定授权的组织，依法惩戒违反行政法律规范尚不够给予刑事处罚的个人、组织的一种具体行政行为。
　　A. 行政处分　　　　　　B. 民事处罚　　　　　　C. 行政处罚
171. 在追究法律责任时，（　　）是特定的行政机关或法定授权的组织，依法惩戒违反行政法律规范尚不够给予刑事处罚的个人的一种具体行政行为。
　　A. 行政处分　　　　　　B. 民事制裁　　　　　　C. 刑事制裁
172. 在追究法律责任时，（　　）是国家机关、企事业单位和社会团体依据行政管理法律法规等对其所属人员违规、违纪行为所做的处罚。
　　A. 行政处分　　　　　　B. 刑事法律责任　　　　C. 行政处罚
173. 在法律责任中，（　　）是依照刑事法律的规定，违法行为人的行为构成犯罪应当承担的法律后果，是法律责任中最严厉的一种。
　　A. 行政法律责任　　　　B. 民事法律责任　　　　C. 刑事法律责任
174. 安全生产许可证颁发管理机关工作人员向不符合《安全生产许可证条例》规定的安全生产条件的企业颁发了安全生产许可证，这种行为是（　　），应当承担相应的法律责任。
　　A. 合法的　　　　　　　B. 违法的　　　　　　　C. 允许的
175. 安全生产许可证颁发管理机关工作人员发现企业未依法取得安全生产许可证擅自从事生产活动，不依法处理，是一种（　　），也是违法行为。
　　A. 行政作为　　　　　　B. 行政不作为　　　　　C. 行政乱作为
176. 生产经营单位及其有关人员安全生产违法行为轻微并及时纠正，没有造成危害后果的，（　　）行政处罚。
　　A. 免除　　　　　　　　B. 从轻或者减轻　　　　C. 不予
177. （　　），是指国家机关工作人员超越职权擅自决定、处理其无权处理的事务，或者故意违法处理公务，致使公共财产、国家和人民利益遭受重大损失的行为。
　　A. 滥用职权罪　　　　　B. 玩忽职守罪　　　　　C. 受贿罪
178. 滥用职权罪的主体是代表国家行使权力的（　　）。
　　A. 国家机关工作人员　　B. 企事业单位从业人员　C. 企事业单位
179. 滥用职权罪的犯罪的主观方面必须是（　　）。
　　A. 过失　　　　　　　　B. 无意　　　　　　　　C. 故意
180. （　　）的犯罪的客观方面是滥用手中职权处理公务，并造成公共财产、国家和人民利益重大损失的行为。
　　A. 滥用职权罪　　　　　B. 玩忽职守罪　　　　　C. 受贿罪
181. （　　），是指国家机关工作人员严重不负责任，不履行或者不正确履行职责，致使公共财产、国家和人民利益遭受重大损失的行为。
　　A. 滥用职权罪　　　　　B. 玩忽职守罪　　　　　C. 受贿罪
182. 玩忽职守罪的主观方面表现为一种（　　）。
　　A. 愿意　　　　　　　　B. 故意　　　　　　　　C. 过失
183. （　　），是指国家工作人员利用职务上的便利索取他人财物，或者非法收受他人财物，为他人谋取利益的行为。

A. 滥用职权罪　　　　B. 玩忽职守罪　　　　C. 受贿罪

184. 主动索取他人财物构成受贿罪的，要（　　）处罚。

A. 从重　　　　　　　B. 从快　　　　　　　C. 从轻

185. 对未取得安全生产许可证擅自进行生产的企业所设定的"责令停止生产"、"没收违法所得"和"处以罚款"这三种形式的行政处罚之间是（　　）关系。

A. 并处　　　　　　　B. 替代　　　　　　　C. 互换

186. 如果煤矿企业已经按照条例的规定向原安全生产许可证颁发管理机关申请办理延期手续，但由于颁发管理机关的原因，在原安全生产许可证有效期满时还没有作出是否延长其安全生产许可证的有效期的决定，此时（　　）对企业予以处罚。

A. 不能　　　　　　　B. 能　　　　　　　　C. 可以

187. 在对违反《安全生产许可证条例》的行政处罚中，"违法所得"是指企业在未取得安全生产许可证的情况下，擅自进行生产所取得的（　　）。

A. 利润　　　　　　　B. 全部收入　　　　　C. 纯收入

188. 即使企业进行非法生产所取得的收入在扣除其所支付的成本后是亏损的，但是只要取得了收入，就应当视其为有"违法所得"，予以（　　）。

A. 保全　　　　　　　B. 查封　　　　　　　C. 没收

189. 违反煤矿安全生产有关法律法规构成犯罪的，由（　　）依法追究刑事责任。

A. 煤炭管理机关　　　B. 司法机关　　　　　C. 煤矿安全监察机构

190. 煤矿企业的主要负责人和（　　），应当取得煤矿安全监察机构颁发的安全资格证书。

A. 从业人员　　　　　B. 特种作业人员　　　C. 安全生产管理人员

191. 煤矿发生生产安全事故造成人员伤亡、他人财产损失的，应当依法承担赔偿责任；拒不承担或者其负责人逃匿的，由人民法院依法（　　）执行。

A. 暂缓　　　　　　　B. 不予　　　　　　　C. 强制

192. 生产安全事故的责任人未依法承担赔偿责任，经人民法院依法采取执行措施后，仍不能对受害人给予足额赔偿的，应当继续履行赔偿义务；受害人发现责任人有其他财产的，可以（　　）请求人民法院执行。

A. 随时　　　　　　　B. 在3个月内　　　　C. 在6个月内

193. 省级煤矿安全监察局负责本省行政区域内除中央管理的煤矿企业（集团公司、总公司、上市公司）以外的其他各类煤矿企业安全生产许可证的颁发和管理，并接受（　　）的指导和监督。

A. 国家煤矿安全监察局　　　　　　　　　B. 国务院安全生产委员会
C. 国家安全生产监督管理总局

194. 国家煤矿安全监察机构负责（　　）煤矿企业安全生产许可证的颁发和管理。

A. 全国的　　　　　　B. 中央管理的　　　　C. 县级以上

195. 《煤矿企业安全生产许可证实施办法》要求：矿井必须依照有关规定每（　　）进行瓦斯等级鉴定。

A. 季　　　　　　　　B. 月　　　　　　　　C. 年

196. 煤矿企业安全生产资金应当按实际产量在（　　）中列支。

A. 生产成本　　　　　B. 利润　　　　　　　C. 税后利润

197. 《煤矿安全规程》规定：入井人员必须戴安全帽、随身携带（　　）和矿灯，严禁携带烟草和点火物品，严禁穿化纤衣服，入井前严禁喝酒。

A. 急救药品　　　　　B. 灭火器　　　　　　C. 自救器

198. 煤矿井下爆破，须按矿井（　　）选用相应的煤矿许可用炸药和雷管。

A. 瓦斯等级　　　　　B. 矿井生产能力　　　C. 煤炭品种

199. 《国务院关于预防煤矿生产安全事故的特别规定》规定：（   ）对预防煤矿生产安全事故负主要责任。

　　A. 煤矿企业负责人（包括一些煤矿企业的实际控制人）

　　B. 煤矿安全监察机构

　　C. 煤炭行业主管部门

200. 《国务院关于预防煤矿生产安全事故的特别规定》规定：煤矿有本规定第八条所列举的15种重大安全生产隐患和行为之一，仍然进行生产的，由县级以上地方人民政府负责煤矿安全生产监督管理的部门或者煤矿安全监察机构责令停产整顿，提出整顿的内容、时间等具体要求，处50万元以上200万元以下的罚款；对煤矿企业负责人处（   ）的罚款。

　　A. 3万元以上5万元以下　　B. 3万元以上15万元以下　　C. 3万元以上10万元以下

201. 《国务院关于预防煤矿生产安全事故的特别规定》规定：对（   ）个月内2次或者2次以上发现有重大安全生产隐患，仍然进行生产的煤矿，县级以上地方人民政府负责煤矿安全生产监督管理的部门、煤矿安全监察机构应当提请有关地方人民政府关闭该煤矿，并由颁发证照的部门立即吊销矿长资格证和矿长安全资格证。

　　A. 3　　　　　　　　　B. 2　　　　　　　　　C. 1

202. 县级以上地方人民政府负责煤矿安全生产监督管理的部门或者煤矿安全监察机构发现煤矿企业在生产过程中，1周内其负责人或者生产经营管理人员没有按照国家规定带班下井，或者下井登记档案虚假的，责令改正，并对该煤矿企业处（   ）的罚款。

　　A. 1万元以上5万元以下　　B. 3万元以上15万元以下　　C. 10万元以上50万元以下

203. 煤矿企业是安全生产教育和培训的责任主体。煤矿企业（   ）对安全生产教育和培训工作负主要责任。

　　A. 主要负责人（包括董事长、总经理、矿长）　　　B. 人事劳资部门负责人

　　C. 教育培训部门负责人

204. 在安全培训中，（   ）是安全生产教育和培训的责任主体。

　　A. 煤矿安全监察机构　　　B. 煤炭行业管理部门　　　C. 煤矿企业

205. 煤矿矿长必须参加省级人民政府负责矿长资格证颁发的部门组织的培训，经考核合格后取得（   ）。

　　A. 特种作业操作资格证　　　B. 矿长资格证　　　C. 培训合格证

206. 煤矿企业主要负责人、安全生产管理人员必须参加具备相应资质的煤矿安全培训机构组织的安全培训，经煤矿安全监察机构对其安全生产知识和管理能力考核合格，取得（   ）。

　　A. 安全资格证　　　　　B. 特种作业操作资格证　　　C. 培训合格证

207. 煤矿特种作业人员，必须参加具备相应资质的煤矿安全培训机构组织的安全作业培训，经省级煤矿安全监察机构考核合格，取得（   ），方可上岗作业。

　　A. 安全资格证　　　　　B. 特种作业操作资格证　　　C. 培训合格证

208. 在安全培训中，（   ）必须建立健全从业人员安全生产教育和培训制度，制定并落实安全生产教育和培训计划，建立培训档案，详细、准确记录培训考核情况。

　　A. 煤矿企业　　　　　　B. 煤矿安全监察机构　　　C. 煤炭行业管理部门

209. 煤矿井下作业人员上岗前安全生产教育和培训的时间不得少于（   ）学时，考试合格后，必须在有安全工作经验的职工带领下工作满4个月后经考核合格，方可独立工作。

　　A. 72　　　　　　　　　B. 48　　　　　　　　　C. 24

210. 煤矿特种作业操作资格证的有效期为（   ）年，每两年复审一次。

　　A. 5　　　　　　　　　B. 6　　　　　　　　　C. 3

211. 煤矿企业应当建立健全从业人员安全教育和培训工作检查制度，每（   ）进行一次自查自纠活动，

研究制定整改措施，责任落实到人。

　　A. 月　　　　　　　B. 季度　　　　　　C. 半年

212. 煤矿企业主要负责人、安全生产管理人员安全资格证的有效期为（　　）年。

　　A. 4　　　　　　　B. 3　　　　　　　C. 2

213. 在安全培训督查中，（　　）应当对井下作业人员的安全生产教育和培训情况进行监督检查。

　　A. 煤矿安全监察机构

　　B. 县级以上地方人民政府负责煤矿安全生产监督管理的部门

　　C. 煤矿企业

214. 在安全培训督查中，（　　）应当对煤矿特种作业人员持证上岗情况进行监督检查。

　　A. 煤矿安全监察机构　　B. 县级以上地方人民政府　　C. 煤炭行业管理部门

215. 煤矿有（　　），负责煤矿有关证照颁发的部门应当责令该煤矿立即停止生产，提请县级以上地方人民政府予以关闭，并可以向上一级地方人民政府报告。

　　A. 分配职工上岗作业前，未进行安全教育、培训的

　　B. 停产整顿验收不合格的

　　C. 未建立健全安全生产隐患排查、治理制度，未定期排查和报告重大隐患，逾期未改正的

216. 煤矿安全监察机构发现煤矿有（　　），应当责令限期改正。

　　A. 停产整顿验收不合格的

　　B. 分配职工上岗作业前，未进行安全教育、培训的

　　C. 未建立健全安全生产隐患排查、治理制度，未定期排查和报告重大隐患，逾期未改正的

217. 县级以上地方人民政府负责煤矿安全生产监督管理的部门、煤矿安全监察机构发现煤矿有（　　），责令停产整顿，并将情况在 5 日内报送有关地方人民政府。

　　A. 停产整顿验收不合格的

　　B. 分配职工上岗作业前，未进行安全教育、培训的

　　C. 未建立健全安全生产隐患排查、治理制度，未定期排查和报告重大隐患，逾期未改正的

218. 县级以上地方人民政府负责煤矿安全生产监督管理的部门、煤矿安全监察机构发现煤矿有（　　），责令停产整顿，并将情况在 5 日内报送有关地方人民政府。

　　A. 责令停产整顿后擅自进行生产的；无视政府安全监管，拒不进行整顿或者停而不整、明停暗采的

　　B. 存在重大隐患，仍然进行生产的

　　C. 特种作业人员未取得资格证书上岗作业的

219. 煤矿有（　　），负责煤矿有关证照颁发的部门应当责令该煤矿立即停止生产，提请县级以上地方人民政府予以关闭，并可以向上一级地方人民政府报告。

　　A. 责令停产整顿后擅自进行生产的；无视政府安全监管，拒不进行整顿或者停而不整、明停暗采的

　　B. 存在重大隐患，仍然进行生产的

　　C. 特种作业人员未取得资格证书上岗作业的

220. 煤矿安全监察机构发现煤矿有（　　），应当责令限期改正。

　　A. 责令停产整顿后擅自进行生产的；无视政府安全监管，拒不进行整顿或者停而不整、明停暗采的

　　B. 存在重大隐患，仍然进行生产的

　　C. 特种作业人员未取得资格证书上岗作业的

221. 县级以上地方人民政府负责煤矿安全生产监督管理的部门、煤矿安全监察机构发现煤矿有（　　），责令停产整顿，并将情况在 5 日内报送有关地方人民政府。

　　A. 经整顿仍然达不到安全生产标准、不能取得安全生产许可证的

　　B. 矿长不具备安全专业知识的

　　C. 有瓦斯动力现象而没有采取防突措施的

第一章 煤矿安全生产形势与法律法规 49

222. 煤矿有（　　），负责煤矿有关证照颁发的部门应当责令该煤矿立即停止生产，提请县级以上地方人民政府予以关闭，并可以向上一级地方人民政府报告。
　　A. 经整顿仍然达不到安全生产标准、不能取得安全生产许可证的
　　B. 矿长不具备安全专业知识的
　　C. 有瓦斯动力现象而没有采取防突措施的

223. 煤矿安全监察机构发现煤矿有（　　），应当责令限期改正。
　　A. 经整顿仍然达不到安全生产标准、不能取得安全生产许可证的
　　B. 矿长不具备安全专业知识的
　　C. 有瓦斯动力现象而没有采取防突措施的

224. 县级以上地方人民政府负责煤矿安全生产监督管理的部门、煤矿安全监察机构发现煤矿有（　　），责令停产整顿，并将情况在5日内报送有关地方人民政府。
　　A. 以往关闭之后又擅自恢复生产的
　　B. 高瓦斯矿井没有按规定建立瓦斯抽采系统，监测监控设施不完善、运转不正常的
　　C. 未设置安全生产机构或者配备安全生产人员的

225. 煤矿有（　　），负责煤矿有关证照颁发的部门应当责令该煤矿立即停止生产，提请县级以上地方人民政府予以关闭，并可以向上一级地方人民政府报告。
　　A. 以往关闭之后又擅自恢复生产的
　　B. 高瓦斯矿井没有按规定建立瓦斯抽采系统，监测监控设施不完善、运转不正常的
　　C. 未设置安全生产机构或者配备安全生产人员的

226. 煤矿有（　　），负责煤矿有关证照颁发的部门应当责令该煤矿立即停止生产，提请县级以上地方人民政府予以关闭，并可以向上一级地方人民政府报告。
　　A. 无证或者证照不全非法开采的　　B. 超通风能力生产的
　　C. 未依法建立安全生产责任制的

227. 煤矿安全监察机构发现煤矿有（　　），应当责令限期改正。
　　A. 无证或者证照不全非法开采的　　B. 超通风能力生产的
　　C. 未依法建立安全生产责任制的

228. 县级以上地方人民政府负责煤矿安全生产监督管理的部门、煤矿安全监察机构发现煤矿有（　　），责令停产整顿，并将情况在5日内报送有关地方人民政府。
　　A. 无证或者证照不全非法开采的　　B. 超通风能力生产的
　　C. 未依法建立安全生产责任制的

229. 有关地方人民政府接到提请关闭矿井的报告后，应在（　　）日内作出关闭或者不予关闭的决定，并由其主要负责人签字存档。
　　A. 7　　　　　　　　B. 10　　　　　　　　C. 15

230. 县级以上地方人民政府负责煤矿安全生产监督管理的部门负责核查处理的举报事项，给予举报人的奖金由（　　）。
　　A. 同级财政列支　　B. 煤矿安全生产监督管理的部门支付
　　C. 企业支付

231. 煤矿安全监察机构负责核查处理的举报事项，给予举报人的奖金由（　　）。
　　A. 煤矿安全监察机构支付　　B. 中央财政列支　　C. 企业支付

232. 各类煤矿企业必须安排负责人和生产经营管理人员下井带班，确保每个班次至少有（　　）名负责人或生产经营管理人员在现场带班作业，与工人同下同上。
　　A. 3　　　　　　　　B. 2　　　　　　　　C. 1

233. 国有煤矿采煤、掘进、通风、维修、井下机电和运输作业，一律由（　　）带班进行。

A. 区队负责人　　　　B. 区队技术员　　　　C. 区队安全员

234. 煤矿集团公司管理人员，要经常下井了解安全生产情况，研究解决井下存在的问题。煤矿在贯通、初次放顶、排瓦斯、揭露煤层、处理火区、探放水、过断层等关键阶段，集团公司的（　　）要按规定到现场指导，确保安全生产。

A. 安全检查员　　　　B. 技术员　　　　C. 负责人

235. （　　）要建立健全煤矿负责人和生产经营管理人员下井带班制度，明确下井带班的作业种类、下井带班人员范围、每月下井带班的次数、在井下工作时间、下井带班的任务和职责权限、日班与夜班比例，以及考核奖惩办法等。

A. 煤炭行业管理部门　　B. 煤矿企业　　　　C. 煤矿安全监察部门

236. 基层区队负责人、矿机关科室负责人下井带班的具体办法，由（　　）根据实际情况制订。

A. 煤炭行业管理部门　　B. 煤矿安全监管部门　　C. 煤矿

237. 乡镇煤矿、其他民营煤矿负责人和生产经营管理人员以及出资人下井带班的具体办法，由煤矿所在县（市）（　　）制订并负责监督考核，报同级煤矿安全监管部门和煤矿安全监察机构备案。

A. 煤炭行业管理部门　　B. 煤矿安全监管部门　　C. 煤矿安全监察部门

238. 下井带班人员要把（　　）作为第一位的责任，切实掌握当班井下的安全生产状况，加强对重点部位、关键环节的检查巡视，及时发现和组织消除事故隐患，及时制止违章违纪行为，严禁违章指挥、严禁超能力组织生产。

A. 保证当班进度　　　　B. 保证当班产量　　　　C. 保证安全生产

239. 要把煤矿负责人和生产经营管理人员（　　）与矿长资格证、矿长安全生产资格证及经济收入等挂钩，严格考核。

A. 下井带班情况　　　　B. 勤政情况　　　　C. 联系群众情况

240. 煤炭行业管理部门、煤矿安全监管部门和煤矿安全监察机构要把煤矿负责人和生产经营管理人员下井带班的主要情况，及时向（　　）或国有资产监管部门通报，作为干部考核的重要内容。

A. 组织人事部门　　　　B. 财务部门　　　　C. 教育培训部门

三、多选题

1. 汉语中"安全"的基本含义是（　　）。
   A. 没有危险　　　B. 不受威胁　　　C. 不受约束　　　D. 不出事故

2. 安全生产工作是关系到（　　）国家形象的大事。因此，必须以讲政治的高度来看待安全生产工作。
   A. 职工切身利益　　B. 社会稳定　　C. 企业形象　　D. 政府形象

3. 法的基本特征是：法具有（　　）。
   A. 国家意志性　　B. 普遍约束力　　C. 灵活性　　D. 强制性

4. 我国安全生产管理的基本体制模式可归结为（　　）。
   A. 政府统一领导　　B. 部门依法监管　　C. 企业全面负责　　D. 社会监督支持

5. 坚持科教兴"安"、加快科技创新，是我国安全生产工作的基本方向。必须依靠先进的科学技术来改善煤矿的生产条件，采用（　　）和新装备保证煤矿的安全生产。
   A. 新工人　　B. 新技术　　C. 新材料　　D. 新工艺

6. 现阶段人们常说的"三项岗位人员"是指企业（　　）。
   A. 主要负责人　　B. 安全生产管理人员　　C. 特种作业人员　　D. 从业人员

7. 煤矿安全生产管理工作中，人们常说反"三违"。"三违"行为是指（　　）。
   A. 违章指挥　　B. 违反财经纪律　　C. 违章作业　　D. 违反劳动纪律

8. 煤矿安全生产管理，要贯彻"安全第一、预防为主"方针，坚持"三并重"原则。"三并重"是指（　　）。
   A. 生产　　B. 管理　　C. 装备　　D. 培训

第一章 煤矿安全生产形势与法律法规

9. 煤矿安全治理，要坚持（　　）。
   A. 依法办矿　　B. 依法管矿　　C. 依法纳税　　D. 依法治理安全
10. 我国对煤矿安全生产的政策是（　　）。
    A. 谁办矿　　B. 谁受益　　C. 谁负责安全　　D. 谁负责经营
11. 建立健全（　　）是党和国家在安全生产方面对各类生产经营单位的基本政策要求，同时也是生产经营企业的自身需求。
    A. 安全生产责任制　　　　　　B. 业务保安责任制
    C. 工种岗位安全责任制　　　　D. 经营目标责任制
12. 做好事故的处理，就是在事故发生后必须按照有关规定并结合实际情况，有组织地进行（　　）。
    A. 事故处理　　B. 抢救处理　　C. 调查处理　　D. 结案处理
13. 企业安全生产民主监督的主要形式有（　　）。
    A. 职工代表大会　　　　　　　B. 企业工会组织
    C. 群众安全监督检查网（岗）　D. 协会、学会
14. 法是调整人们行为或社会关系的规范，所以法对人们的行为具有各种规范作用。根据行为主体的不同，法的规范作用可以分为（　　）和强制作用。
    A. 指引作用　　B. 评价作用　　C. 预测作用　　D. 教育作用
15. 法的指引作用是指法律作为一种行为规范，为人们提供了某种行为模式，法律指引的行为模式包括：（　　）。
    A. 违法行为　　B. 可为行为　　C. 应为行为　　D. 勿为行为
16. 法的效力是指法律规范在（　　）有约束力。
    A. 什么时间　　B. 什么地方　　C. 对什么人　　D. 什么方向
17. 法的作用是有限的，其有限性主要表现在（　　）方面。
    A. 法只是社会调整方法中的一种　　　　B. 法的作用范围不是无限的
    C. 法自身特点所带来的有限性　　　　　D. 实施法律受人员与物质条件的制约
18. 在当代政治和法律生活中，法与政策作为两种社会规范、两种社会调整手段，均发挥着其独特的作用。总的说来，它们的区别表现在（　　）。
    A. 两者制定的机关和程序不同　　　　　B. 两者的表现形式不同
    C. 两者调整的范围、方式不同　　　　　D. 两者的稳定性程度不同
19. 当代中国法的渊源（表现形式）主要为以宪法为核心的各种制定法，包括宪法、（　　）、自治条例和单行条例、规章、国际公约和国际条例等。
    A. 法律　　B. 行政法规　　C. 党的方针　　D. 地方性法规
20. 我国行政法规的名称，一般采用（　　）等名称。
    A. 规则　　B. 条例　　C. 规定　　D. 办法
21. 我国社会主义法制的基本要求是（　　）。
    A. 有法可依　　B. 有法必依　　C. 执法必严　　D. 违法必究
22. 我国社会主义法律的实施有（　　）两种方式。
    A. 法律的遵守　　B. 法律的公布　　C. 法律的学习　　D. 法律的适用
23. 法律适用要做到正确、及时、合法。为此，适用法律规范时应遵循（　　）原则。
    A. 以事实为根据，以法律为准绳　　　　B. 公民在法律适用上一律平等
    C. 以政策为参考　　　　　　　　　　　D. 法律适用机关依照法律独立行使职权
24. 法律解释是指阐述法律的内容和适用条件，是正确适用法律的需要。按照解释的主体和效力可以分为正式解释和非正式解释。正式解释又叫有权解释，主要有（　　）。
    A. 律师解释　　B. 立法解释　　C. 司法解释　　D. 行政解释

25. 违法行为亦称违法，是指人们（　　）的活动。
   A. 违反法律的　　　　　　　　　　　　B. 违反纪律的
   C. 具有社会危害性的　　　　　　　　　D. 主观上有过错的
26. 违法行为作为一种社会现象，是由特定的要素构成的。这些构成要件包括（　　）。
   A. 违法行为必须是侵犯了法律所保护的权益，具有社会危害性的行为
   B. 违法行为必须是违反法律规定的行为
   C. 违法行为必须是行为人出于故意或过失，即行为人主观上有过错而实施的行为
   D. 违法行为必须是具有法定责任能力的自然人、法人、国家机关及其工作人员作出的
27. 刑事违法行为也称犯罪行为，是指侵犯刑法所维护的社会关系依法应受到刑罚惩处的行为，是违法行为中社会危害性最严重的一种违法行为。犯罪的构成要件包括（　　）。
   A. 犯罪主体　　　B. 犯罪客体　　　C. 犯罪主观方面　　　D. 犯罪客观方面
28. 产生法律责任的原因大体上可以分为（　　）。
   A. 侵权行为，也就是违法行为
   B. 违约行为，即违反合同约定，没有履行一定法律关系中的作为的义务或不作为的义务
   C. 违纪行为，即不遵守纪律的行为
   D. 法律规定，这是指无过错责任或叫严格责任
29. 法律责任是指由于违法行为、违约行为或者由于法律规定而应承受的某种不利的（或叫否定性的）法律后果。根据引起责任的行为性质，法律责任可分为（　　）。
   A. 民事责任　　　B. 刑事责任　　　C. 经济责任　　　D. 行政责任
30. 法律责任就是通过国家强制力迫使违法行为人接受于己不利的法律后果，这种强制力来自国家的（　　）。
   A. 行政权力　　　B. 司法权力　　　C. 领导人　　　D. 中介机构
31. 行政责任是指因违反行政法或因行政法规定而应承担的法律责任。在我国，行政责任大体可以分为（　　）。
   A. 一般公民、法人违反一般经济、行政管理法律、法规而应承担的法律责任
   B. 无过错行政责任
   C. 行政机关工作人员违法失职行为而应承担的法律责任，即行政处分
   D. 行政机关及其工作人员在行政诉讼败诉后而产生的行政责任
32. 行政制裁是指国家行政机关对行政违法者依其行政责任所实施的强制性惩罚措施。与行政违法行为和行政责任的种类相对应，行政制裁种类主要包括（　　）。
   A. 行政处罚　　　B. 行政处分　　　C. 劳动教养　　　D. 开除公职
33. 刑事制裁是司法机关对于犯罪者根据其刑事责任所确定并实施的强制性惩罚措施。刑事制裁的种类分为（　　）。
   A. 罚款　　　B. 行政处罚　　　C. 主刑　　　D. 附加刑
34. 属于法律范畴的有（　　）。
   A. 《煤炭法》　　　　　　　　　　　　B. 《煤矿安全监察条例》
   C. 《安全生产法》　　　　　　　　　　D. 《安全生产许可证条例》
35. 属于行政法规范畴的有（　　）。
   A. 《煤炭法》　　　　　　　　　　　　B. 《煤矿安全监察条例》
   C. 《安全生产法》　　　　　　　　　　D. 《安全生产许可证条例》
36. 属于规章范畴的有（　　）。
   A. 《煤矿安全规程》　　　　　　　　　B. 《煤矿安全监察条例》
   C. 《安全生产违法行为行政处罚办法》　D. 《安全生产许可证条例》

37. 属于地方性法规范畴的有( )。
   A.《山西省煤炭管理条例》　　　　B.《乡镇煤矿管理条例》
   C.《山西省劳动保护暂行条例》　　　D.《煤炭生产许可证管理办法》
38. "三同时"是指建设项目的安全设施，必须与主体工程同时( )。
   A. 设计　　　　　　　　　　　　　B. 施工
   C. 纳入概算　　　　　　　　　　　D. 投入生产和使用
39. 建设项目安全设施的( )，应当对安全设施设计负责。
   A. 投资人　　B. 设计人　　C. 设计单位　　D. 经营单位
40. 监察机关在实施监察时，发现所调查的事项不属于监察机关职责范围的，应当移送有权处理的( )处理；涉嫌犯罪的，应当依法移送司法机关处理。
   A. 部门　　　B. 单位　　　C. 领导　　　D. 个人
41. 任何单位或者个人对违反安全生产许可证条例规定的行为，均有权向( )等有关部门举报。
   A. 法院　　　　　　　　　　　　　B. 安全生产许可证颁发管理机关
   C. 公安机关　　　　　　　　　　　D. 监察机关
42. 民事制裁是由人民法院所确定并实施的，对民事责任主体给予的强制性惩罚措施。它主要包括( )、赔礼道歉等。
   A. 赔偿损失　　B. 支付违约金　　C. 消除影响　　D. 恢复名誉
43. 安全生产许可证颁发管理机关在监督检查中，发现企业不再具备本条例规定的安全生产条件的，必须及时予以处理。处理的方式有( )。
   A. 暂扣企业的安全生产许可证　　　B. 没收企业的安全生产许可证
   C. 吊销企业的安全生产许可证　　　D. 撕毁企业的安全生产许可证
44. 从业人员对用人单位管理人员违章指挥、强令冒险作业，( )。
   A. 不得拒绝执行　　　　　　　　　B. 不得举报
   C. 有权拒绝执行　　　　　　　　　D. 有权提出批评、检举和控告
45. 生产经营单位及其有关人员触犯不同的法律规定，有两个以上应当给予行政处罚的安全生产违法行为的，安全生产监督管理部门或者煤矿安全监察机构应当适用不同的法律规定，( )。
   A. 分别裁量　　B. 合并裁量　　C. 单独处罚　　D. 合并处罚
46. 煤矿企业必须严格执行有关煤矿安全的( )。
   A. 国际标准　　B. 企业标准　　C. 国家标准　　D. 行业标准
47. 事故调查处理中坚持的原则是( )。
   A. 事故原因没有查清不放过　　　　B. 责任人员没有处理不放过
   C. 有关人员没有受到教育不放过　　D. 整改措施没有落实不放过
48. 根据《劳动法》的规定，不得安排未成年工从事( )劳动。
   A. 矿山井下　　　　　　　　　　　B. 有毒有害
   C. 国家规定的第四级体力劳动强度　D. 其他禁忌从事的
49. 根据《安全生产法》的规定，煤矿企业与从业人员订立的劳动合同，应当载明有关( )的事项。
   A. 政治待遇　　　　　　　　　　　B. 保障从业人员劳动安全
   C. 生活福利　　　　　　　　　　　D. 防止职业危害
50. 国家对煤炭开发实行( )的方针。
   A. 统一规划　　B. 合理布局　　C. 国有民营　　D. 综合利用
51. 煤矿发生事故，有下列( )情形之一的，依法追究法律责任。
   A. 不按照规定及时、如实报告煤矿事故的
   B. 伪造、故意破坏煤矿事故现场的

C. 阻碍、干涉煤矿事故调查工作
D. 拒绝接受调查取证、提供有关情况和资料的

52. 工会依法组织职工参加本单位安全生产工作的（　　），维护职工在安全生产方面的合法权益。
   A. 民主管理　　　　B. 安全管理　　　　C. 民主监督　　　　D. 生产管理

53. 根据《安全生产许可证条例》的规定：国家对（　　）实行安全生产许可证制度。
   A. 矿山企业　　　　B. 建筑施工企业　　　C. 危险化学品生产企业　　D. 食品企业

54. 安全生产许可证的颁发管理工作实行（　　）的原则。
   A. 企业申请　　　　B. 两级发证　　　　C. 属地监管　　　　D. 适当收费

55. 保证安全投入是实现安全生产的重要条件和基础，煤矿企业必须做到（　　）。
   A. 量力而行
   B. 依法保证投入资金渠道
   C. 保证资金投入额度
   D. 专款专用

56. 目前，我国煤矿安全投入来源主要有（　　）。
   A. 事业单位投入　　B. 中介机构投入　　C. 各级政府投入　　D. 企业投入

57. 《安全生产法》规定：国家对在（　　）等方面取得显著成绩的单位和个人，给予奖励。
   A. 改善安全生产条件　B. 防止生产安全事故　C. 参加抢险救护　　D. 改善职工待遇

58. 根据《安全生产法》的规定，生产经营单位的主要负责人对本单位安全生产工作所负的职责包括（　　）。
   A. 建立、健全本单位安全生产责任制
   B. 组织制定本单位安全生产规章制度和操作规程
   C. 绿化矿区、美化环境
   D. 保证本单位安全生产投入的有效实施

59. 根据《安全生产法》的规定，生产经营单位的主要负责人对本单位安全生产工作所负的职责包括（　　）。
   A. 保证职工食堂卫生达标
   B. 督促、检查本单位的安全生产工作，及时消除生产安全事故隐患
   C. 组织制定并实施本单位的生产安全事故应急救援预案
   D. 及时、如实报告生产安全事故

60. 生产经营单位应当具备的安全生产条件所必需的资金投入，由生产经营单位的（　　）予以保证，并对由于安全生产所必需的资金投入不足导致的后果承担责任。
   A. 决策机构　　　　　　　　　　　B. 中介机构
   C. 主要负责人　　　　　　　　　　D. 个人经营的投资人

61. 《安全生产法》规定，（　　）应当设置安全生产管理机构或者配备专职安全生产管理人员。
   A. 矿山　　　　　　　　　　　　　B. 建筑施工单位
   C. 运输企业　　　　　　　　　　　D. 危险物品的生产、经营、储存单位

62. （　　）的主要负责人和安全生产管理人员，应当由有关主管部门对其安全生产知识和管理能力考核合格后方可任职。
   A. 危险物品的生产、经营、储存单位　B. 建筑施工单位
   C. 矿山　　　　　　　　　　　　　D. 运输企业

63. 生产经营单位应当对从业人员进行安全生产教育和培训，保证从业人员具备（　　）。未经安全生产教育和培训合格的从业人员，不得上岗作业。
   A. 必要的安全生产知识
   B. 必要的企业管理知识
   C. 熟悉有关的安全生产规章制度和安全操作规程

D. 掌握本岗位的安全操作技能
64. 生产经营单位的从业人员有权（　　）。
   A. 了解其作业场所和工作岗位存在的危险因素、防范措施及事故应急措施
   B. 对本单位的安全生产工作提出建议
   C. 对本单位安全生产工作中存在的问题提出批评、检举、控告
   D. 拒绝违章指挥和强令冒险作业
65. 生产经营单位的从业人员在作业过程中，应当（　　）。
   A. 严格遵守本单位的安全生产规章制度
   B. 严格遵守本单位的安全生产操作规程
   C. 服从管理
   D. 正确佩戴和使用劳动防护用品
66. 从业人员发现事故隐患或者其他不安全因素，应当立即向（　　）报告；接到报告的人员应当及时予以处理。
   A. 煤矿安全监察机构　　　　　　　　B. 地方政府
   C. 现场安全生产管理人员　　　　　　D. 本单位负责人报告
67. 负有安全生产监督管理职责的部门对涉及安全生产的事项进行审查、验收，（　　）。
   A. 不得收取费用
   B. 不得要求接受审查、验收的单位购买其指定品牌或者指定生产、销售单位的安全设备、器材或者其他产品
   C. 不得调阅有关资料
   D. 不得向有关单位和人员了解情况
68. 安全生产监督检查人员应当（　　）。
   A. 忠于职守　　　B. 坚持原则　　　C. 秉公执法　　　D. 为业主着想
69. 负有安全生产监督管理职责的部门应当建立举报制度，公开（　　）受理有关安全生产的举报；受理的举报事项经调查核实后，应当形成书面材料；需要落实整改措施的，报经有关负责人签字并督促落实。
   A. 银行账户　　　　　　　　　　　　B. 举报电话
   C. 负责人电话　　　　　　　　　　　D. 举报信箱或者电子邮件地址
70. （　　）应当建立应急救援组织；生产经营规模较小，可以不建立应急救援组织的，应当指定兼职的应急救援人员。
   A. 危险物品的生产、经营、储存单位　　B. 商贸企业
   C. 矿山企业　　　　　　　　　　　　D. 建筑施工单位
71. 生产经营单位负责人接到事故报告后，应当（　　），并按照国家有关规定立即如实报告当地负有安全生产监督管理职责的部门，不得隐瞒不报、谎报或者拖延不报，不得故意破坏事故现场、毁灭有关证据。
   A. 迅速采取有效措施　　　　　　　　B. 组织抢救
   C. 防止事故扩大　　　　　　　　　　D. 减少人员伤亡和财产损失
72. 有关地方人民政府和负有安全生产监督管理职责的部门的负责人接到重大生产安全事故报告后，应当立即（　　）。
   A. 通知媒体　　　　　　　　　　　　B. 通知事故现场人员家属
   C. 赶到事故现场　　　　　　　　　　D. 组织事故抢救
73. 事故调查处理应当按照实事求是、尊重科学的原则，及时、准确地（　　），并对事故责任者提出处理意见。
   A. 查清事故原因　　　　　　　　　　B. 查明事故性质和责任
   C. 总结事故教训　　　　　　　　　　D. 提出整改措施

74. 生产经营单位主要负责人在本单位发生重大生产安全事故时，不立即组织抢救或者在事故调查处理期间擅离职守或者逃匿的，给予降职、撤职的处分，对逃匿的处 15 日以下拘留；构成犯罪的，依照刑法有关规定追究刑事责任。生产经营单位主要负责人对生产安全事故（　　）的，依照前款规定处罚。
   A. 隐瞒不报　　　B. 多报　　　C. 谎报　　　D. 拖延不报

75. 危险物品是指（　　）等能够危及人身安全和财产安全的物品。
   A. 易燃易爆物品　　B. 危险化学品　　C. 放射性物品　　D. 易碎品

76. 重大危险源是指长期地或者临时地（　　）危险物品，且危险物品的数量等于或者超过临界量的单元（包括场所和设施）。
   A. 生产　　　B. 搬运　　　C. 使用　　　D. 储存

77. （　　）必须按照有关法律、法规的规定，接受规范的安全生产培训，经考试合格，持证上岗。
   A. 煤矿主要负责人　　B. 安全生产管理人员　　C. 特种作业人员　　D. 从业人员

78. 职业危害因素包括：职业活动中存在的各种有害的（　　）因素以及在作业过程中产生的其他职业有害因素。
   A. 化学　　　B. 物理　　　C. 数学　　　D. 生物

79. 我国安全生产监督管理实行（　　）相结合的管理体制。
   A. 重点监察　　B. 综合监督管　　C. 部门监督管理　　D. 专项监察

80. 煤矿企业应当建立由专职或者兼职人员组成的救护和医疗急救组织，配备必要的（　　）。
   A. 装备　　　B. 器材　　　C. 药品　　　D. 保健食品

81. 煤矿安全监督人员（　　）、徇私舞弊，构成犯罪的，依法追究刑事责任。
   A. 行使职权　　B. 滥用职权　　C. 忠于职守　　D. 玩忽职守

82. 劳动者有权了解工作场所产生或者可能产生的（　　）和应当采取的职业病防护措施，要求用人单位提供符合防治职业病要求的职业病防护设施和个人使用的职业病防护用品，改善工作条件。
   A. 职业病危害因素
   B. 先天性遗传疾病危害后果
   C. 先天性遗传疾病危害因素
   D. 职业病危害后果

83. 煤矿安全监察员发现煤矿使用的（　　）不符合国家安全标准或者行业安全标准的，有权责令其停止使用。
   A. 设施　　　B. 设备　　　C. 器材　　　D. 劳动防护用品

84. 煤矿企业在煤炭生产许可证有效期内变更（　　）的，应当及时向原发证机关申请办理变更登记手续。
   A. 企业名称　　B. 矿长　　C. 采矿权人　　D. 矿区范围

85. 煤矿企业有义务为职工缴纳（　　）等社会保险费用。
   A. 失业　　　B. 医疗　　　C. 养老　　　D. 工伤

86. 根据《安全生产法》的规定和要求，从业人员有义务（　　）。
   A. 接受安全生产教育和培训
   B. 掌握本职工作所需的安全生产知识
   C. 提高安全生产技能
   D. 增强事故预防和应急处理能力

87. 根据《矿山安全法》之规定：作为矿长，必须经过考核，（　　）。
   A. 具备安全专业知识
   B. 具备市场经济知识
   C. 具有领导安全生产的能力
   D. 具有处理矿山事故的能力

88. 根据《矿山安全法》之规定：作为矿山企业安全工作人员，必须具备（　　）。
   A. 必要的安全专业知识
   B. 市场经济知识
   C. 矿山安全工作经验
   D. 社会工作经验

89. 根据《矿产资源法》之规定：开采矿产资源，必须按照国家有关规定缴纳（　　）。
   A. 资源税　　B. 资源补偿费　　C. 公路养路费　　D. 铁路建设基金

第一章 煤矿安全生产形势与法律法规 | 57

90. 根据《矿产资源法》之规定：非经国务院授权的有关主管部门同意，不得在（　）圈定地区以内开采矿产资源。

   A. 矿区　　　　　　B. 港口　　　　　　C. 机场　　　　　　D. 国防工程设施

91. 根据《矿产资源法》之规定：非经国务院授权的有关主管部门同意，不得在（　）附近一定距离以内开采矿产资源。

   A. 重要工业区　　　　　　　　　　　B. 边远山区
   C. 大型水利工程设施　　　　　　　　D. 城镇市政工程设施

92. 根据《矿产资源法》之规定：非经国务院授权的有关主管部门同意，不得在（　）两侧一定距离以内开采矿产资源。

   A. 土路　　　　　　B. 砂石路　　　　　C. 铁路　　　　　　D. 重要公路

93. 根据《矿产资源法》之规定：非经国务院授权的有关主管部门同意，不得在（　）两侧一定距离以内开采矿产资源。

   A. 古河道　　　　　B. 人工灌溉水渠　　C. 重要河流　　　　D. 重要堤坝

94. 根据《矿产资源法》之规定：非经国务院授权的有关主管部门同意，不得在（　）所在地开采矿产资源。

   A. 国家划定的自然保护区　　　　　　B. 国家划定的重要风景区
   C. 国家重点保护的不能移动的历史文物　D. 国家重点保护的不能移动的名胜古迹

95. 煤矿安全监察机构发现煤矿作业场所有下列（　）情形之一的，应当责令立即停止作业，限期改正；有关煤矿或其作业场所经复查合格的，方可恢复作业。

   A. 未使用专用防爆电器设备　　　　　B. 未使用专用放炮器
   C. 未使用人员专用升降容器　　　　　D. 使用明火明电照明

96. 煤矿安全监察机构发现煤矿使用不符合国家安全标准或者行业安全标准的（　），责令限期改正或者立即停止使用。

   A. 设备　　　　　　B. 器材　　　　　　C. 仪器　　　　　　D. 仪表

97. 《国务院关于预防煤矿生产安全事故的特别规定》规定：煤矿未依法取得采矿许可证、安全生产许可证、煤炭生产许可证、营业执照和矿长未依法取得矿长资格证、矿长安全资格证的，煤矿不得从事生产；擅自从事生产的，属非法煤矿。负责颁发前款规定证照的部门，一经发现煤矿无证照或者证照不全从事生产的，应当（　）；构成犯罪的，依法追究刑事责任；同时于2日内提请当地县级以上地方人民政府予以关闭，并可以向上一级地方人民政府报告。

   A. 责令该煤矿立即停止生产　　　　　B. 没收违法所得
   C. 没收开采出的煤炭以及采掘设备　　D. 并处违法所得1倍以上5倍以下的罚款

98. 《国务院关于预防煤矿生产安全事故的特别规定》规定：煤矿未依法取得（　）和矿长未依法取得矿长资格证、矿长安全资格证的，煤矿不得从事生产。擅自从事生产的，属非法煤矿。

   A. 采矿许可证　　　B. 安全生产许可证　C. 煤炭生产许可证　D. 营业执照

99. 下列（　）属于《国务院关于预防煤矿生产安全事故的特别规定》所列举的15种重大安全生产隐患和行为。

   A. 超能力、超强度或者超定员组织生产的
   B. 瓦斯超限作业的
   C. 煤与瓦斯突出矿井，未依照规定实施防突出措施的
   D. 高瓦斯矿井未建立瓦斯抽采系统和监控系统，或者瓦斯监控系统不能正常运行的

100. 下列（　）属于《国务院关于预防煤矿生产安全事故的特别规定》所列举的15种重大安全生产隐患和行为。

   A. 通风系统不完善、不可靠的　　　　B. 有严重水患，未采取有效措施的

C. 超层越界开采的　　　　　　　　　D. 有冲击地压危险，未采取有效措施的

101. 下列（　　）属于《国务院关于预防煤矿生产安全事故的特别规定》所列举的15种重大安全生产隐患和行为。

　　A. 自然发火严重，未采取有效措施的
　　B. 使用明令禁止使用或者淘汰的设备、工艺的
　　C. 年产6万t以上的煤矿没有双回路供电系统的
　　D. 新建煤矿边建设边生产，煤矿改扩建期间，在改扩建的区域生产，或者在其他区域的生产超出安全设计规定的范围和规模的

102. 下列（　　）属于《国务院关于预防煤矿生产安全事故的特别规定》所列举的15种重大安全生产隐患和行为。

　　A. 煤矿实行整体承包生产经营后，未重新取得安全生产许可证和煤炭生产许可证，从事生产的
　　B. 承包方再次转包的，以及煤矿将井下采掘工作面和井巷维修作业进行劳务承包的
　　C. 煤矿改制期间，未明确安全生产责任人和安全管理机构的
　　D. 完成改制后，未重新取得或者变更采矿许可证、安全生产许可证、煤炭生产许可证和营业执照的

103. 《国务院关于预防煤矿生产安全事故的特别规定》规定：关闭煤矿应当达到的要求包括（　　）。

　　A. 吊销相关证照　　　　　　　　　B. 停止供水
　　C. 停止供应并处理火工用品　　　　D. 停止供电，拆除矿井生产设备、供电、通信线路

104. 《国务院关于预防煤矿生产安全事故的特别规定》规定：关闭煤矿应当达到的要求包括（　　）。

　　A. 停止一切物资供应　　　　　　　B. 停止车辆通行
　　C. 妥善遣散从业人员　　　　　　　D. 封闭、填实矿井井筒,平整井口场地,恢复地貌

105. 《国务院关于预防煤矿生产安全事故的特别规定》规定：县级以上地方人民政府负责煤矿安全生产监督管理的部门、煤矿安全监察机构在监督检查中，（　　），应当提请有关地方人民政府对该煤矿予以关闭。

　　A. 1年内3次或者3次以上发现煤矿企业未依照国家有关规定对井下作业人员进行安全生产教育和培训的
　　B. 1个月内3次或者3次以上发现煤矿企业未依照国家有关规定对井下作业人员进行安全生产教育和培训的
　　C. 1个月内3次或者3次以上发现煤矿企业特种作业人员无证上岗的
　　D. 1年内3次或者3次以上发现煤矿企业特种作业人员无证上岗的

106. 国务院制定《国务院关于预防煤矿生产安全事故的特别规定》的根本目的是（　　）

　　A. 及时发现并排除煤矿安全生产隐患　　B. 落实煤矿安全生产责任制
　　C. 预防煤矿生产安全事故发生　　　　　D. 保障职工的生命安全和煤矿安全生产

107. 《国务院关于预防煤矿生产安全事故的特别规定》规定：煤矿未依法取得采矿许可证、安全生产许可证、煤炭生产许可证、营业执照和矿长未依法取得（　　）的，煤矿不得从事生产。擅自从事生产的，属非法煤矿。

　　A. 矿长资格证　　B. 专业学历　　C. 矿长安全资格证　　D. 专业职称

108. 《国务院关于预防煤矿生产安全事故的特别规定》规定：负责颁发采矿许可证、安全生产许可证、煤炭生产许可证、营业执照和矿长资格证、矿长安全资格证的部门，向不符合法定条件的煤矿或者矿长颁发有关证照的，对直接责任人，根据情节轻重，给予（　　）的行政处分。

　　A. 罚款　　　　B. 降级　　　　C. 撤职　　　　D. 开除

109. 《国务院关于预防煤矿生产安全事故的特别规定》规定：负责颁发证照的部门，向不符合法定条件的煤矿或者矿长颁发有关证照的，对主要负责人，根据情节轻重，给予（　　）的行政处分；构成犯罪的，依法追究刑事责任。

A. 记大过　　　　　B. 降级　　　　　C. 撤职　　　　　D. 开除

110. 《国务院关于预防煤矿生产安全事故的特别规定》规定：对被责令停产整顿的煤矿，颁发证照的部门应当暂扣采矿许可证、安全生产许可证、煤炭生产许可证、（　　）。

A. 营业执照　　　　　　　　　　　　B. 矿长身份证
C. 矿长资格证　　　　　　　　　　　D. 矿长安全资格证

111. 被责令停产整顿的煤矿擅自从事生产的，县级以上地方人民政府负责煤矿安全生产监督管理的部门、煤矿安全监察机构应当提请有关地方人民政府（　　）；构成犯罪的，依法追究刑事责任。

A. 予以关闭　　　　　　　　　　　　B. 没收违法所得
C. 没收开采出的煤炭以及采掘设备　　D. 并处违法所得1倍以上5倍以下的罚款

112. 《国务院关于预防煤矿生产安全事故的特别规定》规定：煤矿拒不执行县级以上地方人民政府负责煤矿安全生产监督管理的部门或者煤矿安全监察机构依法下达的执法指令的，由颁发证照的部门吊销（　　）。

A. 采矿许可证　　　　　　　　　　　B. 安全生产许可证
C. 矿长资格证　　　　　　　　　　　D. 矿长安全资格证

113. 《国务院关于预防煤矿生产安全事故的特别规定》规定：煤矿企业职工安全手册应当载明（　　）。

A. 职工的权利、义务
B. 煤矿重大安全生产隐患的情形
C. 煤矿重大安全生产隐患的应急保护措施、方法
D. 安全生产隐患和违法行为的举报电话、受理部门

114. 《劳动法》规定：国家通过各种途径，采取各种措施，（　　）。

A. 发展职业培训事业　　　　　　　　B. 开发劳动者的职业技能
C. 提高劳动者素质　　　　　　　　　D. 增强劳动者的就业能力和工作能力

115. 《劳动法》规定：各级人民政府应当把发展职业培训纳入社会经济发展的规划，鼓励和支持有条件的（　　）进行各种形式的职业培训。

A. 企业　　　　　B. 事业组织　　　　　C. 社会团体　　　　　D. 个人

116. 《劳动法》规定：用人单位应当建立职业培训制度，（　　）。

A. 按照国家规定提取和使用职业培训经费
B. 根据本单位实际，有计划地对劳动者进行职业培训
C. 从事技术工种的劳动者，上岗前必须进行培训
D. 有专业文凭的劳动者从事技术工种，上岗前不须再进行培训

117. 《煤矿安全培训监督检查办法（试行）》规定：（　　）必须参加具备相应资质的煤矿安全培训机构组织的安全培训，经煤矿安全监察机构对其安全生产知识和管理能力考核合格，取得安全资格证。

A. 煤矿企业主要负责人　　　　　　　B. 安全生产管理人员
C. 特种作业人员　　　　　　　　　　D. 从业人员

118. 《煤矿安全培训监督检查办法（试行）》规定：（　　）、井下电气作业、采煤机司机等特种作业人员，必须参加具备相应资质的煤矿安全培训机构组织的安全作业培训，经省级煤矿安全监察机构考核合格，取得特种作业操作资格证书，方可上岗作业。

A. 煤矿瓦斯检查工　　　　　　　　　B. 井下爆破工
C. 安全检查工　　　　　　　　　　　D. 提升机操作工

119. 国家煤矿安全监察局负责全国煤矿企业（　　）的安全培训、考核和发证工作的监督检查。

A. 主要负责人　　　B. 安全生产管理人员　　　C. 特种作业人员　　　D. 从业人员

120. 省级煤矿安全监察机构负责辖区内煤矿企业（含辖区内中央管理的煤矿企业的分公司、子公司及其所属煤矿）（　　）的培训、考核与发证工作。

A. 主要负责人安全资格　　　　　　　B. 安全生产管理人员安全资格
C. 特种作业人员操作资格　　　　　　D. 从业人员从业资格

121. "超能力、超强度或者超定员组织生产"，是指有下列（　　）情形之一。
A. 矿井全年产量达到矿井核定生产能力
B. 矿井全年产量超过矿井核定生产能力
C. 矿井月产量超过当月产量计划10%
D. 一个采区内同一煤层布置3个（含3个）以上采煤工作面或5个（含5个）以上掘进工作面同时作业

122. "超能力、超强度或者超定员组织生产"，是指有下列（　　）情形之一。
A. 矿井全年产量超过矿井核定生产能力
B. 矿井月产量超过当月产量计划10%
C. 未按规定制定主要采掘设备、提升运输设备检修计划或者未按计划检修
D. 煤矿企业未制定井下劳动定员或者实际入井人数超过规定人数

123. "瓦斯超限作业"，是指有下列（　　）情形之一。
A. 瓦斯检查员配备数量不足　　　　　B. 不按规定检查瓦斯，存在漏检、假检
C. 井下瓦斯超限后不采取措施继续作业　D. 瓦斯超限后停止作业的

124. 煤与瓦斯突出矿井应依照规定实施下列（　　）防突出措施。
A. 建立防治突出机构并配备相应专业人员
B. 装备矿井安全监控系统和抽放瓦斯系统，设置采区专用回风巷
C. 进行区域突出危险性预测
D. 采取防治突出措施

125. 煤与瓦斯突出矿井，应依照规定实施下列（　　）防突出措施。
A. 进行防治突出措施效果检验　　　　B. 采取安全防护措施
C. 按规定配备防治突出装备和仪器　　D. 喷雾洒水

126. 煤矿重大安全生产隐患包括下列情形（　　）。
A. 1个采煤工作面的瓦斯涌出量大于5 m³/min或1个掘进工作面瓦斯涌出量大于3 m³/min，用通风方法解决瓦斯问题不合理而未建立抽放瓦斯系统
B. 矿井绝对瓦斯涌出量达到《煤矿安全规程》第145条第（二）项规定而未建立抽放瓦斯系统
C. 未配备专职人员对矿井安全监控系统进行管理、使用和维护
D. 传感器设置数量不足、安设位置不当、调校不及时，瓦斯超限后不能断电并发出声光报警

127. 有下列（　　）情形之一，即属于"通风系统不完善、不可靠"。
A. 矿井总风量不足
B. 主井、回风井同时出煤
C. 没有备用主要通风机或者两台主要通风机能力不匹配
D. 违反规定串联通风

128. 有下列（　　）情形之一，即属于"通风系统不完善、不可靠"。
A. 并联通风
B. 没有按正规设计形成通风系统
C. 采掘工作面等主要用风地点风量不足
D. 采区进（回）风巷未贯穿整个采区，或者虽贯穿整个采区但一段进风、一段回风

129. 有下列（　　）情形之一，即属于"通风系统不完善、不可靠"。
A. 并联通风
B. 对角式通风
C. 风门、风桥、密闭等通风设施构筑质量不符合标准、设置不能满足通风安全需要

D. 煤巷、半煤岩巷和有瓦斯涌出的岩巷的掘进工作面未装备甲烷风电闭锁装置或者甲烷断电仪和风电闭锁装置的

130. "有严重水患，未采取有效措施"，是指有下列（　　）情形之一。
A. 未查明矿井水文地质条件和采空区、相邻矿井及废弃老窑积水等情况而组织生产
B. 矿井水文地质条件复杂没有配备防治水机构或人员，未按规定设置防治水设施和配备有关技术装备、仪器
C. 在有突水威胁区域进行采掘作业未按规定进行探放水
D. 擅自开采各种防隔水煤柱

131. "有严重水患，未采取有效措施"，是指有下列（　　）情形之一。
A. 在有突水威胁区域进行采掘作业未按规定进行探放水
B. 擅自开采各种防隔水煤柱
C. 未进行水质化验
D. 有明显透水征兆未撤出井下作业人员

132. "超层越界开采"，是指有下列（　　）情形之一。
A. 工作面煤层采出率超过 90%
B. 超出采矿许可证规定开采煤层层位进行开采
C. 超出采矿许可证载明的坐标控制范围开采
D. 擅自开采保安煤柱

133. 有冲击地压危险的矿井，应采取下列（　　）有效应对措施。
A. 配备专业人员   B. 编制专门设计
C. 进行冲击地压预测预报   D. 采取有效防治措施

134. "自然发火严重，未采取有效措施"，属于煤矿重大安全生产隐患。根据《煤矿重大安全隐患认定办法（试行）》之规定，是指有下列（　　）情形之一。
A. 开采容易自燃和自燃的煤层时，未编制防止自然发火设计或者未按设计组织生产
B. 高瓦斯矿井采用放顶煤采煤法采取措施后仍不能有效防治煤层自然发火
C. 有自然发火征兆没有采取相应的安全防范措施并继续生产
D. 开采容易自燃煤层未设置采区专用回风巷

135. "自然发火严重，未采取有效措施"，属于煤矿重大安全生产隐患。根据《煤矿重大安全隐患认定办法（试行）》之规定，是指开采容易自燃和自燃煤层的矿井，有下列（　　）情形之一。
A. 未选定自然发火观测站或者观测点位置并建立监测系统
B. 未建立自然发火预测预报制度
C. 未建立自燃煤层鉴定实验室
D. 未按规定采取预防性灌浆或者全部充填、注惰性气体等措施

136. 《煤矿重大安全隐患认定办法（试行）》中"使用明令禁止使用或者淘汰的设备、工艺"，是指有下列（　　）情形之一。
A. 被列入国家应予淘汰的煤矿机电设备和工艺目录的产品或工艺，超过规定期限仍在使用
B. 突出矿井在 2006 年 1 月 6 日之前未采取安全措施使用架线式电机车或者在此之后仍继续使用架线式电机车
C. 矿井提升人员的绞车、钢丝绳、提升容器、斜井人车等未取得煤矿矿用产品安全标志，未按规定进行定期检验
D. 使用非阻燃皮带、非阻燃电缆，采区内电气设备未取得煤矿矿用产品安全标志

137. 《煤矿重大安全隐患认定办法（试行）》中"使用明令禁止使用或者淘汰的设备、工艺"，是指有下列（　　）情形之一。

A. 矿井采用放顶煤一次采全高采煤工艺
B. 开采未按矿井瓦斯等级选用相应的煤矿许用炸药和雷管、未使用专用发爆器
C. 采用不能保证2个畅通安全出口采煤工艺开采（三角煤、残留煤柱按规定开采者除外）
D. 高瓦斯矿井、煤与瓦斯突出矿井、开采容易自燃和自燃煤层（薄煤层除外）矿井采用前进式采煤方法的

138.《煤矿重大安全隐患认定办法（试行）》中"年产6万吨以上的煤矿没有双回路供电系统"，是指有下列（　　）情形之一。
A. 两个回路取自两个区域变电所 B. 单回路供电
C. 两个回路取自一个区域变电所不同母线端 D. 有两个回路但取自一个区域变电所同一母线端

139.《煤矿重大安全隐患认定办法（试行）》中"新建煤矿边建设边生产，煤矿改扩建期间，在改扩建的区域生产，或者在其他区域的生产超出安全设计规定的范围和规模"，是指有下列（　　）情形之一。
A. 建设项目安全设施设计经审查批准后马上组织施工
B. 对批准的安全设施设计做出重大变更后未经再次审批并组织施工
C. 改扩建矿井在改扩建区域生产
D. 改扩建矿井在非改扩建区域超出安全设计规定范围和规模生产

140.《煤矿重大安全隐患认定办法（试行）》中"新建煤矿边建设边生产，煤矿改扩建期间，在改扩建的区域生产，或者在其他区域的生产超出安全设计规定的范围和规模"，是指有下列（　　）情形之一。
A. 建设项目安全设施设计未经审查批准擅自组织施工
B. 对批准的安全设施设计做出重大变更后未经再次审批并组织施工
C. 改扩建矿井在非改扩建区域超出安全设计规定范围和规模生产
D. 建设项目安全设施未经竣工验收并批准而擅自组织生产

141.《煤矿重大安全隐患认定办法（试行）》中"煤矿实行整体承包生产经营后，未重新取得煤炭生产许可证和安全生产许可证，从事生产的，或者承包方再次转包的，以及煤矿将井下采掘工作面和井巷维修作业进行劳务承包"，是指有下列（　　）情形之一。
A. 生产经营单位将煤矿（矿井）承包或者出租给不具备安全生产条件或者相应资质的单位或者个人
B. 煤矿（矿井）实行承包（托管）但未签订安全生产管理协议或者载有双方安全责任与权力内容的承包合同进行生产
C. 承包方（承托方）未重新取得煤炭生产许可证和安全生产许可证进行生产
D. 承包方（承托方）再次转包的

142.《煤矿重大安全隐患认定办法（试行）》中"煤矿实行整体承包生产经营后，未重新取得煤炭生产许可证和安全生产许可证，从事生产的，或者承包方再次转包的，以及煤矿将井下采掘工作面和井巷维修作业进行劳务承包"，是指有下列（　　）情形之一。
A. 承包方（承托方）未重新取得煤炭生产许可证和安全生产许可证进行生产
B. 承包方（承托方）再次转包
C. 煤矿（矿井）实行承包（托管）但未签订安全生产管理协议或者载有双方安全责任与权力内容的承包合同进行生产
D. 煤矿将井下采掘工作面或者井巷维修作业对外承包

143.《煤矿重大安全隐患认定办法（试行）》中"煤矿改制期间，未明确安全生产责任人和安全管理机构，或者在完成改制后，未重新取得或者变更采矿许可证、安全生产许可证、煤炭生产许可证和营业执照"，是指有下列（　　）情形之一。
A. 煤矿改制期间，未明确安全生产责任人进行生产的
B. 煤矿改制期间，未明确安全生产管理机构及其管理人员进行生产的
C. 完成改制后，未重新取得或者变更采矿许可证、安全生产许可证、煤炭生产许可证、营业执照进行生产的

D. 完成改制后，未重新取得或者变更矿长资格证、矿长安全资格证

144. 根据《煤矿隐患排查和整顿关闭实施办法（试行）》的规定，下列表述中正确的是（   ）。

A. 煤矿企业是安全生产隐患排查、治理的责任主体

B. 煤矿企业主要负责人（包括一些煤矿企业的实际控制人）对本企业安全生产隐患的排查和治理全面负责

C. 煤矿企业应当以矿（井）为单位进行安全生产隐患排查、治理

D. 矿（井）主要负责人对安全生产隐患的排查和治理负直接责任

145. 煤矿安全监察机构对所辖区域内煤矿的重大隐患和违法行为负有（   ）的职责。

A. 重点监察　　　　B. 专项监察　　　　C. 定期监察　　　　D. 依法查处

146. 《煤矿隐患排查和整顿关闭实施办法（试行）》规定：重大隐患由煤矿主要负责人（   ）。

A. 组织制定隐患整改方案、安全保障措施

B. 落实整改的内容、资金、期限、下井人数、整改作业范围

C. 组织实施整改

D. 整改结束后按规定认真自检

147. 《煤矿隐患排查和整顿关闭实施办法（试行）》规定：县级以上地方人民政府负责煤矿安全生产监督管理的部门、煤矿安全监察机构发现煤矿有下列（   ）情形之一的，责令停产整顿，并将情况在5日内报送有关地方人民政府。

A. 超通风能力生产

B. 高瓦斯矿井没有按规定建立瓦斯抽采系统，监测监控设施不完善、运转不正常

C. 有瓦斯动力现象而没有采取防突措施

D. 在建、改扩建矿井安全设施未经过煤矿安全监察机构竣工验收而擅自投产的，以及违反建设程序、未经核准（审批）或越权核准（审批）

148. 《煤矿隐患排查和整顿关闭实施办法（试行）》第10条规定：县级以上地方人民政府负责煤矿安全生产监督管理的部门、煤矿安全监察机构发现煤矿有下列（   ）情形之一的，责令停产整顿，并将情况在5日内报送有关地方人民政府：

A. 逾期未提出办理煤矿安全生产许可证申请、申请未被受理或受理后经审核不予颁证的

B. 未建立健全安全生产隐患排查、治理制度，未定期排查和报告重大隐患，逾期未改正的

C. 存在重大隐患，仍然进行生产的

D. 未对井下作业人员进行安全生产教育和培训或者特种作业人员无证上岗

149. 《煤矿隐患排查和整顿关闭实施办法（试行）》第11条规定：县级以上地方人民政府负责煤矿安全生产监督管理的部门、煤矿安全监察机构现场检查发现应当责令停产整顿的矿井，按照下列规定处理（   ）。

A. 下达停产整顿指令，明确整改内容和期限

B. 告知相关部门暂扣采矿许可证、安全生产许可证、煤炭生产许可证、营业执照和矿长资格证、矿长安全资格证

C. 告知公安部门控制火工品供应、供电单位限制供电

D. 3日内将停产整顿矿井的决定报送县级以上地方人民政府，并在当地主要媒体公告停产整顿矿井

150. 煤矿企业自接到县级以上地方人民政府负责煤矿安全生产监督管理的部门、煤矿安全监察机构下达的停产整顿指令之日起，必须立即停止生产。严禁（   ）等非法生产行为。

A. 明停暗开　　　　　　　　　　　　B. 日停夜开

C. 假整顿真生产　　　　　　　　　　D. 组织职工进行安全教育和培训

151. 《煤矿隐患排查和整顿关闭实施办法（试行）》规定：煤矿有下列（   ）情形之一的，负责煤矿有关证照颁发的部门应当责令该煤矿立即停止生产，提请县级以上地方人民政府予以关闭，并可以向上一级地

方人民政府报告。
   A. 无证或者证照不全非法开采的
   B. 以往关闭之后，经停产整顿验收合格恢复生产的
   C. 经整顿仍然达不到安全生产标准、不能取得安全生产许可证的
   D. 责令停产整顿后擅自进行生产的；无视政府安全监管，拒不进行整顿或者停而不整、明停暗采的

152.《煤矿隐患排查和整顿关闭实施办法（试行）》规定：煤矿有下列（　　）情形之一的，负责煤矿有关证照颁发的部门应当责令该煤矿立即停止生产，提请县级以上地方人民政府予以关闭，并可以向上一级地方人民政府报告。
   A. 3个月内2次或者2次以上发现有重大安全生产隐患，仍然进行生产的
   B. 停产整顿验收不合格的
   C. 1个月内3次或者3次以上发现煤矿未依照国家有关规定对井下作业人员进行安全生产教育和培训的
   D. 1个月内3次或者3次以上发现煤矿特种作业人员无证上岗的

153.《煤矿隐患排查和整顿关闭实施办法（试行）》规定：对决定关闭的煤矿，由有关地方人民政府立即组织实施，有关颁发证照的部门应当采取下列措施（　　）。
   A. 立即依法吊销已颁发的采矿许可证
   B. 立即依法吊销已颁发的安全生产许可证
   C. 立即依法吊销已颁发的煤炭生产许可证
   D. 立即依法吊销已颁发的营业执照

154.《煤矿隐患排查和整顿关闭实施办法（试行）》规定：对决定关闭的煤矿，由有关地方人民政府立即组织实施，公安部门应当采取下列措施（　　）。
   A. 注销爆炸物品使用许可证和储存证
   B. 停止供应火工用品
   C. 收缴剩余火工用品
   D. 控制有关火工人员

155.《煤矿隐患排查和整顿关闭实施办法（试行）》规定：对决定关闭的煤矿，由有关地方人民政府立即组织实施，供电部门应当采取（　　）措施。
   A. 停止供电
   B. 拆除供电设备和线路
   C. 没收电气设备
   D. 控制井上下电工

156.《煤矿隐患排查和整顿关闭实施办法（试行）》规定：对决定关闭的煤矿，由有关地方人民政府立即组织实施，责令煤矿企业（　　）。
   A. 拆除矿井生产设备和通信设施
   B. 封闭、填实矿井井筒
   C. 平整井口场地
   D. 恢复地貌

157.《煤矿隐患排查和整顿关闭实施办法（试行）》规定：对决定关闭的煤矿，由有关地方人民政府立即组织实施，责令并监督煤矿企业（　　）。
   A. 妥善遣散从业人员
   B. 按规定解除劳动关系
   C. 发还职工工资
   D. 发放遣散费用

158. 根据《关于坚决整顿关闭不具备安全生产条件和非法煤矿的紧急通知》的规定，煤矿整顿关闭工作在地方人民政府统一领导下，实行联合执法。由地方人民政府或指定的牵头部门组织（　　）等部门。
   A. 煤矿安全监管、煤炭行业管理
   B. 国土资源管理、煤矿安全监察
   C. 工商行政管理、公安
   D. 环保、电力

159. 根据《举报煤矿重大安全生产隐患和违法行为的奖励办法（试行）》规定：举报非法煤矿的，即煤矿有下列（　　）情形之一、经核查属实的，给予举报人奖励。
   A. 煤矿未依法取得采矿许可证、安全生产许可证、煤炭生产许可证、营业执照
   B. 矿长未依法取得矿长资格证、矿长安全资格证擅自进行生产
   C. 煤矿特种作业人员无证上岗
   D. 未经批准擅自建设

160. 根据《举报煤矿重大安全生产隐患和违法行为的奖励办法（试行）》规定：举报煤矿非法生产的，

即煤矿已被( )，而擅自进行生产的，经核查属实的，给予举报人奖励。

A. 责令关闭　　　　B. 停产整顿　　　　C. 停止作业　　　　D. 限期改正

161. 根据《举报煤矿重大安全生产隐患和违法行为的奖励办法（试行）》规定：有下列( )情形之一、经核查属实的，给予举报人奖励。

A. 举报煤矿重大安全生产隐患的

B. 举报隐瞒煤矿伤亡事故的

C. 举报国家机关工作人员和国有企业负责人投资入股煤矿，及其他与煤矿安全生产有关的违规违法行为的

D. 举报煤矿其他安全生产违规违法行为的

162. 根据《举报煤矿重大安全生产隐患和违法行为的奖励办法（试行）》之规定：举报人举报的事项，应当是地方人民政府负责煤矿安全生产监督管理的部门或者煤矿安全监察机构没有发现，或者虽然发现但未按有关规定依法处理的。举报人( )。

A. 举报的事项应当客观真实　　　　B. 对其提供材料内容的真实性负责

C. 不得捏造、歪曲事实　　　　　　D. 不得诬告、陷害他人

163. 煤矿负责人和生产经营管理人员下井带班，其根本目的在于( )，是加强煤矿安全生产的重要措施。

A. 提高煤炭产量　　　　　　　　　B. 可以深入了解煤矿安全生产状况

C. 及时发现和消除事故隐患　　　　D. 有效制止违章违纪现象

164. 《关于煤矿负责人和生产经营管理人员下井带班的指导意见》要求：( )。

A. 各类煤矿企业必须安排负责人和生产经营管理人员下井带班，确保每个班次至少有1名负责人或生产经营管理人员在现场带班作业，与工人同下同上

B. 国有煤矿采煤、掘进、通风、维修、井下机电和运输作业，一律由区队负责人带班进行

C. 国有煤矿副总工程师以上的管理人员，每月在完成规定下井次数的同时，熟悉生产的，要保证1至2次下井带班

D. 乡镇煤矿、其他民营煤矿的各类作业，必须由矿长、副矿长和生产经营管理人员在现场带班进行

165. 《关于煤矿负责人和生产经营管理人员下井带班的指导意见》要求：国有煤矿集团公司管理人员，要经常下井了解安全生产情况，研究解决井下存在的问题。煤矿在( )等关键阶段，集团公司的负责人要按规定到现场指导，确保安全生产。

A. 贯通、初次放顶　　　　　　　　B. 排瓦斯、揭露煤层

C. 处理火区、探放水　　　　　　　D. 过断层

166. 按照《关于煤矿负责人和生产经营管理人员下井带班的指导意见》的要求：下井带班人员的职责是要把保证安全生产作为第一位的责任，( )，严禁违章指挥、严禁超能力组织生产。

A. 切实掌握当班井下的安全生产状况

B. 加强对重点部位、关键环节的检查巡视

C. 及时发现和组织消除事故隐患

D. 及时制止违章违纪行为

167. 煤矿发生危及职工生命安全的重大隐患和严重问题时；带班人员必须立即采取( )等紧急处置措施，并及时向矿长、区队长报告。

A. 停产　　　　　　B. 停风　　　　　　C. 撤人　　　　　　D. 排除隐患

168. 《关于煤矿负责人和生产经营管理人员下井带班的指导意见》要求：煤矿企业要实行井下交接班制度。上一班的带班人员要在井下向接班的带班人员详细说明( )等，并认真填记交接班记录簿。

A. 井上概况　　　　　　　　　　　B. 井下安全状况

C. 存在的问题及原因　　　　　　　D. 需要注意的事项

169. 下井带班的煤矿负责人和生产经营管理人员升井后，要将（   ）等有关情况进行详细登记，并存档备查。

A. 下井的时间
B. 地点
C. 经过路线
D. 发现的问题及处理意见

第二章 煤矿安全管理

本章培训与考核要点：
- 了解煤矿安全生产管理的目的、内容和方法；
- 熟悉煤矿安全生产责任体系和煤矿安全生产管理人员的安全生产职责；
- 掌握煤矿安全生产主要管理制度；
- 熟悉煤矿安全评估与安全评价；
- 熟悉煤矿伤亡事故和职业病的管理、统计和上报；
- 熟悉现代安全管理理论和技术及矿用产品安全标志管理等。

第一节 煤矿安全生产管理机构及安全管理人员

我国煤矿安全生产实行"国家监察、地方监管、企业负责"的安全生产格局。"国家监察"是指煤矿安全监察机构依据《煤矿安全监察条例》等法律法规，对煤矿安全生产实施的监察行为。"地方监管"主要是指地方政府负责安全生产的综合管理部门和行业管理部门依法对煤矿安全生产实施的监督管理。煤矿企业必须依法接受、配合煤矿安全监察机构及有关部门对煤矿安全生产的监管监察。"企业负责"主要是指煤矿企业必须依法履行安全生产的主体责任，依法实施安全生产的管理行为。

一、煤矿安全生产管理机构设置与人员配备要求

煤矿安全生产管理机构是指煤矿企业中专门负责安全生产监督管理的内设机构。煤矿安全生产管理人员包括：煤矿企业分管安全生产的负责人、安全生产管理机构负责人及其管理人员；各类煤矿采煤、掘进、机电、运输、通风、地测、调度等安全生产区（科、队、井）等负责人。

(1)《安全生产法》规定，矿山、建筑施工单位和危险物品的生产、经营、储存单位以及从业人员超过300人的其他生产经营单位，应当设置安全生产管理机构或者配备专职的安全生产管理人员。从业人员在300人以下的生产经营单位，应当配备专职或兼职的安全生产管理人员，还可以只需委托具有国家规定的相关专业技术资格的工程技术人员提供安全生产管理服务。当生产经营单位依据法律规定和本单位实际情况，委托工程技术人员提供安全生产管理服务时，保证安全生产的责任仍由本单位负责。

(2) 国家安全生产监督管理总局《关于加强国有重点煤矿安全基础管理的指导意见》对年产30万t以上的煤矿安全管理机构的设置和人员配备提出了更为具体的要求：

煤矿企业必须按照《安全生产法》的规定，建立安全管理机构，配齐安全管理人员。煤矿的"一通三防"、煤与瓦斯突出矿井的防突、电气设备防爆、水文地质等安全管理工作必须明确专门人员负责。企业内部的安全管理机构实行派驻制。驻各矿安全管理机构由集团公司直接领导。企业内部安全管理机构在检查中发现"三违"行为或安全隐患，依照有关规定，

有经济处罚权、停产整顿权、提出免去矿长和有关管理人员的建议权,并应定期向地方政府及相关部门报告煤矿安全情况。企业必须接受政府安全监管部门、行业管理部门和煤矿安全监察机构的监管监察。

同时要求健全以总工程师为核心的技术管理体系。总工程师对技术工作全面负责,对"一通三防"工作负技术管理责任。必须设立由总工程师直接管理的科研、设计、地测、生产技术、"一通三防"等技术部门和机构,负责落实技术管理工作。集团公司对各矿总工程师、公司技术管理部门负责人的任命,要征得总工程师的同意;矿井开拓巷道布置,采掘部署,生产系统调整,技术规范、标准、措施的制定,新技术、新装备、新工艺推广应用等重大技术问题由总工程师负责决策。总工程师负责组织制定安全技术措施费用使用方案。采、掘、机、运、通、安监、地测等基层单位必须配备专职技术人员,负责现场安全技术措施的制定和实施。

(3) 国家安监总局等七部委下发的《关于加强小煤矿安全基础管理的指导意见》对年产30万t以下的煤矿安全管理机构的设置和人员配备的要求是:

矿井设立专职安全管理机构,配备足够的专职安全管理人员。专职安全检查人员不少于5人,并确保每班都有专职安全检查人员在井下检查监督安全生产各项规章制度的落实。矿井设立矿长、安全、生产、机电副矿长和技术负责人等安全管理人员;生产、辅助单位要配齐具有相应安全生产管理资格的安全管理人员。

(4) 国家安监总局《关于提高煤矿主要负责人和安全生产管理人员安全资格准入标准的通知》,对煤矿主要负责人和安全生产管理人员安全资格准入标准的要求是:

① 国有重点煤矿(公司)的矿长(经理),分管生产、机电、安全的副矿长(副经理),总工程师、副总工程师,必须具有煤矿安全生产相关专业大专(含大专)以上学历、从事煤矿安全生产相关工作3年以上经历;矿长(经理)还必须具备安全生产技术、管理岗位2年以上的工作经历。煤矿安全生产管理机构负责人必须有煤矿安全生产相关专业中专(含中专)以上学历和从事煤矿安全生产相关工作2年以上的经历。

② 国有重点煤矿以外的煤矿(公司)的矿长(经理),分管生产、机电、安全的副矿长(副经理),总工程师(技术负责人),副总工程师,必须具有煤矿安全生产相关专业中专(含中专)以上学历、从事煤矿安全生产相关工作3年以上的经历;矿长(经理)还必须具备安全生产技术、管理岗位2年以上的工作经历。煤矿安全生产管理机构负责人必须有高中(含高中)以上文化程度和从事煤矿安全生产相关工作2年以上的经历。

(5) 煤矿安全生产管理人员必须按照《煤矿安全生产管理人员安全生产培训大纲及考核要求》(AQ 1070—2008,此标准从2009年1月起施行),依法参加培训考核,并取得《安全资格证书》方可任职。

二、煤矿安全生产管理机构的职责

依据《安全生产法》等法律法规的要求,安全生产管理机构的职责主要是:

(1) 贯彻执行国家安全生产法律、法规和方针、政策,贯彻落实上级有关安全的指示,在矿长领导下负责本矿的安全生产工作。

(2) 负责对职工进行安全思想教育、安全知识教育,组织特种作业人员培训,对新工人上岗前的安全教育与培训、特种作业人员持证上岗情况进行监督检查和考核。

(3) 组织制定、修订本矿安全生产管理制度,编制安全技术措施,提出安全技术措施方案，检查执行情况。

（4）《作业规程》的安全技术措施审查和审批。

（5）按有关规定负责或参与新建、扩建及大修项目的设计审查和竣工验收、采区设计和投产验收，以及新设备、新工艺安全设施的审查。

（6）监督检查企业安全管理制度的执行情况。

（7）经常进行现场安全检查，及时排除事故隐患，解决安全问题，纠正、制止违章指挥、违章作业和违反劳动纪律行为。

（8）掌握本单位的安全形势，分析安全方面存在的问题，提出解决措施。

（9）负责事故的统计上报工作，建立和管理事故档案。

（10）组织本矿安全工作的考核和评比，开展安全活动竞赛，交流、推广安全生产经验，推广先进技术和管理方法。

（11）定期召开安全生产会议，指导安排安全生产工作。

三、煤矿安全生产管理人员职责

煤矿安全生产管理人员由于岗位设置、职责划分不同，不同岗位的安全生产管理人员的职责也有所不同。煤矿安全生产管理人员应按照企业安全生产管理分工、职责权限设置及企业安全生产管理制度的要求，履行安全生产管理责任，行使安全生产管理权利。

以下介绍煤矿主要安全生产管理人员的职责：

1. 技术负责人安全生产职责

（1）贯彻安全生产方针，严格执行技术政策，执行《煤矿安全规程》和有关技术规范、标准。

（2）在职权范围内履行设计、安全技术措施、作业规程的编制、审批、报批职责，保证技术上可行。

（3）针对存在的危险源，具体负责制定的组织实施矿井灾害预防和处理计划。

（4）对"一通三防"技术管理负责，定期分析、研究本矿"一通三防"工作，制定技术措施，确保系统安全可靠。每旬组织1次矿井全面测风。

（5）负责新技术、新工艺、新设备的试验和推广。

（6）负责矿山救护工作。发生重大生产安全事故时，协助矿长组织抢救，按规定参加事故调查处理。

（7）具体负责组织制定矿井重大事故应急救援预案，制定应急救援的技术措施，编制煤矿安全技术措施计划。

（8）及时解决安全生产技术问题。技术负责人组织技术分析会议，及时研究解决安全生产技术问题。重大安全隐患或技术难题，应聘请相关专家进行分析论证，采取有效措施，确保安全生产。经专家论证，矿井在技术上不能保证安全生产的，要立即停止生产。

2. 副矿长（分管负责人）安全生产职责

在矿长领导下，负责安全生产工作，对矿长负责，对分管业务范围内的安全生产负有直接责任。其主要职责如下：

（1）具体负责组织制定分管范围内的安全生产规章制度、安全操作规程、安全技术措施计划，监督检查执行情况。

（2）组织分管范围内的安全检查、事故隐患排查，制定落实重大事故隐患整改措施。

(3) 负责分管部门的安全教育、培训和考核。
(4) 组织分管业务范围内的事故调查、处理和报告。
(5) 具体负责组织分管业务范围内的安全生产责任制度的制定和落实。
(6) 定期召开专业安全生产会议，分析分管范围的安全形势，及时解决安全工作中存在的问题。

3. 生产副矿长安全生产责任制

(1) 在矿长领导下负责生产工作，对矿长负责，对生产过程中的安全工作负有直接领导责任。
(2) 贯彻"安全第一、预防为主、综合治理"的方针，严格执行《煤矿安全规程》和本矿的规章制度，保证安全生产。
(3) 具体负责组织制定生产方面有关质量管理、安全规章制度，保证落实。
(4) 坚持"生产必须安全，不安全不生产"的原则，安排、检查、总结工作，同时安排、检查、总结安全生产工作。负责分管范围内的安全检查和隐患整改。
(5) 参加编制安全技术措施计划，组织落实。
(6) 深入井下，解决分管范围内的安全、质量和技术问题。
(7) 抓好分管范围内的安全质量标准化工作，定期组织检查、验收，保证工程质量。
(8) 保证均衡生产，保持正常接续。
(9) 定期召开会议，解决分管范围内的安全问题；难以解决的重大问题，及时向矿长报告。
(10) 发生生产安全事故，及时亲临现场指挥组织事故抢救，按规定参加事故调查。

4. 机电、运输负责人安全生产责任制

(1) 在矿长或分管矿长领导下，对全矿的机电、运输系统的安全工作负责，是全矿机电、运输安全工作直接责任者。
(2) 认真贯彻"安全第一、预防为主、综合治理"的方针，严格执行《煤矿安全规程》和操作规程及相关规章制度，保证机电、运输系统安全运行。
(3) 负责编制机电、运输系统的安全技术措施计划。
(4) 组织本系统的安全检查，对查出的问题及时制定整改措施，并组织落实。
(5) 定期组织机电、运输设备检修，做好日常维护保养，保证设备完好。
(6) 具体负责组织制定机电、运输系统的规章制度，并抓好落实。
(7) 组织机电、运输事故中设备的检修和恢复工作，并提出防范措施，督促落实。
(8) 深入现场，检查机电、运输设备运行情况。
(9) 具体负责制定机电、运输系统的安全生产岗位责任制，并负责组织落实。
(10) 负责对机电、运输事故的追查，制定防范措施，督促落实。
(11) 负责井下电气设备防爆及机电、运输设备保护和测试管理工作。

5. 值班矿长（班长）安全生产责任制

(1) 负责组织安排当班生产作业，对当班生产安全负有全面责任。
(2) 布置生产当班工作，同时布置安全工作。
(3) 掌握当班出、缺勤情况，瓦斯检验工、安全检查员等岗位工不得空岗。
(4) 深入现场，发现隐患及时处理，发生重大隐患应及时将人员撤离，并向矿长报告。

(5) 做好交接班，交清当班生产情况、发现的事故隐患和处理情况以及应注意的问题。

(6) 做好值班工作记录，审查各种记录和报表。

(7) 遵守"三大规程"，严禁违章指挥。

6. 地质测量负责人安全生产责任制

(1) 在技术负责人的领导下，负责全矿地质测量的安全工作，对地质测量方面的安全工作负全面责任。

(2) 贯彻国家安全生产方针和法律法规，严格执行《煤矿安全规程》和相关技术规范，认真做好地质测量方面的安全工作。

(3) 掌握矿井水文地质情况，及时、准确地提供矿井水文地质资料。确定矿井开采界限和安全煤柱境界，及时提供回采、掘进区域的地质说明书。

(4) 掌握接近水体、灾区、积水区、老窑、煤层和巷道贯通的施工进度，提前通知相关部门采取措施。

(5) 负责探放水的管理，编制探放水计划和安全措施，按规定办理审批手续，并监督执行情况。

(6) 深入井下，掌握生产动态和出现的安全问题，对未按作业规程施工的要及时予以纠正。

(7) 及时安排对井下掘进巷道进度、采煤工作面推进度进行测量，及时填绘图纸，保证矿井有完整的地质资料。

7. 安全管理机构负责人安全生产责任制

(1) 在矿长领导下，具体负责本矿安全生产管理工作，对全矿《煤矿安全规程》、《安全操作规程》、《作业规程》和安全生产规章制度的执行情况行使监督、检查权，对全矿安全管理负有直接管理责任。

(2) 负责制定安全管理方面的规章制度，监督检查贯彻落实情况。

(3) 负责日常安全检查活动，消除事故隐患，纠正"三违"行为。

(4) 负责对职工进行安全思想教育和新工人上岗的安全教育与培训。组织特种作业人员参加资质培训，监督、检查和掌握本矿特种作业人员持证上岗情况。

(5) 按规定审查作业规程中的安全措施，并监督检查执行情况。按规定负责或参与采区设计和投产的审查与验收以及对新工艺、新设备安全设施的审查。

(6) 定期分析本矿的安全形势，掌握安全方面存在的问题，提出解决的措施和意见。

(7) 负责安全档案管理、安全工作记录、安全工作的统计上报工作。按规定的职权范围，对事故进行追查，参加事故抢救工作。

(8) 定期召开安全生产会议，开展安全生产活动。收集有关安全方面的信息，推广先进经验和先进的管理方法，指导基层开展安全生产工作。

(9) 遇有危险情况，有权决定中止作业、停止使用或者紧急撤离。

第二节 煤矿安全管理的目的、内容和方法

煤矿安全管理是指对生产过程中安全工作的管理，是煤矿企业管理的重要组成部分，是管理层对企业安全工作进行计划、指挥、协调和控制的一系列活动，借以保护职工的安全和健康，保证煤矿企业生产的顺利进行，促进企业提高生产效率。

一、煤矿安全管理的目的

煤矿安全管理的目的是提高矿井灾害防治科学水平，预先发现、消除或控制生产过程中的各种危险，防止发生事故、职业病和环境灾害，避免各种损失，最大限度地发挥安全技术措施的作用，提高安全投入效益，推动矿井生产活动的正常进行。

二、煤矿安全管理的内容

煤矿安全管理的内容主要包括以下 3 个方面：

1. 安全管理的基础工作

安全管理的基础工作包括建立纵向专业管理、横向各职能部门管理以及与群众监督相结合的安全管理体制，以企业安全生产责任制为中心的规章制度体系，安全生产标准体系，安全技术措施体系，安全宣传及安全技术教育体系，应急与救灾救援体系，事故统计、报告与管理体系，安全信息管理系统，制订安全生产发展目标、发展规划和年度计划（矿井灾害预防与处理计划），开展危险源辨识、评估评价和管理，进行安全技措经费管理等。

2. 生产建设中的动态安全管理

生产建设中的动态安全管理主要指企业生产环境和生产工艺过程中的安全保障，包括生产过程中人员不安全行为的发现与控制，设备安全性能的检测、检验和维修管理，物质流的安全管理，环境安全化的保证，重大危险源的监控，生产工艺过程安全性的动态评价与控制，安全监测监控系统的管理，定期、不定期的安全检查监督等。

3. 安全信息化工作

安全信息化工作包括对国际国内安全信息、煤炭行业安全生产信息、本企业内安全信息的搜集、整理、分析、传输、反馈，安全信息运转速度的提高，安全信息作用的充分发挥等方面，以提高安全管理的信息化水平，推动安全生产自动化、科学化、动态化。

安全管理是随着社会和科学技术的进步而不断发展的。现代安全管理主要是在传统安全管理的基础上，注重系统化、整体化、横向综合化，运用新科技和系统工程的原理与方法进行安全管理，强调八大要素（法规、机构、队伍、人、财、物、时间和信息）管理，办法是完善系统，达到本质安全化，工作以完善系统、"事前"为主。其内容包括以下几个方面：系统危险性的识别；系统可能发生事故类型和后果预测；事故原因和条件的分析，可作定性分析，也可做定量分析，可作"事后"分析，主要作"事前"分析，根据具体情况和要求而定；针对系统作可靠性或故障率的分析；用人机工程的控制研究人机关系及其最佳配合；环境（社会环境、自然环境、工作环境）因素的研究；安全措施；应急措施。

三、煤矿安全管理的常用方法

1. 安全检查法

安全检查又称安全生产检查，是煤矿企业根据生产特点，对生产过程中的安全生产状况进行经常性、定期性、监督性的管理活动，也是促使煤矿企业在整个生产活动的过程中，贯彻方针、执行法规、按章作业、依制度办事，实施对安全生产管理的一种实用管理技术方法。安全检查的内容很多，最常用的提法是"六查"，即查思想、查领导、查现场、查隐患、查制度、查管理。具体实施方法必须贯彻领导与群众相结合、自查和互查相结合、检查和整改相结合的原则，防止走形式、走过场。

2. 安全目标管理法

安全目标管理是安全管理的集中要求和目的所在，是指将企业一定时期的安全工作任务转化为明确的安全工作目标，并将目标分解到本系统的各个部门和个人，各个部门和个人严格、自觉地按照所定目标进行工作的一种管理方法。它也是实施全系统、全方位、全过程和全员性安全管理，提高系统功能，达到降低事故发生率、实现安全目标值、保障安全生产之目的的重要策略。它是煤矿在安全管理中应用较为广泛的一种方法。

3. 戴明循环管理法

戴明循环管理法，又叫 PDCA（即 Plan，计划；Do，实施；Check，检查；Action，处理）循环法，是美国人戴明提出的一种企业管理方法，其实质是把管理工作分为四个阶段，按八步法循环提高，如图 2-1 所示。

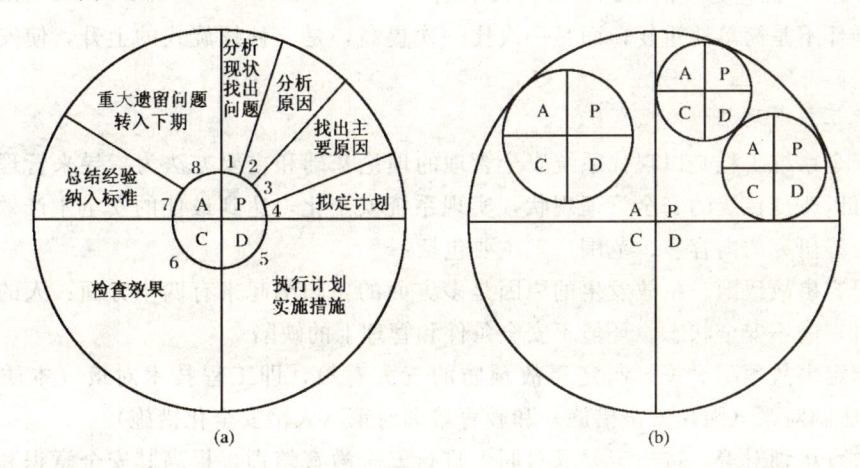

图 2-1 PDCA 循环法示意图

PDCA 循环的特点如下：

（1）大环套小环，小环保大环。

（2）每转动一周就意味着工作前进一步。每一次循环都比前一次循环更高级或达到更高一个水平，如图 2-2 所示。

（3）PDCA 循环是综合环，四个环节紧密衔接成为一体。每一个人员、每一项工作都自觉地运用 PDCA 循环，就能使安全管理工作获得成功。

（4）PDCA 循环分四个阶段、八个步骤，安全管理也分为四个阶段、八个步骤进行，如图 2-3 所示。

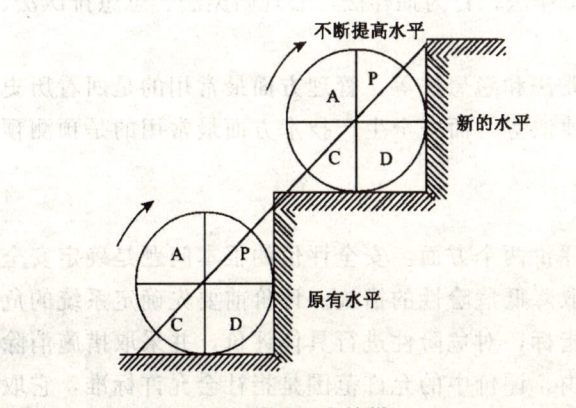

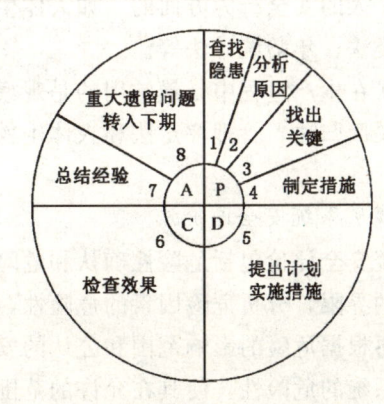

图 2-2 戴明环爬楼梯　　　　图 2-3 安全管理的 PDCA 八步图

① 分析现状，找出问题，即查隐患。
② 分析产生问题的情况，即查原因。
③ 找出主要影响因素，即找关键。
④ 制定整改计划与措施，即定措施。
⑤ 实施措施与计划，即实施。
⑥ 检查决策实施效果，即检查。
⑦ 实行标准，巩固成果，即总结经验。
⑧ 转入下一循环处理的问题，即转入下期。

这种循环不是简单地重复，而是一次比一次提高，是一种螺旋式的上升，使安全管理工作不断地提高。

4. 系统工程管理法

煤矿安全系统工程是以现代系统安全管理的理论基础和主要方法为指导来管理矿井的安全生产，可以改变传统的安全管理现状，实现系统安全化，达到最佳的安全生产效益。煤矿安全生产工程研究的内容多、范围广，主要包括：

(1) 研究事故致因。事故发生的原因是多方面的，归纳起来有四个方面：人的不安全行为、物（机）的不安全状态、环境不安全条件和管理上的缺陷。

(2) 制定事故预防对策。制定事故预防的三大对策，即工程技术对策（本质安全化措施）、管理法制对策（强化安全措施）和教育培训对策（人治安全化措施）。

(3) 教育培训对策。按规定要求对职工进行安全教育培训，提高其安全意识和技能，使职工按章作业，不出现不安全行为。

5. 煤矿系统安全预测法

预测是运用各种知识和科学手段，分析研究历史资料，对安全生产发展的趋势或结果进行事先的推测和估计。系统安全预测的方法种类繁多，煤矿常用的大致可分为以下 3 类：

(1) 安全生产专业技术方面。如矿压预测预报、煤与瓦斯突出预测预报、煤炭自燃预报、水害预测预报、机电运输故障预测预报等。

(2) 安全生产管理技术方面。如回看历史法、过程转移法、检查隐患法、观察预兆法、相关回归法、趋势外推法、规范反馈法、控制图法、管理评定法等。

(3) 人的安全行为方面的。如人体生物节律法、行为抽样法、心理归类法、思想排队法、行动分类法、年龄统计法等。

煤矿在生产过程中，最常用的是观察预兆法和隐患法等，管理方面最常用的是回看历史法、相关回归法、管理评定法和人体生物节律法等，而安全生产技术方面最常用的是预测预报法。

6. 煤矿系统安全评价法

系统安全评价包括危险性确认和危险性评价两个方面。安全评价的根本问题是确定安全与危险的界限，分析危险因素的危险性，采取降低危险性的措施。评价前要先确定系统的危险性，再根据危险的影响范围和公认的安全指标，对危险性进行具体评价，并采取措施消除或降低系统的危险性，使其在允许的范围之内。评价中的允许范围是指社会允许标准，它取决于国家政治、经济和技术等。通常可以将评价看成既是一种"传感器"，又是一种"检测器"，前者是感受传递企业安全生产方面的数量和质量的信息；后者主要是检查安全生产方面的数量和质量是否符合国家（或上级）规定的标准和要求。

第三节　煤矿必须建立健全的安全生产管理制度

一、煤矿企业建立安全生产管理制度的基本要求

按照《煤矿企业安全生产管理制度规定》，煤矿企业建立健全安全生产管理制度，必须符合以下要求：

（1）符合相关的法律、法规、规章、规程和标准。
（2）内容具体，责任明确，能够对照执行和检查，严格管理措施，有针对性，可操作。
（3）对违反制度的各种行为有明确、具体的处罚措施和责任追究办法。
（4）所引用的依据及适用范围和时间明确，表述规范，条款清晰，能确保相关人员了解和掌握。
（5）以正式文件发布，并确保其能够约束涉及的部门和人员。

二、煤矿安全生产管理制度内容要求

根据《安全生产法》、《煤矿安全规程》以及国务院办公厅转发国家发改委、国家安监总局《关于煤矿负责人和生产经营管理人员下井带班的指导意见》和国家煤矿安全监察局制定的《煤矿企业安全生产管理制度规定》，煤矿必须建立以下的安全管理基本制度。

1. 煤矿安全生产责任制度

安全生产责任制是最基本的安全管理制度，是所有安全管理制度的核心，是"企业负责"的具体落实。安全生产责任制的实质是"安全生产，人人有责"，核心是将各级管理人员、各职能部门及其工作人员和岗位生产人员在安全管理方面应做的事情和应负的责任加以明确规定。

企业应遵循"横向到边、纵向到底"的原则建立安全生产责任管理体系。纵向上，从安全生产第一责任人到最基层，其安全生产组织管理体系可分为若干个层次。横向上，企业又可分为生产、经营、技术、教育等系统，而生产又有设备、动力等部门。部门负责可以有效地调动各个系统的主管领导搞好分管范围内的安全生产的积极性，形成人人重视安全、人人管理安全的局面。

2. 安全目标管理制度

安全目标管理是指煤矿企业将一定时期的安全工作任务转化为安全工作目标，制定安全目标体系，并层层分解到本企业的各个部门和个人，各个部门和个人按照所制定的目标，制定相应的对策措施。

安全目标管理制度，应依据政府有关部门或上级下达的安全指标，结合实际制定年度或阶段安全生产目标，并将指标逐渐分解，明确责任、保证措施、考核和奖惩办法。

3. 安全办公会议制度

（1）安全办公会议每旬召开一次（年产 30 万 t 以下的小煤矿每周至少召开一次），及时总结处理安全工作中存在的问题，对下一步安全工作中的工作重点进行安排部署。
（2）安全办公会议由矿长或法定代表人主持，矿长外出时，由矿长委托生产副矿长或安全副矿长主持召开。
（3）参加安全办公会议的人员有煤矿安全生产副总以上领导干部、生产及有关科室的

主要负责人、基层区队的有关负责人。

（4）安全办公会议的主要任务是传达贯彻上级一系列安全工作会议指示、指令、文件精神，分别听取有关专业部门对本旬安全生产检查情况的汇报，分析讨论各类隐患问题，并提出相应的安全技术措施和整改处理意见，结合各专业存在的安全工作重点，研究和部署相应安全管理规定。

（5）安全办公会议内容要认真整理并形成《安全办公会议纪要》，凡会议涉及的部门科室和生产单位，必须及时认真传达贯彻，抓好现场落实。

（6）对会议制定的各类事故隐患整改方案和措施，应形成书面材料，由安全管理部门统一抓好监督、检查、落实、统计、归档工作，并在下一次安全办公会议上通报整改情况。

（7）《安全办公会议纪要》要妥善保管，以便接受上级有关部门的检查。

4. 安全技术措施审批制度

（1）安全技术措施编制和审批的依据：安全技术措施编制和审批，必须符合《安全生产法》、《矿山安全法》、《煤矿安全规程》等法律、法规的规定和要求；并遵守上级主管部门颁发的各种文件、指令和技术标准。

（2）采煤工作面作业规程及安全技术措施的编制：

① 采煤工作面作业规程，由施工单位按采区设计要求和地质说明书，结合各职能部门提供的技术资料，依据现场的实际情况，编制作业规程和安全技术措施。

② 按照作业规程的编制顺序，把《煤矿安全规程》、《煤矿安全技术操作规程》、安全质量标准化标准等内容综合起来，贯穿到规程和措施中。

③ 编制作业规程和安全技术措施时，应做到语言表达准确、图表规范清晰、计算准确无误、工艺合理、措施得力，使用法定计量单位。

在生产中遇到下列情况之一者，必须及时补充安全技术措施：

① 采煤工作面过地质构造带、旧巷、采空区。

② 采煤工作面改变采煤方法、支护方式。

③ 新技术、新工艺、新材料、新设备的推广和使用。

（3）掘进工作面作业规程及安全技术措施的编制：掘进工作面作业规程和安全技术措施，由施工单位依据采区地质说明书、掘进地质说明书、采区设计、掘进工作面设计等资料进行编制；在施工中遇到设计断面、支护形式发生变化时，必须编制补充安全技术措施；施工中遇到断层破碎带、涌水、淋水的含水层等情况，按原作业规程执行已经无效时，施工单位必须立即采取应急措施，同时向调度室汇报，并及时编制补充作业规程。

（4）安全技术措施的审批

审批要求：采掘工作面作业规程和安全技术措施的审批，由总工程师和采掘专业的副总工程师负责审批；复杂硐室的组织设计，应用新技术、新工艺、新设备和新材料，以及采区首采工作面的作业规程，由上级主管部门审批。

审批方式：传审，由施工单位、有关业务部门、安全技术管理人员按照一定顺序进行传审，相关专业的副总工程师复审，总工程师审批；会审，由总工程师组织施工单位、有关业务部门和安全管理人员对作业规程和安全技术措施进行审查、复审、审批。

传达贯彻：开工前由施工单位的技术负责人组织全体人员对批准的作业规程和安全技术措施进行传达、学习，做好学习记录并存档；施工单位每月至少重新组织一次对作业规程和安全技术措施的学习,而且要做好学习记录;施工单位应根据现场的情况,每月对作业规程和安全技术措施进行复查,出现问题及时补充修改。

5. 安全检查制度

安全检查是消除隐患、防止事故、改善劳动条件的重要手段。安全检查制度,应保证有效地监督安全生产规章制度、规程、标准、规范等执行情况;重点检查矿井"一通三防"的装备、管理情况;明确安全检查的周期、内容、检查标准、检查方式、负责组织检查的部门和人员、对检查结果的处理办法。对查出的问题和隐患应按"四定"原则(定项目、定人员、定措施、定时间)落实处理,并将结果进行通报及存档备案。

6. 事故隐患排查制度

事故隐患排查制度应保证及时发现和消除矿井在通风、瓦斯、煤尘、火灾、顶板、机电、运输、爆破、水害和其他方面存在的隐患;明确事故隐患的识别、登记、评估、报告、监控和治理标准;按照分级管理的原则,明确隐患治理的责任和义务,并保证隐患治理资金的投入。

事故隐患排查制度应重点排查重大安全生产隐患,根据《国务院关于预防煤矿安全生产事故的特别规定》及《煤矿重大安全生产隐患认定办法》的规定,以下行为属重大安全生产隐患。

(1) 超能力、超强度或者超定员组织生产

① 矿井全年产量超过矿井核定生产能力的。

② 矿井月产量超过当月产量计划10%的。

③ 一个采区内同一煤层布置3个(含3个)以上回采工作面或5个(含5个)以上掘进工作面同时作业的。

④ 未按规定制订主要采掘设备、提升运输设备检修计划或者未按计划检修的。

⑤ 煤矿企业未制订井下劳动定员或者实际入井人数超过规定人数的。

(2) 瓦斯超限作业

① 瓦斯检查员配备数量不足的。

② 不按规定检查瓦斯,存在漏检、假检的。

③ 井下瓦斯超限后不采取措施继续作业的。

(3) 煤与瓦斯突出矿井未依照规定实施防突出措施

① 未建立防治突出机构并配备相应专业人员的。

② 未装备矿井安全监控系统和抽放瓦斯系统,未设置采区专用回风巷的。

③ 未进行区域突出危险性预测的。

④ 未采取防治突出措施的。

⑤ 未进行防治突出措施效果检验的。

⑥ 未采取安全防护措施的。

⑦ 未按规定配备防治突出装备和仪器的。

(4) 高瓦斯矿井未建立瓦斯抽采系统和监控系统,或者瓦斯监控系统不能正常运行

① 1个采煤工作面的瓦斯涌出量大于5 m^3/min 或1个掘进工作面瓦斯涌出量大于3 m^3/min,用通风方法解决瓦斯问题不合理而未建立抽放瓦斯系统的。

② 矿井绝对瓦斯涌出量达到《煤矿安全规程》规定而未建立抽放瓦斯系统的。

③ 未配备专职人员对矿井安全监控系统进行管理、使用和维护的。

④ 传感器设置数量不足、安设位置不当、调校不及时，瓦斯超限后不能断电并发出声光报警的。

(5) 通风系统不完善、不可靠

① 矿井总风量不足的。

② 主井、回风井同时出煤的。

③ 没有备用主要通风机或者 2 台主要通风机能力不匹配的。

④ 违反规定串联通风的。

⑤ 没有按正规设计形成通风系统的。

⑥ 采掘工作面等主要用风地点风量不足的。

⑦ 采区进（回）风巷未贯穿整个采区，或者虽贯穿整个采区但一段进风、一段回风的。

⑧ 风门、风桥、密闭等通风设施构筑质量不符合标准、设置不能满足通风安全需要的；

⑨ 煤巷、半煤岩巷和有瓦斯涌出的岩巷的掘进工作面未装备甲烷风电闭锁装置或者甲烷断电仪和风电闭锁装置的。

(6) 有严重水患，未采取有效措施

① 未查明矿井水文地质条件和采空区、相邻矿井及废弃老窑积水等情况而组织生产的。

② 矿井水文地质条件复杂，没有配备防治水机构或人员，未按规定设置防治水设施和配备有关技术装备、仪器的。

③ 在有突水威胁区域进行采掘作业，未按规定进行探放水的。

④ 擅自开采各种防隔水煤柱的。

⑤ 有明显透水征兆，未撤出井下作业人员的。

(7) 超层越界开采

① 国土资源部门认定为超层越界的。

② 超出采矿许可证规定的开采煤层层位进行开采的。

③ 超出采矿许可证载明的坐标控制范围开采的。

④ 擅自开采保安煤柱的。

(8) 有冲击地压危险，未采取有效措施

① 有冲击地压危险的矿井未配备专业人员并编制专门设计的。

② 未进行冲击地压预测预报、未采取有效防治措施的。

(9) 自然发火严重，未采取有效措施

① 开采容易自燃和自燃的煤层时，未编制防止自然发火设计或者未按设计组织生产的。

② 高瓦斯矿井采用放顶煤采煤法采取措施后仍不能有效防治煤层自然发火的；

③ 开采容易自燃和自燃煤层的矿井，未选定自然发火观测站或者观测点位置并建立监测系统，未建立自然发火预测预报制度，未按规定采取预防性灌浆或者全部充填、注惰性气体等措施的。

④ 有自然发火征兆但没有采取相应的安全防范措施继续生产的。
⑤ 开采容易自燃煤层但未设置采区专用回风巷的。
(10) 使用明令禁止使用或者淘汰的设备、工艺
① 被列入国家应予淘汰的煤矿机电设备和工艺目录的产品或工艺，超过规定期限仍在使用的。
② 突出矿井未采取安全措施使用架线式电机车，或者在此之后仍继续使用架线式电机车的。
③ 矿井提升人员的绞车、钢丝绳、提升容器、斜井人车等未取得煤矿矿用产品安全标志，未按规定进行定期检验的。
④ 使用非阻燃皮带、非阻燃电缆，采区内电气设备未取得煤矿矿用产品安全标志的。
⑤ 未按矿井瓦斯等级选用相应的煤矿许用炸药和雷管、未使用专用发爆器的。
⑥ 采用不能保证2个畅通安全出口采煤工艺开采（三角煤、残留煤柱按规定开采者除外）的。
⑦ 高瓦斯矿井、煤与瓦斯突出矿井、开采容易自燃和自燃煤层（薄煤层除外）矿井采用前进式采煤方法的。
(11) 年产6万t以上的煤矿没有双回路供电系统
① 单回路供电的。
② 有两个回路但取自一个区域变电所同一母线端的。
(12) 新建煤矿边建设边生产，煤矿改扩建期间，在改扩建的区域生产，或者在其他区域的生产超出安全设计规定的范围和规模
① 建设项目安全设施设计未经审查批准擅自组织施工的。
② 对批准的安全设施设计做出重大变更后未经再次审批并组织施工的。
③ 改扩建矿井在改扩建区域生产的。
④ 改扩建矿井在非改扩建区域超出安全设计规定范围和规模生产的。
⑤ 建设项目安全设施未经竣工验收并批准而擅自组织生产的。
(13) 煤矿实行整体承包生产经营后，未重新取得煤炭生产许可证和安全生产许可证，从事生产的，或者承包方再次转包的，以及煤矿将井下采掘工作面和井巷维修作业进行劳务承包
① 生产经营单位将煤矿（矿井）承包或者出租给不具备安全生产条件或者相应资质的单位或者个人的。
② 煤矿（矿井）实行承包（托管）但未签订安全生产管理协议或者载有双方安全责任与权利内容的承包合同而进行生产的。
③ 承包方（承托方）未重新取得煤炭生产许可证和安全生产许可证而进行生产的。
④ 承包方（承托方）再次转包的。
⑤ 煤矿将井下采掘工作面或者井巷维修作业对外承包的。
(14) 煤矿改制期间，未明确安全生产责任人和安全管理机构，或者在完成改制后，未重新取得或者变更采矿许可证、安全生产许可证、煤炭生产许可证和营业执照
① 煤矿改制期间，未明确安全生产责任人进行生产的。
② 煤矿改制期间，未明确安全生产管理机构及其管理人员进行生产的。

③完成改制后，未重新取得或者变更采矿许可证、安全生产许可证、煤炭生产许可证、营业执照以及矿长资格证、矿长安全资格证进行生产的。

(15) 有其他重大安全生产隐患。省、自治区、直辖市人民政府负责煤矿安全生产监督监察部门，根据实际情况认定的可能造成重大事故的其他重大安全生产隐患。

7. 安全教育培训制度

安全教育与培训制度，应保证煤矿企业职工掌握本职工作应具备的法律法规知识、安全知识、专业技术知识和操作技能；明确企业职工教育与培训的周期、内容、方式、标准和考核办法；明确相关部门安全教育与培训的职责和考核办法；明确年度安全生产教育与培训计划，确定任务，保证安全培训的条件，落实费用。

8. 安全投入保障制度

安全投入保障制度应按国家有关规定建立稳定的安全投入资金渠道，保证新增、改善和更新安全系统、设备、设施，消除事故隐患，改善安全生产条件，安全生产宣传、教育、培训、安全奖励、推广应用先进安全技术措施和管理、抢险救灾等均有可靠的资金来源；安全投入应能充分保证安全生产需要，安全投入资金要专款专用；煤矿企业应当编制年度安全技术措施计划，确定项目，落实资金、完成时间和责任人。

9. 主要负责人和管理人员下井及带班制度

根据《关于煤矿负责人和生产经营管理人员下井带班的指导意见》（国办发〔2005〕53号）的规定，煤矿企业必须建立健全主要负责人和安全管理人员下井带班制度，该制度要明确下井带班人员的职责，下井带班的次数、权限、工作内容，以及下井带班的管理考核，并要健全下井带班的详细记录，以备检查。该制度必须符合以下要求：

(1) 煤矿负责人和生产经营管理人员要坚持下井带班：

① 各类煤矿企业必须安排负责人和生产经营管理人员下井带班，确保每个班次至少有1名负责人或生产经营管理人员在现场带班作业，与工人同下同上。

② 国有煤矿采煤、掘进、通风、维修、井下机电和运输作业，一律由区队负责人带班进行。

③ 国有煤矿副总工程师以上的管理人员，每月在完成规定下井次数的同时，熟悉生产的，要保证1至2次下井带班。

④ 国有煤矿集团公司管理人员，要经常下井了解安全生产情况，研究解决井下存在的问题。煤矿在贯通、初次放顶、排瓦斯、揭露煤层、处理火区、探放水、过断层等关键阶段，集团公司的负责人要按规定到现场指导，确保安全生产。

⑤ 年产30万t的煤矿，企业法定代表人每月下井不得少于10次，生产、安全、机电副矿长和技术负责人每月下井不得小于15次。井下每班必须确保至少有1名矿级管理人员在现场带班。带班人员要做到与工人同下同上，深入采掘工作面，抓安全生产重点环节，督促区队加强现场管理，把安全生产方针政策、法律、法规和各项措施细化落实到区队和班组。

⑥ 乡镇煤矿、其他民营煤矿的各类作业，必须由矿长、副矿长和生产经营管理人员在现场带班进行。

(2) 建立和完善下井带班制度

① 煤矿企业要建立健全煤矿负责人和生产经营管理人员下井带班制度，明确下井带班的作业种类、下井带班人员范围、每月下井带班的次数、在井下工作时间、下井带班的任务和

职责权限、日班与夜班比例以及考核奖惩办法等。

② 国有煤矿集团公司管理人员以及集团公司机关处室负责人、所属各矿的负责人和生产经营管理人员的下井带班办法，由集团公司制订，报省煤炭行业管理部门批准，并报同级安全监管部门、煤矿安全监察机构和国有资产监管部门备案。基层区队负责人、矿机关科室负责人下井带班的具体办法，由煤矿根据实际情况制订。

③ 乡镇煤矿、其他民营煤矿负责人和生产经营管理人员以及出资人下井带班的具体办法，由煤矿所在县（市）煤炭行业管理部门制订并负责监督考核，报同级煤矿安全监管部门和煤矿安全监察机构备案。

(3) 明确下井带班人员的职责

① 下井带班人员要把保证安全生产作为第一位的责任，切实掌握当班井下的安全生产状况，加强对重点部位、关键环节的检查巡视，及时发现和组织消除事故隐患，及时制止违章违纪行为，严禁违章指挥、严禁超能力组织生产。

② 煤矿矿长、区队长是矿、区队安全生产第一责任人，下井带班人员协助矿长、区队长对当班安全生产负责。煤矿发生危及职工生命安全的重大隐患和严重问题时，带班人员必须立即组织采取停产、撤人、排除隐患等紧急处置措施，并及时向矿长、区队长报告。煤矿发生生产安全责任事故，要在追究矿长、区队长责任的同时，追究当班带班人员相应的责任。

(4) 严格企业内部管理和考核

① 实行井下交接班制度。上一班的带班人员要在井下向接班的带班人员详细说明井下安全状况、存在的问题及原因、需要注意的事项等，并认真填记交接班记录簿。

② 建立下井带班档案。下井带班的煤矿负责人和生产经营管理人员升井后，要将下井的时间、地点、经过路线、发现的问题及处理意见等有关情况进行详细登记，并存档备查。

③ 加强企业内部监督考核。要把煤矿负责人和生产经营管理人员下井带班情况与矿长资格证、矿长安全生产资格证及经济收入等挂钩，严格考核。要建立奖惩制度，对认真履行职责、防止事故有功人员要给予奖励；对弄虚作假的，一经发现，要严肃处理。

10. 劳动防护用品发放与使用制度

该制度应符合《劳动防护用品产品质量监督检验暂行管理办法》及有关法规和标准的要求，内容应包括劳动防护用品的质量标准、发放标准、发放范围以及劳动防护用品的使用、监督检查等方面的内容。

11. 矿用设备、器材使用管理制度

矿用设备、器材使用管理制度，应保证在用设备、器材符合相关标准，保持完好状态；明确矿用设备、器材使用前检测标准、程序、方法和检验单位、人员的资质；明确使用过程中的检验标准、周期、方法和校验单位、人员的资质；明确维修、更新和报废的标准、程序和方法。

12. 矿井主要灾害预防管理制度

矿井主要灾害预防管理制度要明确可能导致重大事故的"一通三防"、防治水、冲击地压、职业危害等主要危险，有针对性地分别制定专门制度，强化管理，加强监控，制定预防措施。

13. 煤矿事故应急救援制度。

煤矿事故应急救援制度，要制定事故应急救援预案，明确发生事故后的上报时限、上报部门、上报内容、应采取的应急救援措施等。

14. 安全奖罚制度

安全奖罚制度必须兼顾责任、权利、义务,规定明确,奖罚对应;明确奖罚的项目、标准和考核办法。

15. 入井检身与出入井人员清点制度

入井检身与出入井人员清点制度,明确入井人员禁止带入井下的物品和检查方法;明确人员入井、升井登记、清点和统计、报告办法,保证准确掌握井下作业人数和人员名单,及时发现未能正常升井的人员并查明原因。

16. 安全操作规程管理制度

操作规程要涵盖从进入操作现场、操作准备到操作结束和离开操作现场全过程的各个操作环节。要分别制定各工种的岗位操作规程,明确各工种、岗位对操作人员的基本要求、操作程序和标准,明确违反操作程序和标准可能导致的危险和危害。煤矿企业在建立健全安全管理制度时,必须符合《指导意见》以及有关法律、法规、规范、标准及有关规范性文件的要求,并要结合企业的实际情况,确保有实用性和可操作性。结合《指导意见》及国家煤监局制定的《煤矿企业安全生产管理制度规定》的要求,负有煤矿安全生产监督管理职责的部门应加强对煤矿企业建立健全安全生产管理制度工作的监督管理,指导企业制定安全生产管理制度。煤矿安全监察人员实施安全监察时,发现煤矿企业未按本规定建立安全生产管理制度或制度内容未达到本规定要求的,应责令限期改正;逾期不改正的,依照有关法律、法规实施处罚。

17. 安全生产现场管理制度

安全生产现场管理制度要明确现场管理人员的职责、权限,现场管理内容和要求以及现场应急处置等方面的内容。

18. 安全质量标准化管理制度

安全质量标准化管理制度要明确年度达标计划和考核标准,明确检查周期、考核评级奖惩办法、组织检查的部门和人员等方面的内容。

19. 职业危害防治制度

煤矿企业应建立健全职业危害防治领导机构、防治管理机构,还应建立健全下列职业危害防治制度:

(1) 职业危害防治责任制度;

(2) 职业危害防治计划和实施方案;

(3) 职业危害告知制度;

(4) 职业危害防治宣传教育培训制度;

(5) 职业危害防护设施管理制度;

(6) 从业人员防护用品配备发放和使用管理制度;

(7) 职业危害日常监测管理制度;

(8) 职业健康监护管理制度;

(9) 职业危害申报制度;

(10) 职业病诊断鉴定及治疗康复制度;

(11) 职业危害防治经费保障及使用管理制度;

(12) 职业卫生档案与职业健康监护档案管理制度；
(13) 职业危害事故应急救援预案；
(14) 法律、法规、规章规定的其他职业危害防治制度。

第四节 煤矿安全评估与安全评价

为保障煤矿安全生产，必须对煤矿进行安全程度评估与安全评价。

一、安全评估

依据相关规定，煤矿必须每年进行一次安全程度评估。

(一) 评估标准和主要内容

煤矿安全程度评估标准应有分专项的定性和定量分析、记分评分标准，并设有必备条件。具体应包括下列主要内容：

1. 煤矿安全生产保障

(1) 各级管理人员和各岗位的安全生产责任制。
(2) 安全生产规章制度。
(3) 安全投入。
(4) 安全生产管理机构设置和专职安全管理人员配备。
(5) 主要负责人和安全生产管理人员资质。
(6) 工人的安全教育培训。
(7) 特种作业人员的资质。
(8) 井下设备、仪器仪表的煤矿安全标志。
(9) 其他。

2. 煤矿生产系统

(1) 矿井"一通三防"。
(2) 防治水。
(3) 采煤安全。
(4) 掘进安全。
(5) 机电安全。
(6) 运输安全。
(7) 其他。

(二) 评估的组织实施

(1) 煤矿安全程度评估工作由地区煤矿安全监察机构负责组织实施。各地可根据实际情况委托具备资质的安全评价机构和经地区煤矿安全监察机构认可的大型煤炭企业、高等学校、科研、设计等有关单位开展评估。
(2) 为提高评估工作效率，煤矿应首先对照评估标准进行自查和整改，再正式向地区煤矿安全监察机构申请进行安全程度评估。
(3) 对拒绝接受安全程度评估的煤矿，由煤矿安全监察机构依法进行查处。

(三) 评估结果的分类和管理

(1) 煤矿安全程度评估结果划分为 A、B、C、D 四个类别：A 类为安全矿井、B 类为基本安全矿井、C类为安全较差的矿井、D类为安全不合格的矿井。

(2) 地区煤矿安全监察机构依据煤矿安全程度评估报告审定煤矿安全程度类别。煤矿安全程度评估结果由地区煤矿安全监察机构报国家煤矿安全监察局备案，同时向当地人民政府通报，并建立公告制度。

(3) 对评估结果为C类的煤矿，由地区煤矿安全监察机构或煤矿安全监察办事处责令限期整改；逾期未整改或整改不合格的，依法责令停产整顿。对评估结果为D类的煤矿，应立即下达停产整顿指令，经整改后评估达到B类以上标准方可恢复生产；拒不整改或在规定期限内整顿不合格的矿井，依法予以关闭。

(4) 煤矿安全程度评估类别实行动态管理。煤矿安全监察机构在检查中发现煤矿安全生产隐患严重，达不到评定类别标准或发生重大事故的，由地区煤矿安全监察机构予以降级处理。发生一起重大死亡事故的降低一个类别，发生两起重大死亡事故或一起特大死亡事故的降为D类矿井。

二、安全评价

安全评价是利用系统工程的方法对拟建或已有工程、系统可能存在的危险性及其可能产生的后果进行预测和综合评价，并提出相应的安全对策措施，以达到工程、系统安全的过程。

1. 安全评价的目的

安全评价的目的是查找、分析和预测工程、系统存在危险有害因素及可能导致的后果和程度，提出合理可行的安全对策措施，指导危险源的监控和事故预防。

(1) 促进煤矿企业实现本质安全化生产。通过安全评价，系统地从工程、设计、建设、运行等过程对事故和事故隐患进行科学分析，提出消除危险的最佳技术措施方案，实现生产过程的本质安全化，做到即使发生误操作或设备故障，系统存在的危险有害因素也不会导致重大事故的发生。

(2) 实现全过程安全控制。在设计之前进行安全评价，可避免选用不安全工艺流程和危险的原材料以及不合适的设备、设施，或当采用时提出降低或消除危险的有效方法。设计后的评价，可查出设计中存在的不足和缺陷，及早采取改进和预防措施。运行阶段进行的系统安全评价，可了解系统的现时危险性，为进一步采取降低危险性的措施提供依据。

(3) 建立系统安全最优方案，为决策者提供依据。通过安全评价，分析系统存在的危险源及其分布部位、数目、预测事故概率、严重程度，提出应采取的安全对策措施等，决策者可以根据评价结果选择系统安全最优方案并作出管理决策。

(4) 为实现安全技术、安全管理的标准化和科学化创造条件。通过对设施、设备或系统在生产过程中的安全性是否符合有关技术标准、规范、相关规定的评价，对照技术标准、规范找出存在的问题和不足，以实现安全技术和安全管理的标准化、科学化。

2. 安全评价的内容

(1) 危险的确认。通过观察危险源的变化，寻找新的危险源，并将其发生概率和严重程度进行定量分析计算。

(2) 危险性评价。根据危险的影响范围，对危险进行具体评价，采取措施消除或降低系统的危险性，最后确认危险性是否排除或减少。

3. 安全评价程序

(1) 评价准备。明确评价对象和范围，熟悉评价系统，收集相关资料。

(2) 对系统危险、有害因素进行辨识。
(3) 在对危险源识别和分析的基础上，划分评价单元，选择评价方法，对系统、工程发生事故的可能性和严重程度进行定性、定量评价，并提出安全对策措施。
(4) 作出安全评价结论及建议。
(5) 编制安全评价报告。

4. 安全评价方法

(1) 定性安全评价法。根据经验和直观判断能力对生产系统的工艺、设施、设备、环境、人员和管理等方面的状态进行定性分析。其方法主要有：安全检查表法、专家现场询问调查法、因素图分析法、作业条件危险性评价法、故障类型和影响分析法、危险性可操作性研究法等。但定性安全评价往往依靠经验，带有一定的局限性，安全评价的结果有时因参加评价人员的经验和经历等有相当大的差异。

(2) 定量安全评价法。运用基于大量实验结果和广泛的事故资料统计分析获得的指标或规律（数学模型）对生产系统的工艺、设施、设备、环境、人员和管理等方面的状况进行定量的计算。其方法主要有：概率风险评价法、伤害（或破坏）范围评价法、危险指数法等。

第五节 事故分类、报告及统计分析

一、煤矿事故分类

（一）事故的分类

事故分类既是理论研究问题又是特定的法律问题，事故分类的方法很多，从事故的调查与处理的角度出发，煤炭行业现行的事故分类方法如下：

1. 责任事故

是指人们在生产建设过程中，由于不执行有关安全法律、法规，违反规章制度（违章指挥、违章作业）而引起的事故。

2. 非责任事故

(1) 自然事故：地震、狂风、暴雨、洪水、雷电等造成的事故。
(2) 技术事故：由于受到科学技术水平的限制，人们的认识不足，技术条件尚不能达到而造成的事故。
(3) 意外事故：是指发生突然，出乎意料，来不及处理而造成的事故。

3. 伤亡事故

伤亡是指企业职工在生产劳动过程中，发生人身伤害、急性中毒，甚至终止生命的事故。

(1) 根据伤害程度划分

① 轻伤：指负伤后需休工日一个工作日以上，但未达到重伤程度的伤害。国家标准：1日≤损失工作日<105日。

② 重伤：指负伤后，须经医疗部门鉴定，由医师诊断为重伤的伤害。国家标准：105日≤损失工作日<6 000日。

根据国务院颁布的《关于重伤事故范围的意见》，凡有下列情形之一者，均作为重伤处理：经医师诊断为残疾或可能残疾的；伤势严重，需进行较大手术才能挽救生命的；人体要害部位严重灼伤、烫伤或非要害部位灼伤、烫伤的面积占全身面积的1/3以上的；严重骨折

（胸骨、肋骨、脊椎骨、锁骨、肩胛骨、腿骨和脚骨等因受伤引起骨折），严重脑震荡等；眼部伤害较严重，有失明可能的；手部伤害：大拇指轧断一节的，食指、中指、无名指、小指任何一只轧断两节或任何两只各轧断一节的，局部肌腱受伤甚剧，引起机能障碍，有不能自由伸屈残疾可能的；脚部伤害：脚趾轧断三只以上的，局部肌腱受伤甚剧，引起机能障碍，有不能行走自如残疾可能的；内部伤害：内脏损伤、内出血或伤及腹膜等；凡不在上述范围以内的伤害，经医院诊断后，认为受伤较重，由企业行政会同基层工会做个别研究，提出意见，由当地有关部门审查确定。

③ 死亡。国家标准：损失工作日＝6 000 日。

（2）根据事故造成的人员伤亡或者直接经济损失划分

① 一般事故，是指造成3人以下（不含3人）死亡，或者10人以下（不含10人）重伤，或者1 000万元以下（不含1 000万元）直接经济损失的事故。

② 较大事故，是指造成3人以上（含3人）10人以下（不含10人）死亡，或者10人以上（含10人）50人以下（不含50人）重伤，或者1 000万元以上（含1 000万元）5 000万元以下（不含5 000万元）直接经济损失的事故。

③ 重大事故，是指造成10人以上（含10人）30人以下（不含30人）死亡，或者50人以上（含50人）100人以下（不含100人）重伤，或者5 000万元以上（含5 000万元）1亿元以下（不含1亿元）直接经济损失的事故。

④ 特别重大事故，是指造成30人以上（含30人）死亡，或者100人以上（含100人）重伤（包括急性工业中毒），或者1亿元以上（含1亿元）直接经济损失的事故。

（3）按事故的性质分

① 顶板事故：顶板冒落、片帮、底鼓、冲击地压等。

② 瓦斯事故：有害气体中毒，瓦斯窒息，瓦斯（煤尘）燃烧、爆炸，煤（岩）与瓦斯突出等。

③ 机电事故：机械设备、电气设备伤人等。

④ 运输事故：运输设备、设施伤人等。

⑤ 火药爆破事故：雷管、炸药爆炸，爆破崩人，触响瞎炮伤人等。

⑥ 水害事故：地表水、地下水、老塘水、工业用水等造成的透水淹井事故。

⑦ 火灾事故：指外因火灾和内因火灾，直接使人致死或产生的有害气体使人中毒（煤层自然发火未见明火，溢出有害气体中毒，应算做瓦斯事故），地面火灾等事故。

⑧ 其他事故。

4. 非伤亡事故

非伤亡事故是指由于生产技术管理不善、个别职工违章、设备缺陷及自然因素等原因，造成生产中断、设备损坏等事故，均称为非伤亡事故。

（1）非伤亡事故的分类

① 生产事故：采掘事故，机电事故，地面铁路运输事故。

② 基本建设事故：井建、土建和安装过程中发生的事故。

③ 地质勘探事故：地质勘探过程中所发生的事故。

（2）非伤亡事故的分级

① 一级非伤亡事故：瓦斯煤尘燃烧、爆炸；发生的事故使全矿井停工8 h以上或采区停

工三昼夜以上；煤与瓦斯突出，煤的突出量大于等于 50 t；井下发火封闭采区或影响安全生产；水灾使矿井全部或一翼停止生产；采区通风不良，风流中瓦斯超限或瓦斯积聚，造成停产；采煤工作面冒顶长 10 m（含 10 m）以上；掘进工作面冒顶 5 m（含 5 m）以上；巷道冒顶 10 m（含 10 m）以上。

② 二级非伤亡事故：发生事故使全矿井停工 2 h 以上，但不足 8 h 或采区停工 8 h 以上，但不足三昼夜；煤与瓦斯突出，煤的突出量大于等于 10 t；井下发火封闭采掘工作面；因水灾使采区停产；采掘工作面通风不良，风流中瓦斯超限或瓦斯积聚，造成停产；采煤工作面冒顶超过 5 m（含 5 m）；掘进工作面冒顶超过 3 m（含 3 m）；巷道冒顶长度超过 5 m（含 5 m）。

③ 三级非伤亡事故：凡发生的事故使全矿井停工 30 min 至 2 h 或使采区停工 2 h 至 8 h；煤与瓦斯突出，煤的突出量小于 10 t 通风不良或局部通风机无计划停电，使风流中局部瓦斯积聚，瓦斯浓度超过 3%；范围不大的井下发火；因水灾使一个采掘面停止生产；采煤工作面冒顶长度超过 3 m（含 3 m）；掘进工作面冒顶 3 m 以下；巷道冒顶长度 5 m 以下。

二、事故报告

1. 事故报告程序的规定

（1）事故发生后，事故现场有关人员应当立即向本单位负责人报告；单位负责人接到报告后，应当于 1 h 内向事故发生地县级以上人民政府安全生产监督管理部门和负有安全生产监督管理职责的有关部门报告。

情况紧急时，事故现场有关人员可以直接向事故发生地县级以上人民政府安全生产监督管理部门和负有安全生产监督管理职责的有关部门报告。

（2）安全生产监督管理部门和负有安全生产监督管理职责的有关部门接到事故报告后，应当依照下列规定上报事故情况，并通知公安机关、劳动保障行政部门、工会和人民检察院。

特别重大事故、重大事故逐级上报至国务院安全生产监督管理部门和负有安全生产监督管理职责的有关部门；较大事故逐级上报至省、自治区、直辖市人民政府安全生产监督管理部门和负有安全生产监督管理职责的有关部门；

一般事故上报至设区的市级人民政府安全生产监督管理部门和负有安全生产监督管理职责的有关部门。

安全生产监督管理部门和负有安全生产监督管理职责的有关部门接到事故报告后，应当同时报告本级人民政府。

国务院安全生产监督管理部门和负有安全生产监督管理职责的有关部门以及省级人民政府接到发生特别重大事故、重大事故的报告后，应当立即报告国务院。必要时，安全生产监督管理部门和负有安全生产监督管理职责的有关部门可以越级上报事故情况。

安全生产监督管理部门和负有安全生产监督管理职责的有关部门逐级上报事故情况，每级上报的时间不得超过 2 h。

事故报告后出现新情况的，应当及时补报，自事故发生之日起 30 日内，事故造成的伤亡人数发生变化的，应当及时补报。

2. 事故报告的内容

（1）事故发生单位概况；

（2）事故发生的时间、地点以及事故现场情况；

（3）事故的简要经过；

(4) 事故已经造成或者可能造成的伤亡人数（包括下落不明的人数）和初步估计的直接经济损失；

(5) 已经采取的措施；

(6) 其他应当报告的情况。

三、煤矿事故统计及分析

(一) 事故统计

1. 事故统计的作用

(1) 为各级领导及有关部门制定工作计划、指导安全生产、进行安全决策提供科学依据。

(2) 便于比较各行各业劳动保护工作水平和安全生产状况。

(3) 便于与世界各个国家进行比较，促进煤矿企业安全工作的现代化。

(4) 为安全教育、培训、教学科研工作指明方向，提供资料和数据。

2. 事故统计内容

(1) 统计一个单位、部门、地区或行业在一定时期内工伤事故发生的情况，从量的方面反映工伤事故状况。

(2) 计算工伤事故的各项统计指标，从质的方面提供衡量和比较的数据。

(3) 对工伤事故进行综合分析，研究事故发生的规律，提出减少和消除事故的措施。

(4) 便于编制工伤事故统计报告、报表和绘制图表。

(二) 事故分析

1. 事故综合分析的方法

(1) 按事故类型分析

① 顶板事故按采煤工作面、掘进工作面和巷道进行分析。

② 瓦斯事故按瓦斯、煤尘爆炸（燃烧）、煤（岩）与瓦斯突出、中毒、窒息分析。

③ 机电事故按触电、机电设备伤人分析。

④ 运输事故按提升运输、轨道运输、输送机运输伤人等进行分析。

⑤ 爆破事故按违章爆破、触响瞎炮分析。

⑥ 水灾事故按地表水、地下水、老空水、工业用水造成的事故分析。

⑦ 火灾事故按井下火灾和地面火灾分析。井下火灾又分为外因火灾和内因火灾。

⑧ 其他事故，即以上7类事故以外的事故，如处理溜煤眼、火药储运过程中的爆炸事故等。

(2) 按事故发生的地点分析

分地面和井下两种。其中井下又分为采煤工作面、掘进工作面、大巷（平硐、阶段运输和回风大巷）、采区上下山、井筒、其他等6种。

(3) 按伤亡人员的文化程度分析

分文盲、小学、中学、中专、大专及以上等5种。

(4) 按伤亡人员的工种分析。分采煤、掘进、机电、运输、通风、救护、干部、巷修、其他等。

(5) 按事故原因分析

分三违（违章指挥、违章作业、违反劳动纪律）、工程质量、安全措施、安全设施不全或失效等。

(6) 按伤亡人员的工龄分析

分 5 年以下、5 至 10 年、10 至 15 年、15 至 20 年、20 年以上等。

(7) 按伤亡人员的年龄分析

分 20 岁以下、20 至 25 岁、25 至 30 岁、30 至 35 岁、35 至 40 岁、40 至 45 岁、45 岁以上等。

(8) 按发生事故的时间分析

每年分 12 个月，每月份上、中、下旬，每日 24 h 分早、中、晚班，按此时间分别进行分析。

2. 伤亡事故分析常用的计算公式

(1) 表示某时期内，平均每千人职工因工伤事故造成的死亡、伤亡、重伤率的计算公式为：

千人死亡率＝（死亡人数/平均职工人数）×10^3

千人伤亡率＝（（死亡人数＋重伤人数＋轻伤人数）/平均职工人数）×10^3

千人重伤率＝（重伤人数/平均职工人数）×10^3

千人负伤率＝（（重伤人数＋轻伤人数）/平均职工人数）×10^3

上述公式中要注意两个问题。一是公式中死亡、重伤、轻伤指企业全部伤亡人数；二是平均职工人数的概念，不能与计算期内期末职工人数混淆，否则影响计算准确性。

(2) 按产量、进尺计算伤亡率公式为：

百万吨死亡率＝死亡人数/原煤产量×10^6

计算百万吨死亡率时，死亡人数指在煤炭生产中的死亡，计算的数值，一般四舍五入保留小数点后两位。

万米成巷死亡率＝（死亡人数/成巷米数）×10^4

上式中死亡人数指基本建设死亡，成巷米数以实进米数为准。

(3) 按伤害频率分析计算死亡率公式为：

百万工时死亡率＝（死亡人数/工作小时数）×10^6

百万工时伤亡率＝（死亡人数＋重伤人数＋轻伤人数）/工作/小时数×10^6

上述计算公式中的工作小时指实际工作小时，包括加班工作小时。

百万吨死亡率、千人负伤率、千人重伤率是煤矿安全的主要考核指标，必须掌握计算公式，并做到计算准确。

第六节 煤矿现代安全管理理论与技术

一、安全管理的基本原理

1. 系统原理

所谓系统，指由若干相互联系、相互作用、相互依赖的要素组成的具有特定功能和确定目标的有机整体。即把管理的对象看成是一个人、机、物、环有机统一的系统，对问题的各个方面和各种关系进行全面和系统的综合分析和研究，并采取相应对策。系统原理体现在全企业、全部门、全过程、全员的安全管理中。

2. 人本原理

管理要以人为主体，以调动人的积极性为根本，这就是人本原理。一切管理活动均要以调动人的积极性、主动性和创造性为根本,使全体人员能够明确整体目标、各自的职责、工作的意义和相互的关系,从而在和谐的气氛中积极、主动和创造性地完成各自的任务。

3. 整分合原理

企业是一个高效率的有序系统,具有明显的层次性。现代高效率的管理必须在整体规划下明确分工,在分工基础上进行有效的组合,这就是整分合原理。安全管理要构成有序的管理体系,各层次要各司其职。下一层次要服从上一层次的管理,下一层次不能解决的问题,由上一层次来协调解决,各层次间要协调配合,综合平衡地发展。

4. 反馈原理

反馈就是由控制系统把信息输送出去,又把其作用结果返送回来,并对信息再输出产生影响,从而起到控制的作用,达到调整未来行动的目的。面对不断变化的客观实际,系统的管理是否有效,关键在于是否有灵敏、准确而有力的反馈。

5. 能级原理

能级原理就是在企业管理系统中,根据管理功能的不同把管理系统分成不同级别,把相应的管理内容和管理者都分配到相应的级别中去,各占其位、各司其职。管理能级的层次分为:经营层、管理层、执行层和操作层。各管理层次有不同的责、权、利,各级管理者应在其位、谋其政、行其权、尽其责、获其荣、惩其误。各级能级必须动态地对应,做到人尽其才,各尽所能。

6. 封闭原理

任何一个管理系统必须构成一个连续的封闭回路,才能有效地进行管理活动,这就是封闭原理。它要求管理机构中,不仅要有指挥中心、执行机构,还应有监督机构和反馈机构。这些机构应相互独立、相互制约、权责明确,形成一个闭环回路。管理过程中,执行、监督、反馈、奖惩必须配套实施,缺一不可。

7. 弹性原理

管理是在系统内、外部环境条件千变万化的形势下进行的,管理工作中的方法、手段、措施等必须保持充分的伸缩性,以保证管理有很强的适应性和灵活性,从而有效地实现动态管理,这就是弹性原理。

安全管理面临的是错综复杂的环境和条件,尤其是事故致因是很难完全预测和掌握的。因此,安全管理必须尽可能保持好的弹性,以达到应急性的需要。

8. 动力原理

管理动力有物质动力、精神动力、信息动力3种基本类型。这3种动力要综合、灵活运用,在不同的时间、地点、条件下,要掌握好各种动力的比重、刺激量和刺激频度,并应正确地认识和处理个体动力与集体动力的关系。

二、系统安全分析与评价方法

(一)煤矿安全检查表及其应用

安全检查表是安全系统工程中用以分析和发现事故隐患的一种基本方法,是实施安全检查和诊断的一种工具。它的基本任务是查明生产系统中的各种危险因素和事故隐患,考察和了解生产系统的安全状况,控制和消除危险,防止事故的发生,保证生产的安全。

1. 安全检查表的分类

按检查的用途不同,可分为以下几种:

(1) 供设计审查用的安全检查表。在设计人员进行工程设计之前，为其提供安全方面应遵循的有关规程标准的安全检查表，把设计存在的不安全因素予以排除，避免设计付诸实施时发现问题再进行修改。

(2) 生产用安全检查表。这种检查表可供全矿性的安全检查使用。其主要内容为各采区的巷道布置，采煤工艺和设备的重点危险部位，机电设备、主要安全装置与设施的灵敏性、可靠性，火药、雷管的使用、贮存和运输的安全性，各生产环节的操作及其管理等，也可供安监部门和上级巡回安全检查时使用。

(3) 自查用安全检查表。主要用于采掘区（队）、班（组）自查或安全教育使用。其内容应根据所在岗位的工艺与设备的防灾控制要点来确定。要求内容具体易行，如对采煤队要有综采机械的操作系统、截煤系统、牵引系统、灭尘洒水系统，以及工作面、顺槽的运输系统等。

(4) 专业性安全检查表。主要用于专业性或特种设备的安全检查。专业性安全检查表的内容应突出专业特点，根据检查对象的专业技术要求来编制而不是面面俱到。此类安全检查表由专业机构或职能部门编制使用。

2. 安全检查表的形式及内容

煤矿安全检查表常采用提问和对照两种形式。提问式是指检查项目内容采用提问方式进行；对照式是指检查项目内容后面附上合格标准，检查时对照合格标准作答。

安全检查表的内容应包括所有可能导致事故发生的不安全因素和岗位的全部职责，必须与所定的检查项目一一对应，要求不遗漏检查项目。采用提问方式，并用"是（√）"或"否（×）"回答。"是（√）"表示符合要求，"否（×）"表示存在问题，有待进一步解决。每个提问后面可以根据需要增设改进措施栏。

（二）危险性预先分析

危险性预先分析是在某一项工程活动（包括系统设计、审查阶段、施工阶段和生产阶段）之前，进行预先危险性分析，即对系统存在的危险类别、发生条件、事故结果等进行概略的分析，其目的在于尽量防止采用不安全技术路线、使用危险性物质、工艺和设备。如果必须使用时，也可以从设计和工艺上考虑采取安全措施，使这些危险性不至于发展成为事故。它的特点是把分析工作做在行动之前，避免由于考虑不周而造成损失。

危险性预先分析的重点应放在系统的主要危险源上并提出控制这些危险的措施。

1. 危险性预先分析的步骤和危险等级的划分

(1) 危险性预先分析的步骤。

① 对所要分析的系统的生产目的、工艺过程以及操作条件和周围环境做充分的调查了解。

② 调查、了解和收集过去的经验以及同类生产矿山中发生过的事故情况；查找能够造成人员伤害、物质损失和完不成任务的危险性。

③ 确定危险源，并分类制成表格。危险源的确定可通过经验判断、技术判断或安全检查表等方法进行。

④ 识别危险转化条件。研究危险因素转变为事故状态的触发条件。

⑤ 进行危险分级。为了分清轻重缓急，确定危险程度，找出应重点控制的危险源，就要对危险性划分等级。

⑥ 制定预防危险措施。

（2）危险等级的划分。

危险等级的划分可按表2-1所列的4个级别来进行。

表2-1　　　　　　　　　　　　危险等级划分表

级别	危害程度	危害后果
Ⅰ级	可忽视的	不会造成人员伤害和系统损坏
Ⅱ级	临界的	降低系统性能或损坏设备，但不会造成人员伤害，能采取措施加以控制
Ⅲ级	危险的	造成人员伤害和主要系统的损坏
Ⅳ级	灾难性的	造成人员伤亡及系统严重破坏

2. 危险性预先分析表格

危险性预先分析的结果可直观地列在表格中，表格为一般形式见表2-2。

表2-2　　　　　　　　　　　　危险性预先分析表格

1	2	3	4	5	6	7	8	9
子系统或部件	危险因素	事故模式	触发事件	发生可能性	事故影响	危险等级	控制措施	备注

此表具有代表性，虽然简单，但多数情况是足够用的，下面对表格中的每一列做简单的介绍：

（1）第1列：所要分析的部件或子系统的正式名称。

（2）第2列：列出存在的危险因素，可能有多个危险因素，应分别列出。

（3）第3列：列出危险因素可能造成事故的发生模式。

（4）第4列：应尽量详尽地列出危险因素转化为事故状态的触发事件，同时注意抓住主要的触发事件。

（5）第5列：估计的可能性有几种表达形式，可以采用定性方式表示，如"非常可能"或"不可能"，如采用这种表达方式，必须在事件中给出明确的定义。

（6）第6列：说明事故发生对人或财产的影响。影响是多种多样的，对人的伤害和财产的损失要分别描述。

（7）第7列：说明危险的严重程度。

（8）第8列：对控制方法提出建议。

（9）第9列：附加说明可能与危险严重性、危险发生的可能性等相关的一切对危险有影响的事项。

应用危险性预先分析表格时，应注意避免使用长的完整词条，语言力求简洁准确。

（三）事件树分析法

事件树分析法实质是一种时序逻辑的事故分析法。它是根据事故发展的先后顺序，分成若干阶段，一步一步地进行分析，每一步都以成功和失败两种可能的后果来考虑，把成功事件画在分枝上面（状态值为1），失败事件画在分枝下面（状态值为0），直到最终结果为止，所分析的情况用树枝状图形表示，最后形成一个水平放置的树形图。

事件树分析法主要应用于调查事故、预测事故、查找事故隐患、研究预防事故的最佳对策。

1. 事件树分析步骤

事件树分析的基本程序可概括为如下4个步骤：
（1）确定系统及其构成因素。
（2）分析各要素的因果关系及成功与失败的两种状态。
（3）从系统的起因事件或诱发事件开始，按照系统构成要素的排列次序，从左向右逐步编制与展开事件树。
（4）根据需要标出各节点的成功与失败的概率值，进行定量计算，求出因失败而造成事故的"发生概率"。

事件树分析既可用于分析系统的危险性，也可分析某一具体事故；既可进行定性分析，也可进行定量分析。

2. 事件树分析的定量计算及原则

在现代化大生产中，要求有定量分析的结果，要用数据说话。如果能通过大量统计资料，分析得出事故发展过程中各种事件的发生概率，就可进行事件树定量分析，计算出事故发生的概率。

事件树分析定量计算的原则是：某一结果事件的发生概率等于从起因事件开始到这个结果事件为止所途径的所有树枝上的事件发生概率的乘积。

（四）事故树分析法

事故树是指一种表示导致灾害事故（或不希望事件）的各种因素之间的逻辑关系图或逻辑门与各事件的关系图。

事故树分析方法的实质是从一个可能的事故开始，一层一层地逐步寻找引起事故的触发事件、直接原因和间接原因，直到基本原因，并分析这些事故原因之间的相互逻辑关系，用逻辑图把这些原因以及它们之间的逻辑关系表示出来。事故树分析是一种演绎分析法，即从结果分析原因的分析方法。

（五）系统安全评价方法

安全评价是在生产过程中，对生产系统中存在的危险隐患进行可靠确认并进行定性和定量分析，进而给出系统状态危险的定性和定量结论，以此进行决策，并根据当前科学技术水平和经济条件，对其隐患进行消除和降低其危险程度，使其达到人们可接受的水平，保障生产系统处于安全状态。安全评价的目的就是消除危险隐患，进而消除事故。

系统安全评价是建立在系统安全分析的基础上对系统安全状况的评价，根据系统的分析，可以对系统的安全做定性和定量的评价。

三、职业安全健康管理体系（OHSMS）

（一）职业安全健康管理体系的基本内容

职业安全健康管理体系是组织全部管理体系的一个组成部分，包括为制定、实施、实现、评审和保持职业安全卫生方针所需的组织机构、规划、活动、职责、制度、程序、过程和资源。它要求把组织职业安全卫生管理中的计划、组织、实施和检查、监控等活动，集中、归纳、分解和转化为相应的文件化的目标、程序和作业文件。

原国家经贸委颁布的《职业安全健康管理体系试行标准》由范围、术语和定义、职业安全卫生管理体系要素这三部分组成。

OHSMS的基本思想是实现体系持续改进，通过周而复始地进行"计划、实施、监测、评审"活动，使体系功能不断加强。它要求组织在实施职业安全卫生管理体系时始终保持持续改进意识，对体系进行不断修正和完善，最终实现预防和控制工伤事故、职业病及其他损失的目标。

OHSMS一般包括7个主要部分：初始状态评审、安全卫生方针、规划、实施与运行、检查与改进措施、审核、定期评审总结。其中核心内容是方针、计划、实施、改进、审核这5个要素和持续改进的循环。OHSMS是企业总的管理体系中的一个子系统，其循环也是企业整个管理体系循环的一个子循环。企业通过OHSMS不断循环运行和改善，极大促进职业安全卫生与社会经济的协调发展。

（二）实施OHSMS标准的作用

OHSMS标准的实施对我国的职业安全卫生工作将产生积极的推动作用。主要体现在以下几个方面：

(1) 推动职业安全卫生法规和制度的贯彻执行。

(2) 使组织的职业安全卫生管理由被动行为变为主动行为，促进职业安全卫生管理水平的提高。

(3) 促进我国职业安全卫生管理标准与国际接轨，有利于消除贸易壁垒。

(4) 有利于提高全民的安全意识。

（三）OHSMS标准的适用范围

OHSMS标准可以适用于所有领域和行业，适用于任何组织或部门在特定的生产活动现场进行的任何活动。OHSMS标准是针对现场的职业安全卫生，而不是针对产品安全和服务安全。

OHSMS标准是一套适用于进行审核的职业安全卫生管理体系标准，标准的具体实施应与组织的实际相结合，应适合组织自身的规模和技术发展水平，同样的OHSMS在不同组织中的实施可能会千差万别。

（四）职业安全卫生管理体系标准与ISO 9000及ISO 14000的联系与区别

职业安全卫生管理体系标准、ISO 9000、ISO 14000均是组织全面管理的重要组成部分，它们分别从不同的侧面规范组织的活动和行为。其中ISO 9000侧重对组织产品质量的管理，ISO 14000强调对组织的环境因素的管理，而职业安全卫生管理体系是针对组织的职业安全卫生进行管理。三者既有联系又有区别。

三个标准均遵循相同的管理模式（即戴明模式）。通过PDCA模式实现可持续改进，都要求建立文件化的管理体系，以预先建立的文件体系为指导达到对组织的活动、产品和服务进行全过程控制的目的。三个体系均强调预防为主的思想，即把组织活动过程中可能产生的质量事故、环境事故和职业安全卫生事故消灭在萌芽状态。

(五) 建立职业安全健康管理体系的方法与步骤

1. 职业安全健康管理体系的策划与准备

（1）教育培训。职业安全健康管理体系标准的教育培训，是开始建立职业安全健康管理体系时十分重要的工作。培训工作要分层次、分阶段、循序渐进地进行，而且必须是全员培训。

（2）拟订计划。建立职业安全健康管理体系应建立详细的工作计划。通常情况下，建立体系需要一年以上的时间，因而制订计划时应注意目标明确、控制进程、突出重点，制定方法可以采用倒排时间表的办法。

（3）现状调查与评估（初始评审）。初始评审是建立体系的基础，其主要目的是了解组织的职业安全健康及其管理现状，为组织建立职业安全健康管理体系搜集信息并提供依据。

评估步骤一般包括：
① 准备工作阶段；
② 现状调查；
③ 危害辨识及危险评价；
④ 编制适用的法律、法规等清单并对其符合性进行评估；
⑤ 结果分析与评价；
⑥ 初始职业安全健康管理评审报告。

（4）职业安全健康管理体系设计。

内容包括：
① 制定职业安全健康方针；
② 制定职业安全健康目标和指标；
③ 职能分析和确定机构；
④ 职能分配；
⑤ 制定职业安全健康管理方案。

2. 编写职业安全健康管理体系文件

职业安全健康管理体系体系文件的结构与内容如下：

（1）管理手册。管理手册通常包括的内容为：方针、目标、指标和管理方案；职业安全健康管理、运行、审核或评审工作的岗位职责、权限和相互关系；关于程序文件的说明和查询途径；关于手册的评审、修改和控制规定。

（2）程序文件。程序文件是描述为实施职业安全健康管理体系要素所涉及的各职能部门的活动，是对那些影响职业安全健康的活动进行全面策划和管理所用的基本文件，是职业安全健康管理手册的支持性文件，是实施职业安全健康方针、目标、指标的具体措施。

（3）作业文件。作业文件是程序文件的支持性文件，用以描述具体的岗位和工作现场如何完成某项工作任务的具体做法，为使各项活动具有可操作性，一个程序文件可以分解成几个作业文件，但能在程序文件中交代清楚的活动，就不要再编制作业文件。作业文件有些是在体系运行时根据需要不断产生的，分为工作指令、记录两类。

3. 职业安全健康管理体系的内部审核

内部审核的步骤：确定任务（策划）；审核准备；（实施）现场审核；编写审核报告；纠正措施的跟踪；全面审核报告的编写和纠正措施计划完成情况的汇总。

4. 管理评审

管理评审是由组织的最高管理者对职业安全健康现状进行系统的评价，以确定职业安全健康方针、职业安全健康管理体系和程序是否仍适合于职业安全健康目标、职业安全健康法规和变化了的内外部条件。

管理评审由最高管理者按规定的时间间隔组织进行，可以半年一次，也可以是每年或更长时间一次，也可随着内、外部条件的变化而及时进行管理评审。

（1）管理评审内容。

①职业安全健康方针的持续有效性。

②职业安全健康目标、指标的持续适宜性。

③职业安全健康目标、指标和职业安全健康绩效的实现程度。

④职业安全健康管理体系内部审核的结果，内审报告提出的所有建议及纠正措施实施情况。

⑤风险控制措施的适宜性，职业安全健康事故中汲取的教训。

⑥相关方关注的问题，内、外部反馈的信息。

⑦是否需要针对具体情况对职业安全健康方针、计划、管理手册及有关文件进行修订。

（2）管理评审步骤。

管理评审程序一般分为六个步骤：

① 制定评审计划；

② 准备评审资料，由管理者代表组织主管部门及有关部门汇集、准备评审资料；

③ 召开评审会议；

④ 批发评审报告；

⑤ 报告留存；

⑥ 评审后要求。

（3）管理评审与改进。

不断改进组织的职业安全健康绩效，是组织建立并实施职业安全健康管理体系的主要目的。不断对职业安全健康现状进行评审与审核，是改进职业安全健康绩效的有效手段和途径。改进是在一个或几个工作区域内对危害的程度所采取的改进措施，改进的实施是依据职业安全健康方针对持续改进的要求进行的，改进的实现取决于危险控制措施、改进过程、减少资源消耗、实施合理程序等，使事故发生的危险降低到可接受水平。通过分析造成不符合的原因，制定改进的纠正和预防措施计划，进而实施并验证纠正或预防措施的有效性。有效纠正措施的实施又常常导致职业安全健康方针、目标、指标、体系文件的更改，从而获得更好的职业安全健康绩效。

四、安全计划与安全决策

（一）安全计划

安全计划是根据企业内外部环境、地质条件、开采技术条件、各种资源状况及其发展特点，制定安全生产发展目标，确定逐步解决安全问题的方针、策略、措施和基本对策。安全计划作为决策的基础、应变的前提、管理的保障、控制的手段，是企业发展计划的重要内容，企业在制订发展计划时必须同时制定企业安全计划。

1. 安全计划的种类

根据安全计划的期限分为三种类型，即长期计划、中期计划和年度计划。

长期计划又称长期规划，计划期限一般 5～10 年。长期安全计划是一种目标计划。

中期计划一般称发展计划，由长期计划衍生而来，是企业设定未来 2～5 年内欲努力发展的目标及战略，用以执行长期计划。安全中长期计划应包括企业安全生产方针、发展目标、基本对策和重点措施，确定安全投资计划、人才培训计划和安全装备计划。

年度计划一般称为执行计划，是将长期计划、中期计划的目标及战略分解成年度的安全目标。安全年度计划应包括安全工作的具体目标、内容、方法、措施、经费、实施日期、应取得的效果和评估方法、矿井灾害预防与处理等内容。

2. 安全计划的内容与编制

《煤矿安全规程》规定，煤矿企业在编制生产建设长远发展规划和年度生产建设计划时，必须编制安全技术发展规划和安全技术措施计划。煤矿企业必须编制年度灾害预防和处理计划，并根据具体情况及时修改。灾害预防和处理计划由矿长负责组织实施。

（1）安全计划的内容。

煤矿企业编制的年度矿井灾害预防和处理计划的主要内容应包括：

① 安全技术措施方面。包括控制自然灾害、预防伤亡事故的一切措施。

② 职业卫生技术措施方面。包括以改善劳动条件、防治职业危害为目的的一切技术措施，如防尘、防毒、防寒、防噪声、防振动及通风工程等。职业卫生技术措施应与企业的环境保护工作紧密结合。

③ 有关保证安全生产和职业卫生所必需的建筑物和设施等。如淋浴室、更衣室、卫生保健室、消毒室等。

④ 安全生产宣传教育计划和措施。如职工安全教育培训计划、安全宣传计划、安全图书和安全影视教育片的购置、安全教育室所需设施等。

⑤ 事故应急预案。应明确规定万一发生火灾、煤与瓦斯突出、瓦斯煤尘爆炸等灾变事故时的报告、通知、人员避灾组织和路线、救灾措施和防止事故扩大的措施、救灾过程中各类人员的职责分工等。

⑥ 安全技措资金使用计划。明确规定安全技措资金的提取、使用和管理措施，确定安全技措资金效能的评价方法。

（2）安全计划编制的依据。

安全计划的编制要充分分析和认真研究企业各方面情况，依据社会环境、经济环境、技术环境、地质条件、开采技术条件、企业安全生产各种数据和资料，通过对积累资料的系统分析，总结安全生产的规律，研究各种因素对安全生产的影响，预测发展趋势。要注意各类计划之间的内在关系，长期、中期和年度计划的衔接。

3. 安全计划的编制程序与执行

根据计划的类型和企业具体情况不同，安全计划的编制程序有所区别。企业中长期安全计划由企业组织各职能部门根据企业内外部环境，综合考虑安全生产各方面因素后编制，报上级管理部门和煤矿安全监察机构批准备案。股份制企业的安全生产长期计划应提呈董事会核准。

企业安全年度计划由矿长组织布置，各单位和职能部门在认真研究并组织群众广泛讨论的基础上，编制本单位安全计划。企业对各单位计划进行综合平衡、协调，组织各单位负责人、工程技术人员、工会和工人代表进行综合研究后，编制出企业年度安全计划，并报上级管理部门和煤矿安全监察机构批准备案。

安全计划与生产计划一般同时逐级下达执行。安全计划执行首先要把企业安全总目标层层分解落实下去，做到层层有计划、有目标、有措施，按预定的目标、标准来控制和检查计划的执行情况，经常对计划运行情况进行修订和调整，发现偏差，迅速予以解决。

要保证安全计划的实施，就必须对目标加强控制，通常要做好两方面的工作：一是要科学制定各安全技术标准，如定额、限额、技术标准、评价标准等，使各项工作的完成有一定的量化指标；二是要建立健全企业的信息反馈系统，保证信息反馈渠道的畅通和信息的传递速度，加强信息管理。

（二）安全决策

安全决策是针对生产经营活动中的危险源或特定的安全问题，根据安全目标、安全标准和要求，运用安全科学理论和分析评价方法，系统收集、分析信息资料，提出各种安全措施方案，经过论证评价，从中选择、决定最优控制方案并予以实施的过程。

安全决策是事故预防与控制的核心，是安全管理的首项职能。

1. 安全决策的分类

在安全决策中，根据管理层次、目标性质、存在的问题以及任务要求等的不同，可以有不同的决策类型。以解决全局性重大问题和大系统的共性问题为目标而进行的高层决策，称安全宏观决策。企业或部门所进行的针对具体危险源所作的预防控制对策的决策（工程项目建设的安全决策，企业安全管理决策，预防事故决策，事故处理决策），称安全微观决策。

2. 安全决策的基本程序

为保证作出科学、正确的决策，对需要解决的问题要调查研究，在此基础上，通过判定方案、分析评价以及选定最佳方案而完成决策。

（1）发现安全问题。发现问题就是发现应有现象和实际现象之间出现的差距。应用系统安全分析是发现问题的重要方法。

（2）确定安全目标。目标是指在一定条件和环境下，在预测的基础上希望达到的结果。调查研究和预测技术是确定安全目标的基本方法。

（3）确定安全价值准则。确定安全价值准则是为了落实目标，作为以后评价和选择方案的基本判据。它包括三方面的内容：

① 把目标分解为若干层次的、确定的价值指标；

② 规定价值指标的主次、缓急时的取舍原则；

③ 指明实现这些指标的约束条件。

价值指标有学术价值、经济价值和社会价值三类，安全价值属社会价值指标。环境分析是确定价值准则的科学方法。

（4）制定安全措施方案。对需要采取安全防范措施的安全问题，制定安全措施方案。由于方案的有效性只有进行比较才能鉴别，所以必须制定多种可供选择的方案。

（5）分析与安全评价。采用可行性分析、决策树技术、矩阵决策技术、统计决策技术、安全评价技术、模糊安全评价技术等科学方法及技术，对安全措施方案进行分析、评价，研究安全措施方案的重要性和可行性。

（6）方案优选抉择。对于拟定的安全措施方案，进行综合判断，权衡利弊，然后选取其一或综合为一。在方案优选过程中可采用决断理论和技术。

（7）试验证实。方案确定后要进行试点，试点成功后再全面普遍实施。如果不行，则必须反馈回去，进行决策修正。

（8）普遍实施。在实施过程中要加强反馈工作，检查与目标偏离的情况，以便及时纠正偏差。如果情况发生重大变化，则可利用"追踪决策"重新确定安全目标。

五、安全信息管理

信息是安全管理的基础，管理就其本质而言就是信息的收集与处理。对于安全信息管理系统来说，信息收集与处理系统的完善与否，很大程度上决定着企业的安全管理水平。随着社会的发展和科学的进步，安全信息化管理将在煤矿安全生产中发挥重大的作用。

1. 煤矿安全信息管理系统

煤矿安全信息管理系统就是对煤矿安全信息进行收集、整理、统计、计算、分析，并传递给操作者、管理者和决策者，以便进行安全管理和安全决策，保证煤矿生产安全的系统。

要建立安全信息管理系统必须建立相应的机构，以保证信息的正常运行。

（1）建立安全信息管理机构。专门设立安全信息管理机构，设专人管理安全信息（信息员），负责安全信息的收集、筛选、处理、储存、传递、反馈等信息管理工作。

（2）建立信息运行系统。安全信息管理系统信息的运行是十分重要的，信息运行系统由以下四部分组成：

① 信息收集系统。收集的安全信息有以下几个方面：上级部门的文件、指令等；本矿的安全文件、档案和技术资料等；通过填写专用安全检查表获得的信息；群众汇报，群安员提供及安全监测设备收集的数据等。主要的是专用安全检查表的填写，此检查表专门用于收集现场安全信息。填写的专用的检查表要及时交信息站。

② 信息处理系统。信息员对收集到的安全信息按重要性和处理难易进行筛选，一般信息直接传递给有关单位处理解决。对重大的安全信息则要整理登记储存，及时传递给安全决策系统。同时利用安全信息定期进行安全预测评价，及时传递给安全决策系统和有关单位。

③ 安全决策系统。安全决策人员根据安全信息进行决策，传递给有关单位处理解决。根据安全信息的难易由不同决策层次决策，容易处理解决的安全信息直接由信息员决策，较难处理解决的安全信息由安监部门领导或矿值班领导决策，重大的较难处理解决的安全信息由矿领导集体研究决策，然后传递给有关单位处理解决。矿领导根据安全评价的结果及其他安全信息定期对安全活动进行决策部署，传递给有关单位执行。

④ 信息反馈系统。有关单位在接到决策后，应在限期内立即对安全信息（隐患）进行处理解决，处理完后，立即将此信息反馈回信息站登记备案。信息在信息运行系统运行过程中的传递是很重要的，为了保证信息的循环流动，应对无故中断信息流动的单位及个人进行处罚。

2. 计算机在安全信息管理中的应用

电子计算机是一种具有高速、自动、精确地进行数学运算、过程控制、数据处理等功能的现代化的电子设备。用电子计算机和安全系统工程的原理、方法使安全管理计算机化，其应用范围基本上有以下三个方面：

（1）计算机用于数据储存及检索。

收集了解国内外职业安全工作动态，明确自身发展目标。收集及统计分析单位本身的安全数据对于安全工作及安全决策有着重要的参考价值。计算机性能为信息资料收集的广泛性和查阅的简便性、迅速性提供了可能。

（2）计算机用于系统安全分析。

利用计算机进行系统安全分析，比用人力进行运算，不仅时间节省多，而且可靠性程度也高，能完成有时人甚至难以完成的工作。降低分析者的劳动强度和分析者对该方法的熟练程度要求，得到较为精确的结果。

（3）计算机用于数据处理。

由于计算机存储量大，可重复使用、重复输出，故将大量的原始资料和数据存于计算机中，并对有关数据进行收集、存储、分类、排序等加工处理和综合分析，使之变为对人们有价值的信息，从而能使决策建立在科学的判断和预测的基础之上，提高工作效率。

（4）计算机用于安全监测和过程控制。

要保证生产的正常进行，避免事故的发生或尽可能地减少对工人的伤害，就必须对生产环境中的不安全因素加以监测。及时发现问题，及时发出有关信息，及时采取控制措施，这是保证安全生产的先决条件。计算机的高速度和高精度的优势，能较好地弥补人工监测的缺陷。计算机过程控制系统能使整个系统按规定的程序进行工作，既保证了安全，又提高了效率，成为保证安全生产的重要手段。

（5）计算机专家系统的应用。

计算机专家系统是指能在较窄的问题领域内具有与专家同等程度的解决问题能力的一种计算机程序。对于一个企业来说，要想聘用所有与其安全生产有关的专家是不现实的，而计算机专家系统能很圆满地解决此问题。专家系统是将专家已有的知识和经验以知识库的形式存入计算机，并模仿人的推理和思维过程，运用这些知识和经验对输入的原始事实作出判断和决策，得出近似于本行业专家的结论。

六、煤矿安全质量标准化

煤矿安全质量标准是指煤矿生产过程中各种设施、设备完好可靠程度和安全管理水平和标准，它包括产品质量标准、工程质量标准和工作质量标准。煤矿安全质量标准化是煤炭行业在多年的质量标准化实践的基础上不断创新，逐步发展完善而形成的一整套行之有效的安全质量管理体系和方法。

1. 安全质量标准化煤矿的等级划分

（1）一级安全质量标准化煤矿：安全质量标准化平均得分为90分及以上，且通风专业达到一级，采煤、掘进、机电、运输、地测防治水五个专业中，达到一级的专业不低于三个，其他专业不低于二级。

（2）二级安全质量标准化煤矿：安全质量标准化平均得分在80分以上，且通风专业达到二级，采煤、掘进、机电、运输、地测防治水五个专业中，达到二级的专业不得低于三个，其他专业不得低于三级。

（3）三级安全质量标准化煤矿：安全质量标准化平均得分为70分以上，且采煤、掘进、机电、运输、通风、地测防治水六个专业中，没有不达标的专业。

2. 安全质量标准化煤矿必须具备的条件

(1) 实现安全目标：

矿井百万吨死亡率：

一级：1.0 以下；

二级：1.3 以下；

三级：1.5 以下。

凡是年产量为 100 万 t 以下的煤矿，要评定为一级矿井。年度死亡人数不得超过 1 人。其死亡率可往前连续二三年累计计算。凡是年度内发生过一次 3 人及以上死亡事故的煤矿，取消当年的评比资格。

(2) 采掘关系正常。

(3) 资源利用：回采率达到规定要求。

(4) 矿井必须有核准的足够风量，必须按《煤矿安全规程》规定，建立安全监控，瓦斯抽采和防火系统。

(5) 制定并执行安全质量标准化检查评比及奖惩制度。

七、矿用产品安全标志管理

煤矿矿用产品安全标志管理制度是对涉及煤矿安全生产及职工安全健康的产品所采取的强制性安全管理制度。安全标志是煤矿矿用产品生产单位生产、销售和使用单位采购、使用的标识，对纳入安全标志管理的煤矿矿用产品未取得由国家煤矿安全监察部门核发的安全标志不得进入煤矿井下。

国家煤矿安全监察局（煤安监技装字〔2001〕第 109 号）公布执行安全标志管理的煤矿矿用产品共 12 类 118 个小类，具体类别如下：

(1) 电气设备，包括高低压电器、防爆电机、综合保护装置和其他防爆电器。

(2) 照明设备，包括安全帽灯、防警矿灯、防爆灯具、矿灯短路保护装置等。

(3) 爆破材料、发爆器，包括煤矿许用炸药、煤矿许用雷管、煤矿许用导爆索等。

(4) 通讯、信号装置，包括通信、信号装置。

(5) 钻孔机具及附件，包括电动、液动、非金属与轻合金气动的钻、凿、锚机具。

(6) 提升、运输设备，包括带式（刮板）输送机、提运设备。

(7) 动力机车，包括防爆蓄电池电机车、架线机车、防幅。

(8) 通风、防尘设备，包括地面通风机、局部通风机、通风仪器仪表、除尘与降尘设备等。

(9) 阻燃及抗静电产品，包括阻燃输送带、电缆、风筒、隔爆水袋（槽）、非金属制品、难燃介质等。

(10) 环境、安全、工况监测监控仪器与装备，包括气体检测仪表、安全、生产监测监控系统，自救器、呼吸器、苏生器及其他安全装置。

(11) 支护设备，包括液压支架、气垛支架、单体液压支柱、切顶支柱、摩擦支柱、金属顶梁、锚杆（索）、乳化液泵、液压支架用胶管等。

(12) 采掘机械及配套设备，包括采煤机、掘进机及其电控装置等。

※国家题库中与本章相关的试题

一、判断题

1. 特种作业人员必须接受有资质的培训机构的专门培训，经考核合格取得操作资格证书的，方可上岗。（　）
2. 因生产安全事故受到损害的从业人员，除依法享有工伤社会保险外，无权再向本单位提出赔偿要求。（　）
3. 矿工在发生重大个人生活事件之后容易出现事故。（　）
4. 生产责任事故是指人们在生产建设中不执行有关安全法规并违反规章制度（包括领导人员违章指挥和职工违章作业）而发生的事故。（　）
5. 生产经营单位的安全生产保障主要包括社会保障、基础保障、管理保障。（　）
6. 我国煤矿伤亡事故分析常用的统计指标是百万吨死亡率。（　）
7. 劳动保护用品分为特种劳动保护用品和一般劳动保护用品。（　）
8. 群众监督是由工会系统来组织实施的。（　）
9. 所谓过失是指行为人对所发生的后果而言，但对于违反规章制度的则是明知故犯。（　）
10. 煤炭企业的安全管理，是指煤矿企业对采掘过程中的安全工作进行计划、组织、指挥、控制等一系列的管理活动。（　）
11. 煤炭企业的安全管理，其目的是在于保证生产安全和煤矿职工的人身安全。（　）
12. 安全监察有两方面的基本职能：一是实行监察；二是反馈信息。（　）
13. 安全生产责任制是各岗位工作业绩考核的标准之一。（　）
14. 安全生产考评奖惩制度对经济效益与安全业绩都非常突出的矿可有可无。（　）
15. 煤矿安全检查由主要负责人组织会同各部门参加。（　）
16. 根据安全工程的观点，事故仅来源于人的不安全行为。（　）
17. 安全文化建设的主要目的，是运用科学的、理智的观点，将"安全第一"的概念变为人们生活中的习惯。（　）
18. 安全文化的核心思想是安全。（　）
19. 煤矿三大规程是指"安全规程"、"作业规程"、"保安规程"。（　）
20. 安全评价可对系统进行定性、定量评价，但不能确认系统的危险性。（　）
21. 安全管理的主要目的是保护国家矿产资源，使本企业的财产、生产设备免遭损失。（　）
22. 企业安全管理基本制度体系的核心是安全生产责任制。（　）
23. 人的不安全行为和物的不安全状态是造成事故的直接原因。（　）
24. 安全系统工程的研究对象是"人—机—环境"系统。（　）
25. 安全行为科学应用于指导安全管理和安全教育等安全对策，有助于实现高水平的安全生产。（　）
26. 构成重大责任事故罪的主观要件是故意而不是过失。（　）
27. 在导致事故发生的各种原因中，人的失误占主导地位。（　）
28. 不良的情绪状态（如过度的情绪低落或高涨）是导致行为失误、引起事故发生的极其重要的因素。（　）
29. 企业管理是指为了实现企业的预定目标，而对企业的生产经营过程进行计划、组织、领导和控制的综合性活动。（　）
30. 煤矿安全事故造成的经济损失，要注重对人的生命与健康损失进行评价，以对事故的严重性和影响进行更合理评估。（　）
31. 安全的生产力作用可通过对安全增值的计算来进行合理的评价。（　）

32. 班组安全管理要以生产效益必须落实到班组和岗位为目标。（   ）
33. 安全评价综合运用系统工程方法对系统的安全进行预测和度量，是科学管理的重要手段。（   ）
34. 从统计的观点出发，对于大量的伤害事故，伤害严重度是从没有伤害直到许多人死亡的连续变量。（   ）
35. 管理心理学是研究管理过程中，人的心理及其活动规律的科学。（   ）
36. 煤矿企业必须按照相关规定，组织实施对全体从业人员进行教育培训。（   ）
37. 直接责任是指与事故结果之间有直接的因果关系，对事故的发生起直接作用的责任。（   ）
38. 某煤矿 2006 年生产原煤 120 万 t，工业生产死亡 3 人，其中煤炭生产死亡 2 人，该矿百万吨死亡率为 2.5。（   ）
39. 发生 3 人以下矿山事故，由矿山企业负责调查和处理。（   ）
40. 发现造成事故的紧急危险情况时，安全检查员有权命令立即停止作业，撤出人员。（   ）
41. 企业各级行政正职一直到班长都是安全生产第一责任者。（   ）
42. 安全检查员发现不安全问题和隐患，有权要求有关部门和单位采取措施限期解决整改。（   ）
43. 季节性安全大检查是指每季度要检查一次。（   ）
44. 安全与生产的关系是，生产是目的，安全是前提，安全为了生产，生产必须安全。（   ）
45. 某乡办小井瓦斯检查员王某，自 2006 年 8 月下旬起，已测知井下瓦斯浓度日趋上升，但未及时报告处理。9 月 2 日，井下爆破时，王某又没按规定检查瓦斯，结果爆破引起瓦斯爆炸，死伤多人，属于重大责任事故罪。（   ）
46. 按照系统安全工程的观点，安全是指生产系统中人员免遭不可承受危险的伤害。（   ）
47. 安全生产管理机构的设置和专、兼职安全生产管理人员的配备，完全是根据生产经营单位的规模大小自行确定的。（   ）
48. 特种设备的使用单位应根据特种设备的不同特性制定相应的事故应急措施和救援预案。（   ）
49. 无论工伤事故责任是否在于劳动者一方，只要不是受害者本人故意行为所致，就应该按照规定标准对其进行伤害补偿。（   ）
50. 某人与某企业签订了劳动合同，在第一天上班的途中遇到车祸死亡。这个人不享有工伤保险待遇。（   ）
51. 安全评价是对建设项目或生产经营单位存在的危险因素和有害因素进行识别、分析和评估，为了达到评价的目的，评价单元的划分要求必须一致。（   ）
52. 职业安全健康检查与评价的目的是要求生产经营单位定期或及时地发现体系运行过程所存在的问题，并确定问题产生的根源或需要持续改进的地方。（   ）
53. 建立职业安全健康管理体系，指的是企业将原有的职业安全健康管理按照体系管理的方法予以补充、完善以及实施的过程。（   ）
54. 企业中对人身有害或污染劳动环境的设备无法改造时，交罚款后可以允许继续使用。（   ）
55. 为了防止职工在生产过程中受到职业伤害和职业危害，按工作特点配套的劳动防护用品、用具可适当地向职工收取一定的费用。（   ）
56. 国家颁布的《安全色》标准中，表示禁止、停止的颜色为黄色。（   ）
57. 事故的发生是完全没有规律的偶然事件。（   ）
58. "管生产必须管安全"只是针对企业主要负责人的要求。（   ）
59. 在安全管理的强制原理中，所谓"强制"就是让被管理者绝对服从，不必经过被管理者同意便可采取控制行动。（   ）
60. 我国境内的所有在个体工商户打工的人员，均有依照《工伤保险条例》的规定享受工伤保险待遇的权利。（   ）
61. 职业安全健康管理体系审核的策划和准备主要包括确定审核范围、指定审核组长并组成审核组、制

定审核计划以及准备审核工作文件等工作内容。（　）

62. 重大危险源控制的目的是预防重大事故发生，而且做到一旦发生事故，能将事故危害限制到最低程度。（　）

63. 安全行为抽样技术是一种通过局部作业点或有限量（时间或空间）的职工行为的抽样调查，从而判定全局或全体的安全行为水平。（　）

64. 矿长应定期向职工代表大会或职工大会报告安全生产工作。（　）

65. 在生产过程中，事故是指造成人员死亡、伤害、职业病、财产损失或其他损失的意外事件。（　）

66. 特种劳动防护用品必须具有"两证"和"一标志"，即产品合格证、安全鉴定证和安全标志。（　）

67. 从安全生产角度解释，危险源是指可能造成人员伤害、职业相关病症、财产损失、作业环境破坏或其他损失的根源或状态。（　）

68. 安全生产"五要素"是指安全文化、安全法制、安全责任、安全科技和安全管理。（　）

69. 建立安全生产责任制能够明确生产经营单位中各级负责人员、各职能部门及其工作人员和各岗位生产人员在安全生产中应履行的职责和应承担的责任。（　）

70. 违章指挥或违章作业、冒险作业造成事故的人员应负直接责任或主要责任。（　）

71. 违反安全生产责任制和操作规程造成事故的人员不负直接责任或主要责任。（　）

72. 违反劳动纪律、擅自开动机械设备、擅自更改拆除、毁坏、挪用安全装置和设备造成事故的人员负直接责任或主要责任。（　）

73. 由于安全生产责任制、安全生产规章和操作规程不健全造成事故的领导者负领导责任。（　）

74. 作业环境不安全，未采取措施造成事故的领导者不负领导责任。（　）

75. 安全管理和安全教育不仅强调对安全行为的激励，更要重视对人的不安全行为的控制；这样，才能使安全管理和教育的效果更为理想，使预防事故的境界更为提高。（　）

76. 利用事故树的最小割集可以选择控制事故的最佳方案。（　）

77. 事故树的一组最小割集表示一种事故发生的可能途径或事故模式。（　）

78. 为了提高系统的可靠性和安全性，可采取增加事故树最小割集数量或减少最小割集中基本事件个数的方法，降低顶上事件的发生概率。（　）

79. 现代社会里，随着生产技术水平的不断提高，劳动对工人的心理负荷则越来越轻，从而对人生产操作的安全行为产生积极影响。（　）

80. 未按规定对员工进行安全教育和技术培训，或使用未经考试合格的人员上岗造成事故的领导者不负领导责任。（　）

81. 机械设备超过检修期或超负荷运行或设备有缺陷不采取措施造成事故的，领导者不负领导责任。（　）

82. 新建、改建、扩建工程项目的安全设施，未与主体工程同时设计、同时施工、同时投入生产和使用造成事故的，领导者不负领导责任。（　）

83. 建立一个完善的安全生产责任制的总要求是：横向到边、纵向到底，并由生产经营单位的主要负责人组织建立。（　）

84. 生产经营单位主要负责人有责任督促、检查本单位的安全生产工作，及时消除生产安全事故隐患。（　）

85. 生产经营单位主要负责人有责任建立、健全本单位安全生产责任制。（　）

86. 生产经营单位主要负责人有责任组织制定本单位安全生产规章制度和操作规程。（　）

87. 生产经营单位主要负责人有责任保证本单位安全生产投入的有效实施。（　）

88. 生产经营单位主要负责人有责任组织制定并实施本单位的生产安全事故应急救援预案。（　）

89. 及时、如实报告生产安全事故不属于生产经营单位主要负责人的职责范围。（　）

90. 风险是指在未来时间内为取得某种利益可能付出的代价。（   ）
91. 风险度就是系统可能承受的损失。（   ）
92. 安全指标是对某一种职业活动、某一系统运行风险的最低容许限度。（   ）
93. 安全工作的根本目的是保护国家和集体财产不受损失，保证生产和建设的正常进行。（   ）
94. 搞好安全管理是防止伤亡事故和职业危害的根本对策。（   ）
95. 安全技术和劳动保护措施要靠有效的安全管理，才能发挥应有的作用。（   ）
96. 事故隐患是指作业场所、设备或设施的不安全状态，人的不安全行为和管理上的缺陷。（   ）
97. 危险源是控制事故隐患的安全措施的失效。（   ）
98. 系统工程是解决系统整体优化问题的工程技术。（   ）
99. 安全系统工程研究的内容主要包括事故致因理论、系统安全分析、系统安全评价和安全措施。（   ）
100. 安全生产监督管理部门不得进入生产经营单位进行检查、调阅有关资料、向有关单位和人员了解情况。（   ）
101. 行政处罚中的责令停止生产是有时间限制的。（   ）
102. 企业是安全生产管理的主体，要求企业实现安全生产自我约束、自负责任。（   ）
103. 安全管理是企业经营决策的基础和前提。（   ）
104. 海因里希因果连锁论认为事故的发生是一连串事件同时发生的结果。（   ）
105. 安全验收评价是在建设项目试生产运行之前进行的。（   ）
106. 安全现状评价是针对系统、工程的安全现状进行的安全评价。（   ）
107. 安全目标管理实施的程序有：安全目标的制定、安全目标的实施和成果的考核评价。（   ）
108. 安全目标管理时，确定安全目标值的主要依据是：企业自身的安全状况、上级要求达到的目标数值、历年特别是近期各项目标的统计数据和同行业、特别是先进企业的安全目标值。（   ）
109. 危险点指尘、毒、噪声等物理化学有害因素严重、容易产生职业病和恶性中毒的场所。（   ）
110. 危害点指可能发生事故，并能造成人员重大伤亡、设备系统造成重大损失的生产现场。（   ）

二、单选题

1. 危险是指系统发生不期望后果的可能性超过了（   ）。
   A. 安全性要求   B. 可预防的范围
   C. 制定的规章制度   D. 人们的承受程度
2. 从安全生产来看，危险源是可能造成人员伤害、职业相关病症、财产损失、作业环境破坏或其他损失的（   ）或状态。
   A. 本质   B. 重点   C. 根源   D. 关键
3. 安全生产管理是针对生产过程中的安全问题，进行有关（   ）等活动。
   A. 计划、组织、控制和反馈   B. 决策、计划、组织和控制
   C. 决策、计划、实施和改进   D. 计划、实施、评价和改进
4. 人本原理体现了以人为本的指导思想，包括三个原则。下列不包括在人本原理中的原则是（   ）。
   A. 安全第一原则   B. 动力原则   C. 能级原则   D. 激励原则
5. 对于事故的预防与控制，安全技术对策着重解决物的不安全状态问题，安全教育对策和（   ）对策则主要着眼于人的不安全行为问题。
   A. 安全技术   B. 安全原理   C. 安全规则   D. 安全管理
6. "安全第一"就是要始终把安全放在首要位置，优先考虑从业人员和其他人员的安全，实行（   ）的原则。
   A. 以人为本   B. 安全优先   C. 管生产必须管安全   D. 预防为主
7. 生产经营单位建立安全生产责任制的必要性是：从（   ）上落实"安全生产，人人有责"，从而增强

各级管理人员的责任心,使安全管理纵向到底、横向到边,责任明确、协调配合,把安全工作落到实处。
   A. 内容　　　　　B. 方法　　　　　C. 制度　　　　　D. 程序
8. 生产经营单位的主要负责人是本单位安全生产的第一负责人。安全生产工作其他负责人在各自的职责范围内,(　　)搞好安全生产工作。
   A. 直接　　　　　B. 协助　　　　　C. 全面　　　　　D. 单项负责
9. 生产经营单位为了保证安全资金的有效投入,应编制安全技术措施计划,其核心是落实(　　)。
   A. 可行性研究报告　B. 技术方案　　　C. 落实安全法规　D. 安全技术措施
10. 作为防止事故发生和减少事故损失的安全技术,(　　)是发现系统故障和异常的重要手段。
    A. 安全监控系统　B. 安全警示系统　C. 安全管理系统　D. 安全评价系统
11. 安全生产管理人员安全资格培训时间不得少于(　　)学时;每年再培训的时间不得少于16学时。
    A. 100　　　　　B. 24　　　　　C. 48　　　　　D. 72
12. 特种作业人员安全技术考核以实际操作技能考核为主,合格者获得国家统一印制的(　　)。
    A.《培训合格证》　　　　　　　　B.《特种作业操作资格证》
    C.《特殊工种资格证》　　　　　　D.《上岗证》
13. "三同时"是生产经营单位安全生产的(　　)措施,是一种事前保障措施。
    A. 重要保障　　　B. 安全管理　　　C. 安全生产　　　D. 安全技术
14. 在建设项目可行性研究阶段,实施建设项目安全(　　)。
    A. 专项评价　　　B. 现状评价　　　C. 预评价　　　　D. 初步评价
15. 安全检查表是事先对系统加以剖析,列出各层次的(　　),确定检查项目,并把检查项目按系统的组成顺序编制成表,以便进行检查。
    A. 组成部分　　　B. 要点　　　　　C. 安全状态　　　D. 不安全因素
16. 在用特种设备实行安全技术性能(　　)制度。
    A. 年检　　　　　B. 月检　　　　　C. 不定期抽检　　D. 定期检验
17. 用人单位购买的劳动防护用品必须具有生产许可证编号、产品合格证和安全鉴定证,购买的防护用品须经本单位(　　)部门验收。
    A. 质检　　　　　B. 劳资　　　　　C. 财务　　　　　D. 安全
18. 征收工伤保险费实行(　　)费率和浮动费率相结合是事故预防的主要机制。
    A. 定额　　　　　B. 差额　　　　　C. 差别　　　　　D. 级差
19. 以下属于危险、有害因素辨识与分析工作内容的是(　　)。
    A. 确定危险因素的种类和存在的部位
    B. 划分评价单元,选择合理的评价方法
    C. 提出消除或减弱危险、有害因素的技术建议
    D. 收集调查工程、系统的相关技术资料
20. 在绘制事故树时,下层事件 R_1 和 R_2 同时发生才会引起上层事件 A 的发生;反之,下层事件有一个不发生,A 也不发生,则应使用(　　)表示三者的逻辑关系。
    A. 或门　　　　　B. 与门　　　　　C. 与或门　　　　D. 非门
21. 在事故树分析中,已知事故树的某个径集,在此径集中去掉任意一个基本事件后,就不再是径集(即剩余的基本事件不发生不一定导致顶事件不发生),则这个径集被称为(　　)。
    A. 最小割集　　　B. 割集　　　　　C. 最小径集　　　D. 径集
22. 在我国,重大危险源是指长期地或临时地生产、搬运、使用或储存危险物品,且危险物品的数量等于或超过(　　)的单元。
    A. 临界量　　　　B. 20 t　　　　　C. 50 t　　　　　D. 上限
23. 如果一种危险物具有多种事故形态,且它们的事故后果相差悬殊,则按后果最严重的事故形态考

虑，这是（ ）。
A. 最大危险原则　　B. 概率求和原则　　C. 重大危险源原则　　D. 最小伤害原则

24. 生产经营单位应对重大危险源建立实时的监控（ ），对危险源对象的安全状况进行实时监控。
A. 信息网络系统　　B. 管理系统　　C. 虚拟现实系统　　D. 预警系统

25. 事故预防措施应坚持（ ）的原则。
A. 低成本高效益　　B. 只考虑成本　　C. 只考虑效益　　D. 高成本低效收益

26. 以下职业性危害因素，高温、辐射、噪声属于（ ）。
A. 物理因素　　B. 化学因素　　C. 生物因素　　D. 劳动心理因素

27. 下列生产过程中的危害因素，属于化学因素的是（ ）。
A. 真菌　　B. 病毒　　C. 工业毒物　　D. 辐射

28. 职业安全健康管理体系的运行模式大体相同，其核心是：为生产经营单位建立一个动态循环的管理过程，以（ ）的思想指导生产经营单位系统地实现其既定的职业安全健康目标。
A. 系统观点　　B. 循序渐进　　C. 良性循环　　D. 持续改进

29. 根据职业安全健康管理体系的要求，企业的最高管理者应对保护企业员工的安全与健康负（ ）。
A. 全面责任　　B. 部分责任　　C. 直接责任　　D. 间接责任

30. 生产经营单位在进行初始评审的危险源辨识、风险评价与控制策划工作时，应注意的是（ ）。
A. 行业主管部门应定期对策划、实施过程进行评审
B. 应在新的工程活动、引入新的作业程序后系统地展开
C. 对所评价的风险应按同样重要度对待，不应有所忽视
D. 策划工作应定期或及时开展

31. 职业安全健康体系（ ）要素的主要内容，就是对与所识别的风险有关并需要采取控制措施的运行与活动建立和保持计划安排（即程序及其规定）。
A. 运行控制　　B. 管理方案　　C. 初始评审　　D. 绩效测量

32. 关于生产经营单位职业安全健康管理体系"管理评审"要素的描述，不正确的是（ ）。
A. 评审的目的是确保体系的持续适宜性、充分性和有效性
B. 由职能管理部门组织专门人员进行评审
C. 管理评审是由企业的最高管理者实施的
D. 企业自身变化的信息应纳入管理评审范围

33. 关于职业安全健康管理体系审核的描述，正确的是（ ）。
A. 审核针对受审核方职业安全健康管理体系的充分性和实用性进行
B. 按审核方与受审核方的关系，可将体系审核分为内部审核、外部审核及第三方审核
C. 审核主要依据职业安全健康管理体系标准及其他审核准则进行
D. 内部审核主要依据有关法律法规进行

34. 根据《生产安全事故报告和调查处理条例》规定，特别重大事故是指造成（ ）人以上死亡事故。
A. 50　　B. 40　　C. 30　　D. 20

35. 危险度是由（ ）决定的。
A. 发生事故的可能性和可控制程度　　B. 发生事故的可能性和严重性
C. 事故发生的广度和严重性　　D. 事故发生的时间长度和空间范围

36. 预评价单位在完成预评价工作后，由（ ）将预评价报告报送安全生产监督管理机构。
A. 评价单位　　B. 建设单位　　C. 项目审批单位　　D. 设计单位

37. 获得职业安全健康管理体系认证单位，其证书有效期为（ ）年。
A. 4　　B. 2　　C. 3　　D. 5

38. 为了防止事故，应由（ ）参与预防工作和担当责任。

A. 用人单位　　　B. 工作本身　　　C. 用人单位和工作本身两方面
39. 对企业发生的事故,坚持(　　)原则进行处理。
A. 预防为主　　　B. 四不放过　　　C. 三同时
40. 安全监察是一种带有(　　)的监督。
A. 强制性　　　B. 规范性　　　C. 自觉性
41. "三同时"是指安全设施与主体工程同时设计、同时施工、(　　)。
A. 同时投入生产和使用　　　B. 同时结算
C. 同时检修
42. (　　)应参加职工伤亡事故和职业危害的调查处理。
A. 工会组织　　　B. 环保部门　　　C. 财务部门
43. 安全色中的(　　)表示提示安全状态及通行的规定。
A. 黄色　　　B. 蓝色　　　C. 绿色
44. 可造成人员死亡、伤害、职业相关病症、财产损失或其他损失的意外事件称为(　　)。
A. 事故　　　B. 不安全　　　C. 危险源　　　D. 事故隐患
45. 按照安全系统工程的观点,安全是指系统中人员免遭(　　)的伤害。
A. 危险　　　B. 不可承受危险　　　C. 有害因素　　　D. 意外
46. 事故隐患泛指生产系统中(　　)的人的不安全行为、物的不安全状态和管理上的缺陷。
A. 经过评估　　　B. 存在　　　C. 可导致事故发生　　　D. 不容忽视
47. (　　)是为了使生产过程在符合物质条件和工作秩序下进行,防止发生人身伤亡和财产损失等生产事故,消除或控制危险有害因素,保障人身安全与健康、设备和设施免受损坏、环境免遭破坏的总称。
A. 生产管理　　　B. 劳动保护　　　C. 安全生产
48. 下列对"本质安全"理解不正确的是(　　)。
A. 包括设备和设施等本身固有的失误安全和故障安全功能
B. 是安全生产管理预防为主的根本体现
C. 可以是事后采取完善措施而补偿的
D. 设备或设施含有内在的防止发生事故的功能
49. 事故预防是指通过采用技术和管理手段使事故不发生。(　　)是通过采取技术和管理手段使事故发生后不造成严重后果或使后果尽可能减少。
A. 劳动保护　　　B. 事故控制　　　C. 安全生产
50. 职能管理机构负责人按照本机构的职责,组织有关人员做好安全生产责任制的(　　),职能管理机构工作人员在本人职责范围内做好安全生产工作。
A. 制定　　　B. 审定　　　C. 落实
51. 班组长在安全生产上的职责是:贯彻执行本单位对安全生产的规定和要求,督促本班组的工人遵守有关安全生产的规章制度和安全操作规程,切实做到(　　)。
A. 不违章指挥
B. 不违章作业
C. 不违章指挥,不违章作业,遵守劳动纪律
D. 遵守劳动纪律
52. 生产经营单位的安全生产管理机构是专门负责安全生产监督管理的内设机构,其工作人员是安全生产管理(　　)人员。
A. 专职或兼职　　　B. 兼职　　　C. 专职
53. (　　)是保护人身安全的最后一道防线。
A. 个体防护　　　B. 隔离　　　C. 避难　　　D. 救援

54. 安全检查是指对生产过程及安全管理中可能存在的隐患、有害与危险因素、缺陷等进行( )。
   A. 查证   B. 整改   C. 登记

55. 安全现状综合评价是针对其一个生产经营单位总体或局部的生产经营活动安全现状进行的( )。
   A. 专项评价   B. 特殊评价   C. 全面评价   D. 充分评价

56. 针对某一项活动或场所，以及一个特定的行业、产品、生产方式或生产装置等存在的危险、有害因素进行的评价属于( )。
   A. 专项评价   B. 安全验收评价   C. 安全现状综合评价   D. 安全预评价

57. 安全评价中常用( )和参照事故类别的方法进行分类。
   A. 系统分析   B. 导致事故的直接原因
   C. 导致事故的间接因素   D. 相关事故的借鉴

58. 在进行危险、有害因素的识别时，要全面、有序地进行识别，防止出现漏项，识别的过程实际上就是( )的过程。
   A. 安全预评价   B. 安全评价   C. 系统安全分析   D. 安全验收

59. 故障树也称事故树，是一种描述事故( )的有方向的树，是安全系统工程中重要的分析方法之一。
   A. 发生过程   B. 关联   C. 因果关系   D. 结果及范围

60. 在事故树分析中，某些基本事件共同发生可导致顶上事件的发生，这些基本事件的集合，称为事故树的( )。
   A. 割集   B. 径集   C. 最小割集   D. 最小径集

61. 根据《生产安全事故报告和调查处理条例》规定，重大事故是指造成( )死亡事故。
   A. 10人以上30人以下   B. 3人以上10人以下
   C. 30人以上50人以下   D. 50人以上

62. 重大危险源辨识的依据是物质的危险特性及其( )。
   A. 形态   B. 生产方式   C. 储存类型   D. 数量

63. 安全监督管理部门应建立重大危险源( )管理体系。
   A. 独立监督   B. 统一监督   C. 分级监督   D. 专项监督

64. 职业安全健康管理体系是指为建立职业安全健康( )和目标以及实现这些目标所制定的一系列相互联系或相互作用的要素。
   A. 文化   B. 规划   C. 方针   D. 制度

65. 职业安全健康管理体系文件的结构，多数情况下采用管理手册、( )以及作业指导书的方式。
   A. 预案   B. 记录   C. 程序文件   D. 计划

66. 生产经营单位应当向从业人员如实告知作业场所和工作岗位存在的( )、防范措施以及事故应急措施。
   A. 危险因素   B. 环境缺陷   C. 设备缺陷

67. 贯彻煤矿安全生产方针，必须坚持三并重的原则，下列( )方面不属于三并重的内容。
   A. 管理   B. 法律法规   C. 培训   D. 装备

68. 在导致事故发生的各种原因中，( )占有主要地位。
   A. 人的因素   B. 物的因素   C. 不可测知的因素

69. 矿山、建筑施工单位和危险物品的生产、经营、储存单位，应当设置( )。
   A. 安全监察机构和安全监察人员
   B. 安全生产管理机构或者配备专职安全生产管理人员
   C. 安全生产监督机构和安全生产监督人员

70. 煤矿企业每年必须至少组织( )次矿井救灾演习。

A. 1 　　　　　 B. 2 　　　　　 C. 3

71.《国务院关于预防煤矿生产安全事故的特别规定》规定年产 6 万 t 以上的煤矿没有双回路供电系统的，应当（　　）。

A. 立即停止生产　　B. 边生产边改正　　C. 予以关闭

72. 煤矿安全生产许可证颁发管理机关应当自收到煤矿企业申请之日起，（　　）个工作日审查完毕。

A. 15 　　　　B. 30 　　　　C. 45 　　　　D. 60

73. 煤矿安全生产许可证有效期满需延期的，煤矿企业应当于期满前（　　）个月内向煤矿安全生产许可证颁发管理机关办理延期手续。

A. 1 　　　　　 B. 2 　　　　　 C. 3

74. 根据《生产安全事故报告和调查处理条例》规定，企业发生重伤、死亡事故后，企业负责人接到报告后应立即向有关部门报告，最迟不得超过（　　）h。

A. 8 　　　　　 B. 16 　　　　 C. 1

75. 隐患是指技术系统中存在的各种能量形态客观的（　　）。

A. 危险源　　　　B. 危险度　　　　C. 危险性

76. 为了解决（　　）问题，发挥人在劳动过程中安全生产和预防事故的作用，通常采取安全管理和安全教育的手段。

A. 管理因素　　　B. 人的因素　　　C. 环境因素　　　D. 教育因素

77.（　　）是研究安全行为和不安全行为的规律，实现激励安全行为、防止行为失误和抑制不安全行为的应用性学科。

A. 安全科学　　　B. 安全管理科学　　C. 安全行为科学　　D. 安全教育科学

78. 工程心理学是以工业组织中"人—机"关系的正确处理为研究对象的一门学科。它研究生产系统中人对机器提供的信息进行接受、加工、储存以及操纵机器时的（　　）规律。

A. 心理　　　　　B. 组织　　　　　C. 领导

79.（　　）是针对生产经营活动中的危险源或特定的安全问题，根据安全标准和要求，运用安全科学理论和分析评价方法，系统地收集分析信息资料，提出各种安全措施方案，经过论证评价，从中选择决定最优控制方案并予以实施的过程。

A. 安全管理　　　B. 安全决策　　　C. 安全评价

80. 安全防护、保险、信号等装置缺乏或有缺陷；设备、设施、工具、附件有缺陷；个人防护用品用具缺少或有缺陷；生产（施工）场地环境不良等，均属于事故发生原因中的（　　）。

A. 人的不安全行为　　　　　　　B. 物的不安全状态
C. 管理缺陷　　　　　　　　　　D. 领导失误

81. 煤矿企业安全检查必须由本企业的（　　）亲自组织。

A. 主要负责人　　B. 分管安全领导　　C. 安全管理部

82. 审查批准煤矿企业，需由（　　）管理部门对其开采范围和资源综合利用方案进行复核并签署意见。

A. 矿产资源　　　B. 煤炭　　　　　C. 安全监察

83. 煤矿安全监察实行安全监察与促进（　　）相结合，教育与惩处相结合。

A. 安全好转　　　B. 生产管理　　　C. 安全管理

84. 生产安全事故责任者所承担的法律责任主要形式包括（　　）。

A. 行政责任和领导责任　　　　　B. 行政责任和刑事责任
C. 直接责任和主要责任

85. 通常将事故结果和（　　）都称为事件。

A. 事故过程　　　B. 事故原因　　　C. 事故损失

86. 最小割集表示系统的（　　）。

A. 危险性　　　　　　B. 安全性　　　　　　C. 复杂性　　　　　　D. 简单性
87. 最小径集表示系统的（　　）。
A. 危险性　　　　　　B. 安全性　　　　　　C. 复杂性　　　　　　D. 简单性
88. 求出事故树的（　　），就可明确只要控制住哪些基本事件，即可控制顶上事件不发生。
A. 最小割集　　　　　B. 基本事件临界重要度　　　　　C. 最小径集
89. 危险、有害因素识别的目的在于（　　）。
A. 识别危险来源　　　B. 确定来自危险源的危险程度　　　C. 识别危险
90. 安全文化是人类在生产、生活、生存活动中，为保护身心安全与健康所创造的有关（　　）的总和。
A. 物质财富和精神财富　　　　　　B. 安全知识和文化知识
C. 规章制度和法律法规
91. 以下职工伤害情况可认定为工伤的是（　　）。
A. 上班时因血糖过低摔倒而造成重伤的
B. 下班后绕道朋友家，从朋友家出来后受到机动车事故伤害的
C. 患矽肺病的职工
D. 休息时做饭烫伤
92. （　　）的能量转移是伤亡事故的致因。
A. 正常　　　　　　　B. 异常　　　　　　　C. 过多
93. （　　）是本企业安全生产第一责任者，对本单位的安全生产负全面领导责任。
A. 矿长　　　　　　　B. 主管安全生产工作的副矿长　　　　　C. 总工程师
94. 关于安全管理的地位，正确的说法是（　　）。
A. 安全管理层次高于企业经营决策，与企业经营决策之间是决策和执行的关系
B. 安全管理层次高于生产管理，二者间相互依存、相互制约、共同推进
C. 安全管理与企业其他管理在企业管理系统中均处于执行的地位，相互保持着密切的联系，共同发展、共同提高
95. 关于事故致因理论，不正确的说法是（　　）。
A. 到目前为止，事故致因理论的发展还很不完善，还没有给出对于事故致因进行预测、预防的普遍而有效的方法
B. 某个事故致因理论只能在某类事故的研究、分析中起到指导或参考作用
C. 到目前为止，事故致因理论已经使我们对事故的研究变定性的物理模型为定量的数学模型
96. 关于现代安全管理方法，不正确的说法是（　　）。
A. 现代安全管理方法也叫"问题发现型"方法
B. 现代安全管理方法也叫事后法
C. 现代安全管理方法也叫事先法
97. 当前我国煤矿安全培训工作坚持：统一规划、归口管理、（　　）、分级实施的原则。
A. 教学分离　　　　　B. 教管分离　　　　　C. 教考分离

三、多选题

1. 事故隐患泛指生产系统中可导致事故发生的（　　）。
A. 人的不安全行为　　B. 自然灾害　　　　　C. 管理上的缺陷　　　D. 物的不安全状态
2. 劳动保护是要消除生产过程中的（　　）。
A. 危及人身安全和健康的不良环境　　　　　B. 不安全设备和设施
C. 不安全环境、不安全场所　　　　　　　　D. 不安全行为
3. 对系统原理的各个原则说法正确的是（　　）。
A. 动态相关性原则说明，如果管理系统的各要素都处于静止状态，就不会发生事情

B. 反馈原则说明,只有设立安全监督管理部门,才能达到准确快速反馈的目的
C. 整分合原则说明,管理者在制定系统整体目标时,必须考虑安全生产问题
D. 封闭原则说明,各管理机构之间不必相互联系,只要各自组织即可
4. 预防原理的原则包括 （　　）
 A. 偶然损失原则　　　B. 因果关系原则　　　C. 3E原则　　　D. 本质安全化原则
5. 生产经营单位的安全生产管理机构的作用包括(　　)。
 A. 落实国家有关安全生产的法律法规
 B. 负责日常安全监督管理
 C. 组织生产经营单位内部各种安全检查工作
 D. 监督整改各种事故隐患
6. 属于安全生产投入的项目是(　　)。
 A. 办公室安装空调系统　　　　　B. 工会组织职工度假休养
 C. 购买消防器材　　　　　　　　D. 更新除尘系统
7. 以下属于安全生产教育培训对象的是(　　)。
 A. 企业主要负责人　　　　　　　B. 安全生产管理人员
 C. 普通工人　　　　　　　　　　D. 特种作业人员
8. 常见安全教育形式有(　　)。
 A. 安全活动日　　　B. 事故现场会　　　C. 安全知识竞赛　　　D. 国防宣传日
9. 编制安全检查表的主要依据是(　　)。
 A. 国内外事故案例及本单位在安全管理及生产中的相关经验
 B. 通过系统分析确定的危险部位及防范措施
 C. 编制人员在安全生产方面的经验
 D. 有关标准、规程、规范及规定
10. 以下属于安全现状综合评价的主要内容是(　　)。
 A. 进行危险识别,给出安全状态参数
 B. 进行事故模拟,预测影响范围,分析事故最大损失和发生的概率
 C. 对发现的事故隐患进行排序
 D. 提出整改措施与建议
11. 常用的评价单元划分的原则和方法是(　　)。
 A. 以装置的工艺功能划分　　　　B. 以装置和物质特征划分
 C. 以工艺条件划分　　　　　　　D. 以危险、有害因素的类别为主划分
12. 以下属于常用的典型安全评价方法的有(　　)。
 A. 预先危险分析法　　　　　　　B. 火灾爆炸指数法
 C. 事故树分析法　　　　　　　　D. 作业条件危险性评价法
13. 重大危险源控制系统由以下(　　)部分组成。
 A. 重大危险源的辨识　　　　　　B. 重大危险源的评价
 C. 重大危险源的管理　　　　　　D. 事故应急救援预案
14. 关于职业安全健康管理方案的描述,正确的选项是(　　)。
 A. 管理方案应明确给出实现目标的方法,包括做什么事、谁来做、什么时间做
 B. 应以所策划的风险控制措施和获得的相关法律、法规要求作为主要依据
 C. 职能主管部门应定期对生产经营单位职业安全健康管理方案进行评审
 D. 为保障其有效性,管理方案一旦确定,就必须切实坚持执行,不得更改
15. 劳动防护用品选用的原则是(　　)。

A. 根据国家标准、行业标准
B. 防护用品的防护性能适用于生产岗位有害因素的存在形式、性质、浓度等
C. 穿戴要舒适方便，不影响工作
D. 根据管理人员的要求

16. 用人单位应教育从业人员，按照劳动保护用品的使用规则和防护要求正确使用劳动保护用品，使职工做到(　　)。
A. 会检查劳动保护用品的可靠性　　　B. 会正确使用劳动保护用品
C. 会正确维护保养劳动保护用品　　　D. 会掌握检验维修劳动保护用品的知识

17. 工伤保险的基本原则有(　　)。
A. 强制实施的原则
B. 损失补偿与事故预防及职业康复相结合的原则
C. 劳动者个人需缴费的原则
D. 视责任情况赔偿的原则
E. 领导和群众相结合的原则

18. 以下属于安全现状评价报告内容的是(　　)。
A. 评价项目的概况　　　　　　　　　B. 评价程序和评价方法
C. 危险性预先分析　　　　　　　　　D. 事故分析与重大事故模拟

19. 根据《重大危险源辨识》标准，与重大危险源有关的物质种类有(　　)。
A. 爆炸性物质　　　B. 易燃物质　　　C. 活性化学物质　　　D. 有毒物质

20. 职业安全健康管理体系认证的申请人须提交的材料包括(　　)。
A. 申请方所应遵循的法律法规目录
B. 申请方职业安全健康管理体系文件
C. 申请方职业安全健康管理体系的运行情况
D. 申请认证的范围和申请方一般简况

21. 编制安全技术措施计划一般包括的内容是(　　)。
A. 单位和工作场地　　　　　　　　　B. 措施名称、内容与目的
C. 经费预算及来源　　　　　　　　　D. 负责设计、施工的单位及负责人

22. 安全评价包括(　　)。
A. 安全预评价　　　　　　　　　　　B. 安全验收评价
C. 安全现状综合评价　　　　　　　　D. 专项安全评价

23. 安全评价的一般程序主要包括(　　)。
A. 准备阶段，危险、有害因素辨识与分析
B. 定性定量评价
C. 提出安全对策措施
D. 形成安全评价结论及建议，编制安全评价报告

24. 对企业而言，下列关于建立与实施职业安全健康管理体系的作用，描述正确是(　　)。
A. 有助于提高产品质量水平，满足市场要求
B. 有助于企业获得注册与认证
C. 有助于职业安全健康管理功能一体化
D. 有助于对潜在事故或紧急情况作出响应

25. 根据《生产安全事故报告和调查处理条例》规定，按生产安全事故造成的人员伤亡或直接经济损失，将事故等级分为(　　)。
A. 特别重大事故　　　B. 特大事故　　　C. 重大事故　　　D. 较大事故

E. 一般事故
26. 安全质量标准化的评估方法大致包括（ ）。
   A. 安全检查表
   B. 综合指数法评估
   C. 安全对策管理
   D. 事故树
27. 区（队）安全管理的内容主要包括（ ）。
   A. 安全管理的基础工作
   B. 生产建设中的动态安全管理
   C. 安全信息化工作
   D. 日常事务管理工作
28. 下列属于区（队）安全管理的制度的是（ ）。
   A. 安全生产责任制
   B. 区（队）长跟班制度
   C. 安全教育制度
   D. 经常检查安全情况制度
29. 煤矿"三大规程"包括（ ）。
   A. 操作规程   B. 作业规程   C. 煤矿安全规程   D. 管理规程
30. 现代安全原理揭示出（ ）是事故系统的四大要素。
   A. 人   B. 机   C. 环境   D. 管理
   E. 安全
31. 安全行为科学的研究对象是以安全为内涵的（ ）。
   A. 个体行为   B. 群体行为   C. 领导行为   D. 政府行为
32. 根据安全管理的职能，安全管理的内容包括（ ）。
   A. 对企业的管理
   B. 对人的管理
   C. 对组织与技术的管理
   D. 对财务的管理
33. 危险程度与（ ）因素有关。
   A. 危险的严重程度
   B. 危险作用的时间
   C. 危险出现的概率
   D. 危险出现的地点
34. 事故树分析应遵循一定的程序步骤，一般包括的阶段有（ ）。
   A. 分析准备阶段
   B. 编制事故阶段
   C. 定性分析阶段
   D. 制定事故预防措施阶段
   E. 定量分析阶段
35. 目标管理要求用（ ）指标。
   A. 定量   B. 定性   C. 具体化   D. 模糊的
36. 企业安全管理包括（ ）。
   A. 纵向的专业管理
   B. 横向的各职能部门（各专业）管理
   C. 国家监察
   D. 群众监督
37. "四不放过"原则是指发生事故后，要做到（ ）。
   A. 事故原因没查清不放过
   B. 当事人未受到处理不放过
   C. 群众未受到教育不放过
   D. 安全投资未落实不放过
   E. 整改措施未落实不放过
38. 安全目标管理实施的程序有（ ）。
   A. 安全目标的可行性研究
   B. 安全目标的调研
   C. 安全目标的制定和展开
   D. 安全目标的实施
   E. 成果的考核评价
39. 制定安全目标包括（ ）。
   A. 确定企业安全目标方针
   B. 确定总体目标
   C. 制定实现目标的各级目标
   D. 制定实现目标的对策措施

40. 确定安全目标值的主要依据是（　　）。
A. 企业自身的安全状况　　　　　　B. 上级要求达到的目标数值
C. 历年特别是近期各项目标的统计数据　　D. 企业经济效益
41. 安全管理的效益通常包括（　　）。
A. 社会效益　　　B. 安全效益　　　C. 环境效益　　　D. 人才效益
E. 经济效益
42. 事故树分析的主要目的是（　　）。
A. 研究某一系统发生某一类事故的规律
B. 研究某一系统发生某一类事故的过程
C. 提出和确定防止或控制事故的最佳方案
D. 评价系统的安全状况，提高系统安全管理水平
43. 提出工伤认定申请应当提交下列材料（　　）。
A. 工伤认定申请表
B. 与用人单位存在劳动关系（包括事实劳动关系）的证明材料
C. 医疗诊断证明或者职业病诊断证明书（或者职业病诊断鉴定书）
D. 户口证明
44. 生产经营单位的主要负责人对本单位安全生产工作负有的安全职责有（　　）。
A. 建立、健全本单位安全生产责任制，组织制定本单位安全生产规章制度和操作规程
B. 保证本单位安全生产投入的有效实施
C. 督促、检查本单位的安全生产工作，及时消除生产安全事故隐患
D. 组织制定并实施本单位的生产安全事故应急救援预案，及时、如实报告生产安全事故
45. 从业人员对本单位的安全工作可以行使（　　）权利。
A. 从业人员有权对本单位安全生产工作中存在的问题提出批评、检举、控告
B. 有权拒绝违章指挥和强令冒险作业
C. 从业人员有权了解其作业场所和工作岗位存在的危险因素、防范措施及事故应急措施
D. 对本单位的安全生产工作提出建议
46. 对于安全设备来讲，（　　）应当符合国家标准或者行业标准。
A. 设计、制造　　B. 安装、使用　　C. 检测、维修　　D. 改造和报废
47. 工会对本单位的安全工作可以行使（　　）权利。
A. 工会对生产经营单位违反安全生产法律、法规，侵犯从业人员合法权益的行为，有权要求纠正
B. 有权对存在的安全问题提出解决的建议，生产经营单位应当及时研究答复
C. 发现危及从业人员生命安全的情况时，有权向生产经营单位建议组织从业人员撤离危险场所，生产经营单位必须立即作出处理
D. 工会有权依法参加事故调查，向有关部门提出处理意见，并要求追究有关人员的责任
48. 煤矿企业取得煤炭生产许可证所应当具备的条件有（　　）。
A. 依法取得采矿许可证
B. 矿井生产系统符合《煤矿安全规程》
C. 矿长经依法培训合格，取得矿长资格证书
D. 特种作业人员经依法培训合格，取得操作资格证书
49. 以下属于减少事故损失的安全技术措施的基本原则是（　　）。
A. 个体防护　　　　　　　　　　B. 故障—安全设计
C. 设置薄弱环节　　　　　　　　D. 隔离
50. 以下属于编制安全技术措施计划原则的有（　　）。

A. 公正、公开性原则　　　　　　　　B. 自力更生与勤俭节约的原则
C. 轻重缓急统筹安排的原则　　　　　D. 领导和群众相结合的原则

51. 以下关于安全技术措施计划的编制方法正确的是（　　）。
A. 安全部门将上报计划进行审查、平衡、汇总后，直接报企业总工程师审批
B. 企业领导应根据本单位具体情况向下属单位或职能部门提出具体要求，进行编制计划布置
C. 矿长根据总工程师的意见，召集有关部门和下属单位负责人审查核定计划
D. 下属单位确定本单位的安全技术措施计划项目，并编制具体的计划和方案，经群众讨论后，送上级安全部门审查

52. 安全生产检查的类型包括：定期安全检查、（　　）和不定期安全检查。
A. 综合性安全检查　　　　　　　　B. 经常性安全检查
C. 季节性及节假日前后安全检查　　D. 专项安全检查

53. 以下属于使用劳动防护用品的一般要求的是（　　）。
A. 防护用品应定期进行维护保养
B. 使用前应首先做一次外观检查
C. 劳动用品的使用必须在其性能范围内，不得超极限使用
D. 严格按照《使用说明书》正确使用劳动防护用品

54. 在（　　）中存在的危害劳动者健康的因素，称为职业性危害因素。
A. 作业环境　　　B. 卫生环境　　　C. 生产过程　　　D. 劳动过程

55. 安全检查要（　　）。
A. 查思想　　　B. 查制度　　　C. 查管理　　　D. 查隐患

56. 事故损失的分类包括（　　）。
A. 直接损失与间接损失　　　　　　B. 有形损失与无形损失
C. 经济损失　　　　　　　　　　　D. 非经济损失等

57. PDCA 循环法是指质量管理工作分为（　　）四个阶段。
A. 计划　　　B. 执行　　　C. 检查　　　D. 处理
E. 管理

58. 安全检查应贯彻（　　）的原则。
A. 领导与群众相结合　　　　　　　B. 自查和互查相结合
C. 检查和整改相结合　　　　　　　D. 检查与效益相结合

第三章 煤矿开采安全管理

本章培训与考核要点：
- 掌握地质构造对安全生产的影响；
- 熟悉煤矿开采的基本安全生产条件与矿井开拓方式；
- 掌握井巷工程施工、支护及维护的安全管理要求；
- 掌握常用采煤方法及其回采工艺的安全管理要求；
- 掌握矿井冲击地压与顶板事故防治的安全管理要求及其致因和预防措施；
- 掌握矿井水害防治的安全管理要求及其致因和预防措施；
- 掌握矿井热害防治的安全管理要求及其致因和预防措施。

第一节 煤矿地质与矿图

一、煤层的埋藏特征

1. 煤层的形态与结构

煤是由古代植物遗体演变而成的。和其他沉积岩一样，煤在地下通常是层状埋藏的，层位有明显的连续性，厚度也比较均匀，但由于受到沉积条件和地壳运动的影响，也有似层状和非层状的煤层。

煤层内还夹有数目不等的薄层岩层。如果两层煤的间距很小，可以把它们看成一层煤，其中的岩层就是夹石层，也叫夹矸。由于夹石层的存在使得煤层的结构变得复杂。煤层中没有呈层状出现的较稳定的夹石层的称为简单结构煤层，煤层中含有较稳定夹石层的称为复杂结构煤层。

2. 煤层的厚度

由于成煤时期条件的不同，导致煤层的厚度变化很大，由几厘米到几十米甚至上百米。煤层厚度是指煤层层面间的法线距离。煤层厚度变化的原因有：地壳不均衡沉降、沼泽基底不平、煤层同生冲蚀（由于河流、海浪对泥炭层的侵蚀冲刷）以及构造变动的影响、岩浆侵入等。

根据煤层厚度对开采技术的影响，煤层可分为三类：

薄煤层——煤层厚度在 1.3 m 以下；
中厚煤层——煤层厚度为 1.3~3.5 m；
厚煤层——煤层厚度在 3.5 m 以上。

在目前经济技术条件下，可以开采的煤层厚度称为可采厚度。国家或地区规定的可采厚度的下限标准称为最低可采厚度。

3. 煤层的顶、底板岩石

在煤田形成后，覆盖在煤层上面的岩层叫做顶板，垫在煤层下面的岩层叫做底板。

(1) 顶板。

根据顶板岩层变形和垮落的难易程度，可将煤层顶板分为伪顶、直接顶和基本顶三种。

伪顶：直接覆盖在煤层之上极易垮塌的薄层岩层，常随采随落。厚度不大，一般仅几厘米至十余厘米。岩性多为炭质页岩或炭质泥岩。伪顶常混杂在原煤里，增加了煤的含矸率。

直接顶：能随回柱放顶垮落的岩层。一般厚度可达几米。岩性常为粉砂岩和泥岩。垮落后充填在采空区内。

基本顶：原称基本顶，位于直接顶之上，抗弯刚度较大，较难垮落的岩层或岩层组合。岩性多为砂岩或石灰岩，一般厚度较大，强度较高。基本顶在开采后不易自行垮塌，随着开采面积增大，或发生破断，或发生缓慢下沉。

值得注意的是，并不是每个煤层都可分出上述三种顶板，有的煤层可能没有伪顶，有的可能伪顶、直接顶都没有，煤层之上直接覆盖基本顶。

(2) 底板。

底板指位于煤层下方一定范围内的岩层。底板可分为直接底和基本底两种。

直接底：煤层之下与煤层直接接触的岩层。它往往是当初沼泽中生长植物的土壤，富含根须化石。岩性以炭质泥岩最为常见，厚度不大，常为几十厘米。

基本底：位于直接底之下的岩层。其岩性多为粉砂岩或砂岩，厚度较大。

煤系地质的物理力学性质及煤矿地质构造、水文地质等都会对煤矿的安全生产产生影响。

二、地质构造对煤矿安全生产的影响

沉积岩层在一开始形成时一般都是水平或近于水平的，在一定范围内是连续完整的。但是，由于地壳运动的影响，往往使它的空间位置和形态发生了变化，由水平变成倾斜、出现褶皱，甚至发生断裂和倒转。这种由地壳运动所造成的煤岩层空间位置和形态的变化称为地质构造。地质构造一般包括单斜构造、褶皱构造和断裂构造。地质构造是影响煤矿安全和生产的各种地质因素中最为重要的因素。

1. 褶曲对煤矿安全生产的影响

(1) 增大开采难度。大型的向斜由于其核部煤层埋藏较深，使开采技术复杂化。深部煤层暂时难以回采的，如果两翼煤炭储量可达到一定井型要求时，可以把向斜枢纽作为井田边界。有些大型宽缓背斜，以枢纽线作为井田边界，两翼煤层作为单斜构造可以分别考虑。

(2) 给顶板管理带来困难。由于褶曲轴部裂隙发育，岩层较为破碎，顶板不好管理，很容易发生冒顶事故。对于大型向斜轴部，顶板压力常有增大的现象，必须加强支护，否则容易发生垮塌、切工作面事故。

(3) 容易引起瓦斯事故。由于褶曲轴部较为破碎，是瓦斯涌出的良好通道，也是瓦斯赋存的重要场所，要防止瓦斯事故。有瓦斯突出的矿井，向斜轴部是瓦斯突出的危险区，由于向斜轴部顶板压力大，再加上强大的瓦斯压力，向斜轴部极易发生瓦斯突出事故。

(4) 易发生水灾事故。褶曲轴部的裂隙是水贮存的良好场所和涌出的良好通道，当采掘工作面接近该区域时，管理不好很容易发生水灾事故。

2. 断层对煤矿安全生产的影响

(1) 断层破坏严重的地段，影响采区的划分，影响工作面和巷道的布置。

(2) 断层破坏严重的地段，使工作面布置不规则，巷道掘进率明显增高，还常常会造成无效进尺，不仅造成经济损失，还会留下安全隐患。

（3）采煤工作面若出现断层，会给支护工作和顶板管理带来困难，管理不善还会造成冒顶事故。

（4）断层是地下水的贮存场所和导水的良好通道，管理不善容易引起断层透水事故。

（5）在高瓦斯含量煤层中，断层破碎带可能聚集瓦斯，当工作面通过时，容易发生瓦斯事故。

三、岩溶塌陷对安全生产的影响

所谓岩溶塌陷，就是石灰岩、白云岩等可溶性岩石在地下水的溶蚀作用下产生塌陷的现象。按其成因及特征，岩溶塌陷可分为陷落柱和淤泥带两种。陷落柱主要分布于华北岩层倾角较平缓的地区，淤泥带则常在西南岩层倾角较陡的地区出现。

1. 陷落柱及其特征

岩溶陷落柱是局部地层中的岩溶塌陷现象。因塌陷体的剖面形态似一锥形柱体，所以以它的成因和形态取名为岩溶陷落柱，简称陷落柱。它对煤矿生产有较大的影响。

陷落柱的特征：整体形态是一个上小下大的圆锥体，水平切面上多呈圆形或椭圆形，直径大小不一，大则百余米，小则十余米；陷落柱的高度一般有限，其波及高度取决于造成岩溶塌陷的溶洞的规模，有的也可以波及到地表；陷落柱内的岩石碎块，棱角显著、形状不规则、排列紊乱、大小混杂、胶结差、多未成岩；与围岩的接触面多呈不规则的锯齿状，界限明显，接触处的围岩产状基本正常，接触带附近的煤层及其顶、底板一般无牵引现象。

2. 淤泥带及其特征

淤泥带也是一种岩溶塌陷现象，当石灰岩层受到构造力的作用后，产生许多构造裂隙，这就为地下水的溶蚀作用创造了有利条件。随着地下水对裂隙侵蚀的加深、加宽，最终导致岩石的塌陷和水流携带地表泥土一齐填入这种大型裂缝形成地下淤泥带。

淤泥带的主要特征：大型的淤泥带地表多呈低洼的冲沟；垂直方向表现为上宽下窄的裂隙带，既可向深部发展也可沿水平方向延伸，其在水平切面上多表现为不规则的条带状，淤泥带在平面上的延伸主要受构造断裂的控制；在垂直方向上表现为上大下小，到一定深度就会消失；其内有大量的黄泥和碎块岩石，与其他围岩有明显的区别。

3. 判断的标志

在生产中，有时会把岩溶塌陷误认为断层或古河床冲蚀，因此了解岩溶塌陷的辨别标志对煤矿的生产与安全都有着重大的意义。两种岩溶塌陷现象中，淤泥带因其特点突出较易判断，但对陷落柱的判断应注意以下标志：

（1）岩性标志。巷道穿过断层面后所见到的地层系统未被打乱，岩层的结构和构造仍保持其原有特征；陷落柱则是地层的局部破坏，内部杂乱无章，岩性复杂，这一特征是与小断层区别的重要标志。当遇到大岩块岩石折裂陷落时，应注意层理的方向和岩石中化石的分布排列方向。折裂陷落的大型岩块的层理和化石的排列往往直立，倾角很陡；断层面附近的岩石倾角虽有变化，但成直立状态的很少。另外，由于古河床冲蚀而形成的砂岩，其层理与煤层底板大致平行。此特点也可把古河床冲蚀与陷落柱相区别。

（2）接触带特征。陷落柱的柱壁倾角很陡，往往呈90°，接触面不平整，无擦痕。断层直立的情况很少，常见擦痕，断层的破碎带远小于陷落柱。

（3）煤层及顶、底板的变化。陷落柱附近煤厚有变化，煤层中裂隙发育，煤质松碎，但无滑面和羽状节理等构造现象，顶、底板岩层除裂隙发育外，产状无变化。然而断层面附近，煤层和顶底板岩层产状均变化较大。

（4）陷落柱一般上下影响范围比较大，上部煤层发现了陷落柱，下部煤层也必然受其影响，塌陷的范围也更大些。因此，通过上下对照，不仅可以预测下层煤陷落柱的出现，而且还能预测其出现的位置和范围。

4. 陷落柱对煤矿生产安全的影响

（1）在陷落柱比较发育的矿区，煤系地层常遭到严重破坏，使煤炭储量减少。

（2）陷落柱破坏了煤层的连续性，给巷道布置、采煤方法的选择造成了很多困难。

（3）采煤工作面遇到陷落柱，整个生产组织将复杂化，对安全生产极为不利。

（4）在富水矿区，陷落柱穿透含水层时，可将地下水导入井巷，对矿井安全生产威胁极大。

四、岩浆侵入体对安全生产的影响

生产矿井中发现的岩浆侵入体主要有两种产状，即脉状的岩墙和层状的岩床。岩墙是地下岩浆沿断层或裂隙上冲侵入到煤系地层的墙状侵入体，平面上呈带状分布，宽度有几十厘米至几米，有时可达几十米，长度不一。岩浆的侵入活动受早期断裂构造的控制，而晚于岩浆侵入期的断裂构造只切割岩浆侵入体，但不影响其分布。岩床是地下岩浆沿煤层层面方向侵入的侵入体。它既可以沿煤层的顶板或底板侵入，也可沿煤层中间侵入，甚至可以吞蚀整个煤层，其形态大致可分为层状、似层状、串珠状和树枝状。

岩浆侵入煤层主要有两大规律：其一，岩浆侵入时，沿断层上升遇煤层后则向煤层上山方向扩散；其二，侵入体有选择层位的特点，尤其是厚煤层，岩浆活动的阻力最小，岩床的面积往往越大。而各层煤的岩浆侵入体分布范围，其水平投影位置是不重叠的，多为错开的。

岩浆侵入体对煤矿生产的影响主要有以下几点：

（1）吞蚀煤层，大大减少了矿井的煤炭储量，影响矿井的服务年限。

（2）使煤质变差，灰分增高，挥发分显著降低，粘接性遭到破坏，可使原来的优质工业用煤降为一般民用煤或天然焦。

（3）可造成连续完整煤层的分割与破坏，并在煤层中分布许多岩浆岩体，给煤矿生产带来困难。

五、矿图基础知识

（一）地形图

反映地球表面高低起伏形状的图纸就是地形图。一般用地形等高线来反映地貌。

地形等高线图：地面上高程相等的点的连线，或水平面与地表面相交得到的交线称为等高线，该等高线在水平面上的投影就是地形等高线图。

1. 地形等高线基本特性

在同一等高线上的各点，其高程相等。

等高线必定是一条闭合的曲线，不会中断。

一条等高线不能分叉为两条。不同高程的等高线，不能相交或合并成一条。在悬崖处等高线虽然相交，但必须有两个交点。

等高线越密则表示坡度越陡，等高线越稀则表示坡度越缓，等高线间的平距相等则表示坡度相等。

经过河流的等高线不能直跨而过,应该在接近河岸时渐渐折向上游,直到与河底等高处才能越过河流,然后再折向下游,向下游逐渐离开河岸。

等高线通过山脊线时与山脊脊线成正交,并凸向低处;等高线通过山谷线时,则应和山谷线成正交,凸向高处。

2. 典型地貌的等高线

要看懂地形图,必须熟悉典型地貌等高线的表示法。

山地(山冈):隆起而高于四周的高地,高大的称为山峰,矮小的称为山丘。山地等高线的标高由里向外逐渐降低,如图3-1(a)所示。

盆地(凹坑):底与四周的盆形洼地,最低处叫盆底。盆地的等高线的标高由里向外逐渐升高,如图3-1(b)所示。

山脊:沿着一个方向延伸的狭长高地,高点的连线即为分水线。山脊的等高线凸向低处,如图3-1(c)所示。

山谷:沿着一个方向延伸下降的洼地,低点的连线即为集水线。山谷的等高线凸向高处,如图3-1(d)所示。

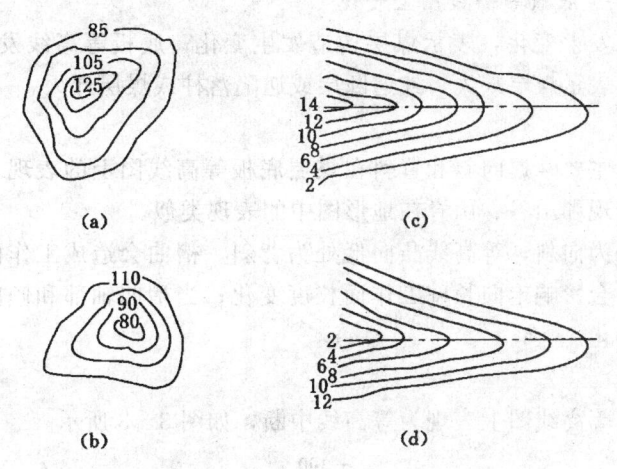

图3-1 典型地貌等高线图
(a)山地;(b)盆地;(c)山脊;(d)山谷

(二) 煤层底板等高线图

煤层底板与具有一定高程的水平面相交,所得到的交线,就是煤层底板等高线。把它用标高投影的方法投影到水平面上所得到的图形就是煤层底板等高线图,如图3-2所示。煤层底板等高线图是反映煤层空间形态和构造变动的重要地质图件,是煤矿设计、生产、储量计算的基础。

1. 根据煤层底板等高线图确定煤层的产状

煤层底板等高线的延伸方向就是煤层的走向,可用象限角表示。

倾向与走向垂直,并指向标高值低的方向。

在煤层底板等高线图上,可用作图法或计算求得煤层倾角:在任意两等高线之间作垂线AB,AB即为两等高线之间的平距。过B作AB的垂线BC,并取BC等于两等高线的高差,连接AC,则$\angle CAB$即为煤层倾角。或用下式计算煤层倾角α:

$$\tan\alpha = \frac{高差}{平距}$$

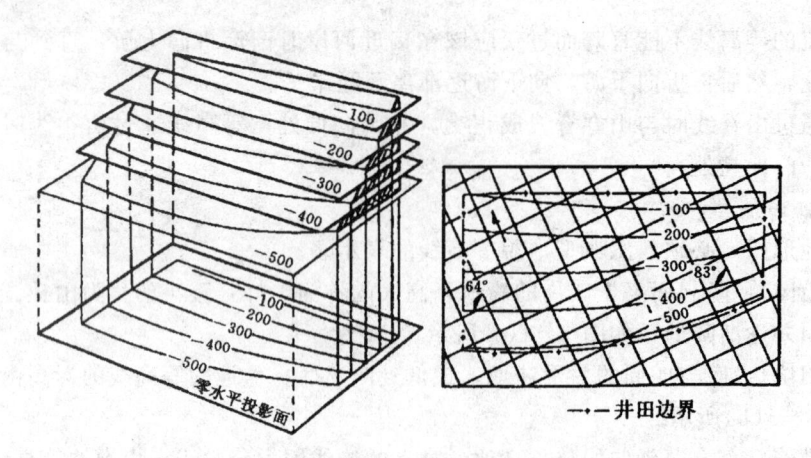

图 3—2 煤层底板等高线图的制作

在煤层底板等高线图中用 ┬α 表示煤层的产状要素。

2. 地质构造在煤层底板等高线图上表现

煤层底板等高线发生变化，表示煤层构造发生变化；底板等高线发生弯曲表示有褶曲，底板等高线发生中断表示煤层缺失，或遇断层或遇陷落柱或煤层歼灭。

（1）褶皱构造。

在褶皱构造中，主要掌握向斜和背斜在煤层底板等高线图上的表现。向斜和背斜在煤层底板等高线图上的表现和山谷、山脊在地形图中的表现类似。

等高线凸向高处为向斜，等高线凸向低处为背斜。褶曲会造成工作面长度变化。当褶曲轴部和走向平行时，会影响走向长壁工作面长度变化；当褶曲轴部和倾向平行时，会影响倾斜长壁工作面长度变化。

（2）断层。

断层在煤层底板等高线图上表现为等高线中断，如图 3—3 所示。

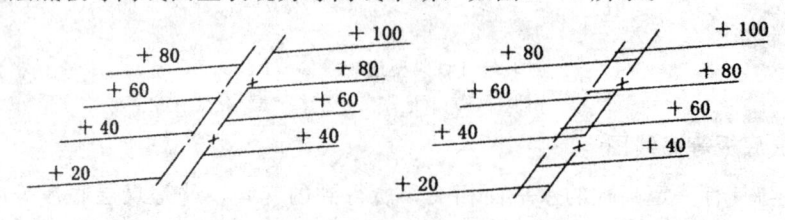

图 3—3 煤层底板等高线图上断层表示法
(a) 正断层；(b) 逆断层

断层交面线：煤层底板与断层面的交线。因断层有上下两盘，所以一条断层一般有两条交面线，即上盘交面线和下盘交面线。

一般情况下，正断层表示为煤层底板等高线中断缺失，在交面线之间呈空白区；逆断层表示为煤层底板等高线在交面线之间为重叠区，即上下两盘重复区。

断层面产状的确定：交面线上同标高的交点的连线为断层面的走向，垂直于断层面的走向线并指向断层面走向线底标高值的方向即为倾向。倾角的确定可用作图法或计算法确定。

（3）穹隆构造和构造盆地。

穹隆构造和构造盆地的煤层底板等高线为封闭曲线，由里向外标高降低的为穹隆构造，由里向外标高升高的为构造盆地。

（三）矿图的内容及要求

1. 井上、下对照图

为了便于了解地面的地物和地形与井下巷道和工作面之间的对应关系，将井田范围内的地形图和井下各水平的主要巷道综合绘于一张图上，这种图便叫做井上、下对照图。由图上可以很明确地看出井下巷道、采区与地面地形和地物之间的关系。

井上、下对照图是一种复制图，比例尺通常为1∶2 000或1∶5 000；煤矿要采用由有地勘资质的中介机构检测，市级国土资源部门核查过的井上下对照图纸；井上下对照图以地形图为底图；标明重要的地面建筑：建筑物、民居、铁路、公路、水系及各种管线，废弃的井口、钻孔、水塔、电线杆等；标明特有的地貌：塌陷坑、积水区、矸石山等；标明井口位置和标高、井下主要开采水平的井底车场、运输大巷，主要石门，主要上下山，总回风巷道；标明井田边界线、安全煤柱的边界线，并注明批准文号。

井上、下对照图主要用于规划地面建设和地下开采设计，确定由于井下开采所引起的地表移动范围；解决在铁路、水体和建筑物下开采问题；解决矿井的防、排水等问题。

2. 采掘工程平面图

采掘工程平面图是根据地质采矿资料直接绘制而成，采掘工程平面图以煤层底板等高线图为底图，是矿图中核心的图件之一，比例尺为1∶1 000、1∶2 000或1∶5 000。

采掘工程平面图主要包括：

① 井下采掘工程情况。包括巷道、硐室及各种生产设施的布置，采区规划，工作面设计等。

采掘工程平面图要标明井筒位置、倾角、现有巷道、硐室，主要巷道注明名称、巷道交叉、变坡以及平巷的特征点等；标明井田边界、安全煤柱边界，与本矿井的相邻关系。井下所有采煤工作面、掘进工作面位置、采空区位置及回采时间等。

它能全面反映采掘巷道和工作面的相互关系以及各项采掘活动的进展情况等。

② 煤层情况。包括煤层的赋存状态、煤层的厚度变化和煤层结构等；标明煤层编号、标明煤层平均厚度、倾角、煤层露头线、煤层变薄区、尖灭区。

③ 构造情况。陷落柱和岩浆岩侵入区及各种地质构造；标明发火区、积水区、煤与瓦斯突出区等，并注明发生时间及有关情况。

采掘工程平面图是指导煤矿生产建设不可缺少的重要资料，是了解地质和采掘情况、分析解决生产中遇到的问题的重要工具，是进行事故抢救和预测指导的主要依据。其主要用途有：

① 了解与分析采掘工程情况，合理解决采掘生产中的问题。如通过采掘工程平面图，可以了解各项采掘工程的进度、位置等，并可依此进行施工设计、指挥生产、确定开采顺序，协调采掘衔接关系，实现采掘平衡。

② 了解地质构造情况。

③ 进行某些采掘工程量的计算。

④ 利用采掘工程平面图绘制其他矿图。采掘工程平面图是根据实测资料绘制的，精度较高，因此可利用该图修改或绘制其他矿图。

⑤从采掘工程平面图可以了解井下各种巷道和硐室的方向、位置、用途、标高、空间关系，了解避灾线路和安全出口，以便在遇险自我保护和事故抢险工作中做到心中有数，临危不乱。

3. 通风系统图

通风系统图是以采掘工程平面图为底图，比例尺为1∶1 000、1∶2 000、1∶5 000；通风系统图上必须标明风流方向、测风站、风速、风量、通风设备、通风设施、防灭火、防尘、隔爆设施的安装地点和火区的位置与范围。通风设施主要包括永久密闭、临时密闭、永久风门、临时风门、风桥、调节风窗等。通风设备包括主要通风机型号、功率及局部通风机位置、型号、功率等。

开采多煤层的矿井，必须备有矿井通风系统图和分层通风系统图。

4. 井下避灾路线图

井下避灾路线图是以通风系统图为底图；在图上必须标明发生各种灾害的避灾路线；在巷道交叉口处及避灾路线沿线都要设置避灾路线标识；标明各种救灾仓库、物资的存放地点；标明矿井供水、供电、通讯等主要管线布置情况。

5. 供电系统图和井下电气设备布置图

供电系统图必须标明供电电源来源、电压等级；变压器型号、容量、电压等级；高低压开关柜、编号、型号、用途（负荷类型及功率）；电缆型号、电压等级、截面和长度。用电设备及电气开关名称、型号、功率、负荷。

6. 主要巷道平面布置图

主要巷道布置图是按每一开采水平的主要巷道所绘制的水平面投影图。其绘制方法和采掘工程平面图相同，比例尺为1∶1 000或1∶2 000。

主要巷道布置图是反映巷道位置系统及其在空间的相互关系。

主要巷道布置图的用途是了解本水平内巷道布置和煤层开采情况，了解煤层沿走向方向变化情况以便于指导巷道的设计和施工，了解本水平内主要断层的分布情况，预测在巷道前方和深部水平可能遇到的断层，丈量主要巷道的长度和确定煤层间的水平间距。

为了解各水平的主要巷道布置情况，可根据各水平的主要巷道平面图复制主要巷道综合平面图。为明显起见，在综合平面图上可用不同颜色代表不同水平的巷道，比例尺一般为1∶5 000和1∶10 000。

另外，煤矿还必须有反映实际情况的其他图纸：矿井地质和水文地质图，安全监控装备布置图，井上下运输系统图，井下通信系统图，排水、防尘、防火注浆、压风、充填、抽采瓦斯等管路系统图。

第二节 煤矿开采的基本安全条件与矿井开拓

一、煤矿开采的基本安全条件

煤矿生产是一种特殊条件下的作业生产，由于工作场所的特殊性、客观因素的不定性，再加上诸多主观因素的影响，致使生产事故不断发生。为保证煤矿生产的正常进行，防止煤矿生产安全事故的发生，根据国家相关法律法规规定，煤矿开采主要应具备以下基本安全生产条件：

(1) 矿井应有及时填绘的反映实际情况的井上下对照图、采掘工程平面图、通风系统图和避灾路线图等图纸资料。采、掘工作面应有作业规程。

(2) 矿井应有至少两个独立的能够行人并直达地面的安全出口，出口之间距离不得小于30 m。井下每一个水平、每一个采区至少有两个便于通行的安全出口，并与直达地面的安全出口相连接。

(3) 矿井在用巷道净断面应能满足行人、运输、通风和设置安全生产设施的需要。矿井主要运输巷、主要风巷的净高不得低于2 m，采区上、下山和平巷的净高不得低于1.8 m，采煤工作面出口20 m内巷道的净高不得低于1.6 m。

(4) 采煤工作面至少保持2个畅通的安全出口，一个通到回风巷，另一个通到进风巷。因煤层赋存条件限制确实不能保持2个安全出口的，必须制定经县级以上主管部门批准的专项安全技术措施。

(5) 矿井每年必须经过瓦斯等级鉴定。矿井各煤层应有自燃倾向性和煤尘爆炸性的鉴定结果。

(6) 矿井应当具备完整的独立通风系统。矿井、采区和采掘工作面的风量必须满足安全生产要求。矿井使用安装在地面的矿用主要通风机进行通风，并有满足能力的备用主要通风机。生产水平和采区应当实行分区通风，矿井、采区和采掘工作面通风设施应当齐全可靠，掘进工作面使用专用局部通风机进行通风。

(7) 高瓦斯、煤与瓦斯突出矿井应有瓦斯抽采措施，并装备安全监控系统。高瓦斯掘进工作面采用专用变压器、专用电缆、专用开关，实现风电、瓦斯电闭锁。开采煤与瓦斯突出危险煤层的，应有预测预报、防治措施、效果检验和安全防护的综合防突措施。

(8) 煤矿必须实行瓦斯检查制度和矿长、技术负责人瓦斯日报审查签字制度。矿井应当配备足够的专职瓦斯检查员和瓦斯检测仪器，瓦斯检测仪器应当定期进行校验。

(9) 矿井有完善的防尘供水系统、防排水系统和火灾防治措施及设施。

(10) 矿井应当保证双回路电源线路供电。年产6万t以下的矿井采用单回路供电时，必须设置满足要求的备用电源。井下电气设备必须符合防爆要求，应有接地、过流、漏电保护装置。属于煤矿安全标志管理目录内的矿用产品应有安全标志。

(11) 矿井提升使用矿用提升绞车，并装设齐全的保险装置和深度指示器。立井升降人员应当使用罐笼或带乘人间的箕斗，并装设防坠装置。斜井运送人员应当使用专用人车，并装设防跑车装置。

(12) 矿井应有完善可靠的通信系统，保持矿内外、井上下和重要场所、主要作业地点通信畅通。

(13) 煤矿井下爆破，须按矿井瓦斯等级选用相应的煤矿许用炸药和雷管。爆破工作应当由专职爆破工担任，并严格执行装药前、爆破前、爆破后瓦斯检查制度。

(14) 矿井实行入井检身制度，入井人员必须随身携带自救器。

(15) 煤矿应当建立应急救援组织。不具备单独建立应急救援组织的小型煤矿，应当指定兼职的应急救援人员，并与专业应急救援组织签订救护协议。

(16) 煤矿应当加强粉尘的检测和防治工作，制定职业危害防治措施，并为从业人员提供符合标准的劳动防护用品。

二、矿井开拓方式

矿井开拓方式主要是指开拓巷道在井田内的布置形式。通常以井筒形式为主要依据，将矿井开拓方式划分为斜井开拓、立井开拓、平硐开拓和综合开拓。

1. 斜井开拓

斜井开拓是利用倾斜巷道由地面进入地下到达煤层的开拓方式。主、副井均为斜井的开拓方式，斜井开拓时，根据井筒位置及开拓巷道布置方式不同，可分很多类型，其中最主要的有两种，即片盘斜井和斜井分区式开拓方式。

（1）片盘斜井开拓。片盘斜井开拓是斜井开拓的一种最简单的形式，属于斜井多水平分段式开拓方式。它是将整个井田沿倾斜方向按一定标高划分成若干个阶段，每个阶段倾斜宽度布置一个采煤工作面。这种布置方式的每个阶段习惯上称为片盘。在井田走向的中央沿煤层由地面向下开凿斜井井筒，依次开采各个片盘。

（2）斜井分区式开拓。当斜井划分为阶段或盘区时，利用斜井集中开拓，称斜井分区式开拓（亦称集中斜井开拓）。当井田划分为一个水平时，就叫斜井单水平分区式开拓；当划分为多水平时，就叫斜井多水平分区式开拓。

斜井单水平分区式开拓是从井田走向中央开掘，进入煤体后，由一个开采水平开采整个井田。井田可划分为一个阶段，也可以划分为两个阶段。阶段内沿走向划分为采区。

斜井单水平分区式开拓与斜井多水平分区式开拓的生产环节和系统基本上是相同的，不同的只是单水平开拓时，是由一个开采水平采上、下两个阶段，开采水平的运输大巷和井底车场是为两个阶段服务的。

为了减少初期开拓工程量和改善运输平巷维护条件，斜井单水平分区式开拓的上山阶段一般采用采区前进式的开采顺序，下山阶段则采用采区后退式的开采顺序。

单水平分区式开拓方式在井田倾斜长度不大的缓倾斜煤层的开采中应用较多。

2. 立井开拓

立井开拓是利用垂直巷道（进井筒）由地面进入，并通过一系列巷道到达煤层的一种开拓方式。它也是我国煤矿广泛应用的开拓方法。

当井田的冲积层较厚，水文地质条件比较复杂或煤层埋藏较深时，一般用立井开拓。

立井开拓与斜井开拓相比，除井筒形式外，其他如阶段内巷道布置、开采方式及矿井生产系统等没有明显的差别。

由于开采水平设置不同，立井开拓可有多种方案。其中，以立井单水平或多水平分区式开拓方式为多。

（1）立井单水平开拓。立井单水平开拓是用一个开采水平将井田沿倾斜划分为两个阶段，上山阶段的煤向下运输，下山阶段的煤向上运输。经阶段运输平巷运往井底车场，通过主井提升到地面。

立井单水平开拓方式，在矿井产量较大、地质构造复杂、煤层倾角较小时，其优点比较突出。缺点是下山阶段开拓、运输、排水、通风等方面布置复杂。因此，这种开拓方式适用于煤层倾角较小而斜长不大的井田。

（2）立井多水平开拓。立井多水平开拓是用两个或两个以上的水平开拓整个井田。按开采水平服务的阶段布置方式不同，可分为立井多水平上山开拓、立井多水平上下山开拓及立井多水平混合式开拓等。

① 立井多水平上山开拓。即将井田分为多个水平，每个阶段的煤炭均向下运至相应的水平，通过主井提至地面。这种方式，每一水平只为一个阶段服务，具有上山开拓的优点。当

第一个水平尚未采完，即延深主、副井到下一个水平，进行第二个水平的开拓和采区准备。这种方式的井巷工程量较大，只适用于较大倾角的煤层，急倾斜煤层更好。

② 立井多水平上下山开拓。即每一个水平均为上下山阶段服务。与上山开拓方式相比，相应减少了水平数目和井巷工程量。但这种方式增加了下山开采，下山采区的排水、通风及采区辅助提升较为困难。这种方式适用于斜长较大且倾角较小的井田。

③ 立井多水平混合开拓。即在整个井田中，上面的某几个水平只开采上山阶段，而最下一个水平采用上下山的布置方式。

这种开拓方式既发挥了单一阶段布置方式的特点，又适当减少了开拓工程量和运输工程量。因为采用立井开拓时，越向深部发展，石门的工程量将越大。所以当深部储量不多时，再单独设一个水平，从技术和经济方面而言是不合理的。

总之，立井开拓可以适应各种水平的划分方式和阶段内的布置形式。

立井开拓的优点：开采水平深度变大时，立井开拓具有井筒短，提升速度快，提升能力大的优点；由于井筒短，还可以缩短各种管线的长度；立井井筒还具有通风阻力小，容易维护的优点。所以，一般来说，立井开拓的矿井的生产经营费用比斜井要低。

立井开拓的缺点：与斜井开拓相比，立井井筒掘进及延深需要较高的技术，井筒开凿需要的设备多，掘进速度慢，井筒装备复杂，基本建设投资大。

3. 平硐开拓

平硐开拓是利用水平巷道从地面进入地下，并通过一系列巷道通达矿体的开拓方式。

采用平硐开拓时，一般以一条主平硐担负运煤、出矸、进风、排水、设置管路及行人等任务，在井田上部回风水平开掘回风平硐或回风井。阶段内的布置可以采用分区式或连续式布置。由于地形和煤层赋存情况不同，平硐的布置方式也不一样。平硐一般分为走向平硐、垂直平硐和阶梯平硐。

(1) 走向平硐。走向平硐是指平硐平行于煤层走向布置，是应用比较广泛的一种方式，具有井巷工程量少、投资省、施工简单、建井期短、出煤快等特点。主平硐一般沿煤层底板岩层掘进。

(2) 垂直平硐。垂直平硐也是应用较多的一种。平硐垂直于煤层走向掘进，到达煤层或煤层底板时分两翼掘进大巷，到两翼采区位置后，即进行采区准备。根据地形和煤层关系，垂直平硐可以从煤层顶板或煤层底板进入煤层。

(3) 阶梯平硐。当地形高差较大，主平硐水平以上煤层垂高过大的按煤层的标高把煤层分为数阶段，每阶段各自用独立的平硐来开拓，称为阶梯平硐。

平硐开拓适用的条件是：平硐标高以上有足够储量足以建井；有能满足布置平硐口和工业场地的地形条件，有条件修筑公路或铁路实现与外界联系的山岭地区。

平硐开拓的优点：投资少，占用设备少，施工技术简单，出煤快，矿井开拓、运输、排水等系统简单，省去了提升、排水等环节及其设备和动力。这是一种技术上、经济上都比较优越的开拓方式，只要条件适合，应尽量采用。

平硐开拓的缺点：平硐开拓受地形条件限制，只适于山岭起伏地区，因为处于山区，难找到足够的工业广场面积，易受洪水、滑坡、雪崩等自然灾害的威胁。

4. 综合开拓

综合开拓是指借助于两种或两种以上井硐形式综合开拓井田。

由于井田的自然地质条件极其复杂，故只采用单一的井硐形式开拓井田，便可能遇到技术上的困难或在经济上不合理。可供选择的综合开拓方式有：立井—斜井、平硐—斜井、立井—平硐以及立井—斜井—平硐开拓方式。

有些井田由于地形或地质条件特殊，或几经技术改造，使井田开拓形成了立井—斜井—平硐的综合开拓，如北京门头沟煤矿就是如此。在选择井田开拓方式时，必须经过可行性研究，在技术上、经济上论证，因地制宜，切不可生搬硬套。

三、巷道掘进安全管理

（一）掘进作业安全管理

在岩（煤）体中，采用一定的手段把岩石（煤）破碎下来，形成地下空间，接着对这个空间进行支护的工作，叫巷道掘进。掘进主要工序有：破岩、装岩、运输、支护；辅助工序有：排水、掘砌水沟、通风、铺轨和测量等。通常以破岩技术作为区分巷道掘进施工方法的依据，同时各工序在不同倾角的巷道施工方法中也有所不同。

1. 破岩技术

在掘进巷道中，破碎岩石是一项主要工序。破碎岩石常用的方法有两种，即钻眼爆破破岩法和掘进机破岩法。

（1）钻眼爆破破岩法（简称钻爆法）。在采用钻爆法掘进巷道时，施工工艺参数往往是以钻爆工序为主配合其他工序而确定的。钻眼爆破技术主要包括岩巷光面爆破技术、毫秒爆破技术、断裂控制爆破技术等。

在钻眼爆破作业时，应根据爆破说明书进行工作面炮眼的布置。编制爆破说明书和爆破图表时，应根据岩石性质、地质条件、设备能力和施工队伍的技术水平等，合理选择爆破参数，尽量采用先进的爆破技术。

（2）掘进机破岩法。掘进机是一种能够直接从工作面把煤和岩石截割采落、装载运输，并装入矿车或运输设备中，且可调动行走、喷雾除尘的综合作业设备。使用掘进机可以连续掘进，实现破、装、运一体化，减少掘进工序，提高掘进速度，是煤巷、半煤岩巷快速掘进的最佳途径。目前，掘进机破岩主要适用于煤和半煤岩巷道掘进。

掘进机用于巷道掘进施工，具有掘进速度快、效率高、巷道成型规整、岩体免遭爆破震动和施工质量好等诸多优点。

2. 掘进施工

巷道掘进目前仍以钻爆法为主，包括钻眼、爆破、装岩、运输和支护等主要工序，以及工作面通风、排水、砌水沟和测量等辅助工序。

（1）平巷施工。

① 水平岩石巷道施工安全注意事项：

a. 根据巷道施工断面大小、支护形式与方法、穿过岩层的地质情况以及施工队伍的技术水平和装备等正确地选择作业方式。

b. 严格执行正规循环作业图表和钻眼爆破说明书的规定。在炮眼布置、爆破方法、凿岩操作、装岩运输和架设临时支护及永久支护时，应按各项操作规程操作，并执行其安全技术规定。

c. 加强顶板管理工作，特别在采用掘进与支护单行作业时，对临时支架要班班进行检查，发现安全隐患时，要先修复再掘进，防止出现冒顶将人员堵在里面的事故。

d. 平行作业时，砌碹地点扩帮挑顶或巷道复喷时，掘进人员应撤到安全地点；工作面爆破时，所有人员必须一同撤到安全地点。

e. 平行作业时，永久支护处的工作台必须搭设牢固，并且不准影响运输设备的通过。人员和车辆通过工作台时要有专设的联络信号。

② 水平煤巷施工安全注意事项：

a. 煤巷掘进一般不破顶板，沿中心线掘进，不设腰线，施工中应根据不同的破岩方法，做好顶板管理工作。

b. 在有瓦斯煤层中爆破时，应采用毫秒雷管实现全断面一次爆破，其最后一段延期时间不得超过 130 ms。

c. 在巷道顶板破碎、煤质松软、层理节理发育或瓦斯浓度降不到允许爆破的情况下，应采用风镐破煤。

d. 使用掘进机掘进煤巷时，应严格控制空顶距，严禁空顶作业。

③ 半煤岩水平巷道施工安全注意事项：

a. 巷道凿岩位置的选择。在掘进半煤岩巷道时，必须认真选择在巷道断面内的凿岩位置，即挑顶、卧底或挑顶兼卧底。

b. 煤岩的开凿顺序。在半煤岩巷道掘进中，煤、岩的开掘顺序对掘进速度和效率有很大影响。通常情况下应实行全断面一次开掘，并尽可能实行煤、岩分次爆破和装运。当岩石坚硬、煤层较厚时，根据挑顶或卧底的安排，可分别采用倒台阶工作面或正台阶工作面的掘进法，使煤层超前于岩层开掘。

c. 排水。巷道一侧要设置排水沟，以便排出井下涌水，保证生产安全，并且创造较好的行人、运输等工作条件。

(2) 斜巷施工。

① 上山掘进安全注意事项：

a. 掘进上山时应特别注意通风工作。由于瓦斯的相对密度小，常常积聚在上山掘进工作面附近，如果不采取措施，可能会发生瓦斯爆炸。因此，在瓦斯矿井上山掘进时，必须加强通风，采取双巷掘进（一个进风、一个回风），甚至采取自上而下的掘凿方式。

b. 在近水平或缓倾斜煤层中，上山掘进一般用矿车或输送机运输。上山掘进使用的绞车，当提升斜长小于 150 m 时，可将绞车布置在上山一侧的小硐室内，如果斜长过大，一台绞车提升能力不够，即应安设多台（一般为两台）绞车，实行分段接力提升。当上山倾角大于 25°时，可用搪瓷溜槽运输，但必须将溜煤（矸）道与人行道隔开，防止煤（矸）滑落伤人。

② 下山（斜井）掘进安全注意事项：

a. 掘进下山时，一般都采用矿车运输（巷道坡度小时也可采用输送机运输）。为了避免发生断绳和脱钩事故，应在巷道上部和巷道内设置防止跑车的防护装置。

b. 下山掘进时，上部水平及煤、岩层的涌水，都可能流至掘进工作面。为了减少掘进工作面的排水工作量，有利于掘进施工，可以采取将上部平巷靠下山一段水沟加以封闭，在下山巷道中，每隔一定距离（如 10～15 m）开掘一条横水沟等措施，拦截上部平巷和煤岩涌水。

(3) 交叉点施工。

交叉点的施工，在条件允许时应尽量做到一次成巷，或尽量缩短掘砌间隔的时间，以防止围岩松动。有时，在井底车场中为了服从施工组织总体安排，加速链锁工程的施工，当岩石条件较好时可以允许先掘其中一条巷道，然后再在前面巷道掘进的同时，进行交叉点的扩大与砌碹工作，要允许通过矿车以保证联锁工程的连续快速施工。

（二）巷道顶板管理

1. 掘进工作面顶板管理的主要内容

（1）掌握巷道开掘后围岩体的范围及围岩应力分布情况，根据影响巷道围岩应力的因素——围岩的性质、巷道所处的深度、巷道周围地质构造、水文变化、巷道的横断面形状和尺寸等，了解围岩应力分布情况以及围岩的变形和位移，才能选择适应的支护材料、支护形式，达到维护巷道的目的。

（2）从有利于巷道围岩的稳定性出发，合理选择巷道的施工方法，合理确定钻眼眼位、角度、深度、装药量和爆破等各工序的有关参数，减少对顶板管理的影响。

（3）按作业规程规定控制工作面空顶距离和临时支护巷道的长度，尽可能缩短工作面空顶时间和临时支护巷道的长度。

（4）施工中，做好基础资料的积累和隐蔽工程的记录工作。施工中和竣工时，按井巷工程质量标准进行检查与验收。

2. 巷道掘进期间的顶板管理

（1）敲帮问顶。上班进入工作面，打眼爆破前均应敲帮问顶，处理隐患，排除不安全因素后再作业。

（2）控制工作面空顶距离，超过规定的空顶距应先支护后掘进。

（3）单孔长距离掘进，要经常检查工作面后方支架的情况，发现断梁折腿或变形严重的支架，应加固修复。修复巷道时，修复地点以里的人员应全部撤出，预防冒顶堵人。工作面因爆破崩倒的棚子应由外向里逐架扶棚复位。

（4）熟悉掘进巷道出现冒顶事故的原因，加强日常检查，采用针对性措施，预防冒顶片帮事故的发生。

3. 影响掘进巷道顶板管理的主要工序

掘进巷道的方法有炮掘和机掘两种，机掘与炮掘相比，巷道成型规整，岩体免遭炮震破裂，对巷道围岩稳定性影响很小，因此机掘对顶板管理影响较小。而炮掘目前占绝大多数，并且对顶板管理影响较大，影响的主要工序是破岩和支护两道工序，尤其是破岩工序，如果不采用光面爆破，巷道围岩就会因炮震产生裂隙，破坏围岩的强度和完整性，使巷道围岩的稳定性大大降低，不利巷道支护和顶板管理。还有支护这道工序如果不按规定要求进行支护，以及支护质量不符合质量标准，就不能有效地控制围岩移动，可能使巷道变形、破坏乃至冒顶。为了减少这两道工序对顶板管理的影响，必须做到：

（1）合理布置炮眼并正确打眼。应根据围岩性质和巷道断面形状，选择合理的炮眼排列形式、炮眼数量、炮眼的深度、眼距和炮眼的角度。施工时，除掏槽眼大于循环进尺外，其余各眼的眼底要落在与循环进度相等的同一平面上。尤其是周边眼的眼底，一般要落在巷道的轮廓周边线上，使爆破后的巷道断面尺寸符合设计要求。

（2）合理选择爆破参数及爆破顺序。要根据作业地点的岩性和地质条件，选择合理的装药结构、药量及爆破顺序，使爆破后的巷道围岩不受或少受震动，爆出的巷道轮廓不凸不凹，爆落的岩块大小适当，炮眼利用率要高，避免留浅眼。

（3）按质量标准规定的要求进行支护。

4. 顶板管理的针对措施

（1）新掘巷道应制定的开口安全措施。

① 开掘地点要选在顶板稳定、支护完好的地区，并且避开地质构造区、压力集中区、顶板冒落区。

② 新掘巷道与原有巷道的方位要保持较大的夹角（最好大于45°）。

③ 必须加固好开掘处及其附近的巷道支架，若近处有空顶、空帮情况，小范围的可加密支架，背好帮顶；大范围的应用木垛接顶处理，同样用背顶背好打紧；对将受施工影响的棚子进行加固，其方法有挑棚、打点柱、设木垛等。

④ 新巷开掘施工，要浅打眼、少装药、放小炮，或用手镐挖掘的方法，尽量避免震动围岩或因爆破引起冒顶。

⑤ 新巷开掘处要及时进行支护，尽量缩短顶板暴露时间和减少暴露面积。若压力增大，则应及时采用适合现场情况的特殊支护。

（2）沿空掘巷顶板破碎时的顶板管理措施。

① 避开动压影响。巷道施工必须在上区段采煤工作面结束，待岩层活动完全稳定后再进行。

② 尽量减少掘进时的空顶面积。爆破前支架紧跟到工作面，爆破后及时架设支架。要减少装药量，避免对顶板的震动。如果爆破难以控制和管理顶板，改用手镐方法掘进。

③ 巷道支架要加密，同时将下帮腿与底板的夹角缩小，将顶帮用木板等背严接实。

④ 擦边掘进时，如遇上区段巷道的棚腿外露时，其下帮棚腿不要抽掉，可以捆上木板或笆片，起到挡矸帘的作用。

（3）有淋水的工作面顶板管理措施。

掘进工作面有淋水时，要通过水文地质工作，弄清水的来源，掌握水量的变化，再根据实际条件分别采用预注浆封水、快硬砂浆堵水、截水槽或截水棚截水等方法将水引离工作面。顶板淋水不大时，用压风边吹边喷砂浆止水。有淋水的地段，要加大支架密度，背严帮顶，提高支架的稳定性，防止冒顶事故的发生。

（4）过断层、裂隙地质构造带的顶板管理措施。

① 采用架棚支护时，棚距要缩小，提高支护应变能力。

② 棚梁方向尽量正交节理面架设，增大支架密度，减少空顶距离，永久支架要紧跟工作面，背帮背顶要严实。

③ 采用砌碹支护时，每次掘砌长度不大于1 m。

④ 顶板特别破碎时需采用超前支护的办法管理顶板。

5.《煤矿安全规程》对掘进支护的相关规定

（1）掘进工作面严禁空顶作业。靠近掘进工作面10 m内的支护，在爆破前必须加固。爆破崩倒、崩坏的支架必须先行修复，之后方可进入工作面作业。修复支架时必须先检查顶、帮，并由外向里逐架进行。在松软的煤、岩层或流砂性地层中及地质破碎带掘进巷道时，必须采取前探支护或其他措施。在坚硬和稳定的煤、岩层中，确定巷道不设支护时，必须制定安全措施。

（2）支架间应设牢固的撑木或拉杆。可缩性金属支架应用金属支拉杆，并用机械或力矩扳手拧紧卡缆。支架与顶帮之间的空隙必须塞紧、背实。巷道砌碹时，碹体与顶帮之间必须用不燃物充满填实；巷道冒顶空顶部分，可用支护材料接顶，但在碹拱上部必须充填不燃物垫层，其厚度不得小于 0.5 m。

（3）更换巷道支护时，在拆除原有支护前，应先加固临近支护；拆除原有支护后，必须及时除掉顶帮活矸和架设永久支护，必要时还应采取临时支护措施。在倾斜巷道中，必须有防止矸石、物料滚落和支架歪倒的安全措施。

（4）采用锚杆、锚喷等支护形式时，应遵守下列规定：

① 锚杆、锚喷等支护的端头与掘进工作面的距离，锚杆的形式、规格、安装角度，混凝土标号、喷体厚度，挂网所采用金属网的规格以及围岩涌水的处理等，必须在施工组织设计或作业规程中规定。

② 采用钻爆法掘进的岩石巷道，必须采用光面爆破。

③ 打锚杆眼前，必须首先敲帮问顶，将活矸处理掉，在确保安全的条件下，方可作业。

④ 使用锚固剂固定锚杆时，应将孔壁冲洗干净，砂浆锚杆必须灌满填实。

⑤ 软岩使用锚杆支护时，必须全长锚固。

⑥ 采用人工上料喷射机喷射混凝土、砂浆时，必须采用潮料，并使用除尘机对上料口、余气口除尘。喷射前必须冲洗岩帮；喷射后应有养护措施。作业人员必须佩戴劳动保护用品。

⑦ 锚杆必须按规定做拉力试验。煤巷还必须进行顶板离层监测，并用记录牌板显示。对喷体必须做厚度和强度检查，并有检查和试验记录。在井下做锚固力试验时，必须有安全措施。

⑧ 锚杆必须用机械或力矩扳手拧紧，确保锚杆的托板紧贴巷壁。

⑨ 岩帮的涌水地点，必须处理。

⑩ 处理堵塞的喷射管路时，喷枪口的前方及其附近严禁有其他人员。

（5）掘进巷道在揭露老空前，必须制定探查老空的安全措施，包括接近老空时必须预留的煤（岩）柱厚度和探明水、火、瓦斯等内容。必须根据探明的情况采取措施，进行处理。在揭露老空时，必须将人员撤至安全地点。只有经过检查，证明老空内的水、瓦斯和其他有害气体等无危险后，方可恢复工作。

（6）开凿或延深斜井、下山时，必须在斜井、下山的上口设置防止跑车装置，在掘进工作面的上方设置坚固的跑车防护装置。跑车防护装置与掘进工作面的距离必须在施工组织设计或作业规程中规定。斜井（巷）在施工期间兼作行人道时，必须每隔 40 m 设置躲避硐并设红灯。设有躲避硐的一侧必须有畅通的人行道，上下人员必须走人行道。行车时红灯亮，行人立即进入躲避硐；红灯熄灭后，方可行走。

（7）由下向上掘进 25° 以上的倾斜巷道时，必须将溜煤（矸）道与人行道分开，防止煤（矸）滑落伤人。人行道应设扶手、梯子和信号装置。斜巷与上部巷道贯通时，必须有安全措施。

第三节 煤矿开采安全管理

一、开采顺序

1. 一般开采顺序

开采顺序一般采用"采区前进，区内后退"，即先采靠近井筒的采区，逐渐向边界推进；在每个采区内，采煤工作面从采区边界向采区上山方向后退式开采。各水平间及采区内各区段的开采顺序一般采用下行式，即沿倾斜方向由上向下依次回采。以上的开采顺序主要是便于生产接替和尽快出煤，同时采用下行式开采顺序还可避免或减少对下个工作面或下层煤的影响。

2. 煤层群开采顺序

开采煤层群时，各煤层的开采顺序有下行式和上行式两种。先采上煤层后采下煤层称下行式开采顺序，反之称上行式开采顺序。

（1）下行式开采。开采缓斜及倾斜煤层，用下行式开采简单，对下层煤影响很小，有利于下层煤的开采和巷道维护。但是当煤层间距较小时，上层煤开采后形成的支承压力有可能传递到下层煤中，为此，上层煤回采时应尽量不留或少留煤柱。必须留煤柱时也要将下层煤的巷道布置在支承压力区之外。

（2）上行式开采。在某些情况下，煤层或煤层组之间也可采用上行式开采。采用上行式开采的基本条件是：层间距较大，先采下层煤不会破坏上层煤，不给上层煤开采造成困难。

3. 开采顺序的安全管理

为保证矿井正常、经济、安全地生产，矿井的开采必须选择经济合理的开采顺序。

采用下行式开采顺序时，近距离煤层群可以同区段上下层同采，但上下层工作面的错距应满足以下要求：

① 下层煤开采引起的岩层移动不波及和影响上层煤工作面；
② 上层煤工作面放顶煤不影响下层煤工作面开采；
③ 上层和下层采掘作业相互没有影响和干扰。

开采急斜煤层时，如果层间距较小，既要考虑下煤层开采对上煤层的影响，又要考虑上煤层开采对下煤层的影响。

当上部煤层有煤和瓦斯突出危险，或上部煤层有冲击地压，或有剧烈周期来压危险，或上部煤层含水量大等情况时也可考虑采用上行式开采顺序。

开采急斜煤层群时，采用上行式开采，应避免下煤层开采后对上煤层的影响，应根据具体开采条件分别采取合理减小区段高度、同一区段内上下煤层同采、将两个相距很近的煤层作为复合煤层一次开采及采用全部充填采空区的方法开采等措施。

二、采煤的安全管理

1. 常见采煤方法

采煤方法包括采煤系统和回采工艺两项主要内容，是采煤工艺与回采巷道布置及其在时间和空间上的相互配合。地质条件与开采技术条件的不同，直接影响采煤方法的选择。按采煤工艺、回采巷道布置的不同特点，采煤方法可分为壁式体系与柱式体系两大类。由于我国煤层赋存条件的复杂性、开采技术的多样性，因而导致采煤方法的多样性。我国是世界上采煤方法最多的国家，常用的采煤方法及其特征见表3-1。

表3-1　　　　　　　　　　　主要采煤方法及其特征

序号	采煤方法	体系	整层与分层	推进方向	采空区处理	采煤工艺	基本条件
1	单一走向长壁采煤法	壁式	整层	走向	垮落	综采、普采、炮采	薄及中厚煤层
2	单一倾长壁采煤法	壁式	整层	倾斜	垮落	综采、普采、炮采	缓斜薄及中厚煤层
3	刀柱式采煤法	壁式	整层	走向或倾斜	刀柱	普采、炮采	缓斜薄及中厚煤层，顶板坚硬
4	大采高一次采全厚采煤法	壁式	整层	走向或倾斜	垮落	综采	缓斜5 m以下厚煤层
5	倾斜分层走向长壁下行垮落采煤法	壁式	分层	走向	垮落	综采、普采、炮采	缓斜、倾斜厚及特厚煤层
6	倾斜分层倾斜长壁下行垮落采煤法	壁式	分层	倾斜	垮落	综采、普采、炮采	缓斜、倾斜厚及特厚煤层
7	倾斜分层长壁上行充填采煤法	壁式	分层	走向或倾斜	充填	炮采为主	缓斜、倾斜特厚煤层
8	放顶煤长壁采煤法	壁式	整层为主	走向或倾斜	垮落	综采为主	缓斜5 m以上厚煤层
9	水平分段放顶煤采煤法	壁式	分层	走向	垮落	综采为主	急斜特厚煤层
10	水平分层、斜切分层下行垮落采煤法	壁式	分层	走向	垮落	炮采	急斜厚及特厚煤层
11	掩护支架采煤法	壁式	整层	走向	垮落	炮采	急斜中厚及厚煤层为主
12	台阶式采煤法	壁式	整层	走向	垮落	炮采、风镐	急斜薄及中厚煤层
13	仓储、巷道长壁采煤法	壁式	整层	走向为主	垮落	炮采	急斜薄及中厚煤层
14	水力采煤法	柱式	整层	走向或倾斜	垮落	水采	不稳定煤层、急斜煤层
15	传统的柱式体系采煤法	柱式	煤层		垮落	炮采	不正规条件、回收煤柱

我国在采煤方法的应用上是以壁式体系为主的国家，主要有单一走向长壁采煤法、单一倾斜长壁采煤法、放顶煤长壁采煤法和倾斜分层长壁上行充填采煤法；采煤工艺有炮采、普采和综采三种。

炮采工艺的主要工序有打眼爆破、人工装煤、刮板输送机运煤、移输送机、顶板支护和回柱放顶。

普采工艺的特点主要是落煤和装煤采用机械（采煤机或刨煤机），其他工序和炮采工艺相似。

综采工艺的特点是除了落煤与装煤采用采煤机或刨煤机完成外，支护采用自移式液压支架，加上刮板输送机运煤，采煤工作面可实现全部综合机械化生产。

2. 采煤工艺的安全管理

(1) 炮采。

根据炮采工艺的特点及对围岩影响的大小等，在安全管理上应注意各主要工序相互间安排时间与顺序的合理性。由于爆破与回柱对顶板的影响比较大，因此当炮采工作面采用全线分段依次爆破时，应合理确定一次循环的进度。爆破落煤进度为 0.8～1.0 m 时，一般爆破的影响涉及范围沿工作面倾斜上、下各为 12～17 m，而剧烈影响的范围是上、下各 5～7 m。爆破后，顶板下沉速度会突然增大，但延续时间较短。回柱放顶产生的剧烈下沉影响范围沿倾斜约 30 m，而 15 m 以内影响剧烈。影响范围在回柱地点前方 15～20 m，10 m 内影响剧烈。影响范围在回柱地点后方 10～15 m，5 m 以内影响剧烈。回柱地点沿走向距煤壁越近，下沉量越大。

炮采工作面的回柱放顶及爆破落煤两道工序对顶板下沉量影响比较大，所以这两道工序在空间和时间上应保持一定间隔，否则有可能造成顶板压力的叠加，导致支架损坏甚至发生片帮、冒顶等事故。

支护与回柱两工序平行作业时，也应错开一定距离进行。一般情况下，回柱放顶应滞后支护的距离不小于 10～15 m。

移输送机与回柱工序应避免相互干扰，最好在不同班中完成。如必须在同一班中完成，也应在时间上错开最少 2 h，以利于顶板和工作面生产的安全管理。

(2) 普通机械化采煤。

普通机械化采煤在工序安排上，应注意避免各道工序相互干扰或造成工作面顶板应力的叠加。

一般情况下，要紧跟采煤机及时支护，保证挂梁的及时性，一般距离为 5～15 m。移输送机后应及时打立柱支撑顶梁，滞后移输送机距离一般不应超过 15 m。沿工作面方向，采煤和回柱放顶两工序之间一般应错开 15～20 m，严禁在一处同时进行作业，否则顶板将出现应力叠加现象，不利于顶板的管理。为避免发生冒顶事故最好采用回柱放顶在前、割煤在后的方式。

普采工作面应根据来压和正常生产具体情况，合理有效地确定支护密度。正常生产期间，支柱密度不宜过大，应有足够的排距以保证人行道的畅通，并加快推进速度。工作面接近来压时，在合理选择普通支架和特种支架的同时，还必须保证支架架设的质量。

(3) 综合机械化采煤。

综合机械化采煤应做到跟机及时移架，以减少空顶时间，避免发生冒顶事故；如果煤壁发生片帮，应采取超前支护方式，即在采煤机割煤前，利用支架前柱与输送机间富余量向前移架，使片帮后的顶板得到提前支护。综采工作面安全管理工作还应注重上下端头的支护与作业安全。在上下端头进行支护及挂网时，要与采煤机割煤位置在空间上错开，避开采动的影响。此外还要正确选择端头支护形式，使端头支护具有一定稳定性和适应性，防止端头顶板发生局部漏冒事故。

3. 《煤矿安全规程》对回采和顶板控制的相关规定

（1）采区开采前必须编制采区设计，并严格按照采区设计组织施工。一个采区内同一煤层不得布置3个（含3个）以上采煤工作面和5个（含5个）以上掘进工作面同时作业。严禁在采煤工作面范围内再布置另一采煤工作面同时作业。采掘过程中严禁任意扩大和缩小设计规定的煤柱。采空区内不得遗留未经设计规定的煤柱。严禁破坏工业场地、矿界、防水和井巷等的安全煤柱。突出矿井、高瓦斯矿井、低瓦斯矿井高瓦斯区域的采煤工作面，不得采用前进式采煤方法。

（2）采煤工作面必须保持至少2个畅通的安全出口，一个通到回风巷道，另一个通到进风巷道。

开采三角煤、残留煤柱，不能保持2个安全出口时，必须制订安全措施，报企业主要负责人审批。

采煤工作面所有安全出口与巷道连接处超前压力影响范围内必须加强支护，且加强支护的巷道长度不得小于20 m；综合机械化采煤工作面，此范围内的巷道高度不得低于1.8 m，其他采煤工作面，此范围内的巷道高度不得低于1.6 m。安全出口和与之相连接的巷道必须设专人维护，发生支架断梁折柱、巷道底鼓变形时，必须及时更换、清挖。

（3）采煤工作面必须按作业规程的规定及时支护，严禁空顶作业。

（4）采煤工作面必须及时回柱放顶或充填，控顶距离超过作业规程规定时，禁止采煤。用垮落法控制顶板，回柱后顶板不垮落、悬顶距离超过作业规程的规定时，必须停止采煤，采取人工强制放顶或其他措施进行处理。

（5）用垮落法控制顶板时，回柱放顶的方法和安全措施，放顶与爆破、机械落煤等工序平行作业的安全距离，放顶区内支架、木柱、木垛的回收方法，必须在作业规程中明确规定。采煤工作面初次放顶及收尾时，必须制定安全措施。放顶人员必须站在支架完整、无崩绳、崩柱、甩钩、断绳抽人等危险的安全地点工作。回柱放顶前，必须对放顶的安全工作进行全面检查，清理好退路。回柱放顶时，必须指定有经验的人员观察顶板。

（6）用水砂充填法控制顶板时，采空区和三角点必须充填满。充填地点的下方，严禁人员通行或停留。注砂井和充填地点之间，应保持用电话联络；联络中断时，必须立即停止注砂。清理因跑砂堵塞的倾斜井巷前，必须制定安全措施。

（7）用带状充填法控制顶板时，必须在垒砌石垛带之前清扫底板上的浮煤，石垛带必须砌接到顶，顶板下和垛墙上的缝隙应用石块塞紧。需从两个石垛中间采取矸石时，必须首先将顶板的活矸用长柄工具处理掉，设置临时支护，并与采煤工作面相接，采矸人员应在临时支护保护下进行工作，并有人观察顶板。

（8）采用水力采煤时，应遵守下列规定：

① 相邻两个小阶段巷道之间和漏斗式采煤的相邻两个上山眼之间，必须开凿联络巷，用以通风、运料和行人。联络巷间距和支护形式必须在作业规程中规定。

② 回采时，两个相邻小阶段巷道或漏斗工作面之间的错距，不得小于5 m。

③ 采煤工作面附近必须设置通信设备，在水枪附近必须有直通高压泵房或调度站的声光兼备的信号装置。

④ 在顶板破碎或压力较大的煤层中，漏斗式采煤时，上山眼两侧的回采煤垛应上下错

开，左右交替采煤。

⑤ 木支护的回采巷道，水枪附近必须架设护枪台棚；金属支架支护的回采巷道，护枪方式必须在作业规程中规定。煤层倾角超过15°的漏斗式采煤工作面，必须在采空区架设挡矸点柱。

⑥ 发生窝水或水枪被埋时，必须立即打紧急停泵信号，及时打开事故阀门，停枪处理。作业过程中，必须有防止窝水和人员掉入明槽内的安全措施。

⑦ 用明槽输送煤浆时，倾角超过25°的巷道，明槽必须封闭，否则禁止行人。倾角在15°～25°时，人行道与明槽之间必须加设挡板或挡墙，其高度不得小于1 m；在拐弯、倾角突然变大以及有煤浆溅出的地点，在明槽处应加高挡板或加盖。在行人经常跨过明槽处，必须设过桥。必须保持巷道行人侧畅通。

⑧ 除不行人的急倾斜专用岩石溜煤眼外，不得无槽、无沟沿巷道底板运输煤浆。

⑨ 煤浆堵塞明槽时，必须立即通知水枪手停止出煤，打开事故阀门，放清水处理。煤浆堵塞溜煤眼或巷道时，必须立即停枪，并报告矿调度室，制定安全措施，进行处理。

⑩ 快速接头连接的高压水管和煤水管在安装和使用前，必须经过耐压试验。焊接的高压水管和煤水管，在使用前也必须经过耐压试验，试验压力不得小于使用压力的1.5倍。在使用期间，对快速接头连接的高压水管和煤水管，应有专人经常维护管子支座和检查固定情况，保证符合设计要求，并定期测定水管管壁的厚度，及时更换不符合壁厚要求的管子。打开盲管的堵板时，必须采取安全措施，防止管道内压缩空气伤人。

⑪ 对使用中的水枪，必须定期进行耐压试验。严禁使用枪筒中心线偏心距离超过设计规定的水枪。

⑫ 通知启动高压水泵前，必须检查管道阀门，按工作要求启闭，防止水击。

⑬ 水枪倒枪转水时，必须先通知泵房和调度站，然后按操作规程启闭阀门。拆除、检修高压水管时，必须关闭附近的来水阀门。

⑭ 水枪司机与煤水泵司机之间必须装电话及声光兼备的信号装置。

⑮ 从事水力采煤工作的人员，必须有防潮和防寒的劳动保护用品，水枪司机应佩戴防止反溅煤水伤人的劳动保护用品。

(9) 采用综合机械化采煤时，必须遵守下列规定：

① 必须根据矿井各个生产环节、煤层地质条件、煤层厚度、煤层倾角、瓦斯涌出量、自然发火倾向和矿山压力等因素，编制设计（包括设备选型、选点）。

② 运送、安装和拆除液压支架时，必须有安全措施，明确规定运送方式、安装质量、拆装工艺和控制顶板的措施。

③ 工作面煤壁、刮板输送机和支架都必须保持直线。支架间的煤、矸必须清理干净。倾角大于15°时，液压支架必须采取防倒、防滑措施；倾角大于25°时，必须有防止煤（矸）窜出刮板输送机伤人的措施。

④ 液压支架必须接顶；顶板破碎时必须超前支护；在处理液压支架上方冒顶时，必须制定安全措施。

⑤ 采煤机采煤时必须及时移架。采煤与移架之间的悬顶距离，应根据顶板的具体情况在作业规程中明确规定；超过规定距离或发生冒顶、片帮时，必须停止采煤。

⑥ 严格控制采高，严禁采高大于支架的最大支护高度。当煤层变薄时，采高不得小于支

架的最小支护高度。

⑦ 当采高超过3 m或片帮严重时，液压支架必须有护帮板，防止片帮伤人。

⑧ 工作面两端必须使用端头支架或增设其他形式的支护。

⑨ 工作面转载机安有破碎机时，必须有安全防护装置。

⑩ 处理倒架、歪架、压架以及更换支架和拆修顶梁、支柱、座箱等大型部件时，必须有安全措施。

⑪ 工作面爆破时，必须有保护液压支架和其他设备的安全措施。

⑫ 乳化液的配制、水质、配比等，必须符合有关要求。泵箱应设自动给液装置，防止吸空。

(10) 采用放顶煤开采时，必须遵守下列规定：

① 矿井第一次采用放顶煤开采，或在煤层（瓦斯）赋存条件变化较大的区域采用放顶煤开采时，必须根据顶板、煤层、瓦斯、自然发火、水文地质、煤尘爆炸性、冲击地压等地质特征和灾害危险性编制开采设计，开采设计应当经专家论证或委托具有相关资质单位评价后报请集团公司或者县级以上煤炭管理部门审批，并报煤矿安全监察机构备案。

② 针对煤层的开采技术条件和放顶煤开采工艺的特点，必须对防瓦斯、防火、防尘、防水、采放煤工艺、顶板支护、初采和工作面收尾等制定安全技术措施。

③ 采用预裂爆破对坚硬顶板或者坚硬顶煤进行弱化处理时，应在工作面未采动区进行，并制定专门的安全技术措施。严禁在工作面内采用炸药爆破方法处理顶煤、顶板及卡在放煤口的大块煤（矸）。

④ 高瓦斯矿井的易自燃煤层，应当采取以预抽方式为主的综合抽放瓦斯措施和综合防灭火措施，保证本煤层瓦斯含量不大于6 m³/t或工作面最高风速不大于4.0 m/s。

⑤ 工作面严禁采用木支柱、金属摩擦支柱支护方式。

有下列情形之一的，严禁采用单体液压支柱放顶煤开采：

① 倾角大于30°的煤层（急倾斜特厚煤层水平分层放顶煤除外）。

② 冲击地压煤层。

有下列情形之一的，严禁采用放顶煤开采：

① 煤层平均厚度小于4 m的。

② 采放比大于1∶3的。

③ 采区或工作面回采率达不到矿井设计规范规定的。

④ 煤层有煤（岩）与瓦斯（二氧化碳）突出危险的。

⑤ 坚硬顶板、坚硬顶煤不易冒落，且采取措施后冒放性仍然较差，顶板垮落充填采空区的高度不大于采放煤高度的。

⑥ 矿井水文地质条件复杂，采放后有可能与地表水、老窑积水和强含水层导通的。

4. 急倾斜煤层开采

我国急倾斜煤层储量丰富，产量也占有相当比重。由于急倾斜煤层倾角大，在开采上有许多特点，主要表现在：

(1) 急倾斜煤层埋藏的地质条件比较复杂，断层和褶曲多，煤层倾角和厚度变化大，煤层和围岩的节理发育，性脆易冒落。

(2) 由于煤层倾角大，落在底板上的煤块、岩块会自动地向下滑落，这就简化了采场内的装运工作，但为了防止滑落的煤和岩块撞倒支架，砸伤人员，在技术上必须采取相应的安全措施。

（3）急倾斜煤层在采煤后，采空区中不仅顶板岩石要发生下沉和垮落，底板岩石也会发生移动和塌落，因此在开采急倾斜近距离煤层群时，除了开采下部会影响上部煤层和围岩外，开采上部也会影响下部煤层和围岩。但顶底板移动和垮落的范围都比缓斜煤层小得多。

（4）在急倾斜煤层中，煤炭、矸石沿倾斜向下可自溜运输，所以，在采区中可开掘采区溜煤眼来代替缓倾斜煤层中的运输上山。

（5）开采急倾斜煤层，因为受到技术上、条件上的限制，采区的倾斜长度较小，一般为 120～180 m，走向长度也不超过 400～500 m，所以，采区尺寸、工作面要素、采区及工作面生产能力、机械化程度和效率都比缓倾斜煤层要低。

（6）开采两个相距较近的急倾斜煤层，上层开采后，由于底板岩层移动，会使下层煤遭受破坏，因此，应合理安排上、下煤的开采顺序。开采急倾斜煤层的矿图，一般采用立面投影图、水平切面图及其他剖面图等图件表示。

所有上述特点，不仅影响到急倾斜煤层采煤法的采煤工艺，而且也影响到采煤系统，由于所采用的采煤工艺不同，采煤工作面的形状也就不同。

开采急倾斜薄及中厚煤层，主要有以下三种采煤法：

（1）倒台阶采煤法。这种采煤法的采区巷道布置和生产系统与走向长壁采煤法相似，但工作面呈倒台阶形状，而不是直线状。采煤工作面之所以形成倒台阶，主要是由于采用风镐落煤。每台风镐的生产能力比较低，为了使工作面能多台风镐同时落煤提高采煤工作面生产能力，同时又要避免采落的煤块下滑砸伤人，保证在下部台阶面工作的人员安全，而且在每个台阶面均可同时工作，因而将工作面由直线状改为倒台阶的形状。

这种采煤方法，巷道系统简单、掘进率低，煤炭回收率高，但生产工艺复杂、工作面支护及顶板管理工作量大，坑木消耗多和安全条件差，工作面难以实行机械化。它适用于厚度在 2 m 以下的急倾斜煤层。

（2）水平分层和斜切分层采煤法。我国开采急倾斜厚煤层，常用水平分层和斜切分层采煤法。这类采煤法的实质是把煤层沿水平面划分成若干个 2～3 m 厚的分层即水平分层，然后逐层回采。当煤层厚度大于 7～8 m 时，为解决人工攉煤和扩散通风的困难，以相互平行的斜面（一般是倾角 25°～30°）把煤层划分成若干个 2～3 m 厚的分层，就叫做斜切分层。

水平分层采煤法能适应煤层厚度、倾角变化大的条件，工作比较安全，回采率较高。其主要缺点是巷道掘进量大，通风、运料困难及工作面人工攉煤劳动繁重，因此这种采煤方法产量小，效率低，适用于厚度 2～6 m 或倾角变化较大的急倾斜煤层。

（3）伪倾斜柔性掩护支架采煤法。这种采煤方法的采煤工作面是呈直线形，按伪倾斜方向布置沿走向推进。工作面上方用一定结构形式的支架掩护起来，使之不受冒落岩石的影响，采煤工作就在支架的掩护下进行。随着煤层被采出，掩护支架在自重和采空区冒落岩石的压力下，紧跟工作面向前移动。

掩护架的结构，开始多为多层木梁各层互相垂直堆放而成的重型分节式护架，以后改为单排木梁的轻型不分节的护架。护架的材料也由木梁改为钢梁。

第四节 矿井冲击地压与顶板事故防治

一、矿井冲击地压防治

根据原岩（煤）体应力状态不同，冲击地压可分为重力型，构造型和重力、构造应力并有的中间型。重力型冲击地压主要是受重力作用，没有或构造应力影响极小，在一定的顶、底板和开采深度条件下，由采掘影响引起的冲击地压。如枣庄、抚顺、开滦矿区的冲击地压就属于重力型冲击地压。构造型冲击地压主要是受构造应力作用而引起的冲击地压。如四川天池煤矿、南桐矿区砚石台煤矿的冲击地压就属于构造型冲击地压。中间型冲击地压是受重力和构造应力的共同作用而引起的冲击地压，是两者综合作用的结果。

按冲击地压发生地点的不同，冲击地压可分为煤体冲击和围岩冲击。煤体冲击发生在煤体内，根据冲击深度和强度的不同又分为表面、浅部和深部冲击三种类型。围岩冲击发生在顶、底板岩层中，根据位置不同又分为顶板冲击和底板冲击。还可分为巷道冲击地压和工作面冲击地压。

根据冲击的显现强度，可分为弹射、矿震、弱冲击和强冲击。弹射是指一些单个破碎岩（煤）块从处于应力状态下的煤或岩体上抛射出去，并伴有强烈声响，属于微冲击现象。矿震是煤、岩内部的冲击地压，即深部的煤或岩体发生破坏，产生片帮和塌落现象，煤或岩体产生强烈震动，伴有巨大声响，有时产生煤尘。弱冲击，是指煤和岩石向开采空间抛出，破坏性很小，对支架、机器、设备基本上无损坏，围岩产生震动，震级一般在里氏 2.2 级以下，且伴有很大声响，产生煤尘，在含瓦斯煤层中可能有大量的瓦斯涌出。强冲击是指部分煤和岩石急剧破碎，大量向开采空间抛出，砸坏支架，推移设备，围岩震动，震级在里氏 2.3 级以上，并伴有巨大声响，产生大量煤尘和冲击波。

根据震级强度和抛出的煤量，又可将冲击地压分为三级：轻微冲击（Ⅰ级），即抛出煤量在 10 t 以下、震级在里氏 1 级以下的冲击地压；中等冲击（Ⅱ级），即抛出煤量在 10～15 t、震级在里氏 1～2 级的冲击地压；强烈冲击（Ⅱ级），即抛出煤量在 50 t 以上、震级在里氏 2 级以上的冲击地压。

1. 冲击地压的特征

（1）突然爆发。冲击地压发生前，预兆不明显。

（2）巨大声响。冲击地压爆发的瞬间，伴有雷鸣般的响声。

（3）冲击波强：煤体内积聚的弹性能突然释放，产生强大的冲击波。它能冲掉工人头上的矿帽，以及冲倒几十米至几百米内的风门、风墙等设施。

（4）弹性振动。冲击地压发生时在围岩内引起弹性振动，工作人员被弹起摔倒，甚至输送机、轨道等重型设备都可能被振动和推移，连地面人员有时都能感到这种振动。该振动所产生的弹性波可以被几百千米外的地震仪检测到，并留有清晰的震相记录。

（5）煤体移动。据现场观测可知，浅部冲击时，煤体发生移动，煤体移动时在顶板接触面上留有明显的棕褐色擦痕，擦痕的方向即为煤体移动的方向。

（6）顶板下沉或底鼓。冲击地压发生时，常导致顶板下沉或底鼓。

（7）煤帮抛射性塌落。冲击地压造成煤帮抛射性塌落，多发生在煤帮上部到顶板的一段，越靠近顶板塌落越深，强烈冲击时，塌落深度可达 1.5～2 m。

2. 防治冲击地压的相关规定

随着开采深度的增加，巷道断面加大、矿压显现加剧，冲击地压事故也呈上升趋势，因此，煤矿开采须遵守下列规定：

(1) 开采冲击地压煤层的煤矿应有专人负责冲击地压预测预报和防治工作。

① 开采冲击地压煤层必须编制专门设计。

② 冲击地压煤层掘进工作面临近大型地质构造、采空区，通过其他集中应力区以及回收煤柱时，必须制定措施。

③ 防治冲击地压的措施中，必须规定发生冲击地压时的撤人路线。

④ 每次发生冲击地压后，必须组织人员到现场进行调查，记录发生前的征兆、发生经过、有关数据及破坏情况，制定恢复工作的措施。

(2) 开采严重冲击地压煤层时，在采空区不得留有煤柱。如果在采空区留有煤柱，必须将煤柱的位置、尺寸以及影响范围标在采掘工程图上。开拓巷道不得布置在严重冲击地压煤层中；永久硐室不得布置在冲击地压煤层中。

(3) 开采煤层群时，应优先选择无冲击地压或弱冲击地压煤层作为保护层开采。

① 保护层有效范围的划定方法和保护层回采的超前距离，应根据对矿井实际考察的结果确定。

② 开采保护层后，在被保护层中确实受到保护的地区，可按无冲击地压煤层进行采掘。在未受保护的地区，必须采取放顶卸压、煤层注水、打卸压钻孔、超前爆破松动煤体或其他防治措施。

(4) 开采冲击地压煤层时，冲击危险程度和采取措施后的实际效果，可采用钻粉率指标法、地音法、微震法等方法确定。对有冲击地压危险的煤层，应根据预测预报等实际考察资料积累的数据划分冲击地压危险程度等级并制定相应的综合防治措施。

(5) 对冲击地压煤层，应根据顶板岩性掘进宽巷或沿采空区边缘掘进巷道。巷道支护严禁采用混凝土、金属等刚性支架。

(6) 严重冲击地压厚煤层口的所有巷道应布置在应力集中圈外；双巷掘进时，2条平行巷道之间的煤柱不得小于 8 m，联络巷道应与 2 条平行巷道垂直。

(7) 开采冲击地压煤层时应采用垮落法控制顶板，切顶支架应有足够的工作阻力，采空区中所有支柱必须回净。

(8) 开采冲击地压煤层时，在同一煤层的同一区段集中应力影响范围内，不得布置 2 个工作面同时回采。2 个工作面相向掘进，在相距 30 m（综合机械化掘进 50 m）时，必须停止其中一个掘进工作面，以免引起严重冲击危险。

停产 3 天以上的采煤工作面，恢复生产的前一班内，应鉴定冲击地压危险程度，并采取相应的安全措施。

(9) 有严重冲击地压的煤层中，采掘工作面的爆破撤人距离和爆破后进入工作面的时间，必须在作业规程中明确规定。

(10) 在无冲击地压煤层中的三面或四面被采空区所包围的地区、构造应力区、集中应力区开采和回收煤柱时，必须制定防治冲击地压的安全措施。

3. 冲击地压的防治

根据发生冲击地压的成因和机理，冲击地压的防治措施主要应避免产生应力集中区，对已产生的应力集中区域或因地质构造等因素存在的高应力区,采取改变煤岩体物理力学性能的措施,降低或释放岩体积聚的弹性潜能。

(1) 采用正确的开采方法。

① 开采保护层。开采煤层时,为了降低潜在危险层的应力,首先应当开采保护层。当所有煤层有冲击地压危险时,应开采冲击地压危险性最小的煤层。当有冲击地压危险的煤层的顶、底板都赋存保护层时,建议先开采顶板保护层。

② 避免形成孤立煤柱。划分井田和采区时,应保证有计划的合理开采,避免形成应力集中的孤立煤柱,不允许在采空区内留煤柱,巷道上方不留煤柱,有条件的采区上山、采区边界及区段巷道采用无煤柱开采技术,避免应力集中。

③ 选择合理的开采方法。开采有冲击地压危险的煤层时,应尽量采用长壁采煤法,采用全部垮落法管理顶板。煤柱支撑法、房柱式及其他留煤柱的开采方法,冲击地压发生频繁。

④ 选择合理的巷道布置方式。开采有冲击危险的煤层时,应尽量将主要巷道和硐室布置在底板岩石中。

⑤ 合理安排开采程序。要合理安排开采程序,防止采煤工作面三面被采空区包围,形成"半岛"。采煤工作面应采用后退式开采,避免相向采煤。

(2) 局部卸压措施。

① 煤层预注水。煤层预注水的目的主要是降低煤体的弹性和强度,采用向煤层注水的方法,使相邻巷道、采煤工作面的煤岩层边缘区减少内部黏结力,降低其弹性,减少其潜能。大同、抚顺、北京、枣庄、天池等矿区,在具有冲击地压危险煤层或顶板岩层进行注水,收到了明显的效果。例如,大同四老沟矿在坚硬顶板进行高压注水试验,在未注水区域,顶板坚硬难以冒落,液压支架 6 次受到冲击载荷,压力值达 600 kg/cm^2,而支架的工作阻力为 500 t,支护强度为 95 t/cm^2,支架受冲击破坏,支柱缸体爆裂。而注水区域,顶板强度降低约 30%,顶板易于垮落,没有发生冲击载荷,压力较小。又如四川天池煤矿,进行了煤层注水,注水前煤层硬度系数为 2.05,注水后为 1.04。由此可见,注水可降低煤岩层硬度,使煤岩松软湿润,减少弹性。

② 钻孔卸压法。钻孔卸压法是利用钻孔降低积聚在煤层中的弹性能,是释放弹性能的一种方法。一般采用直径大约 100 mm 的钻孔,现已有直径为 300 mm 的钻孔。由于钻孔后,钻孔周围的煤体受力状态发生了变化,约束条件减弱,使煤体卸载,支承压力的分布发生了变化,峰值向煤体深部转移。当支承压力不超过煤层孔壁稳定范围时,孔壁不破坏,钻孔不变形,排出煤粉量为正常值,煤层没有卸压。当支承压力超过煤层孔壁稳定范围时,钻孔被破坏,支承压力愈高,钻孔破坏范围愈大,因此,煤层积聚的应力愈高,利用直径钻孔卸压愈有效。俄国在沃尔库塔矿区应用直径为 300 mm 钻孔,孔距 1.0～1.5 m,取得了一定成效。

③ 震动爆破法。震动爆破法是在安全条件下,用爆破方法释放煤层积聚的能量,使煤层裂隙松动,是预防冲击地压的一种方法。卸载爆破就是在高应力区附近打钻,在钻孔中装药进行爆破,其主要目的是改变支承压力带的形状和减少峰值,炮眼布置尽量接近于支承压力带峰值位置。

诱发爆破就是在具有冲击地压危险的区域进行大药量的爆破,人为地在工作人员撤出后诱发冲击地压。

门头沟矿发生冲击地压 60% 是爆破引起的，因此，该矿利用震动爆破法对预防冲击地压进行了一些试验，试验的地点在爆破九采区 -170 m 水平 3 槽煤工作面，工作面打 2 个诱发孔，孔深 4~6 m，每孔装药 5.5 kg，爆破诱发相当于 2.6 级地震的冲击地压，从试验来看，收到了良好的效果。

④ 强制放顶。强制放顶卸压控制顶板对防治冲击地压的发生是有效的。如门头沟矿为了防止冲击地压发生，从 20 世纪 70 年代开始，进行深孔爆破人工强制放顶，累计放顶达十几万平方米，取消刀柱式，改为长壁式开采，起到了减缓冲击地压的作用。1985 年在 3 槽煤层试验，也收到了较好的效果。

二、矿井顶板事故类型及其危害

1. 矿井顶板事故分类

顶板事故是指在地下采掘过程中，顶板意外冒顶、片帮、煤炮、冲击地压、顶板掉矸而造成的人员伤亡、设备损坏、生产中止等事故。随着液压支架的使用及顶板事故的研究和预防技术的逐步完善，顶板事故有所下降，但仍然是煤矿生产的主要灾害之一。

按冒顶范围可将顶板事故分为局部冒顶和大型冒顶两类。按发生冒顶事故的力学原因进行分类，可将顶板事故分为压垮型冒顶、推垮型冒顶和漏垮型冒顶三类。

(1) 局部冒顶是指范围不大，伤亡人数不多（1~2 人）的冒顶。实际煤矿生产中，局部冒顶事故的次数远多于大型冒顶事故，约占采场冒顶事故的 70%，总的危害比较大。

(2) 大型冒顶是指范围较大，伤亡人数较多（每次死亡 3 人以上）的冒顶。采煤工作面大型冒顶包括基本顶来压时的压垮型冒顶、厚层难冒顶板大面积冒顶、直接顶导致的压垮型冒顶、大面积漏垮型冒顶、复合顶板推垮型冒顶、金属网下推垮型冒顶、大块游离顶板旋转推垮型冒顶、采空区冒矸冲入采场的推垮型冒顶及冲击推垮型冒顶。巷道大型顶板事故多发生在局部冒顶附近及地质破坏带附近。

2. 矿井顶板事故危害

矿井顶板灾害的危害有以下几个方面：

(1) 无论是局部冒顶还是大型冒顶，事故发生后，一般都会推倒支架、埋压设备，造成停电、停风，给安全管理带来困难，对安全生产不利。

(2) 如果是地质构造带附近的冒顶事故，不仅给生产造成麻烦，而且有时会引起透水事故的发生。

(3) 在有瓦斯涌出区附近发生顶板事故将伴有瓦斯的突出，易造成瓦斯事故。

(4) 如果是采掘工作面发生顶板事故，一旦人员被堵或被埋，将造成人员伤亡。

三、冒顶事故的预兆

1. 局部冒顶的预兆

(1) 响声。岩层下沉断裂、顶板压力急剧加大时，木支架就会发出劈裂声，紧接着出现折梁断柱现象；金属支柱的活柱急速下缩，也发出很大声响，有时也能听到采空区内顶板发生断裂的闷雷声。

(2) 掉渣。顶板严重破裂时，折梁断柱就要增加，随后就出现顶板掉渣现象。掉渣越多，说明顶板压力越大。在人工顶板下，掉下的碎矸石和煤渣更多，工人叫"煤雨"，这就是发生冒顶的危险信号。

(3) 片帮。冒顶前煤壁所受压力增加，变得松软，片帮煤比平时多。

（4）裂缝。顶板的裂缝，一种是地质构造产生的自然裂隙，一种是由于采空区顶板下沉引起的采动裂隙。老工人的经验是：流水的裂隙有危险，因为它深；缝里有煤泥、水锈的不危险，因为它是老缝；茬口新的有危险，因为它是新生的。如果这种裂缝加深加宽，说明顶板继续恶化。

（5）离层。顶板快要冒落的时候，往往出现离层现象。

（6）漏顶。破碎的伪顶或直接顶，在大面积冒顶以前，有时因为背顶不严和支架不牢出现漏顶现象。漏顶如不及时处理，会使棚顶托空、支架松动，顶板岩石继续冒落，造成没有声响的大冒顶。

（7）瓦斯涌出量突然增大。

（8）顶板的淋水明显增加。

2. 大面积冒顶的预兆

采煤工作面随回柱放顶工作进行，直接顶逐渐垮落，如果直接顶垮落后未能充满采空区，则坚硬的基本顶要发生周期来压。来压时煤壁受压发生变化，造成工作面压力集中，在这个变化过程中工作面顶板、煤帮、支架都会出现基本顶来压前的各种预兆。

（1）顶板的预兆。顶板连续发出断裂声，这是由于直接顶和基本顶发生离层，或顶板切断而发出的声音。有时采空区顶板发出像闷雷的声音，这是基本顶和上方岩层产生离层或断裂的声音。顶板岩层破碎下落，称之为掉渣，这种掉渣一般由少逐渐增多，由稀而变密。顶板的裂缝增加或裂隙张开，并产生大量的下沉。

（2）煤帮的预兆。冒顶前压力增大，煤壁受压后，煤质变软变酥，片帮增多。使用电钻打眼时，钻眼省力。

（3）支架的预兆。使用木支架，支架大量被压弯或折断，并发出响声。使用金属支柱时，耳朵贴在柱体上，可听见支柱受压后发出的声音，支柱破顶、钻底。当顶板压力继续增加时，活柱迅速下缩，连续发出"咯咯"的声音，或工作面支柱整体向一侧倾斜。工作面使用铰接顶梁时，在顶板冲击压力的作用下，顶梁楔子有时弹出或挤出。

（4）瓦斯和水的预兆。含瓦斯煤层，瓦斯涌出量突然增加；有淋水的顶板，淋水增加。

四、冒顶事故常发的地点及原因

（一）采煤工作面局部冒顶事故常发的地点及原因

采煤工作面或井下其他工作地点的冒顶事故大多数属于局部冒顶事故。工作面发生局部冒顶的原因主要有两个：一是直接顶被破坏后，由于失去有效的支护而造成局部冒顶；二是基本顶下沉压迫直接顶破坏工作面支架造成局部冒顶。

采煤工作面顶板事故常发生在靠近两线（煤壁线、放顶线）、两口（采场两端）及地质破坏带附近。

（1）靠煤壁附近的局部冒顶。煤层的直接顶中，存在多组相交裂隙时，这些相交的裂隙容易将直接顶分割成游离岩块，极易发生脱落。在采煤机采煤或爆破落煤后，如果支护不及时，这类游离岩块可能突然冒落砸人，造成局部冒顶事故。

（2）放顶线附近的局部冒顶。放顶线附近的局部冒顶主要发生在使用单体支柱的工作面。放顶线上支柱受力是不均匀的，当人工回拆"吃劲"的柱子时，往往柱子一倒下顶板就冒落，如果回柱工来不及退到安全地点，就可能被砸着而造成顶板事故。

当顶板中存在被断层、裂隙、层理等切割而形成的大块游离岩块时，回柱后游离岩块就会旋转，可能推倒采场支架导致发生局部冒顶。

在金属网假顶下回柱放顶时，由于网上有大块游离岩块，也可能会发生上述的因游离岩块旋转而推倒支架的局部冒顶。

(3) 采场两端的局部冒顶。对于单体支柱工作面，采场两端包括工作面两端的机头、机尾附近以及与工作面相连的巷道。在工作面两端机头、机尾处，暴露的空间大，支承压力集中，巷道提前掘进，引发了巷道周边的变形与破坏，经常要进行机头、机尾的移置工作。拆除老支柱支设新支柱时，碎顶可能进一步松动冒落。随着采煤工作面的推进，要拆掉原巷道支架的一个棚腿，换用抬棚支承棚梁，在这一拆一支之间，碎顶也可能冒落。

(4) 地质破坏带附近的局部冒顶。地质破坏带及附近的顶板裂隙发育、破碎，断层面间多充以粉状或泥状物，断层面都比较尖滑，使上、下盘之间的岩石无黏结力，尤其是断层面成为导水裂隙时，更是彼此分离。

单体支柱工作面如果遇到垂直于工作面或斜交于工作面的断层时，在顶板活动过程中，断层附近破断岩块可能顺断层面下滑，从而推倒工作面支架，造成局部冒顶。

(二) 采煤工作面大面积冒顶事故常发的地点及原因

1. 大面积冒顶事故常发的地点

(1) 开切眼附近。在这个区域顶板上部硬岩基本顶两边都受煤柱支承不容易下沉，这就给下部软岩层直接顶的下沉离层创造了有利条件。

(2) 地质破坏带（断层、褶曲）附近。在这些地点顶板下部直接顶岩层破断后易形成大块岩体并下滑。

(3) 老巷附近。由于老巷顶板破坏，直接顶易破断。

(4) 倾角大的地段。这些地段由于重力作用而使岩石倾斜下滑加大。

(5) 顶板岩层含水地段。这些地段摩擦系数降低，阻力大为减少。

(6) 局部冒顶区附近也有可能导致大冒顶。

近几年来，在采煤工作面大面积冒顶事故中，"复合顶板"下推垮型事故比较多，伤亡也较大。所谓复合顶板总的概念是：煤层顶板由下软上硬不同岩性的岩层所组成，软硬岩层间夹有煤线或薄层软弱岩层，下部软岩层的厚度一般大于 0.5 m，而且不大于煤层采高。

2. 基本顶来压时的压垮型冒顶发生的条件与原因

(1) 发生压垮型冒顶事故的一般条件：

① 直接顶比较薄，其厚度小于煤层采高的 2~3 倍，冒落后不能充填满采空区。

② 直接顶上面基本顶分层厚度小于 5~6 m，初次来压步距为 20~30 m，或更大一些。

③ 采煤工作面中，当支柱的初撑力较低时，基本顶断裂在煤壁之内。当工作面推进到基本顶断裂线附近时，顶板出现台阶下沉，这时基本顶岩块的重量全部由采场支架承担。

(2) 基本顶来压时的压垮型冒顶事故的成因：

① 垮落带基本顶岩块压坏采煤工作面支架导致冒顶（图 3—4）。

② 垮落带基本顶岩块冲击压坏采煤工作面支架导致冒顶。由于采煤工作面支架初撑力不足，在基本顶岩块未明显运动之前，直接顶与基本顶已发生离层 [图 3—5 (a)]；当基本顶岩块向下运动时，采煤工作面支架要受冲击载荷作用，支架容易被破坏，从而导致冒顶 [图 3—5 (b)]。

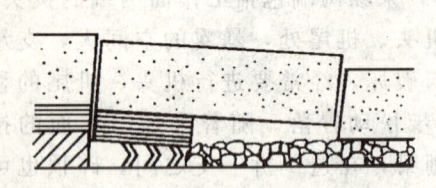

图 3-4 垮落带基本顶岩块压坏采煤工作面支架

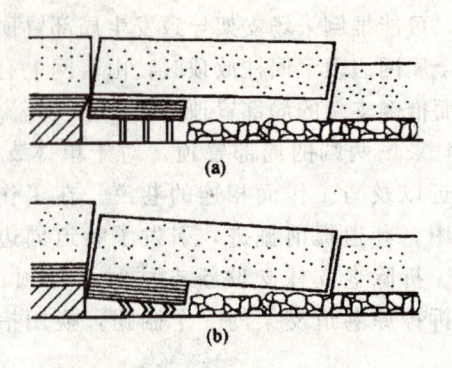

图 3-5 垮落带基本顶岩块冲击压坏采煤工作面支架
(a) 离层；(b) 冲击压坏支架

综采工作面如遇基本顶冲击来压，可能将支架压死、压坏（立柱液压缸炸裂、平衡千斤顶拉坏等）或压入底板，发生顶板事故。

3. 厚层难冒顶板大面积冒顶发生的条件与原因

当煤层顶板是整体厚层硬岩顶板（如砂岩、砂砾岩、砾岩等），分层厚度大于 5~6 m 时，悬露面积可达几千平方米、几万平方米甚至十几万平方米，这样大面积的顶板在极短时间内冒落下来，不仅由于重力的作用会产生严重的冲击破坏力，而且更严重的是会把已采空间的空气瞬时挤出，形成巨大的暴风，破坏力极强。

关于厚层难垮顶板大面积切冒的机理，有两种解释：一是顶板大面积悬露后，因弯曲应力超过其强度，导致顶板岩层断裂，并大面积垮落；二是顶板大面积悬露后，采空区近边煤柱上方岩层的剪应力超过其极限强度，导致顶板岩层大面积冒落。

4. 大面积漏垮型冒顶发生原因

由于煤层倾角较大，直接顶又异常破碎，采场支护系统中如果某个地点失效发生局部漏冒，破碎顶板就有可能从这个地点开始沿工作面往上全部漏空，造成支架失稳，导致工作面漏垮型冒顶（图 3-6）。

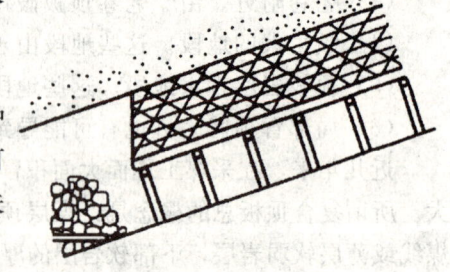

5. 复合顶板推垮型冒顶特征与机理

图 3-6 工作面漏垮型冒顶示意图

推垮型冒顶是指因水平推力作用使工作面支架大量倾斜而造成的冒顶事故。复合顶板由下软上硬岩层构成，下部软岩层可能是一个整层，也可能是由几个分层组成的分层组。这里的软岩层与硬岩层只是个形象的说法，实际上是指：采动后下部岩层或因岩石强度降低，或因分层薄，其挠度比上部岩层大，向下弯曲得多，而上、下部岩层间又没有多大的黏结力，因此下部岩层与上部岩层形成离层。从外表看，似乎下部岩层较软，上部岩层较硬。

(1) 复合顶板的特征：

① 煤层顶板由下软上硬不同岩性的岩层组成。

② 软、硬岩层间有煤线或薄层软弱岩层。

③ 下部软岩层的厚度大于 0.5 m，小于 3.0 m。

(2) 复合顶板推垮型冒顶的机理：

① 支柱的初撑力小，软硬岩层下沉不同步，软快而硬慢，从而导致软岩层与其上部硬岩层离层，如图3-7所示。

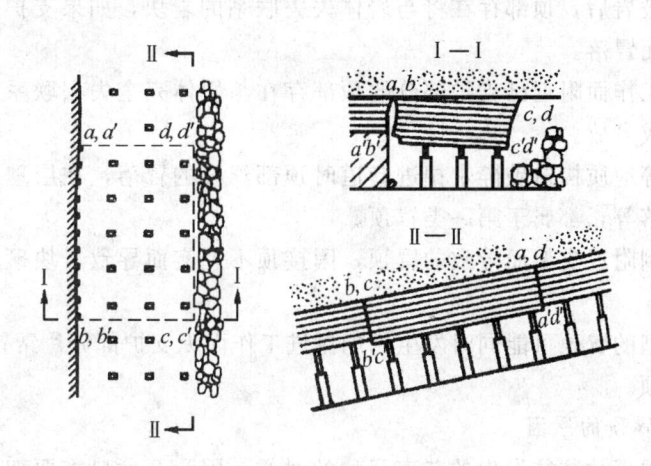

图3-7 下位软岩层离层断裂

② 下位软岩断裂出六面体的原因：一是地质构造，即下位软岩层中存在原生的断层、裂隙或尖灭构造；二是巷道布置原因，即在工作面开采范围内存在沿走向或沿倾斜的旧巷、下沉、断裂；三是由于支柱初撑力低，导致下位软岩层断裂。

6. 金属网下推垮型冒顶发生的原因

回采下分层时，金属网假顶处于下列两种情况时，可能发生推垮型冒顶：

(1) 当上、下分层开切眼垂直布置时，在开切眼附近，金属网上的碎矸石与上部断裂了的硬岩大块之间存在一个空隙。

(2) 当下分层开切眼内错布置时，虽然金属网上的碎矸与上部断裂了的硬岩大块之间不存在空隙，但是一般也难以胶结在一起。

金属网下推垮型冒顶的全过程分为两个阶段：

(1) 形成网兜阶段。这是由工作面内某位置支护失效导致的。如果周围支架的稳定性很好，一般不会发展到第二阶段，即还不至于发生冒顶事故。

(2) 推垮工作面阶段。在开切眼附近，金属网碎矸之上有空隙，或者由于支架初撑力小，而使网上碎矸石与上位断裂的硬岩大块离层，这就造成网下单体支柱不稳定，在网兜沿倾斜推力的作用下，使网兜下方的支柱由迎山变成反山，最终造成推垮型冒顶，这两个阶段有可能间隔很短时间。

(三) 巷道顶板事故常发的地点及原因

巷道顶板事故多发生在掘进工作面及巷道交叉点，80%以上的巷道顶板死亡事故发生在这些地点。可见，预防巷道顶板事故，关注事故多发地点是十分必要的。

当巷道围岩应力比较大、围岩本身又比较软弱或破碎、支架的支撑力和可缩量又不够时，在较大应力作用下，可能损坏支架，形成巷道冒顶，导致顶板事故。

巷道顶板事故形式多种多样，发生的条件也各不相同，但它们在某些方面存在着共同点。根据这些事故发生的原因与条件，可以制定出防范顶板事故发生的相应措施。

1. 掘进工作面冒顶事故的原因

掘进工作面冒顶的原因有两类：

第一类是掘进破岩后，顶部存在将与岩体失去联系的岩块，如果支护不及时，该岩块可能与岩体失去联系而冒落。

第二类是掘进工作面附近已支护部分的顶部存在与岩体完全失去联系的岩块，一旦支护失效，就会冒落造成事故。

在断层、褶曲等地质构造破碎带掘进巷道时顶部浮石的冒落，在层理裂隙发育的岩层中掘进巷道时顶板冒落等，都属于第一类冒顶。

因爆破不慎崩倒附近支架而导致的冒顶，因接顶不严实而导致岩块砸坏支架的冒顶则属于第二类冒顶。

此外，两种类型的冒顶可能同时发生，如掘进工作面无支护部分片帮冒顶推倒附近支架，导致更大范围的冒顶。

2. 巷道交岔处冒顶的原因

巷道交岔处冒顶事故往往发生的巷道开岔的时候，因为开岔口需要架设扣棚替换原巷道棚子的棚腿，如果开岔处巷道顶部存在与岩体失去联系的岩块，并且围岩正向巷道挤压，而新支设抬棚的强度不够或稳定性不够，就可能造成冒顶事故。

3. 压垮型冒顶的原因

压垮型冒顶是由于巷道顶板或围岩施加给支架的压力过大，损坏了支架，导致巷道顶部的岩块冒落，从而形成事故。

巷道支架所受力的大小，与围岩受力后所处的力学状态关系极大。若围岩受力后仍处于弹性状态，本身承载能力大而且变形小，巷道支架感受不到多大的压力，当然也不会被损坏。如果围岩受力后处于塑性状态，本身有一定的承载能力但也会向巷道空间伸展，巷道支架就会感受较大的压力，若巷道支架的支撑力或可缩性不足，就可能被压坏。当围岩受力后呈破碎状态，本身无承载能力，并且大量向巷道空间伸展，这时巷道支架就会受到强大的压力，很难不被损坏。

巷道围岩受力后所处的力学状态，由两方面因素决定：一是岩体本身的强度以及受到层理裂隙等构造破坏的情况；另一个是所受力的大小。巷道围岩受力的大小，也有两方面因素：一是由巷道所处位置决定的自重应力和构造应力；另一个是由采掘引起的支撑压力。

4. 漏垮型冒顶的原因

漏垮型冒顶是因无支护巷道或支护失效巷道顶部存在游离岩块，这些岩块在重力作用下冒落，形成事故。

5. 推垮型冒顶的原因

推垮型冒顶是因为巷道顶帮破碎后，在其运动过程中存在平行巷道轴线的分力，如果这部分巷道支架的稳定性不够，可能被推倒而冒顶，从而形成事故。

预防推垮型冒顶的主要措施是提高支架的稳定性，可以在巷道的支架之间用撑木或拉杆连接固定，增加支架的稳定性，以防推倒。在倾斜巷道中架设支架应有一定的迎山角，以抵抗重力在巷道轴线方向的分力。

五、冒顶的探测方法

试探有没有冒顶危险的方法主要有：

(1) 观察预兆法。顶板来压预兆主要有声响、掉渣、片帮、出现裂缝、漏顶、离层等现象。由有经验的老工人,认真观察工作面围岩及支护的变异情况,直观判断有无冒顶的危险。

(2) 木楔探测法。在工作面顶板(围岩)的裂缝中打入小木楔,过一段时间进行一次检查,如发现木楔松动或者掉渣,说明围岩(顶板)裂缝受矿压影响在逐渐增大,预示有冒顶险情。

(3) 敲帮问顶法。这是最常用的方法,其中又分锤击判断声法和振动探测法两种。前者是用镐或铁辊轻轻敲击顶板和帮壁,若发出的是"当当"的清脆声,则表明围岩完好,暂无冒落危险;若发出"噗噗"的沉闷声,表明顶板已发生剥离或断裂,是冒顶或片帮的危险征兆。后者是对断裂岩块体积较大或松软岩石(或煤层),用判声法难以判别时所采用的探测方法。具体做法是:用一手手指扶在顶板下面,另一手用镐、大锤或铁棍敲打硬板,如果手指感觉到顶板发生轻微振动,则表明此处顶板已经离层或断裂。采用振动探测法时人应站在支护完好的安全地点进行。

(4) 仪器探测法。大面积冒顶可以用微振仪、地音仪和超声波地层应力仪等进行预测。厚层坚硬岩层的破坏过程,长的在冒顶前几十天就出现声响和其他异常现象;短的在冒顶前几天,甚至几小时也会出现预兆。因此,根据仪器测量的结果,再结合历次冒顶预兆的特征,可以对大面积冒顶进行较准确的预报,避免造成灾害。

六、冒顶的预防措施

(一) 采煤工作面局部冒顶的预防

(1) 单体支柱工作面预防靠近煤壁附近局部冒顶的措施:

① 采用能及时支护悬露顶板的支架,如正悬臂交错顶梁支架、正倒悬臂错梁直线柱支架等;提高支柱的初撑力,在金属网下,可以采用长钢梁对棚迈步支架。

② 炮采时,炮眼布置及装药量应合理,尽量避免崩倒支架。

③ 尽量使工作面与煤层的主要节理方向垂直或斜交,避免煤层片帮。煤层一旦片帮,应掏梁窝超前支护,防止冒顶。

(2) 综采工作面的局部冒顶,主要是发生在靠近煤壁附近的漏冒型冒顶,其预防措施为:

① 支架设计上,采用长侧护板、整体顶梁、内伸缩式前梁,增大支架向煤壁方向的水平推力,提高支架的初撑力。

② 工艺操作上,采煤机过后,及时伸出伸缩梁,及时擦顶带压移架,顶梁的俯视角不超过7°。

③ 当碎顶范围较大时(比如过断层破碎带等),则应对破碎直接顶注入树脂类黏结剂使其固化,以防止冒顶。

(3) 放顶线附近的局部冒顶预防措施:

① 加强地质及观察工作,记载大岩块的位置及尺寸。

② 在大岩块范围内用木垛等加强支护。

③ 当大岩块沿工作面推进方向的长度超过一次放顶步距时,在大岩块的范围内要延长控顶距。

④ 如果工作面用的是单体金属支柱,在大岩块范围内要用木支架替换金属支架。

⑤ 待大岩块全部都处在放顶线以外的采空区时,再用绞车回木支柱。

(4) 采场两端局部冒顶预防措施。为预防采场两端发生漏冒,可在机头、机尾处各应用四对一梁三柱的钢梁抬棚支护（即四对八梁支护），每对抬棚随机头、机尾的推移迈步前移；或在机头、机尾处采用双楔铰接顶梁支护。在工作面巷道相连处，宜用一对抬棚迈步前移，托住原巷道支架的棚梁。此外，在采场两端还可以采用十字铰接顶梁支护系统以防漏冒。

在超前工作面 10 m 以内，巷道支架应加双中心柱；超前工作面 10～20 m，巷道支架应加单中心柱以预防冒顶。

综采时，如果工作面两端没有应用端头支架，则在工作面与巷道相连处，需用一对迈步抬棚。此外，超前工作面 20 m 内的巷道支架也应以中心柱加强。

(5) 地质破坏带附近局部冒顶预防措施。为预防这类顶板事故，应在断层两侧加设木垛加强维护，并迎着岩块可能滑下的方向支设戗棚或戗柱。

对于有些综采、高档普采和普采工作面，回采过程中，煤壁的前方顶板和煤层特别破碎，为保证正常割煤、不漏矸石，可采用全楔式木锚杆。

当断层处的顶板特别破碎，用锚杆锚固的效果不佳时，可采用注入法，将较多的树脂注入大量的煤岩裂隙中，进行预加固。

(二) 采煤工作面大面积冒顶的预防措施

1. 采煤工作面大面积冒顶的一般预防措施

(1) 提高单体支柱的初撑力和刚度。由于使用的木支柱和摩擦金属支柱初撑力小、刚度差，易导致煤层复合顶板离层，使采煤工作面支架不稳定，所以有条件的矿要推广使用单体液压支柱。

(2) 提高支架的稳定性。煤层倾角大或在工作面仰斜推进时，为防止顶板沿倾斜方向滑动推倒支架，应采用斜撑、抬棚、木垛等特种支架来增加支架的稳定性。在摩擦金属支柱和金属铰接顶梁采煤工作面中，用拉钩式连接器把每排支柱从工作面上端头至下端头连接起来，形成稳定的"整体支架"。

(3) 严格控制采高。开采厚煤层第一分层要控制采高，使直接顶冒落后破碎膨胀能充满采空区。这种措施的目的在于堵住冒落大块岩石的滑动。

(4) 采煤工作面初采时不要反向开采。有的矿为了提高采出率，在初采时向相反方向采几排煤柱，如果是复合顶板，开切眼处顶板暴露日久，已离层断裂，当在反向推进范围内初次放顶时，很容易在原开切眼处诱发推垮型冒顶事故。

(5) 掘进回风、运输巷时不得破坏复合顶板。挑顶掘进回风、运输巷破坏了复合顶板的完整性，易造成推垮型冒顶事故。

(6) 高压注水和强制放顶。对于坚硬难冒顶板可以用微振仪、地音仪和超声波地层应力仪等进行监测，做好来压预报，避免造成灾害。具体可以采用顶板高压注水和强制放顶等措施来改变岩体的物理力学性质，以减小顶板悬露及冒落面积。

(7) 加强矿井生产地质测量和矿压的预测预报工作。

此外，还可以改变工作面推进方向，如采用伪俯斜开采，防止推垮型大面积冒顶。

2. 预防基本顶来压时的压垮型冒顶事故的措施

(1) 采场支架的初撑力应能保证直接顶与基本顶之间不离层。

(2) 采场支架的可缩量应能满足裂隙带基本顶下沉的要求。

(3) 普采工作面遇到平行于工作面的断层时，在断层范围内要加强工作面支护（最好用木垛），不得采用正常办法回柱。

(4) 采场支架的支撑力应能平衡垮落带直接顶及基本顶岩层的重量。

(5) 普采要扩大控顶距，并用木支柱替换金属支柱，待断层进到采空区后再回柱。

(6) 遇到平行于工作面的断层时，如果工作面支护是单体支柱，当断层刚露出煤壁时，在断层范围内就要及时加强工作面支护（最好用木垛），不得采用正常回柱法；要扩大控顶距，并用木支柱替换金属支柱，待断层进到采空区后再回柱；如果工作面支护是液压自移支架，若支架的工作阻力有较大的富余，则工作面可以正常推进，若支架的工作阻力没有太大的富余，则应考虑使工作面与断层斜交或在采空区挑顶的措施过断层。

3. 预防厚层难冒顶板大面积冒顶事故的措施

(1) 顶板高压注水。从工作面平巷向顶板打深孔，进行高压注水，注水泵最大压力为15 MPa。顶板注水可起弱化顶板和扩大岩层中的裂隙及弱面的作用。其主要机理是：注水溶解顶板岩层中的胶结物和部分矿物，削弱层间黏结力；高压水可以形成水楔，扩大和增加岩石中的裂隙与弱面。因此，注水后岩石的强度将显著降低，如图3-8所示。

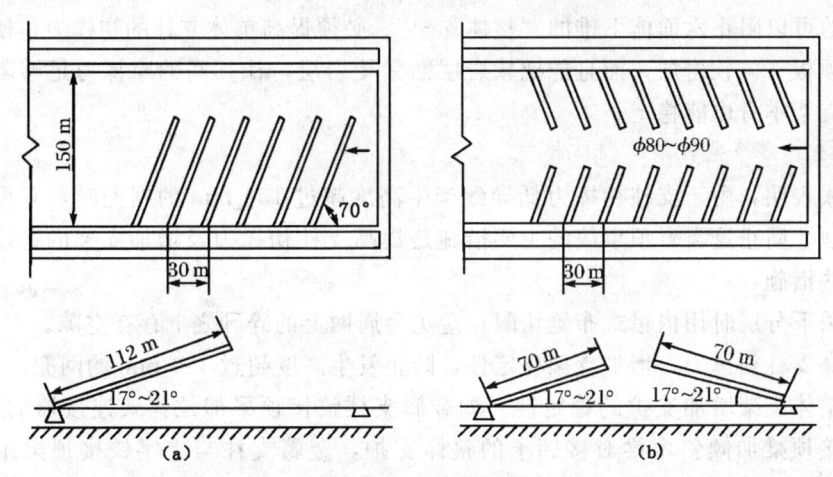

图3-8 顶板高压注水布孔方式
(a) 单侧布置；(b) 双侧布置

(2) 强制放顶。所谓强制放顶，就是用爆破的方法（主要有三种方法：平行工作面深孔强制放顶、钻孔垂直工作面的强制放顶、超前深孔爆破预松顶板）人为地将顶板切断，使顶板冒落一定厚度形成矸石垫层。切断顶板可以控制冒落面积，减弱顶板冒落时产生的冲击力，形成矸石垫层则可以缓和顶板冒落时产生的冲击波及暴风。为了形成垫层，挑顶的高度可按需要形成垫层的厚度进行计算。据大同矿区的实践经验，采空区中矸石充满程度达到采高和挑顶厚度之和的2/3，就可以避免过大的冲击载荷和防止形成暴风。

强制放顶方法主要有：在工作面内向顶板放顶线处进行钻孔爆破放顶；对于综采工作面，由于在工作面内无法设置钻顶板炮眼的设备，可分别在上下平巷内向顶板打深孔，在工作面未采到以前进行爆破，预先破坏顶板的完整性；对于历史上有大面积冒顶的地区，目前又无法从井下采取措施时，可在采空区上方的地面打垂直钻孔，达到已采区顶板的适当位置，然后进行爆破，将悬露的大面积顶板崩落。

对厚层难冒顶板来说，不论是采取高压注水还是强制放顶，不论是在采空区处理还是超前工作面处理，所应处理的顶板厚度均应为采高的2~3倍（包括直接顶在内），从而保证安全生产。

4. 复合顶板推垮型冒顶的预防措施

(1) 应用伪俯斜工作面并使垂直工作面方向的向下倾角达 4°～6°。

(2) 掘进上下顺槽时不破坏复合顶板。

(3) 工作面初采时不要反推。

(4) 控制采高，使软岩层冒落后能超过采高。

(5) 尽量避免上下顺槽与工作面斜交。

(6) 灵活地应用戗柱、戗棚，使它们迎着六面体可能推移的方向支设。

(7) 在开切眼附近，于控顶区内系统地布置树脂锚杆。但是，在采用这个措施时应考虑采场中打锚杆钻孔的可能性和顶板硬岩层折断垮落时，由于没有已垮落软岩层作垫层，来压是否会过于强烈。

在使用摩擦支柱和金属铰接顶梁的采煤工作面中，用拉钩式连接器把每排支柱从工作面上端至工作面下端连接起来。由于在走向上支架已由铰接顶梁连成一体，这就在采场中组成了一个稳定的可以阻止六面体下推的"整体支架"。必须提高单体支柱的初撑力，使初撑力不仅能支承住顶板下位软岩层，而且能把软岩层贴紧硬岩层，让其间的摩擦力足够阻止软岩层下滑，从而支架本身也能稳定。

5. 金属网上推垮型冒顶的预防措施

生产实践表明，由于支柱初撑力低导致产生高度超过 150 mm 的网兜时，有可能引发网下推垮型冒顶。防止这类冒顶事故的主要措施是提高支柱初撑力及增加支架的稳定性，也可附加其他一些措施：

(1) 回采下分层时用内错式布置切眼，避免金属网上的碎矸之上存在空隙。

(2) 提高支柱初撑力，增加支架稳定性，防止发生高度超过 150 mm 的网兜。

(3) 用整体支架增加支护的稳定性。如金属支柱铰接顶梁加拉钩式连接器的整体支护，金属支柱铰接顶梁加倾斜木梁对接棚子的整体支护，金属支柱与十字铰接顶梁组成的整体支护。

(4) 采用伪俯斜工作面，增加抵抗下推的阻力。

(5) 初次放顶时要把金属网下放到底板。

(三) 巷道顶板事故的预防措施

1. 预防掘进工作面冒顶事故的措施

(1) 掘进工作面严禁空顶作业，严格控制空顶距。当掘进工作面遇到断层、褶曲等地质构造破坏带或层理裂隙发育的岩层时，棚子支护时应紧靠掘进工作面，并缩小棚距，在工作面附近应采用拉条等把棚子连成一体以防止棚子被推垮，必要时还要打中柱。

(2) 严格执行敲帮问顶制度，危石必须挑下，无法挑下时应采取临时支撑措施，严禁空顶作业。

(3) 掘进工作面冒顶区及破碎带必须背严接实，必要时要挂金属网防止漏空。

(4) 掘进工作面炮眼布置及装药量必须与岩石性质、支架与掘进工作面距离相适应，以防止因爆破而崩倒棚子。

(5) 采用"前探掩护式支架"，使工人在顶板有防护的条件下出渣、支棚腿，以防止冒顶伤人。

(6) 根据顶板条件变化，采取相应的支护形式，并应保证支护质量。架棚支护冒顶区及破碎带必须背严接实，必要时要挂网防止漏空。

2. 预防巷道开岔处冒顶的措施
(1) 开岔口应避开原来巷道冒顶的范围。
(2) 交岔点抬棚的架设应有足够的强度，并与邻近支架连接成一个整体。
(3) 必须在开口抬棚支设稳定后再拆除原巷道棚腿，不得过早拆除，切忌先拆棚腿后支护抬棚。
(4) 注意选用抬棚材料的质量与规格，保证抬棚有足够的强度。
(5) 当开口处围岩尖角被挤压坏时，应及时采取加强抬棚稳定性的措施。
(6) 交岔点锚喷支护时，使用加长或全锚式锚杆。
(7) 全锚支护的采区巷道交岔点应缩小锚杆间距，并使用小孔径锚索补强。

3. 支架支护巷道冒顶事故的一般防治措施
支架支护巷道的冒顶可分为压垮型、漏垮型和推垮型：
(1) 压垮型冒顶是因巷道顶板或围岩施加给支架的压力过大，损坏了支架，导致巷道顶部已破碎的岩块冒落。
(2) 漏垮型冒顶是因无支护巷道或支护失效（非压坏）巷道顶部存在游离岩块，这些岩块在重力作用下冒落。
(3) 推垮型冒顶是因巷道顶帮破碎岩石，在其运动过程中存在平行于巷道轴线的分力，如果这部分巷道支架的稳定性不够，可能被推倒而冒顶。

根据冒顶的原因，有如下几条预防措施：
(1) 巷道应布置在稳定的岩体中，尽量避免采动的不利影响。
(2) 巷道支架应有足够的支护强度以抗衡围岩压力。
(3) 巷道支架所能承受的变形量，应与巷道使用期间围岩可能的变形量相适应。
(4) 尽可能做到支架与围岩共同承载。支架选型时，尽可能采用有初撑力的支架，支架施工时要严格按工序质量要求进行，并特别注意顶与帮的背严背实问题，杜绝支架与围岩间的空顶、空帮现象。
(5) 凡因支护失效而空顶的地点，重新支护时应先护顶，再施工。
(6) 巷道替换支架时，必须先支新支架，再拆老支架。
(7) 锚喷巷道成巷后要定期检查危岩并及时处理。
(8) 在易发生推垮型冒顶的巷道中要提高巷道支架的稳定性，可以在巷道的架棚之间严格地用拉撑件连接固定，增加架棚的稳定性，以防推倒。倾斜巷道中架棚被推倒的可能性更大，其架棚间拉撑件的强度要适当加大。

此外，在掘进工作面 10 m 内，断层破碎带附近各 10 m 内，巷道交岔点附近各 10 m 内，冒顶处附近各 10 m 内，这些都是容易发生顶板事故的地点，巷道支护必须适当加强。

4. 压垮型冒顶的防治措施
(1) 巷道应布置在稳定的岩体中，并尽量避免采动的不利影响。采区回采巷道双巷掘进时，护巷煤柱的宽度应视其围岩的稳定程度而定——围岩稳定时，护巷煤柱的宽度不得小于 15 m；中等稳定时，应不小于 20 m；软弱时，应不小于 30 m。不用护巷煤柱时，最好是待相邻区段采动稳定后再沿空掘巷。
(2) 巷道支架应有足够的支撑强度以抵抗围岩压力。

(3) 巷道支架所能承受的变形量，应与巷道使用期间围岩可能的变形量相适应。

(4) 尽可能做到支架与围岩共同承载。支架选型时，尽可能采用具有初撑力的支架。支架施工时，要严格按工程质量要求进行，并特别注意顶与帮的背严背实问题，杜绝支架与围岩的空顶、空帮现象。

5. 预防垮落型冒顶的措施

(1) 掘进工作面爆破后应立即进行临时支护，严禁空顶作业。

(2) 凡因支护失效而空顶的地点，重新支护时应先护顶，再施工。

(3) 巷道替换支架时，必须先支新支架，再拆旧支架。

(4) 锚杆支护巷道应及时施工，施工前应先清除危石，成巷后要定期检查危石并及时处理。

(四) 煤壁片帮的防治

采煤工作面的煤壁，在矿山压力作用下，发生自然塌落的现象叫片帮，也叫滚帮或塌帮等。片帮发生的条件主要有：工作面采高越大、越发育就越容易片帮，工作面来压越严重、顶板越破碎，片帮越严重，因此，在采高大、煤质松软、顶板破碎、矿山压力大的工作面容易发生片帮，薄煤层和煤质坚硬的工作面一般不容易发生片帮现象。

片帮的危害主要有：工作面煤壁片帮后，使顶板的悬露面积突然增大，顶板会随之大量下沉，容易引起冒顶事故。同时，片帮时下落的大块煤炭也容易砸伤工作面的作业人员，造成人身伤亡事故。预防煤壁片帮的安全措施主要有：

(1) 使用爆破落煤的工作面，要合理布置炮眼，打眼时严格控制炮眼角度，顶眼距顶板不要太近，炮眼装药量要适当。

(2) 工作面煤壁要采直、采齐，对有片帮危险的煤壁，应及时打好贴帮柱，减少顶板对煤壁的压力。

(3) 采高大于 2 m、煤质松软时，除了及时打好贴帮支柱外，还应在煤壁与贴帮柱间加横撑。

(4) 在片帮严重的地点，煤壁上方垮落，应在贴帮支柱上加托梁或超前挂金属铰接顶梁。

(5) 工作面落煤后要及时挑梁刷帮，使煤壁不留伞檐、活矸。

(6) 综采工作面顶板破碎或支架梁端距较大时，可采取及时支护的方法。若及时支护后梁端距仍超过规定值或不能超前移架而梁端距超过规定值时，可在支架顶梁上垂直煤壁打板梁，以防止煤壁片帮和冒顶。

第五节 矿井水害防治

影响矿井正常生产活动、对矿井安全生产构成威胁、增加生产成本以及使矿井局部或全部被淹没的矿井水，都称之为矿井水害。根据水源不同，可将矿井水害分为地表水水害、地窖水水害、孔隙水水害、裂隙水水害及岩溶水水害。发生矿井水害需具备以下条件：

(1) 有水源。水源主要有：大气降水、地表水和地下水。大气降水包括降雨和降雪；地表水包括矿井附近的河流、湖泊、沼泽、池塘、水库、采后塌陷区积水等；地下水包括井下含水层水、老空水、含水断层水、陷落柱水等。它们都是矿井水害的水源。

(2) 有透水通道。透水通道主要有井筒、巷道、塌陷坑、开采沉陷裂隙、断层裂隙、废旧钻孔等。一旦这些过水通道与水源相通，则构成了矿井充水。轻则增加了排水费用，重则造成淹井灾害。

（3）失控。失控是指对矿井充水水源和充水通道的管理达不到预定的要求，导致淹井停产甚至人员伤亡等情况的发生。

一、影响矿井涌水量的因素

1. 充水岩层的出露条件和接受补给条件

充水岩层的出露条件，直接影响矿区水量补给的大小。充水岩层的出露条件包括出露面积和出露的地形条件。前者限定接受外界补给水量的范围，显然，出露面积愈大，则吸收降水和地表水的渗入量就愈多，反之则少；后者指出露的位置、地形的坡度及形态等，它关系到补给水源的类型和补给渗入条件。

2. 矿井边界条件

一个矿井的周边大多是由不同边界组合而成的，故它们的形状、范围、水量的出入直接控制了矿井的涌水量。若矿井的直接充水含水层的四周均为强透水边界（富水断层、地表水、强含水层），在开采条件下，区域地下水或地表水可通过边界大量流入矿井，供水边界分布范围越大，涌入的水量愈多、愈稳定。如果周边由隔水边界组成，则区域地下水与矿井失去水力联系，开采时涌水量则较小，即使初期涌水量较大，也会很快变小，甚至干涸。

除矿井周边外，煤层顶、底板的隔水或透水条件同样对矿井地下水的补给水量起控制作用。

（1）煤层及其直接顶、底板的隔水或透水条件，是影响矿床充水强度的关键因素之一。最理想的条件是煤层直接顶、底板均是可靠的隔水层组成的剖面边界，即无外部水源补给，矿井涌水量小。

（2）顶、底板的隔水能力。当煤层上覆和下伏有强含水层或地表水体时，则顶底板的隔水能力是影响矿井充水的主要因素，并取决于隔水层的岩性、厚度、稳定性、完整性和抗拉强度。

3. 地质构造条件

构造的类型（褶皱或断裂）和规模，对矿井充水强度亦起着控制作用。褶皱构造往往构成承压水盆地或斜地储水构造，构造类型的不同，则充水含水层的分布面积、空间位置、补排条件亦有差别，从而使矿井充水强度也不一样。

二、矿井突水预兆

矿井突水是因为井下采掘活动破坏岩体天然平衡，采掘工作面周围水体在静水压力和矿山压力作用下，通过断层、隔水层和矿层的薄弱处进入采掘工作面。矿井突水这一现象的发生与发展是一个逐渐变化的过程，有的表现很快（一两天或更短）；有的表现较慢（采掘后半个月或数日），这与工作面具体位置、采场地质情况、水压力和矿山压力大小有关。从开拓工作面开始，发展到突水时间在工作面及其附近显示出某些异常现象，这些异常统称突水预兆。识别和掌握这些预兆，可以及时采取应急措施，撤离危险区人员，防止人员伤亡事故。突水前预兆有以下几种：

（1）挂红。因地下水中含有铁的氧化物，在水压作用下，通过煤（岩）裂隙时，附着在裂隙表面，出现暗红色铁锈。

（2）挂汗。当采掘工作面接近积水区时，水在压力作用下，通过煤岩裂隙而在煤岩壁上凝结成许多水珠，但有时空气中的水分遇到低温煤（岩）壁也可凝结为水珠。因此，遇到挂汗现象，首先辨别真伪，辨别方法是剥去表面层，观察新暴露面是否也有潮气，如果煤岩潮湿则是透水征兆。

(3) 空气变冷。采掘工作面接近大量积水时，气温骤然降低，煤壁发凉，人一进去就有凉爽感，时间越长越感阴凉。

(4) 出现雾气。当巷道内温度较高时，积水渗到煤壁后引起蒸发而迅速形成雾气。

(5) 水叫。井下高压积水，向煤岩裂隙强烈挤压与两壁摩擦而发出嘶嘶叫声，说明采掘工作面距积水区已很近，若是煤巷掘进，则透水即将发生。

(6) 顶板淋水加大。原有裂隙淋水突然增大，应视作透水前兆。

(7) 顶板来压、底板鼓起。在地下水压作用下，顶、底板弯曲变形，有时伴有潮湿、渗水现象。

(8) 水色发浑、有臭味。老空水一般发红，味涩；断层水一般发黄、味甜；溶洞水常有臭味。

(9) 有害气体增加。积水区向外散发瓦斯、二氧化碳和硫化氢等有害气体。

(10) 裂隙出现渗水。水清即离积水区尚远；若出现浑浊，则离积水区已近。

以上征兆不一定都同时出现，有时可能出现其中一个，有时可能出现多个，但也有时透水征兆不明显甚至不出现，因此，要认真辨别。

根据《煤矿安全规程》的规定，当出现透水征兆时，必须停止作业，采取措施，立即报告调度室，发出警报，撤出所有受水威胁地点的人员。

三、矿井水害发生的原因

矿井水害事故的原因分析是一个极其复杂的课题，它的形成一般是由于巷道揭露和采空区塌陷波及水源所致，有时是由于充水通道将水源与巷道或采掘工作面沟通，造成矿井突水。下面从工程技术和管理两个方面来分析矿井水害产生的原因。

1. 工程技术方面的原因

(1) 地面防洪、防水措施不当。防洪设施在设计、施工方面有缺陷，达不到防洪要求标准，或防洪设施失效，以及地面塌陷、裂隙未处理，使地面洪水由井巷、塌陷、裂隙等通道进入井下造成矿井水害。

(2) 水文地质情况不清。井巷或采掘工作面接近充水断层、强含水层、岩溶陷落柱、含水溶洞、老空积水等充水水源和充水通道时，未采取任何防范措施，而造成透水事故。

(3) 井巷位置不合理。设计中将井巷置于水文地质条件复杂或离强含水层太近，导致顶、底透水。

(4) 工程质量低劣，致使井巷塌落冒顶、跑砂、透水。封闭不良的各种钻孔有时也可导致透水。

(5) 乱采滥挖破坏防水煤柱造成矿井透水。

(6) 测量误差导致巷道进入采空区积水而透水。

(7) 排水设备能力不足，或机电事故而造成淹井。

(8) 防水闸门未按要求设计修建，或质量低劣不能起到防水作用，或由于不注意日常维护和试验，当井下出现灾情时无法发挥作用而淹井。

(9) 排水设施平时缺少维护，如水仓、水管、水沟不按时清理，突水时失效而导致淹井。

2. 管理方面的原因

（1）由于相对于其他事故来讲，水灾事故发生率不是很高，容易使人思想麻痹，特别是各级管理人员如果对水害没有充分的认识，往往会导致发生不该发生的透水事故。

（2）由于人力物力的不足，致使许多水文地质情况不清，相应防范措施跟不上而发生透水事故。

（3）不能严格执行"有疑必探、先探后掘"的基本原则，心存侥幸。员工安全技术素质低，没有通过各种形式的培训，职工没有掌握透水预兆、避灾路线、避灾自救方法等基本知识，致使发生水害引起人员伤亡和财产损失。

（4）对各种防水工程质量验收把关不严，未按《煤矿安全规程》规定定期检查，及早发现隐患，及时整改。

（5）对以水为介质的泥浆、泥石流，以及以水为载体的有害气体的灾害和危害认识不足，没有相应的防范措施。

四、矿井水害的危害

矿井水害的危害很大，主要有以下几个方面：

（1）恶化生产环境。矿井水可造成巷道积水，顶板淋水和老窑积水使工作面及附近巷道空气潮湿，工作环境恶化，影响工人身体健康。

（2）增加排水费用（增加了生产成本）。在矿井生产建设中，矿井水量的大小直接关系到排水设施、设备和排水费用，不仅造成原煤吨煤成本增加，而且给生产管理工作增加了难度。

（3）缩短生产设备的使用寿命。矿井水的存在对金属设备、铁轨和金属支架产生腐蚀作用，缩短使用寿命。

（4）损失煤炭资源。为防止矿井水的威胁，有时需留设防水煤柱，影响煤炭资源的回收和充分利用，有的甚至无法再开采。

（5）引起瓦斯积聚、爆炸或硫化氢中毒。如果发生老空区、老煤窑突然透水，聚积在老空区内的瓦斯和硫化氢会随水而出，涌出的瓦斯若达到爆炸浓度，遇高温火源就会发生爆炸，而人们呼吸了剧毒的硫化氢，重者就会造成死亡。

（6）一旦失控，造成淹井及人员伤亡。矿井涌水量一旦超过排水能力或突然涌水，轻则淹井停产，重则矿毁人亡。

五、矿井井下水害防治

井下防治水是防治矿井水害的重要措施，包括很多方面和很多方法，现介绍如下：

1. 井下防治水的措施和要求

《煤矿安全规程》在总结事故教训的基础上，对井下防治水做出了明确规定和要求，必须严格执行，主要有以下几个方面：

（1）相邻矿井的分界处，必须留防水煤柱；矿井以断层分界时必须在断层两侧留有防水煤柱；严禁在各种防隔水煤柱中采掘。

（2）井巷出水点的位置及其水量。有积水的井巷及采空区的积水范围、标高和积水量，必须绘在采掘工程平面图上。采掘到探水线位置时，必须探水前进。

（3）每次降大到暴雨时和降雨后，应及时观测井下水文变化情况，并向矿调度室报告。

（4）水淹区积水面以下的煤层中的采掘工作，应在排除积水以后进行；如果无法排除积水，必须编制设计，由企业主要负责人审批后，方可进行。

（5）开采水淹区域下的废弃防水煤柱时，必须制定安全措施，报企业技术负责人审批。

（6）井田内有与河流、湖泊、溶洞、含水层等有水力联系的导水断层、裂隙（带）、陷落柱时，必须查出其确切位置，并按规定留设防水煤（岩）柱。

（7）采掘工作面或其他地点发现有挂红、挂汗、空气变冷、出现雾气、水叫、顶板淋水加大、顶板来压、底板鼓起或产生裂隙出现渗水、水色发浑、有臭味等突水预兆时，必须停止作业，采取措施，立即报告矿调度室，发出警报，撤出所有受水威胁地点的人员。

（8）矿井必须做好采区、工作面水文地质探查工作。

（9）煤层顶板有含水层和水体存在时，应当观测"三带"发育高度。

（10）承压含水层与开采煤层之间的隔水层能承受的水头值大于实际水头值时，可以"带水压开采"，但必须制定安全措施；小于实际水头值时，开采前必须采取措施，由企业主要负责人审批。

（11）水文地质条件复杂或有突水淹井危险的矿井，应当在井底车场周围设置防水闸门或在正常排水系统基础上另外安设具有独立供电系统且排水能力不小于最大涌水量的潜水泵。

在其他有突水危险的采掘区域，应当在其附近设置防水闸门，不具备设置防水闸门条件的，必须制定防突水措施，由煤矿企业主要负责人审批。

（12）井巷揭穿含水层、地质构造带前，必须编制探放水和注浆堵水设计。井巷揭露的主要出水点或地段，必须进行水温、水量、水质等地下水动态和松散含水层涌水含沙量综合观测和分析，防止滞后突水。

（13）立井基岩段施工应遵循快速、打干井的原则。

2. 老窑水害防治

积存在煤层采空区和废井巷中的水，尤其是年代久远缺乏足够资料的老窑积水，是煤矿生产建设中最危险的水患之一。

老窑积水水害，不仅在老窑或地方小井多的矿井存在，在国有大型煤矿自采自掘的废巷老塘，因种种原因在本该无水的地方也意外积存了或多或少的水，它们意外的溃出也会伤人毁物。因此，对于所有地下开采的矿井，均会遇到老窑水害问题。

根据以往防治老窑积水的经验和教训，对这类水害的主要防治对策就是要严格执行探放水制度，以根除水患。

防治老窑积水要解决好以下七个方面的问题：

（1）克服麻痹侥幸心理，避免疏忽大意。由于老窑积水的分布规律不易掌握，又带有灾害的特点，一旦警惕不高，很简单的问题也会酿成惨痛的水害事故。因此，必须采取严肃慎重和一丝不苟的工作态度，坚持"全面分析，逐头逐面排查，多找疑点，有疑必探"的基本原则。

（2）认真分析老窑积水的调查资料。老窑和地方小煤矿开采的积水范围，由于缺乏准确的测绘资料，是老窑水防治难且易于发生水害的主要原因。因此对老窑积水调查资料的系统分析和正确使用，是防治这类水害事故的一个关键环节。

对老窑积水资料的调查，一定要严肃认真、深入细致、确切地加以记录，并且要反复分析核实，判断可靠程度，指出疑点和问题。

（3）制定合理有效的防治对策。老窑和地方矿井多为复杂的矿区，分管安全的领导和技术负责人要千方百计地了解掌握本矿井周围的老窑积水分布情况和各片积水；与本矿井各采区之间的隔离情况,要组织有关人员编制有关图件,全盘安排开拓部署和采掘工程。

(4) 严密组织探水掘进。老窑积水有分散、孤立和隐蔽的特点,水体的空间分布几何形态非常复杂,往往很不确切。防治它们的唯一有效手段就是探水掘进。在有足够帮距、超前距和控制密度的钻孔掩护下,掘进巷道逐步接近它,最后达到发现之目的。

(5) 特别注意近探近放和贯通积水巷道或积水区。当积水位置很明确或通过"探水掘进"确已接近积水并进行近距离探放水时,有些问题需要特别注意,情况复杂的积水就在身边,稍有不慎,水害立即可能发生。

(6) 重视自采自掘采空废巷积水的探放。这是一个普遍问题,千万不能认为资料相对可靠,就掉以轻心,必须注意以下几个问题:

① 对原不积水的区域要分析重新积水的条件和可能,经常圈定积水区。

② 要分析测绘精度和误差,注意可能少填、漏填的巷道、硐室。

③ 不过分自信,盲目进行近探近放。

(7) 钻、物探结合问题。老窑水的探放,工作量很大,尤其是探水掘进,确实耗工耗时,应该积极采用物探手段,帮助圈定积水区,减少超前探水的工作量,开展探水孔端的孔间透视,以减少钻孔密度。但是,钻、物探结合,必须要以钻探为主,物探资料要有钻孔验证。

3. 岩溶突水灾害的防治

岩溶突水灾害约占水害比例的一半,也是新中国成立以来长期治理而一直未能彻底解决的问题。从突水的方向上,它可分底板突水(由下向上)、侧方突水、顶板突水(由上向下)。岩溶突水防治的关键技术是:

(1) 查明矿井水文地质条件(含隔水层、富水性、地质构造、岩溶陷落柱等)。

(2) 承压水采煤时(底板岩溶水大多数是具有压力的承压水,有时压力很高,可达几十兆帕),必须执行《煤矿安全规程》、《"三下"采煤规程》和《煤矿防治水工作条例》,探水和留设相应的防水煤柱。

(3) 加大排水能力,确保防水设施(如防水闸门、分区隔离、快速注浆堵水、加大水仓容量、排水系统畅通等)的正常使用。

(4) 了解防治底板突水的先进理论和探查、防治技术("突水系数"的概念、"主通道"学说、"关键层"学说、"下三带"理论等)。

(5) 使用先进的井下物探技术,除了地面大面积高分辨率地震探测外,在井下采区、采面、掘进巷道中都可采用超前物理探测技术(如电法、地质雷达、瑞雷波、槽波、声波等)。

(6) 制定防治水总策略:深降强排,疏、排、供、环保相结合;带压开采,保水采煤。

4. 井下排水

(1) 井下主要排水设备的配备。

井下主要排水设备应符合下列要求:

① 必须有工作、备用和检修的水泵。工作水泵的能力,应能在 20 h 内排出矿井 24 h 的正常涌水量(包括充填水及其他用水)。备用水泵的能力应不小于工作水泵总能力的 70%。工作和备用水泵的总能力,应能在 20 h 内排出矿井 24 h 的最大涌水量。检修水泵的能力应不小于工作水泵能力的 25%。水文地质条件复杂的矿井,可在主泵房内预留安装一定数量水泵的位置。

② 必须有工作和备用的水管。工作水管的能力应能配合工作水泵在 20 h 内排出矿井 24 h

的正常涌水量。工作和备用水管的总能力，应能配合工作和备用水泵在20 h内排出矿井24 h的最大涌水量。

③ 应有同工作、备用以及检修水泵相适应，并能够同时开动工作和备用水泵的配电设备。有突水淹井危险的矿井，可另行增建抗灾强排能力泵房。

（2）对主要泵房出口的规定。

主要泵房至少有两个出口，一个出口用斜巷通到井筒，并应高出泵房底板7 m以上；另一个出口通到井底车场，在此出口通路内，应设置易于关闭的连接通道和可靠的控制闸门。

（3）对水仓有效容量的规定。

主要水仓必须有主仓和副仓，当一个水仓清理时，另一个水仓能正常使用。

新建、改扩建矿井或生产矿井的新水平，正常涌水量在1000 m³/h以下时，主要水仓有效容量应能容纳矿井8 h的正常涌水量；正常涌水量大于1 000 m³/h时，但主要水仓的总有效容量不得小于4 h的矿井正常涌水量。

（4）加强排水系统的检查和维护。

水泵、水管、闸阀、排水用的配电设备和输电线路，必须经常检查和维护。在每年雨季以前，必须全面检修一次，并对全部工作水泵和备用水泵进行一次联合排水试验，发现问题及时处理。

水仓、沉淀池和水沟中的淤泥，应及时清理，每年雨季前必须清理一次；同时设备应全面检修一次。

六、矿井水灾的防治技术

矿井防治水的目的是防止矿井水害事故发生，减少矿井正常涌水，降低煤炭生产成本，在保证矿井建设和生产安全的前提下使国家的煤炭资源得到充分合理的回收。为此，根据产生矿井水害的原因，采取不同的防治措施。《煤矿安全规程》规定，煤矿企业应查明矿区和矿井的水文地质条件，编制中长期防治水规划和年度防治水计划，并组织实施。

1. 地面防水

地面防水是指在地表修筑各种防排水工程，防止或减少大气降水和地表水涌入工业广场或渗入井下。

地面防水视矿区具体条件不同可采用河流改道、铺整河底、填堵通道、挖沟排（截）洪及排除积水等措施。

为防止地面水侵入工业场地和矿井，可根据《煤矿安全规程》的相关规定执行。

2. 井下防水

防水闸门和防水闸墙是井下防水的主要安全设施。凡受水患威胁严重的矿井，在井下巷道布置和生产矿井开拓延伸或采区设计时，应在适当地点预留防水闸门和防水闸墙的位置，使矿井形成分翼、分水平或分区隔离开采，在水患发生时达到分区隔离、缩小灾情、控制水势危害、确保矿井安全生产的目的。

（1）防水闸门。水文地质条件复杂或有突水淹井危险的矿井，应当在井底车场周围设置防水闸门或在正常排水系统基础上另外安设具有独立供电系统且排水能力不小于最大涌水量的潜水泵。在其他有突水危险的采掘区域，应当在其附近设置防水闸门，不具备设置防水闸门条件的，必须制定防突水措施，由煤矿企业主要负责人审批。防水闸门应符合下列要求：

① 防水闸门必须采用定型设计。

② 防水闸门的施工及其质量，必须符合设计要求。闸门和闸门硐室不得漏水。

③ 防水闸门硐室前、后两端，应分别砌筑不小于 5 m 的混凝土护硐，硐后用混凝土填实，不得空帮、空顶。防水闸门硐室和护硐必须采用高标号水泥进行注浆加固，注浆压力应符合设计要求。

④ 防水闸门来水一侧 15～25 m 处，应加设 1 道挡物箅子门。防水闸门与箅子门之间，不得停放车辆或堆放杂物。来水时先关箅子门，后关防水闸门。如果采用双向防水闸门，应在两侧各设 1 道箅子门。

⑤ 通过防水闸门的轨道、电机车架空线、带式输送机等必须灵活易拆；通过防水闸门墙体的各种管路和安设在闸门外侧的闸阀的耐压能力，都必须与防水闸门所设计压力相一致；电缆、管道通过防水闸门墙体时，必须用堵头和阀门封堵严密，不得漏水。

⑥ 防水闸门必须安设观测水压的装置，并有放水管和放水闸阀。

⑦ 防水闸门竣工后，必须按设计要求进行验收；对新掘进巷道内建筑的防水闸门，必须进行注水耐压试验，水闸门内巷道的长度不得大于 15 m，试验的压力不得低于设计水压，其稳压时间应在 24h 以上，试压时应有专门安全措施。

⑧ 防水闸门必须灵活可靠，并保证每年进行 2 次关闭试验，其中 1 次应当在雨季前进行，关闭闸门所用的工具和零配件必须专人保管，专地点存放，不得挪用丢失。

老矿井不具备建筑水闸门的隔离条件，或深部水压大于 5 MPa，高压水闸门尚无定型设计时，可以不建水闸门，但必须制定防突水措施。

（2）防水闸墙。防水闸墙是另一种形式的堵水建筑，也分为临时性和永久性两种。临时性防水闸墙就是在有出水危险的采掘工作面备有堵水材料（如木、木垛、草袋等），一旦突水后迅速将其堵截在小范围内，这种防水闸墙只能起到临时抢险作用。永久性防水闸墙一般是在回采结束后，为永久隔绝有大量涌水可能的区段而砌筑的一种永久性关闭的挡水建筑（图 3-9）。

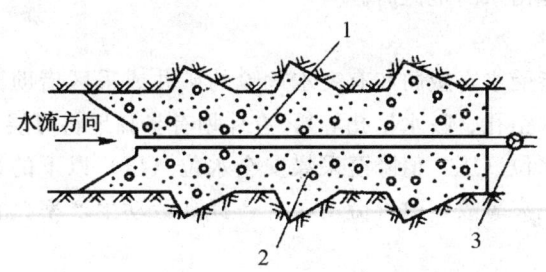

图 3-9　永久性防水闸墙示意图
1——导流管；2——混凝土闸墙；3——闸阀

（3）防水煤（岩）柱。在水体下、含水层下、承压含水层上或导水断层附近采掘时，为防止地表水和地下水涌入工作面，在可能发生突水处的外围保留最小宽度的矿柱不采，以加强岩层的强度和增加其重量阻止水突入矿井。防水煤（岩）柱按以下原则留设：

① 有突水威胁又不宜疏放的地区，采掘时必须留设防水煤（岩）柱。

② 防水煤（岩）柱留设应在安全可靠的基础上，把煤柱宽度降到最低程度以提高资源利用率。

③ 一个井田或一个水文地质单元内的防水煤（岩）柱，应在总体开采设计中确定，即开采方式和井巷布局应与各种煤柱留设相适应，避免在以后煤柱留设中造成困难。

④ 多煤层地区防水煤（岩）柱留设，必须统一考虑，以免某一煤层所留煤（岩）柱因另一煤层开采而遭破坏，致使整个防水煤（岩）柱失效。

⑤ 留设防水煤（岩）柱所需数据必须就地选取，邻区或外区数据仅供参考，若需采用时应适当加大安全系数。

3. 矿井探放水技术

生产矿井周围常存在有许多充水小窑、老窑、富水含水层以及断层。当采煤工作面接近这些水体时，可能发生地下水突然涌入矿井，造成水患事故。为了消除隐患，生产中使用探放水方法，查明采掘工作面前方的水情，并将水有控制地放出，以保证采掘工作面安全生产。但在很多情况下，由于受勘探手段和客观认识能力的限制，对地下含水条件掌握不够清楚，不能确保没有水害威胁，这就需要推断出可能产生水害的疑问区，并采取措施。为了预防水害事故，当巷道距含水体一定距离或在疑问区内掘进时，必须坚持超前钻探，探明情况或将水放出，消除威胁后再掘进，保证矿井安全生产。为此，《煤矿安全规程》规定，矿井必须做好水害分析预报，坚持"有疑必探，先探后掘"的探放水原则。实践证明，"有疑必探，先探后掘"的原则是防止煤矿井下水害事故的基本保证。在水害威胁的地区进行采掘工作，都应坚持这一原则，绝不可疏忽大意，更不能有侥幸心理，置水害情况于不顾，一味蛮干。采掘工作面遇到下列情况之一时必须探水：

（1）接近水淹或可能积水的井巷、老窑或相邻煤矿时。
（2）接近含水层、导水断层、溶洞和导水陷落柱时。
（3）打开隔离煤柱放水时。
（4）接近可能与河流、湖泊、水库、蓄水池、水井等相通的断层破碎带时。
（5）接近有出水可能的钻孔时。
（6）接近有水的灌浆区时。
（7）接近其他有可能出水的地区时。

4. 矿井疏放降压技术

所谓疏放降压，是指受水害威胁和有突水危险的矿井或采区借助于专门的疏水工程（疏水石门、疏水巷道、放水钻孔、吸水钻孔等），有计划有步骤地将煤层上覆或下伏强含水层中地下水进行疏放，使其水位（压）值降至采煤安全水位（压）以下的过程。其目的是预防地下水突然涌入矿井，避免灾事故，改善劳动条件，提高劳动生产率。它是煤矿防治水的一种重要措施。

矿井疏放可分为疏放勘探、试验疏放和经常疏放三个程序，应与矿井的开采工作密切配合。

5. 矿井注浆堵水技术

当涌水量很大，仅仅依靠排水已不可能或不经济时，采用注浆堵截水源通道，然后再进行排水。注浆堵水技术的适用条件如下：

（1）当老窑或被淹井巷的积水与强大水源有密切联系时，可先注浆堵截水源，然后排干积水。如山东肥城国庄矿、河南焦作演马庄矿等，都是先堵截水源而后排干积水恢复生产的。

（2）当井巷工程必须穿过一个或几个强含水层或充水断层，若不堵截水源，将给矿井生产和建设带来很大困难和危害，甚至无法施工，我国许多矿井穿过强含水层时，都采用注浆这一方法。

（3）当井筒或工作面发生严重淋水，为了加固井壁、改善劳动条件、减少排水费用，可以采取注浆措施。如鹤壁鹿楼矿主、副井，新汶协庄矿主、副井，采取注浆措施后，取得了良好的效果。

（4）某些涌水量特大的矿井，为了减少矿井涌水量，降低常年排水费用，亦可采用注浆堵截水源。

6. 采掘工作面透水事故的处理方法

透水事故的大小、类型各异，但应对和处理原则、措施则基本相同：

（1）迅速判断突水的地点、性质、水量、影响范围、突水水源。

（2）迅速判断灾区范围内的基本情况，如人员分布情况、进出地点的可能通道、有生存条件的地点等，以便迅速组织抢救。

第六节 矿井热害防治

矿内高温、高湿环境严重影响井下作业人员的身体健康和生产效率，已形成了煤矿面对的一类新的灾害——热害。热害已逐渐成为与瓦斯、煤尘、顶板、火、水一样需要认真处理的煤矿井下自然灾害之一。

一、矿井热源

矿井主要热源大致分为以下几类：

1. 地表大气

井下的风流是从地表流入的，因而地表大气温度、湿度与气压的日变化和季节性变化势必影响到井下。

地表大气温度在一昼夜内的波动称为气温的日变化，它是由地球每天接受太阳辐射热量和散发的热量变化造成的。虽然地表大气温度的日变化幅度很大，但当它流入井下时，井巷围岩将产生吸热或散热作用，使风温和巷壁温度达到平衡，井下空气温度变化的幅度也逐渐地衰减。因此，在采掘工作面上，基本上察觉不到风温的日变化情况。当地表大气温度发生持续数日的变化时，这种变化才能在采掘工作面上察觉到。

地表大气的温、湿度的季节性变化对井下气候的影响要比日变化大得多。研究表明，在给定风量的条件下，无论是日变化还是季节性变化，气候参量的变化率均与其流经的井巷距离成正比，与井巷的截面积成反比。

地面空气温度直接影响矿内空气温度，尤其对于浅井，影响就更为显著。地面空气温度发生着年变化、季节变化和昼夜变化。

地面气温周期性变化，使矿井进风路线上的气温也相应地周期性变化，井下气温的变化要稍微滞后于地面气温的变化。

2. 流体自压缩（或膨胀）

严格来说，流体的自压缩并不是一个热源，它是空气在重力作用下位能转换为焓时出现的温度升高现象。由于在矿井的通风与空调中，流体的自压缩温升对井下风流的参量具有较大影响。

矿井深度的变化，使空气受到的压力状态也随之而改变。当风流沿井巷向下（或向上）流动时，空气的压力值增大（或减小）。空气的压缩（或膨胀）会放热（或吸热），从而使风流温度升高（或降低）。

3. 围岩散热

当流经井巷的风流温度不同于岩温时，就要产生换热，即使是在不太深的矿井里，岩温往往也比风温高，因而热流一般是从围岩传给风流。在深井里，这种热流是很大的，甚至超过其他热源的热流量之和。

围岩向井巷表面传热的途径有两个：一是通过热传导自岩体深处向井巷表面传热；二是经裂隙水将热量带到井巷。井下未被扰动的岩石的温度（原岩温度）随着距地表的距离加大而上升，原岩温度的具体数值取决于地温梯度与埋藏深度。在大多数情况下，围岩主要以传导方式将热传给巷壁。

在井下，井巷围岩里的热传导是非稳态过程，即使是在井巷壁面温度保持不变的情况下，由于岩体本身就是热源，所以自围岩深处向外传导的热量值也随时间而变化。随着时间的推移，被冷却的岩体逐渐扩大，因而需要从围岩的更深处将热量传递出来。

4. 运输中煤炭及矸石的散热

运输中的煤炭以及矸石的散热量，实质上是围岩散热的另一种表现形式，其中以在连续式输送机上的煤炭的散热量最大，致使其周围风流的温度上升。

实测表明，在高产工作面的长距离运输巷道里，煤岩散热量可达 230 kW 或更高一些。

另外，由于洒水抑尘，致使输送机上的煤炭及矸石总是潮湿的，所以其显热交换同时伴随着潜热交换。大型现代化采区的测试表明，风流的显热增量仅为风流的总得热量的 15%～20%，而由于风流中水蒸气含量增大引起的潜热交换量约占风流的总得热量的 80%～90%，即运输煤炭及矸石所散发出来的热量中，煤炭及矸石中的水分蒸发散热量在风流总得热量中的比重很大。

5. 机电设备散热

随着机械化程度的提高，煤矿中采掘工作面机械的装机容量急剧增大。机电设备所消耗的能量除了部分用以做有用功外，其余全部转换为热能并散发到周围的介质中去。回采机械的放热是工作面气候恶化的主要原因之一，能使风流温度上升 5～6 ℃。

6. 自燃氧化物散热

煤炭的氧化放热是一个相当复杂的问题，很难将煤矿井下氧化放热量同井巷围岩的散热量区分开来。实测表明，在正常情况下，一个采煤工作面的煤炭氧化放热量很少能超过 30 kW，所以不会对采面的气候条件产生显著的影响。但是当煤层或其顶板中含有大量的硫化铁时，其氧化放热量可能达到相当可观的程度。

7. 热水

对于大量涌水的矿井，涌水可能使井下气候条件变得异常恶劣，我国湖南的 711 铀矿和江苏的韦岗铁矿就曾因井下涌出大量热水，迫使采矿作业无法安全、持续地进行，经采用超前疏干后，生产才得以恢复。因而在有热水涌出的矿井里，应根据具体的情况，采取超前疏干、阻堵、疏导等措施，或者使用加盖板水沟排出，杜绝热水在井巷里漫流。

在一般情况下，涌水的水温是比较稳定的，在岩溶地区，涌水的温度一般同该地区初始岩温相差不大。如在广西合山里兰煤矿，其顶、底板均为石灰岩，煤层顶板的涌水量较当地初始岩温低 1～2 ℃；底板涌水温度约较当地初始岩温高 1～2 ℃。如果涌水是来自或流经地质异常地带的话，水温可能升高，甚至可达 80～90 ℃。

8. 人员放热

井下工作人员的放热量主要取决于他们所从事工作的繁重程度以及持续工作的时间。一般煤矿工作人员的能量代谢产生热量为：休息时每人的散热量为 90~115 W；轻度体力劳动时每人的散热量为 250 W；中等体力劳动时每人的散热量为 275 W；繁重体力劳动时（短时间内）每人的散热量为 470 W。

二、矿井热害防治技术措施

（一）通风降温

1. 合理的通风系统

按照矿井地质条件、开拓方式等选择进风风路最短的通风系统，可以减少风流沿途吸热，降低风流温升。在一般情况下，对角式通风系统的降温效果要比中央式好。

2. 改善通风条件

增加风量，提高风速，可以使巷道壁对空气的对流散热量增加，风流带走的热量随之增加，而单位体积的空气吸收的热量随之减少，使气温下降。与此同时，巷道围岩的冷却圈形成的速度又得到加快，有利于气温缓慢升高。适当加大工作面的风速，还有利于人体对流散热。

在可能的条件下，可以采用采煤工作面下行风流，使工作面运煤方向和风流方向相同和缩短工作面的进风路线等措施。实践证明，采用这些措施，有利于降低工作面的气温。

另外，采煤工作面的通风方式也影响气温。在相同的地质条件下，由于 W 型通风方式比 U 型和 Y 型能增加工作面的风量，所降温效果较好。

3. 调热巷道通风

利用调热巷道通风一般有两种方式：一种是在冬季将低于摄氏零度的空气由专用进风道通过浅水平巷道调热后再进入正式进风系统。在专用风道中应尽量使巷道围岩形成强冷却圈，若断面许可还可洒水结冰，储存冷量。当风温向零度回升时，即予关闭，待到夏季再启用。淮南九龙岗矿曾利用 −240 m 水平的旧巷作为调热巷道，冬季储冷，春季封闭，夏季使用，总进风量的一部分被冷却，使 −540 m 水平井底车场降温 2 ℃。另外一种方式是利用开在恒温带里的浅风巷作调温巷道。

4. 其他通风降温措施

采用下行风对于降低采煤工作面的气温有比较明显的作用。

对于发热量较大的机电硐室，应有独立的回风路线，以便把机电设备所产生热量直接导入采区的回风流中。

在局部地点使用水力引射器或压缩空气引射器，或使用小型局部通风机，以增加该点风速也可起降温的作用。向风流喷洒低于空气湿球温度的冷水也可降低气温，且水温越低效果越好。

（二）矿内冰冷降温

矿井降温系统一般分为冰冷降温系统和空调制冷降温系统，其中，空调制冷降温系统为水冷却系统。所谓冰冷降温系统，就是利用地面制冰厂制取的粒状冰或泥状冰，通过风力或水力输送至井下的融冰装置，在融冰装置内，冰与井下空调回水直接换热，使空调回水的温度降低。20 世纪 80 年代中后期，在南非的一些金矿开始采用冰冷系统进行井下降温。例如，

1985年，南非东兰德矿山控股公司在梅里普鲁特一号井建成了冰冷系统，冷却功率为29 MW。冰冷降温对深井降温效果明显。

（三）矿内空调的应用

目前国内外常见的冷冻水供冷、空冷器冷却风流的矿井集中空调系统的基本结构模式如图3-10所示。

如图3-10所示，矿井集中空调系统是由制冷、输冷、传冷和排热四个环节所组成。由这四个环节的不同组合，便构成了不同的矿井空调系统。这种矿井空调系统，若按制冷站所处的位置不同来分，可以分为以下三种基本类型：

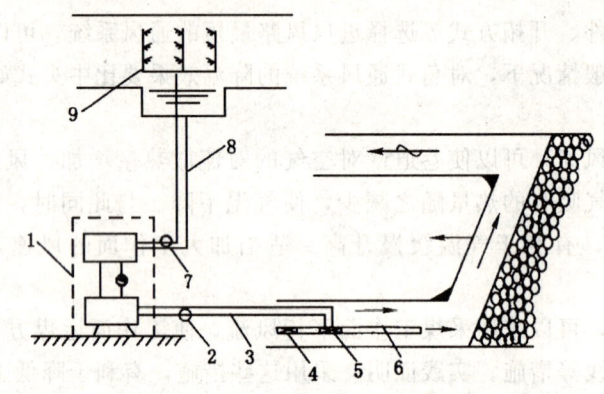

图3-10 矿井空调系统结构模式
1——冷站；2——冷水泵；3——冷水管；4——局部通风机；5——空冷器；
6——风筒；7——冷却水泵；8——冷却水管；9——冷却塔

1. 地面集中式空调系统

地面集中式空调系统将制冷站设置在地面，冷凝热也在地面排放，而在井下设置高低压换热器将一次高压冷冻水转换成二次低压冷冻水，最后在用风地点上用空冷器冷却风流。

这种空调系统还可有另外两种形式：一种是集中冷却矿井总进风，在用风地点上空调效果不好，而且经济性较差；另一种是在用风地点上采用高压空冷器，这种形式安全性较差。实际上后两种形式在深井中都不可采用。

地面集中式空调系统的优点是：

（1）厂房施工、设备安装、维护、管理方便；
（2）可用一般型制冷设备，安全可靠；
（3）冷凝热排放方便；
（4）冷量便于调节；
（5）无需在井下开凿大断面硐室；
（6）冬季可用天然冷源。

地面集中式空调系统的缺点是：

（1）高压载冷剂处理困难；
（2）供冷管道长，冷损大；
（3）需在井筒中安装大直径管道；
（4）空调系统复杂。

2. 井下集中式空调系统

井下集中式空调系统如按冷凝热排放地点分又可分为以下两种不同的布置形式：

（1）制冷站设置在井下，并利用井下回风流排热。这种布置形式优点是：系统比较简单，冷量调节方便，供冷管道短，无高压冷水系统；缺点是：由于井下回风量有限，当矿井需冷量较大时，井下有限的回风量就无法将制冷机排出的冷凝热全部带走，致使冷凝热排放困难，冷凝温度上升，制冷机效率降低，制约了矿井制冷能力的提高。由上述优缺点可知，这种布置形式只适用于需冷量不太大的矿井。

（2）制冷站设在井下，冷凝热在地面排放。这种布置形式虽可提高冷凝热的排放能力，但需在冷却水系统增设一个高低压换热器，系统比较复杂。

井下集中式空调系统的优点是：

（1）供冷管道短、冷损少；
（2）无高压冷水系统；
（3）可利用矿井水或回风流排热；
（4）供冷系统简单，冷量调节方便。

井下集中式空调系统缺点是：

（1）井下要开凿大断面的硐室；
（2）对制冷设备要求严格；
（3）设备安装、管理和维护不方便。

3. 井上、下联合式空调系统

这种布置形式是在地面和井下同时设置制冷站，冷凝热在地面集中排放。它实际上相当于两级制冷，井下制冷机的冷凝热借助于地面制冷机冷水系统冷却。

联合空调系统的优点是：

（1）可提高一次载冷剂回水温度，减少冷损；
（2）可利用一次载冷剂将井下制冷机的冷凝热带到地面排放。

联合空调系统的缺点是：

（1）系统复杂；
（2）设备分散，不便管理。

根据上述三种集中式矿井空调系统优缺点，设计时究竟采用何种形式应根据矿井的具体条件而定。

此外，对不具备建立集中式空调系统条件的矿井，在个别热害严重的地点也可采用局部移动式空调机组。我国安徽淮南、浙江长广、江苏徐州、山东新汶等矿区都先后在掘进工作面使用过局部空调机组。但若在矿井较大范围内使用，显然在技术和经济上都不合理。

※国家题库中与本章相关的试题

一、判断题

1. 煤层是一种沉积岩。　　　　　　　　　　　　　　　　　　　　　　　（　　）
2. 岩层两个层面间更细微的成层现象称为层理。　　　　　　　　　　　　（　　）
3. 层面结构可以反映沉积岩的沉积环境。　　　　　　　　　　　　　　　（　　）
4. 石灰岩容易被水溶解形成溶洞。　　　　　　　　　　　　　　　　　　（　　）

5. 煤层厚度是指煤层顶、底板之间的垂直距离。（   ）
6. 厚度在 3 m 以上的煤层称为厚煤层。（   ）
7. 倾角大于 45°的煤层称为急倾斜煤层。（   ）
8. 裂隙是断裂面两侧岩层（岩石）没有发生明显位移的断裂构造。（   ）
9. 褶曲轴部或转折端通常变形强烈，煤岩层破碎、裂隙发育、强度降低，是安全隐患的重点部位。
（   ）
10. 向斜轴部附近肯定不会发生冒顶事故。（   ）
11. 单斜构造往往是其他构造的一部分，或是褶曲的一翼，或是断层的一盘。（   ）
12. 陷落柱对煤矿安全生产不会造成影响。（   ）
13. 在褶曲构造中，大的褶曲构造只是使煤层倾角发生变化，对工作面顶板压力的影响不是很明显。
（   ）
14. 在褶曲构造中，向斜轴部的残存应力要比背斜轴部的大，因此，有瓦斯突出的矿井，向斜轴部是瓦斯突出的危险区。（   ）
15. 煤层底板等高线的延伸方向就是煤层的走向。（   ）
16. 通过采掘工程平面图可以了解各项采掘工程的进度、位置等，并可依此进行施工设计、指挥生产、确定开采顺序、实现采掘平衡。（   ）
17. 储量一定，井型越大，服务年限越长。（   ）
18. 井型不是矿井实际生产能力。（   ）
19. 底板等高线由里向外标高降低的为构造盆地。（   ）
20. 采掘工程平面图中可以不注明硐室名称。（   ）
21. 煤层底板等高线发生变化，表明煤层构造发生变化。（   ）
22. 上盘相对上升，下盘相对下降的断层称为正断层。（   ）
23. 断层走向与岩层走向一致或近于一致的称为走向断层。（   ）
24. 褶曲是组成褶皱的基本单位。（   ）
25. 构造变动强烈的急倾斜煤岩层，内部结构往往破碎，整体强度较低，岩体侧压大于垂直压力，工作面易出现坍塌滑移，片帮冒顶，稳定性较差。（   ）
26. 直接顶是位于伪顶或煤层之上的岩层，常随着回撤支架而垮落。（   ）
27. 所有的煤层都有伪顶。（   ）
28. 采煤工作面与顶板主要裂隙面互相平行时，工作面不易垮落。（   ）
29. 一般采煤工作面应与主要裂隙的走向成 20°～40°的夹角，以便减少片帮事故。（   ）
30. 当煤层底板松软时，采煤工作面的单体液压支柱应戴帽支设。（   ）
31. 煤层底板的稳定性对支架底座的结构影响很大。（   ）
32. 支架梁扭矩的检查方法是在检查点前五架支架梁水平面上，测量后一架支架梁的中线点至前一架支架梁两端的距离，求其差值。（   ）
33. 井下采掘工作破坏了原岩应力的平衡状态，会引起岩体内部应力重新分布。（   ）
34. 矿压显现是矿山压力作用的结果。（   ）
35. 采煤工作面单体液压支柱要全部编号管理，牌号清晰，不缺梁、少柱。（   ）
36. 矿压显现只存在于围岩中。（   ）
37. 巷道两侧所形成的支承应力不一定比原岩应力高。（   ）
38. 巷道两侧边缘始终承受最大的支承应力。（   ）
39. 巷道围岩的稳定性越好，承受的支承应力越小。（   ）
40. 由于支架具有一定的工作阻力，因而可以阻止巷道两侧支承应力最高点内移。（   ）
41. 在岩体内开掘巷道后，巷道围岩的应力进行重新分布，其变形、移动和破坏可能是多次重复的。
（   ）

42. 采区巷道在无采掘影响阶段，围岩的移动是由于流变引起的。（　　）
43. 综采工作面液压支架顶梁与顶板要平行支设，其最大仰角应小于10°。（　　）
44. 当顶板松软破碎时，放顶距应适当加大。（　　）
45. 金属支柱钻底时，需要使用拔柱器等回柱机械处理。（　　）
46. 煤柱支撑法适用于极坚硬顶板。（　　）
47. 巷道维护须从提高围岩强度和控制围岩应力两方面采取措施。（　　）
48. 锚杆支护属于被动支护。（　　）
49. 采区巷道二次采动影响的剧烈程度和影响范围比一次采动影响稍大。（　　）
50. 巷道顶、底板移近量就是顶板下沉量。（　　）
51. 《煤矿安全质量标准化标准》规定，采煤工作面机道内顶梁水平楔数量要齐全（每梁一个），用小链与梁连挂。有冲击地压工作面应选用防飞水平楔。（　　）
52. 围岩是巷道支架受力的施载物体，是巷道支护的对象，不具有承载功能。（　　）
53. 《煤矿安全规程》第四十四条规定软岩使用锚杆支护时，必须全长锚固。（　　）
54. 侧压大时，支架的岔脚应该小些。（　　）
55. 巷道坡度越大，支架的迎山角应当越大。（　　）
56. 锚杆全长锚固时，锚固力在锚杆中部最大，孔口最小。（　　）
57. 背板的作用是使矿压能均匀地分布到顶梁和柱腿上。（　　）
58. 巷道顶板管理应尽可能缩短工作面空顶时间和临时支护的长度。（　　）
59. 巷道联合支护类型和参数主要依据围岩的稳定等级、巷道跨度、工程性质和服务年限等因素来确定。（　　）
60. 《煤矿安全质量标准化标准》规定，采煤工作面支柱要迎山有力，不得出现连续3根以上支柱迎山角或退山过大。（　　）
61. 《煤矿安全规程》第四十二条规定，砌碹支护时，碹体与顶帮之间必须使用不燃物充满填实。（　　）
62. 锚杆支护是与围岩共同作用，达到巷道支护目的的。（　　）
63. 巷道支护时应尽量做到支架与围岩共同承载。（　　）
64. 影响巷道顶板管理的主要工序是破岩和支护两道工序。（　　）
65. 新掘巷道开口地点应选择在顶板稳定、支护完好的地点。（　　）
66. 巷道掘进过断层、裂隙构造带等破碎地带时，需采用超前支护的办法管理顶板。（　　）
67. 支承应力是由于进行地下采掘活动而引起的。（　　）
68. 《煤矿安全质量标准化标准》规定，综采工作面要有切眼安装和撤面的顶板管理措施。（　　）
69. 开采深度越大，巷道围岩所承受的压力越大。（　　）
70. 锚杆支护要定期做拉拔（拉力）试验，发现锚固力小于规定的要采取补打锚杆或架棚子等措施。（　　）
71. 《煤矿安全规程》第四十四条规定在井下做锚杆锚固力试验时，必须有安全措施。（　　）
72. 喷浆作业时，作业地点附近要停止其他作业。（　　）
73. 《煤矿安全质量标准化标准》规定，预应力锚索外露长度的允许偏差为≤350 mm。（　　）
74. 《煤矿安全质量标准化标准》规定，架棚支护巷道必须使用拉杆或撑木，炮掘工作面距迎头10 m内必须采取加固措施。（　　）
75. 伪顶是直接位于煤层之上、极易垮落的较薄岩层。（　　）
76. 上覆岩层在运动过程中，对支架、围岩所产生的作用力，称为矿山压力。（　　）
77. 采煤工作面向前推进时，在工作面前方形成了前支承压力，它随工作面推进而不断推移，最大值发生在工作面中部前方，峰值可达原岩应力的2～4倍。（　　）

78. 煤层顶板暴露的面积越大，煤层顶板压力越大。（　　）
79. 煤层顶板悬露时间越长，煤层顶板压力越小。（　　）
80. 巷道越宽，煤层顶板压力越大。（　　）
81. 煤层顶板越松软、破碎，煤层顶板压力越小。（　　）
82. 采用水平分层垮落法回采时，上一分层的采煤工作面超前下一分层采煤工作面的距离，应在作业规程中规定。（　　）
83. 更换巷道支护时，在拆除原有支护前，应先加固临近支护。（　　）
84. 片帮煤增多，煤质变软，说明有冒顶危险。（　　）
85. 在坚硬和稳定的煤、岩层中，确定巷道不设支护时，必须制定安全措施。（　　）
86. 采煤工作面碰倒或损坏、失效的支柱，必须立即恢复或更换。（　　）
87. 采用人工假顶分层垮落法开采的采煤工作面，确认垮落的顶板岩石能够胶结形成再生顶板时，需要铺设人工假顶。（　　）
88. 采用掩护支架开采急倾斜煤层时，生产中遇有断梁、支架悬空、窜矸等情况时，必须及时处理。（　　）
89. 用水砂充填法控制顶板时，采空区和三角点必须充填满。（　　）
90. 采用综合机械化采煤时，液压支架必须接顶。顶板破碎时，必须超前支护。（　　）
91. 采用人工假顶分层垮落法开采的采煤工作面，人工假顶必须铺设好，搭接严密。（　　）
92. 预防周期来压造成的事故，主要是准确地判断周期来压的预兆，及时采取加强顶板支护的措施。（　　）
93. 用带状充填法控制顶板时，必须在垒砌石垛带之前清扫底板上的浮煤，石砌带必须砌接到顶。（　　）
94. 巷道围岩中含水较大时，将会加剧巷道的变形和破坏。（　　）
95. 《煤矿安全质量标准化标准》规定，用全部垮落法管理顶板的工作面，采空区冒落高度普遍小于1.5倍采高。（　　）
96. 坚硬难冒顶板采煤工作面初次来压步距一般大于30 m。（　　）
97. 采煤工作面支架的支撑力应能平衡垮落带直接顶及基本顶岩层的重量。（　　）
98. 地下煤层开采以后，围岩的原始应力状态没有受到破坏。（　　）
99. 普采工作面遇到平行于工作面的断层时，在断层范围内要及时加强工作面支护，不得采用正常办法回柱。（　　）
100. 采煤工作面支架的可缩量应能满足裂隙带基本顶下沉的要求。（　　）
101. 采煤工作面初次放顶及收尾时，顶板比较稳定的可不必制定安全措施。（　　）
102. 许多岩石具有流变性，即使巷道处于不变的静载荷作用下，随时间增长变形也会缓慢地增加。（　　）
103. 采煤工作面过褶曲时需事先挑顶或卧底，使采煤工作面底板起伏变化平缓。（　　）
104. 压垮型冒顶是指工作面支护强度不足和顶板来压引起支架大量压坏而造成的冒顶事故。（　　）
105. 正悬臂支架主要是为了支护采空区侧顶板。（　　）
106. 在采煤工作面前方煤岩体内形成的支承压力为固定支承压力。（　　）
107. 倒悬臂支架主要是为了支护采煤机机道上方顶板。（　　）
108. 随采煤工作面的推进，在采空区两侧形成的支承压力为移动支承压力。（　　）
109. 由坚硬岩层组成的顶板，顶板的初次垮落步距较小。（　　）
110. 通常采高大的工作面比采高小的工作面矿压显现明显。（　　）
111. 采煤工作面后方采空区的压实区属于稳压区。（　　）
112. 液压支架过旧巷时，可利用其前探梁托住旧巷支架的梁端，再逐步拉架前移。（　　）

113. 钻爆法掘进的岩石巷道，采用锚杆、锚喷等支护形式时，必须采用光面爆破。（   ）
114. 放顶线上的支柱受力是均匀的。（   ）
115. 在周期来压期间，老顶的作用力是通过直接顶作用到支架上的。（   ）
116. 采高是影响上覆岩层破坏状况的最重要因素之一。（   ）
117. 综采工作面的局部冒顶，主要是发生在靠近煤壁附近的漏冒型冒顶。（   ）
118. 初次来压步距比周期来压步距小。（   ）
119. 掘进头遇断层褶曲等地质构造破坏带或层理裂隙发育的岩层时，棚子与工作面应保持适当距离。（   ）
120. 煤巷锚杆支护巷道一侧超宽大于0.4 m时，必须补打锚杆。（   ）
121. 《煤矿安全规程》第五十条规定，采煤工作面安全出口处必须设专人维护。（   ）
122. 《煤矿安全质量标准化标准》规定，机采工作面挂梁不得落后机组10 m，梁端要接顶，不得在无柱悬臂梁再挂悬臂梁。（   ）
123. 交岔点锚喷支护时，使用加长或全长锚固式锚杆，是预防冒顶事故的措施。（   ）
124. 采用全锚支护的采区巷道交岔点处应缩小锚杆间距，并使用小孔径锚索补强。（   ）
125. Ⅱ型梁是普采工作面支护设备的一种非铰接式顶梁。（   ）
126. 《煤矿井巷工程质量检验评定标准》规定施工组织设计或作业规程（含施工技术措施）中必须提出明确的工程质量要求和相应的保证措施。（   ）
127. 凡能独立发挥能力，具有独立施工条件的工程即为一个单位工程。（   ）
128. 《煤矿井巷工程质量检验评定标准》规定分项工程经返工重做的可重新评定质量等级。（   ）
129. 作为运料、出矸、升降人员等用途的井硐称为主井。（   ）
130. 立井梯子间中的梯子角度不得大于80°。（   ）
131. 分项工程质量应在班组自检的基础上，由施工负责人（区、队长）组织有关人员检验评定，质量检查员核定。（   ）
132. 施工和检验人员应使用同一精度等级的测量器具和检测仪表。（   ）
133. 分区式布置多用走向长壁采煤法开采。（   ）
134. 分带式布置用倾斜长壁采煤法开采。（   ）
135. 裸体井巷工程中，基岩掘进为指定的分项工程。（   ）
136. 采区是一个独立的生产系统。（   ）
137. 盘区式巷道布置应用于近水平煤层的开采。（   ）
138. 上下两个分层保持一定错距同时开采时，称为"分层同采"。（   ）
139. 内错式布置厚煤层各分层平巷，下分层工作面长度增大。（   ）
140. 采煤工作面两巷应无积水、浮渣、杂物；材料设备要码放整齐，并有标志牌。（   ）
141. 外错式布置厚煤层各分层平巷，下分层工作面长度增大。（   ）
142. 《煤矿安全质量标准化标准》规定，分层工作面必须把分层煤厚和铺网情况及假顶上冒落大块岩石（>2.0 m³）记载在（1:500）图上。（   ）
143. 掘进巷道在揭露老空前，必须制定探查老空的安全措施。（   ）
144. 使用耙装机作业时必须照明。（   ）
145. 煤层大巷按中线掘进，则巷道拐弯多。（   ）
146. 道岔的型号可与基本轨的型号不同。（   ）
147. 巷道施工方法的选择与巷道所在的围岩性质有关。（   ）
148. 在破碎岩石中钻眼应选用一字形钎头。（   ）
149. 隐蔽工程质量检验评定，只以建设（含监理）单位签字的（矿务局、矿）的工程质量检查记录为依据。（   ）

150. 遇有软岩或破碎带的喷射混凝土支护，应将因掘进超挖所做的补充作业规程规定的扩大净断面尺寸作为设计尺寸来检验评定。（　　）

151. 设有井底车场和贯穿整个井田走向的阶段运输大巷所在的水平称为开采水平。（　　）

152. 一个开采水平只能负责开采一个阶段。（　　）

153. 平行作业时，砌碹地点扩帮挑顶或巷道复喷时，掘进人员应撤到安全地点。（　　）

154. 当上山倾角大于25°时，可用搪瓷溜槽运煤。（　　）

155. 掘进机掘进过断层时，应根据预见断层位置及性质，提前一定距离调整坡度。（　　）

156. 永久硐室可以布置在弱冲击地压煤层中。（　　）

157. 防治冲击地压的措施中，必须规定发生冲击地压时的撤人路线。（　　）

158. 在采煤工作面行走的人员，可以直接跨越输送机。（　　）

159. 我国开采薄煤层、中厚煤层和大部分厚煤层，通常采用缓慢下沉法管理顶板。（　　）

160.《煤矿安全质量标准化标准》规定，采煤工作面输送机机头、机尾要有压（戗）柱。（　　）

161. 采煤工作面的推进方式一般采用前进式。（　　）

162. 从巷道掘进、维护等方面的技术经济效果分析，采区开采顺序多用前进式。（　　）

163. 普通机械化采煤工艺属于旱采。（　　）

164. 在我国旱采主要采用壁式、柱式体系进行采煤。（　　）

165. 采煤方法的选择必须符合安全、经济、煤炭回收率高的基本原则。（　　）

166. 月产量超过计划10%的属于煤矿安全重大隐患。（　　）

167. 矿井全年产量超过矿井核定生产能力的属于煤矿安全生产重大隐患。（　　）

168. 走向长壁的采煤工作面沿走向布置。（　　）

169. 走向长壁的采煤工作面沿走向推进。（　　）

170. 倾斜长壁的采煤工作面沿倾斜方向布置。（　　）

171. 倾斜长壁的采煤工作面沿倾斜方向推进。（　　）

172. 倾斜长壁的采煤法适用于倾角在12°以下的煤层。（　　）

173. 倾斜长壁采煤工作面，当顶板淋水较大时，宜采用仰斜推进。（　　）

174. 倾斜长壁采煤工作面，当瓦斯涌出量较大时，宜采用俯斜推进。（　　）

175. 倾斜长壁采煤法巷道布置主要特点是取消了上（下）山，简化了井下的巷道系统。（　　）

176. 煤矿实际入井人数超过规定人数的属于煤矿安全生产重大隐患。（　　）

177. 开采煤层群时，各煤层的开采顺序只能用下行式开采。（　　）

178.《煤矿安全规程》规定，一个采区内同一煤层不得布置5个（含5个）以上掘进工作面同时作业。（　　）

179.《煤矿安全规程》规定，开采三角煤、残留煤柱，不能保持2个安全出口时，必须制定安全措施，报企业负责人审批。（　　）

180. 采区内不得遗留未经设计规定的煤柱。（　　）

181. 巷道的开掘与支护都要为保持与改善围岩的自持能力服务。（　　）

182.《煤矿安全规程》规定，采掘过程中，严禁任意缩小设计规定的煤柱，但可任意扩大设计规定的煤柱。（　　）

183.《煤矿安全规程》规定，采煤工作面情况发生变化时，必须及时修改作业规程或补充安全措施。（　　）

184. 炮采工艺工序为：爆破落煤、人工装煤、刮板输送机运煤。（　　）

185. 厚煤层分层开采，当煤层顶板压力较大时，为防止冒顶尽量选用内错式布置。（　　）

186. 在采煤工作面内，按照一定顺序完成各项工序的方法及其配合，称为采煤工艺。（　　）

187. 壁式体系采煤法的特点之一是：采煤工作面长度较长，通常在80～250 m。（　　）

第三章　煤矿开采安全管理 | 173

188. 柱式体系采煤法以短工作面采煤为主要标志。（　）
189. 放顶煤采煤法的区段平巷一般沿着煤层底板掘进。（　）
190. 在有煤与瓦斯突出危险的煤层中，可以用放顶煤采煤法。（　）
191. 放顶煤采煤法中的顶煤是利用爆破落下来的。（　）
192. 开采急倾斜煤层时，必须采用相应的防止滑落煤块冲倒支架、砸伤人员的安全措施。（　）
193. 柱式体系采煤法的主要特点是：采煤工作面长度短，一般为10～30 m，但工作面数目多。（　）
194. 立井—斜井综合开拓是使用广泛的一种综合开拓方式。（　）
195. 综合开拓能够充分利用不同井硐形式的优势，按照实际情况对井硐形式进行最佳组合。（　）
196. 一个水平可以只开采上山阶段，也可以开采上、下山阶段。（　）
197. 开采水平的数目取决于阶段数目和是否采用下山开采。（　）
198. 阶段大巷包括阶段运输大巷和回风大巷。（　）
199. 一套上山为几个煤层服务的采区，称为联合布置采区。（　）
200. 条带式布置的采煤工作面可以按单工作面布置，也可以按成对的对拉工作面布置。（　）
201. 采区生产能力是采区内采煤工作面和掘进工作面产量之和。（　）
202. 煤矿在正常生产中突然发生的涌水现象称为矿井突水。（　）
203. 采掘工作面接近相邻矿井，预测前方无水的情况下，可不进行探水。（　）
204. 矿井防治水最重要的一个环节，就是防治地表水或大气降水的渗透补给。（　）
205. 井下出现水叫声，说明采掘工作面距积水区已很近，必须立即发出警报。（　）
206. 钻孔放水前，必须估计积水量，根据矿井排水能力和水仓容量，控制放水流量。（　）
207. 煤矿井下受水害威胁的地区，必须坚持"预测预报，有疑必探，先探后掘，先治后采"这一原则。（　）
208. 煤层顶板直接充水含水层包括煤层直接顶板和各煤层采动诱发的综合导水裂隙带范围内所有的含水层。（　）
209. 探放老空水前，首先要分析查明老空水体的空间位置、积水量和水压。（　）
210. 矿井水的形成一般是由于巷道揭露和采空区塌陷而波及到水源所致。（　）
211. 安装钻机探水前，必须加强钻场附近的巷道支护，并在工作面迎头打好坚固的立柱和拦板。（　）
212. 安装钻机探水前，测量和防探水人员必须亲临现场，依据设计，确定主要探水孔的位置、方位、角度、深度以及钻孔数目。（　）
213. 煤系底部有强承压含水层并有突水危险的工作面，在开采前，必须编制探放水设计，明确安全措施。（　）
214. 井筒开凿到底后，井底附近必须设置具有一定能力的临时排水设施，保证临时变电所、临时水仓形成之前的施工安全。（　）
215. 井口附近或塌陷区内外的地表水体可能溃入井下时，采取措施后，可以开采煤层露头的防水煤柱。（　）
216. 带压开采主要是针对底板存在较强承压充水含水层的煤层。（　）
217. 位于矿区或矿区附近的地表水体，往往可以成为矿井充水的重要水源。（　）
218. 在降水量大的地区，矿井充水往往较弱。（　）
219. 地面防治水是煤矿防治水的第一道防线。（　）
220. 井口和工业广场内建筑物的高程必须高于当地历年的最高洪水水位。（　）
221. 井下防水闸门不必采用定型设计。（　）
222. 煤矿企业每年雨季前必须对防治水工作进行抽查。（　）
223. 有地热问题的矿井，地下水温高，当采掘工作面接近积水区时，煤壁的温度和空气的温度反而升高。（　）

224. 矿井水文地质工作是矿井防治水的基础工作。（　　）
225. 井田范围内的河流、沟渠等地表水，不会造成煤矿井下水害。（　　）
226. 透水预兆中，顶板"挂汗"多呈尖形水珠，有"承压欲滴"之势。（　　）
227. 井巷出水点的位置及其水量，不必绘在采掘工程平面图上。（　　）
228. 由于积水的渗透，煤层会变得发潮、发暗、无光泽，如果剥去一层煤层没有发潮现象，则是透水预兆。（　　）
229. 采掘工作面需要打开隔离煤柱放水时，制定安全措施后，不必确定探水线进行探水。（　　）
230. 矿井最大涌水量和正常涌水量相差特大的矿井，对排水能力、水仓容量不必编制专门设计。（　　）
231. 有突水淹井危险的矿井，可另行增建抗灾强排能力泵房。（　　）
232. 老空水含铁质变成红色，酸度大，水味发涩。（　　）
233. 断层水呈黄色，水无涩味而发甜。（　　）
234. 冲积层水水色发黄，往往夹有砂子。（　　）
235. 顶板淋水加大，原有裂隙淋水突然增大，应视作透水前兆。（　　）
236. 采掘工作面接近积水区时，在地下水压的作用下，顶、底板弯曲变形，有时伴有潮湿、渗水现象。（　　）
237. 煤矿突水过程主要取决于矿井水文地质条件，与采掘现场无关。（　　）
238. 突水发生后，水量的估算是一项必不可少的重要工作。（　　）
239. 矿床充水的基本条件可分为天然充水条件和人为充水条件两大类。（　　）
240. 煤层顶板含有含水层和水体存在时，应当观测"三带"发育高度。（　　）
241. 防水闸门硐室前后两端，应分别砌筑不小于 3 m 的混凝土护硐。（　　）
242. 煤矿井下主要排水设备的工作水泵能力，应能在 20 h 内排出矿井 24 h 的正常涌水量（包括充填水及其他用水）。（　　）
243. 立井基岩段施工单层涌水量小于 10 m³/h 的含水层段，应强行穿过。（　　）

二、单选题

1. 沉积岩最明显的特征是（　　）。
   A. 颜色　　　　B. 结核　　　　C. 层状结构　　　　D. 节理
2. 页岩属沉积岩类中的（　　）。
   A. 碎屑岩　　　B. 黏土岩　　　C. 生物化学岩　　　D. 化学岩
3. 在煤层底板等高线图上，若等高线凸出方向是标高升高方向，则为（　　）。
   A. 背斜　　　　B. 向斜　　　　C. 单斜
4. 地下开采时，中厚煤层的厚度为（　　）m。
   A. 1.5～3.0　　B. 1.3～3.5　　C. 2.0～4.5　　D. 3.0～5.0
5. 采区布置时，工作面最好与主要裂隙方向（　　）。
   A. 平行　　　　B. 正交　　　　C. 斜交
6. 上盘相对下降，下盘相对上升的断层是（　　）。
   A. 正断层　　　B. 逆断层　　　C. 平推断层
7. 上盘相对上升，下盘相对下降的断层是（　　）。
   A. 正断层　　　B. 逆断层　　　C. 平推断层
8. 井田内某点的地理坐标是由（　　）来确定的。
   A. 经度　　　　B. 纬度　　　　C. 经度和纬度
9. 等高线间距大致相等，表明煤岩层的（　　）。
   A. 走向稳定　　B. 倾角接近一致　　C. 单斜构造
10. 褶曲在煤层底板等高线图上表现为等高线（　　）。

A. 水平　　　　　　B. 中断　　　　　　C. 弯曲
11. 井上下对照图以（　　）为底图。
A. 地形图　　　　　B. 等高线图　　　　C. 平面图
12. 生产能力为 1.5 Mt/a 的矿井是（　　）。
A. 大型矿井　　　　B. 中型矿井　　　　C. 小型矿井
13. 一般随着开采深度的增加，井下温度会（　　）。
A. 升高　　　　　　D. 不变　　　　　　C. 降低
14. （　　）可以反映煤层空间形态和构造变动的重要地质条件，是煤矿设计、生产、储量计算的基础。
A. 采掘工程平面图　　　　　　　　　　B. 井上下对照图
C. 煤层底板等高线图　　　　　　　　　D. 通风系统图
15. （　　）是断层的走向与煤（岩）层的走向平行或近于平行的断层。
A. 倾向断层　　　　B. 走向断层　　　　C. 斜交断层　　　　D. 逆掩断层
16. 断层面与假想水平面的交线称为断层的（　　）。
A. 倾向线　　　　　B. 走向线　　　　　C. 倾角　　　　　　D. 倾向
17. 节理在地质上又称为（　　）。
A. 层理　　　　　　B. 断层　　　　　　C. 裂隙　　　　　　D. 褶皱
18. 断层面与断层的上盘（或下盘）煤层的交线称为（　　）。
A. 断层线　　　　　B. 断盘　　　　　　C. 断距　　　　　　D. 断煤交线
19. 断层的倾角表明了断层的（　　）。
A. 倾向　　　　　　B. 走向　　　　　　C. 倾斜程度　　　　D. 方位
20. 当煤层水平掘进巷道遇断层后，一般的处理方法是（　　）。
A. 改变掘进坡度　　B. 停止掘进　　　　C. 改变掘进方向　　D. 不改变掘进坡度
21. 采煤工作面遇倾向或斜交断层时，如断层落差不大，则可用（　　）进行回采。
A. 平推的方法　　　　　　　　　　　　B. 重新开切眼的方法
C. 挑顶的方法　　　　　　　　　　　　D. 卧底的方法
22. 人们一般认为陷落柱是由于（　　）原因而形成的。
A. 岩溶塌陷　　　　B. 地震　　　　　　C. 煤矿开采　　　　D. 地壳运动
23. 煤系（　　）可以说明井田内煤层的层数、厚度、层间距、标志层特征、煤层顶底板岩性和含水性等主要特征。
A. 底板等高线图　　B. 综合柱状图　　　C. 井上下对照图　　D. 地质地形图
24. 煤层底面与一系列等距离的水平面相交，所得到的交线就称为煤层的（　　）。
A. 底板等高线图　　B. 顶板等高线图　　C. 地形图　　　　　D. 地质地形图
25. （　　）是由单体液压支柱与可滑移顶梁组合而成的简易支架。
A. 液压支架　　　　B. 滑移支架　　　　C. 掩护支架
26. 《煤矿安全质量标准化标准》规定，（　　）支护器材都要有基础台账。
A. 所有　　　　　　B. 部分　　　　　　C. 重要
27. 《煤矿安全质量标准化标准》规定，综采工作面机道梁端至煤壁顶板的冒落高度不得大于（　　）mm。
A. 200　　　　　　 B. 300　　　　　　 C. 400
28. 《煤矿安全质量标准化标准》规定，采煤工作面单体液压支柱要打成直线，其偏差不得超过（　　）mm。
A. ±50　　　　　　B. ±100　　　　　 C. ±200
29. 《煤矿安全质量标准化标准》规定，采煤工作面综采支架要排列成一条直线，其偏差不得超过

(　　)mm。

　　A. ±50　　　　　　　B. ±100　　　　　　　C. ±200

30. 巷道支承压力是由于(　　)。

　　A. 开掘巷道后自然形成的　　　　B. 支护引起的

　　C. 岩体内固有的

31. 支承压力比原岩应力(　　)。

　　A. 高　　　　　　　B. 低　　　　　　　C. 略低

32. 采用煤柱支撑法管理顶板时，如果在采空区边缘有明显的断裂构造和结构面，易发生(　　)。

　　A. 整体一次冒落　　B. 分层分次冒落　　C. 分阶段漏冒

33. 巷道未开掘以前，地下岩体处于(　　)状态。

　　A. 原岩应力　　　　B. 支承应力　　　　C. 二向应力

34. 局部充填法适用于顶板坚硬且不易垮落的(　　)中。

　　A. 薄煤层　　　　　B. 厚煤层　　　　　C. 中厚煤层

35. 煤柱支撑法又称刀柱法，适用于(　　)。

　　A. 软岩顶板　　　　B. 中硬岩顶板　　　C. 极坚硬顶板

36. 在假顶下采煤，顶板管理的关键是管好破碎顶板，采煤机割煤时，应采用(　　)并做到及时支护。

　　A. 浅截深　　　　　B. 大截深　　　　　C. 一次采全高

37. 开采冲击地压煤层时，应采用(　　)控制顶板，切顶支架应有足够的工作阻力，采空区所有支柱必须回净。

　　A. 垮落法　　　　　B. 充填法　　　　　C. 煤柱支撑法

38. 岩石的抗压强度(　　)岩石的抗拉强度。

　　A. 小于　　　　　　B. 大于　　　　　　C. 等于

39. 最佳的巷道支护是(　　)。

　　A. 允许巷道围岩在一定范围内变形　　B. 不允许巷道围岩变形

　　C. 允许巷道围岩有较大变形

40. 《煤矿安全规程》第四十一条规定，靠近掘进工作面(　　)m内的支护在爆破前必须加固。

　　A. 10　　　　　　　B. 15　　　　　　　C. 20

41. 《煤矿安全规程》第九十二条规定，更换巷道支护时，在拆除原有支护前，应先(　　)支护。

　　A. 加固临近　　　　B. 拆除临近　　　　C. 架设永久

42. 棚式支护属于(　　)支护。

　　A. 被动　　　　　　B. 主动　　　　　　C. 间接

43. 采区巷道矿压显现最强烈的阶段是(　　)。

　　A. 巷道掘进阶段　　B. 采动影响阶段　　C. 无采掘影响阶段

44. 《煤矿安全规程》第八十五条规定，对冲击地压煤层，巷道支护严禁采用(　　)。

　　A. 柔性支架　　　　B. 刚性支架　　　　C. 可缩性支架

45. 《煤矿安全规程》第四十四条规定，打锚杆眼前，必须首先(　　)。

　　A. 确定眼距　　　　B. 摆正机位　　　　C. 敲帮问顶

46. 《煤矿安全规程》第四十四条规定，软岩使用锚杆支护时，必须(　　)锚固。

　　A. 部分　　　　　　B. 全断面　　　　　C. 全长

47. 《煤矿安全规程》第四十四条规定，(　　)采用锚杆支护时，必须进行顶板离层监测。

　　A. 煤巷　　　　　　B. 岩巷　　　　　　C. 硐室

48. 倾斜巷道支架的迎山角应符合以下规定：合格：偏差(　　)，不得退山。优良：偏差±0.5°，不得退山。

A. +1° B. ±1° C. -1°

49. 综采工作面,根据煤层软硬程度,采高超过 2.5～2.8 m 时,应选用( )的架型,以免煤壁垮落伤人或引起掉矸冒顶。
A. 带护帮装置 B. 无护帮装置 C. 带尾梁装置

50. 在开采技术因素中,对采区巷道变形与破坏影响最大的是( )。
A. 采煤工作面受采动影响状况 B. 支护方式
C. 支架间距

51. 垮落带的岩层,在初次来压后,会在采空区以( )状态出现。
A. 悬臂梁 B. 砌体梁 C. 两端固定的梁

52. 《煤矿安全规程》第九十二条规定,井筒大修时必须编制( )。
A. 作业标准 B. 施工组织设计 C. 作业程序

53. 《煤矿井巷工程质量检验评定标准》规定,锚喷巷道锚杆外漏长度为( )mm。
A. 0 B. ≤30 C. ≤50

54. 金属支架多用于( )。
A. 回采巷道 B. 石门 C. 永久巷道

55. 《煤矿安全规程》规定,立井井筒与各水平车场的连接处,必须设有专用的( ),严禁人员通过提升间。
A. 人行道 B. 躲避硐 C. 休息室

56. 《煤矿安全规程》规定在坚硬和稳定的煤、岩层中,确定巷道不设支护时,必须制定( )措施。
A. 过渡 B. 安全 C. 技术

57. 严重冲击地压厚煤层中双巷掘进时,两条平行巷道之间的煤柱不得小于( )m。
A. 5 B. 8 C. 10

58. 巷道砌碹时,碹体与顶帮之间必须用不燃物充满填实,巷道冒顶空顶部分可用支护材料接顶,但在碹拱上部必须充填不燃物垫层,其厚度不得小于( )m。
A. 0.3 B. 0.4 C. 0.5

59. 采用煤柱支撑法管理顶板时,在顶板大面积悬空区内部有多条小断层或基本顶岩性突然变化的情况下会发生( )。
A. 整体一次冒落 B. 分层分次冒落 C. 分阶段漏冒

60. 对于泥质类软岩,遇水后会出现泥化、崩解、膨胀、碎裂等现象,从而造成围岩产生( )。
A. 很大的塑性变形 B. 破断 C. 整体垮落

61. 《煤矿安全规程》规定,维修倾斜井巷时,( )上、下段同时作业。
A. 严禁 B. 允许 C. 不得

62. 树脂药卷直径和钻孔直径之差应为( )mm。
A. 3 B. 5 C. 7

63. 架设梯形金属支架时,棚腿的岔脚一般应相当于棚腿长度的( )。
A. 1/3～1/4 B. 1/4～1/5 C. 1/5～1/6

64. 拱形巷道拱的作用主要是承受( )。
A. 顶压 B. 侧压 C. 底压

65. 采煤工作面过旧巷时,如果工作面与旧巷平行,应事先调整好工作面推进方向,使其与旧巷( )。
A. 垂直 B. 平行 C. 斜交

66. 《煤矿安全质量标准化标准》规定,液压支架初撑力不低于规定值的( )%。
A. 80 B. 85 C. 90

67. 采煤工作面控顶范围内，顶、底板移近量按采高（　　）mm/m。
   A. ≤100   B. ≤200   C. ≤300
68. 《煤矿安全质量标准化标准》规定，采煤工作面梁端至煤壁顶板冒落高度不大于200 mm，综采不大于（　　）mm。
   A. 100   B. 200   C. 300
69. 《煤矿安全规程》第五十八条规定，采用密集支柱切顶时，两段密集支柱之间必须留有宽（　　）m以上的出口。
   A. 0.5   B. 1.0   C. 1.5
70. 直接顶是采煤工作面（　　）的对象。
   A. 回采   B. 支护   C. 加固
71. 《煤矿安全规程》规定，采煤工作面（　　）使用折损的坑木、损坏的金属顶梁等。
   A. 不得   B. 严禁   C. 可以
72. 《煤矿安全规程》规定，采煤工作面必须及时回柱放顶或充填，（　　）超过作业规程规定时，禁止采煤。
   A. 控顶距离   B. 放顶步距   C. 工作面长度
73. 采煤工作面不准随意留煤顶开采，必须留煤顶托夹矸开采时，必须有（　　）。
   A. 组织措施   B. 作业标准   C. 专项批准的措施
74. 随着煤层倾角增加，顶板下沉量将（　　）。
   A. 逐渐变小   B. 逐渐增大   C. 不会改变
75. 当基本顶达到极限跨距后，随着采煤工作面继续推进，基本顶会形成（　　）。
   A. 两端固定的梁 B. 砌体梁   C. 悬臂梁
76. 当断层处的顶板特别破碎，用锚杆锚固效果不佳时，可采用（　　）。
   A. 架棚法   B. 注浆法   C. 打木柱
77. 《煤矿安全规程》第五十五条规定，采煤工作面开工前，班组长必须对工作面安全情况进行（　　），确认无危险后，方准人员进入工作面。
   A. 全面检查   B. 重点检查   C. 一般检查
78. 采煤工作面当基本顶来压比较强烈时，要选用（　　）的支柱。
   A. 可缩量较大   B. 可缩量较小   C. 不可缩
79. 对于破碎易掉顶板，可以在采煤工作面支架顶梁上铺设金属网，网与网之间的搭接长度应为（　　）mm。
   A. 100   B. 200   C. 300
80. 《煤矿安全规程》第五十六条规定，用垮落法控制顶板，回柱后顶板不垮落，悬顶距离超过作业规程的规定时，必须停止采煤，采取（　　）或其他措施。
   A. 增加支护密度 B. 人工强制放顶 C. 工作面加打木垛
81. 顶板注水软化的前提条件是顶板岩石具有弱化性质和（　　）。
   A. 岩层破碎   B. 岩层完整不漏水 C. 岩层坚硬
82. 为预防采场两端发生漏冒，可在机头、机尾处各应用（　　）的钢梁抬棚支护，每对抬棚随机头、机尾的推移迈步前移。
   A. 两对一梁三柱 B. 四对一梁三柱 C. 八对一梁三柱
83. 采煤工作面由于支柱初撑力低导致产生高度超过150 mm的网兜时，有可能引发网下（　　）。
   A. 压垮型冒顶   B. 推垮型冒顶   C. 漏垮型冒顶
84. 采用单体支柱的采煤工作面在放顶线附近，若出现大岩块且大岩块沿工作面推进方向的长度超过一次放顶步距时，在大岩块的范围内要（　　）。

A. 缩短控顶距　　　B. 延长控顶距　　　C. 控顶距不变

85. 对摩擦式金属支柱、金属顶梁和单体液压支柱，在采煤工作面回采结束后或使用时间超过（　　）个月后，必须进行检修。
    A. 8　　　　　　　B. 10　　　　　　　C. 12

86. 直接顶初次垮落后，基本顶会形成（　　）。
    A. 悬臂梁　　　　　B. 砌体梁　　　　　C. 两端固定的梁

87. 采煤工作面煤壁一旦有片帮，应掏梁窝（　　）支护，防止冒顶。
    A. 滞后　　　　　　B. 超前　　　　　　C. 补强

88. 对采煤工作面厚层难冒顶板的处理，不论是采取高压注水还是强制放顶，不论是在采空区处理还是超前工作面处理，所应处理的顶板厚度均应为采高的（　　）倍（包括直接顶在内）。
    A. 2～3　　　　　　B. 3～4　　　　　　C. 4～5

89. 《煤矿安全规程》第五十七条规定，回柱放顶时，必须指定（　　）观察顶板。
    A. 有经验的人员　　B. 安全员　　　　　C. 回柱工

90. 采煤工作面的直接顶岩层厚度小，冒落后不能填满采空区，当基本顶垮落时，无法起到支撑作用，使基本顶的载荷主要由（　　）承担，加大了来压的危险性。
    A. 工作面支架　　　B. 采煤工作面煤壁　C. 巷道

91. 巷道交岔点（　　），通常认为顶板压力越大。
    A. 越多　　　　　　B. 越小　　　　　　C. 越少

92. 《煤矿安全规程》第六十五条规定，采用掩护支架开采急倾斜煤层，掩护支架接近平巷时，应（　　）每次下放支架的距离。
    A. 缩短　　　　　　B. 延长　　　　　　C. 缩短或延长

93. 采煤工作面上、下出口的两巷，超前支护必须用金属支柱和铰接梁或长钢梁，距煤壁（　　）m范围内打双排柱。
    A. 10　　　　　　　B. 15　　　　　　　C. 20

94. 采煤工作面支架的（　　）应能保证直接顶与基本顶之间不离层。
    A. 工作阻力　　　　B. 初撑力　　　　　C. 支承力

95. 煤层顶板悬露时间越长，煤层顶板压力（　　）。
    A. 不变　　　　　　B. 越大　　　　　　C. 越小

96. 在处理煤层顶板冒落事故中必须有（　　）检查和监视顶板情况。
    A. 瓦检员　　　　　B. 爆破工　　　　　C. 专人

97. 采空区顶板处理最常用的方法是（　　）。
    A. 缓慢下沉法　　　B. 全部垮落法　　　C. 充填法

98. 最大控顶距与最小控顶距之差是（　　）。
    A. 放顶步距　　　　B. 排距　　　　　　C. 来压步距

99. 采煤工作面采空区冒落愈严实，基本顶对工作面的压力（　　）。
    A. 影响愈大　　　　B. 影响愈小　　　　C. 没有影响

100. 初次来压前工作面前方煤壁内的支承压力与平时比较（　　）。
     A. 变大　　　　　　B. 变小　　　　　　C. 不变

101. 破碎顶板容易发生局部漏顶现象，如果得不到及时支护，易发生工作面（　　）冒顶事故。
     A. 压垮型　　　　　B. 推垮型　　　　　C. 漏垮型

102. 由于采煤工作面煤壁前方强大的支承压力，可能导致直接顶在煤壁前方形成（　　），从而形成预生裂隙。
     A. 剪切破坏　　　　B. 拉伸破坏　　　　C. 挤压破坏

103.《煤矿安全质量标准化标准》规定,采煤工作面使用铰接顶梁时,其铰接率要大于( )%。
A. 70　　　　　　　　B. 80　　　　　　　　C. 90

104.《煤矿安全规程》第五十七条规定,用垮落法控制顶板时,放顶区内支架、木柱、木垛的回收方法,必须在( )中明确规定。
A. 作业规程　　　　　B. 作业标准　　　　　C. 作业方法

105.《煤矿安全规程》第五十条规定,综采工作面安全出口与巷道连接处 20 m 范围内的巷道高度不得低于( )m。
A. 2　　　　　　　　B. 1.8　　　　　　　C. 1.6

106.《煤矿安全规程》第五十条规定,采煤工作面与巷道连接处的( )m 范围必须加强支护。
A. 10　　　　　　　 B. 20　　　　　　　　C. 30

107.《煤矿安全规程》第八十二条规定,开采严重冲击地压煤层时,在采空区不得留有( )。
A. 浮煤　　　　　　　B. 浮矸　　　　　　　C. 煤柱

108.《煤矿安全规程》第六十七条规定,综采工作面在运送、安装和拆除液压支架时,必须有( )。
A. 安全措施　　　　　B. 隔离措施　　　　　C. 防护措施

109.《煤矿安全质量标准化标准》规定,采煤工作面超前支柱初撑力不低于( )kN。
A. 50　　　　　　　　B. 60　　　　　　　　C. 70

110. 沿煤层走向某一标高布置运输大巷或总回风巷的( )称为水平。
A. 水平线　　　　　　B. 巷道　　　　　　　C. 水平面

111. 设有井底车场及主要运输大巷的水平为( )水平。
A. 开采　　　　　　　B. 回风　　　　　　　C. 运输

112. 设有回风大巷的水平为( )水平。
A. 开采　　　　　　　B. 回风　　　　　　　C. 运输

113. 分区式布置多用( )长壁采煤法开采。
A. 走向　　　　　　　B. 倾斜　　　　　　　C. 倾向

114. 分带式布置用( )长壁采煤法开采。
A. 倾斜　　　　　　　B. 走向　　　　　　　C. 分层

115. 突出矿井、高瓦斯矿井、低瓦斯矿井高瓦斯区域的采煤工作面,不得采用( )采煤方法。
A. 前进式　　　　　　B. 后退式　　　　　　C. 平行式

116. 薄煤层采区内的上、下山和平巷的净高不得低于( )m。
A. 1.8　　　　　　　B. 1.6　　　　　　　 C. 2.0

117. 石门属于( )巷道。
A. 倾斜　　　　　　　B. 水平　　　　　　　C. 垂直

118. 上山属于( )巷道。
A. 开拓　　　　　　　B. 准备　　　　　　　C. 回采

119. 运输大巷属于( )巷道。
A. 开拓　　　　　　　B. 准备　　　　　　　C. 回采

120. 井底车场属于( )巷道。
A. 开拓　　　　　　　B. 准备　　　　　　　C. 回采

121. 区段平巷属于( )巷道。
A. 开拓　　　　　　　B. 准备　　　　　　　C. 回采

122. 煤层群的开采顺序通常采用( )。
A. 下行式　　　　　　B. 上行式　　　　　　C. 平行式

123. 生产矿井各个安全出口的距离不得小于( )m。

A. 10　　　　　　　　B. 20　　　　　　　　C. 30

124.《煤矿安全规程》规定（　　）破坏工业场地、矿界、防水和井巷等的安全煤柱。
A. 不得　　　　　　　B. 严禁　　　　　　　C. 可以

125.《煤矿安全规程》规定，采掘过程中（　　）任意扩大和缩小设计规定的煤柱。
A. 严禁　　　　　　　B. 不得　　　　　　　C. 采取措施后允许

126.（　　）站在溜矸眼的矸石上作业。
A. 严禁　　　　　　　B. 允许　　　　　　　C. 采取措施后允许

127. 常用的破岩方法有（　　）。
A. 钻爆法和机械破岩法　　　　　　　B. 钻爆法和水力破岩法
C. 钻爆法和超声波破岩法

128. 综采放顶煤开采时，沿工作面推进方向，两次放顶煤之间的推进距离称为（　　）。
A. 循环放煤步距　　　B. 放煤方式　　　　　C. 放煤工艺

129. 综采工作面完成一个循环的标志是（　　）。
A. 移架　　　　　　　B. 运煤　　　　　　　C. 割煤

130. 巷道掘进过程中，测量人员在巷道中标定腰线是为了控制巷道的（　　）。
A. 坡度　　　　　　　B. 方向　　　　　　　C. 高度

131.《煤矿安全规程》第七十一条规定，掘进机必须装有（　　）和尾灯。
A. 照明装置　　　　　B. 按钮　　　　　　　C. 前照明灯

132.《煤矿安全规程》第九十四条规定，报废的平硐必须从硐口向里用泥土填实至少（　　）m，再砌封墙。
A. 10　　　　　　　　B. 15　　　　　　　　C. 20

133.《煤矿安全规程》第七十一条规定，掘进机停止工作和检修以及交班时，必须将掘进机（　　）落地，并断开掘进机上的电源开关和磁力启动器的隔离开关。
A. 切割头　　　　　　B. 转载桥　　　　　　C. 开关

134.《煤矿安全规程》第九十六条规定，报废的井巷，必须在（　　）图上标明。
A. 避灾路线　　　　　B. 井上下对照　　　　C. 巷道施工

135.《煤矿安全规程》第四十五条规定，在揭露老空时，只有（　　）方可恢复工作。
A. 将人员撤至安全地点　B. 证明老空内无危险　C. 进行瓦斯抽采后

136.《煤矿安全规程》第九十二条规定，井筒大修时必须编制（　　）。
A. 施工组织设计　　　B. 作业标准　　　　　C. 组织设计

137.《煤矿安全规程》第九十五条规定，报废的巷道必须（　　）。
A. 处理　　　　　　　B. 封闭　　　　　　　C. 设置栅栏

138.《煤矿安全规程》第七十四条规定，耙装作业开始前，甲烷断电仪的传感器，必须悬挂在耙斗作业段的（　　）。
A. 前方　　　　　　　B. 后方　　　　　　　C. 上方

139.《煤矿安全规程》第七十一条规定，掘进机作业时，应使用（　　）喷雾装置。
A. 前、后　　　　　　B. 左、右　　　　　　C. 内、外

140.《煤矿安全规程》第四十七条规定，由下向上掘进25°以上的倾斜巷道时，必须将溜煤（矸）道与（　　）分开。
A. 绕道　　　　　　　B. 人行道　　　　　　C. 轨道

141.《煤矿安全规程》第七十五条规定，高瓦斯区域（　　）掘进工作面，严禁使用钢丝绳牵引的耙装机。
A. 半煤岩巷　　　　　B. 岩巷　　　　　　　C. 煤巷

142.《煤矿安全规程》第四十六条规定，开凿或延伸斜井、下山时，必须在掘进工作面的上方设置坚固的（　）。
A. 防止跑车装置　　B. 跑车防护装置　　C. 防护栅栏

143.《煤矿安全规程》第四十六条规定，斜井（巷）施工期间兼作行人道时，必须每隔（　）m设置躲避硐并设红灯。
A. 40　　B. 50　　C. 60

144. 各水平及采区内各区段的开采顺序一般采用（　）。
A. 上行式　　B. 下行式　　C. 平行式

145. 井田开拓方式就是（　）在井田内的总体布置方式。
A. 开拓巷道　　B. 准备巷道　　C. 回采巷道

146. 凿岩机工作风压和冲洗水压相比（　）。
A. 前者大　　B. 后者大　　C. 两者相等

147.《煤矿安全规程》第九十九条规定，检查煤仓、溜煤（矸）眼和处理堵塞时，必须制定安全措施，（　）人员从下方进入。
A. 严禁　　B. 不准　　C. 允许

148.《煤矿安全规程》第十八条规定，井巷交岔点必须设置（　），标明所在地点，指明通往安全出口的方向。
A. 警戒牌　　B. 路标　　C. 避灾路线

149. 开凿平硐、斜井、立井时，自井口到坚硬岩层之间的井巷必须砌碹，并向坚硬岩层内至少延深（　）m。
A. 3　　B. 5　　C. 10

150. 在掘进工作面中，煤层占（　）以上称为煤巷。
A. 1/2　　B. 2/3　　C. 4/5

151. 为一个采区服务的巷道称为（　）。
A. 开拓巷道　　B. 准备巷道　　C. 回采巷道

152.《煤矿安全质量标准化标准》规定，在采煤工作面两巷中，管线要吊挂整齐，行人侧宽度不小于（　）m。
A. 0.5　　B. 0.6　　C. 0.7

153. 在井筒内进行安装的人员，应佩带（　）和隔离式自救器，以防止坠井和窒息事故。
A. 工具袋　　B. 防噪声用品　　C. 安全带

154.《煤矿安全规程》第六十六条规定，采用水力采煤法进行回采时，两个相邻小阶段巷道或漏斗工作面之间的错距，不得小于（　）m。
A. 3　　B. 4　　C. 5

155.《煤矿安全规程》第六十六条规定，采用水力采煤法用明槽输送煤浆时，倾角超过（　）的巷道，明槽必须封闭，否则禁止行人。
A. 15°　　B. 25°　　C. 45°

156. 采用水力采煤法，倾角在15°～25°时，人行道与明槽之间必须加设挡板或挡墙，其高度不得小于（　）m。
A. 0.5　　B. 1.0　　C. 1.5

157. 综合机械化采煤工作面的所有工序全部实现了（　）。
A. 远控化　　B. 机械化　　C. 自动化

158.《煤矿安全规程》第六十七条规定，工作面倾角大于（　）时，液压支架必须有防倒、防滑的安全措施。

A. 15°　　　　　　　B. 25°　　　　　　　C. 45°

159. 中厚煤层的采煤工作面采出率为（　　）%。
A. 93　　　　　　　B. 95　　　　　　　C. 97

160.《煤矿安全规程》第八十一条规定，防治冲击地压的措施中，必须规定发生冲击地压时的（　　）。
A. 撤人路线　　　　B. 作业方法　　　　C. 急救措施

161. 如果采煤工作面沿走向方向推进，这种采煤方法称为（　　）长壁采煤法。
A. 走向　　　　　　B. 倾向　　　　　　C. 倾角

162.《煤矿安全规程》第十八条规定，井下每一个水平到上一个水平和各个采区都必须至少有（　　）个便于行人的安全出口，并与通达地面的安全出口相连接。
A. 4　　　　　　　B. 3　　　　　　　C. 2

163.《煤矿安全规程》第四十八条规定，一个采区内同一煤层不得布置（　　）及以上采煤工作面同时作业。
A. 2个　　　　　　B. 3个　　　　　　C. 4个

164.《煤矿安全规程》第六十九条规定，采煤工作面遇有坚硬夹矸或黄铁矿结核时，应采取（　　）措施处理。
A. 松动爆破　　　　B. 加大马力截割　　C. 强行截割

165.《煤矿安全规程》第六十七条规定，当采高超过（　　）m或片帮严重时，液压支架必须有护帮板，防止片帮伤人。
A. 2　　　　　　　B. 3　　　　　　　C. 5

166. 采煤工作面倾角大于（　　）时，必须有防止煤（矸）窜出刮板输送机伤人的措施。
A. 10°　　　　　　B. 15°　　　　　　C. 25°

167.《煤矿安全质量标准化标准》规定，采煤工作面煤壁要平直，并与顶、底板（　　）。
A. 平行　　　　　　B. 垂直　　　　　　C. 斜交

168.《煤矿安全规程》第八十八条规定，开采冲击地压煤层时，停产（　　）天以上的采煤工作面，恢复生产的前一班内，应鉴定冲击地压危险程度，并采取相应的安全措施。
A. 1　　　　　　　B. 2　　　　　　　C. 3

169.《煤矿安全规程》第七十二条规定，采煤工作面的刮板输送机严禁（　　）。
A. 运煤　　　　　　B. 运矸　　　　　　C. 乘人

170.《煤矿安全规程》第八十一条规定，开采冲击地压煤层的煤矿应有（　　）负责冲击地压预测、预报和防治工作。
A. 专人　　　　　　B. 矿长　　　　　　C. 总工

171.《煤矿安全规程》第七十二条规定，采煤工作面刮板输送机必须安设能发出停止和启动信号的装置，发出信号点的间距不得超过（　　）m。
A. 10　　　　　　　B. 15　　　　　　　C. 20

172. 炮采工作面完成一个循环的标志是（　　）。
A. 回柱放顶　　　　B. 割煤　　　　　　C. 打柱

173. "追机作业"属于（　　）的范畴。
A. 作业形式　　　　B. 劳动组织　　　　C. 循环方式

174.《煤矿安全规程》第六十七条规定，综采工作面支架、刮板输送机、煤壁必须保持（　　）。
A. 直线　　　　　　B. 曲线　　　　　　C. 垂直

175.《煤矿安全规程》规定，开采冲击地压煤层必须编制（　　）。
A. 专门设计　　　　B. 作业规程　　　　C. 操作规程

176.《煤矿安全规程》第五十四条规定，采煤工作面必须按照作业规程的规定及时支护，严禁（　　）

作业。

　　A. 控顶　　　　　　　B. 空顶　　　　　　　C. 在临时支护下

177.《煤矿安全规程》第四十八条规定，（　　）在采煤工作面范围内再布置另一个采煤工作面同时作业。

　　A. 可以　　　　　　　B. 严禁　　　　　　　C. 允许

178.《煤矿安全规程》第八十二条规定，井下开拓巷道不得布置在（　　）煤层中。

　　A. 严重冲击地压　　　B. 无冲击地压　　　　C. 一般冲击地压

179.《煤矿安全规程》第二百五十五条规定，井口和工业广场内建筑物的高程必须高于当地（　　）的最高洪水位。

　　A. 历年　　　　　　　B. 百年一遇　　　　　C. 五十年一遇

180. 凡影响煤矿生产、威胁矿井安全和使煤矿井下（　　）被淹没的矿井水称为矿井水害。

　　A. 局部　　　　　　　B. 全部　　　　　　　C. 局部或全部

181. 在矿井生产过程中，渗入、淋入、流入、涌入和溃入井巷或采煤工作面的任何水源水，统称（　　）。

　　A. 矿井水　　　　　　B. 矿井突水　　　　　C. 矿井水害

182.《煤矿安全规程》第二百八十条规定，新建、改扩建矿井或生产矿井的新水平，正常涌水量1 000 m³/h以下时，主要水仓的有效容量应能容纳（　　）h的正常涌水量。

　　A. 4　　　　　　　　B. 8　　　　　　　　C. 16

183.《煤矿安全规程》第二百六十条规定，井巷出水点的位置及其水量，老窑积水范围、标高和积水量，都必须绘在（　　）上。

　　A. 井上下对照图　　　B. 采掘工程平面图　　C. 通风系统图

184.《煤矿安全质量标准化标准》规定，矿井（　　）进行一次防治水隐患排查，并有书面排查分析记录。

　　A. 每月　　　　　　　B. 每季度　　　　　　C. 每年

185.《煤矿安全规程》第二百六十一条规定，每次降大到暴雨时和降雨后，应及时观测井下水文变化情况，并向（　　）报告。

　　A. 总工程师　　　　　B. 矿长　　　　　　　C. 矿调度室

186.《煤矿安全质量标准化标准》规定，防治水应坚持"有疑必探"，凡不清楚或有怀疑的地段，都必须安排探放水，并有防探水钻孔设计及（　　）。

　　A. 作业标准　　　　　B. 防水措施　　　　　C. 技术措施

187.《煤矿安全规程》第二百六十六条规定，采掘工作面或其他地点发现有透水预兆时，必须停止作业，采取措施，立即报告（　　），发出警报，撤出所有受水威胁地点的人员。

　　A. 矿调度室　　　　　B. 矿长　　　　　　　C. 生产科

188.《煤矿安全规程》第二百六十二条规定，水淹区积水面以下的煤岩层中的采掘工作，应在排除积水以后进行；如果无法排除积水，必须编制设计，由（　　）审批后，方可进行。

　　A. 设计院　　　　　　B. 企业主要负责人　　C. 总工程师

189.《煤矿安全规程》第二百五十六条规定，矿井受河流、山洪和滑坡威胁时，必须采取修筑堤坝、泄洪渠和（　　）的措施。

　　A. 防止淹井　　　　　B. 防止渗水　　　　　C. 防止滑坡

190.（　　）是水害防治工作的第一责任人。

　　A. 总工程师　　　　　B. 煤矿主要负责人　　C. 安监处长

191.《煤矿安全规程》第二百七十三条规定，防水闸门硐室和护碹必须采用（　　）进行注浆加固。

　　A. 三合土　　　　　　B. 普通水泥　　　　　C. 高标号水泥

第三章 煤矿开采安全管理

192.《煤矿安全规程》第二百七十三条规定，防水闸门来水一侧 15～25 m 处，应加设一道挡物（　　）。
　　A. 风门　　　　　　　B. 密闭墙　　　　　　C. 箅子门

193.《煤矿安全规程》第二百七十四条规定，防水闸门必须灵活可靠，并保证（　　）进行 2 次关闭试验。
　　A. 每年　　　　　　　B. 每季　　　　　　　C. 每月

194.《煤矿安全规程》第二百八十五条规定，探水眼的布置和超前距离应根据水头高低、煤（岩）层厚度和硬度以及安全措施等在（　　）中具体规定。
　　A. 采掘工程平面图　　B. 探放水设计　　　　C. 防治水计划

195.《煤矿安全规程》第二百七十三条规定，水文地质条件复杂或有突水淹井危险的矿井，必须在井底车场周围设置（　　）。
　　A. 挡水墙　　　　　　B. 防水闸门　　　　　C. 箅子门

196.《煤矿安全规程》第二百八十九条规定，预计水压较大的地区探水时，探水钻进之前，必须先安好（　　）和控制闸阀，进行耐压试验，达到设计承受的水压后，方准继续钻进。
　　A. 水压计　　　　　　B. 水表　　　　　　　C. 孔口管

197.《煤矿安全规程》第二百八十五条规定，探水或接近积水地区掘进前或排放被淹井巷的积水前，必须编制（　　），并采取防止瓦斯和其他有害气体危害等安全措施。
　　A. 探放水设计　　　　B. 作业规程　　　　　C. 操作规程

198.《煤矿安全规程》第二百七十八条规定，井下主要排水设备的备用水泵能力应不小于工作水泵能力的（　　）%。
　　A. 70　　　　　　　　B. 60　　　　　　　　C. 50

199.《煤矿安全规程》第二百七十八条规定，井下主要排水设备中检修水泵的能力应不小于工作水泵能力的（　　）%。
　　A. 20　　　　　　　　B. 25　　　　　　　　C. 30

200.《煤矿安全规程》第二百八十条规定，水仓的空仓容量必须经常保持在其总容量的（　　）%以上。
　　A. 40　　　　　　　　B. 50　　　　　　　　C. 60

201.《煤矿安全规程》第二百七十三条规定，对新掘进巷道内建筑的防水闸门，必须进行注水耐压试验，水闸门内巷道的长度不得大于（　　）m。
　　A. 10　　　　　　　　B. 15　　　　　　　　C. 20

202.《煤矿安全规程》第二百六十八条规定，含水层或老空积水影响安全开采时，必须（　　）水，并建立疏通排水系统。
　　A. 超前探放　　　　　B. 边采边探　　　　　C. 边掘边探

203. 探水掘进时，探水眼的方位、倾角、深度要验收，保证准确无误，连同钻孔穿过煤层或顶、底板岩层的深度和长度，准确地填绘在（　　）上。
　　A. 大比例尺的探水图　B. 采掘工程平面图　　C. 地质测量图

204. 井下防水闸门和水闸墙的设计、施工、试验、日常维护以及技术管理等方面的工作，必须严格执行（　　）的有关规定。
　　A.《操作规程》　　　B.《煤矿安全规程》　C.《作业规程》

205.《煤矿安全规程》第二百九十二条规定，钻孔接近老空，预计可能有瓦斯或其他有害气体涌出时，必须有瓦斯检查工或（　　）在现场值班，检查空气成分。
　　A. 队长　　　　　　　B. 矿山救护队员　　　C. 安全员

206.《煤矿安全规程》第二百七十九条规定，主要泵房至少有 2 个出口，一个出口用斜巷通到井筒，并应高出泵房底板（　　）m 以上。
　　A. 6　　　　　　　　 B. 7　　　　　　　　 C. 8

207. 《煤矿安全质量标准化标准》规定,防探水钻孔必须有单孔设计,设计必须符合(　　)的要求。
A. 《煤矿防治水工作条例》　　　　B. 《矿井水文地质工程》
C. 《煤矿地质测量工作暂行规定》

208. 疏干降压是一种防治矿井水害的(　　)。
A. 积极措施　　　　B. 消极措施　　　　C. 被动措施

209. 《煤矿安全规程》第二百八十六条规定,采掘工作面或其他地点遇到有突水预兆时,必须确定(　　)进行探水。
A. 防水线　　　　B. 探水线　　　　C. 积水线

210. 《煤矿安全规程》第二百八十条规定,采区水仓的有效容量应能容纳(　　)h的采区正常涌水量。
A. 4　　　　B. 8　　　　C. 12

211. 《煤矿安全规程》第二百八十一条规定,水仓、沉淀池和水沟中的淤泥,应及时清理,每年雨季前必须清理(　　)次。
A. 1　　　　B. 2　　　　C. 3

212. 《煤矿安全规程》第二百六十九条规定,承压含水层与开采煤层之间的隔水层能承受的水头值大于实际水头值时,可以"(　　)",但必须制订安全措施,报企业主要负责人审批。
A. 增水压开采　　　　B. 带水压开采　　　　C. 减水压开采

213. 《煤矿安全规程》第二百九十一条规定,钻进时,发现煤岩松软、片帮、来压或钻孔中的水压、水量突然增大,以及有顶钻等异状时,必须(　　)。
A. 拔出钻杆　　　　B. 停止钻进　　　　C. 快速钻进

214. 《煤矿安全规程》第二百五十一条规定,煤矿企业应查明矿区和矿井的(　　),编制中长期防治水规划和年度防治水计划,并组织实施。
A. 地质构造　　　　B. 煤层形态　　　　C. 水文地质条件

215. 当老窑积水与地表水、强充水含水层存在水力联系且有较大的经常性补给水量时,应防绕流和渗漏,采取"(　　)"的策略。
A. 超前探放　　　　B. 先隔后放　　　　C. 边掘边放

216. 对可采煤层直接顶板或导水裂隙带涉及的充水含水层,必须(　　)。
A. 事前封堵　　　　B. 坚决疏放　　　　C. 留设防水隔离煤柱

217. (　　)往往是疏干降压或截源堵截水等防治水措施合理制订的先行步骤和重要依据。
A. 地面调查　　　　B. 井下探查　　　　C. 确定探水线

218. 有煤层底板突水危险的矿井,对强含水层顶面或夹存于其顶板隔水层内的弱含水层(　　),使其变为相对隔水层,以减小突水概率和突水量。
A. 进行改造加固注浆　　　　B. 启封注浆　　　　C. 修补注浆

219. 《煤矿安全规程》第二百七十一条规定,水文地质条件复杂的矿井,当开拓到设计水平,只有在建成(　　)后,方可开始向有突水危险地区开拓掘进。
A. 防排水系统　　　　B. 防水闸门　　　　C. 水闸墙

220. 《煤矿安全规程》第二百九十四条规定,排除井筒和下山的积水以及恢复被淹井巷前,必须有(　　)检查水面上的空气成分,发现有害气体,必须及时处理。
A. 通风队　　　　B. 矿山救护队　　　　C. 瓦检员

221. 《煤矿安全规程》第二百五十九条规定,相邻矿井的分界处,必须留(　　)。
A. 防水煤柱　　　　B. 防水密闭　　　　C. 防水墙

222. 《煤矿安全规程》第二百九十四条规定,排水过程中,如有被水封住的有害气体突然涌出的问题,必须制定(　　)。
A. 安全措施　　　　B. 作业规程　　　　C. 操作规程

三、多选题
1. 矿井地质构造包括（　　）。
   A. 褶皱　　　　　　B. 断层　　　　　　C. 节理　　　　　　D. 层间滑动
2. 根据断层上、下两盘岩体相对移动的方向，断层分为（　　）。
   A. 正断层　　　　　B. 逆断层　　　　　C. 平推断层　　　　D. 走向断层
3. 断层的要素包括（　　）。
   A. 断层面　　　　　B. 断盘　　　　　　C. 断层线
   D. 断层交面线　　　E. 断距
4. 煤层顶板可分为（　　）。
   A. 伪顶　　　　　　B. 直接顶　　　　　C. 基本顶　　　　　D. 直接底
5. 按照煤层的厚度将煤层分为（　　）。
   A. 薄煤层　　　　　B. 中厚煤层　　　　C. 厚煤层　　　　　D. 煤线
6. 采掘工程平面图主要包括（　　）。
   A. 井下采掘工程情况　B. 煤层情况　　　　C. 构造情况　　　　D. 井上下对照情况
7. 井上下对照图主要用于（　　）。
   A. 规划地面建设和地下开采设计，确定由于井下开采所引起的地面移动范围
   B. 解决在铁路、水体和建筑物下开采问题
   C. 解决矿井的防水、排水问题
   D. 解决供电线路敷设问题
8. 根据断层走向与煤层走向之间的关系，断层分为（　　）。
   A. 倾向断层　　　　B. 平移断层　　　　C. 走向断层　　　　D. 斜交断层
9. 煤（岩）层的产状要素有（　　）。
   A. 走向　　　　　　B. 倾向　　　　　　C. 褶皱　　　　　　D. 倾角
10. 断裂构造的形式分为（　　）。
    A. 断层　　　　　　B. 节理　　　　　　C. 层理　　　　　　D. 褶曲
11. 断层的组合形式包括（　　）。
    A. 阶梯状构造　　　B. 地堑构造　　　　C. 地垒构造　　　　D. 迭瓦状构造
12. 断层对煤矿安全生产的影响表现在（　　）。
    A. 断层破碎严重时，影响采区划分和工作面巷道布置
    B. 断层破碎严重时，影响掘进率造成无效进尺
    C. 会给支护工作和顶板管理带来困难，管理不善会造成顶板事故
    D. 容易引起断层透水事故
    E. 断层破碎带可能聚积瓦斯，当工作面通过时，容易发生瓦斯事故
13. 陷落柱出现前的预兆有（　　）。
    A. 陷落柱周围煤层产状发生变化
    B. 陷落柱周围煤岩层产生大量的环状节理，有岩块挤入煤层现象
    C. 陷落柱周围煤岩层有氧化现象
    D. 陷落柱周围煤岩层涌水量增大
    E. 陷落柱周围裂隙和小断层增多
14. 按煤层厚度及其稳定性在井田范围内的变化情况，通常可分为（　　）。
    A. 稳定煤层　　　　B. 较稳定煤层　　　C. 不稳定煤层　　　D. 极不稳定煤层
15. 围岩的稳定性主要取决于（　　）。
    A. 岩体的密度　　　B. 岩体的结构　　　C. 岩体的强度　　　D. 岩体的化学性

16. 在巷道围岩应力进行重新分布的过程中，受到（　　）的影响。
A. 岩石强度	B. 支架的支撑作用
C. 破碎岩石之间的摩擦	D. 岩石变形

17. 巷道顶板的变形与破坏形式主要有（　　）。
A. 顶板规则冒落	B. 顶板不规则冒落
C. 顶板弯曲下沉	D. 顶板弹性变形

18. 《煤矿安全规程》第五十三条规定，采煤工作面严禁使用（　　）。
A. 折损的坑木	B. 损坏的金属顶梁
C. 失效的摩擦式金属支柱	D. 失效的单体液压支柱

19. 根据冲击地压发生的地点和位置，冲击地压可分为（　　）。
A. 煤体冲击	B. 围岩冲击	C. 深部冲击	D. 浅部冲击

20. 根据支护材料不同，棚式支护可分为（　　）。
A. 木支架	B. 金属支架
C. 装配式钢筋混凝土支架	D. 锚网支护

21. （　　）支护方式是着重改善围岩运动状况。
A. 锚杆	B. 支架	C. 砌碹	D. 锚喷

22. 锚杆的排列方式通常使用（　　）。
A. 方形	B. 矩形	C. 五花形	D. 三角形

23. 锚杆"三径"的合理匹配是获得最大锚固力和最佳经济效果的关键，这"三径"是指（　　）。
A. 钻孔直径	B. 药卷直径	C. 锚杆直径	D. 托板直径

24. 棚子的梁腿结合处宜出现（　　）等质量问题。
A. 前倾	B. 后仰	C. 吊唇	D. 后穹

25. 《煤矿安全规程》第五十三条规定，采煤工作面必须经常存有一定数量的备用支护材料。使用摩擦式金属支柱或单体液压支柱的工作面，必须备有坑木，其（　　）必须在作业规程中规定。
A. 数量	B. 规格	C. 存放地点	D. 管理方法

26. 对将受施工影响的棚子进行加固的方法有（　　）。
A. 挑棚	B. 打点柱	C. 设木垛	D. 加密支架

27. 掘进工作面淋水的处理方法有（　　）。
A. 预注浆封水	B. 快硬砂浆堵水
C. 截水槽截水	D. 截水棚截水

28. 架棚支护常出现的质量问题是（　　）。
A. 吊口（唇）抚肩	B. 歪斜射箭	C. 后空、后硬
D. 棚腿叉角不合格	E. 迎山无力

29. 被动支护方式主要有（　　）支护等。
A. 锚杆	B. 喷射混凝土	C. 架棚支护
D. 砌碹支护	E. 锚喷

30. 锚杆支护可以起到（　　）作用。
A. 加固拱	B. 组合梁	C. 悬吊	D. 封闭

31. 喷射混凝土和喷浆支护可以起到（　　）作用。
A. 结构	B. 充填	C. 悬吊
D. 隔绝	E. 柔性支护

32. 综采工作面如遇基本顶冲击来压，可能将支架（　　），发生顶板事故。
A. 压死	B. 压坏	C. 压入底板	D. 插入顶板

33. 树脂锚固剂主要有（　　）等类型。
   A. 超快型　　　　　　B. 快型　　　　　　C. 中型　　　　　　D. 慢型
34. 破碎顶板采煤工作面支护应尽量采用（　　）的形式。
   A. 单体液压支柱和金属铰接顶梁　　　　B. 错梁直线柱
   C. 齐梁直线柱　　　　　　　　　　　　D. 木支柱
35. 按冒顶范围的不同可将煤层顶板事故分为（　　）。
   A. 局部冒顶　　　　B. 大型冒顶　　　　C. 压垮型冒顶　　　　D. 漏冒型冒顶
36. 按发生冒顶事故的力学原因进行分类，可将煤层顶板事故分为（　　）。
   A. 压垮型冒顶　　　B. 漏垮型冒顶　　　C. 大型冒顶　　　　　D. 推垮型冒顶
37. 伪顶一般由（　　）组成，厚度在 0.5 m 以下。
   A. 炭质页岩　　　　B. 泥质页岩　　　　C. 砂岩　　　　　　　D. 石灰岩
38. 基本顶一般由（　　）组成，不易垮落。
   A. 砂岩　　　　　　B. 石灰岩　　　　　C. 砂质页岩　　　　　D. 砾岩
39. 直接顶一般由（　　）组成，厚度从几米到数十米。
   A. 石灰岩　　　　　B. 页岩　　　　　　C. 粉砂岩　　　　　　D. 砂质页岩
40. 直接顶是采煤工作面支护的对象，多数在（　　）后会垮落下来。
   A. 支柱　　　　　　B. 回柱　　　　　　C. 前移支架　　　　　D. 打锚杆后
41. 液压支架直接推过断层时，可采取（　　）、架设木垛等措施。
   A. 调整采高　　　　B. 挑顶　　　　　　C. 卧底　　　　　　　D. 垫矸石或木板
42. 采煤工作面冒顶处理主要采用（　　）。
   A. 探板法　　　　　B. 撞楔法　　　　　C. 小巷法　　　　　　D. 绕道法
43. 假设采空区处理采用垮落法或充填法，采空区顶板岩层从下向上一般会出现（　　）。
   A. 不规则垮落带　　B. 规则垮落带　　　C. 裂隙带　　　　　　D. 弯曲下沉带
44. 煤矿冲击地压的主要特征是（　　）。
   A. 突发性　　　　　B. 多样性　　　　　C. 破坏性　　　　　　D. 复杂性
45. 漏顶如不及时处理，会使（　　）煤层顶板岩石继续冒落。
   A. 棚顶托空　　　　B. 活柱下缩　　　　C. 支架松动　　　　　D. 顶梁损坏
46. 《煤矿安全质量标准化标准》规定，采煤工作面在用支柱要（　　）。
   A. 完好　　　　　　B. 不漏液　　　　　C. 不自动卸载　　　　D. 无外观缺损
47. 当顶板中存在被（　　）等切割而形成的大块游离岩块时，回柱后游离岩块就会旋转，可能推倒采煤工作面支架，导致局部冒顶。
   A. 断层　　　　　　B. 裂隙　　　　　　C. 层理　　　　　　　D. 无炭柱
48. 冒顶区的正常通风如一时不能恢复，则必须利用（　　）向埋压或截堵的人员供给新鲜空气。
   A. 压风管　　　　　B. 巷道　　　　　　C. 水管　　　　　　　D. 打钻
49. 在（　　）都是容易发生顶板事故的地点，巷道支护必须适当加强。
   A. 掘进工作面 10 m 内　　　　　　　　B. 地质破坏带附近 10 m 内
   C. 巷道交岔点附近 10 m 内　　　　　　D. 已经冒顶处附近 10 m 内
50. 采空区处理方法有（　　）。
   A. 缓慢下沉法　　　B. 全部垮落法　　　C. 充填法　　　　　　D. 煤柱支撑法
51. 周期来压的表现形式有（　　）。
   A. 工作面载荷增加　　　　　　　　　　B. 顶板下沉速度加快
   C. 顶板下沉量变大　　　　　　　　　　D. 顶板下沉量减小
52. 《煤矿安全规程》第五十七条规定，采煤工作面放顶人员必须站在支架完整无（　　）等危险的安全地点工作。

A. 崩绳　　　　B. 崩柱　　　　C. 甩钩　　　　D. 断绳抽人

53. 为保证采掘平衡，按照开采准备程度不同可将可采储量分为（　　）。

A. 开拓煤量　　B. 准备煤量　　C. 回采煤量　　D. 尚难利用煤量

54. 采煤工作面地质说明书应附有的图件包括（　　）。

A. 煤层结构及顶、底板岩性柱状图　　B. 采煤工作面煤层底板等高线图
C. 采煤工作面运输巷、材料巷、切眼剖面图　　D. 运输系统图

55. 井田开拓要解决的问题有（　　）。

A. 井筒及工业广场的选择　　B. 水平数目及位置的确定
C. 大巷布置　　D. 开采程序　　E. 开拓延深

56. 通常以井硐形式把井田开拓方式分为（　　）开拓。

A. 斜井　　　　B. 单水平　　　C. 立井　　　　D. 平硐

57. 《采煤质量标准化标准》要求的"检查资料齐全"主要是指（　　）。

A. 工作面支护质量原始记录和数据处理分析报表
B. 工程质量自检原始资料
C. 班评估记录资料
D. 月地质预报
E. 作业规程及其复审、贯彻资料

58. 《煤矿安全规程》第二十一条规定，巷道净断面必须满足（　　）的需要。

A. 行人　　　　B. 运输　　　　C. 通风
D. 安全设施及设备安装、检修、施工

59. 矿井生产系统包括（　　）系统。

A. 运输　　　　B. 通风　　　　C. 排水　　　　D. 供电

60. 阶段内各区的开采顺序有（　　）。

A. 前进式　　　B. 后退式　　　C. 平行式　　　D. 交叉式

61. 分层运输大巷可以布置在（　　）。

A. 煤层中　　　B. 煤层底板中　　C. 煤层顶板中　　D. 煤层顶、底板中

62. 区段宽度等于（　　）之和。

A. 采煤工作面长度　　B. 区段运输平巷宽度
C. 区段回风平巷宽度　　D. 区段煤柱宽度

63. 属于开拓巷道的有（　　）。

A. 运输大巷　　B. 采区上山　　C. 主石门
D. 井底车场　　E. 井硐

64. 属于准备巷道的有（　　）。

A. 运输大巷　　B. 采区上山　　C. 主石门
D. 采区绞车房　　E. 井硐

65. 属于回采巷道的有（　　）。

A. 运输平巷　　B. 采区上山　　C. 石门
D. 回风平巷　　E. 开切眼

66. 煤矿井巷质量检验评定应按（　　）工程划分。

A. 分项　　　　B. 分部　　　　C. 单位　　　　D. 计划

67. 井底车场常用的调车方式有（　　）等。

A. 顶推调车　　B. 专用设备车调车　　C. 甩车调车　　D. 临时道岔调车

68. 采区内的硐室有( )。
A. 采区煤仓　　　　B. 采区绞车房　　　　C. 采区变电所　　　　D. 爆炸材料库
69. 《煤矿安全规程》第十六条规定，在山坡下开凿斜井和平硐时，井口顶、侧必须构筑( )。
A. 防火墙　　　　　B. 挡墙　　　　　　　C. 防洪水沟　　　　　D. 绿化带
70. 阶段内的布置有( )。
A. 分区式　　　　　B. 分带式　　　　　　C. 分段式　　　　　　D. 分阶式
71. 《煤矿安全规程》第五十二条规定，台阶采煤工作面必须设置( )。
A. 安全脚手板　　　B. 护身板　　　　　　C. 溜煤板　　　　　　D. 排矸板
72. 《煤矿安全规程》第四十八条规定，严禁破坏( )等的安全煤柱。
A. 工业场地　　　　B. 矿界　　　　　　　C. 防水　　　　　　　D. 井巷
73. 采区内采区车场按地点分为( )。
A. 上部车场　　　　B. 中部车场　　　　　C. 下部车场　　　　　D. 装车站车场
74. "三量"是指( )。
A. 开拓煤量　　　　B. 回采煤量　　　　　C. 准备煤量　　　　　D. 掘进煤量
75. 在联合布置采区中，层间的联系方式有( )联系等方式。
A. 石门　　　　　　B. 斜巷　　　　　　　C. 立眼　　　　　　　D. 风门
76. 炮采工作面，( )两道工序都可能引起顶板剧烈下沉。
A. 运煤　　　　　　B. 回柱　　　　　　　C. 装煤　　　　　　　D. 放炮
77. 爆破采煤工作面( )工序应避免相互干扰，最好将两道工序安排在不同班中作业。
A. 移送输送机　　　D. 回柱　　　　　　　C. 装煤　　　　　　　D. 爆破
78. 《煤矿安全规程》第二十一条规定，巷道净断面必须满足( )的需要。
A. 行人　　　　　　B. 运输　　　　　　　C. 通风　　　　　　　D. 安全设施
79. 《煤矿安全质量标准化标准》规定，采煤工作面两巷与文明生产的检查项目包括( )。
A. 巷道无积水（长5 m，深0.2 m）　　　　B. 无浮碴、杂物
C. 材料设备码放整齐并有标志牌　　　　　D. 管线吊挂整齐，行人侧宽度不小于0.7 m
80. 《煤矿安全质量标准化标准》规定，掘进工作面的综合防尘措施有( )。
A. 湿式钻眼　　　　B. 采用水炮泥　　　　C. 喷雾洒水
D. 冲洗巷帮　　　　E. 隔爆水槽
81. 巷道施工作业方式的选择依据是( )。
A. 巷道施工断面大小　　　　　　　　　　B. 支护形式和方法
C. 穿过岩层的地质情况　　　　　　　　　D. 技术水平和装备
82. 综合机械化采煤工作面中的工序为( )。
A. 破煤　　　　　　B. 装煤　　　　　　　C. 运煤
D. 支护　　　　　　E. 采空区处理
83. 采煤方法由( )相配合而构成。
A. 采煤系统　　　　B. 采煤工艺　　　　　C. 采煤设备　　　　　D. 采煤技术
84. 按煤矿开采方法的明显特征分类，采煤方法可分为( )两种。
A. 井工开采　　　　B. 普采　　　　　　　C. 露天开采　　　　　D. 综采
85. 采煤机的割煤方式有( )。
A. 双向割煤，往返一刀　　　　　　　　　B. "田"字形割煤，往返一刀
C. 单向割煤，往返一刀　　　　　　　　　D. 双向割煤，往返两刀
86. 单滚筒采煤机的进刀方式有( )。
A. 直接推入　　　　B. 自行进刀　　　　　C. 斜切进刀　　　　　D. 辅助进刀

87. 我国长壁采煤工作面的工艺方式主要有（　　）。
   A. 炮采　　　　　B. 普采　　　　　C. 放顶煤　　　　　D. 综采
88. 《煤矿安全规程》第四十八条规定，（　　）的采煤工作面，不得采用前进式采煤方法。
   A. 突出矿井　　　　　　　　　　　B. 高瓦斯矿井
   C. 低瓦斯矿井　　　　　　　　　　D. 低瓦斯矿井高瓦斯区域
89. 运输大巷布置方式有（　　）。
   A. 分层运输大巷　B. 集中运输大巷　C. 分组运输大巷　D. 联合运输大巷
90. 采煤工作面循环工作组织的内容包括（　　）。
   A. 循环方式　　　B. 作业形式　　　C. 工序安排　　　D. 劳动组织
91. 开采急倾斜煤层，常用的采煤方法主要有（　　）采煤法。
   A. 水平分层　　　　　　　　　　　B. 倒台阶
   C. 伪倾斜柔性掩护支架　　　　　　D. 正台阶
92. 《煤矿安全规程》第六十二条规定，开采近距离煤层，上一煤层采用（　　）控制顶板，下一煤层采用垮落法控制顶板时，必须采取制定控制顶板的安全措施。
   A. 刀柱法　　　　B. 条带法　　　　C. 带状充填法　　D. 垮落法
93. 按照煤层赋存条件及相应的采煤工艺，放顶煤采煤法又可分为（　　）。
   A. 一次采全厚放顶煤　　　　　　　B. 预采顶分层网下放顶煤
   C. 倾斜分段放顶煤　　　　　　　　D. 低位放顶煤
94. 《煤矿安全规程》第五十一条规定，采煤工作面的伞檐不得超过作业规程的规定，不得任意丢失（　　），工作面的浮煤必须清理干净。
   A. 顶煤　　　　　B. 底煤　　　　　C. 矸石　　　　　D. 碎石
95. 放顶煤采煤法的优点是（　　）。
   A. 减少巷道掘进量　　　　　　　　B. 提高采煤工效
   C. 降低吨煤生产费用　　　　　　　D. 增加一次开采的厚度
96. 具有代表性的柱式采煤法有（　　）。
   A. 房式采煤法　　B. 房柱式采煤法　C. 巷柱式采煤法　D. 掘进采煤法
97. 《煤矿安全规程》第七十八条规定，在（　　）开采煤炭称为"三下"采煤。
   A. 建筑物下　　　B. 铁路下　　　　C. 公路下　　　　D. 水体下
98. 《煤矿安全规程》第八十三条规定，开采煤层群时，应优先选择（　　）的煤层作为保护层开采。
   A. 无冲击地压　　B. 弱冲击地压　　C. 强冲击地压　　D. 剧烈冲击地压
99. 综采与普采最基本的区别是将（　　）工序用自移式液压支架合为一体。
   A. 割煤　　　　　B. 支护　　　　　C. 控顶　　　　　D. 运输
100. 《煤矿安全规程》第二百七十七条规定，立井基岩段施工时，单层涌水量大于 $10 m^3/h$，但含水层层数少，或层段分散的地段，应进行工作面预注浆或（　　）。
   A. 短探　　　　　B. 短注　　　　　C. 短掘　　　　　D. 强行通过
101. 《煤矿安全规程》第二百五十九条规定，防水煤柱的尺寸，应根据相邻矿井的地质构造、（　　）以及岩层移动规律等因素，在矿井设计中规定。
   A. 水文地质条件　B. 煤层赋存条件　C. 围岩性质　　　D. 开采方法
102. 《煤矿安全规程》第二百五十六条规定，容易积水的地点应修筑沟渠，排泄积水。修筑沟渠时，应避开（　　）。
   A. 露头　　　　　B. 裂隙　　　　　C. 导水岩层　　　D. 防水煤柱地段
103. 《煤矿安全规程》第二百七十六条规定，井巷揭露的主要出水点或地段，必须进行（　　）等地下水动态和松散含水层涌水含砂量综合观测和分析，防止滞后突水。

A. 水温　　　　　　B. 水量　　　　　　C. 水质　　　　　　D. 矿压

104. 探放老窑水除了要遵循探放水原则外，还应遵循（　　）老窑水的具体原则。
　　 A. 积极探放　　　 B. 先隔离后探放　　 C. 先降压后探放　　 D. 先堵后探放

105.《煤矿安全规程》第二百八十一条规定，（　　）和输电线路，必须经常检查和维护。
　　 A. 水泵　　　　　　B. 水管　　　　　　C. 闸阀　　　　　　D. 排水用的配电设备

106.《煤矿安全规程》第二百五十一条规定，煤矿企业必须定期收集、调查和核对相邻煤矿和废弃的老窑情况，并在井上、下工程对照图上标出其（　　）。
　　 A. 井田位置　　　　B. 开采范围　　　　C. 开采年限　　　　D. 积水情况

107.《煤矿安全规程》第二百七十条规定，承压含水层不具备疏水降压条件时，必须采取（　　）等防水措施。
　　 A. 建筑防水闸门　　B. 注浆加固底板　　C. 留设防水煤柱　　D. 增加抗灾强排能力

108. 断层水水害是指断层破碎带裂隙、孔洞与（　　）等水体连通而造成的水害。
　　 A. 含水层　　　　　B. 含水溶洞　　　　C. 老空积水　　　　D. 地表水

109.《煤矿安全规程》第二百五十七条规定，严禁将（　　）等杂物堆放在山洪、河流可能冲刷到的地段。
　　 A. 矸石　　　　　　B. 炉灰　　　　　　C. 垃圾　　　　　　D. 煤粉

110. 岩溶突水水害约占水害比例的一半，从突水的方向上，它可分（　　）。
　　 A. 底板突水　　　　B. 侧方突水　　　　C. 后方突水　　　　D. 顶板突水

111. 探水是指在采掘过程中运用超前探查方法，查明采掘工作面顶底板、侧帮和前方（　　）等水体的具体位置、产状等基本情况。
　　 A. 含水构造　　　　B. 含水层　　　　　C. 老空积水　　　　D. 无炭柱

112. 当排水能力负担不了涌水量时，可因地制宜，采取将涌水（　　），以延长缓冲时间，争取时间增加排水设备，保住矿井。
　　 A. 引入下山巷道　　B. 筑坝蓄水　　　　C. 关闭防水闸门　　D. 完全打开防水闸门

113. 在透水事故的抢救中，要检查防水闸门是否（　　）并派专人看守，清理淤渣。
　　 A. 灵活　　　　　　B. 严密　　　　　　C. 抗压　　　　　　D. 抗拉

114. 在透水事故的抢救中，水文地质人员应分析判断（　　）及其变化。
　　 A. 突水来源　　　　B. 最大突水量　　　C. 测量涌水量大小　D. 压力

115. 矿井必须做好采区、工作面水文地质探查工作，选用（　　）等手段查明构造发育情况及其导水性，主要含水层厚度、岩性、水质、水压以及隔水层岩性和厚度等。
　　 A. 物探　　　　　　B. 钻探　　　　　　C. 化探　　　　　　D. 水文地质实验

116. 水文地质条件复杂的矿井，必须针对主要含水层（段）建立地下水动态观测系统，进行地下水动态观测、水害预测分析，并制定相应的"（　　）"等综合防治措施。
　　 A. 防　　　　　　　B. 探　　　　　　　C. 堵
　　 D. 截　　　　　　　E. 排

117. 钻孔放水前，必须估计积水量，根据矿井排水能力和水仓容量，控制放水流量；放水时，必须设专人监测钻孔出水情况，测定（　　）做好记录。
　　 A. 水量　　　　　　B. 水温　　　　　　C. 水质　　　　　　D. 水压

118.《煤矿安全规程》第二百六十六条规定，采掘工作面或其他地点遇到有突水预兆时，必须（　　），撤出所有受水威胁地点的人员。
　　 A. 停止作业　　　　B. 采取措施　　　　C. 立即报告矿调度室　D. 发出警报

119. 老窑积水有（　　）的特点，水体的空间分布几何形态非常复杂，往往很不确切。
　　 A. 分散　　　　　　B. 孤立　　　　　　C. 隐蔽　　　　　　D. 容易治理

120.《煤矿安全规程》第二百六十六条规定，采掘工作面或其他地点发现有挂红、挂汗、（　　）顶板来压、底板鼓起或产生裂隙出现渗水、水色发浑、有臭味等突水预兆时，必须停止作业，采取措施。

  A. 空气变冷   B. 出现雾气   C. 水叫   D. 顶板淋水加大

121.《煤矿安全规程》第二百九十二条规定，在探水时，如果瓦斯或其他有害气体浓度超过本规程规定时，必须立即（   ），及时处理。

  A. 停止钻进   B. 切断电源   C. 撤出人员   D. 报告矿调度

122.《煤矿安全规程》第二百五十六条规定，每次降大到暴雨时和降雨后，必须派专人检查矿区及其附近地面有无（   ）等现象。发现漏水情况，必须及时处理。

  A. 裂缝   B. 老窑陷落   C. 岩溶塌陷   D. 褶曲

第四章 煤矿"一通三防"安全管理

本章培训与考核要点:
- 掌握矿井通风系统的安全管理要求及检查要点;
- 掌握瓦斯抽采原则、瓦斯爆炸、煤(岩)与瓦斯突出防治的管理要求;
- 掌握矿井内、外因火灾防治的安全管理要求及检查要点;
- 掌握矿井粉尘防治的安全管理要求及检查要点;
- 掌握矿井安全监控系统的组成、功能与装备要求。

第一节 矿井通风的安全要求与安全检查

一、矿井通风任务

矿井通风是保障煤矿安全生产的重要技术手段。矿井通风任务主要有:

(1)向井下各个场所连续不断地输送足够的新鲜空气,保证井下人员生存所需的氧气。

(2)冲淡并排除井下煤岩层中涌出的或者在煤炭生产过程中产生的有毒有害气体、粉尘和水蒸气。

(3)调节煤矿井下的气候条件,给井下作业人员创造良好的生产工作环境;保证井下的设备、仪器、仪表的正常运行。

(4)保障井下作业人员的身体健康和生命安全,并使生产作业人员能够充分发挥劳动效能,提高劳动生产率,从而达到高效、安全、健康的目的。

二、矿井空气成分及安全规定

地面空气进入矿井后即称为矿井空气。地面空气进入矿井后,由于受到污染,其成分和性质要发生一系列变化,矿井空气成分有 O_2、N_2、CO_2、甲烷(CH_4)、一氧化碳(CO)、硫化氢(H_2S)、二氧化硫(SO_2)、二氧化氮(NO_2)、氢气(H_2)、氨(NH_3)、水蒸气和浮尘等。矿井空气尽管与地面空气有所不同,但其主要成分是 O_2、N_2 和 CO_2。

由于矿井空气质量对人员生命安全和身体健康有着重要的影响,所以《煤矿安全规程》对井下空气成分的浓度标准作出了明确的规定:

(1)采掘工作面的进风流中,氧气浓度不低于20%,二氧化碳浓度不超过0.5%;总回风巷或一翼回风巷中二氧化碳浓度超过0.75%时,必须立即查明原因,进行处理;采区回风巷、采掘工作面回风流中二氧化碳浓度超过1.5%时,必须停止工作,撤出人员,采取措施,进行处理。矿井空气中常见有害气体的性质、来源及危害见表4—1。

表 4—1　　矿井空气中常见有害气体的性质、来源及对人的危害性

气体名称	主要来源	相对密度	色和味	溶水性	危害性
一氧化碳（CO）	爆破工作；火灾；煤尘和瓦斯爆炸；煤自燃	0.97	无色无味无臭	微溶	极毒。一氧化碳与血色素的亲和力比氧和血色素的亲和力大250～300倍，使血液中毒，阻碍了氧与血色素的结合而使人体缺氧，引起窒息和死亡
二氧化碳（CO_2）	煤岩中涌出；可燃物氧化；人员呼吸；爆破工作	1.52	无色无味无臭	易溶	有微毒，对呼吸有刺激作用，在肺中的含量增加时使血液酸度变大，刺激呼吸中枢
二氧化氮（NO_2）	爆破工作	1.57	棕红色、有刺激臭	极易溶	有强烈毒性。能和水结合成硝酸，对肺组织起破坏作用，造成肺水肿；对眼睛、鼻腔、呼吸道等有强烈刺激作用
硫化氢（H_2S）	有机物腐烂；硫化矿物水解；煤岩中放出	1.19	无色、微甜、臭鸡蛋味、0.0001%时即可嗅到	易溶	有强烈毒性，能使血液中毒，对眼睛黏膜及呼吸系统有强烈刺激作用
二氧化硫（SO_2）	含硫矿物氧化；含硫矿物中爆破	2.2	极刺激臭及酸味	易溶	与眼、呼吸道的湿表面接触后能形成亚硫酸，因而对眼、呼吸器官有强烈腐蚀作用，严重时会引起肺水肿
氢气（H_2）	蓄电池充电时放出	0.07	无色无味无臭	不溶	浓度达4%～7%时有爆炸性
氨气（NH_2）	爆破工作	0.6	无色有恶臭	易溶	刺激皮肤、呼吸道，使人流泪、咳嗽、头晕，严重中毒者会发生肺水肿

（2）有害气体的浓度不超过表4—2规定。

表 4—2　　矿井有害气体最高允许浓度

名　　称	最高允许浓度/%
一氧化碳（CO）	0.0024
氧化氮（换算成二氧化氮NO_2）	0.00025
二氧化硫（SO_2）	0.0005
硫化氢（H_2S）	0.00066
氨气（NH_3）	0.004

瓦斯、二氧化碳和氢气的允许浓度按《煤矿安全规程》的有关规定执行。

（3）《煤矿安全规程》同时对矿井空气的温度、风速和风量的规定如下：

① 生产矿井采掘工作面空气温度不得超过26 ℃，机电设备硐室的空气温度不得超过30 ℃。

② 风速的规定见表4—3。

表4—3　　　　　　　　　　井巷中的允许风流速度

井巷名称	允许风速/m·s^{-1} 最低	允许风速/m·s^{-1} 最高
无提升设备的风井和风硐		15
专为升降物料的井筒		12
风桥		10
升降人员和物料的井筒		8
主要进、回风巷		8
架线电机车巷道	1.0	8
运输机巷，采区进、回风巷	0.25	6
采煤工作面、掘进中的煤巷和半煤岩巷	0.25	4
掘进中的岩巷	0.15	4
其他通风人行巷道	0.15	

三、矿井通风系统及其基本要求

（一）矿井通风系统

矿井通风系统包括矿井通风方式、通风方法、通风网络和通风设施方面的内容。

1. 矿井通风方式

矿井通风方式是指对矿井进风井筒与回风井筒的数量及相对位置而言的。一个矿井若构成通风系统就至少有一个进风井和一个回风井。按进、回风井筒的相对位置，矿井通风方式可以分为：中央式，有中央分列式和中央边界式；中央对角式，有两翼对角式和分区对角式；区域式；混合式。

2. 通风方法

（1）自然通风。利用自然因素产生的通风动力，使空气在井下流动的方法称为自然通风。自然风压的大小及其作用方向，要受地面空气温度变化等因素的影响。采用机械通风的矿井，自然风压也是始终存在的，并在各个时期影响矿井通风工作。

（2）机械通风。利用矿井通风机械运转产生的通风动力，使空气在井下巷道流动的通风方法，称为机械通风。根据通风机工作方式不同，可分为抽出式通风、压入式通风和抽压混合式通风。

矿井反风是矿井发生灾变时所采取的一项重要的控制风流的救灾措施。生产矿井的反风有全矿性反风和局部反风两种形式。为确保每个生产矿井具备全矿性反风能力，《煤矿安全规程》规定：生产矿井主要通风机必须有反风设施，必须能在10 min内改变巷道中的风流方向。当风流方向改变后，主要通风机供给风量，不小于正常风量的40%。对于反风设施，每季度至少检查一次；每年应进行一次反风演习。当矿井通风系统有较大变化时，也应进行一次反风演习，北方地区矿井应在冬季结冰期进行反风演习。反风演习持续时间不应小于矿井最远地点撤人到地面所需的时间，且不得少于2 h。

3. 通风网络

矿井通风系统中的井巷连接关系一般比较复杂，为了便于分析通风系统中各井巷间的连接关系及特点，把矿井或采区中风流分岔、汇合线路的结构形式和控制风流的通风构筑物统称为通风网络，通常用不按比例、不反映空间关系的单线条来表示通风系统的示意图叫通风网络图。通风网络的连接形式有串联网络、并联网络和角联网络3种。

4. 主要通风设施

在矿井正常生产中，为保证风流按设计的路线流动，在灾变时期仍能维持正常通风或便于风流调度，而在通风系统中设置的一系列构筑物，叫通风设施。通风设施按其作用可分为以下三类：隔断风流的设施、引导风流的设施、调节控制风量的设施。煤矿井下常见的通风设施有风门、风桥、密闭等。

（二）矿井通风系统的基本要求

一个完善合理的矿井通风系统应满足以下基本要求：

（1）矿井必须有完整的通风系统，应至少有一个进风井和回风井，井下有足够的进、回风巷道及通风设施，使风流稳定可靠。

（2）矿井进风井口必须布置在粉尘、灰、烟和高温、有害气体不能侵入的地方。进、回风井口均应在当地最高洪水位标高以上。

（3）矿井通风系统应力求通风路线短、网络结构合理、通风阻力小和漏风少。

（4）矿井各生产水平和采区必须实行分区通风；矿井通风系统应满足采区通风和掘进通风，以及防治瓦斯、火、粉尘和水等灾害的要求。

（5）矿井各用风地点的风速、风量、空气温度，应符合《煤矿安全规程》的规定。

（6）箕斗提升井或装有带式输送机的井筒，一般不应兼作风井使用。否则，应遵守《煤矿安全规程》第一百一十条的规定。

（7）矿井必须采用机械通风，严禁采用局部通风机或风机群作为主要通风机使用。

（8）矿井主要通风机必须设有双回路电源、反风装置，其出风井口应安装防爆门。

（9）矿井必须安装两套同等能力的主要通风机，其中一套作为备用。多台主要通风机联合运转时，各通风机之间影响要小，保持各通风机工况点的稳定。

（10）尽可能使各采区产量均衡，阻力接近，避免过多地风量调节，尽量减少通风构筑物，以免引起大量漏风和风流不稳定。

（11）具有较强的防灾抗灾能力，当发生某种灾害事故时，风流易于控制，使受灾范围缩小，各水平、采区直至地面都有安全出口和明确的避灾路线，便于人员逃生。

四、采区通风及基本要求

（一）采区通风系统

搞好采区通风是保证矿井安全生产的基础，也是日常生产和管理工作的重点内容之一。

（1）《煤矿安全规程》规定，采掘工作面都应独立通风，即各用风地点的回风直接进入回风巷中。独立通风对保证煤矿井下安全生产和改善作业场所条件相当重要。在无瓦斯或二氧化碳突出危险的煤层，在同一采区内，同一煤层上、下相连的2个同一风路中的采煤工作面、采煤工作面与其相连接的掘进工作面，相邻的两个掘进工作面布置独立通风有困难时，在制定措施后，可采用串联通风。即井下用风地点的回风再次进入其他用风地点的通风方式。但串联通风的次数不得超过1次。

采区内为构成新区段通风系统而掘进的巷道或采煤工作面遇地质构造而重新掘进的巷道，

布置独立通风确有困难时，其回风可以串入采煤工作面，但必须制定安全措施，而且串联通风次数不得超过1次；构成独立通风系统后必须立即改为独立通风。在串联通风中，必须在进入被串联工作面的风流中装设甲烷断电仪，且瓦斯和二氧化碳浓度不得超过0.5%，其他有害气体浓度都应符合《煤矿安全规程》规定。

在采区通风中要尽量避免采用角联网络，否则应有保证风流稳定的措施。对于必须设置的通风设施和通风设备，要选择适当位置，严守规格、质量，加强管理，保证安全运转。通风系统中，应保持通风巷道的有效面积，以保障风流稳定。

(2) 采煤工作面通风。在走向长壁采煤工作面中，针对风流方向与煤层倾斜的关系不同，可分为两种通风方式——风流沿采煤工作面由下向上流动的上行风和风流沿采煤工作面由上向下流动的下行风。两种采煤工作面通风方式在实际应用中各有优缺点。下行风与上行风相比有利于控制工作面的粉尘浓度，有利于人但不利于工作面降温，且易与瓦斯充分混合。而在某些方面上行风的安全性能却优于下行风。

下行风与上行风比较，下行风流中煤尘浓度较小，有利于高温工作面降温，但风流与瓦斯自然流动方向相反，在风速低时会造成局部瓦斯积聚，同时不利于对外因火灾的控制。因此，从总体安全性考虑上行风还是优于下行风的。《煤矿安全规程》规定，有煤（岩）与瓦斯（二氧化碳）突出危险的采煤工作面不得采用下行通风。

(二) 采区通风系统的基本要求

(1) 采区通风系统必须有独立的风巷，实行分区通风。采区进、回风巷必须贯穿整个采区的长度或高度。严禁将一条上山、下山或盘区的风巷分为两段，其中一段为进风巷，另一段为回风巷。

(2) 采掘工作面、硐室都应采用独立通风。采用串联通风时，必须遵守《煤矿安全规程》第一百一十四条的有关规定。

(3) 按瓦斯、二氧化碳、气候条件和工业卫生的要求，合理配风。要尽量减少采区漏风，并避免新风到达工作面之前被污染和加热。要保证通风阻力小，通风能力大，风流通畅。

(4) 通风网络简单，以便在发生事故时易于控制风流和撤离人员，为此应尽量减少通风构筑物的数量，要尽量避免采用对角风路，无法避免时，要有保证风流稳定的措施。

(5) 要有较强的抗灾和防灾能力，要设置防尘管路、避灾路线、避难硐室和灾变时的风流控制设施，必要时还要建立抽放瓦斯、防尘和降温设施。

(6) 采掘工作面的进风和回风不得经过采空区或冒顶区。采空区必须及时封闭。

(7) 采区内布置的机电硐室、绞车房要配足风量。如果它们设在回风区时，在排放瓦斯时，必须切断这些地点的电源，防止高浓度的瓦斯流经这些地点时引起瓦斯爆炸。

(三) 局部通风

在掘进巷道时，为了供给人员呼吸的新鲜空气，排除冲淡有害气体和矿尘，并创造良好的气候条件，必须对掘进工作面进行通风，这种通风叫局部通风或掘进通风。

局部通风机通风是矿井广泛采用的局部通风方法。采用最多的局部通风机为轴流式。其优点为体积小、安装方便、易串联使用等。按照通风机的工作方式分为压入式、抽出式和混合式三种。

压入式通风的局部通风机和启动装置安装在离掘进巷道口10 m以外的进风流中，局部通风机把新鲜空气经风筒压送到掘进工作面，污风沿巷道排出。压入式通风一般适用于各类型的巷道。《煤矿安全规程》规定：在瓦斯喷出和突出区域的巷道掘进只能采用压入式通风。

抽出式通风的局部通风机安装在离巷道口 10 m 以外的回风流中，新鲜风流沿巷道流入，污风通过硬质风筒由局部通风机排出。抽出式通风一般适用于无瓦斯巷道，《煤矿安全规程》规定：煤巷，半煤岩巷和有瓦斯涌出的岩巷不得采用抽出式通风。

混合式通风是抽出式局部通风机和压入式局部通风机联合工作，一般适用于大断面、长距离的无瓦斯巷道。在有瓦斯巷道使用必须制定安全措施。

《煤矿安全规程》规定：掘进巷道必须采用矿井全压通风或局部通风机通风。局部通风机必须由指定人员负责管理，保证正常运转，全风压供给该处的风量必须大于局部通风机吸入风量，局部通风机安装地点到回风口间巷道中最低风速必须符合《煤矿安全规程》规定。必须采用抗静电、阻燃风筒；风筒口到掘进工作面的距离以及混合式通风的局部通风机和风筒的安设，应在作业规程中明确规定。

《煤矿安全规程》规定：如果硐室深度不超过 6 m，入口宽度不少于 1.5 m，而无瓦斯涌出，可采用扩散通风。

瓦斯喷出区域，高瓦斯矿井、突出矿井中掘进工作面局部通风机应采用三专供电；严禁使用三台及以上的局部通风机向一个掘进工作面供风，不得使用一台局部通风机同时向两个作业的掘进工作面供风。

使用局部通风机的掘进工作面，不得停风；因检修、停电等原因停风时，必须撤出人员，切断电源。

五、矿井通风系统的安全管理

（一）矿井通风的安全管理

1. 主要通风机的安全管理

（1）各矿都必须采用机械通风。主要通风机必须安装在地面，采用抽出式通风方式。回风井口必须封闭严密，主要通风机装置漏风率在有提升设备时不得超过 15%，无提升设备时不得超过 5%；超过规定时，必须采取措施，把漏风率降到规定指标以下。

（2）主要通风机必须装置两套。两台主要通风机及其配备电机的性能必须相同，其中一台运转，一台备用。矿井更换或改造主要通风机前，必须报矿务局（公司）批准。主要通风机必须保持经常运转。当主要通风机因故障停止运行时，备用主要通风机必须能够在 10 min 内启动。建井期间，可以临时装置一套通风机，但必须有一部性能相同的备用电机，并保证在主要通风机停止运转后 10 min 内启动。

（3）矿井主要通风机有两套互为备用的供电系统，主要通风机及其供电系统的日常管理和月检查由机电部门负责，各项管理制度的建立和落实工作由机电副矿长负责。

（4）新安装的主要通风机在投入运行前必须进行通风机性能的测定和试运转工作，并绘制特性曲线，以便和生产厂家给定的曲线相比较，以指导矿井的通风工作。

主要通风机性能测定由矿总工程师和机电副矿长共同负责。测定整理的技术资料除矿井通风、机电部门保留外，还必须报矿务局（公司）通风处备案和存入矿技术档案长期保存。以后每 5 年至少进行 1 次性能测定，并及时对主要通风机的特性曲线进行修正。改变主要通风机的转数和风叶角度，必须报矿务局（公司）总工程师批准。

（5）主要通风机的反风设施，必须在主要通风机安装时同时建成。反风设施的控制系统必须灵活可靠，能够在 10 min 内改变巷道的风流方向，反风风流不应小于正常风流的 40%。

反风设施由矿井机电部门管理，由机电副矿长责成矿井机电部门在每月对主要通风机进行检查时，同时检查反风设施，并有记录可查，发现问题要及时处理。

生产矿井每年进行一次反风演习，因故不能进行反风演习时，报矿务局（公司）批准。当矿井通风系统发生较大变化时，也应进行一次反风演习。

（6）装有主要通风机的出风井口，应安装防爆门。

（7）主要通风机每个班次必须安排两名专职司机同时值班。值班司机必须由业务好、责任心强的人员担任。值班司机必须经过岗位培训，并考试合格，持证上岗；值班司机必须熟悉通风机的性能、控制系统和反风系统，并能熟练操作。

（8）主要通风机机房内指示通风机工作性能参数的仪表、水柱计、电流表、电压表、功率因数表、轴承温度计等必须完好，并有电话直通矿调度室。机房内要有主要通风机的供电系统图、反风操作系统图、停开通风机及反风的操作规程、司机岗位责任制，以及通风机运行及检修、事故记录等资料。司机应经常检查通风机的运行情况，并要每小时记录一次运行参数，如果发现异常，必须立即报告矿调度室。

（9）运转的主要通风机因故停止运转，主要通风机司机必须立即查明原因，如果可行应立即启动备用主要通风机，并向矿调度室报告。矿调度室要立即通知矿长和总工程师等有关领导，以便采取应急措施，同时将主要通风机停风的时间、原因及恢复的时间报告矿务局（公司）调度室和通风处等部门。

（10）主要通风机两套供电系统必须同时停电时，供电部门应将预计停电的时间提前通知矿调度室，组织制定停风措施，报矿总工程师批准。矿井主要通风机停风时，受停风影响的地点必须立即停止工作，切断电源，工作人员撤到进风巷道中，并向矿调度室报告。矿长和矿总工程师应根据停风后的具体情况和"矿井灾害预防和处理计划"所规定的行动原则，迅速决定全矿井是否停止生产，工作人员是否全部撤出地面。主要通风机停风期间，必须打开井口防爆门和有关风门，以便充分利用自然通风。恢复主要通风机通风时，关闭井口防爆门和有关风门。

（11）地面反风设施除由机电部门每月检查一次和定期维修外，通风部门还必须每月检查一次，并有检查记录，发现问题及时提示机电部门解决，并将发现和解决问题的情况报矿务局（公司）通风调度室。井下通风系统设施及地面风硐的反风风门，由矿风部门每月检查一次，并有检查记录，发现问题及时安排解决，保持反风系统的完好备用。

（12）禁止利用矿井主要通风机负压进行室内通风，以减少矿井外部漏风量；禁止利用矿井主要通风机房作其他用途。

（13）矿井主要通风机的运转记录等资料要妥善保存，保存时间和负责单位由矿总工程师决定。

2. 局部通风的安全管理

（1）采区设计和掘进巷道的作业规程中必须按《煤矿安全规程》的规定编制通风设计。

（2）所有掘进工作面都必须采用局部通风机通风或全风压通风，禁止采用扩散通风。煤（半煤岩）巷及有瓦斯涌出的岩巷掘进只准采用压入式通风。突出矿井严禁采用抽出式和混合式通风。

（3）井下爆破材料库、充电室、机电硐室的通风必须符合《煤矿安全规程》的有关规定。

（4）局部通风机必须由指定人员负责管理，保证正常运转。

（5）压入式局部通风机和启动装置，必须安装在进风巷道中，距掘进巷道回风口不得小于10 m；全风压供给该处的风量必须大于局部通风机的吸入风量，局部通风机安装地点到回风口间的巷道中的最低风速必须符合《煤矿安全规程》第一百零一条的有关规定。

（6）高瓦斯矿井、煤（岩）与瓦斯（二氧化碳）突出矿井、低瓦斯矿井中高瓦斯区的煤巷、半煤岩巷和有瓦斯涌出的岩巷掘进工作面正常工作的局部通风机必须配备安装同等能力的备用局部通风机，并能自动切换。正常工作的局部通风机必须采用三专（专用开关、专用电缆、专用变压器）供电，专用变压器最多可向4套不同掘进工作面的局部通风机供电；备用局部通风机电源必须取自同时带电的另一电源，当正常工作的局部通风机故障时，备用局部通风机能自动启动，保持掘进工作面正常通风。

（7）其他掘进工作面和通风地点正常工作的局部通风机可不配备安装备用局部通风机，但正常工作的局部通风机必须采用三专供电；或正常工作的局部通风机配备安装一台同等能力的备用局部通风机，并能自动切换。正常工作的局部通风机和备用局部通风机的电源必须取自同时带电的不同母线段的相互独立的电源，保证正常工作的局部通风机故障时，备用局部通风机正常工作。

（8）必须采用抗静电、阻燃风筒。风筒口到掘进工作面的距离、混合式通风的局部通风机和风筒的安设、正常工作的局部通风机和备用局部通风机自动切换的交叉风筒接头的规格和安设标准，应在作业规程中明确规定。

（9）正常工作和备用局部通风机均失电停止运转后，当电源恢复时，正常工作的局部通风机和备用局部通风机均不得自行启动，必须人工开启局部通风机。

（10）使用局部通风机供风的地点必须实行风电闭锁，保证当正常工作的局部通风机停止运转或停风后能切断停风区内全部非本质安全型电气设备的电源。正常工作的局部通风机故障，切换到备用局部通风机工作时，该局部通风机通风范围内应停止工作，排除故障；待故障被排除，恢复到正常工作的局部通风后方可恢复工作。使用2台局部通风机同时供风的，2台局部通风机都必须同时实现风电闭锁。

（11）每10天至少进行一次瓦斯风电闭锁试验，每天应进行一次正常工作的局部通风机与备用局部通风机自动切换试验，试验期间不得影响局部通风，试验记录要存档备查。

（12）严禁使用3台以上（含3台）局部通风机同时向1个掘进工作面供风。不得使用1台局部通风机同时向2个作业的掘进工作面供风。

（13）使用局部通风机通风的掘进工作面，不得停风；因检修、停电、故障等原因停风时，必须将人员全部撤至全风压进风流处，并切断电源。

恢复通风前，必须由专职瓦斯检查员检查瓦斯，只有在局部通风机及其开关附近10 m以内风流中的瓦斯浓度都不超过0.5%时，方可由指定人员开启局部通风机。

（14）发生无计划停电停风事故后，现场瓦斯检查员和班（组）长要立即分别向矿务局（公司）通风调度部门和矿调度室汇报，矿务局（公司）通风调度部门和矿调度室要有专门记录，事故处理完后也应及时汇报。通风调度负责将每次无计划停电停风事故汇总并填发无计划停电停风事故通知单，通知有关生产区队、安全监察处、供电部门及有关领导。

煤矿安全监察处负责按有关规定组织分析事故，并对事故责任单位和责任者进行处理。事故分析报表经总工程师签阅后，按规定时间分别上报矿务局（公司）有关部门。

3. 盲巷的安全管理

（1）在工程设计和施工安排上应尽量避免出现盲巷。凡因地质、设计、施工等原因造成盲巷的，由总工程师组织分析事故，采取处理措施。

（2）临时停工的地点不得停风。因停电等原因临时停风时，必须立即撤出人员，切断电源，并设置栅栏、揭示警标或派专人看守，禁止人员进入，并报告矿调度室。

停工区内瓦斯或二氧化碳浓度达到3%或其他有害气体浓度超过《煤矿安全规程》规定，不能立即处理时，必须在24 h内封闭完毕。

由于临时停电造成的临时停风（<24 h）的地点恢复通风时，必须检查瓦斯。当瓦斯浓度超过《煤矿安全规程》有关规定时，按有关规定组织排放瓦斯。恢复已封闭的停工区，必须提前制定排除积聚瓦斯的措施，并报矿总工程师批准后，组织排除盲巷内积聚的瓦斯。

启封已熄灭的火区，必须事先制定措施报矿务局（公司）总工程师批准，并由矿山救护队负责进行。

（3）采区报废的尾巷，要及时组织回撤，并按规定及时进行封闭。

（4）长度超过6 m的盲巷要采取通风措施，否则必须予以封闭。长度虽不超过6 m，但在有可能积聚瓦斯的地点，也必须进行通风或予以封闭。封闭剩余的尾巷，要在巷道口打上栅栏，禁止人员进入。瓦斯检查员每班至少检查一次封闭地点附近的瓦斯。

（5）盲巷管理要实行登记制度，内容包括封闭时间、长度、盲巷内支护类型、断面、封闭前瓦斯涌出量等有关内容。

4. 巷道贯通时的安全管理

在煤巷或其他有瓦斯涌出的巷道贯通时，常常由于掘进工作面通风不良、瓦斯积聚或风流系统紊乱，发生瓦斯、煤尘爆炸。

（1）贯通前，当两个掘进工作面相距一定距离（综掘为50 m，一般巷道为20 m）时，必须制定相应的安全技术措施。

（2）贯通时，必须由专人在现场统一指挥，只准一个工作面掘进，另一个工作面要停止工作并撤出该工作面的人员，巷道口设置栅栏及警标，并保持正常通风，风筒完好，瓦斯不超限。

（3）贯通后，必须停止采区内的一切工作，通风部门组织人员立即进行通风调整，实现全风压通风，调整风量，并检查风速和瓦斯浓度，只有符合《煤矿安全规程》有关规定后，方可进行其他工作。

5. 矿井测风的安全管理

（1）矿井必须建立测风制度，每10天进行1次全面测风，对采掘工作面和其他用风地点，应根据实际需要随时测风，每次测风结果应记录并写在测风地点的记录牌上。应根据测风结果采取措施，进行风量调节。

（2）矿井每年安排采掘作业计划时，必须核定矿井生产和通风能力，必须按实际供风量核定矿井产量；严禁超通风能力生产。

（3）矿井风量等于巷道的断面积和通过巷道的平均风速的乘积，所以测定风量就是测定巷道的断面积和通过巷道的平均风速。

六、矿井通风系统安全检查要点

1. 矿井通风系统的完善性检查

（1）无主要通风机，采用自然通风。

（2）用局部通风机或局部通风机群代替主要通风机使用。

(3) 无独立的进、回风系统。
(4) 主要通风机无独立双回路供电，经常停电。
(5) 主要通风机无管理制度，经常停开。
凡发现以上问题之一时矿井要停止生产。

2. 矿井通风的可靠性检查
(1) 主要通风机供风量小于井下需风量。
(2) 2台以上通风机并联运转不匹配，主要通风机在不稳定区或其附近工作。
(3) 风流不稳定、无风、微风或反向。
(4) 不合规定的串联通风。

3. 主要通风机的检查
(1) 风机工况及其变化。
(2) 电压、电流的稳定情况。
(3) 风机故障情况。
(4) 有无同等能力的备用风机。
(5) 有无反风能力，是否满足反风的要求。
(6) 是否双回路供电，电气保护装置是否齐全、可靠。

4. 井巷通风的检查
(1) 风速：在矿井中风速的大小直接影响人体的散热效果，另外，从风流的动力给人的感受上分析，风速不宜超过 8 m/s；风速过大也影响矿井的安全生产，所以风速应符合《煤矿安全规程》的规定。
(2) 断面：巷道断面是否满足矿井通风的要求，主要进风巷道实际断面不小于设计断面的 2/3，回风巷失修率不高于 7%，严重失修率不高于 3%。

5. 矿井通风设施的检查
(1) 反风设施：矿井主要通风机的反风设施按《煤矿安全规程》规定定期检查，每年进行一次反风演习，反风效果应符合规定。
(2) 风门、风桥、风窗、密闭墙，重点是风门和密闭墙。
永久风门、密闭、风窗应满足以下要求：
① 墙体用不燃性材料建筑，厚度不小于 0.5 m，严密不漏风。
② 墙体平整，无裂缝、重缝和空缝。
③ 墙体周边掏槽，要见硬顶、硬帮，要与煤岩接实，四周要有不小于 0.1 m 的裙边（坚硬岩石和支护除外）。
④ 设施 5 m 内巷道支护良好，无杂物、积水、淤泥。
⑤ 密闭内有水的设反水池或反水管；自然发火的煤层的采空区密闭要设观测孔、措施孔，孔口封堵严密。密闭前无瓦斯积聚，要设栅栏、警标、说明牌和检查箱（排、入风之间的挡风墙除外）。
⑥ 风门一组至少两道，能自动关闭和有闭锁装置。门框要包边沿口，有衬垫，四周接触严密，门扇平整不漏风，调节风窗的调节位置设在门墙上方，并能调节。
临时风门、临时密闭应满足以下要求：
① 临时设施设在顶、帮良好处，见硬底、硬帮，与煤岩体接实。

② 设施周围 5 m 内支护良好，无片帮、冒顶，无杂物、积水、淤泥。
③ 设施四周接触严密，木板设施要鱼鳞搭接，表面要用灰、泥抹满或勾缝。
④ 临时密闭不漏风，密闭前要设栅栏、警标和检查牌。
⑤ 临时风门能自动关闭，通车风门及斜巷运输的风门有报警信号，否则要装闭锁装置。门框包边沿口，有衬垫，四周接触严密，门扇平整不漏风，与门框接触严密。

永久风桥应满足以下要求：
① 用不燃性材料建筑。
② 桥面平整不漏风。
③ 风桥前后各 5 m 范围内巷道支护良好，无杂物、积水、淤泥。
④ 风桥通风断面不小于原巷道断面的 4/5，成流线型，坡角小于 30°。
⑤ 风桥两端接口严密，四周实帮、实底，要填实、接实。
⑥ 风桥上下不准设风门。

6. 矿井漏风的检查

检查矿井内部漏风和外部漏风，漏风率超过规定时要查明原因。矿井主要通风机装置外部漏风每年至少测定一次，外部漏风率在无提升设备时不得超过 5%，有提升设备时不得超过 15%；矿井有效风量率不低于 85%。

7. 矿井通风管理的检查

其检查重点是：通风资料，牌板，管理制度，记录，通风旬、季报表，通风测定报告（包括阻力测定报告、主要通风机性能测定报告、反风演习报告）和通风管理机构。

(1) 检查矿井是否有通风系统图、通风系统示意图、通风网络图、避灾路线图。

(2) 检查矿井通风图件是否准确反映实际，重点检查风流方向、用风地点风量、通风设施位置等，主要图件要求每季绘制，按月补充修改。

(3) 检查矿井是否有局部通风管理牌板、通风设施管理牌板、通风仪表管理牌板，牌板是否与实际相符，采用井上下对照的方法进行检查。

(4) 查阅通风管理制度及执行记录。

(5) 检查通风记录、报表，采用井上下对照的方法进行检查。

(6) 检查通风测定报告，主要查报告中的测定时间和数据的可靠性；矿井至少 10 天进行一次全面测风，采掘工作面根据实际需要随时测风。

(7) 按有关规定检查通风管理机构与管理人员。

8. 矿井通风重大事故隐患的检查

(1) 通风系统不合理，通风设施不齐全，出现无风、微风、循环风和利用采空区回风，以及不合理的串联风、扩散风。

(2) 通风风流稳定性差，抗干扰能力低；时常出现风门同时打开造成风流短路现象；主要通风机在驼峰区附近工作。

(3) 井下存在敞口盲巷；采煤工作面结束 45 天内或采区结束 1.5 个月内未进行永久密闭。

(4) 局部通风机未装置"三专两闭锁"；一台局部通风机同时向两个以上的掘进工作面供风；时常出现局部通风机无计划停电、停风；局部通风机产生循环风；局部通风机停止运转后不及时撤出人员，切断电源，停止工作。

(5) 风筒的漏风大，最后一节风筒距离工作面过远，造成风量不足，仍继续工作。

(6) 巷道贯通后，不及时调整通风系统，造成瓦斯积聚。

9. 采区通风的安全检查

采区瓦斯涌出集中，矿尘产生量大，工作面又经常移动，容易发生"一通三防"事故。现场检查的重点是：

(1) 采区通风的完备性及其抗灾、防灾能力。

(2) 采煤工作面上隅角。这是采煤工作面瓦斯最高的区域，当回风流瓦斯浓度在0.7%～0.8%时，上隅角瓦斯就可能超限。

(3) 采煤机组附近。这是瓦斯涌出集中、产尘量大的地点。

(4) 采煤工作面回风巷。重点检查采区通风系统是否健全，是否采用分区通风；串联通风是否符合规定；采煤工作面通风形式和风速是否符合有关要求，风量能否满足排放瓦斯、有害气体和煤尘的要求；采区尤其是采空区漏风情况；采区通风是否稳定可靠。

具体内容主要包括以下几个方面：

(1) 风速是否超过《煤矿安全规程》规定。

(2) 采区巷道断面是否满足通风的要求。

(3) 工作面、硐室的温度是否符合《煤矿安全规程》规定。

(4) 串联通风的使用是否符合《煤矿安全规程》规定。

(5) 工作面的配风量是否符合《煤矿安全规程》规定。

(6) 采煤工作面是否用局部通风机通风。

(7) 采区内的回风是否是专用回风道，是否有一段为进风，一段为回风。

(8) 突出工作面是否采用下行通风。

(9) 采区内的漏风是否进入采空区。

(10) 采区内是否有控制风门，采区内的风量是否能够调节。

(11) 采区内的角联网络是否稳定。

(12) 采区巷道是否有无风的地点。

10. 掘进通风的检查

(1) 局部通风机的检查。

① 局部通风机是否噪声低，或安设消声器。

② 局部通风机有无整流器、高压垫圈及吸风罩，入风处有无净化风流装置。

③ 局部通风机是否安设在进风流中，距巷道回风口是否大于10 m。

④ 局部通风机吸风量是否小于全风压供给该处的风量，是否产生循环风。

⑤ 局部通风机吊挂是否结实、安装在底板的通风机是否加垫，垫高是否大于30 cm，是否牢靠。

⑥ 局部通风机是否有"三专两闭锁"装置，是否有效并使用。

⑦ 局部通风机及与风筒连接处是否存在漏风。

(2) 风筒的检查。

① 是否使用抗静电阻燃风筒。

② 是否做到逢环必挂、两靠一直（靠帮、靠顶、平直）。

③ 最后一节风筒距工作面的距离是否符合相关规定。

④ 风筒分叉有无三通，拐弯是否平缓，是否使用弯头。
⑤ 风筒间接头是否漏风，风筒有无破损。
(3) 掘进通风管理的检查。
① 是否有完整的局部通风设计。
② 局部通风机是否指定专人负责，保证正常运转。
③ 局部通风机停风时，是否立即撤出人员。
④ 局部通风机串联运转时风量与风压是否匹配。

第二节 矿井瓦斯防治

一、矿井瓦斯的危害及其影响因素

矿井瓦斯是成煤过程中的一种伴生气体，是指煤矿井下以甲烷（CH_4）为主的有毒、有害气体的总称，有时单指甲烷。瓦斯在煤层及围岩中的赋存状态有两种，一种是游离状态，另一种是吸附状态。留存在现今煤层中的瓦斯，仅是变质作用生成的气体总量的3%~24%。

1. 矿井瓦斯的危害

(1) 瓦斯窒息。甲烷本身虽然无毒，但空气中甲烷浓度较高时，就会相对降低空气中氧气浓度。

(2) 瓦斯的燃烧和爆炸。当瓦斯与空气混合后，瓦斯浓度在5%~16%之间，氧气浓度不低于12%时，遇到高温火源就会发生爆炸。

2. 矿井瓦斯涌出

当煤层被开采时，煤体受到破坏，贮存在煤体内的部分瓦斯就会离开煤体而涌入采掘空间，这种现象叫做瓦斯涌出。矿井瓦斯涌出分为：普通涌出，是瓦斯涌出主要形式；特殊涌出，又有瓦斯喷出和煤与瓦斯突出。瓦斯特殊涌出的范围是局部的、短暂的、突发性的，但其危害极大。

矿井瓦斯涌出的来源，按照瓦斯涌出地点和分布状况可分为：煤岩壁瓦斯涌出；采落煤炭瓦斯涌出；采空区瓦斯涌出；邻近煤层瓦斯涌出。

矿井瓦斯涌出的多少用矿井瓦斯涌出量来表示，它是指在开采过程中，单位时间内或单位质量煤中涌出的瓦斯量。表示矿井瓦斯涌出量的方法有两种——绝对瓦斯涌出量和相对瓦斯涌出量。

必须指出，对于抽采瓦斯的矿井，在计算矿井瓦斯涌出量时，应包括抽采的瓦斯量。

3. 矿井瓦斯等级的划分

《煤矿安全规程》规定：一个矿井中只要有一个煤（岩）层发现瓦斯，该矿井即为瓦斯矿井。瓦斯矿井必须依照矿井瓦斯等级进行管理。

矿井瓦斯等级，根据矿井相对瓦斯涌出量、矿井绝对瓦斯涌出量和瓦斯形式划分为：

(1) 低瓦斯矿井：矿井相对瓦斯涌出量小于或等于10 m^3/t且矿井绝对瓦斯涌出量小于或等于40 m^3/min。

(2) 高瓦斯矿井：矿井相对瓦斯涌出量大于10 m^3/t或矿井绝对瓦斯涌出量大于40 m^3/min。

(3) 煤（岩）与瓦斯（二氧化碳）突出矿井。

矿井在采掘过程中，只要发生过一次煤（岩）与瓦斯突出，该矿井即为突出矿井，发生突出的煤层即为突出煤层。突出矿井和突出煤层的确定，由煤矿企业提出报告，经国家煤矿安全监察局授权单位鉴定，报省（自治区、直辖市）负责煤炭行业管理的部门批准，并报省级煤矿安全监察机构备案。

对于突出矿井或突出煤层，只有在有充分依据证明不再有突出危险，由煤矿企业提出报告，经原鉴定单位确认和审批单位批准后，方可撤销，并报省级煤矿安全监察机构备案。

4. 矿井瓦斯等级鉴定

《煤矿安全规程》规定，"每年必须对矿井进行瓦斯等级和二氧化碳涌出量的鉴定工作，报省（自治区、直辖市）负责煤炭行业的部门审批，并报省级煤矿安全监察机构备案。上报时应包括开采煤层最短发火期和自燃倾向性、煤尘爆炸性的鉴定结果。"

矿井瓦斯等级鉴定是矿井瓦斯防治工作的基础。借助于矿井瓦斯等级鉴定工作，也可以较全面地了解矿井瓦斯的涌出情况。

5. 瓦斯涌出的影响因素

（1）煤层和围岩的瓦斯含量。煤层（包括可采层和非可采层）和围岩的瓦斯含量是瓦斯涌出量大小的决定因素，瓦斯含量越高，瓦斯涌出量越大。

（2）开采深度。随着开采深度的增大，煤层的瓦斯含量也会增大，因而瓦斯涌出量也相应地增大。

（3）开采规模。矿井开采规模越大，矿井绝对瓦斯涌出量也越大。

（4）开采顺序和开采方法。在开采煤层群中的首采煤层时，由于其涌出的瓦斯不仅来源于开采层本身，而且还来源于上、下邻近层，因此，开采首采煤层时的瓦斯涌出量往往比开采其他各层时大几倍。为了使矿井瓦斯涌出量不发生大的波动，在开采煤层群时，应搭配好首采煤层和其他各层的比例。采出率越低，瓦斯涌出量就越大。在开采煤层群时，采用陷落法管理顶板比采用充填法管理顶板更能造成顶板大范围的破坏与松动，因此，前者工作面的瓦斯涌出量比后者大。

（5）地面气压的变化。地面气压的变化必然引起井下气压的变化。地面气压的变化对煤层暴露面的瓦斯涌出量影响不大，但对采空区的瓦斯涌出量影响较大。在生产规模较大，采空区瓦斯涌出量占很大比重的矿井，当气压突然下降时，采空区积存的瓦斯会更多地涌入风流中，使矿井瓦斯涌出量增大；当气压变大时，矿井瓦斯涌出量会明显减小。

6. 瓦斯治理的"十二字方针"

"先抽后采、以风定产、监测监控"是治理瓦斯灾害的"十二字方针"。"先抽后采"是瓦斯防治的基础，是从源头上治理瓦斯灾害的治本之策和关键之举；"以风定产"是防治瓦斯的基本生产管理措施，也是防止瓦斯积聚的先决条件；"监测监控"是防治瓦斯事故的重要防线和保障措施，三者是一个相辅相成的有机整体。这个方针是各类煤矿瓦斯灾害防治的指南，只要认真贯彻执行，瓦斯事故是可以得到有效控制的。

二、瓦斯抽采

1. 瓦斯抽采的必要条件

《煤矿安全规程》规定有下列情况之一的矿井，必须建立地面永久抽采瓦斯系统或井下临时抽采瓦斯系统：

（1）一个采煤工作面的瓦斯涌出量大于 5 m^3/min 或一个掘进工作面瓦斯涌出量大于 3 m^3/min，用通风方法解决瓦斯问题不合理的。

(2) 矿井绝对瓦斯涌出量达到以下条件的：大于或等于 40 m³/min；年产量 100 万～150 万 t 的矿井，大于 30 m³/min；年产量 60 万～100 万 t 的矿井，大于 25 m³/min；年产量 40 万～60 万 t 的矿井，大于 20 m³/min；年产量小于或等于 40 万 t 的矿井，大于 15 m³/min。

(3) 开采有煤与瓦斯突出危险煤层的。

2. 《煤矿安全规程》对瓦斯抽采的有关规定

(1) 设置井下临时抽采瓦斯泵时应遵守的规定：

① 临时抽采瓦斯泵站应安设在抽采瓦斯地点附近的新鲜风流中。

② 抽出的瓦斯可引到地面、总回风巷、一翼回风巷或分区回风巷，但必须保证稀释后风流中瓦斯浓度不超限。在建有地面永久抽采系统的矿井，临时泵站抽出的瓦斯可送至永久抽采系统的管路，但矿井抽采系统的瓦斯浓度必须符合《煤矿安全规程》的规定。

③ 抽出的瓦斯排入回风巷时，在排瓦斯管路出口必须设置栅栏，悬挂警戒牌等。栅栏设置的位置上风侧距管路出口 5 m，下风侧距管路出口 30 m，两栅栏之间禁止任何作业。

④ 在下风侧栅栏外必须设置便携式甲烷检测报警仪，巷道风流中瓦斯浓度超限报警时，应断电、停止瓦斯抽采并进行处理。

(2) 抽采瓦斯必须遵守下列规定：

① 抽放容易自燃和自燃煤层的采空区瓦斯时，必须经常检查一氧化碳浓度和气体温度参数的变化，发现有自然发火征兆时，应当立即采取措施。

② 井上下敷设的瓦斯管路，不得与带电物体接触并应当有防止砸坏管路的措施。

③ 采用干式抽放瓦斯设备时，抽放瓦斯浓度不得低于 25%。

④ 利用瓦斯时，在利用瓦斯的系统中必须装设有防回火、防回风和防爆炸作用的安全装置。

⑤ 抽采的瓦斯浓度低于 30% 时，不得作为燃气直接燃烧；用于内燃机发电或作其他用途时，瓦斯的利用、输送必须按有关标准的规定，并制定安全技术措施。

3. 瓦斯抽采方法

矿井瓦斯抽采的方式和方法多种多样，一般有三种分类方法，见表 4-4。瓦斯抽采方法虽然有不同分类方法和分为不同种类，但现场应用时，往往是相互结合，不能截然分开的。如本煤层抽采中包括巷道预抽法、钻孔预抽法及边采（掘）边抽法；而钻孔抽采法又应用于本煤层抽采、邻近层抽采及预抽、边抽等。

表 4-4　　矿井瓦斯抽采方法分类

分类方法	瓦斯抽采方法
按抽采瓦斯的来源分类	1. 本煤层瓦斯抽采 2. 邻近层瓦斯抽采 3. 采空区瓦斯抽采
按抽采与采掘的时间关系分类	1. 采前抽采（也叫预抽） 2. 采中抽采（也叫边采边抽、边掘边抽） 3. 采后抽采（也叫旧区抽采）
按施工工艺分类	1. 巷道抽采法 2. 钻孔抽采法 3. 巷道、钻孔混合抽采法

三、瓦斯爆炸事故的防治

瓦斯爆炸必须具备下面三个基本条件：

（1）一定的瓦斯浓度。在新鲜空气中，瓦斯爆炸的界限下限为5%～16%，上限为14～16%。

（2）引火温度。瓦斯的引火温度一般认为是650～750 ℃。

（3）充足的氧气含量。氧气浓度不低于12%。

瓦斯爆炸事故是可以预防的。预防瓦斯爆炸，就是指消除瓦斯爆炸的条件并限制爆炸火焰向其他地区传播，归纳起来主要有以下三个方面——防止瓦斯积聚、防止引爆瓦斯和防止瓦斯爆炸事故的扩大。

（一）防止瓦斯积聚的技术措施

1. 加强通风管理

通风是防止瓦斯积聚的主要措施。加强通风管理，使井下各处的瓦斯浓度符合《煤矿安全规程》的要求，这是防止矿井发生瓦斯爆炸事故的可靠保证。

（1）加强掘进工作面的通风管理。统计资料表明，有60%以上的瓦斯爆炸事故发生在掘进工作面。因此，必须加强掘进工作面的通风管理，特别是在更换、维修局部通风机或局部通风机停止运转时，更要加强管理。

（2）加强采煤工作面的通风管理。对于采煤工作面应特别注意回风隅角的瓦斯超限。采煤工作面采用的是全负压通风，合理的通风系统是保证工作面风量充足的基础。

2. 加强瓦斯检查和监测

《煤矿安全规程》规定，矿井必须建立瓦斯检查制度。低瓦斯矿井的采掘工作面，每班至少检查2次；高瓦斯矿井中每班至少检查3次。有煤（岩）与瓦斯（二氧化碳）突出危险的采掘工作面，有瓦斯喷出危险的采掘工作面和瓦斯涌出较大、变化异常的采掘工作面，必须有专人经常检查，并安设甲烷断电仪。

3. 及时处理局部积聚的瓦斯

《煤矿安全规程》规定：采掘工作面内，体积大于 $0.5~m^3$ 的空间内积聚的瓦斯浓度达到2%时，附近 20 m 内必须停止工作，撤出人员，切断电源，进行处理。

（1）采煤工作面上隅角处瓦斯积聚的处理方法。

① 引导风流法。引导风流法的实质是将新鲜风流引入瓦斯积聚的地点，把局部积聚的瓦斯冲淡、带走。

② 沿空留巷排除法。在工作面回风巷中打密柱沿空留巷，使部分风流通过上隅角，以冲淡和带走上隅角局部积聚的瓦斯。

③ 瓦斯抽采法。该方法即采用可移动瓦斯泵通过管路抽采上隅角瓦斯，可收到很好的效果。

④ 充填置换法。这种方法是对采空区上隅角的空隙进行充填，将积聚瓦斯的空间用不燃性固体物质充填严密，使瓦斯没有积聚的空间，同时设管抽采。这种方法效果明显，但对生产有一定干扰。因此，仅在少数矿井应用。

⑤ 风压调节法。风压调节法也称均压通风法。在工作面进风巷安设局部通风机（通风能力大小根据工作面需要风量大小而定）和接设15～20 m导风筒，向工作面送风，并在导风筒的出风口与局部通风机之间设两道风门，在工作面回风巷设两道调节风门，以调节风压。同

2. 安设安全装置

（1）安设防爆门。安装主要通风机的出风井口处，必须装设防爆门或防爆井盖，以便在井下发生瓦斯爆炸时，冲击波将防爆门（或井盖）冲开，释放能量，以防止通风机受到破坏。

（2）安设反风装置。主要通风机必须有反风设备，并做到每季度至少检查一次，一年至少进行一次反风演习，操作时间和反风风量达到《煤矿安全规程》规定要求，保证在处理事故需要紧急反风时能灵活使用。

（3）安设隔爆设施。隔爆设施是根据瓦斯或煤尘爆炸时所产生的冲击波与火焰的速度差的原理设计的。爆炸时产生的冲击波在前，可使隔爆设施动作，将随后而来的火焰扑灭、隔住，从而使爆炸灾害范围不再扩大。隔爆设施主要是在巷道中架设岩粉棚和水棚等。

（4）佩戴自救器。每个入井人员不仅要随身佩戴自救器，还要懂原理、会使用，在发生瓦斯爆炸或其他灾害时，能安全逃生。

四、煤与瓦斯突出及其防治

在煤矿井下由于地应力和瓦斯（二氧化碳）的共同作用，在极短的时间内，破碎的煤和瓦斯由煤体内或岩体内突然向采掘空间抛出的异常的动力现象，称为煤与瓦斯突出。

1. 煤与瓦斯突出的分类

按动力现象的力学特征，可分为突出、压出和倾出。

按突出强度可分为：

（1）小型突出：强度小于 100 t。

（2）中型突出：强度等于或大于 100 t、小于 500 t。

（3）大型突出：强度等于或大于 500 t、小于 1 000 t。

（4）特大型突出：强度等于或大于 1 000 t。

2.《煤矿安全规程》对采掘工作面防突的规定

（1）矿井在采掘过程中，只要发生过一次煤（岩）与瓦斯突出（简称突出），该矿井即为突出矿井，发生突出的煤层即为突出煤层。突出矿井及突出煤层的确定，由煤矿企业提出报告，经国家煤矿安全监察局授权单位鉴定，报省（自治区、直辖市）煤炭管理部门审批，并报省级煤矿安全监察机构备案。

（2）开采突出煤层时，必须采取突出危险性预测、防治突出措施、防治突出措施的效果检验、安全防护措施等综合防治突出措施。

（3）开采突出煤层时，每个采掘工作面的专职瓦斯检查工，必须随时检查瓦斯，掌握突出预兆。当发现有突出预兆时，瓦斯检查工有权停止工作面作业，并协助班组长立即组织人员按避灾路线撤出、报告矿调度室。

（4）有突出危险的采掘工作面爆破落煤前，所有不装药的炮眼、孔都应用不燃性材料充填，充填深度应不小于爆破孔深度的 1.5 倍。

（5）井巷揭穿煤层和在突出煤层中进行采掘作业时，必须采取震动爆破、远距离爆破、避难硐室、反向风门、压风自救系统等安全防护措施。

（6）突出矿井的人员入井必须携带隔离式自救器。

3. 煤与瓦斯突出预防

《煤矿安全规程》规定：开采突出煤层时，必须采取突出危险性预测、防治突出措施、防治突出措施的效果检验、安全防护措施等综合防治突出措施。

（1）突出危险性预测：突出危险性预测分为区域突出危险性预测（简称为区域预测）和工作面突出危险性预测。区域预测，把煤层划分为突出煤层和非突出煤层。突出煤层经区域预测后可划分为突出危险区、突出威胁区和无突出危险区。在突出危险区域内，工作面进行采掘前应进行工作面预测。采掘工作面经预测后，可划分为突出危险工作面和无突出危险工作面。

（2）区域性防治突出措施：开采保护层。在突出矿井中，预先开采的、并能使其他相邻的有突出危险的煤层受到采动影响而减少或丧失突出危险的煤层称为保护层。

开采保护层的作用有：被保护层充分卸压，弹性潜能缓慢释放；煤层膨胀变形，形成裂隙与孔道，透气性增加；煤层瓦斯涌出后，煤的强度增加。

预抽煤层瓦斯。采用穿层钻孔与顺层钻孔相结合大面积预抽煤层瓦斯。

（3）局部防治突出措施：钻孔排放瓦斯，机掘综采工作面用机载防突钻机打超前排放钻孔；松动爆破，长钻孔控制预裂爆破；水力疏松煤体；物探与钻探相结合、超前排放钻孔和深孔松动爆破相结合的综合防突技术。

（4）防突措施效果检验。防突措施效果检验的目的在于提高防突措施效果。防突措施执行后，如经检验防突无效，则必须采用附加防突措施；如措施有效，则可在执行安全防护措施的情况下，继续进行采掘作业。

第三节　矿井火灾防治

一、矿井火灾的分类

（1）根据引火火源的不同，分为外因火灾、内因火灾两大类。

（2）根据可燃物的不同，分为机电设备火灾、火药燃烧火灾、油料火灾、坑木火灾、瓦斯燃烧火灾、煤炭自燃火灾等。

（3）根据发火地点的不同，分为井筒火灾、巷道火灾、采面火灾、采空区火灾、硐室火灾等。

（4）根据燃烧形式的不同，分为明火灾、阴燃火灾。

二、外因火灾的预防措施

预防外因火灾的措施关键是严格遵守《煤矿安全规程》的有关规定，及时发现外因火灾的初起征兆，并采取措施控制其发展。

1. 安全设施

（1）生产和在建矿井都必须建造井上、井下防火设施。防火设施和制度必须符合国家有关防火的各项规定，并符合当地消防部门的要求。

（2）木料场、矸石山、炉灰场距进风井的距离不得小于80 m，木料场与矸石山的距离不得小于50 m。

（3）矿井必须设地面消防水池和井下消防管路系统。井下消防管路系统应每隔100 m设置支管和阀门，但在带式输送机巷道中应每隔50 m设置支管和阀门，地面消防水池必须经常保持不少于200 m^{3}的水量。

（4）新建矿井的永久井架和井口房，以井口为中心的联合建筑，都必须采用不燃性材料建筑。对现有生产矿井使用可燃性材料建筑的井架和井口房，必须制定防火措施。

(5) 进风井应装设防火铁门,防火铁门必须严密并易于关闭,打开时不妨碍提升、运输和人员通行,并应定期维修。如果不设防火铁门,必须有防止烟火进入矿井的安全措施。

2. 明火管理

(1) 井口房和通风机房附近 20 m 范围内,不得有烟火或用火炉取暖。

(2) 井筒、平硐与各水平的连接处及井底车场,主要绞车道与主要运输巷、回风巷的连接处,井下机电设备硐室、主要巷道内带式输送机机头前后两端各 20 m 范围,都必须采用不燃性材料支护。在井下和井口房,严禁采用可燃性材料搭建临时操作间、休息室等。

(3) 井下严禁使用灯泡取暖和使用电炉。

(4) 井下和井口房不得从事电焊、气焊和喷灯焊接等工作。如果必须在井下主要硐室、主要进风巷和井口房内进行电焊、气焊和喷灯焊接等工作,每次都必须制定安全措施,经矿长批准,由矿长指定专人在场检查和监督,并遵守下列规定:

① 电焊、气焊和喷灯焊接等工作地点的前后两端各 10 m 的井巷范围,应用不燃性材料支护,并应有供水管路,有专人负责喷水。上述工作地点应至少备有 2 个灭火器。

② 在井口房、井筒和倾斜巷道内进行电焊、气焊和喷灯焊接时,必须在工作地点的下方用不燃性材料设施接收火星。

③ 电焊、气焊和喷灯焊接等工作地点的风流中,瓦斯浓度不得超过 0.5%。只有在检查证明作业地点附近 20 m 范围内巷道顶部和支护背板后无瓦斯积存时,方可进行作业。

④ 电焊、气焊和喷灯焊接等工作完毕后,工作地点应再次用水喷洒,并应有专人在工作地点检查 1 h,发现异状,立即处理。

⑤ 在有煤(岩)与瓦斯突出矿井中进行电焊、气焊和喷灯焊接时,必须停止突出危险区的一切工作。

(5) 井下使用的汽油、煤油和变压器油必须装入盖严的铁桶内,由专人押送至使用地点。剩余的汽油、煤油和变压器油必须返回地面,严禁在井下存放。井下使用的润滑油、棉纱、布头和纸等,也必须放在有盖的铁桶内,并由专人定期送到地面处理,不得乱放乱扔。严禁将剩油、废油泼洒在井巷或硐室内。

3. 消防器材的管理

矿井必须在井上、井下设置消防材料库,并遵守下列规定:

(1) 井上消防材料库应设在井口附近,并有轨道直达井口,但不得设在井口房内。

(2) 井下消防材料库应设在每一生产水平的井底车场或主要运输大巷中,并应装备消防列车。

(3) 消防材料库储存的材料、工具和数量应符合有关规定,并定期检查和更换,不得挪作他用。

三、矿井内因火灾的防治

《煤矿安全规程》规定:"开采容易自燃和自燃的煤层时,必须对采空区、突出和冒落孔洞等空隙采取预防性灌浆或充填、喷洒阻化剂、注阻化泥浆、注凝胶、注惰性气体、均压等措施,编制相应的防灭火设计,防止自然发火。"

1. 合理的开拓、开采技术

在开拓、开采巷道布置及选择采煤方法时,应充分考虑防火的要求,并遵循下列原则:

(1) 开采自然发火严重的厚煤层或近距离煤层群时,可以将运输大巷、回风大巷、采区上下山、集中运输平巷和回风平巷等服务时间较长的巷道布置在底板岩石中。

（2）厚煤层分层开采的区段巷道应垂直布置，减少甚至不留煤柱。

（3）尽量采用长壁式采煤法，推广综合机械化采煤，采用全部垮落法管理顶板。

（4）推广无煤柱开采技术，减少浮煤，防止漏风。

2. 通风系统的防火要求

（1）通风网路力求简单，风网阻力适中。矿井进风、用风、回风段的阻力应保持3∶2∶5的比例。

（2）主要通风机与风网匹配，运转时的工况点位于高效区内。

（3）通风设施布置合理。风门、风墙及调节风窗在风路中应安设在使其前方压力升高，后方压力降低的地点，而辅助风机则相反。

（4）通风压力适宜。大型矿井主要通风机压力应保持在 3 kPa 以下；小型矿井应保持在 0.7 kPa 以下。

（5）加强通风管理，减少漏风。防火对通风的要求是风流稳定、漏风量少和通风网路中有关区段易于隔绝。采煤工作面回采结束后，必须在45天内进行永久性封闭。

3. 预防性灌浆

（1）浆液的种类。有黄泥浆、水砂浆、煤矸石泥浆、无机固化粉煤灰浆（火力电厂高炉烟囱灰已失去自燃倾向性，为理想的注浆充填材料）等。

（2）注浆方式。分为采前灌浆、随采随灌和采后灌浆。

（3）采用灌浆防灭火时应遵守的规定：采区设计必须明确规定巷道布置方式，隔离煤柱尺寸、灌浆系统、疏水系统、预筑防火墙的位置以及采掘顺序；安排生产计划时，必须同时安排防火灌浆计划，落实灌浆地点、时间、进度、灌浆浓度和灌浆量；对采区开采线、停采线、上下煤柱线内的采空区应加强防火灌浆；应有灌浆前疏水和灌浆后防止溃浆、透水的措施。

4. 阻化剂防火

阻化剂又称阻氧剂，是具有阻止氧化和防止煤炭自燃作用的一些无机盐类物质。

（1）煤矿中常用的阻化剂种类。有氯化钙、氯化镁、氯化铵、碳酸氢铵和水玻璃等。

（2）采用阻化剂防灭火时应遵守的规定：选用阻化剂材料不得污染井下空气和危害人体健康；必须在设计中对阻化剂的种类、数量、阻化效果等参数作出明确规定；应采取防止阻化剂腐蚀机械设备、支架等金属构件的措施。

5. 凝胶防火

凝胶防火技术是通过压注系统将水玻璃和促凝剂［铵盐 NH_4HCO_3 最佳，NH_4Cl 次之，$(NH_4)_2SO_4$ 最差］按一定比例与水混合后，形成凝胶。凝体内充满了水分子和一部分 NH_4OH、$NaCl$，硅胶起框架作用，把易于流动的水分子都固定在硅胶内部。

采用凝胶防灭火时应遵守的规定：选用的凝胶和促凝剂材料，不得污染井下空气和危害人体健康，使用时井巷空气成分必须符合《煤矿安全规程》的有关规定；编制的设计中必须明确规定凝胶的配方、促凝时间和压注量等参数；压注的凝胶必须充满全部空间，其外表应予喷浆封闭，并定期观测，发现老化、干裂时，应予重新压注。

6. 惰性气体防灭火

（1）常用的惰性气体有氮气、液氮和湿式惰气等。由于氮气是空气的主要成分，所占体积百分比为 79%，且无味、无臭、无毒，与空气易于混合。因此，在防灭火工作中应用最多。

（2）采用氮气防灭火必须遵守的规定：氮气源要稳定可靠；注入的氮气浓度不小于97%；至少有 1 套专用的氮气管路输送系统及其附属安全设施；有能连续监测采空区气体成分变化的监测系统；有固定或移动的温度观测站（点）和监测手段；有专人定期进行检测、分析和整理有关记录，发现问题及时报告处理等规章制度。

7. 均压防灭火技术

所谓均压是指通过均衡漏风通道进出口两端的风压，以杜绝或减少漏风量的措施，既能防火，又能灭火。根据使用条件和作用原理的不同，均压防灭火又可分为以下两种。

采用均压防灭火应遵守的规定：应有完整的区域风压和风阻资料以及完善的检测手段；必须有专人定期观测、分析采空区和火区的漏风量、漏风方向、空气温度、防火墙内外空气压差等状况，并记录在专用的防火记录簿内；改变矿井通风方式、主要通风机工况以及井下通风系统时，对均压地点的均压状况必须及时进行调整，保证均压状态的稳定；应经常检查均压区域内的巷道中风流流动状态，应有防止瓦斯积聚的安全措施。

四、火区的管理与启封

1. 火区封闭的条件及工作原则

（1）火区封闭条件：火势发展迅猛，范围较大，直接灭火无效时，采取封闭火区的方法最合适。另外在采用直接灭火处理任何类型的火灾的同时都需做好封闭火区的准备，一旦灭火失败，便可利用封闭火区来予以挽救。

（2）封闭火区的工作原则：封闭火区尽可能小，防火墙的数量最少，施工速度最快。

2. 封闭火区的方法和适用条件

（1）断风封闭火区。在不维持通风的情况下，同时在进、回风两侧构筑防火墙，适用于火区内空气中 O_2 浓度小于 12%。

（2）通风封闭火区。保持火区通风的条件下，在火区进、回风侧同时构筑带通风孔的防火墙，适用于在火区有可能形成可燃气体达到爆炸下限的情况下。

（3）注入惰气封闭火区。在封闭的同时，注入惰气（CO_2、N_2、H_2O）等，既可以防止火区发生爆炸，又能加速火灾的熄灭，但采用这种方法需要装备一整套注惰装置和惰气源。

3. 防火墙的类型

（1）临时防火墙。有木板涂黄泥、充气式防火墙、罗克休泡沫、艾格劳尼、新型快速密闭等。

（2）永久性防火墙。构筑防火墙材料有木段、料石、混凝土、片石、黄泥等。

（3）耐爆防火墙。有沙袋、沙段（5~10 m）、石膏等构筑的防火墙。

4. 火区的管理

（1）建立火区卡。记录发火时间、原因、位置、火区处理过程、原矿井通风系统图或采区巷道布置图及相应的通风设施，由通风部门建立档案。

（2）防火墙的管理。防火墙要编号，记录防火墙的厚度，位置与矿井通风系统图一致。防火墙前要设栅栏、悬挂警标，禁止人员入内；墙外悬挂木牌，标明瓦斯、一氧化碳、温度的测定数据和日期，测定人员姓名。

（3）火区的检查。刚封闭的火区要连续检查，稳定后每天检查一次瓦斯浓度，急剧变化时每班检查一次，如果发现防火墙封闭不良及有害气体变化时，要采取措施及时处理。

5. 火区熄灭的条件

（1）火区内的空气温度下降到 30 ℃ 以下或与火灾发生前该区的日常温度相同。

（2）火区内空气中的氧气浓度降到 5% 以下。

（3）火区内空气中不含乙烯、乙炔，一氧化碳浓度在封闭期限内逐渐下降，并稳定在 0.001% 以下。

（4）火区出水温度低于 25 ℃ 或与火灾发生前该区日常出水温度相同。

（5）上述四项指标持续稳定时间在 1 个月以上。

6. 火区的启封

（1）通风启封火区。火区范围不大，确认火源已经熄灭，可采用此法。启封前要预先确定火区有害气体的排放路线，撤出路线上的所有工作人员；然后选择一个出风侧防火墙首先打开，过一段时间后再打开进风侧防火墙。待火区内有害气体排出一段时间，无异常现象，可以相继打开其余的防火墙。打开第一个防火墙时，应先开一个小孔，然后逐渐扩大，严禁一次将防火墙全部扒开。

进风侧防火墙一般处于火区的下部，容易有二氧化碳积存，开启前要注意查明，开启时也要检查，防止二氧化碳逆风流动造成危害。

打开进、回风防火墙之后的短时间内，应采用强力通风。为防万一发生瓦斯爆炸事故而伤人，这时要求工作人员撤离一段时间，待 1~2 h 之后，再派人进入火区进行清理工作，喷水降温，挖除发热的煤炭等。

（2）锁风启封火区。发生范围较大，难以确认是否完全熄灭，先在原有火区墙外 5~6 m 构筑带门的风墙形成一个封闭空间，再将原有的防火墙打开，确认一段范围内无火源，再选择适当地点重新构筑临时防火墙，火区要求始终处于封闭隔离状态。

无论采用哪种启封火区的方法，在工作过程中都要经常检查火区气体，如果发现有火灾复燃征兆要及时采取措施进行处理。

五、矿井火灾安全检查要点

根据矿井地质条件和开采技术条件的不同，所采取的防灭火方法和技术手段也有差别，其安全检查的要点有五个方面。

1. 地面消防水池和井下消防管路系统

（1）消防水池是否经常保持 200 m³ 以上的水量。

（2）井下消防管路是否每隔 100 m 设置支管和阀门；带式输送机巷道中的消防管路是否每隔 50 m 设置支管和阀门。检查时，应按照要求对照现场进行逐段检查。

2. 防火措施

（1）木料场、矸石山距进风井的距离是否小于 80 m，小于 80 m 时是否经上级主管部门批准。

（2）进风井口是否装设防火铁门，或有防止烟火进入矿井的措施。

（3）《煤矿安全规程》中禁止使用可燃性材料支护的地点是否仍然使用可燃性材料进行支护。

（4）井下进行电焊、气焊和喷灯焊接时是否制定安全措施并严格遵守《煤矿安全规程》的有关规定。

(5) 井上、下是否按照《煤矿安全规程》要求设置消防材料库，并遵守其相应的规定。

(6) 井下爆破材料库、机电设备硐室、检修硐室、材料库、井底车场、使用带式输送机或液力耦合器的巷道以及采掘工作面附近的巷道中是否备有灭火器材，其数量、规格和存放地点是否在灾害预防与处理计划中有明确规定。

(7) 井上、下的消防管路系统，防火门，消防材料库和消防器材是否按照《煤矿安全规程》要求进行定期检查。

3. 灌浆系统

(1) 灌浆站的容积、蓄水池的水量、取土场的大小是否满足矿井防灭火的要求。检查时应根据井下实际需浆量进行分析。

(2) 灌浆管路管径是否与灌浆量相适应，管路架设是否平直、靠帮、靠腰线以上，管路每隔 200～500 m 是否有安全阀；管路压力倍线是否大于 3.5 倍。检查时应一段一段地检查，发现问题应及时通知有关部门进行整改。

(3) 采区设计中是否明确灌浆系统、疏水系统，是否有疏水和灌浆后防止溃浆、突水的措施。

4. 注氮系统

(1) 氮气是否充足，其浓度是否达到 97% 以上。

(2) 是否有氮气专用输送管路及其附属安全设施。

(3) 注氮管路是否平直，严密不漏气，低洼处是否有放水设施。

(4) 是否有能连续监测采空区气体变化的监测系统；是否有专人定期进行检查、分析和整理有关记录。

5. 火区管理

(1) 是否绘制火区位置关系图，建立火区管理卡片。

(2) 火区所有永久性防火墙是否都有编号，并在火区位置关系图中注明。

(3) 是否按《煤矿安全规程》要求进行防火墙的管理。

(4) 启封已熄灭火区前是否制定安全措施。

第四节 矿井粉尘防治

矿井粉尘（简称矿尘）是指煤矿生产过程中所产生的各种矿物细微颗粒的总称。矿尘的危害极大，它不仅污染作业环境，影响矿工的身体健康，而且煤尘的爆炸还会造成重大人身伤亡事故。

一、矿尘的产生与危害

1. 矿尘的产生

(1) 采煤工作面的产尘。采煤工作面的主要产尘工序有采煤机落煤、装煤、运煤、液压支架移架、运输转载、人工攉煤、爆破及放煤口放煤等。

(2) 掘进工作面的产尘。掘进工作面的产尘工序主要有机械破岩（煤）、装岩、爆破、煤矸运输转载及锚喷等。

(3) 其他地点的产尘。巷道维修的锚喷现场、煤炭的装卸点等也都产生高浓度的矿尘，尤其是煤炭装卸处的瞬时矿尘浓度，有时甚至达到煤尘爆炸浓度界限，十分危险，应予以充分重视。

2. 矿尘的危害

（1）矿尘不仅污染作业环境，降低了生产场所的能见度。

（2）对矿工的身体健康产生危害。长期吸入矿尘后引起身体器官的病变，轻者能引起呼吸道炎症、慢性中毒和皮肤病，重者可导致尘肺病。

（3）矿尘中的煤尘，有的还具有燃烧爆炸性，在一定的条件下可能发生爆炸。

（4）矿尘还会加速机械、电气设备的损坏，缩短精密仪器、仪表的使用寿命。

3.《煤矿安全规程》对矿尘浓度的规定

作业场所空气中粉尘（总粉尘、呼吸性粉尘）浓度应符合表4-5的要求。

表4-5 作业场所空气中粉尘浓度标准

粉尘中游离二氧化硅含量/%	最高允许浓度/（mg/m³）	
	总粉尘	呼吸性粉尘
<10	10	3.5
10~50	2	1
50~80	2	0.5
≥80	2	0.3

二、煤尘爆炸性鉴定

《煤矿安全规程》规定：煤尘爆炸性由国家授权单位进行鉴定，煤矿企业应根据鉴定结果采取相应的安全措施。新矿井的地质精查报告中，必须有所有煤层的煤尘爆炸性鉴定材料。生产矿井每延深一个新水平，应进行一次煤尘爆炸性试验工作。

矿井中只要有一个煤层的粉尘有爆炸危险，该矿井就应定为有煤尘爆炸危险的矿井。根据煤尘爆炸性试验，我国有80%左右的煤矿属于开采有煤尘爆炸危险煤层的矿井。

三、煤尘爆炸发生的条件及影响因素

煤尘爆炸首要的条件是煤尘自身具备爆炸危险性，浮尘的浓度在爆炸极限区间范围内，一般为45~2 000 g/m³，而且有着火源存在且能量大于爆炸最小点火能，高温610~1 050 ℃；氧浓度不低于18%。

影响煤尘爆炸的因素主要有：

（1）煤的挥发分含量。一般说来，煤尘可燃成分中挥发分含量越高，爆炸性就越强。煤尘的爆炸性还与挥发分成分有关，即同样挥发分含量煤尘，有的爆炸，有的不爆炸。因此，煤可燃成分中挥发分含量仅可作为确定煤尘有无爆炸危险的参考依据。

（2）煤的灰分和水分。煤含有的灰分是不燃性物质，能吸收热量，阻挡热辐射，破坏链反应，降低煤尘的爆炸性。煤的灰分对爆炸性的影响还与挥发分含量有关，挥发分小于15%的煤尘，灰分的影响比较显著；大于15%时，天然灰分对煤尘的爆炸性几乎没有影响。水分能降低煤尘的爆炸性，因为，水的吸热能力大，能促使细微尘粒聚结为较大的颗粒，减少尘粒的总表面积，同时还能降低落尘的飞扬能力。煤的天然灰分和水分都很低，降低煤尘爆炸性作用不显著。

（3）煤尘粒度。粒度对爆炸性的影响极大，平均体积直径（以下简称粒径）在1 mm以下的煤尘都可能参与爆炸，而且爆炸的危险性随粒度的减小而迅速增加，因为单位质量煤尘的粒度越小，总表面积及表面能越大。粒径在 75 μm 以下的煤尘特别是 30～75 μm 的煤尘爆炸性最强；粒径小于 60 μm 的，煤尘的爆炸性增强的趋势变得平缓。

（4）空气中的瓦斯浓度。瓦斯的存在使煤尘的爆炸下限降低，随着瓦斯浓度的增高，煤尘爆炸的下限浓度急剧下降，煤尘爆炸的上限也会提高，爆炸浓度的范围扩大，在煤尘参与的情况下，小规模的瓦斯爆炸可能演变为大规模的煤尘瓦斯爆炸事故。

（5）空气中氧的含量。空气中氧含量高时，点燃煤尘的温度可以降低；空气中氧含量低时，点燃煤尘较困难，当氧含量低于 18% 时，煤尘就不再爆炸。

（6）引爆热源。煤尘爆炸必须有一个达到或超过最低点燃温度和能量的引爆热源，其温度越高，能量越大，越容易点燃煤尘云，而且初始爆炸强度也越大；反之温度越低，能量越小，越难点燃煤尘云，而且即使引起爆炸，初始爆炸强度也越小。

四、预防煤尘爆炸的措施

1. 防止煤尘达到爆炸浓度

（1）冲洗法。对于巷道壁帮的沉积煤尘，用高压水冲洗，防止煤尘飞扬。

（2）撒布岩粉。在巷道内撒布惰性岩粉，增加煤尘的灰分，使煤尘失去爆炸性。

（3）粘结法。煤尘发生爆炸的最小粒度是 5 μm，使用黏结剂增加煤尘的粒度，可使煤尘失去爆炸性。

（4）清扫法。主要用于井筒、大巷、车场等地点。

2. 防止引爆煤尘的措施

（1）加强明火管理，提高防火意识。

（2）防止爆破火源。井下爆破作业都必须使用取得产品许可证的煤矿允许用雷管和炸药，使用合格的发爆器爆破，禁止使用闸刀开关等明电爆破，井下爆破工作必须由专职的爆破工担任，爆破前必须充填好炮泥，严禁放明炮、糊炮、连环炮。

（3）防止电气火源和静电火源。

（4）防止摩擦和撞击火花。

3. 隔爆措施

《煤矿安全规程》规定："开采有煤尘爆炸危险煤层的矿井，必须有预防和隔绝煤尘爆炸的措施。"其作用是隔绝煤尘爆炸传播，就是把已经发生的爆炸限制在一定的范围内，不让爆炸火焰继续蔓延，避免爆炸范围扩大。

目前，国内外常采用的隔爆措施有：设置岩粉棚、水棚和自动隔爆棚等。煤矿多用水棚，使用开口吊挂式水槽或水袋。

五、矿井粉尘防尘安全检查要点

矿井防尘系统检查的要点：一是检查防尘洒水系统的有效性，水量、水压、供水管路是否满足矿井降尘的需要；二是检查矿井喷雾降尘、洒水降尘等工作是否正常进行以及降尘效果等。具体内容包括：

（1）蓄水池容积水量是否满足矿井防尘洒水的需要；水压是否达到洒水、注水的要求。检查时，根据注水钻场注水量与洒水量之和确定全矿需水量。一般情况下有水源补充时，蓄水池水量应为矿井日需水量的 2 倍以上；如果水源补充不及时，应为日需水量的 10 倍。

（2）供水管径能否满足需要；大巷供水管路每 50 m 是否设置调节阀门；供水管路是否靠

帮靠顶，不漏水；供水管路通过巷道交岔处时是否妨碍行人和通车。检查时应根据用水量和压力进行检查，发现供水不足、管径小、漏水或堵塞时，要及时通知整改。

（3）工作地点喷洒头是否足够；喷雾时是否呈雾状；水质是否清洁，不清洁时有无过滤装置。检查时主要检查井下煤仓、溜煤眼、翻罐笼、装煤转载点的喷雾装置及其使用。

（4）井巷清扫、冲洗是否正常进行。检查时检查巷道有无积尘。

（5）矿井是否有完备的防尘资料，包括煤尘爆炸鉴定报告、矿井综合降尘措施、清扫煤尘记录、防尘洒水。系统图、注水钻场、钻孔台账、防尘洒水月报、季报等。

第五节 矿井安全监控系统

矿井安全监控系统是煤炭安全高效生产的重要保证。目前已研制、生产和推广使用了生产调度、井下人员跟踪、地测管理、环境安全、轨道运输、输送带运输、提升运输、供电、压气、排水、矿山压力、火灾、水灾、煤（岩）与瓦斯突出、大型机电设备健康状况等监控系统，提高了生产率和设备利用率，增强了矿山的安全性。

一、矿井安全监控系统的组成、功能与装备要求

矿井安全监控系统一般由传感器、执行机构、分站、电源箱（或电控箱）、主站（或传输接口）、主机（含显示器）、打印机、电视墙（或投影仪、模拟盘、多屏幕、大屏幕）、管理工作站、服务器、路由器、UPS电源、电缆和接线盒等组成。

1. 矿井安全监控系统的功能

矿井安全监控系统主要用来监测环境参数和与环境参数相关的设备运行状况。该系统除满足矿井安全信息传输和控制要求外，还应具有以下功能：

（1）具有CH_4、风速、压差、CO浓度、温度等模拟量的监测功能；具有馈电状态、设备开停、风筒状况、烟雾等开关量和累计量的监测功能。

（2）具有声光报警和甲烷断电仪功能；具有甲烷风电闭锁功能。

（3）具有断电状态监测功能；具有中心站手动、遥控断电/复电功能；具有异地断电/复电功能。

（4）具有不间断电源功能；电网停电后，系统继续监控时间应不小于 2 h。

（5）具有自检功能；具有双机备份手动切换功能。

（6）具有实时存盘、列表显示、模拟量实时曲线和历史曲线显示、柱状图显示、模拟动画显示、系统设备布置图显示功能；具有报表、曲线、柱状图、模拟图、初始化参数等召唤打印功能。

（7）具有人机对话功能，以便于系统生成、参数修改、功能调用；具有工业电视图像等多媒体功能；具有网络通信功能。

2. 矿井安全监控系统的装备要求

高瓦斯矿井、煤（岩）与瓦斯突出矿井，必须装备矿井安全监控系统。没有装备矿井安全监控系统的矿井的煤巷、半煤（岩）巷和有瓦斯涌出的岩巷的掘进工作面，必须装备甲烷风电闭锁装置或甲烷断电仪和风电闭锁装置。没有装备矿井安全监控系统的无瓦斯涌出的岩巷掘进工作面，必须装备风电闭锁装置。没有装备矿井安全监控系统的矿井的采煤工作面，必须装备甲烷断电仪。有条件的低瓦斯矿井应优先装备矿井安全监控系统。低瓦斯矿井的采

煤工作面，煤巷、半煤（岩）巷和有瓦斯涌出的岩巷掘进工作面，必须在工作面设置甲烷传感器。

煤矿安全监控设备，必须符合国家标准和行业标准，通过煤炭行业标准化归口审查，通过国家技术监督局认证的检测机构的检验，并取得"MA标志准用证"。用于爆炸性环境的煤矿安全监控设备还必须通过防爆检验，并取得"防爆合格证"。

煤矿安全监控设备之间必须使用专用阻燃电缆连接，严禁与调度电话线和动力电缆等共用，确保其本质安全防爆性能。

矿井安全监控系统必须具备甲烷断电仪和甲烷风电闭锁装置的全部功能。当系统发生故障时，必须保证实现甲烷断电仪和甲烷风电闭锁装置的全部功能。

二、《煤矿安全规程》对甲烷传感器安设的要求

《煤矿安全规程》第一百六十九条至第一百七十五条规定应安设甲烷传感器的地点：

(1) 低瓦斯矿井的采煤工作面，必须在工作面设置甲烷传感器。

高瓦斯和煤（岩）与瓦斯突出矿井的采煤工作面，必须在工作面及其回风巷设置甲烷传感器，在工作面上隅角设置便携式甲烷检测报警仪。

若煤（岩）与瓦斯突出矿井采煤工作面的甲烷传感器不能控制其进风巷内全部非本质安全型电气设备，则必须在进风巷设置甲烷传感器。

采煤工作面采用串联通风时，被串联工作面的进风巷必须设置甲烷传感器。

采煤机必须设置机载式甲烷断电仪或便携式甲烷检测报警仪。

非长壁式采煤工作面甲烷传感器的设置参照上述规定。

(2) 低瓦斯矿井的煤巷、半煤岩巷和有瓦斯涌出的岩巷掘进工作面甲烷传感器。

低瓦斯、煤（岩）与瓦斯突出矿井的煤巷、半煤岩巷和有瓦斯涌出的岩巷掘进工作面，必须在工作面及其回风流中设置甲烷传感器。

掘进工作面采用串联通风时，必须在被串联掘进工作面的局部通风机前设甲烷传感器。

掘进机必须设置机载式甲烷断电仪或便携式甲烷检测报警仪。

(3) 在回风流中的机电设备硐室的进风侧必须设置甲烷传感器。

(4) 高瓦斯矿井进风的主要运输巷道内使用架线电机车时，装煤点风流中必须设置甲烷传感器。

(5) 在煤（岩）与瓦斯突出矿井和瓦斯喷出区域中，进风的主要运输巷道和回风巷道内使用矿用防爆特殊型蓄电池电机车或矿用防爆型内燃机车时，蓄电池电机车必须设置车载式甲烷断电仪或便携式甲烷检测报警仪，内燃机车必须设置便携式甲烷检测报警仪，当瓦斯浓度超过0.5%测时，必须停止机车运行。

(6) 瓦斯抽采泵站必须设置甲烷传感器，抽放泵输入管路中必须设置甲烷传感器。利用瓦斯时，还应在输出管路中设置甲烷传感器。

(7) 装备矿井安全监控系统的矿井，每一个采区、每一条回风巷及总回风巷的测风站应设置风速传感器，主要通风机的风硐应设置压力传感器；瓦斯抽采泵站的抽放泵吸入管路中应设置流量传感器、温度传感器和压力传感器，利用瓦斯时，还应在输出管路中设置流量传感器、温度传感器和压力传感器。

装备矿井安全监控系统的开采容易自燃、自燃煤层的矿井，应设置一氧化碳传感器和温度传感器。

装备矿井安全监控系统的矿井，主要通风机、局部通风机应设置开停传感器，主要风门应设置风门开关传感器，被控设备开关的负荷侧应设置馈电状态传感器。

甲烷传感器设置及各点相关瓦斯浓度标准见表4－6。

表4－6　　　甲烷传感器的报警浓度、断电浓度、复电浓度和断电范围

甲烷传感器设置地点	报警浓度	断电浓度	复电浓度	断电范围
低瓦斯和高瓦斯矿井的采煤工作面	≥1.0%CH$_4$	≥1.5%CH$_4$	<1.0%CH$_4$	工作面及其回风巷内全部非本质安全型电气设备
煤(岩)与瓦斯突出矿井的采煤工作面	≥1.0%CH$_4$	≥1.5%CH$_4$	<1.0%CH$_4$	工作面及其进、回风巷内全部非本质安全型电气设备
高瓦斯和煤(岩)与瓦斯突出矿井的采煤工作面回风巷	≥1.0%CH$_4$	≥1.0%CH$_4$	<1.0%CH$_4$	工作面及其回风巷内全部非本质安全型电气设备
专用排瓦斯巷	≥2.5%CH$_4$	≥2.5%CH$_4$	<2.5%CH$_4$	工作面内全部非本质安全型电气设备
煤(岩)与瓦斯突出矿井的采煤工作面进风巷	≥0.5%CH$_4$	≥0.5%CH$_4$	<0.5%CH$_4$	进风巷内全部非本质安全型电气设备
采用串联通风的被串采煤工作面进风巷	≥0.5%CH$_4$	≥0.5%CH$_4$	<0.5%CH$_4$	被串采煤工作面及其进回风巷内全部非本质安全型电气设备
采煤机	≥1.0%CH$_4$	≥1.5%CH$_4$	<1.0%CH$_4$	采煤机电源
低瓦斯、高瓦斯、煤(岩)与瓦斯突出矿井的煤巷、半煤岩巷和有瓦斯涌出的岩巷掘进工作面	≥1.0%CH$_4$	≥1.5%CH$_4$	<1.0%CH$_4$	掘进巷道内全部非本质安全型电气设备
高瓦斯、煤(岩)与瓦斯突出矿井的煤巷、半煤岩巷和有瓦斯涌出的岩巷掘进工作面回风流中	≥1.0%CH$_4$	≥1.0%CH$_4$	<1.0%CH$_4$	掘进巷道内全部非本质安全型电气设备
采用串联通风的被串掘进工作面局部通风机前	≥0.5%CH$_4$	≥0.5%CH$_4$	<0.5%CH$_4$	被串掘进巷道内全部非本质安全型电气设备
掘进机	≥1.0%CH$_4$	≥1.5%CH$_4$	<1.0%CH$_4$	掘进机电源
回风流中机电设备硐室的进风侧	≥0.5%CH$_4$	≥0.5%CH$_4$	<0.5%CH$_4$	机电设备硐室内全部非本质安全型电气设备
高瓦斯矿井进风的主要运输巷道内使用架线电机车时的装煤点和瓦斯涌出巷道的下风流处	≥0.5%CH$_4$			
在煤(岩)与瓦斯突出矿井和瓦斯喷出区域中，进风的主要运输巷道内使用的矿用防爆特殊型蓄电池电机车	≥0.5%CH$_4$	≥0.5%CH$_4$	<0.5%CH$_4$	机车电源

续表 4-6

甲烷传感器设置地点	报警浓度	断电浓度	复电浓度	断电范围
在煤（岩）与瓦斯突出矿井和瓦斯喷出区域中，主要回风巷内使用的矿用防爆特殊型蓄电池电机车	≥0.5%CH₄	≥0.7%CH₄	<0.7%CH₄	机车电源
兼做回风井的装有带式输送机的井筒	≥0.5%CH₄	≥0.7%CH₄	<0.7%CH₄	井筒内全部非本质安全型电气设备
瓦斯抽采泵站室内	≥0.5%CH₄			
利用瓦斯时的瓦斯抽采泵站输出管路中	≤30%CH₄			
不利用瓦斯、采用干式抽放瓦斯设备的瓦斯抽采泵站输出管路中	≤25%CH₄			
井下临时抽放瓦斯泵站下风侧栅栏外	≥1.0%CH₄	≥1.0%CH₄	<1.0%CH₄	抽放瓦斯泵

※ 国家题库中与本章相关的试题

一、判断题

1. 溜煤眼不得兼作风眼使用。（　　）
2. 采煤工作面回风巷可不安设风流净化水幕。（　　）
3. 巷道中的浮煤应及时清除，清扫或冲洗沉积煤尘，定期撒布岩粉。（　　）
4. 粉尘中游离的二氧化硅含量高低与粉尘的致病能力无关。（　　）
5. 能被吸入人体肺泡的粉尘对人体的危害性最大。（　　）
6. 沉积煤尘是煤矿发生瓦斯煤尘爆炸的最大隐患。（　　）
7. 粉尘颗粒越小，越容易被水润湿。（　　）
8. 生产矿井每延深一个新水平，可以不进行煤尘爆炸性试验工作。（　　）
9. 矿井必须建立完善的防尘供水系统。（　　）
10. 没有防尘供水管路的采掘工作面不得生产。（　　）
11. 粉尘中游离二氧化硅导致肺组织纤维化，最终导致尘肺病。（　　）
12. 尘肺病的发生与工人接触矿尘的时间长短没有关系。（　　）
13. 单纯的煤尘不会爆炸，一定要有瓦斯参与才会爆炸。（　　）
14. 采煤工作面开采强度越大，生成的矿尘量越大。（　　）
15. 开采煤炭时矿尘生成量的多少与地质因素无关。（　　）
16. 矿尘的产生量与顶板管理方式无关。（　　）
17. 连续爆炸是煤尘爆炸的特征，与有无积尘没有关系。（　　）
18. 煤尘爆炸时离爆源越近破坏力越大。（　　）
19. 煤尘的挥发分越高，爆炸的危险性越小。（　　）
20. 煤尘爆炸事故中受害者大多是由于二氧化碳中毒造成的。（　　）

21. 矿井中只要有一个煤层的煤尘有爆炸危险性，该矿井就应定为有煤尘爆炸危险性的矿井。（　）
22. 粉尘对人体健康的危害与粉尘质量而不是与粉尘颗粒数有关。（　）
23. 我国煤矿主要采取以风、水为主的综合防尘技术措施。（　）
24. 减尘措施是矿井尘害防治工作中最积极、有效的技术措施。（　）
25. 矿井通风是除尘措施中最根本的措施之一。（　）
26. 个体防护是一项被动的防尘措施。（　）
27. 粉尘粒径越大，危害性越大。（　）
28. 采掘机械的截齿被磨钝后，产尘量更大。（　）
29. 要使排尘效果最佳，必须使风速大于最低排尘风速，低于粉尘二次飞扬的风速。（　）
30. 在喷雾降尘措施中，水滴越小，降尘效果越好。（　）
31. 煤矿生产中产生的煤尘都具有爆炸危险性。（　）
32. 煤尘的爆炸危险性与其所含挥发分无关。（　）
33. 煤的变质程度越低，其煤尘的爆炸性越弱。（　）
34. 煤尘只有呈悬浮状态并达到一定浓度时才有可能发生爆炸。（　）
35. 煤含有的灰分可降低煤尘的爆炸性。（　）
36. 同一煤种不同粒度条件下，爆炸压力随粒度的减小而增高。（　）
37. 瓦斯的存在将使煤尘的爆炸下限降低。（　）
38. 空气中氧的含量高时，点燃浮尘的温度可以降低。（　）
39. 引爆热源的温度越高，煤尘初始爆炸的强度也越大。（　）
40. 在有大量沉积煤尘的巷道中，爆炸地点距离爆源越远，爆炸压力越大。（　）
41. 煤尘爆炸时，其挥发分含量将减少。（　）
42. 浮尘的点火温度与煤尘中挥发分含量没有关系。（　）
43. 粉尘中加入惰性粉尘，会使点火能量增加。（　）
44. 煤尘含水量增加，点火能量增大。（　）
45. 厚煤层分层开采时，首先开采的煤层瓦斯涌出量小。（　）
46. 矿井瓦斯中只有甲烷一种气体。（　）
47. 采用垮落法管理顶板时，瓦斯涌出量较大。（　）
48. 不管哪种采煤方法，工作面绝对瓦斯涌出量随产量增大而增加。（　）
49. 不管哪种采煤方法，工作面相对瓦斯涌出量随产量增大而增加。（　）
50. 煤层突出的危险性随煤层含水量的增加而减小。（　）
51. 矿井必须从采掘生产管理上采取措施，防止瓦斯积聚。（　）
52. 充填法管理顶板时，矿井瓦斯涌出量较小。（　）
53. 矿井瓦斯涌出量与工作面回采速度成反比。（　）
54. 降低封闭区域两端的压差可以减少老采空区瓦斯涌出。（　）
55. 低瓦斯矿井中，如果个别区域相对瓦斯涌出量大于 $10 m^3/t$，该区仍按低瓦斯矿井管理。（　）
56. 低瓦斯矿井中，如果个别区域有瓦斯喷出现象，则该区按高瓦斯矿井管理。（　）
57. 一般来说，煤巷、半煤岩巷掘进可以采用抽出式通风。（　）
58. 一般来说，有瓦斯涌出的岩巷掘进可以采用抽出式通风。（　）
59. 瓦斯喷出区域、高瓦斯矿井，掘进工作面的局部通风机应采用三专供电。（　）
60. 矿井瓦斯等级鉴定时间，可以选在瓦斯涌出量较小的一个月份进行。（　）
61. 有其他可燃气体的混入往往使瓦斯的爆炸下限降低。（　）
62. 因为粉尘是固体，所以飘浮在空气中的煤尘不会降低瓦斯的爆炸下限。（　）
63. 惰性气体的加入可以升高瓦斯爆炸的下限，降低其上限。（　）

64. 采煤工作面瓦斯积聚通常首先发生在回风隅角处。(   )
65. 除总进风、总回风外，采区之间应尽量避免角联分支的出现。(   )
66. 对于瓦斯涌出量大的煤层或采空区，在采用通风方法处理瓦斯不合理时，应采取瓦斯抽采措施。(   )
67. 专用排瓦斯巷内不得进行生产作业，但可以设置电气设备。(   )
68. 采煤工作面大面积落煤也会造成大量的瓦斯涌出。(   )
69. 地面大气压的变化不会影响井下瓦斯的涌出。(   )
70. 用局部通风机排放瓦斯应采取"限量排放"措施，严禁"一风吹"。(   )
71. 有爆破作业的工作面必须严格执行"一炮三检"的瓦斯检查制度。(   )
72. 回风道内不准进行焊接作业。(   )
73. 井下严禁使用电炉或灯泡取暖。(   )
74. 瓦斯检查人员发现瓦斯超限，有权立即停止工作，撤出人员，并向有关人员报告。(   )
75. 井工煤矿必须装备矿井安全监控系统。(   )
76. 有高瓦斯区的低瓦斯矿井无须装备矿井安全监控系统。(   )
77. 安全监控设备必须定期进行调试、校正，每半年至少一次。(   )
78. 分区通风要实行分区管理，矿井的通风系统应力求简单，对井下各工作区域实行分区通风。(   )
79. 对于自燃倾向性比较严重的煤层不宜采用移动泵站排放瓦斯。(   )
80. 断层等地质构造带附近易发生突出，特别是构造应力集中的部位突出的危险性大。(   )
81. 煤层顶、底板与煤层的接触面光滑程度和煤与瓦斯突出没有关系。(   )
82. 开采保护层之前，一般应首先选择无突出危险的煤层作为保护层。(   )
83. 地质构造应力集中是突出的必要条件。(   )
84. 随开采深度增加，煤与瓦斯突出危险性增加。(   )
85. 煤与瓦斯突出分布不受地质构造限制。(   )
86. 专用排瓦斯巷内的支护形式没有限制。(   )
87. 每个入井职工必须随身携带自救器。(   )
88. 临时抽放瓦斯泵站应安设在抽放瓦斯地点附近的新鲜风流中。(   )
89. 高瓦斯矿井、有高瓦斯区的低瓦斯矿井必须装备矿井安全监控系统。(   )
90. 停工区瓦斯浓度达到3％不能立即处理时，必须在24 h内封闭完毕。(   )
91. 严禁携带烟草、点火物品和穿化纤衣服下井。(   )
92. 停风或瓦斯超限区域内严禁作业。(   )
93. 开采保护层时，要同时抽放被保护层的瓦斯。(   )
94. 一般情况下，保护层的采空区内可以随意留煤柱。(   )
95. 煤层瓦斯含量包含两部分，即游离的瓦斯量和煤体吸附的瓦斯量。(   )
96. 专用排瓦斯巷必须贯穿整个工作面推进长度且不得留有盲巷。(   )
97. 掘进工作面断面小、落煤量小，瓦斯涌出量也相对较小，瓦斯事故的危险性较小。(   )
98. 对于采煤工作面应特别注意回风隅角的瓦斯超限，保证工作面的供给风量。(   )
99. 安设局部通风机的进风巷道所通过的风量要大于局部通风机的吸风量，防止产生循环风。(   )
100. 有计划停风时，局部通风机停风前，必须先撤出工作面的人员并切断工作面的供电。(   )
101. 局部通风机短暂的停风，不需检查瓦斯即可开启风机。(   )
102. 瓦斯涌出量的变化与工作面采煤工艺无关。(   )
103. 每年必须对矿井进行瓦斯等级和二氧化碳涌出量鉴定工作。(   )
104. 煤层瓦斯含量越大，瓦斯压力越高，透气性越好，瓦斯涌出量就越高。(   )
105. 瓦斯是无色气体，但人可以通过嗅觉器官感知瓦斯的存在。(   )

106. 空气中的瓦斯只能依靠检测仪器来测定。（　　）
107. 在突出矿井开采煤层群时，必须首先开采保护层。（　　）
108. 在一定温度下，瓦斯压力升高，煤吸附瓦斯量将大幅度增加。（　　）
109. 煤层的围岩致密、完全不透气时，瓦斯容易保存。（　　）
110. 压入式通风矿井瓦斯涌出量随风压增大而减少。（　　）
111. 瓦斯的密度比空气小，所以瓦斯易在巷道上部积聚。（　　）
112. 邻近煤层瓦斯涌出开始于工作面开采一定距离，基本顶初次来压之前。（　　）
113. 落煤放散的瓦斯量虽然较少，但在一些特殊地点也会形成瓦斯积聚。（　　）
114. 矿井瓦斯涌出量通常用矿井绝对瓦斯涌出量和矿井相对瓦斯涌出量两个参数来表示。（　　）
115. 多煤层开采时，相邻煤层越多，含有的瓦斯量越大，距离开采层越近，则矿井的瓦斯涌出量越大。（　　）
116. 无瓦斯涌出的架线电机车巷道中的最低风速不得低于 0.50 m/s。（　　）
117. 掘进巷道贯通前，除综合机械化掘进以外的其他巷道在相距 10 m 前，必须停止一个工作面作业，做好调整通风系统的准备工作。（　　）
118. 煤矿企业应根据具体条件制定风量计算方法，至少每 6 年修订 1 次。（　　）
119. 不必按实际供风量核定矿井产量。（　　）
120. 进、回风井之间和主要进、回风巷之间每个需要使用的联络巷，安设 2 道联锁的正向风门即可。（　　）
121. 矿井每年安排采掘作业计划时必须核定矿井生产和通风能力。（　　）
122. 进风井口已布置在粉尘、有害和高温气体能侵入的地点的，不必再制定安全措施。（　　）
123. 生产水平和采区可以串联通风。（　　）
124. 通风安全检测仪表不必由国家授权的安全仪表计量检验单位进行检验。（　　）
125. 采区进、回风巷可以不贯穿整个采区，可以一段为进风巷、另一段为回风巷。（　　）
126. 采空区必须及时封闭。（　　）
127. 开采有瓦斯喷出或有煤（岩）与瓦斯（二氧化碳）突出危险的煤层时，两个工作面之间可以串联通风。（　　）
128. 有煤（岩）与瓦斯（二氧化碳）突出危险的采煤工作面可以采用下行通风。（　　）
129. 开采突出煤层时，工作面回风侧可以设置调节风窗。（　　）
130. 采、掘工作面应实行独立通风。（　　）
131. 可以采用局部通风机或风机群作为主要通风机使用。（　　）
132. 装有主要通风机的出风井口可以不安装防爆门。（　　）
133. 每半年应至少检查 1 次反风设施。（　　）
134. 每 2 年应进行 1 次反风演习。（　　）
135. 矿井通风系统有较大变化时，应进行 1 次反风演习。（　　）
136. 主要通风机停止运转期间，对由 1 台主要通风机担负全矿通风的矿井，必须打开井口防爆门和有关风门，利用自然风压通风。（　　）
137. 可以在煤（岩）与瓦斯（二氧化碳）突出矿井中安设辅助通风机。（　　）
138. 掘进巷道可以不采用矿井全风压通风或局部通风机通风。（　　）
139. 煤巷、半煤岩巷和有瓦斯涌出的岩巷的掘进通风方式应采用压入式，不得采用抽出式。（　　）
140. 煤巷、半煤岩巷和有瓦斯涌出的掘进巷道采用混合式通风，必须制定安全措施。（　　）
141. 瓦斯喷出区域和煤（岩）与瓦斯（二氧化碳）突出煤层的掘进通风方式可以不采用压入式。（　　）
142. 只要能保证局部通风机正常运转，不必由指定人员负责管理。（　　）
143. 在低瓦斯矿井中，掘进巷道可以不采用抗静电、阻燃风筒。（　　）

第四章 煤矿"一通三防"安全管理 | 229

144. 低瓦斯矿井掘进工作面的局部通风机，可采用与采煤工作面分开供电。（   ）
145. 瓦斯喷出区域、高瓦斯矿井、煤（岩）与瓦斯（二氧化碳）突出矿井中，掘进工作面的局部通风机可采用装有选择性漏电保护装置的供电线路供电，但每天应有专人检查1次，保证局部通风机可靠运转。（   ）
146. 可以使用3台以上（含3台）的局部通风机同时向1个掘进工作面供风。（   ）
147. 可以使用1台局部通风机同时向2个作业的掘进工作面供风。（   ）
148. 使用局部通风机通风的掘进工作面，不得停风。（   ）
149. 离心式通风机在启动时应将风硐中的闸门全闭，待其达到正常工作转速后，再将闸门逐渐打开。（   ）
150. 当离心式通风机供风量超过矿井所需风量过大时，利用风硐中的闸门加阻来减少工作风量，可节省电能。（   ）
151. 通风机的运转效率不应低于60%。（   ）
152. 通风机的实际工作风压不得超过最高风压的90%。（   ）
153. 自然风压总是帮助主要通风机工作。（   ）
154. 掘进通风方法分为利用矿井总风压通风和使用局部通风设备通风两大类。（   ）
155. 串联风路的总风量等于各条分支的风量。（   ）
156. 串联风路的总阻力等于各条分支的通风阻力之和。（   ）
157. 串联风路的总风阻等于各条分支的风阻之和。（   ）
158. 并联风路的总风量等于各条分支的风量之和。（   ）
159. 并联风路的总通风阻力等于各条分支的通风阻力。（   ）
160. 未经过作业地点，而通过通风构筑物的裂隙、煤柱裂隙、采空区或地表塌陷区等直接渗透到回风道或地面的风流统称漏风。（   ）
161. 外部漏风是指地表与井巷之间的漏风。（   ）
162. 矿井有效风量是指通过井下各独立通风的用风地点的实际风量的总和。（   ）
163. 通风系统发生变化，必须重新核定矿井通风能力，具备资质的核定单位接受委托后，应在30日内完成核定。（   ）
164. 矿井瓦斯等级发生变化或瓦斯赋存条件发生重大变化，必须重新核定矿井通风能力，具备资质的核定单位接受委托后，应在30日内完成核定。（   ）
165. 实施改建、扩建、技术改造并经"三同时"验收合格，必须重新核定矿井通风能力，具备资质的核定单位接受委托后，应在30日内完成核定。（   ）
166. 矿井有效风量率是矿井有效风量与各台主要通风机风量总和的百分比。（   ）
167. 矿井总风量不足为煤矿重大安全生产隐患。（   ）
168. 主井、回风井同时出煤为煤矿重大安全生产隐患。（   ）
169. 没有按正规设计形成通风系统为煤矿重大安全生产隐患。（   ）
170. 采掘工作面等主要用风地点风量不足为煤矿重大安全生产隐患。（   ）
171. 采区进（回）风巷未贯穿整个采区，或者虽贯穿整个采区但一段进风、一段回风为煤矿重大安全生产隐患。（   ）
172. 风门、风桥、密闭等通风设施构筑质量不符合标准、设置不能满足通风安全需要为煤矿重大安全生产隐患。（   ）
173. 煤巷、半煤岩巷和有瓦斯涌出的岩巷的掘进工作面未装备甲烷风电闭锁装置或者甲烷断电仪和风电闭锁装置为煤矿重大安全生产隐患。（   ）
174. 煤矿矿井通风系统不完善、不可靠，应当立即停止生产，排除隐患。（   ）
175. 一个掘进工作面，使用2台局部通风机通风，这2台局部通风机都必须同时实现风电闭锁。（   ）

176. 用温度计直接测得的空气温度称为干球温度。（　）
177. 生产和在建矿井必须制定井上、下防灭火措施。（　）
178. 矿井的所有地面建筑物、煤堆、矸石山、木料场等处的防火措施和制度，必须符合国家有关防火的规定。（　）
179. 对现有生产矿井，用可燃性材料建筑的井架和井口房，必须制定防火措施。（　）
180. 矿井消防用水同生产、生活用水不得共用一个水池。（　）
181. 井筒、平硐与各水平的连接处及井底车场，主要绞车道与运输巷、回风巷的连接处，井下机电设备硐室，主要巷道内带式输送机机头前后两端各 50 m 范围内，都必须用不燃性材料支护。（　）
182. 在井下和井口房，可以采用可燃性材料搭建临时操作间、休息间。（　）
183. 井下使用的润滑油、棉纱、布头和纸等，必须存放在盖严的铁桶内。（　）
184. 井下清洗风动工具时，必须在专用硐室进行，并必须使用不燃性和无毒性洗涤剂。（　）
185. 井下使用过的棉纱、布头和纸，必须存放在盖严的铁桶内，由电工定期送到地面处理，不得乱扔乱放。（　）
186. 井下作业可以将剩油、废油泼洒在井巷或硐室内。（　）
187. 在含有 1 kg 干空气的湿空气中水蒸气的质量称为湿空气的含湿量。（　）
188. 开采容易自燃和自燃的煤层时，回采过程中不得任意留设计外煤柱和顶煤。（　）
189. 开采容易自燃和自燃的煤层时，采煤工作面采到停采线时，必须采取措施使顶板冒落严实。（　）
190. 采用均压技术防灭火时，必须由专人定期观测与分析采空区和火区的漏风量、漏风方向、空气温度、防火墙内外空气压差等状况，并记录在防火记录簿内。（　）
191. 开采容易自燃和自燃的煤层、采用全部充填采煤法时，不得采用可燃物作充填材料，采空区和三角点必须充填。（　）
192. 开采容易自燃和自燃的煤层时，采煤工作面回采结束后，必须在 60 天内进行永久性封闭。（　）
193. 任何人发现井下火灾时，应视火灾性质、灾区通风和瓦斯情况，立即组织人员撤离，并迅速报告矿调度室。（　）
194. 矿调度室接到井下火灾报告后，应立即按灾害预防和处理计划通知有关人员组织抢救灾区人员和实施灭火工作。（　）
195. 电气设备着火时，应首先切断电源；在切断电源前，只准使用不导电的灭火器材进行灭火。（　）
196. 井下发生火灾时，在抢救人员和灭火过程中，必须指定专人检查瓦斯、一氧化碳、煤尘、其他有害气体和风向、风量的变化，还必须采取防止瓦斯、煤尘爆炸和人员中毒的安全措施。（　）
197. 封闭火区灭火时，应尽量扩大封闭范围，并必须指定专人检查瓦斯、氧气、一氧化碳、煤尘以及其他有害气体和风向、风量的变化，还必须采取防止瓦斯、煤尘爆炸和人员中毒的安全措施。（　）
198. 永久性防火墙的管理，应不定期测定和分析防火墙内的气体成分和空气温度。（　）
199. 火区内的空气温度下降到 30 ℃ 以下，或与火灾发生前该区的日常空气温度相同，即可认为火区已经熄灭。（　）
200. 火区内空气中的氧气浓度降到 5% 以下，即可认为火区已经熄灭。（　）
201. 导致矿井火灾发生的三个要素为：热源、可燃物和空气。（　）
202. 矿内火灾防治包括防火和灭火两部分。（　）
203. 煤炭只有处于破碎状态、通风供氧、易于蓄热的环境中才能产生自燃现象。（　）
204. 防火对通风的要求是：风流稳定、漏风量少和通风网络中有关区段易于隔绝。（　）
205. 井下可以使用灯泡取暖和使用电炉。（　）
206. 在灌浆区下部进行采掘前，必须查明灌浆区内的浆水积存情况。发现积存浆水，必须在采掘之前放出，在未放出前，严禁在灌浆区下部进行采掘工作。（　）
207. 对采区的开采线、停采线和上、下煤柱线内的采空区，应加强防火灌浆。（　）

第四章 煤矿"一通三防"安全管理 231

208. 根据《煤矿安全规程》二百四十八条规定，认定火区火已熄灭，必须满足4项指标，且4项指标持续稳定的时间在半个月以上。（   ）

209. 开采容易自燃和自燃的煤层时，采煤工作面可以采用前进式或后退式开采，并根据采取防火措施后的煤层自然发火期确定采区开采期限。（   ）

210. 火区内空气中不含有乙烯、乙炔，一氧化碳浓度在封闭期间内逐渐下降，并稳定在0.001%以下，即可认为火区已经熄灭。（   ）

211. 火区的出水温度低于25℃，或与火灾发生前该区的日常出水温度相同，即可认为火区已经熄灭。（   ）

212. 启封火区时，应逐段恢复通风，同时测定回风流中有无一氧化碳。（   ）

213. 启封火区时，发现复燃征兆时，必须立即停止向火区送风，并重新封闭火区。（   ）

214. 启封火区和恢复火区初期通风等工作，必须由矿通风科负责进行，火区回风风流所经过巷道中的人员必须全部撤出。（   ）

215. 在启封火区工作完毕后2天内，每班必须由矿山救护队检查通风工作，并测定水温、空气温度和空气成分。只有在确认火区完全熄灭、通风等情况良好后，方可进行生产工作。（   ）

216. 不得将矸石山或炉灰场设在进风井的主导风向上风侧，也不得设在表土20 m以内有煤层的地面上和设在有漏风的采空区上方的塌陷范围内。（   ）

217. 井下和井口房内不得从事电焊、气焊和喷灯焊接等工作。（   ）

218. 进风井口应装设防火铁门，防火铁门必须严密并易于关闭，打开时不妨碍提升、运行和人员通行，并应定期维修；如果不设防火铁门，必须有防止烟火进入矿井的安全措施。（   ）

219. 开采容易自燃和自燃的煤层时，必须对采空区、突出和冒落孔洞等空隙采取措施防止自燃。（   ）

220. 采用凝胶防灭火时，压注的凝胶必须充填满全部空间，且其外表面应予喷浆封闭。（   ）

221. 采用均压技术防灭火时，改变矿井通风方式、主要通风机工况以及井下通风系统时，对均压地点的均压状况不必进行调整，保证均压状态的稳定。（   ）

222. 采用均压技术防灭火时，不需检查均压区域内的巷道中风流流动状态，但应有防止瓦斯积聚的安全措施。（   ）

223. 采用氮气防灭火时，注入的氮气浓度应小于97%。（   ）

224. 采用氮气防灭火时，至少有1套专用的氮气输送管路系统及其附属安全设施。（   ）

二、单选题

1. 下列物质对尘肺病的发生起主要作用的是（   ）。
   A. 游离二氧化硅   B. 长石   C. 硅酸盐   D. 泥岩

2. 呼吸性粉尘的粒径一般为（   ）μm及其以下。
   A. 2   B. 3   C. 4   D. 5

3. 非呼吸性粉尘的粒径一般在（   ）μm以上。
   A. 2   B. 3   C. 4   D. 5

4. 煤尘中所含游离二氧化硅（   ）。
   A. 小于10%   B. 大于10%   C. 等15%   D. 大于15%

5. 岩尘（矽尘）中游离二氧化硅含量一般大于（   ）%。
   A. 10   B. 15   C. 20   D. 25

6. 粉尘卫生标准均是以（   ）为规定对象的。
   A. 煤尘   B. 岩尘   C. 浮尘   D. 积尘

7. 下列哪种物质不能降低瓦斯的爆炸下限浓度（   ）。
   A. 氢气   B. 煤尘   C. 惰性气体   D. 硫化氢

8. 新建矿井的所有煤层的自燃倾向性由地质勘探部门提供煤样和资料，送国家授权单位作出鉴定，鉴定结果报（　　）及省（自治区、直辖市）负责煤炭行业管理部门备案。
A. 省级煤矿安全监察机构　　　　　B. 国家煤矿安全监察机构
C. 煤矿安全生产监管部门　　　　　D. 地方煤炭工业局

9. 煤尘爆炸过程中，一般距爆源（　　）m 处，破坏较轻。
A. 5～10　　　B. 10～30　　　C. 20～40　　　D. 60～200

10. 煤尘挥发分越高，感应期（　　）。
A. 越长　　　B. 越短　　　C. 不变　　　D. 不一定

11. 判断井下发生爆炸事故时是否有煤尘参与的重要标志是（　　）。
A. 水滴　　　B. 二氧化碳　　　C. 黏焦　　　D. 一氧化碳

12. 下列属于减尘措施的是（　　）。
A. 转载点喷水降尘　B. 放炮喷雾　C. 巷道净化水幕　D. 煤层注水

13. 下列属于降尘措施的是（　　）。
A. 采空区灌水　　B. 水封爆破　　C. 巷道净化水幕　D. 煤层注水

14. 煤层注水的注水方式中，对地质条件适应性较强的是（　　）。
A. 短钻孔注水　B. 长钻孔注水　C. 深孔注水　D. 巷道钻孔注水

15. 煤层注水的注水方式中，对地质条件适应性较差的是（　　）。
A. 短钻孔注水　B. 长钻孔注水　C. 深孔注水　D. 巷道钻孔注水

16. 《煤矿安全规程》规定：采煤工作面最低允许风速为（　　）m/s。
A. 0.15　　　B. 0.25　　　C. 0.35　　　D. 0.5

17. 《煤矿安全规程》规定：采区进回风道最低允许风速为（　　）m/s。
A. 0.15　　　B. 0.25　　　C. 0.35　　　D. 0.5

18. 《煤矿安全规程》规定：掘进中的煤及半煤岩巷最低允许风速为（　　）m/s。
A. 0.15　　　B. 0.25　　　C. 0.35　　　D. 0.5

19. 《煤矿安全规程》规定：掘进中的岩巷最低允许风速为（　　）m/s。
A. 0.15　　　B. 0.25　　　C. 0.35　　　D. 0.5

20. 采场和采准巷道中最高允许风速为（　　）m/s。
A. 1.5　　　B. 2.5　　　C. 3.0　　　D. 4.0

21. 入风井和采掘工作面的新鲜风流含尘量不得超过（　　）mg/m³。
A. 0.5　　　B. 1.5　　　C. 2.5　　　D. 3.0

22. 《煤矿安全规程》规定：掘进巷道中的最高风速为（　　）m/s。
A. 2　　　B. 3　　　C. 4　　　D. 5

23. 下列哪种粉尘遇火可能爆炸（　　）。
A. 悬浮煤尘　B. 沉积煤尘　C. 悬浮岩尘　D. 沉积岩尘

24. 同一种煤质情况下，下列哪种粒径的煤尘所需引燃温度最低，且火焰传播速度最快（　　）μm。
A. 15　　　B. 25　　　C. 35　　　D. 45

25. 下列哪种气体的存在可使煤尘的爆炸下限降低（　　）。
A. 氮气　　　B. 惰气　　　C. 瓦斯　　　D. CO_2

26. 当氧含量低于（　　）%时，煤尘就不再爆炸。
A. 21　　　B. 20　　　C. 19　　　D. 17

27. 在下列哪种氧气浓度下，煤尘爆炸压力最低（　　）%。
A. 21　　　B. 20　　　C. 19　　　D. 18

28. 煤尘爆炸时，其挥发分含量将（　　）。
A. 减少　　　B. 升高　　　C. 不变　　　D. 不一定

29. 下列各地点中,( )应设主要隔爆棚。
   A. 采煤工作面进风巷　　　　　　　　B. 采煤工作面回风巷
   C. 采区内的煤层掘进巷　　　　　　　D. 矿井主要运输巷
30. 矿井防尘系统中,地面水池不得小于( )m³,并有备用水池。
   A. 100　　　　B. 200　　　　C. 300　　　　D. 400
31. 在防尘管路设置中,皮带机和皮带斜井管路每隔( )m 设一个三通阀门。
   A. 10　　　　B. 50　　　　C. 100　　　　D. 200
32. 装载点的放煤口距矿车不得大于( )m,并要安装自动控制装置,实现自动喷雾。
   A. 0.30　　　B. 0.40　　　C. 0.50　　　D. 1
33. 主要隔爆水棚的用水量按巷道的断面积计算,不得小于( )L/m²。
   A. 50　　　　B. 200　　　C. 300　　　D. 400
34. 辅助隔爆水棚的用水量按巷道的断面积计算,不得小于( )L/m²。
   A. 50　　　　B. 200　　　C. 300　　　D. 400
35. 下列哪种职业病的危害性最大,发病期最短( )。
   A. 矽肺病　　B. 煤肺病　　C. 煤矽肺病　　D. 水泥尘肺
36. 下列( )应设置辅助隔爆棚。
   A. 采煤工作面进回风巷　　　　　　　B. 相邻煤层运输石门
   C. 采区间集中运输大巷　　　　　　　D. 主要运输大巷
37. 瓦斯在煤层中的垂直分带,最下层的分带是( )。
   A. 氮气—二氧化碳带　B. 氮气带　C. 氮气—甲烷带　D. 甲烷带
38. 与无露头煤层相比,有露头煤层内的瓦斯含量( )。
   A. 大　　　　B. 小　　　　C. 不变　　　　D. 不能确定
39. 在测定瓦斯浓度时可以用以下哪种方法( )。
   A. 目测　　　B. 气味法　　C. 示踪法　　　D. 瓦斯浓度测定仪法
40. 根据下列哪项可以确定瓦斯风化带的深度( )。
   A. 绝对瓦斯涌出量　B. 围岩透气性　C. 煤层倾角　D. 相对瓦斯涌出量
41. 下列选项中,( )μm 粒径的粉尘属于呼吸性粉尘,对人体危害性大。
   A. 2　　　　　B. 20　　　　C. 10　　　　D. 15
42. 开采容易自燃和自燃的煤层时,在采区开采设计中,必须预先选定构筑防火门的位置。当采煤工作面投产和通风系统形成后,必须按设计选定的防火门位置构筑好防火门墙,并储备足够数量的封闭防火门的材料。采煤工作面回采结束后,必须在( )天内进行永久性封闭。
   A. 45　　　　B. 30　　　　C. 10　　　　D. 7
43. 从煤的变质程度来讲,生成瓦斯量最大的是( )。
   A. 褐煤　　　B. 焦煤　　　C. 贫煤　　　D. 无烟煤
44. 在同样的瓦斯压力和温度下,下列哪种煤能保存更多的瓦斯( )。
   A. 褐煤　　　B. 焦煤　　　C. 贫煤　　　D. 无烟煤
45. 同一种煤质时,下列哪种顶板保存的瓦斯最大( )。
   A. 砂岩　　　B. 砾岩　　　C. 砂页岩　　　D. 不透气的泥岩
46. 专用排瓦斯巷内风速不得低于( )m/s。
   A. 0.15　　　B. 0.25　　　C. 0.5　　　　D. 0.75
47. 瓦斯喷出区域的掘进通风方式必须采用( )。
   A. 压入式　　B. 抽出式　　C. 混合式　　　D. 上述任何一种
48. 瓦斯抽采时,如利用瓦斯,则瓦斯浓度不得低于( )%。

A. 30   B. 15   C. 20   D. 25

49. 瓦斯抽采时,如不利用瓦斯,采用干式抽采瓦斯设备时,抽放瓦斯浓度不得低于(　　)%。
A. 30   B. 15   C. 20   D. 25

50. 在理论上,当瓦斯浓度达到(　　)%时,瓦斯可以和空气中的氧气完全反应,爆炸强度最大。
A. 7   B. 8   C. 9.5   D. 15

51. 井下爆破时产生的火焰不能引燃瓦斯,是因为(　　)。
A. 能量不足   B. 缺氧状态
C. 火焰存在时间短   D. 瓦斯浓度不在爆炸区间内

52. 煤矿企业每年必须至少组织(　　)次救灾演习。
A. 1   B. 2   C. 3   D. 4

53. 下列现象中煤与瓦斯突出的前兆是(　　)。
A. 瓦斯涌出量增大,工作面温度降低   B. 有水气
C. 煤壁挂红   D. 钻孔有水流出

54. 煤与瓦斯突出频率高而强度低,下列选项哪个不是可能的原因(　　)。
A. 煤层酥松   B. 围岩破碎   C. 瓦斯运移   D. 煤质坚硬

55. 煤与瓦斯突出频率低而强度高,下列选项哪个不是可能的原因(　　)。
A. 围岩破碎不严重   B. 地应力相对集中   C. 煤层酥松   D. 煤质坚硬

56. 开采厚度等于或小于(　　)m的保护层必须检验实际保护效果。
A. 0.5   B. 1.0   C. 1.5   D. 2.0

57. 揭开煤层后,在石门附近(　　)m范围内掘进煤巷时,必须加强支护,严格采取防突措施。
A. 10   B. 20   C. 30   D. 40

58. 震动爆破要求(　　)次全断面揭穿或揭开煤层。
A. 1   B. 2   C. 3   D. 4

59. 瓦斯抽采中,随掘随抽的方式是利用巷道两侧及工作面前方的(　　)抽放瓦斯
A. 卸压带   B. 支承压力带   C. 原岩应力带   D. 任一地点

60. 下列因素中,(　　)与工作面瓦斯涌出无关。
A. 地面大气压变化 B. 工作面推进速度 C. 工作面采煤工艺 D. 测点布置

61. 对于采区煤仓,要使用胶皮管伸入煤仓(　　)m处进行瓦斯检查。
A. 1   B. 2   C. 3   D. 4

62. 在煤层开采中,下列哪种顶板管理方式瓦斯涌出量大(　　)。
A. 充填法   B. 弯曲下沉法   C. 全部垮落法   D. 不一定

63. 下列哪种物品可以带入井下(　　)。
A. 烟草   B. 化纤衣服   C. 棉织品   D. 电炉

64. 下列选项哪种情况不容易引起瓦斯异常涌出现象(　　)。
A. 地质破碎带附近   B. 煤与瓦斯突出
C. 矿井瓦斯抽采系统出现故障   D. 工作面正常爆破

65. 井下个别机电硐室,经矿总工程师批准,可设在回风流中,但进入机电硐室的瓦斯浓度不得超过(　　)%,并必须安装瓦斯自动检测报警断电装置。
A. 0.5   B. 1   C. 1.5   D. 2

66. 从防止静电火花方面考虑,下列哪种情况不适合井下使用(　　)。
A. 塑料管   B. 铁管   C. 钢管   D. 木材

67. 用岩粉阻隔瓦斯爆炸时,撒布岩粉长度为(　　)m。
A. 50   B. 100   C. 200   D. 300

68. 用岩粉阻隔瓦斯爆炸时,要使不燃物含量大于( )%。
    A. 50   B. 60   C. 70   D. 80
69. 井口房和通风机房附近( )m内,不得有烟火或用火炉取暖。
    A. 50   B. 100   C. 200   D. 20
70. 主要隔爆水棚的长度不小于( )m。
    A. 10   B. 20   C. 30   D. 40
71. 矿井瓦斯常常积聚在巷道上部是由于( )的原因。
    A. 风流速度小   B. 巷道有冒高   C. 瓦斯比空气轻   D. 风流速度大
72. 矿井瓦斯是井下从煤岩中涌出的以( )为主的有毒、有害气体的总称。
    A. 二氧化碳（CO_2）   B. 氮气（N_2）   C. 一氧化碳（CO）   D. 甲烷（CH_4）
73. 下列哪项不属于井下容易发生局部瓦斯积聚的地点( )。
    A. 采煤工作面上隅角   B. 顶板冒落空洞
    C. 临时停风的掘进巷道   D. 井底车场
74. 区域性防突措施主要有( )和预抽煤层瓦斯两种。
    A. 开采保护层   B. 金属骨架   C. 松动爆破   D. 水力冲孔
75. 局部通风机实行的"三专"供电,即专用变压器、( )、专用线路。
    A. 专用开关   B. 专用电源   C. 专用报警器   D. 专人管理
76. 一个矿井只要有( )个煤（岩）层发现瓦斯,该矿井即为瓦斯矿井。
    A. 1   B. 2   C. 3   D. 4
77. 低瓦斯矿井的矿井相对瓦斯涌出量小于或等于( ) m^3/t。
    A. 5   B. 10   C. 12   D. 15
78. 高瓦斯矿井的矿井相对瓦斯涌出量大于( ) m^3/t。
    A. 5   B. 10   C. 12   D. 15
79. 高瓦斯矿井的矿井绝对瓦斯涌出量大于( ) m^3/min。
    A. 10   B. 12   C. 15   D. 40
80. 矿井总回风巷中瓦斯或二氧化碳浓度超过( )%时,必须立即查明原因,进行处理。
    A. 0.5   B. 0.75   C. 1.0   D. 1.5
81. 采区回风巷、采掘工作面回风巷风流中瓦斯浓度超过( )%时,必须停止工作,撤出人员,采取措施,进行处理。
    A. 0.5   B. 0.75   C. 1.0   D. 1.5
82. 采区回风巷、采掘工作面回风巷风流中二氧化碳浓度超过( )%时,必须停止工作,撤出人员,采取措施,进行处理。
    A. 0.5   B. 0.75   C. 1.0   D. 1.5
83. 采掘工作面爆破地点附近20 m以内风流中瓦斯浓度达到( )%时,严禁爆破。
    A. 0.5   B. 0.75   C. 1.0   D. 1.5
84. 采掘工作面及其他作业地点风流中瓦斯浓度达到( )%时,必须停止用电钻打眼。
    A. 0.5   B. 0.75   C. 1.0   D. 1.5
85. 对因瓦斯浓度超限被切断电源的电气设备,必须在瓦斯浓度降到( )%以下时,方可通电开动。
    A. 0.5   B. 0.75   C. 1.0   D. 1.5
86. 采掘工作面风流中二氧化碳浓度达到( )%时,必须停止工作,撤出人员,查明原因,制定措施,进行处理。
    A. 0.5   B. 0.75   C. 1.0   D. 1.5
87. 一个采煤工作面的绝对瓦斯涌出量大于( ) m^3/min时,用通风方法解决瓦斯问题不合理的,必须建立抽放系统。

A. 2　　　　　　B. 3　　　　　　C. 5　　　　　　D. 10

88. 一个掘进工作面的绝对瓦斯涌出量大于(　　)m³/min时，用通风方法解决瓦斯问题不合理的，必须建立抽采系统。

A. 2　　　　　　B. 3　　　　　　C. 5　　　　　　D. 10

89. 矿井绝对瓦斯涌出量大于或等于(　　)m³/min时，必须建立抽采系统。

A. 10　　　　　B. 15　　　　　C. 30　　　　　D. 40

90. 瓦斯抽采地面泵房和泵房周围(　　)m内，禁止堆积易燃物和明火。

A. 10　　　　　B. 20　　　　　C. 30　　　　　D. 40

91. 瓦斯抽采地面泵房距进风井口和主要建筑物不得小于(　　)m，并用栅栏或围墙保护。

A. 30　　　　　B. 40　　　　　C. 50　　　　　D. 60

92. 低瓦斯矿井中采掘工作面的瓦斯浓度检查次数每班至少(　　)次。

A. 1　　　　　　B. 2　　　　　　C. 3　　　　　　D. 4

93. 高瓦斯矿井中采掘工作面的瓦斯浓度检查次数每班至少(　　)次。

A. 1　　　　　　B. 2　　　　　　C. 3　　　　　　D. 4

94. 采掘工作面二氧化碳浓度应每班至少检查(　　)次。

A. 1　　　　　　B. 2　　　　　　C. 3　　　　　　D. 4

95. 在有自然发火危险的矿井，必须定期检查(　　)浓度、气体温度的变化情况。

A. 瓦斯　　　　B. 一氧化碳　　C. 二氧化碳　　D. 氧气

96. 井下停风地点栅栏外风流中的瓦斯浓度每天至少检查(　　)次。

A. 1　　　　　　B. 2　　　　　　C. 3　　　　　　D. 4

97. 瓦斯是一种(　　)。

A. 单质　　　　B. 化合物　　　C. 纯净物　　　D. 混合物

98. 甲烷是一种可燃气体，其爆炸下限为(　　)%。

A. 3　　　　　　B. 5　　　　　　C. 7　　　　　　D. 9

99. 甲烷是一种可燃气体，其爆炸上限为(　　)%。

A. 10　　　　　B. 12　　　　　C. 14　　　　　D. 16

100. 瓦斯沿深度方向呈带状分布，甲烷带中的甲烷含量可达(　　)%。

A. 20　　　　　B. 40　　　　　C. 60　　　　　D. 80

101. 开采瓦斯风化带的煤层时，相对瓦斯涌出量一般不超过(　　)m³/t。

A. 2　　　　　　B. 4　　　　　　C. 6　　　　　　D. 8

102. 瓦斯空气的混合气体中氧气浓度必须大于(　　)%，否则爆炸反应不能持续。

A. 12　　　　　B. 17　　　　　C. 18　　　　　D. 20

103. 瓦斯积聚是指体积超过0.5 m³的空间瓦斯浓度达到(　　)%的现象。

A. 1　　　　　　B. 1.5　　　　　C. 2　　　　　　D. 3

104. 目前，我国煤矿按瓦斯涌出形式和涌出量大小，将矿井瓦斯等级分成(　　)个等级。

A. 2　　　　　　B. 3　　　　　　C. 4　　　　　　D. 5

105. 在相同裂隙发育条件下，下列哪种地质构造贮存的瓦斯量最多(　　)。

A. 向斜　　　　B. 断层　　　　C. 背斜　　　　D. 地堑

106. 煤层中有流通的地下水时，煤层中的瓦斯含量会(　　)。

A. 不变　　　　B. 升高　　　　C. 降低　　　　D. 不一定

107. 下列哪一项不属于局部防突措施(　　)。

A. 开采保护层　B. 松动爆破　　C. 钻孔排放瓦斯　D. 水力冲孔

108. 瓦斯在一定压力下以游离和( )两种状态赋存在煤体中。
A. 化合 B. 吸附 C. 吸着 D. 吸收
109. 采掘工作面的进风流中，氧气浓度不低于( )%。
A. 18 B. 19 C. 20 D. 21
110. 采掘工作面的进风流中，二氧化碳浓度不超过( )%
A. 0.5 B. 1 C. 1.5 D. 2.0
111. 矿井风流中一氧化碳浓度不超过( )%。
A. 0.004 B. 0.000 25 C. 0.002 4 D. 0.000 5
112. 矿井风流中氧化氮浓度不超过( )%。
A. 0.000 66 B. 0.000 5 C. 0.002 4 D. 0.000 25
113. 矿井风流中二氧化硫浓度不超过( )%。
A. 0.004 B. 0.000 25 C. 0.002 4 D. 0.000 5
114. 矿井风流中硫化氢浓度不超过( )%。
A. 0.002 4 B. 0.000 25 C. 0.000 66 D. 0.000 5
115. 矿井风流中氨气浓度不超过( )%。
A. 0.004 B. 0.000 25 C. 0.002 4 D. 0.000 5
116. 设有梯子间的井筒或修理中的井筒，风速不得超过( )m/s。
A. 6 B. 8 C. 10 D. 12
117. 无提升设备的风井和风硐允许的最高风速为( )m/s。
A. 8 B. 10 C. 12 D. 15
118. 专为升降物料的井筒允许的最高风速为( )m/s。
A. 8 B. 10 C. 12 D. 15
119. 风桥允许的最高风速为( )m/s。
A. 8 B. 10 C. 12 D. 15
120. 升降人员和物料的井筒允许的最高风速为( )m/s。
A. 8 B. 10 C. 12 D. 15
121. 主要进、回风巷允许的最高风速为( )m/s。
A. 8 B. 6 C. 4 D. 10
122. 架线电机车巷道允许的风速范围为( )m/s。
A. 0.15～4.00 B. 0.25～4.00 C. 0.25～6.00 D. 1～8
123. 运输机巷，采区进、回风巷允许的风速范围为( )m/s。
A. 0.15～4.00 B. 0.25～4.00 C. 0.25～6.00 D. 1～8
124. 采煤工作面、掘进中的煤巷和半煤岩巷允许的风速范围为( )m/s。
A. 0.15～4.00 B. 0.25～4.00 C. 0.25～6.00 D. 1～8
125. 掘进中的岩巷允许的风速范围为( )m/s。
A. 0.15～4.00 B. 0.25～4.00 C. 0.25～6.00 D. 1～8
126. 其他通风行人巷道允许的最低风速为( )m/s。
A. 0.15 B. 0.25 C. 0.5 D. 1.0
127. 综合机械化采煤工作面，在采取煤层注水和采煤机喷雾降尘等措施后，最大风速不得超过( )m/s。
A. 4 B. 5 C. 6 D. 8
128. 装有带式输送机的井筒兼作回风井时，井筒中的风速不得超过( )m/s。
A. 4 B. 5 C. 6 D. 8

129. 装有带式输送机的井筒兼作进风井时，井筒中的风速不得超过( )m/s。
   A. 4   B. 5   C. 6   D. 8

130. 箕斗提升井兼作进风井时，井筒中的风速不得超过( )m/s。
   A. 4   B. 5   C. 6   D. 8

131. 掘进巷道贯通前，综合机械化掘进巷道在相距( )m前，必须停止一个工作面作业，做好调整通风系统的准备工作。
   A. 40   B. 50   C. 20   D. 10

132. 进风井口以下的空气温度（干球温度）必须在( )℃以上。
   A. 0   B. 1   C. 2   D. 3

133. 生产矿井采掘工作面空气温度不得超过( )℃。
   A. 25   B. 26   C. 27   D. 28

134. 机电设备硐室的空气温度不得超过( )℃
   A. 28   B. 29   C. 30   D. 31

135. 采掘工作面的空气温度超过( )℃时，必须停止作业。
   A. 28   B. 29   C. 30   D. 31

136. 机电设备硐室的空气温度超过( )℃时，必须停止作业。
   A. 32   B. 33   C. 34   D. 35

137. 矿井必须建立测风制度，每( )天进行1次全面测风。
   A. 5   B. 10   C. 20   D. 30

138. 对采掘工作面和其他用风地点，应根据实际需要( )测风。
   A. 定时   B. 每隔5天   C. 随时   D. 每隔10天

139. 进入被串联通风工作面的风流中的瓦斯和二氧化碳浓度都不得超过( )%。
   A. 0.5   B. 1   C. 1.5   D. 2.0

140. 准备采区，必须在采区构成( )后，方可开掘其他巷道。
   A. 掘进系统   B. 运输系统   C. 排水系统   D. 通风系统

141. 采区开采结束后( )天内，必须在所有与已采区相连通的巷道中设置防火墙，全部封闭采区。
   A. 15   B. 30   C. 45   D. 60

142. 新井投产前必须进行1次矿井通风阻力测定，以后每( )年至少进行1次。
   A. 1   B. 2   C. 3   D. 4

143. 装有主要通风机的井口必须封闭严密，其外部漏风率在无提升设备时不得超过( )%。
   A. 5   B. 10   C. 15   D. 20

144. 装有主要通风机的井口必须封闭严密，其外部漏风率在有提升设备时不得超过( )%。
   A. 5   B. 10   C. 15   D. 20

145. 备用的主要通风机必须能在( )min内开动。
   A. 5   B. 10   C. 15   D. 20

146. 新安装的主要通风机投入使用前，必须进行1次通风机性能测定和试运转工作，以后每( )年至少进行1次性能测定。
   A. 3   B. 4   C. 5   D. 6

147. 生产矿井主要通风机必须装有反风设施，并能在( )min内改变巷道中的风流方向。
   A. 5   B. 10   C. 15   D. 20

148. 生产矿井主要通风机反风时，当巷道中的风流方向改变后，主要通风机的供给风量不应小于正常供风量的( )%。
   A. 30   B. 40   C. 50   D. 60

第四章 煤矿"一通三防"安全管理

149. 主要通风机的运转应由专职司机负责,司机应每( )h 将通风机运转情况记入运转记录簿内;发现异常,立即报告。
A. 0.5   B. 1   C. 1.5   D. 2

150. 恢复停风巷道通风前,必须检查瓦斯。只有在局部通风机及其开关附近 10 m 以内风流中的瓦斯浓度都不超过( )%时,方可人工开启局部通风机。
A. 0.5   B. 1.0   C. 1.5   D. 2.0

151. 必须保证爆炸材料库每小时能有其总容积( )倍的风量。
A. 2   B. 3   C. 4   D. 5

152. 井下充电室风流中以及局部积聚处的氢气浓度,不得超过( )%。
A. 0.5   B. 1.0   C. 1.5   D. 2.0

153. 地面的消防水池必须经常保持不少于( ) m³ 的水量,如果消防用水同生产、生活用水共用一个水池,应有确保消防用水的措施。
A. 160   B. 300   C. 200   D. 60

154. 木料场、矸石山、炉灰场距进回风井不得小于 80 m,木料场距离矸石山不得小于( ) m。
A. 50   B. 20   C. 80   D. 60

155. 停风的独头巷道口的栅栏内侧 1 m 处瓦斯浓度超过( )%,应采用木板密闭予以封闭。
A. 1   B. 2   C. 3   D. 4

156. 停风的独头巷道,每班在栅栏处至少检查( )次瓦斯。
A. 1   B. 2   C. 3   D. 4

157. 只有在局部通风机及其开关附近( ) m 以内风流中的瓦斯浓度都不超过 0.5%时,方可人工开启局部通风机。
A. 5   B. 10   C. 15   D. 20

158. 可以使用( )台局部通风机同时向 1 个掘进工作面供风。
A. 2   B. 3   C. 4   D. 5

159. 抽出式通风,风筒吸风口吸入风流中的瓦斯浓度不超过( )%。
A. 0.5   B. 1   C. 1.5   D. 2

160. 除尘风机、抽出式局部通风机和位于掘进工作面附近 100 m 范围内的压入式局部通风机,其噪声不应超过( )dB。
A. 75   B. 80   C. 85   D. 90

161. 当空气中氧气浓度小于( )%时,人呼吸困难,心跳加快。
A. 17   B. 15   C. 12   D. 3

162. 当空气中氧气浓度小于( )%时,人无力进行劳动。
A. 17   B. 15   C. 12   D. 3

163. 当空气中氧气浓度小于( )%时,人有生命危险。
A. 17   B. 15   C. 12   D. 3

164. 当空气中氧气浓度小于( )%时,人立即死亡。
A. 17   B. 15   C. 12   D. 3

165. 能造成人缺氧窒息死亡的气体是( )。
A. 一氧化碳   B. 二氧化氮   C. 氮气   D. 硫化氢

166. 当空气中二氧化碳浓度达到( )时,人呼吸感到急促。
A. 3%   B. 5%   C. 10%～20%   D. 20%～25%

167. 当空气中二氧化碳浓度达到( )时,人呼吸感到困难,同时有耳鸣和血液流动很快的感觉。
A. 1%   B. 5%   C. 10%～20%   D. 20%～25%

168. 当空气中二氧化碳浓度达到（　）时，人呼吸将处于停顿状态和失去知觉。
A. 1%　　　　　　B. 5%　　　　　　C. 10%～20%　　　D. 20%～25%

169. 《煤矿安全规程》规定，粉尘中游离二氧化硅含量在10%以上时，空气中总粉尘浓度应低于（　）mg/m³。
A. 1　　　　　　　B. 2　　　　　　　C. 5　　　　　　　D. 10

170. 《煤矿安全规程》规定，粉尘中游离二氧化硅含量在10%以下时，空气中总粉尘浓度应低于（　）mg/m³。
A. 1　　　　　　　B. 2　　　　　　　C. 5　　　　　　　D. 10

171. 当空气中一氧化碳浓度达到（　）%时，经数小时仅有头痛、心跳、耳鸣等轻微中毒症状。
A. 0.016　　　　　B. 0.048　　　　　C. 0.128　　　　　D. 0.4

172. 当空气中一氧化碳浓度达到（　）%时，经1 h引起头痛、心跳、耳鸣等轻微中毒症状。
A. 0.016　　　　　B. 0.048　　　　　C. 0.128　　　　　D. 0.4

173. 当空气中一氧化碳浓度达到0.128%时，经0.5～1.0 h，现场人员（　）。
A. 无反应　　　　B. 反应轻微　　　C. 丧失行动能力　D. 立即死亡

174. 当空气中一氧化碳浓度达到（　）%时，短时间即失去知觉、抽筋、假死，经过29～30 min即死亡。
A. 0.016　　　　　B. 0.048　　　　　C. 0.128　　　　　D. 0.4

175. 当空气中二氧化氮浓度达到（　）%时，2～4 h尚不致显著中毒。
A. 0.004　　　　　B. 0.006　　　　　C. 0.01　　　　　　D. 0.025

176. 当空气中二氧化氮浓度达到0.006时，短时间（　）。
A. 无反应　　　　B. 反应轻微　　　C. 丧失行动能力　D. 死亡

177. 当空气中二氧化氮浓度达到（　）%时，强烈刺激呼吸器官，严重咳嗽，声带痉挛，呕吐、腹泻、神经麻木。
A. 0.004　　　　　B. 0.006　　　　　C. 0.01　　　　　　D. 0.025

178. 矿井必须有完整（　）的通风系统。
A. 联合　　　　　B. 并联　　　　　C. 独立　　　　　D. 分立

179. 改变全矿井通风系统时，必须编制通风设计及（　），由企业技术负责人审批。
A. 通风方案　　　B. 作业规程　　　C. 通风计划　　　D. 安全措施

180. 设在回风流中的井下机电设备硐室，此回风流中的瓦斯浓度不得超过0.5%，并必须安装（　）。
A. 便携瓦斯检查仪　B. 一氧化碳传感器　C. 甲烷断电仪

181. 煤炭自然发火必须同时具备可燃的碎煤、有充分的（　）和适宜的蓄热升温的环境。
A. 瓦斯　　　　　B. 一氧化碳　　　C. 氢气　　　　　D. 氧气

182. 煤炭自燃中，在燃烧期阶段煤的氧化速度加快，温升明显，空气和围岩的温度也显著上升，巷道中会出现烟雾及特殊的火灾气味；如果煤温达到着火温度，即会引发（　）。
A. 瓦斯爆炸　　　B. 煤尘爆炸　　　C. 自燃火灾　　　D. 外因火灾

183. 矿内火灾防治是指为防止井下发生火灾、（　）和消除火灾不良后果所施行的技术和工程。
A. 扩大火灾　　　B. 控制火灾　　　C. 发现火灾　　　D. 封闭火灾

184. 防治矿内火灾的原则是（　）。
A. 预防为主　　　B. 综合治理　　　C. 监测监控　　　D. 整体推进

185. 从防自燃火灾角度出发，对矿井开拓、开采的要求是：最小的煤层暴露面、（　）、最快的回采速度、易于隔绝的采空区。
A. 最大的巷道断面　B. 最好的支护材料　C. 最大的煤炭采出率　D. 最快的掘进速度

186. 从防自燃火灾角度出发，对通风系统的要求是通风压差小、（　）。

A. 风速大　　　B. 风量大　　　C. 阻力大　　　D. 漏风少

187. 矿井火灾防治包括防火和（　　）。
A. 防有害气体　　B. 内因火灾　　C. 灭火　　D. 外因火灾

188. 防火即防止矿内火灾发生的作业。其首要任务是防止（　　）或将其限制于萌芽状态。
A. 火灾　　B. 可燃物燃烧　　C. 产生一氧化碳　　D. 井下空气温度升高

189. 煤矿灭火方法有直接灭火法、隔绝灭火法和（　　）三种。
A. 综合灭火法　　B. 人工灭火法　　C. 自然灭火法　　D. 化学灭火法

190. （　　）灭火法以封闭火区为基础，再采取向火区内部注入惰气、泥浆或均衡火区漏风通道压差等措施的灭火方法。
A. 直接　　B. 综合　　C. 隔绝　　D. 化学

191. 外因火灾的预防主要从两个方面进行：一是（　　）；二是尽量采用不燃或阻燃材料支护和不燃或难燃制品，同时防止可燃物大量积存。
A. 防止煤的自燃　　　　　B. 防止空气中氧气过量
C. 防止失控的高温热源　　D. 防止采空区漏风

192. 及时发现矿井外因火灾的方法有监测标志气体、温升变色涂料和（　　）。
A. 火灾检测器　　　　B. 煤的自燃倾向性鉴定
C. 瓦斯等级鉴定　　　D. 矿井风量测定

193. 防火墙的封闭顺序，首先应封闭所有其他防火墙，留下（　　）主要防火墙最后封闭。
A. 进风　　B. 回风　　C. 即不进也不回　　D. 进回风

194. 火区封闭后，应加强管理，对墙内的温度和空气成分，要定期进行测定和化验分析。封闭火区的防火墙必须每天检查1次，瓦斯急剧变化时，每班至少检查（　　）次。
A. 1　　B. 2　　C. 3　　D. 4

195. 火区启封必须具备的条件中火区内的空气温度下降到（　　）℃以下，或与火灾发生前该区的日常空气温度相同。
A. 30　　B. 35　　C. 37　　D. 40

196. 火区启封必须具备的条件中，火区内空气中的氧气浓度下降到（　　）%以下。
A. 5　　B. 10　　C. 12　　D. 15

197. 煤矿常用的防火措施有灌注泥浆、充填砂石或粉煤灰、均压、喷洒阻化剂、注入惰性气体等，（　　）是应用最广的措施。
A. 充填砂石或粉煤灰　　B. 喷洒阻化剂　　C. 注入惰性气体　　D. 灌注泥浆

198. 火区启封必须具备的条件中火区内空气中不含有乙烯、乙炔，一氧化碳浓度在封闭期间内逐渐下降，并稳定在（　　）%以下。
A. 0.5　　B. 1　　C. 0.001　　D. 0.002 4

199. 火区启封必须具备的条件中火区的出水温度低于（　　）℃，或与火灾发生前该区的日常出水温度相同。
A. 30　　B. 20　　C. 24　　D. 25

200. 火区启封必须具备下列条件：（1）火区内的空气温度下降到30 ℃以下，或与火灾发生前该区的日常空气温度相同。（2）火区内空气中的氧气浓度下降到5%以下。（3）火区内空气中不含有乙烯、乙炔，一氧化碳浓度在封闭期间内逐渐下降，并稳定在0.001%以下。（4）火区的出水温度低于25 ℃，或与火灾发生前该区的日常出水温度相同。（5）上述4项指标持续稳定的时间在（　　）以上。
A. 3个月　　B. 6个月　　C. 1个月　　D. 1年

201. 火区启封后，原火源点回风测的气温、水温和CO浓度都无上升趋势，并保持（　　）以上，方可认定火区确已完全熄灭。

A. 30 天　　　　B. 3 天　　　　C. 15 天　　　　D. 3 h

202. 瓦斯在煤层中流动主要包括两个方面，即扩散运动和（　　）。
A. 静止　　　　B. 渗流运动　　　　C. 上浮运动　　　　D. 紊流运动

203. 根据突出预测的范围和精度，煤层突出危险性预测可分为区域预测和（　　）。
A. 巷道预测　　B. 工作面预测　　C. 矿山统计预测　　D. 计算法预测

204. 下列哪些气体的存在可使瓦斯爆炸下限升高，爆炸上限降低（　　）。
A. 一氧化碳　　B. 二氧化碳　　C. 硫化氢　　D. 氢气

205. 依据下列矿井瓦斯绝对涌出量，属于高瓦斯矿井的有（　　）m^3/min。
A. 25　　　　B. 35　　　　C. 39　　　　D. 55

206. 锁风启封火区法，锁风防火墙的位置在主要进风巷侧原防火墙之外（　　）m 处建立带风门的防火墙。救护队员进入后，关闭风门，打开原火区防火墙。
A. 6　　　　B. 10　　　　C. 30　　　　D. 60

207. 新建矿井的永久井架和井口房、以井口为中心的联合建筑必须用（　　）建筑。
A. 木料　　　　B. 橡胶材料　　　　C. 塑料　　　　D. 不燃性材料

208. 井下消防管路系统在一般巷道中每隔 100 m，带式输送机巷道每隔（　　）m 设置一组支管和阀门。
A. 50　　　　B. 100　　　　C. 150　　　　D. 200

209. 启封火区和恢复火区初期通风工作，必须由（　　）负责进行，且火区回风风流所经过的巷道中人员全部撤出。
A. 矿山救护队　　B. 通风科　　C. 通风区　　D. 通风段

210. 启封已熄灭的火区前，必须事先制定安全措施，启封火区时，应该逐段恢复通风，同时测定回风流中有无（　　）。
A. 二氧化碳　　B. 氧气　　C. 一氧化碳　　D. 甲烷

211. 抢险救灾人员在灭火过程中，必须采取防止瓦斯、煤尘爆炸和（　　）的安全措施。
A. 火风压　　　　B. 人员中毒　　　　C. 缺氧窒息　　　　D. 顶板冒落

212. 电气设备着火时，首先应该切断电源，在切断电源前，只准用（　　）进行灭火。
A. 铁板　　　　B. 铁撬棍　　　　C. 水　　　　D. 不导电的灭火器材

213. 任何人发现井下火灾时，应立即采取一切可能的方法进行（　　）。
A. 直接灭火　　B. 报告　　C. 撤离　　D. 组织人员救火

214. 在容易自燃和自燃的煤层中掘进巷道时，对于巷道中出现的冒顶区，必须及时进行（　　）。
A. 增加风量　　B. 防火处理　　C. 报废　　D. 加强支护

215. 煤炭发火是指暴露于空气中的煤炭自身氧化积热达到着火温度而（　　）的现象。
A. 阴燃　　　　B. 被动燃烧　　　　C. 发热发火　　　　D. 自然燃烧

216. 防火墙的封闭顺序，首先应封闭所有其他防火墙，留下进回风主要防火墙最后封闭。进回风主要防火墙封闭顺序不仅影响有效控制火势，而且关系救护队员的安全，进回风同时封闭的缺点是（　　）。
A. 进回风防火墙很难达到同步封闭
B. 氧气浓度下降慢
C. 瓦斯浓度上升速度快
D. 迅速减少火区流向回风侧的烟流量

217. 火区内火源燃烧状态变化过程中，当 O_2 浓度减少速率近似于 CO_2 和 CO 浓度的增加速率时，说明火区内（　　）。
A. 火势稳定　　B. 火灾熄灭　　C. 火势减弱　　D. 火势发展

218. 火区内火源燃烧状态变化过程中，当 O_2、CO_2 和 CO 浓度以稳定速率降低或其速率近似为零时，说明火区内（　　）。
A. 火势稳定　　B. 火灾熄灭　　C. 火势减弱　　D. 火势发展

219. 对井上、下消防管路系统，防火门，消防材料库和消防器材的设置情况应（　　）进行 1 次检查，发现问题，及时解决。
A. 每年　　　　　B. 每季度　　　　　C. 每半年　　　　　D. 每月

220. 开采容易自燃和自燃煤层的矿井，必须采取（　　）煤层自然发火的措施。
A. 特殊　　　　　B. 防治　　　　　C. 监测监控　　　　　D. 综合预防

221. 煤炭自然发火分为潜伏期、（　　）和燃烧期。
A. 自热期　　　　　B. 发火期　　　　　C. 轰燃期　　　　　D. 吸氧期

222. 不属于矿井外因火灾的是（　　）。
A. 瓦斯、煤尘爆炸引起的火灾　　　　　B. 煤的自燃
C. 机械摩擦及物体碰撞引燃可燃物导致火灾　　　　　D. 吸烟、电焊、灯泡取暖引燃可燃物导致火灾

223. 《煤矿安全规程》第二百二十三条规定所允许的地点进行电焊、气焊和喷灯焊接时，只有在查清作业地点附近 20 m 范围内的巷道顶部和支架背板后面无瓦斯积存，作业地点风流中瓦斯浓度不超过（　　）%时，方可作业。
A. 0.5　　　　　B. 1.0　　　　　C. 1.5　　　　　D. 2.0

224. 采用放顶煤开采容易自燃和自燃的厚及特厚煤层时，必须编制（　　）的设计。
A. 防止采空区自然发火　　　　　B. 放顶煤工艺
C. 防止瓦斯积聚　　　　　D. 采空区漏风

225. 开采容易自燃和自燃的煤层时，在采区开采设计中，必须明确选定自然发火观测站或观测点的位置并建立（　　），确定煤层自然发火的标志气体和建立自然发火预测预报制度。
A. 消防库　　　　　B. 瓦斯检测系统　　　　　C. 监测系统　　　　　D. 防灭火系统

226. 采用凝胶防灭火时，压注的凝胶必须充填满全部空间，且其外表面应予（　　）。
A. 喷浆封闭　　　　　B. 自然封闭　　　　　C. 红砖封闭　　　　　D. 料石封闭

227. 确定防火墙质量差、较好、好、优秀的标准是大气压力变化引起封闭区内气体浓度变化的时滞性大小。质量差的防火墙，大气压力变化几乎立即引起封闭火区内气体变化。（　　），防火墙质量越好。
A. 时滞性越小　　　　　B. 火区内水温没有变化
C. 时滞性越大　　　　　D. CO 浓度不变

228. 影响煤炭自然发火的外因有地质构造、（　　）。
A. 煤的孔隙率　　　　　B. 煤的碎度　　　　　C. 煤中的瓦斯含量　　　　　D. 煤层赋存状态

三、多选题

1. 下列（　　）影响煤层瓦斯含量。
A. 煤田地质史　　　　　B. 地质构造　　　　　C. 煤层赋存条件　　　　　D. 煤的变质程度

2. 瓦斯涌出按其来源可分为（　　）。
A. 煤壁涌出的瓦斯　　　　　B. 邻近煤层通过裂隙涌出的瓦斯
C. 采落煤炭放散的瓦斯　　　　　D. 采空区涌出的瓦斯

3. 下列火源能引起瓦斯爆炸的有（　　）。
A. 爆破火焰　　　　　B. 电器火花
C. 井下焊接产生的火焰　　　　　D. 防爆照明灯

4. 能引起瓦斯爆炸的点火源有（　　）。
A. 爆破火源　　　　　B. 电气火源和静电火源
C. 摩擦和撞击点火　　　　　D. 明火

5. 对高瓦斯矿井，为防止局部通风机停风造成的危险，必须使用"三专"、"两闭锁"，"三专"即（　　）。
A. 专用变压器　　　　　B. 专用供电线路　　　　　C. 专用开关　　　　　D. 专人管理

6. 处理采煤工作面回风隅角瓦斯积聚的方法有（　　）。

A. 挂风障引流　　B. 尾巷排放瓦斯法　　C. 风筒导风法　　D. 移动泵站抽放法等
7. 对于巷道中的一些冒落空洞积聚的瓦斯,可用下列(　　)方法处理。
A. 充填法　　B. 引风法　　C. 风筒分支排放法　　D. 提高全风压法
8. 下列措施中,属于防止灾害扩大的有(　　)。
A. 分区通风　　B. 隔爆水棚　　C. 隔爆岩粉棚　　D. 撒布岩粉
9. 掘进巷道贯通时,必须(　　)。
A. 由专人在现场统一指挥
B. 停掘的工作面必须保持正常通风,设置栅栏及警标
C. 经常检查风筒的完好状况
D. 经常检查工作面及其回风流中的瓦斯浓度,瓦斯浓度超限时,必须立即处理
10. 掘进巷道贯通时,掘进的工作面每次爆破前,必须(　　)。
A. 派专人和瓦斯检查工共同到停掘的工作面检查工作面及其回风流中的瓦斯浓度
B. 瓦斯浓度超限时,必须先停止在掘工作面的工作,然后处理瓦斯
C. 只有在2个工作面及其回风流中的瓦斯浓度都在1.0%以下时,掘进工作面方可爆破
D. 每次爆破前,2个工作面入口必须有专人警戒。
11. 掘进巷道贯通后,必须(　　)。
A. 停止采区内的一切工作　　B. 立即恢复工作
C. 立即调整通风系统　　D. 风流稳定后,方可恢复工作
12. 按瓦斯在空气中发生燃烧的性状不同,可以分为(　　)三个区间。
A. 助燃区间　　B. 爆炸区间　　C. 扩散燃烧区间　　D. 爆轰区间
13. 空气的运动状态有(　　)三种。
A. 静止状态　　B. 层流状态　　C. 紊流状态　　D. 湍流状态
14. 在煤矿,常见的粉尘主要有(　　)。
A. 煤尘　　B. 岩尘　　C. 水泥粉尘　　D. 沙尘
15. 防尘用水的水质针对下列(　　)项进行了要求。
A. 悬浮物浓度　　B. 悬浮物粒径
C. 水的酸碱度　　D. 水质清洁,安有过滤装置
16. 煤体注水中,长孔注水一般钻孔位置在(　　)。
A. 运输巷　　B. 回风巷　　C. 运输巷与回风巷　　D. 工作面
17. 煤层注水是一种积极的防尘措施,下列选项体现它的减尘作用的有(　　)。
A. 湿润并黏结原生煤尘　　B. 煤体塑性增强,脆性减弱,减少煤尘产生
C. 抑制瓦斯涌出　　D. 防突出
18. 煤矿粉尘中,全尘的特点是(　　)。
A. 悬浮于空气中　　B. 可以进入人体呼吸道
C. 不能进入人体呼吸道　　D. 沉积在巷道中
19. 煤矿井下生产中,下列(　　)项可能引起煤尘爆炸事故。
A. 使用非煤矿安全炸药爆破　　B. 在煤尘中放连珠炮
C. 在有积尘的地方放明炮　　D. 煤仓中放浮炮处理堵仓
20. 下列(　　)项可影响尘肺病的发生。
A. 粉尘成分　　B. 粉尘浓度　　C. 接触矿尘时间　　D. 身体强弱
21. 根据不同的通风方式,局部通风排尘方法可分为(　　)。
A. 总风压通风排尘　　B. 扩散通风排尘
C. 引射器通风排尘　　D. 局部通风机通风排尘

22. 通常按矿井防尘措施的具体功能，将综合防尘技术分为（　　）。
A. 减尘措施　　　　B. 降尘措施　　　　C. 通风除尘　　　　D. 个体防护
23. 下列选项中，哪些属于减尘措施？（　　）
A. 湿式凿岩　　　　B. 水封爆破　　　　C. 煤层注水　　　　D. 爆破喷雾
24. 下列选项中，哪些属于降尘措施？（　　）
A. 采煤机内外喷雾　B. 爆破喷雾　　　　C. 支架喷雾　　　　D. 巷道净化水幕
25. 按局部通风机的工作方式，除尘方法分为（　　）通风排尘。
A. 压入式　　　　　B. 抽出式　　　　　C. 混合式　　　　　D. 多风机
26. 煤尘发生爆炸的条件是（　　）。
A. 煤尘自身具备爆炸危险性　　　　　　B. 浮尘浓度在爆炸区间
C. 有足够能量的点火源　　　　　　　　D. 有积尘存在
27. 下列（　　）点火源可点燃悬浮煤尘。
A. 炸药火焰　　　　B. 电器火花　　　　C. 摩擦火花　　　　D. 井下火灾
28. 下列（　　）μm粒径粉尘属于非呼吸性粉尘。
A. 2　　　　　　　　B. 4　　　　　　　　C. 10　　　　　　　D. 20
29. 煤矿尘肺因吸入矿尘成分的不同分为（　　）。
A. 矽肺　　　　　　B. 煤矽肺　　　　　C. 煤肺　　　　　　D. 岩肺
30. 下列（　　）物质可使煤尘爆炸下限降低。
A. 氢气　　　　　　B. 硫化氢　　　　　C. 氮气　　　　　　D. 二氧化碳
31. 隔爆棚按隔绝煤尘爆炸作用的保护范围，分为（　　）。
A. 主要隔爆棚　　　B. 辅助隔爆棚　　　C. 矿井隔爆棚　　　D. 采区隔爆棚
32. 下列选项中，哪些因素影响煤尘爆炸？（　　）
A. 煤的挥发分　　　B. 煤的灰分和水分　C. 煤尘粒度　　　　D. 引爆热源
33. 下列选项中，属于煤尘爆炸特征的有（　　）。
A. 产生高温、高压　B. 连续爆炸　　　　C. 挥发分减少　　　D. 形成黏焦
34. 下列措施能隔绝煤尘爆炸的有（　　）。
A. 清除落尘　　　　B. 撒布岩粉　　　　C. 设置水棚　　　　D. 煤层注水
35. 定期向巷道中撒布岩粉时，对惰性岩粉的要求有（　　）等几个方面。
A. 可燃物含量　　　B. 吸湿性　　　　　C. 岩粉粒度　　　　D. 烟粉浓度
36. 采用均压技术进行防灭火时，必须有专人观测与分析采空区和火区的（　　）。
A. 漏风量　　　　　B. 漏风方向　　　　C. 空气温度　　　　D. 防火墙内外压差
37. 矿尘具有很大的危害性，主要表现在（　　）。
A. 污染工作场所，危害人体健康　　　　B. 煤尘爆炸
C. 磨损机械　　　　　　　　　　　　　D. 降低工作场所能见度
38. 判断井下是否有煤尘参与爆炸，可根据下列哪一现象（　　）。
A. 煤尘挥发分减少　B. 形成黏焦　　　　C. 巷道破损　　　　D. 人员伤亡情况
39. 煤体注水工作中，影响水在煤体中渗透的因素有（　　）。
A. 煤的裂隙　　　　B. 支承压力　　　　C. 煤质的影响　　　D. 液体性质的影响
40. 煤层瓦斯赋存按深度自上而下分为氮气—二氧化碳带（　　）4个带。
A. 氮气带　　　　　B. 氮气—甲烷带　　C. 甲烷带　　　　　D. 二氧化碳带
41. 采用灌浆防灭火时，应遵守下列规定：（　　）。
A. 采区设计必须明确规定巷道布置方式、隔离煤柱尺寸、灌浆系统、疏水系统、预固防火墙的位置以及采掘顺序

B. 安排生产设计时，必须同时安排防火灌浆计划，落实灌浆地点、时间、进度、灌浆浓度和灌浆量
C. 对采区开采线、停采线、上下煤柱线内的采空区，应加强防火灌浆
D. 应有灌浆前疏水和灌浆后防止溃浆、透水的措施

42. 矿井瓦斯涌出量与下列哪些因素有关（　　）。
A. 开采深度　　　　B. 开采范围　　　　C. 煤炭产量　　　　D. 瓦斯含量

43. 我国的矿井瓦斯等级目前分为三级，即（　　）。
A. 低瓦斯矿井　　　B. 高瓦斯矿井　　　C. 煤与瓦斯突出矿井　D. 无瓦斯矿井

44. 依据下列矿井瓦斯相对涌出量，属于高瓦斯矿井的有（　　）m^3/t。
A. 10　　　　　　　B. 12　　　　　　　C. 14　　　　　　　D. 16

45. 临时停工的掘进工作面，如果停风，应（　　）、并向矿调度室报告。
A. 切断电源　　　　B. 设置栅栏　　　　C. 揭示警标　　　　D. 禁止人员进入

46. 瓦斯爆炸应具备的条件是（　　）。
A. 一定浓度的瓦斯　B. 足够的氧气　　　C. 一定温度的引火源　D. 足够的 CO_2

47. 下列哪种火源能引起瓦斯燃烧或爆炸（　　）。
A. 爆破　　　　　　B. 机电火花　　　　C. 摩擦火花　　　　D. 吸烟

48. 煤与瓦斯突出前，在瓦斯涌出方面的预兆有（　　）。
A. 瓦斯忽大忽小　　B. 喷瓦斯　　　　　C. 哨声　　　　　　D. 喷煤等

49. 煤与瓦斯突出前，地压显现方面预兆有（　　）。
A. 煤炮声　　　　　B. 煤岩开裂　　　　C. 底鼓　　　　　　D. 煤壁外鼓等

50. 煤与瓦斯突出前，煤层结构和构造方面预兆有（　　）。
A. 煤体干燥、光泽暗淡　B. 煤强度松软　C. 煤厚增大　　　　D. 波状隆起

51. 下列哪些措施可以预防煤与瓦斯突出？（　　）
A. 开采保护层　　　B. 预抽煤层瓦斯　　C. 煤层注水　　　　D. 深孔松动爆破

52. 震动爆破相比普通爆破的不同点在于（　　）。
A. 炮眼数量多　　　　　　　　　　　　B. 装药量大
C. 一次全断面爆破成巷　　　　　　　　D. 爆破产尘量少

53. 下列属于震动爆破时应注意的事项有（　　）。
A. 爆破前加强支护　　　　　　　　　　B. 爆破时断电
C. 爆破时人撤至安全地点　　　　　　　D. 爆破后半小时，由救护队检查效果

54. 瓦斯抽采按空间对象分（　　）。
A. 开采层抽采　　　B. 邻近层抽采　　　C. 采空区抽采　　　D. 围岩抽采

55. 瓦斯抽采按地应力对比分（　　）。
A. 未卸压抽采　　　B. 卸压抽采　　　　C. 边掘边抽　　　　D. 先抽后掘

56. 为增大煤层透气性，可以采取的措施有（　　）。
A. 水力压裂　　　　B. 水力割缝　　　　C. 深孔爆破　　　　D. 交叉钻孔

57. 下列选项中应进行抽采瓦斯的情况有（　　）。
A. 高瓦斯矿井
B. 开采有煤与瓦斯突出危险煤层
C. 年产量 0.8 Mt 的矿井绝对瓦斯涌出量大于 25 m^3/min
D. 矿井绝对瓦斯涌出量大于 40 m^3/min

58. 下列选项中，属于对井下避难所的要求有（　　）。
A. 支护保持良好　　B. 电话直通矿调度室　C. 供风设施　　　D. 足够数量的自救器

59. 一般认为煤与瓦斯突出的发生和发展要经历（　　）几个阶段。

A. 准备阶段　　　　　B. 激发阶段　　　　　C. 发展阶段　　　　　D. 稳定阶段
60. 掘进工作面瓦斯积聚的原因可能有(　　)。
A. 风筒漏风　　　B. 局部通风机能力不足　　C. 串联通风　　　D. 工作面粉尘浓度大
61. 下列选项中哪些可能引起采煤工作面瓦斯积聚(　　)。
A. 配风量不足　　　B. 开采强度大　　　C. 通风系统短路　　　D. 工作面无风障
62. 下列选项中，瓦斯爆炸产生的有害因素主要有(　　)。
A. 高温　　　　　B. 冲击波　　　　　C. 高压　　　　　D. 有毒有害气体
63. 下列哪些气体的存在可使瓦斯爆炸下限降低?(　　)
A. 一氧化碳　　　B. 硫化氢　　　　　C. 氮气　　　　　D. 氢气
64. 矿井瓦斯的组分中，属于可燃性气体的有(　　)。
A. 环烷烃　　　　B. 氢气　　　　　　C. 一氧化碳　　　　D. 硫化氢
65. 矿井瓦斯的组成成分中，属于窒息性气体的有(　　)。
A. 氮气　　　　　B. 二氧化碳　　　　C. 硫化氢　　　　　D. 一氧化碳
66. 下列哪些人员在入井时必须携带便携式甲烷检测仪?(　　)
A. 矿长　　　　　B. 工程技术人员　　C. 爆破工　　　　　D. 采掘区队长
67. 下列哪种情况必须建立地面永久抽采瓦斯系统或井下临时抽采瓦斯系统(　　)。
A. 高瓦斯矿井
B. 煤与瓦斯突出矿井
C. 1.2 Mt/a 的矿井，绝对瓦斯涌出量大于 30 m³/min
D. 低瓦斯矿井
68. 在保证稀释后风流中的瓦斯浓度不超限的前提下，抽出的瓦斯可排到(　　)。
A. 地面　　　　　B. 总回风巷　　　　C. 一翼回风巷　　　D. 分区回风巷
69. 煤与瓦斯突出的主要因素有(　　)。
A. 地应力　　　　B. 高压瓦斯　　　　C. 煤的结构性能　　　D. 煤的深度变质
70. 箕斗提升井兼作回风井使用时，应遵守下列哪些规定(　　)。
A. 井上下装、卸载装置和井塔（架）必须有完善的封闭措施
B. 其漏风率不得超过 15%
C. 其漏风率不得超过 20%
D. 应有可靠的防尘措施
71. 装有带式输送机的井筒兼作回风井使用时，应遵守下列哪些规定?(　　)
A. 井筒中的风速不得超过 6 m/s　　　　B. 井筒中的风速不得超过 4 m/s
C. 必须装设甲烷断电仪　　　　　　　D. 不必安设甲烷断电仪
72. 箕斗提升井或装有带式输送机的井筒兼作进风井使用时，必须遵守下列哪些规定?(　　)
A. 箕斗提升井筒中的风速不得超过 6 m/s，装有带式输送机的井筒中的风速不得超过 4 m/s
B. 应有可靠的防尘措施
C. 井筒中必须装设自动报警灭火装置
D. 井筒中必须敷设消防管路。
73. 为了保证安全生产，采煤工作面必须在采区构成完整的(　　)系统后，方可回采。
A. 采煤系统　　　B. 排水系统　　　　C. 运输系统　　　　D. 通风系统
74. (　　)必须设置 1 条专用回风巷。
A. 高瓦斯矿井
B. 有煤（岩）与瓦斯（二氧化碳）突出危险的矿井的每个采区
C. 开采容易自燃煤层的采区

D. 低瓦斯矿井开采煤层群和分层开采采用联合布置的采区

75. 采掘工作面的进风和回风不得经过（　　）。
  A. 裂隙区　　　　B. 采空区　　　　C. 冒顶区　　　　D. 应力集中区

76. 矿井在（　　）相邻正在开采的采煤工作面沿空送巷时，采掘工作面严禁同时作业。
  A. 同一煤层　　　B. 同翼　　　　　C. 不同采区　　　D. 同一采区

77. 控制风流的（　　）等设施必须可靠。
  A. 风门　　　　　B. 风桥　　　　　C. 风墙　　　　　D. 风窗

78. 在倾斜运输巷中设置风门，应符合哪些规定（　　）。
  A. 应安设自动风门
  B. 设专人管理
  C. 有防止矿车或风门碰撞人员以及矿车碰坏风门的安全措施
  D. 至少两道

79. 矿井通风系统图必须标明（　　）。
  A. 风流方向　　　　　　　　　　　B. 风量
  C. 机电设备的安装地点　　　　　　D. 通风设施的安装地点

80. 年产 6 万吨以下的矿井采用单回路供电时，必须有备用电源，备用电源的容量必须满足（　　）等的要求。
  A. 通风　　　　　B. 排水　　　　　C. 采煤　　　　　D. 提升

81. 改变主要通风机（　　）时，必须经矿技术负责人批准。
  A. 出风口的调节闸板　B. 叶片安装角度　C. 出风口的方向　D. 叶轮转数

82. 主要通风机房内必须安装（　　）等仪表。
  A. 水柱计　　　　B. 电流表　　　　C. 电压表　　　　D. 轴承温度计

83. 主要通风机房内必须有（　　）。
  A. 司机岗位责任制　　　　　　　　B. 操作规程
  C. 反风操作系统图　　　　　　　　D. 直通矿调度室的电话

84. 主要通风机停止运转时，受停风影响的地点，必须立即（　　）。
  A. 停止工作
  B. 切断电源
  C. 工作人员先撤到进风巷道中
  D. 由值班矿长迅速决定全矿井是否停止生产、工作人员是否全部撤出

85. 矿井开拓或准备采区时，在设计中必须根据该处全风压供风量和瓦斯涌出量编制通风设计。（　　）等应在作业规程中明确规定。
  A. 掘进巷道的通风方式　　　　　　B. 局部通风机的安装和使用
  C. 风筒的安装和使用　　　　　　　D. 瓦斯涌出量

86. 压入式局部通风机和启动装置的安装必须符合以下（　　）规定。
  A. 必须安装在进风巷道中
  B. 距掘进巷道回风口不得小于 10 m
  C. 全风压供给该处的风量必须大于局部通风机的吸入风量
  D. 局部通风机安装地点到回风口间的巷道中的最低风速必须符合《煤矿安全规程》第一百零一条的有关规定

87. 瓦斯喷出区域、高瓦斯矿井、煤（岩）与瓦斯（二氧化碳）突出矿井中，掘进工作面的局部通风机应采用（　　）供电。
  A. 兼用变压器　　B. 专用开关　　　C. 专用变压器　　D. 专用线路

88. 使用局部通风机通风的掘进工作面，因检修、停电等原因停风时，必须（　　）。
   A. 停止工作　　　　　　　B. 撤出人员
   C. 切断电源　　　　　　　D. 独头巷道口设置栅栏，并悬挂"禁止入内"警标

89. 井下哪些地点必须具有独立的通风系统（　　）。
   A. 井下爆炸材料库　　B. 井下充电室　　C. 机电设备硐室　　D. 采区变电所

90. 井下机电设备硐室应设在进风流中，如果（　　）可采用扩散通风。
   A. 硐室深度不超过 10 m　　　　　　B. 硐室深度不超过 6 m
   C. 入口宽度不小于 1.5 m　　　　　　D. 无瓦斯涌出

91. 井下空气中常见的有毒气体有（　　）。
   A. 一氧化碳　　　　B. 氧化氮　　　　C. 氮气
   D. 二氧化硫　　　　E. 硫化氢

92. 井下空气中常见的有害气体有（　　）。
   A. 甲烷　　　　B. 氮气　　　　C. 氢气　　　　D. 氧气

93. 决定人体表面散热速度的因素主要有（　　）。
   A. 空气温度　　　　B. 湿度　　　　C. 流速
   D. 黏度　　　　　　E. 平均辐射温度

94. 人体自身散热的方式主要有：（　　）。
   A. 用水擦身　　　B. 对流换热　　　C. 辐射　　　D. 汗液蒸发

95. 矿井通风方式有（　　）。
   A. 中央式　　　　B. 对角式　　　　C. 分列式
   D. 混合式　　　　E. 区域式

96. 主要通风机的工作方式有（　　）。
   A. 压入式　　　　B. 抽出式　　　　C. 并联式
   D. 压抽混合式　　E. 串联式

97. 同一采区内、同一煤层上下相连的 2 个同一风路中的采煤工作面、采煤工作面与其相接的掘进工作面、相邻的 2 个掘进工作面串联通风必须同时符合下列哪些规定：（　　）。
   A. 布置独立通风有困难　　　　　　B. 必须制定安全措施
   C. 串联通风的次数不得超过 1 次　　D. 串联通风的次数不得超过 2 次

98. 采区内为构成新区段通风系统的掘进巷道或采煤工作面遇到地质构造而重新掘进的巷道的工作面的回风串联采煤工作面，必须符合（　　）规定。
   A. 布置独立通风却有困难　　　　　B. 必须制定安全措施
   C. 串联通风的次数不得超过 1 次　　D. 构成独立通风系统后，必须立即改为独立通风
   E. 在进入被串联工作面的风流中装设甲烷断电仪，且瓦斯和二氧化碳浓度都不得超过 0.5%，其他有害气体浓度都应符合《煤矿安全规程》的规定。

99. 主要通风机附属装置有（　　）。
   A. 风硐　　　　B. 扩散器（塔）　　C. 防爆门　　　D. 反风装置

100. 主要的反风方法有（　　）。
   A. 设专用反风道反风　　　　　　B. 轴流式风机反转反风
   C. 利用备用风机的风道反风（无反风道反风）　　D. 调整动叶安装角进行反风

101. 独头巷道停风的安全措施有（　　）。
   A. 风电闭锁装置立即切断局部通风机供风巷道的一切电气设备的电源
   B. 人员撤至全风压通风的进风流中
   C. 独头巷道口设置栅栏，并悬挂明显警告牌，严禁人员入内

D. 停风的独头巷道，每班在栅栏处至少检查1次瓦斯。如发现栅栏内侧1m处瓦斯浓度超过3%，应采用木板密闭予以封闭

102. 局部风量调节方法有（　　）。
A. 改变主要通风机工作特性　　　　B. 增阻法
C. 降阻法　　　　　　　　　　　　D. 辅助通风机调节法

103. 矿井（或一翼）总风量的调节方法有（　　）。
A. 改变主要通风机工作特性　　　　B. 增阻法
C. 改变矿井总风阻　　　　　　　　D. 辅助通风机调节法

104. 降低通风阻力的措施有（　　）。
A. 降低摩擦阻力系数　　　　　　　B. 扩大巷道断面
C. 选择巷道周长与断面积比较小的巷道形状　　D. 缩短巷道长度

105. 排放瓦斯过程中，必须采取的措施有（　　）。
A. 局部通风机不循环风
B. 切断回风系统内的电源
C. 撤出回风系统内的人员
D. 排出的瓦斯与全风压风流混合处的瓦斯和二氧化碳浓度不超过1.5%

106. 排放瓦斯后，符合（　　），才可恢复局部通风机的正常通风。
A. 经检查证实，整个独头巷内风流中的瓦斯浓度不超过1%
B. 氧气浓度不低于20%
C. 二氧化碳浓度不超过1.5%
D. 稳定30 min，瓦斯浓度没有变化

107. 矿井内一氧化碳的来源是（　　）。
A. 炮烟　　　B. 火灾　　　C. 瓦斯爆炸　　　D. 煤尘爆炸

108. 属于通风降温的措施有（　　）。
A. 增加风量　　　　　　　　　　　B. 改进采煤方法
C. 选择合理的矿井通风系统　　　　D. 改变采煤工作面的通风方式

109. 根据《煤矿重大安全生产隐患认定办法》（试行）的规定："瓦斯超限作业"是指下列（　　）情形之一。
A. 瓦斯检查员配备数量不足的　　　B. 瓦斯检定器配备数量不足的
C. 不按规定检查瓦斯，存在漏检、假检的　　D. 井下瓦斯超限后不采取措施继续作业的

110. 根据《煤矿重大安全生产隐患认定办法》（试行）的规定："煤与瓦斯突出矿井，未依照规定实施防突出措施"是指下列（　　）情形之一。
A. 未进行区域突出危险性预测的　　B. 未采取防治突出措施的
C. 未进行防治突出措施效果检验的　D. 未采取安全防护措施的
E. 未按规定配备防治突出装备和仪器的

111. 影响煤炭自燃的内在因素有（　　）。
A. 煤的化学成分　　B. 煤化程度　　C. 煤岩成分、水分　　D. 煤层赋存状态

112. 防火墙构筑期间，应注意以下方面（　　）。
A. 监测大气压的变化　　　　　　　B. 控风措施
C. 防火墙构筑前的准备工作　　　　D. 防火墙的封闭顺序

113. 防火墙的封闭顺序，首先应封闭所有其他防火墙，留下进回风主要防火墙最后封闭。进回风主要防火墙封闭顺序不仅影响有效控制火势，而且关系救护队员的安全，先进后回的优点是（　　）。
A. 迅速减少火区流向回风测的烟流量　　B. 火区内风流压力急剧降低

C. 火势减弱　　　　　　　　　　　　D. 为建造回风测防火墙创造安全条件

114. 防火墙的封闭顺序，首先应封闭所有其他防火墙，留下进回风主要防火墙最后封闭。进回风主要防火墙封闭顺序不仅影响有效控制火势，而且关系救护队员的安全，先回后进的优点是（　　）。

　　A. 氧气浓度下降慢
　　B. 迅速减少火区流向回风测的烟流量
　　C. 燃烧生成物二氧化碳等惰性气体可反转流回火区
　　D. 可能使火区大气惰性化，有助于灭火

115. 防火墙的封闭顺序，首先应封闭所有其他防火墙，留下进回风主要防火墙最后封闭。进回风主要防火墙封闭顺序不仅影响有效控制火势，而且关系救护队员的安全，进回风同时封闭的优点是（　　）。

　　A. 火区封闭时间短　　　　　　　　B. 迅速切断供氧条件
　　C. 防火墙完全封闭前还可保持火区通风　　D. 火区不易达到爆炸危险程度

116. 煤炭自燃是煤矿自然灾害之一，它造成（　　）。

　　A. 烧毁大量煤炭资源　　　　　　　B. 冻结大量资源
　　C. 产生有毒有害气体，造成人员伤亡　　D. 产生火风压，使井下风流紊乱

117. 煤的自燃倾向性分为（　　）。

　　A. 容易自燃　　B. 自燃　　C. 不易自燃　　D. 极易燃

118. 防火墙的封闭顺序，首先应封闭所有其他防火墙，留下进回风主要防火墙最后封闭。进回风主要防火墙封闭顺序不仅影响有效控制火势，而且关系救护队员的安全，先进后回的缺点是（　　）。

　　A. 进风侧构筑防火墙将导致火区内风流压力急剧降低
　　B. 火区压力降低，与回风端负压值相似，造成火区内瓦斯涌出量增大
　　C. 易引起风流紊乱流动
　　D. 易引起瓦斯爆炸或二次爆炸事故

119. 防火墙的封闭顺序，首先应封闭所有其他防火墙，留下进回风主要防火墙最后封闭。进回风主要防火墙封闭顺序不仅影响有效控制火势，而且关系救护队员的安全，先回后进的缺点是（　　）。

　　A. 回风侧构筑防火墙艰苦、危险
　　B. 火区巷道瓦斯涌出量仍较大，致使截断风流前，瓦斯浓度上升速度快，氧气浓度下降慢
　　C. 火区中易形成爆炸性气体，可能早于燃烧产生的惰性气体流入火源而引起爆炸
　　D. 使火区大气惰化

120. 判断封闭火区有效性的最好方法是监测其大气变化趋势，大气压增加时，（　　），这意味着大气压力变化对火区气体浓度影响大，外部空气漏入封闭区，封闭效果不良。

　　A. CH_4 浓度增加　　B. CH_4 浓度降低　　C. O_2 浓度降低　　D. O_2 浓度升高

121. 判断封闭火区有效性的最好方法是监测其大气变化趋势，当大气压增加时，（　　），表明火区封闭严密，大气压力增加并未增加漏风，封闭效果良好。

　　A. CH_4 浓度变化不大　　B. CH_4 浓度降低　　C. O_2 浓度变化不大　　D. O_2 浓度升高

122. 井上、下必须设置消防材料库，并遵守下列规定（　　）。

　　A. 消防材料库体积应大于或等于 30 m³。
　　B. 井上消防材料库应设在井口附近，并有轨道直达井口，但不得设在井口房内
　　C. 井下消防材料库应设在每一个生产水平的井底车场或主要运输大巷中，并应装备消防列车
　　D. 消防材料库储存的材料、工具的品种和数量应符合有关规定，并定期检查和更换；材料工具不得挪作他用

123. 采用阻化剂防灭火时，应遵守下列规定（　　）。

　　A. 选用的阻化剂材料不得污染井下空气和人体健康
　　B. 必须在设计中对阻化剂的种类和数量、阻化效果等主要参数作出明确规定

C. 应采取防止阻化剂腐蚀机械设备、支架等金属构件的措施
D. 井下所有巷道、工作面必须全部喷阻化剂

124. 采用氮气防灭火时，必须遵守下列（　　）规定。
A. 氮气源稳定可靠
B. 注入的氮气浓度不小于97％
C. 至少有1套专用的氮气输送管路系统及其附属安全设施
D. 有能连续监测采空区气体成分变化的监测系统

125. 采用放顶煤采煤法开采容易自燃和自燃的厚及特厚煤层时，必须编制防止采空区自然发火的设计，并遵守（　　）规定。
A. 设计放顶煤工艺
B. 有可靠的防止漏风和有害气体泄漏的措施
C. 建立完善的火灾监测系统
D. 根据防火要求和现场条件，应选用注入惰性气体、灌注泥浆、压注阻化剂、喷浆堵漏及均压防火措施

126. 煤炭自然发火分为3个阶段，即（　　）。
A. 潜伏期　　　　B. 自热期　　　　C. 燃烧期　　　　D. 轰然期

127. 火灾防治技术的发展趋势是：（　　）。
A. 轻便、易于携带的监测仪器仪表
B. 限制或减少向采空区丢煤
C. 早期识别内因火灾
D. 针对煤层赋存条件，合理确定开拓方式。

128. 矿井内因火灾防治技术有（　　）等。
A. 合理的开拓开采及通风系统
B. 防止漏风
C. 预防性灌浆
D. 阻化剂防火

129. 形成矿井外因火灾的原因有（　　）。
A. 存在明火　　　B. 违章爆破　　　C. 电火花　　　D. 机械摩擦

130. 采空区火源位置的推断，我国采用的一些主要方法有（　　）。
A. 气体探测法
B. 红外探测法
C. 煤炭自燃温度探测法
D. 电阻率探测法

第五章 煤矿爆破安全

本章培训与考核要点：
- 了解常用煤矿许用炸药、常用起爆器材、起爆方法的安全管理要求；
- 掌握煤矿常见爆破事故的原因及预防措施；
- 掌握爆破作业的安全管理要求；
- 熟悉爆破有害效应及爆破安全范围的圈定方法；
- 了解爆炸材料的发放与清退、检验、销毁的安全管理要求。

第一节 煤矿爆破器材与起爆方法

一、煤矿许用炸药的分级及选用

1. 煤矿许用炸药的安全等级

煤矿许用炸药的安全等级是指在特定条件下，炸药爆炸时对瓦斯煤尘的引爆能力而言的。安全程度低的炸药，在爆破时就容易引起瓦斯煤尘爆炸。

由于矿井瓦斯等级不同，对煤矿许用炸药的要求也不同，矿井瓦斯等级高的，要求使用安全等级高的煤矿许用炸药。为适用不同瓦斯等级和不同工作面的要求，我国煤矿许用炸药按其安全等级分为五级。其中一、二级适用于低瓦斯矿井，三级适用于高瓦斯矿井，四级适用于煤与瓦斯突出矿井，五级适用于溜煤眼爆破和过石门揭开瓦斯突出煤层。

煤矿井下所使用的煤矿许用炸药应符合《煤矿安全规程》的规定：

(1) 低瓦斯矿井的岩石掘进工作面必须使用安全等级不低于一级的煤矿许用炸药。

(2) 低瓦斯矿井的煤层采掘工作面、半煤岩掘进工作面必须使用安全等级不低于二级的煤矿许用炸药。

(3) 高瓦斯矿井、低瓦斯矿井的高瓦斯区域，必须使用安全等级不低于三级的煤矿许用炸药。有煤（岩）与瓦斯突出危险的工作面，必须使用安全等级不低于三级的煤矿许用含水炸药。

严禁使用黑火药和冻结或半冻结的硝酸甘油类炸药。同一工作面不得使用两种不同品种的炸药。

2. 煤矿许用炸药的选用

(1) 煤矿许用铵梯炸药。煤矿许用铵梯炸药属于中、低型安全炸药，对煤矿瓦斯和煤尘有一定的安全性。在生产中普遍使用的是2号、3号煤矿炸药和2号、3号抗水煤矿炸药。非抗水型用于无水炮眼，抗水型用于有水炮眼。2号和2号抗水型煤矿铵梯炸药属于一级安全炸药，适用于低瓦斯矿井的岩石掘进工作面。3号和3号抗水型煤矿铵梯炸药属于二级安全炸药，适用于低瓦斯矿井的煤层采掘工作面。

(2) 煤矿许用水胶炸药。煤矿许用水胶炸药是由硝酸铵为主的水溶液作为氧化剂，以硝酸甲铵外加胶凝剂、密度调节剂和交联剂制成的含水炸药。按其对瓦斯的安全性共分为五级，常用的有一、三级煤矿许用水胶炸药。

（3）煤矿许用乳化炸药。煤矿乳化炸药根据瓦斯的安全性分为五级，目前生产的主要有二、三、四级三种。在选用时应严格根据瓦斯等级选用，不得相互混用。

（4）被筒炸药。被筒炸药是以爆轰性能较好的煤矿铵梯炸药做药芯，其外部包覆一个用消焰剂做成的"安全被筒"，形成单个药卷。具有较高的安全性能，但威力不大。可用于低瓦斯矿井的高瓦斯区域、高瓦斯矿井与瓦斯突出危险工作面。安全被筒品种较多，分为惰性被筒和活性被筒。被筒炸药工艺比较复杂，工序较多。药卷直径大，容易吸潮，且装药时被筒易破裂，药包之间不易传爆，只适用于堵塞的溜煤眼和煤仓爆破。

（5）离子交换炸药。离子交换炸药是以硝酸钠和氯化铵的混合物为主要成分，再加敏化剂硝酸甘油而成的煤矿许用炸药，硝酸钠和氯化铵称为离子交换盐。离子交换炸药是我国现有煤矿许用炸药中安全性能最高的品种，特别适用于有煤与瓦斯突出危险的工作面。它具有较好的储存安全性、间隙效应小等优点。

3. 炸药选用的注意事项

（1）煤矿铵梯炸药必须严格按照矿井瓦斯的安全等级选用，不得将用于低瓦斯矿井的炸药用于高瓦斯矿井。

（2）含水超过0.5%的煤矿铵梯炸药不得使用。铵梯炸药受潮或超过保质期发生硬化若不能用手揉松不准在井下使用，因为炸药硬化后爆力降低、感度差、传爆不好，容易产生残爆、爆燃，以至拒爆，引起瓦斯煤尘爆炸。同时，生成的有害气体增多，威胁人体健康和安全。

（3）有水和潮湿的工作面，必须选择抗水型炸药。

（4）煤矿水胶炸药的安全性高于铵梯炸药，但在使用、保管上应和铵梯炸药同样对待，严格按瓦斯安全等级选用。

（5）要注意炸药外形的检查，如发现药卷出水，要尽快使用；如出水严重，要经过性能检验，再确定是否继续使用。

（6）外皮破损，出现漏药、破乳，此情况使炸药难以发生爆炸，即使发生爆炸，也容易造成爆燃或残爆，使爆破故障增多，同时也达不到爆破工作的要求。

（7）水胶炸药的爆炸性能随温度降低而下降，0℃以下有可能出现残爆或拒爆。因此，水胶炸药药温不宜过低。

二、起爆器材与起爆方法

爆破起爆是指通过起爆器材的引爆能引起炸药的爆炸，根据使用起爆器材的种类，相应的起爆方法有火雷管起爆法、电雷管起爆法、导爆索起爆法和导爆管起爆法。

《煤矿安全规程》规定：井下爆破作业，必须使用煤矿许用电雷管。在采掘工作面，必须使用煤矿许用瞬发电雷管或煤矿许用毫秒延期电雷管。使用煤矿许用毫秒延期电雷管时，最后一段的延期时间不得超过130 ms。不同厂家生产的或不同品种的电雷管，不得掺混使用。不得使用导爆管或普通导爆索，严禁使用火雷管。

《煤矿安全规程》同时规定，井下爆破必须使用发爆器。发爆器必须采用矿用防爆型（矿用增安型除外）。发爆器是电爆网路中常用的起爆电源，目前井下常用的是晶体管电容式发爆器。

使用发爆器应注意的问题

（1）发爆器必须由爆破工妥善保管；

（2）发爆器的开关钥匙必须由爆破工自己保管，不得丢失，任何时候严禁转交他人；

(3) 在任何时候都不得用接线柱短路打火花的方法检查发爆器有无残余电荷；

(4) 在使用发爆器时，如果充电时间超过规定时间，表示电池的电力已经不足，应当及时更换电池；

(5) 不得在现场随便拆开发爆器进行修理，更不准敲打撞击，如果发爆器坏了，只准及时带到井上由专人进行修理；

(6) 爆破现场人员在爆破前撤离到爆破警戒线以外的安全地点后，爆破工还必须发出规定的声、光信号确认人员已全部撤离，方可使用发爆器；

(7) 在运输和贮存期间，应将发爆器中的电池取出，防止电池漏电。

第二节　爆破有害效应与安全距离

通常所说的爆破有害效应是指爆破产生的地震波、冲击波和飞石。各种工程爆破以及爆破器材的销毁、爆破器材仓库意外爆炸时，爆破地点与人员和其他保护对象之间的安全距离，应按各种爆破效应分别核定并取最大值。

一、爆破地震效应及其安全距离

炸药在煤岩中爆炸时，一部分能量破碎煤（岩），一部分能量在煤（岩）中以波的形式向外传播，产生地震作用，还有一部分能量会在空气中产生空气冲击波。虽然爆破地震的频率比天然地震高、持续时间短、衰减速度快、破坏性小，但对距离不远的地下建（构）筑物，爆破地震同样可以产生严重的破坏。当爆破工作距离地表不是很深时，还可能对地面建（构）筑物产生破坏作用。《爆破安全规程》对矿山巷道规定的最大允许质点振动速度为：围岩不稳定，有良好支护的，其速度为 10 cm/s 围岩中等稳定，有良好支护的，其速度为 20 cm/s；围岩稳定，无支护的，其速度为 30 cm/s。

爆破地震安全距离的计算公式为

$$R = \left(\frac{K}{v}\right)^{\frac{1}{\alpha}} Q^{\frac{1}{3}}$$

式中　R——爆破地震安全距离，m；

　　　Q——炸药量（齐发爆破取总装药量，微差爆破或秒差爆破取最大一段药量），kg；

　　　v——地震安全速度，即最大允许质点振动速度，cm/s；

　　　K、α——爆破安全系数和衰减指数，可按表 5-1 选取，或通过现场试验确定。

减小爆破地震效应的具体措施有：采用微差爆破技术；减小最大一段爆破药量；采用低爆速炸药和不耦合装药结构；设计合理的起爆顺序；采用预裂爆破技术等。

表 5-1　　　　　　　　爆区不同岩性的 K、α 值

岩性	K	α
坚硬岩石	50～150	1.3～1.5
中硬岩石	150～250	1.5～1.8
软岩石	250～350	1.8～2.0

二、爆破冲击波及其安全距离

爆破地震是在岩土介质中传播的,而爆破冲击波是由于爆炸产生的高压气体通过岩石中的缝隙或孔洞泄漏到矿井空气中,并冲击空气形成的。它是在空气中传播的,并且井下爆破由于空间所限,爆破冲击波的作用将比地面爆破更为强烈,需要倍加关注。

空气冲击波对物体的破坏和对人体的伤害主要决定于空气冲击波的超压值。

目前,尚没有公认的对井下爆破空气冲击波超压的计算公式,但空气冲击波的强度显然决定于一次爆破的装药量、传播距离、起爆方法和堵塞质量。在堵塞质量良好的情况下,可以用下式的计算值作为参考

$$\triangle P = K_p \left(\frac{Q^{\frac{1}{3}}}{R} \right)^{\beta}$$

式中　$\triangle P$——空气冲击波超压值,Pa;
　　　K_p——与爆破场地条件相关的系数,主要决定于起爆方法和堵塞质量,对井下微差爆破可取 $K_p=1.43$;
　　　β——空气冲击波的衰减指数,对井下微差爆破可取 $\beta=1.55$;
　　　Q——炸药量(齐发爆破取总装药量,微差爆破取最大一段药量),kg;
　　　R——爆破中心到计算点的距离,m。

井下设施的破坏与空气冲击波超压的关系如表5-2所示。

表5-2　　　　　　空气冲击波超压对井下设施的破坏情况

结构类型	超压$\triangle P$/kPa	破坏特征
25 cm厚钢筋混凝土墙	280~350	强烈变形,形成大裂缝,混凝土脱落
24~37 cm厚素混凝土墙	49~56	强烈变形,形成大裂缝,混凝土脱落
24~36 cm厚砖墙	14~21	充分破坏
直径14~16 cm的木梁	10~13	因弯曲而破坏
重1 t的设备(通风机、绞车)	40~60	脱离基础、位移、翻倒、遭到破坏
尾部朝爆破点的车厢	140~170	脱轨、车厢变形
侧面朝爆破点的车厢	40~75	脱轨、车厢变形
风管	15~35	因支撑折断而变形
电线	35~42	折断

人员承受空气冲击波的超压不允许大于 2×10^3 Pa,不同超压对人员的损伤程度如表5-3所示。

表5-3　　　　　　不同超压对人员的伤害等级

伤害等级	超压$\triangle P$/kPa	伤害情况
轻微	20~30	轻微挫伤
中等	30~50	听觉器官损伤,中等挫伤,骨折
严重	50~100	内脏严重挫伤,可引起死亡
极严重	≥100	大部分人员死亡

在井下爆破时，除了爆炸空气冲击波能伤害人员外，在它后面的气流也会对人员造成损伤。例如，当超压为 30~40 kPa 时，气流速度达 60~80 m/s，人员是无法抵御的，如果气流中夹杂煤（岩）等，其破坏力也很强，应当引起重视。

爆破冲击波的强弱，与药包在岩石中爆破时爆炸能量有多少转化为空气冲击波的能量有关。如果能尽量提高爆破时爆炸能量的利用率，减少形成空气冲击波的能量，那么就能极大限度地降低空气冲击波的强度。例如，合理确定爆破参数，避免采用过大的最小抵抗线，防止产生冲天炮；选择合理的微差起爆方案和微差间隔时间，保证岩石能充分松动，消除夹制爆破条件；保证堵塞质量，防止高压气体从炮孔口冲出。这些措施都能有效地防止产生强烈的空气冲击波。

三、爆破飞石距离的控制

虽然《爆破安全规程》和《煤矿安全规程》都没有给出井下爆破飞石的安全距离，但在井巷掘进爆破中，为了提高掘进效率，掏槽孔的爆破往往不得不将煤（岩）抛向工作面的后方，飞石安全距离的控制一般要高于空气冲击波的防护。经验表明，飞石安全距离不应小于 100 m。

减少井巷爆破飞石的措施包括：清除工作面松石；保证填塞长度和填塞质量；钻孔方向和位置尽量与设计一致；积极推广直眼掏槽；恰当选择毫秒延期；严格控制装药量等。

第三节 爆破作业安全管理与事故预防

一、爆破作业的基本要求

《煤矿安全规程》中规定：煤矿企业必须对职工进行安全培训。未经安全培训的，不得上岗作业。特种作业人员必须按国家有关规定，培训合格，取得操作资格证书。井下爆破工作必须由专职爆破工担任。在煤（岩）与瓦斯（二氧化碳）突出煤层中，专职爆破工必须固定在同一工作面中。爆破工必须依照爆破说明书进行爆破作业。

爆破说明书是采掘作业规程的主要内容之一，是爆破作业贯彻煤矿安全规程的具体体现，是爆破工进行爆破作业的依据。煤矿安全规程规定，煤矿爆破作业必须编制爆破作业说明书，爆破工必须依照爆破说明书进行爆破作业。

根据《煤矿安全规程》规定，爆破说明书必须符合下列内容和要求：

（1）炮眼布置图必须标明采煤工作面的高度和打眼范围或掘进工作面的巷道断面尺寸，炮眼的位置、个数、深度、角度及炮眼编号，并用正面图、平面图和剖面图表示。

（2）炮眼说明表必须说明炮眼的名称、深度、角度，使用炸药、雷管的品种，装药量，封泥长度，连线方法和起爆顺序。

（3）必须编入采掘作业规程，并及时修改补充。

除规程规定的内容和要求外，爆破说明书还应包括预期爆破效果表，要对炮眼利用率、每个循环进度和炮眼总长度、炸药和雷管总消耗及单位消耗量等进行规定。

爆破作业必须执行"一炮三检制"。"一炮三检制"是指在采掘工作面装药前、爆破前和爆破后，爆破工、班组长、瓦检员都必须在现场，由瓦检员检查瓦斯，爆破地点附近 20 m 以内风流中的瓦斯浓度达到 1% 时，不准装药爆破；爆破后瓦斯浓度达到 1% 时，必须立即处理，并不准用电钻打眼。

二、爆破作业的安全要求

爆破工必须把炸药、电雷管分别存放在专用的爆炸材料箱内，并加锁；严禁乱扔、乱放。爆炸材料箱必须放在顶板完好、支架完整、避开机械和电气设备的地点。每次爆破时必须把爆炸材料箱放到警戒线以外的安全地点。

从成束的电雷管中抽取单个电雷管时，不得手拉脚线硬拽管体，也不得手拉管体硬拽脚线。应将成束的电雷管顺好，拉住前端脚线将电雷管抽出。抽出单个电雷管后，必须将其脚线末端扭结成短路。

（一）装配起爆药卷的安全规定

（1）必须在顶板完好、支架完整、避开电气设备和导电体的爆破工作地点附近进行。严禁坐在爆炸材料箱上装配起爆药卷。装配起爆药卷数量以当时当地需要的数量为限。

（2）必须严格防止电雷管受震动、冲击折断雷管脚线和损坏脚线绝缘层。

（3）电雷管必须由药卷的顶部装入，严禁用电雷管代替竹、木棍扎眼。电雷管必须全部插入药卷内。严禁将电雷管斜插在药卷的中部或捆在药卷上。

（4）电雷管插入药卷后，必须用脚线将药卷缠住，并将电雷管脚线末端扭结成短路。

装药前，首先必须清除炮眼内的煤粉或岩粉，再用木质或竹质炮棍将药卷轻轻推入，不得冲撞或捣实，只要炮眼内的各药卷彼此密接就可。有水的炮眼，最好使用抗水型炸药。

装药后，必须把电雷管脚线悬空，严禁电雷管脚线、爆破母线与运输设备、电气设备以及采掘机械等导电体相接触。

炮眼应用水炮泥封堵，水炮泥外剩余的炮眼部分应用黏土炮泥或用不燃性的、可塑性松散材料制成的炮泥封实。严禁用煤粉、块状材料或其他可燃性材料作炮眼封泥。

无封泥、封泥不足或不实的炮眼，都严禁爆破。

（二）炮眼深度和炮眼封泥长度的安全规定

（1）炮眼深度小于 0.6 m 时，不得装药、爆破；在特殊条件下，如挖底、刷帮、挑顶确需浅眼爆破时，必须制定安全措施，炮眼深度可以小于 0.6 m，但必须封满炮泥。

（2）炮眼深度为 0.6～1 m 时，封泥长度不得小于炮眼深度的 1/2。

（3）炮眼深度超过 1 m 时，封泥长度不得小于 0.5 m。

（4）炮眼深度超过 2.5 m 时，封泥长度不得小于 1 m。

（5）光面爆破时，周边光爆炮眼应用炮泥封实，且封泥长度不得小于 0.3 m。

（6）工作面有两个或两个以上自由面时，在煤层中最小抵抗线不得小于 0.5 m，在岩层中最小抵抗线不得小于 0.3 m。浅眼装药爆破大岩块时，最小抵抗线和封泥长度都不得小于 0.3 m。

严禁明火、普通导爆索或非电导爆管爆破和裸露爆破。

（三）爆破法处理卡在溜煤眼中煤、矸的安全规定

处理卡在溜煤眼中的煤、矸时，如果确无爆破以外的办法，经矿总工程师批准，可爆破处理，但必须遵守下列规定：

（1）必须采用取得煤矿矿用产品安全标志的用于溜煤眼的煤矿许用刚性被筒炸药或不低于该安全等级的煤矿许用炸药。

（2）每次爆破只准使用一个煤矿许用电雷管，最大装药量不得超过 450 g。

（3）每次爆破前必须检查溜煤（矸）眼内堵塞部位的上部和下部空间的瓦斯。

（4）每次爆破前必须洒水。在有煤尘爆炸危险的煤层中，掘进工作面爆破前后，附近20 m的巷道内，必须洒水降尘。爆破前，必须加强对机器、液压支架和电缆等的保护或将它们移出工作面。爆破前，班（组）长必须亲自布置专人在警戒线和可能进入爆破地点的所有道路上担任警戒工作。警戒人员必须在有掩护的安全地点进行警戒。警戒线处应设置警戒牌、栏杆或拉绳等标志。

有下列情况之一时，都不得装药爆破：

① 采掘工作面的控顶距离不符合作业规程的规定，或者支架有损坏，或者伞檐超过规定时；

② 装药前和爆破前爆破地点附近20 m以内风流中瓦斯浓度达到1.0%时；

③ 在爆破地点20 m以内，有矿车、未清除的煤、矸或其他物体堵塞巷道断面1/3以上时；

④ 炮眼内发现异状、温度骤高骤低、有显著瓦斯涌出、煤岩松散、透老空等情况时；

⑤ 采掘工作面风量不足时。

有上述情况之一时，必须报告班（组）长，及时处理。在未做出妥善处理时，爆破工有权拒绝装药、爆破。

（四）爆破母线和连接线的安全规定

（1）煤矿井下爆破母线必须符合标准。

（2）爆破母线和连接线、电雷管脚线和连接线、脚线和脚线之间的接头必须相互扭紧并悬挂，不得与轨道、金属管、金属网、钢丝绳、刮板输送机等导电体相接触。

（3）巷道掘进时，爆破母线应随用随挂，不得使用固定爆破母线。特殊情况下，在采取安全措施后，可不受此限。

（4）爆破母线与电缆、电线、信号线应分别挂在巷道的两侧。如果必须挂在同一侧，爆破母线必须挂在电缆的下方，并应保持0.3 m以上的悬挂距离。

（5）只准采用绝缘母线单回路爆破，严禁用轨道、金属管、金属网、水或大地等当做回路。

（6）爆破前，爆破母线必须扭结成短路。

（五）特殊情况下爆破的安全要求

1. 巷道贯通爆破的安全要求

（1）用爆破方法贯通井巷时，必须有准确的测量图，每班在图上填明进度。测量人员必须勤给中、腰线。打眼工和爆破工要严格按中、腰线调整方向和坡度，布置炮眼。

（2）当贯通的两个工作面相距20 m（在有冲击地压煤层中，两个掘进工作面相距30 m）前，地测部门必须事先下达通知书，并且只准从一个工作面向前接通。停掘的工作面必须保持正常通风，经常检查风筒是否脱节，还必须正常检查工作面及其回风流中的瓦斯浓度，瓦斯浓度超限时，必须立即处理。掘进工作面每次装药爆破前，班组长必须派专人和瓦斯检查员共同到停掘工作面检查工作面及其回风流中的瓦斯浓度，瓦斯超限时，先停止掘进工作面的工作，然后处理瓦斯。只有当两个工作面及其回风巷风流中的瓦斯浓度都在1%以下时，掘进工作面方可装药爆破。每次爆破前，在两个工作面内必须设置栅栏和有专人警戒。

间距小于20 m的平行巷道，其中一个巷道爆破时，两个工作面的人员都必须撤离至安全地点。

（3）贯通爆破前，要加固贯通地点支架，背好帮顶，防止崩倒支架或冒顶埋人。

（4）距贯通地点 5 m 内，要在工作面中心位置打超前探眼，探眼深度要大于炮眼深度一倍以上，眼内不准装药。在有瓦斯工作面，爆破前用炮泥将探眼填满。

（5）与停掘已久的巷道贯通时，应按上述规定认真执行，并在贯通前严格检查停掘巷道的瓦斯、煤尘、积水、支架和顶板，发现问题，立即处理，否则不准贯通。

（6）由班组长指派警戒人，并亲自接送。在班组长或班组长指定的专人来接以前，警戒人不得擅离岗位。

（7）两巷较近时，可采取少装药、放小炮的办法进行爆破，防止崩垮巷道。

（8）到预测贯通位置而未贯通时，应立即停止掘进，查明原因，重新采取贯通措施。

2. 遇老空区爆破的安全要求

（1）爆破地点距老空区 15 m 前，必须通过打探眼、探钻等有效措施，探明老空区的准确位置和范围，以及水、火、瓦斯等情况，必须根据探明的情况采取措施，进行处理，否则不准装药或爆破。

（2）打眼时，如发现炮眼内出水异常，煤、岩松散，工作面温度骤高骤低，瓦斯大量涌出等异常情况，说明工作面已临近老空区，必须查明原因，采取有效的放水、排放瓦斯等措施，爆破条件具备时才可以装药爆破。

（3）揭露老空爆破时，必须将人员撤至安全地点，并在无危险地点起爆。只有经过检查，证明无危险后，方可恢复工作。

（4）必须坚持"有疑必探，先探后掘"的原则，发现异常情况，必须查明原因，采取措施，否则不准装药爆破，以免误穿老空区，发生透水、火灾、大量涌出瓦斯以及瓦斯爆炸等事故。

3. 接近积水区爆破的安全要求

（1）在接近溶洞、含水丰富的地层（流沙层、冲积层、风化带等）、导水断层、积水的井巷和老空，打开隔水煤（岩）柱放水等有透水危险的地点爆破时，必须坚持"有疑必探，先探后掘"的原则。

（2）接近积水区时，要根据已查明的情况进行切实可行的排放水设计，制定安全措施，否则严禁爆破。

（3）工作面或其他地点发现有透水预兆（挂红、挂汗、空气变冷、出现雾气、水叫、顶板来压、顶板淋水加大、地板鼓起或产生裂隙出现涌水、水色发浑有臭味、煤岩变松软等其他异状）时，必须停止作业，爆破工停止装药、爆破，及时汇报，采取措施，查明原因。若情况危急，必须发出警报，立即撤出所有受水害威胁地点的人员。

（4）打眼时，如发现炮眼涌水，要立即停止钻眼，不要拔出钻杆，并马上向班组长或调度室汇报。

（5）合理选择掘进爆破方法，在探水眼严密掩护下，可采取多打眼、少装药、放小炮的方法，以利保持煤体的稳定性。

4. 浅眼爆破时的安全检查

在特殊条件下，如挖底、刷帮、挑顶确需浅眼爆破时，必须制定安全措施，炮眼深度可以小于 0.6 m，但必须封满炮泥。制定的安全措施必须符合下列要求：

(1) 每孔装药量不得超过 150 g。
(2) 炮眼必须封满炮泥。
(3) 爆破前必须在爆破地点附近洒水降尘并检查瓦斯浓度，瓦斯浓度达到 1% 时，不准爆破。
(4) 检查并加固爆破地点附近支架。
(5) 采取有效措施，保护好风、水管路，电气设备及其他设施，以防崩坏。
(6) 爆破时必须布置好警戒并有值班长在现场指挥。

三、煤矿常见爆破事故及预防措施

1. 早爆事故及预防

在正式通电起爆前，雷管、炸药突然爆炸，最容易造成伤亡事故。煤矿爆破作业中，造成炸药、雷管早爆主要有杂散电流导入雷管或雷管、炸药受到机械撞击、挤压和摩擦，爆破器具保管不当等多方面的原因。

预防早爆措施有：降低电机车牵引网路产生的杂散电流，加强井下设备和电缆的检查和维修，发现问题及时处理；采用电雷管起爆时，杂散电流不得超过 30 mA；电雷管脚线、爆破母线在连线以前扭结成短路，连线后电雷管脚线和连接线、脚线与脚线之间的接头，都必须悬空，并用绝缘胶布包好，不得同任何导电体或潮湿的煤、岩壁相接触；存放炸药、电雷管和装配起爆药卷的地点安全可靠，严防煤、岩块或硬质器件撞击电雷管和炸药；发爆器及其把手、钥匙应妥善保管，严禁交给他人；对杂散电流较大的地点也可使用电磁雷管；在爆破区出现雷电时，受雷电影响的地方应停止爆破作业。

2. 拒爆（瞎炮）事故及预防

爆破时，通电后未爆炸的现象即为全网路拒爆。爆破后由于某种原因造成的部分或单个雷管拒爆的现象即为丢炮。拒爆、丢炮是爆破作业中经常发生的爆破故障，极易造成人身伤亡事故。

拒爆、丢炮的预防：不领取变质炸药和不合格的电雷管；不使用硬化到不能用手揉松的硝酸铵类炸药，也不使用破乳和不能揉松的乳化炸药；有水和潮湿的炮眼应使用抗水炸药；同一爆破网路中，不使用不同厂家生产的、或同一厂家生产的但不同批次的电雷管；不领取、不使用未经导通、全电阻测试或管口松动的电雷管；向孔内装药或封泥时，脚线要紧贴孔壁；按操作规程进行装药，防止把药卷压实或把雷管脚线折断、绝缘皮破损而造成网路不通、短路或漏电的现象；装药前应认真把炮眼内的煤、岩粉清干净；网路连接时，连线接头必须扭紧牢固，尤其雷管脚线裸露处的锈在连线时应进行处理；连线后认真检查，防止出现接触不良、错连、漏连，连线方式合理，严格按爆破说明书要求的方式进行连接；爆破网路连接的电雷管数量不得超过发爆器的起爆能力；炮眼布置应合理，尽量采取减少或消除间隙效应的措施；不准装盖药、垫药，不准采用不合理的装药方式。

3. 残爆、爆燃和迟爆事故及预防

残爆是指炮眼里的炸药引爆后，发生爆轰中断而残留部分不爆药卷的现象。爆燃是指炮眼里的药卷未能正常起爆，没有形成爆炸而发生快速燃烧，或形成爆轰后又衰减为快速燃烧的现象。迟爆是指在通电后，炸药延迟一段时间才爆炸的现象。迟爆时间可长达几分钟至十几分钟，爆破人员以为是拒爆而进入工作面检查，最容易发生伤亡事故。

残爆、爆燃和迟爆事故预防：采用合理的装药方法；禁止使用不合格的炸药、雷管；装

药前，清除炮眼内的杂物；装药时应把药卷轻轻送入，炮眼内的各药卷间彼此密接；避免把炸药捣实；合理布置炮眼，不装盖药和垫药；采取措施，减弱或消除管道效应；起爆药卷内的雷管聚能穴和装配位置应符合要求，并且雷管应全部插入药卷内；按《煤矿安全规程》规定正确处理残爆。

4. 放空炮事故及预防

炮眼内装药，在爆破时未能对周围介质产生破坏作用，而是沿炮眼口方向崩出的现象称为放空炮。其主要原因是充填炮眼的炮泥质量不好或炮眼间距过大，炮眼方向与最小抵抗线方向重合。

预防方法：充填炮眼的炮泥质量要符合《煤矿安全规程》的规定，水炮泥水量充足，黏土炮泥软硬适度；保证炮泥的充填长度和炮眼封填质量符合《煤矿安全规程》的规定；要根据煤、岩层的硬度、构造发育情况和施工要求布置炮眼，炮眼的间距、角度要合理，装药量要适当。

5. 爆破伤人和炮烟熏人事故及预防

预防爆破崩人的措施：爆破母线要有足够的长度；躲避处选择能避开飞石、飞煤袭击的安全地点；掩护物要有足够的强度；爆破时，安全警戒必须执行《煤矿安全规程》的规定；通电以后装药炮眼不响时，不能提前进入工作面，以免炮响崩人；爆破工应最后一个离开爆破地点，并按规定发出数次爆破信号，爆破前应清点人数；采取措施，避免因杂散电流造成突然爆炸崩人；处理拒爆、残爆时必须按《煤矿安全规程》规定的程序和方法操作。

预防炮烟熏人的措施：工作面爆破后，作业人员要待炮烟吹散吹净后，方可进入爆破地点作业；控制一次爆破量，避免产生的炮烟量超过通风能力；不使用硬化、含水量超标、过期变质的炸药；采掘工作面避免串联通风，不应在巷道内长期堆积坑木、煤、矸等障碍物，应保证回风巷有足够的通风断面；装药时要清理干净炮眼内的煤、岩粉和水，保证炸药爆炸时零氧平衡；炮眼封泥时应使用水炮泥，并且封泥的质量和长度符合作业规程的规定；爆破时，除警戒人员以外，其他人员都要在进风巷道内躲避等候；单孔掘进巷道内所有人员要远离爆破地点，同时风量要充足；作业人员通过较高浓度的炮烟区时，要用潮湿的毛巾捂住口鼻，并迅速通过；爆破前后，爆破地点附近应充分洒水，以利吸收部分有害气体和煤岩粉。

6. 爆破崩倒支架和造成冒顶事故及预防

爆破崩倒支架事故的预防措施：爆破前，必须检查支架并对爆破地点附近 10 m 内的支护进行加固；掘进工作面的顶帮要插严背实，并打上拉条、撑木，实行必要的加固；掘进工作面要选择合理的掏槽方式、炮眼布置、角度、个数等参数；打眼应靠近支架开眼，使眼底正处于两支架的中间；采煤工作面支架除加强刹顶外，要用紧楔和打撑木的办法进行必要的加固；采煤工作面要留有足够宽的炮道，掘进工作面要有足够的掏槽深度；严格按作业规程规定的装药量进行装药，避免出现装药量过大现象。

爆破造成冒顶事故的预防：采掘工作面遇到地质构造，顶板破碎、松软、裂隙发育时，应采用少装药放小炮，或直接挖过去的办法，减少对顶板的震动或破坏；炮眼布置的角度、位置要合理，顶眼眼底要与顶板离开 0.2~0.3 m 的距离；一次爆破的炮眼数和装药量应控制在作业规程范围内；爆破前，应对爆破地点及其附近的支护进行加固，防止崩倒支架，崩倒的支架应及时扶起；空顶时，严禁装药爆破。

第四节 爆破材料安全管理

一、爆破材料的运输

(一) 地面运输

地面运输爆炸材料时,必须遵守中华人民共和国《民用爆炸物品安全管理条例》中有关规定。

民用爆炸物品使用单位凭"民用爆炸物品购买许可证"、有效合同和申请表,写明运输民用爆炸物品的品种、数量、包装材料和包装方式;运输民用爆炸物品的特性、出现险情的应急处置方法;运输时间、起始地点、运输路线、经停地点,向运达地县级人民政府公安机关提出申请"民用爆炸物品运输许可证"。运达后,收货单位或购买单位应在运输证上签注物品到达情况,将运输证交回原发证公安机关。除非在途中临时遇到火灾或某些障碍不能或不易通过时,不得随意改变路线。运输爆炸材料的车辆,不准无关人员乘坐,不准装运其他物品(包括汽车备用燃料),不准在人多的地方和交岔路口停留。

装卸爆炸材料应尽量在白天进行,由专人在场监督,并应该警卫,禁止无关人员在场。装卸地点严禁烟火和携带发火物品,应有明显的信号:白天悬挂红旗和警标,夜间有足够的照明并悬挂红灯。

(二) 井下运输

井下运输爆炸材料时,必须遵守《爆破安全规程》、《煤矿安全规程》中有关规定。

井下运输爆炸材料最重要的是电雷管和炸药必须分开运送,因为不同性质的爆炸材料由于其感度和安全性不一样,运送它们的危险程度也不同。特别是由于电雷管内装有起爆药,其感度高,一旦被撞击、摩擦和受强烈震动等就可能发生爆炸。因而如果把雷管和炸药放在一起运送,雷管发生意外爆炸后,将会引起炸药爆炸而产生连锁反应,使爆炸的事故扩大。

交接班、人员上下井的时间内,严禁运送爆炸材料。

在井筒内运送爆炸材料时,必须事先通知绞车司机和井上、下把钩工。罐笼升降速度,运送硝酸甘油类炸药或雷管时,不得超过 2 m/s;运送其他类爆炸材料时不得超过 4 m/s。

水平巷道内和倾斜巷道内有可靠的信号装置时,可用钢丝绳牵引的车辆运送爆炸材料,但炸药和电雷管必须分开运输,运输速度不得超过 1 m/s。

严禁用刮板输送机、带式输送机等运输爆炸材料。主要是由于输送机运行速度快,而爆炸材料容器不可能平稳牢固地固定在输送机上,容易前后、左右颠簸和摆动,甚至滚出机外,无法保证爆破材料不受冲击、摩擦等外力作用而发生爆炸事故,尤其在输送机搭接处和机尾与溜煤眼搭接处危险性更大。同时由于电机车牵引网路引起的杂散电流和机电设备、动力、照明漏电造成的杂散电流,通过输送机的导电体,若与爆炸材料接触,就极有可能发生意外爆炸事故。

二、爆炸材料的贮存

(一) 地面爆炸材料库

民用爆炸物品应当储存在专用仓库内,并按照国家规定设置技术防范设施。爆炸材料库即属专用仓库。

地面爆炸材料库按其使用性质、服务年限可分为永久性地面库和地面临时库。永久性地面库还可分为矿区总库和地面分库。

矿区建有爆炸材料成品总仓库即可为矿区总库。该总库对地面分库或地面临时库及各生产矿井下爆炸材料库供应爆炸材料。建有爆炸材料制造厂的矿区总库,所有库房贮存的各种炸药总量不得超过该厂1个月的生产量,雷管总容量不得超过该厂3个月的生产量。没有爆炸材料制造厂的矿区总库,所有库房贮存的各种炸药总量不得超过该库2个月的计划需要量,雷管总容量不得超过该厂6个月的计划需要量。单个库房的最大容量:炸药不得超过200 t,雷管不得超过500万发。

各煤矿的地面爆炸材料库属于小型爆炸材料库。爆炸材料库采用单层砖混结构,库内设炸药和雷管专用存放间,基础为钢筋混凝土基础,屋面为预制钢筋混凝土空心板,防水为APP新型防水材料,均设两层门,外层为铁皮包覆的耐火门,里门为栅栏门,存放雷管的为金属丝网门。雷管库内设雷管保险箱。库房内炸药存放量不得超过3 t,雷管存放量不得超过2万发,并不得超过该库所供应单位10天的需要量。库区内严禁烟火和明火照明,围墙高度不低于2 m,与最近库房距离不小于25 m,应采用密实围墙或双层铁刺网,至住宅区或村庄边缘的最小距离为300 m,爆炸材料库各类建筑物的防雷等级和防雷装置,参照《民用爆炸器材设计规范》的有关规定执行。

使用年限在2年以下的地面临时性爆炸材料库应设在不受山洪、滑坡和危石威胁的干燥的地方,并应有良好的通风和防潮措施。库房内炸药存放量不得超过3 t,雷管存放量不得超过1万发,并不得超过该库所供应单位10天的需要量。

据调查,一些临时库房在不同程度上存在隐患,如炸药和雷管同库存放、库房内擅自安装普通照明灯、库房无防雷措施,甚至雷管导通检查工作就在库房内或住房内进行,操作时没有任何安全防范措施,清退管理工作也较混乱等,这些隐患一定要消除。

开凿井筒或平硐时,可在距井筒或平硐口以及周围主要建筑物50 m以外加设横堤,或250 m以外不加横堤的专用房或硐室内贮存1天使用的爆炸材料,但最大炸药贮存量不得超过500 kg。

(二) 井下爆炸材料库

井下爆炸材料库有硐室式和壁槽式两种。内设库房和辅助硐室等,其中辅助硐室包括电雷管全电阻检查、发放炸药、电雷管编号、保存爆破员的空炮箱及爆破器等专用硐室。

库房内的硐室或壁槽是井下爆炸材料库的核心部分,是专为贮存各类炸药和电雷管及其他起爆材料而设置的,其他配设上述各项辅助硐室。

爆炸材料只有分别贮存在硐室或壁槽内,才能保障库房以致整个矿井的安全。因库内硐室之间或壁槽之间的距离是按规程规定额定贮存量的前提下,依照爆破材料殉爆安全距离的规定进行计算的。一旦其中的一个硐室和壁槽贮存的炸药或雷管发生爆炸,而相邻的硐室或壁槽不会发生殉爆连锁反应。由于爆炸所产生的空气冲击波和浓烟有毒气体在库内向两侧分流,一面冲向回风侧经缓冲后进入回风道排出。另一面冲向人行通道一侧,经由齿状阻波墙和3条互成直角的连通巷,衰减后进入尽头巷道,波压再次衰减后,至抗冲击波活门处受阻挡而不能流入外部运输巷道,以保障外部人员和矿井的安全。

井下爆炸材料库的最大贮存量,不得超过该矿井3天的炸药需要量和10天的电雷管需要量。每个硐室贮存的炸药量不得超过2 t,电雷管不得超过10天的需要量;每个壁槽贮存的炸药量不得超过400 kg,电雷管不得超过2天的需要量。

井下可设立爆炸材料发放硐室,发放硐室距使用的巷道法线距离不得小于25 m。发放硐室爆炸材料的贮存量不得超过1天的供应量，其中炸药不得超过400 kg。

井下爆炸材料库照明电压不得超过127 V。

爆炸材料库和爆炸材料硐室附近30 m范围内，严禁爆破。

三、爆破材料的发放与清退

（1）爆破工必须携带爆破合格证和班组长签章的爆破工作指示单到爆破材料库领取爆破材料。

（2）发放爆破材料时，管库工与爆破工要当面点清所支领爆破材料的品种、规格和数量，并盖章或签字。

（3）不经导通编号的雷管，管库工禁止发放。电雷管实行专人专号，不得遗失、借用或挪作他用。

（4）爆破工必须在爆破材料库的发放硐室领取爆破材料，不得携带矿灯进入库内。发放炸药、雷管时，要做到轻拿轻放，严禁摔、扔炸药或雷管。

（5）爆破工班后必须严格执行班组长在报单上签字制度，无签字者或签字不清楚，管库工拒收炸药、雷管。清退爆破材料时，爆破工与管库工要当面点清，做到账、物相符。

（6）所有接触爆破材料的人员，应穿棉布或抗静电衣服，严禁穿化纤衣服。大爆破时，可存放本次工程所需炸药量。拆除爆破、地震勘探及油气井爆破时，禁止将爆破器材散堆在地上，雷管应放在外包铁皮的木箱内并加锁。

四、爆破器材的检验

对新入库的爆破器材，必须逐箱（袋）进行外观检验（包装有无损伤，封口是否完整，有无浸湿、浸油痕迹等），并抽样进行性能检验；对超过贮存期、出厂日期不明和质量可疑的爆破器材，必须进行严格检验，以确定是否能用；对硝酸甘油炸药，每月复查一次；对大爆破使用的炸药，事先要进行检验。

《爆破安全规程》规定爆破器材检验由库房保管员和试验员进行；《乡镇露天矿场爆破安全规程》规定检验由爆破器材管理人员和爆破工程技术人员进行。

爆破器材的爆炸性能检验，应在安全地点进行，安全性检验在实验室进行。

五、爆破器材的销毁

经检验确认失效、不符合技术要求或国家标准的爆破器材均应销毁。销毁时必须登记造册，编写书面报告，报告中应说明被销毁爆破器材的名称、数量和销毁原因、方法、地点、时间。报告一式五份，分送上级主管部门、单位总工程师或爆破工作领导人、单位安全保卫部门、爆破器材库和当地县（市）公安局。

销毁工作应报上级主管部门批准，根据单位总工程师或爆破工作领导人的书面批准进行。

爆破器材的销毁方法有爆炸法、焚烧法和溶解法。

※国家题库中与本章相关的试题

一、判断题

1. 井上、下接触爆炸材料的人员，必须穿棉布或抗静电衣服。（　　）
2. 检查电雷管的工作，必须在爆炸材料贮存硐室外设有安全设施的专用房间内进行。（　　）
3. 炮眼深度小于0.6 m时，可以装药、爆破。（　　）

4. 爆炸材料新产品，经国家授权的检验机构检验合格，并取得煤矿矿用产品安全标志后，方可在井下试用。（　）
5. 井下爆破作业，必须使用煤矿许用炸药和毫秒延期电雷管。（　）
6. 同一工作面不得使用2种以上不同品种的炸药。（　）
7. 煤矿井下在采掘工作面爆破作业，必须使用煤矿许用瞬发电雷管或秒延期电雷管。（　）
8. 使用煤矿许用毫秒延期电雷管时，最后一段的延期时间不得超过150 ms。（　）
9. 不同厂家生产的或不同品种的电雷管，可以掺混使用。（　）
10. 在掘进工作面应全断面一次起爆，不能全断面一次起爆的必须采取安全措施。（　）
11. 在采煤工作面，可一次装药，分组起爆。（　）
12. 在一个采煤工作面严禁使用2台发爆器同时进行爆破。（　）
13. 炸药和电雷管必须由爆破工亲自运送，其他人员不得运送。（　）
14. 在交接班、人员上下井的时间内，严禁携带爆炸材料的人员沿井筒上下。（　）
15. 井下爆炸材料库应包括库房、发放硐室和通向库房的巷道。（　）
16. 井下爆炸材料库，贮存爆炸材料库房两端的通道与库房连接处必须设置齿形阻波墙。（　）
17. 井下爆炸材料库的最大贮存量，不得超过该矿井5天的炸药需要量和10天的电雷管需要量。（　）
18. 井下爆炸材料库的炸药和电雷管必须分开贮存。（　）
19. 井下爆炸材料库可以在贮存爆炸材料的硐室或壁槽内装灯。（　）
20. 在井筒内运送爆炸材料时，应遵守电雷管和炸药必须分开运送的规定。（　）
21. 在井筒内运送爆炸材料时，必须事先通知绞车司机和井上、下把钩工。（　）
22. 爆炸材料必须由井下爆炸材料库管理员或经过专门训练的专人护送。（　）
23. 可以用刮板输送机、带式输送机等运输爆炸材料。（　）
24. 电雷管必须由爆破工亲自运送，炸药应由爆破工或在爆破工监护下由其他人员运送。（　）
25. 井下爆破工作必须由专职爆破工或现场班（组）长担任。（　）
26. 爆破作业必须执行"一炮三检制"。即采掘工作面装药前、爆破前和爆破后，爆破工、班组长和瓦斯检查员都必须在现场，由瓦斯检查员检查瓦斯，爆破地点附近20 m以内风流中瓦斯浓度达到1％时，不准装药、爆破；爆破后瓦斯浓度达到1％时，必须立即处理，并不准用电钻打眼。（　）
27. 爆破作业必须编制爆破作业说明书，爆破工必须依照说明书进行爆破作业。（　）
28. 采煤工作面炮眼布置图必须标明采煤工作面的高度和打眼范围。（　）
29. 井下爆破作业，在无瓦斯、煤尘爆炸危险的采掘工作面，可以使用非煤矿许用炸药和非煤矿许用电雷管。（　）
30. 炸药的主要特征之一是能发生自身燃烧和爆炸反应。（　）
31. 热分解的速度主要取决于环境温度，温度越低热分解速度越快。（　）
32. 燃烧是炸药在热源或火焰作用下引起的化学反应过程。所以存储炸药要特别考虑到热分解，注意改善通风条件，防止炸药在封闭条件下燃烧。（　）
33. 炸药的感度是指炸药在外界起爆能的作用下发生爆炸的难易程度。（　）
34. 炸药的热感度是指炸药在热能作用下发生起爆的难易程度。（　）
35. 殉爆是指一个药包的爆炸可以激发相隔一定距离处的另一药包爆炸的现象。（　）
36. 炸药如果爆炸不完全，不仅爆破效果差，而且在含瓦斯、煤尘条件下，可能引起爆炸事故。（　）
37. 在水中加入一定浓度的酸性溶液进行洒水，防止爆炸后有毒气体的溢出是非常有效的。（　）
38. 如果炸药发生爆燃，不仅使炸药能量得不到充分利用，而且对安全极为不利。（　）
39. 炸药爆炸气体产物的瞬间温度可达1 800～3 000 ℃，超过了瓦斯、煤尘的发火温度。（　）
40. 我国煤矿许用炸药的安全性分为三级。（　）
41. 乳化炸药和水胶炸药可以同库储存。（　）

42. 爆破器材保管员要仔细检查爆破器材受湿、受热或分解变质的情况。（　　）
43. 电雷管起爆法是利用电能首先引起电雷管爆炸，然后再引起引药爆炸的方法。（　　）
44. 非电雷管起爆法（简称非电起爆法）可分为导爆索起爆法、导爆管起爆法和导火索起爆法。（　　）
45. 导火索起爆法操作简便易行，能抗静电，成本低。（　　）
46. 检查雷管电阻要在有防护的专门场所进行，不得离储存炸药和起爆药包的地方太近。（　　）
47. 检查电雷管电阻的专门场所，存放雷管量不能超过 200 发。（　　）
48. 用电雷管起爆法，在有瓦斯和煤尘爆炸危险的矿井中进行爆破时，通电时间往往要加以限制，一般不超过 5 ms。（　　）
49. 爆破工必须携带爆破合格证和班组长签章的爆破工作指示单到爆破器材库领取爆破材料。（　　）
50. 未经导通编号的电雷管可以发放使用。（　　）
51. 爆破工在清退爆破器材时，爆破工与库管员要当面点清，做到账、物相符。（　　）
52. 无论地面还是井下运输，雷管和导火索都不可以一同运输。（　　）
53. 炸药可以存放在井口房内一段时间。（　　）
54. 炸药，按其化学成分构成分类，可以分为单质炸药、双质炸药和混合炸药 3 种类型。（　　）
55. 被筒炸药具有安全性能高和威力大的特点。（　　）
56. 煤矿铵梯炸药必须严格按照矿井瓦斯的安全等级来选用。（　　）
57. 有水和瓦斯的工作面，必须选择抗水型炸药。（　　）
58. 井下严禁使用火雷管、导火索和导爆管。（　　）
59. 普通型毫秒电雷管可广泛用于各类爆破工程中，可以用于煤矿井下爆破作业。（　　）
60. 在爆破施工中，杂散电流、静电感度、雷管、射频感应电等均可引起电爆网路中雷管早爆。（　　）
61. 爆破母线连接脚线、检查线路和通电工作，可以由爆破工和班组长共同操作完成。（　　）
62. 爆破时，通电后出现未爆炸的现象，即为全网路拒爆。（　　）
63. 在有瓦斯或煤尘爆炸危险的采掘工作面，应采用毫秒爆破。（　　）

二、单选题

1. 煤矿井下采掘工作面爆破，不得使用（　　）或普通导爆索，严禁使用火雷管。
   A. 导爆管　　　　　B. 秒延期电雷管　　　C. 毫秒延期电雷管
2. 井下爆炸材料库应采用硐室式或（　　）。
   A. 套间式　　　　　B. 壁槽式　　　　　　C. 躲避硐式
3. 井下爆炸材料库房距井筒、井底车场、主要运输巷道、主要硐室以及影响全矿井或大部分采区通风的风门的法线距离：硐室式的不得小于（　　）m，壁槽式的不得小于 60 m。
   A. 80　　　　　　　B. 100　　　　　　　C. 120
4. 爆炸材料发放硐室的贮存量不得超过（　　）天的供应量，其中炸药量不得超过 400 kg。
   A. 3　　　　　　　 B. 2　　　　　　　　C. 1
5. 在井筒内运送爆炸材料时，罐笼升降速度应遵守下列规定：运送硝酸甘油类炸药或电雷管时，不得超过（　　）m/s；运送其他类爆炸材料时，不得超过 4 m/s。
   A. 1　　　　　　　 B. 2　　　　　　　　C. 3
6. 井下用机车运送爆炸材料时，行驶速度不得超过（　　）m/s。
   A. 2　　　　　　　 B. 4　　　　　　　　C. 6
7. 爆炸材料必须装在耐压和抗撞冲、（　　）、防静电的非金属容器内。
   A. 防火　　　　　　B. 防盗　　　　　　　C. 防震
8. 井下爆炸材料库的布置必须符合"库房与外部巷道之间，必须用（　　）条互成直角的连通巷道相连"。
   A. 1　　　　　　　 B. 2　　　　　　　　C. 3

9. 井下爆炸材料库的最大贮存量，不得超过该矿井3天的炸药需要量和（　　）天的电雷管需要量。
   A. 10   B. 5   C. 3

10. 井下爆炸材料发放硐室内，炸药和电雷管必须分开贮存，并用不小于（　　）mm厚的砖墙或混凝土墙隔开。
    A. 220   B. 240   C. 260

11. 在井筒内运送爆炸材料、硝酸甘油类炸药或电雷管时，罐笼内只准堆放一层爆炸材料箱，并不得滑动。运送其他类炸药时，爆炸材料箱堆放的高度不得超过罐笼高度的（　　）。
    A. 1/2   B. 1/3   C. 2/3

12. 井下用钢丝绳牵引的车辆运送爆炸材料时，运行速度不得超过（　　）m/s。
    A. 1   B. 2   C. 3

13. 携带爆炸材料上、下井时，在每层罐笼内搭乘的携带爆炸材料的人员不得超过（　　）人，其他人员不得同罐上下。
    A. 2   B. 4   C. 5

14. 低瓦斯矿井的煤层采掘工作面、半煤岩掘进工作面必须使用安全等级不低于（　　）级的煤矿许用炸药。
    A. 一   B. 二   C. 三

15. 在高瓦斯矿井和有煤（岩）与瓦斯突出危险的采掘工作面的实体煤中，为增加煤体裂隙、松动煤体而进行的（　　）m以上的深孔预裂控制爆破，可使用二级煤矿许用炸药，但必须制定安全措施。
    A. 5   B. 8   C. 10

16. 炮眼深度超过1 m时，封泥长度不得小于（　　）。
    A. 0.3 m   B. 0.5 m   C. 眼深的1/2

17. 光面爆破时，周边光爆炮眼应用炮泥封实，且封泥长度不得小于（　　）m。
    A. 0.3   B. 0.5   C. 1.0

18. 用爆破处理卡在溜煤（矸）眼中的煤、矸时，每次爆破只准使用1个煤矿许用电雷管，最大装药量不得超过（　　）g。
    A. 150   B. 300   C. 450

19. 在爆破地点20 m以内，有矿车、未清除的煤、矸或其他物体堵塞巷道断面（　　）以上时，严禁装药、爆破。
    A. 1/2   B. 1/3   C. 2/3

20. 爆破时爆破母线与电缆、电线、信号线应分别挂在巷道的两侧。如果必须挂在同一侧，爆破母线必须挂在电缆的下方，并应保持（　　）m以上的距离。
    A. 0.2   B. 0.3   C. 0.5

21. 爆破工接到起爆命令后，必须先发出爆破警号，至少再等（　　）s，方可起爆。
    A. 5   B. 10   C. 15

22. 通电以后拒爆时，爆破工必须先取下把手或钥匙，并将爆破母线从电源上摘下，扭结成短路，再等一定时间[使用延期电雷管时，至少等（　　）min]，才可沿线路检查，找出拒爆的原因。
    A. 5   B. 10   C. 15

23. 处理拒爆时，必须在距拒爆炮眼（　　）m以外另打与拒爆炮眼平行的新炮眼，重新装药起爆。
    A. 0.2   B. 0.3   C. 0.5

24. 爆炸材料库和爆炸材料发放硐室附近（　　）m范围内，严禁爆破。
    A. 10   B. 20   C. 30

25. 震动爆破工作面，必须具有独立、可靠、畅通的回风系统，爆破时回风系统内必须切断电源，严禁人员作业和通过。在其进风侧的巷道中，必须设置（　　）道坚固的反向风门。

A. 1   B. 2   C. 3

26. 揭穿或揭开煤层后，在石门附近（　　）m范围内掘进煤巷时，必须加强支护。
A. 30   B. 20   C. 10

27. 煤矿井下远距离爆破时，回风系统必须停电撤人，爆破后，进入工作面检查的时间应在措施中明确规定，但不得小于（　　）min。
A. 10   B. 20   C. 30

28. 在多水平生产的矿井内、井下爆炸材料库距爆破工作地点超过（　　）km的矿井内、井下无爆炸材料库的矿井内可设立爆炸材料发放硐室。
A. 1.0   B. 1.5   C. 2.5

29. 井下用机车运送爆炸材料时，炸药和电雷管不得在同一列车内运输。如用同一列车运，装有炸药与装有电雷管的车辆之间，以及装有炸药或电雷管的车辆与机车之间，必须用空车分别隔开，隔开长度不得小于（　　）m。
A. 1.5   B. 3.0   C. 4.5

30. 炸药爆炸的三要素：① 放出大量的热能；② 反应速度快；③（　　）。
A. 生成大量的气体   B. 凝聚大量的能量   C. 必须借用外界的力量

31. 炸药的静电感度包括两个方面：一是炸药（　　）时产生静电的难易程度；二是在静电火花的作用下炸药发生爆炸的难易程度。
A. 碰撞   B. 摔碰   C. 摩擦

32. 炸药外壳越坚固、质量（　　）、约束条件越好越有利于阻止或减弱由膨胀引起的侧向扩散的影响，炸药爆炸也就越充分。
A. 适中   B. 越大   C. 越小

33. 爆破器材的销毁方法有爆炸法、（　　）和溶解法。
A. 化学法   B. 焚烧法   C. 掩埋法

34. 在使用电雷管起爆时，一定要注意电雷管的最大安全电流和（　　）。
A. 最小发火电流   B. 最大发火电流   C. 最小安全电流

35. 导爆管起爆法（　　）有瓦斯、矿尘爆炸危险的矿井。
A. 不能用于   B. 可用于   C. 可选择的用于

36. 所使用的同批同一网络康铜丝雷管电阻值差不得超过0.3Ω，镍铬丝雷管的电阻值差不得超过（　　）Ω。
A. 0.5   B. 0.8   C. 1.0

37. 爆破母线与起爆电源或起爆器连接之前，应当测量全线路的（　　）。
A. 电阻值   B. 总电阻值   C. 各分路电阻值

38. 工作面有两个或两个以上自由面时，在煤层中最小抵抗线不得小于（　　）m，在岩层中最小抵抗线不得小于0.3 m。
A. 0.8   B. 0.6   C. 0.5

39. 各矿对（　　）必须实行统一管理、发放，必须定期校验各项性能参数，不符合规定的严禁使用。
A. 发爆器   B. 雷管导通仪   C. 电雷管测试仪

40. 《爆破安全规程》对矿山巷道规定的最大允许质点振动速度为：围岩不稳定，有良好支护的，其速度为（　　）cm/s。
A. 30   B. 20   C. 10

41. 飞石安全距离的控制一般要高于空气冲击波的防护，经验表明，飞石安全距离不应小于（　　）m。
A. 50   B. 80   C. 100

42. 减少井巷爆破飞石的措施包括：积极推广（　　）；恰当选择毫秒延期；严格控制装药量等。

A. 斜眼掏槽　　　　　B. 直眼掏槽　　　　　C. 混合掏槽

43. 处理拒爆、残爆时，因连线不良造成的拒爆，（　　）起爆。
A. 可重新连线　　　B. 不可以重新连线　　C. 必须用发爆器

44. 爆破工必须携带爆破合格证和（　　）的爆破工作指示单到爆破材料库领取爆破材料。
A. 班组长签章　　　B. 区（队）长签章　　C. 爆炸器材管理办公室签章

45. 爆破工必须在爆破材料库的发放硐室领取爆破材料，不得携带（　　）进入库内。
A. 发爆器　　　　　B. 瓦斯便携仪　　　　C. 矿灯

46. 爆破材料雷管和导火索（　　）一同运输。
A. 可以　　　　　　B. 不可以　　　　　　C. 必须加装保护设施

47. 携带爆炸材料上下井时，在每层罐笼内搭乘的携带爆炸材料的人员不得超过（　　）人，其他人员不得同罐上下。
A. 1　　　　　　　B. 2　　　　　　　　C. 4

48. （　　）用刮板输送机、带式输送机运输炸药。
A. 严禁　　　　　　B. 可以　　　　　　　C. 不可以

49. 为了防止爆破材料散落、丢失、被盗，爆破作业人员领到爆破材料后，应（　　）送到爆破作业地点，不得转给他人，禁止乱丢、乱放。
A. 有专人护送　　　B. 可以停留一定时间　C. 直接

50. 由于管理不当、贮存条件不好或贮存时间过长，致使爆破材料安全性能不合格或失效变质时，必须（　　）销毁。
A. 及时　　　　　　B. 请示上级同意后　　C. 满足一定数量后

51. 炸毁或烧毁爆破材料，必须在专用空场内进行。销毁场地应尽量选择在有天然屏障的隐蔽地方。场地周围（　　）m 范围内，要清除树木杂草与可燃物。
A. 10　　　　　　　B. 20　　　　　　　　C. 50

52. 对硝铵类炸药、黑火药、导火索等失去爆炸性能的爆破材料，可以用（　　）的方法处理。
A. 烧毁　　　　　　B. 炸毁　　　　　　　C. 化学处理

53. 处理瞎炮时应严格做到（　　）。
A. 不得解除爆破警戒　　　　　　　　　　B. 从炮眼中掏出引药，拉出雷管
C. 拆除连线

54. 我国目前所使用的矿用炸药都属于（　　）炸药。
A. 混合　　　　　　B. 单质　　　　　　　C. 双质

55. 煤矿许用炸药的安全等级是指在特定条件下，（　　）对瓦斯煤尘的引爆能力而言的。
A. 炸药　　　　　　B. 炸药爆炸时　　　　C. 炸药爆炸后

56. 高瓦斯矿井、低瓦斯矿井的高瓦斯区域，必须使用安全等级不低于（　　）级的煤矿许用炸药。
A. 二　　　　　　　B. 三　　　　　　　　C. 四

57. 常用的煤矿许用水胶炸药有一、（　　）级。
A. 二　　　　　　　B. 三　　　　　　　　C. 四

58. 含水超过（　　）%的煤矿铵锑炸药不得使用。
A. 0.1　　　　　　B. 0.3　　　　　　　 C. 0.5

59. 水胶炸药的爆炸性能随温度降低而下降，0 ℃以下有可能出现（　　）。
A. 残爆或拒爆　　　B. 残爆和爆燃　　　　C. 爆燃和拒爆

60. 国产煤矿（安全）许用型毫秒延期电雷管 3 段的脚线的颜色为（　　），延期时间为 50±10 ms。
A. 灰红色　　　　　B. 灰黄色　　　　　　C. 灰蓝色

三、多选题

1. 所有爆破人员，包括（　　）、装药人员，必须熟悉爆炸材料性能和本规程规定。

A. 班（组）长　　　　B. 爆破人员　　　　C. 送药人员　　　　D. 护送人员
2. 突出煤层的掘进工作面在掘进上山时不应采取（　　）等措施。
A. 松动爆破　　　　B. 深孔爆破　　　　C. 水力疏松　　　　D. 水力冲孔
3. 爆炸分（　　）几种类型。
A. 物理爆炸　　　　B. 化学爆炸　　　　C. 核爆炸　　　　　D. 质子爆炸
4. 炸药发生爆炸（　　），即炸药爆炸的三要素。
A. 放出大量的热能　B. 反应速度快　　　C. 反应完全　　　　D. 生成大量的气体
5. 炸药的反应形式一般可分为（　　）和爆轰形式。
A. 热分解　　　　　B. 聚能　　　　　　C. 燃烧　　　　　　D. 爆炸
6. 炸药生产过程和运输储存时要特别注意控制周围的（　　）等条件。
A. 粉尘　　　　　　B. 温度　　　　　　C. 湿度　　　　　　D. 压力
7. 工业炸药常用的起爆能有（　　）形式。
A. 热能　　　　　　B. 机械能　　　　　C. 爆炸能　　　　　D. 光能
8. 炸药起爆能的机械感度主要包括（　　）。
A. 爆轰感度　　　　B. 冲击感度　　　　C. 摩擦感度　　　　D. 热感度
9. 炸药的静电感度包括（　　）。
A. 一是炸药摩擦时产生静电的难易程度
B. 二是在静电火花的作用下炸药发生爆炸的难易程度
C. 三是在外界静电的作用下炸药发生爆炸的难易程度
D. 炸药自身的物理性能
10. 爆炸反应的实质是炸药中所含（　　）等元素之间的化学反应，生成较为稳定的化合物。
A. 氧　　　　　　　B. 碳　　　　　　　C. 氢　　　　　　　D. 氮
11. 减少或消除炸药爆炸时有毒气体危害的措施，要正确选择工业炸药的配方、（　　）。
A. 要正确使用炸药　　　　　　　　　　B. 要有足够的封泥长度
C. 要加强洒水　　　　　　　　　　　　D. 要加强通风
12. 影响炸药稳定传播的因素是（　　）。
A. 炮孔直径　　　　B. 炮孔成形质量　　C. 装药直径　　　　D. 装药条件
13. 爆破器材包括各种炸药、（　　）、非电导爆系统、起爆药和爆破剂。
A. 雷管　　　　　　B. 导火索　　　　　C. 导爆管　　　　　D. 导爆索
14. 严禁将爆破器材分发给（　　）。
A. 民营企业　　　　B. 集体企业　　　　C. 承包户　　　　　D. 个人保存
15. 硝铵类炸药与（　　）可以同库储存。
A. 梯恩梯　　　　　B. 水胶炸药　　　　C. 乳化炸药　　　　D. 浆状炸药
16. 爆破器材保管工作是防止爆破器材受（　　）影响和与其他物品作用而引起的变质和因炸药本身分解等引起的燃烧或爆炸以及被盗等。
A. 温度　　　　　　B. 湿度　　　　　　C. 氧含量　　　　　D. 静电
17. 由于（　　），致使爆破器材安全性能不合格或失效变质时，必须及时销毁。
A. 管理不当　　　　B. 储存条件不好　　C. 储存时间过长　　D. 超过保质期
18. 掏槽方式可分为（　　）。
A. 斜眼掏槽　　　　B. 直眼掏槽　　　　C. 菱形掏槽　　　　D. 混合掏槽
19. 要使炸药爆炸变为现实，需要从外部给以一定的能量，促使炸药爆炸。这些外界能量有（　　）、雷管起爆能等多种类型。
A. 热能　　　　　　B. 摩擦能　　　　　C. 撞击能　　　　　D. 燃烧能

20. 炸药爆炸后通常可产生（　　）等有毒气体，有时还可能产生 H_2S 和 SO_2。这些气体对人体十分有害，吸入较多的炮烟，可能会引起中毒。
   A. CO   B. CO_2 C. NO   D. NO_2
21. 爆破作业说明书中的炮眼布置图必须标明采煤工作面的高度和打眼范围或掘进工作面的巷道断面尺寸，以及炮眼的（　　）及炮眼编号。
   A. 位置   B. 个数   C. 深度   D. 角度
22. 下列哪些项不符合作业规程规定时，不准装药爆破（　　）。
   A. 安全设施不齐全 B. 支护不齐全   C. 支架有损坏   D. 伞檐超过规定
23. 在高瓦斯矿井和有煤与瓦斯突出危险的采掘工作面的实煤体中，为增加（　　）而进行的10 m以上的深孔预裂控制爆破，可使用二级煤矿许用炸药，但必须制定安全措施，报矿总工程师批准。
   A. 煤体裂隙   B. 释放瓦斯   C. 抽放瓦斯   D. 松动煤体
24. 爆炸材料箱必须放在（　　）的地点。
   A. 顶板完好   B. 支架完整   C. 避开机械设备   D. 避开电气设备
25. 炮眼应用水炮泥封堵，水炮泥外剩余的炮眼部分应用（　　）的松散材料制成的炮泥封实。
   A. 黏土炮泥   B. 不燃性   C. 可塑性   D. 混合
26. 爆破前，班（组）长必须亲自布置专人在警戒线和可能进入爆破地点的所有道路上担任警戒工作。警戒人员必须在有掩护的安全地点进行警戒。警戒线处应设置（　　）等标志。
   A. 警戒牌   B. 警戒网   C. 栏杆   D. 拉绳
27. 爆破后，待工作面的炮烟被吹散，爆破工、瓦斯检查工和班（组）长必须首先巡视爆破地点，检查（　　）、顶板、支架、拒爆、残爆等情况。
   A. 通风   B. 一氧化碳   C. 瓦斯   D. 煤尘
28. 爆破有害效应是指爆破产生的（　　）。
   A. 地震波   B. 冲击波   C. 飞石   D. 气体
29. 铵梯炸药受潮或超过保质期发生硬化，若不能用手揉松不准在井下使用，因为炸药硬化后容易造成（　　），并产生残爆和爆燃，以至拒爆，引起瓦斯煤尘爆炸。
   A. 爆轰性能降低 B. 感度差   C. 反应不完全   D. 传爆不好
30. 造成炸药、雷管早爆的主要原因有杂散电流导入雷管或雷管、炸药受到（　　）。
   A. 机械撞击   B. 挤压   C. 摩擦   D. 爆破器具保管不当
31. 采取减少或消除间隙效应的措施有：不准装（　　）。
   A. 盖药   B. 垫药   C. 空气柱装药   D. 两个引药
32. 放空炮主要原因是充填炮眼的（　　）。
   A. 炮泥质量不好   B. 炮眼的间距过大
   C. 炮眼的直径过大   D. 炮眼方向与最小抵抗线方向重合

第六章　煤矿机电与运输提升安全管理

本章培训与考核要点：
- 了解供电系统的安全管理要求及检查要点；
- 掌握电气设备安全管理要求及检查要点；
- 掌握煤矿机械安全管理要求，包括矿井提升设备、矿井运输设备及运输安全防护设施的运行安全管理要求及检查要点。

第一节　煤矿供电系统的安全要求与安全检查

煤矿生产是一个由许多环节组成的复杂系统，供用电是其中的重要一环。在煤矿井下使用电能存在一系列危险，如人身触电、电火灾以及电火花引起瓦斯、煤尘爆炸等。因此，井下的供用电安全，对保障矿井的安全生产具有重要的意义。

一、煤矿供电系统及安全要求

（一）煤矿供电系统分级

煤矿电力用户可分为三级管理，以方便在不同情况下分别对待。

（1）一级用户：凡因突然停电会造成人身伤亡或重要设备损坏，给企业造成重大经济损失者，均是一级用户。如煤矿主要通风机、井下主排水泵、副井提升机等，这类用户应采用不同母线的双回路电源进行供电，以保证有一回供电线路出现故障的情况下，另一回路仍能继续供电。

（2）二级用户：凡因突然停电造成较大数量的减产或较大经济损失者。如煤矿集中提煤设备、地面空气压缩机、采区变电所等，对这类用户一般采用双回路供电或环形线路供电。

（3）三级用户：凡不属于一、二级用户的，均为三级用户，这类用户突然停电对生产没有直接影响。如煤矿井口机修厂等。这类用户的供电，只设一回路供电。

（二）矿井供电必须符合的要求

（1）矿井应有两回路电源线路。当任一回路发生故障停止供电时，另一回路应能担负矿井全部负荷。年产 60 000 t 以下（不含 60 000 t）的矿井采用单回路供电时，必须有备用电源。备用电源的容量必须满足通风、排水、提升等要求，并保证主要通风机等在 10 min 内可靠启动和运行。备用电源应有专人负责管理和维护，每 10 天至少进行一次启动和运行试验，试验期间不得影响矿井通风等，试验记录要存档备查。

（2）矿井两回路电源线路上都不得分接任何负荷。正常情况下，矿井电源应采用分列运行方式，一路运行时另一回路必须带电备用。

（3）10 kV 及其以下的矿井架空电源线路不得共杆架设。

（4）矿井电源线路上严禁装设负荷定量器。

(5) 对井下变（配）电所［含井下各水平中央变（配）电所和采区变（配）电所］、主排水泵房和下山开采的采区排水泵房供电的线路，不得少于两回路。当任一回路停止供电时，其余回路应能担负全部负荷。向局部通风机供电的井下变（配）电所应采用分列运行方式。

(6) 主要通风机、提升人员的立井绞车、抽采瓦斯泵等主要设备房，应各有两回路直接由变（配）电所馈出的供电线路；受条件限制时，其中的一回路可引自上述同种设备房的配电装置。向煤（岩）与瓦斯（二氧化碳）突出矿井自救系统供风的压风机、井下移动瓦斯抽放泵应各有两回路直接由变（配）电所馈出的供电线路。第（5）、(6) 条所述供电线路应来自各自的变压器和母线段，线路上不应分接任何负荷。上述设备的控制回路和辅助设备，必须有与主要设备同等可靠的备用电源。

(7) 严禁井下变压器中性点直接接地。
严禁由地面中性点直接接地的变压器或发电机直接向井下供电。

(8) 井下各级配电电压和各种电气设备的额定电压等级，应符合下列要求：
高压，不超过 10 000 V；低压，不超过 1 140 V；照明、信号、电话和手持式电气设备的供电额定电压，不超过 127 V；远距离控制线路的额定电压，不超过 36 V；采取电气设备使用 3 300 V 供电时，必须制定专门的安全措施。

(9) 井下低压配电系统同时存在 2 种或 2 种以上电压时，低压电气设备上应明显地标出其电压额定值。

(10) 矿井必须被由井上、下配电系统图，井下电气设备布置示意图和电力、电话、信号、电机车等线路平面敷设示意图，并随着情况变化定期填绘。图中应注明：
① 电动机、变压器、配电设备、信号装置、通信装置等装设地点。
② 每一设备的型号、容量、电压、电流种类及其他技术性能。
③ 馈出线的短路、过负荷保护的整定值，熔断器熔体的额定电流值以及被保护干线和支线最远点两相短路电流值。
④ 线路电缆的用途、型号、电压、截面和长度。
⑤ 保护接地装置的安设地点。

(11) 电气设备不应超过额定值运行。井下防爆设备变更额定值使用和进行技术改造时，必须经国家授权的矿用产品质量监督检验部门检验合格后，方可投入运行。

(12) 硐室外严禁使用油浸式低压电气设备。40 kW 及以上的电动机，应采用真空电磁启动器控制。

(13) 井下高压电动机、动力变压器的高压控制设备，应具有短路、过负荷、接地和欠压释放保护。井下由采区变电所、移动变电站或配点电引出的馈电线上，应装设短路、过负荷和漏电保护装置。低压电动机的控制设备，应具有短路、过负荷、单相断线、漏电闭锁保护保护装置及远程控制装置。

(14) 矿井高压电网，必须采取措施限制单相接地电容电流不超过 20 A。
地面变电所和井下中央变电所的高压馈电线上，必须装设有选择性的单相接地保护装置；供移动变电站的高压馈电线上，必须装设有选择性的动作于跳闸的单相接地保护装置。

(15) 井下低压馈电线上，必须装设检漏保护装置或有选择性的漏电保护装置，保证自动切断漏电的馈电线路。每天必须对低压检漏装置的运行情况进行 1 次跳闸试验。

(16) 煤电钻必须使用设有检漏、漏电闭锁、短路、过负荷、断相、远距离启动和停止煤电钻的综合保护装置。每班使用前，必须对煤电钻的综合保护装置进行1次跳闸试验。

(17) 直接向井下供电的高压馈电线上，严禁装设自动重合闸。手动合闸时，必须事先同井下联系。井下低压馈电线上有可靠的漏电、短路检测闭锁装置时，可采用瞬间1次自动负电系统。

(18) 井上、下必须设防雷电装置，并遵守下列规定：

① 经由地面架空线路引入井下的供电线路和电机车架线，必须在入井处装设防雷电装置。

② 由地面直接人井的轨道及露天架空引入（出）的管路，必须在井口附近将金属体进行不少于2处的良好集中接地。

③ 通信线路必须在入井处装设熔断器和防雷装置。

(19) 永久性井下中央变电所和井底车场内的其他机电设备硐室，应砌碹或用其他可靠的方式支护。

井下中央变电所和主要排水泵房的地面标高，应分别比其出口与井底车场连接处的底板标高高出0.5 m。

（三）采区供电系统

1. 采区变电所

采区变电所是采区用电设备的电源。为保证采区供电系统运行安全、合理、经济，采区变电所应是采区的动力中心，其位置对采区供电安全和供电质量有直接的影响，其位置的选择应符合《煤矿安全规程》和《煤炭工业设计规范》的要求。

根据《煤矿安全规程》的规定，采区变电所硐室的结构及设备布置应满足下列要求：

(1) 采区变电所应用不燃性材料支护。从硐室出口防火铁门起5 m内的巷道，应砌碹或用其他不燃性材料支护。

(2) 硐室必须装设向外开的防火铁门。铁门全部敞开时，不得妨碍巷道交通。铁门上应装设便于关严的通风孔，以便必要时隔绝通风。装有铁门时，门内可加设向外开的铁栅栏门，但不得妨碍铁门的开闭。

(3) 变电硐室长度超过6 m时，必须在硐室的两端各设一个出口，出口必须符合用不燃性材料支护的要求，硐室内必须设置足够数量的用于扑灭电气火灾的灭火器材。例如，干粉灭火器、不少于0.2 m³的灭火砂、防火锹、防火钩等。

(4) 硐室内敷设的高、低压电缆可吊挂在墙壁上，高压电缆也可置于电缆沟中。高压电缆应去掉黄麻外皮，在穿入硐室的穿墙孔应用黄泥封堵，以便与外界空气隔绝。

(5) 硐室内各种设备与墙壁之间应留出0.5 m以上的通道，各种设备之间应留出0.8 m以上的通道。对不需从两侧或后面进行检修的设备，可不留通道。

(6) 带油的电气设备必须设在机电硐室内，并严禁设集油坑。带油电气设备溢油或漏油时，必须立即处理。

(7) 硐室的过道应保持畅通，严禁存放无关的设备和物件，以避免妨碍行人和搬迁。

(8) 硐室内的绝缘用具必须齐全、完好，并作定期绝缘检验，合格后方可使用。绝缘用具包括绝缘靴、绝缘手套和绝缘台。

(9) 硐室入口处必须悬挂"非工作人员禁止入内"字样的警示牌。硐室内必须悬挂与实际相符的供电系统图。硐室内有高压电气设备时，入口处和硐室内必须在明显地点悬挂"高压危险"字样的警示牌。

（10）采区变电所应设专人值班。应有值班工岗位责任制、交接班制度和运行制度。值班工应如实填写交接班记录、运行记录、漏电继电器试验记录等；无人值班的变电硐室必须关门加锁，并有值班人员巡回检查。

（11）硐室内的设备，必须分别编号，表明用途，并有停送电的标志。

2. 采掘工作面的供电

向采煤、开拓、掘进工作面供电时，往往采用移动变电站的供电方式。

采煤工作面的低压配电，可根据采煤工作面的供电负荷的容量选择一台或两台移动变电站，俗称配电点。可通过配电点集中控制台的操作按钮使开关分别向采煤机、运输机、破碎机、转载机、液压泵和水泵供电，并能实现连锁与停电。

掘进工作面相对于采煤工作面负荷较小，往往一台移动变电站就能满足一个工作面的配电需要。其供电线路较长，一般属于干线式供电，但煤巷、半煤岩巷和岩巷掘进工作面最大的一个特点是要使用局部通风机进行通风，一旦中断供电会使局部通风机停止运转，则会导致掘进工作面及其附近巷道聚集瓦斯和其他有害气体，时间稍长，会使之超限，此时若遇到火花或电弧，就会引起瓦斯燃烧或爆炸事故。为防止这种情况的出现，《煤矿安全规程》要求使用局部通风机通风的掘进工作面，必须做到如下几点：

（1）甲烷风电闭锁与甲烷电闭锁。

① 甲烷风电闭锁是指为掘进工作面供风的局部通风机供风后，其工作面的瓦斯浓度在《煤矿安全规程》的规定范围以内，才可人工为该工作面动力电源线路送电的电气连锁。其作用是：防止停风或瓦斯超限的掘进工作面在送电后产生电火花，造成瓦斯燃烧或爆炸。

② 甲烷电闭锁是指掘进工作面正常供风或停风的状态下，瓦斯浓度超过规定值或整定值，切断掘进工作面的动力电源，这种瓦斯监控装置与动力电源开关间的连锁，称为瓦斯电闭锁。其作用是：防止正常通风产生局部瓦斯积聚时，造成电火花引发瓦斯爆炸事故。

（2）对局部通风机的供电要求。保证局部通风机的正常运转是决定掘进工作面安全生产的一个重要环节。以往局部通风机与动力电源共用一趟线路，而且供电系统中的漏电继电器的动作不具有选择性，又安装在变电所低压电网的总开关上，很难保证局部通风机运转的连续性，这给掘进工作的安全造成了重大影响。

《煤矿安全规程》规定：瓦斯喷出区域、高瓦斯矿井、煤（岩）与瓦斯（二氧化碳）突出矿井中，掘进工作面的局部通风机应采用"三专"（专用变压器、专用开关、专用线路）供电；也可采用装有选择性漏电保护装置的供电线路供电，但每天应有专人检查1次，保证局部通风机可靠运转；相邻的两个掘进巷道的局部通风机，可共用一套"三专"设备为其供电，也可使用两趟低压线路分别供电，但一台局部通风机不得同时向2个掘进工作面供风。

二、矿井电网保护

矿井电网保护主要有过电流保护、漏电保护、保护接地以及风电闭锁、甲烷电闭锁。

1. 过电流保护

过电流是指电气设备或电缆的实际工作电流超过其额定电流值。过电流会使设备绝缘老化、绝缘降低、破损，降低设备的使用寿命、烧毁电气设备、引发电气火灾，引起瓦斯、煤尘爆炸。常见过电流现象有短路、过负荷和断相。

设置过电流保护的目的就是在线路或电气设备发生过电流故障时，能及时切断电源防止过电流故障引发电气火灾、烧毁设备等现象的发生。过电流保护包括短路保护、过负荷保护、断相保护等。

短路保护包括熔断保护和继电保护，熔断保护用于各种启动器，继电保护用于馈电开关。熔断保护中的熔丝严禁用铜丝、铁丝代替，继电保护严格按规定整定及校验。

2. 漏电保护

井下常见的漏电故障分为集中性漏电和分散性漏电两种。集中性漏电是指电网的某一处因绝缘破损导致漏电，占井下漏电的85%以上。分散性漏电是因淋水、潮湿导致电网中某段线路或某些设备绝缘下降至危险值而形成的漏电。漏电会导致人体触电，引起瓦斯、煤尘爆炸，提前引爆电雷管，引起电气火灾等。

漏电保护，为保证漏电保护装置能有效可靠，防止漏电引发各种危害，对煤矿井下低压漏电保护装置提出如下要求：

（1）安全性。包括人身安全、设备安全和整个矿井的安全。为防止人体触电，漏电保护装置的动作速度越快越好。我国煤矿井下人身安全电流极限值为30 mA，快速切断漏电故障线路使通过人体的电流不超过30 mA/s，以保证人身安全。

（2）可靠性。要灵敏可靠，不拒动、不误动，并有自检功能。

（3）选择性。即切除漏电故障部分，而非故障部分继续运行。

（4）灵敏性。即对临界漏电故障具有较强的反应能力。

（5）全面性。指保护范围应覆盖整个供电，没有动作死区。

漏电保护动作、闭锁电阻值见表6—1。

表6—1　　　　　　　　　　漏电保护动作、闭锁电阻值

动作电阻/kΩ	电压等级/V	闭锁电阻/kΩ
20	1 140	2×20
11	660	2×11
3.5	380	2×3.5
1.5	127	2×1.5

3. 保护接地

保护接地是指在变压器中性点不接地系统将电气设备正常情况下不带电的金属外壳及构架等与大地作良好的电气连接。设置保护接地，可有效防止因设备外壳带电引起的人体触电事故。

《煤矿安全规程》对保护接地网及接地电阻的规定：

（1）保护范围。电压在36 V以上和由于绝缘损坏可能带有危险电压的电气设备的金属外壳、构架，铠装电缆的钢带（或钢丝）、铅皮或屏蔽护套等必须有保护接地。

（2）对接地极、接地线和接地电阻的规定见表6—2。

应装设局部接地的地点：

（1）采区变电所（包括移动变电站和移动变压器）。

（2）装有电气设备的硐室和单独装设的高压电气设备。

（3）低压配电点或装有三台以上电气设备的地点。

表6-2　　　　　　　　　　接地极、接地线和接地电阻的规定

分类	埋设地点	材料	规格 面积/mm²	规格 厚度/mm	接地电阻/Ω
主接地极	主副水仓	耐腐蚀钢板	≥0.75	≥5	(1) 任一点接地电阻≤2 (2) 手持或移动接地芯线电阻≤1，每季度至少测定1次
局部接地极	水沟或潮湿处	钢板	≥0.6	≥3	
局部接地极	水沟或潮湿处	钢管	直径≥35 mm	长度≥1.5 m	
接地母线		铜线 铁线 扁钢	≥50 ≥100 ≥100	≥4	
连接线		铜线 铁线 扁钢	接地母线的1/2	≥4	

(4) 无低压配电点的采煤机工作面的运输巷、回风巷、集中运输巷以及由变电所单独供电的掘进工作面，至少应分别设置一个局部接地极。

三、矿井供电安全管理

1. 严格执行相关管理制度和安全技术措施

包括认真严格执行工作票制度，工作许可制度，工作监护制度，工作间断、转移和终结制度以及停电、验电、放电、装设接地线、设置遮栏、挂标识牌等安全技术措施。

2. 操作井下电气设备应遵守的规定

(1) 非专职人员或值班电气人员不得擅自操作电气设备。

(2) 操作高压电气设备主回路时，操作人员必须戴绝缘手套，并穿绝缘靴或站在绝缘台上。

(3) 手持式电气设备的操作手柄和工作中必须接触的部分必须有良好的绝缘。

3. 检修、搬迁井下电气设备、电缆应遵守的规定

井下不得带电检修、搬迁电气设备、电缆和电线。

检修或搬迁前，必须切断电源，检查瓦斯，在其巷道风流中瓦斯浓度低于1.0%时，再用与电源电压相适应的验电笔检验；检验无电后，方可进行导体对地放电。控制设备内部安有放电装置的，不受此限。所有开关的闭锁装置必须能可靠地防止擅自送电，防止擅自开盖操作，开关把手在切断电源时必须闭锁，并悬挂"有人工作，不准送电"字样的警示牌，只有执行这项工作的人员才有权取下此牌送电。

4. 井下用好、管好电缆的基本要求

(1) 严格按《煤矿安全规程》规定选用。

(2) 严格按《煤矿安全规程》规定连接。

(3) 合格悬挂，不埋压、不淋水。

(4) 采区应使用分相屏蔽阻燃电缆，严禁使用铝芯电缆。

(5) 盘圈、盘"8"字形电缆不得带电，采、掘机组除外。

5. 井下安全用电"十不准"

(1) 不准带电检修。

(2) 不准甩掉无压释放器、过电流保护装置。
(3) 不准用掉漏电继电器、煤电钻综合保护和局部通风机风电、瓦斯电闭锁装置。
(4) 不准明火操作、明火打点、明火爆破。
(5) 不准用铜、铝、铁丝代替保险丝。
(6) 停风、停电的采掘工作面，未经检查瓦斯，不准送电。
(7) 有故障的供电线路，不准强行送电。
(8) 电气设备的保护失灵后，不准送电。
(9) 失爆电气设备，不准使用。
(10) 不准在井下拆卸矿灯。

煤矿井下电气管理还必须做到以下几个方面：
(1) 三无：无"鸡爪子"，无"羊尾巴"，无明接头。
(2) 四有：有过电流和漏电保护装置，有螺钉和弹簧垫，有密封圈和挡板，有接地装置。
(3) 两齐：电缆悬挂整齐，设备硐室清洁整齐。
(4) 三全：防护装置全，绝缘用具全，图纸资料全。
(5) 三坚持：坚持使用检漏继电器，坚持使用煤电钻、照明和信号综合保护装置，坚持使用甲烷断电仪和甲烷风电闭锁装置。

6. 工作票制度的主要内容

工作票制度的主要内容应包括：工作地点和工作内容；工作起、止时间；工作负责人（监护人）、工作许可人和工作人员的姓名，以及注意事项和安全措施。

工作票应由局（公司）、矿熟悉设备情况，熟悉《电业安全工作规程》和《煤矿安全规程》的局（公司）、矿主管供电负责人签发，用钢笔或圆珠笔填写，一式两份，填写内容应正确清楚，不得任意涂改。其中一份留存在工作地点，由工作负责人执存，另一份由值班员收执，按值移交。值班员应将工作票号码、工作任务、许可工作时间及完成工作时间记入操作记录簿中。

工作票应在工作前一天交给值班员，临时工作可在工作开始以前交给值班员。若工作内容、工作人员或工作时间有变更，应提前修改或重新填写工作票。

工作票签发人不得兼任该项工作的工作负责人。工作负责人可以填写工作票。工作许可人不得签发工作票。

7. 高压停、送电制度的内容

为了保证安全供电，防止人身触电，电气设备在进行抢修、搬迁等作业时，必须遵守停电、验电、放电、装设接地线、设置遮栏和悬挂标识牌等规定程序，严禁带电作业。要严格执行"二票三监制"，即工作票、操作票制度，工作许可制度，工作监护制度，工作间断、转移和终结制度，这是保证电气作业人员安全的组织措施。

四、矿井供电的安全检查

（一）地面供电线路的安全检查

(1) 应有两回电源线路。
(2) 两回电源线路分别来自区域变电所和发电厂。
(3) 任一回路均能担负矿井全部负荷。
(4) 电源线路上均不得接任何负荷。

(5) 严禁装负荷定量器。
(6) 两回路架空电源线不能共杆架设。
(7) 防断线检查巡检记录。
(8) 防倒杆事故检查巡视记录。

(二) 过流保护的安全检查

(1) 电气设备的额定电压与所在电网的额定电压是否相适应。
(2) 电气设备的额定电流应大于或等于它的长时最大实际工作电流。
(3) 电缆截面的选用是否符合设备容量的要求。
(4) 高、低压开关设备切断短路电流的能力，即开关的额定断流容量是否大于或等于线路可能产生的最大三相短路电流。
(5) 电气设备安装前后测量其绝缘电阻值是否合格，使用中是否定期测试电气设备的绝缘。
(6) 安装地点能否使电气设备免遭碰撞、砸和淋水的影响。
(7) 电缆的敷设电气设备和连接遵守《煤矿安全规程》规定的要求，不得将电缆浸泡在水沟里，要防止砸、碰、压电缆，发现问题及时处理。
(8) 熔断保护中的熔丝是否用铜丝、铁丝代替。
(9) 继电保护整定是否合理，能否切断最小短路电流。

(三) 井下电网漏电保护的安全检查

(1) 检漏继电器一定要与带跳闸线圈的自动馈电开关一起使用，不能在同一电网中使用两台或更多的检漏继电器。
(2) 检漏继电器的辅助接地线应是橡套电缆，其芯线总面积不小于 10 mm^2。辅助接地极应单独设置，规格要求与局部接地极相同，距局部接地极的直线距离不小于 5 m，不能使用同一个接地极。
(3) 检漏继电器应水平安装在适当高度的支架上，并要求动作可靠，便于检查试验。
(4) 值班电工每天是否对检漏继电器的运行情况进行一次检查，是否有试验记录。检查试验记录内容是否符合要求；检漏继电器的外观、防爆性能是否完好；欧姆表的指示数值是否正常；发生故障的设备或电缆在未消除故障以前，是否禁止投入运行。
(5) 运行中的电气设备绝缘是否受潮或进水。
(6) 电缆运行中是否受到机械或外力伤害、挤压、砍砸、过度弯曲而产生裂口。
(7) 电缆与设备连接是否牢固，运行中是否有接头松动脱落或与外壳相连或发热烧毁绝缘现象。设备内部导线绝缘是否损坏，造成与外壳相连。
(8) 操作电气设备时，是否有弧光放电产生。
(9) 电气设备与电缆因过负荷运行有无损坏或直接烧毁绝缘。

在检查以上各项保护时，可以通过试验按钮进行试验来检验保护装置是否灵敏可靠。

(四) 井下电气设备保护接地的安全检查

1. 保护接地的外壳检查

(1) 检查设备外壳的保护接地连接线是否完整、连续，接头是否松动、锈蚀，接地线是否断裂或断面减小。

(2) 每台电气设备是否使用独立的导线与接地母线相连接,设备是否串联接地,是否使用专用的接地螺钉。

(3) 接地连接导线与接地母线相连接时,是否焊接。如果是螺钉连接,是否用镀锌、镀锡螺钉和螺母接牢;铰接时,铰接是否牢固。

(4) 接地装置的材料是否使用钢材或铜材。

2. 保护接地网的检查

(1) 主接地极。主接地极应在主、副水仓中各埋一块,并由面积不小于 0.75 m^2、厚度不小于 5 mm 的耐腐蚀钢板制成;接地母线应采用截面积不小于 50 mm^2 的铜线或截面积不小于 100 mm^2 的镀锌铁线或厚度不小于 4 mm、截面积不小于 100 mm^2 的扁铜。

(2) 局部接地极。每个装有电气设备的硐室是否装设局部接地极;每个单独设置的高压电气设备是否装设局部接地极;每个低压配电点是否装设局部接地极,无低压电点时,采煤工作面的机巷、回风巷和掘进巷道内至少应分别设置一个局部接地极;连接动力铠装电缆的每个接线盒是否装设局部接地极;局部接地极是否设置于巷道水沟内或其他就近的潮湿处;设置在水沟中的局部接地极,应用面积不小于 0.6 m^2、厚度不小于 3 mm 的钢板或具有相同有效面积的钢管制成,并平放于水沟深处;设置在其他地点的局部接地极应用面积不小于 35 mm^2,长度不小于 1.5 m 的钢管制成,管上至少钻 20 个直径不小于 5 mm 的透眼,并全部垂直埋入地下;低压机电硐室的辅助接地母线,电气设备外壳同接地母线(包括辅助接地母线)的连接,电缆接线盒两头的铠装、铅皮的连接应使用截面积不小于 25 mm^2 的铜线或截面积不小于 50 mm^2 的镀锌铁线或厚度不小于 4 mm、截面积不小于 50 mm^2 的扁铜线;低于或等于 127 V 的电气设备的接地导线、连接导线应采用断面直径不小于 6 mm 的裸铜线。

(3) 采掘移动设备。采掘工作面移动设备的金属外壳,应用橡套电缆中的接地芯线与配电点的控制设备外壳相连;通过电缆接到低压配电点的局部接地极,应组成一个保护接地网,并不受其他因素的干扰。除用作监测接地回路外,不得兼作其他用途。

(五) 风电闭锁的安全检查

《煤矿安全规程》规定,局部通风机和掘进工作面中的电气设备,必须装有风电闭锁装置。当局部通风机停止运转时,能立即切断供风巷道中的一切电源。

根据《煤矿安全规程》的有关规定和要求,在瓦斯喷出区域、高瓦斯矿井、煤(岩)与瓦斯突出矿井中,所有掘进工作面的局部通风机都应装"三专"(专用变压器、专用开关、专用线路)"两闭锁"(风、电瓦斯闭锁)装置,保证局部通风机可靠运转。任一巷道风流中的瓦斯浓度超过 1% 时,使用瓦斯自动检测报警断电装置切断掘进工作面的电源。

检查时注意井下下列地点必须装设风电瓦斯闭锁装置:

(1) 高瓦斯矿井所有有瓦斯的掘进工作面。

(2) 瓦斯突出矿井的所有掘进工作面。

(3) 低瓦斯矿井中的高瓦斯掘进工作面。

(4) 其他存在瓦斯积聚并安装有机电设备的场所。

在闭锁电路中,不允许采用时间继电器来延长自动接通掘进电源的时间,必须人工恢复送电。使用瓦斯自动检测报警断电装置(即瓦斯电闭锁)的掘进工作面,也只准人工复电。

风电闭锁、瓦斯电闭锁必须正常投入运行,严禁甩掉不用。

（六）井下电缆的安全检查

1. 电缆选用的检查

（1）电缆实际敷设地点的水平差是否与电缆规定的允许敷设水平差相适应。

（2）采区工作面电源电缆油浸纸绝缘是否达到要求。

（3）电缆是否带有供保护接地用的足够截面的导体。

（4）采用铝芯电缆的检查：

① 在进风斜井、井底车场及其附近、井下主变电所至采区变电所之间的电缆可采用铝芯，其他地点的电缆不得用铝芯电缆；

② 采区低压电缆严禁采用铝芯电缆；

③ 发现铝芯电缆的接线盒温度较高时，是否停电处理；

④ 接地线是否使用铝芯电缆。

（5）移动变电站是否采用监视型屏蔽橡胶电缆。

（6）低压动力电缆的检查。无论固定的还是移动的低压动力电缆，都应是矿用不延燃橡胶电缆。

① 1 140 V 设备使用的电缆应用分相屏蔽的矿用移动屏蔽橡套软电缆；

② 对承受拉力的电缆是否采用采掘机用抗拉型移动屏蔽橡套软电缆；

③ 采掘工作面中 660 V 或 380 V 电气设备是否使用带有分相屏蔽的橡胶绝缘屏蔽电缆；

④ 煤电钻是否使用专用的 UI 型橡套电缆；

⑤ 固定敷设的照明、通信、信号和控制用电缆是否采用铠装电缆、不延燃的橡胶电缆或矿用塑料电缆。非固定敷设的，是否采用不延燃橡胶电缆；其中塑料电缆应有不延燃性和遇高温或燃烧时不析出大量有毒气体。

（7）电缆截面的检查。

① 高压动力电缆的截面是否按电源的经济电流密度、允许负荷电流、电力网路的允许电压损失进行选择，并按短路电流校验电缆的热稳定性。流过电缆的最小两相短路电流，是否满足过流保护装置的灵敏系数要求。

② 低压动力电缆的截面是否按电缆的允许负荷电流、低压供电系统的允许电压损失进行选择，是否满足电动机启动时对启动电压的要求。流过电缆的最小两相短路电流是否满足过流保护装置的灵敏系数的要求。

③ 经常移动的电气设备使用的橡套电缆的截面积应不小于按机械强度规定的最小截面积。

2. 电缆敷设与悬挂的检查

（1）在机械提升的进风倾斜井巷（不包括输送机上、下山）和使用木支架的立井井筒等地点。

（2）敷设电缆时，应有可靠的安全保护措施。

（3）电缆是否悬挂，电缆挂钩、夹子、卡箍（立井和30°以上斜井）是否齐全，悬挂的安全高度和距离是否符合要求。悬挂高度是否影响运输，在矿车掉道时是否受撞击；坠落时，是否会落在轨道或输送机上。

（4）电缆是否遭受淋水、侵蚀，是否悬挂在风管或水管上；回风管、水管同一侧敷设时，电缆是否在其上方。

(5) 电话和信号的电缆是否同电力电缆分挂在井巷两侧；在井筒内受条件限制，是否敷设在距电力电缆 0.3 m 以外；在巷道内，是否敷设在电力电缆上。

(6) 高、低压电缆在巷道同侧敷设时，是否符合规定。

(7) 电缆穿过墙壁时，是否用套管保护；电缆沿线每隔一定距离是否有标志牌，标明用途、电压、编号等。

(8) 敷设电缆的最小允许弯曲半径是否符合规定。

3. 电缆连接的检查

(1) 电缆同电气设备的连接是否使用与电气设备性能相符的接线盒。

(2) 电缆芯线是否使用齿形压线板（卡爪）或线、鼻子同电气设备进行连接。

(3) 不同型电缆（例如纸绝缘电缆同橡胶电缆或塑料电缆）之间是否直接连接，是否用符合要求的接线盒、连接器或母线盒进行连接。

(4) 同型电缆之间直接连接时，是否符合规定。

(5) 电缆与电缆的连接以及电缆与电气设备的连接，是否通过电缆接线盒、插销连接器、母线盒等连接装置，不得有明接头、冷包头和"鸡爪子"、"羊尾巴"。

(6) 电缆应整体进入电缆引入装置，并用防止电缆拔脱装置压紧。

(7) 高压油浸纸绝缘电缆相互连接用的电缆接线盒中，应灌注绝缘充填物。

(8) 井下橡套电缆直接连接时，是否按规定采用硫化热补或同硫化热补有同等效能的冷补工艺进行连接，不应有冷接头。

（七）机电设备硐室的安全检查

(1) 永久性井下主变电所和井底车场内的其他机电设备硐室，是否砌碹或用其他可靠的构筑方式支护。

(2) 采区变电所、采掘工作面配电点是否用不燃性材料支护。

(3) 从硐室出口防火铁门起 5 m 内的巷道，是否砌碹或用其他不燃性材料支护。引出的电缆套管是否严密封堵，并剥掉麻皮。

(4) 硐室是否装设向外开的防火铁门。铁门全部敞开时，是否妨碍巷道交通。铁门上是否装设便于关严的通风孔，以便必要时隔绝风流。装有铁门时，是否加设向外开的铁栅栏门，是否妨碍铁门的关闭。

(5) 井下主变电所和主要排水泵房的地面，是否比其出口与井底车场或大巷连接处的底板高出 0.5 m。

(6) 变电硐室长度超过 6 m 时，是否在硐室的两端各设一个出口与巷道联通。

(7) 装有带油的电气设备硐室，是否设集油坑。

(8) 所有硐室内是否有滴水现象。

(9) 硐室内设备与墙壁之间、各设备之间的通道是否符合检修的需要。

(10) 硐室入口处是否悬挂"非工作人员禁止入内"牌；硐室内有高压电气设备时，入口处和硐室内是否在明显地点悬挂"高压危险"牌；无人值班的硐室是否关门加锁。

(11) 硐室的过道是否存放无关的设备和物件，通道是否保持畅通。硐室高度和宽度是否满足搬运最大设备的要求。

(12) 硐室内有无灭火砂、电气火灾灭火器等灭火工具器材。

(13) 有无合格的高压绝缘手套、绝缘台、绝缘靴。

(14) 设备与电缆标志牌是否齐全、标明清楚、有无停送电牌。

（八）井下电气设备检修、停送电作业的安全检查

(1) 是否执行工作票制度和制定安全措施。工作票的签发人、工作负责人、操作人是否有不同的安全责任制。

(2) 高压停、送电的操作是否采用书面申请或其他可靠的联系方式，由专责电工执行；是否执行谁停电、谁送电的停电制度；是否有约时停送电现象发生；断开的隔离开关的操作机构是否锁住，是否在操作手把上悬挂"有人作业，禁止合闸"的标志牌。

(3) 检修和搬迁井下电气设备时是否停电；检修是否用经过试验合格的验电器验电，确认无电后再在三相上挂装接地线。

(4) 部分停电作业，有无遮挡。检修完恢复送电时，是否由原操作人员取下标志牌，然后合闸送电。

(5) 高压线路倒闸操作时，是否实行操作制度和监护制度；操作人员是否填写操作票。操作票中是否写明被操作设备的线路编号及操作顺序；是否有带负荷拉开隔离开关的现象发生。

(6) 操作时，是否有两人执行，一人操作，一人监护；操作中是否执行监护复诵制度，操作人员是否使用试验合格的绝缘工具，戴绝缘手套，穿绝缘靴或站在绝缘台上。

(7) 井下防爆电气设备的运行、维护和修理工作，是否符合防爆性能的各项技术要求。失爆设备是否继续使用。

（九）机电系统违章行为的安全检查

(1) 违反停送电规定，机电设备检修时不停电、不挂牌、不加锁，已停用的电器开关不挑保险丝。

(2) 使用失爆电器设备，不按规定使用保险丝。

(3) 对计划大范围停电检修或高压电器设备停电检修，无停电措施就施工。

(4) 风泵上的安全阀、释压阀不按规定时间检验，以致失灵或不动作。

(5) 电工高压作业无人监护。

(6) 没有接地、过流、漏电保护或虽然有但未投入使用，电器设备脱体运行。

(7) 各种安全保护装置不按时检验；保护整定不合理；记录填写不认真或做假记录。

(8) 大型机电设备安装试运转或皮带道、绞车道、双层作业无措施。

(9) 各种机电设备转动部位不按时保养，应设防护罩而不设。

(10) 各种高开、变压器缺油或多油。

(11) 多种在用电气设备、缆绳无标牌或标牌与实际不符。

(12) 手持式电气设备操作手柄或工作中接触的部分不符合绝缘规定要求。

(13) 绞车保护装置和主要通风机反风设施动作失灵。

(14) 对故障未排除的供电线路强行送电。

(15) 局部通风机无安全防护装置。

(16) 各种入井管线、接地装置不定期检验。

(17) 防爆设备不经检查并签发合格证就擅自入井投入使用。

(18) 未经批准擅自增设用电设施。

(19) 机电设备运行检查及交接班记录超前或滞后填写。

(20) 井下用电炉子、灯泡取暖。

(21) 局部通风机不实行"三专两闭锁"或虽然有但失灵。
(22) 矿灯灯头、矿灯线破损、接触不良而闪灯。
(23) 停电作业时，回风巷道和防突工作面不停回上一级电源开关。
(24) 检修电气设备时，不关开关盖就送电试验。
(25) 井下配电变压器中性点直接接地，并直接向井下送电。
(26) 带电检修、搬迁电气设备、电缆和电线。
(27) 非检修人员或值班电气人员擅自操作电气设备。
(28) 操作高压电气设备主回路时，操作人员不戴绝缘手套，不穿电工绝缘靴或站在绝缘台上。
(29) 带油的电气设备溢油或漏油时，不立即处理。
(30) 在溜放煤、矸和材料的溜道中敷设电缆。
(31) 在井下拆开、敲打、撞击矿灯。
(32) 在井下擅自打开电气设备进行修理。
(33) 井下供电设备有"鸡爪子"、"羊尾巴"、明接头。
(34) 用铜、铝、铁丝等代替熔断器中的熔件。
(35) 停电作业人员违反《煤矿安全规程》规定，忘停电、停错电、忘记停有关的电、没验电、没放电等。
(36) 煤电钻未安设综合保护装置。

第二节 煤矿电气设备的安全要求与安全检查

煤矿井下电气设备必须符合相关安全要求，煤矿安全管理人员应对煤矿电气设备是否符合相关要求进行日常性的安全检查。

一、防爆电气设备的类型、标志及组别

矿用电气设备分为矿用一般型和矿用防爆型两类，矿用防爆电气设备又分为10种。

矿用一般型电气设备是只能用于井下无瓦斯、煤尘爆炸危险场所的非防爆型电气设备。要求其：外壳坚固、封闭，不能从外部直接触及带电部分；防滴溅、防潮性能好；有电缆引入装置，并能防止电缆扭转、拔脱和损伤；开关手柄和门盖有连锁装置等。外壳明显处有清晰的永久性凸纹标志"KY"。

矿用防爆电气设备是按国家标准 GB 3836.1—2000 生产的专供煤矿井下使用的电气设备。其基本要求和标志符号见表 6—3。

国家标准 GB 3836.1—2000 把防爆电气设备分为Ⅰ、Ⅱ两类，其中Ⅰ类为煤矿井下用防爆电气设备。防爆标志由设备类型、级别、组别，连同防爆电气设备总标志"Ex"组成。如矿用隔爆型电气设备的防爆标志为"ExdⅠ"。在防爆电气设备外壳明显处均有清晰的永久性凸纹标志"Ex"和煤矿矿用产品安全标志"MA"。

为保证各种类型电气设备在运行中不产生引燃爆炸性混合物的温度，对电气设备运行时最高允许表面温度作了规定，见表 6—4。

表6-3　　矿用防爆电气设备一览表

序号	防爆类型	标志符号	基本要求
1	矿用隔爆型	d	具有隔爆外壳的防爆电气设备，该外壳既能承受其内部爆炸性气体混合物引爆产生的爆炸压力，又能防止爆炸产物穿出隔爆间隙点燃外壳周围的爆炸性混合物
2	矿用增安型	e	在正常运行条件下不会产生电弧、火花或可能点燃爆炸性混合物的高温的设备结构上，采取措施提高安全程度，以避免在正常和认可的过载条件下电气设备出现上述现象
3	矿用本质安全型	ia i ib	全部电路均为本质安全电路的电气设备。所谓本质安全电路是指在规定的试验条件下，正常工作或规定的故障状态下产生的电火花和热效应均不能点燃规定的爆炸性混合物的电路
4	矿用正压型	p	具有正压外壳的电气设备。即外壳内充有保护性气体，并保持其压力（压强）高于周围爆炸性环境的压力（压强），以防止外部爆炸性混合物进入的防爆电气设备
5	矿用充油型	o	全部或部分部件浸在油内，使设备不能点燃油面以上的或外壳外的爆炸性混合物的防爆电气设备
6	矿用充砂型	q	外壳内充填砂粒材料，使之在规定的条件下壳内产生的电弧、传播的火焰、外壳壁或砂料材料表面的过热温度，均不能点燃周围爆炸性混合物的防爆电气设备
7	矿用浇封型	m	将电气设备或其部件浇封在浇封剂中，使它在正常运行和认可的过载或认可的故障下不能点燃周围的爆炸性混合物的防爆电气设备
8	矿用无火花型	n	在正常运行条件下，不会点燃周围爆炸性混合物，且一般不会发生有点燃作用的故障的电气设备
9	矿用气密型	h	具有气密外壳的电气设备
10	矿用特殊型	s	异于现有防爆型式，由省主管部门制订暂行规定，经国家认可的检验机构检验证明，具有防爆性能的电气设备。该型防爆电气设备须报国家技术监督局备案

表6-4　　电气设备的最高允许表面温度

电气设备类型	温度组别	最高允许表面温度/℃	说明
Ⅰ	—	150	设备表面可能堆积粉尘
	—	450	采取措施防止粉尘堆积
Ⅱ	T1	450	450 ℃ $\leqslant t$
	T2	300	300 ℃ $\leqslant t <$ 450 ℃
	T3	200	200 ℃ $\leqslant t <$ 300 ℃
	T4	135	135 ℃ $\leqslant t <$ 200 ℃
	T5	100	100 ℃ $\leqslant t <$ 135 ℃
	T6	85	85 ℃ $\leqslant t <$ 100 ℃

注：表中 t 为可燃性气体、蒸气的引燃温度。

二、防爆电气设备的选用

井下电气设备的选用必须严格按《煤矿安全规程》规定选用，见表6-5。

表6-5　　　　井下电气设备选用规定

使用场所类别	煤（岩）与瓦斯（CO_2）突出矿井和瓦斯喷出区域	瓦斯矿井			
^	^	井底车场、总进风巷和主要进风巷		车机硐室	采区进风巷	总回风巷、主要回风巷、采区回风巷、工作面和工作面进、回风巷
^	^	低瓦斯矿井	高瓦斯矿井	^	^	^
1. 高、低压电机和电气设备	矿用防爆型（矿用增安型除外）	矿用一般型	矿用一般型	矿用防爆型	矿用防爆型	矿用防爆型（矿用增安型除外）
2. 照明灯具	矿用防爆型（矿用增安型除外）	矿用一般型	矿用防爆型	矿用防爆型	矿用防爆型	矿用防爆型（矿用增安型除外）
3. 通信、自动化装置和仪表、仪器	矿用防爆型（矿用增安型除外）	矿用一般型	矿用防爆型	矿用防爆型	矿用防爆型	矿用防爆型（矿用增安型除外）

三、矿用隔爆型电气设备的失爆现象

由于使用、管理、维护不善会造成防爆电气设备的失爆。失爆是指电气设备的隔爆外壳失去了耐爆性或隔爆性。井下隔爆型电气设备常见的失爆现象有：

（1）隔爆外壳严重变形或出现裂纹、焊缝开焊、连接螺丝不全、螺口损坏或拧入深度少于规定值。

（2）隔爆面锈蚀严重、间隙超过规定值，有凹坑、连接螺丝没压紧。

（3）电缆进、出线不使用密封圈或使用不合格密封圈，闲置喇叭口不使用挡板。

（4）电气设备内部随意增加电气元部件、维修设备时遗留导体或工具导致短路烧漏外壳。

（5）螺栓松动、缺少弹簧垫使隔爆间隙超过规定值。

四、防爆电气设备的安全检查

1. 矿井电气设备的选用

煤矿井下不同工作地点的瓦斯浓度差别较大。因此，用于煤矿井下的各种电气设备的防爆型式必须根据使用环境和《煤矿安全规程》进行选择。设备的选型不符合《煤矿安全规程》要求时，必须制定安全措施。

2. 隔爆型电气设备

（1）隔爆型电气设备是否经过考试合格的防爆电气设备检查员检查其安全性能，并取得合格证。

（2）外壳完整无损，无裂痕和变形。

(3) 外壳的紧固件、密封件、接地件是否齐全完好。

(4) 隔爆接合面的间隙和有效宽度是否符合规定，隔爆接合面的粗糙度、螺纹隔爆结构的拧入深度和啮合扣数是否符合规定。

(5) 电缆接线盒和电缆引入装置是否完好，零部件是否齐全，有无缺损，电缆连接是否牢固、可靠。与电缆连接时，一个电缆引入装置是否只连接一条电缆；电缆与密封圈之间是否包扎其他物；不用的电缆引入装置是否用钢板堵死。

(6) 连锁装置功能完整，保证电源接通打不开盖，开盖送不上电；内部电气元件、保护装置是否完好无损、动作可靠。

(7) 接线盒内裸露导电芯线之间的电气间隙是否符合规定；导电芯线是否有毛刺，上紧接线螺母时是否压住绝缘材料；外壳内部是否随意增加了元部件，是否能防止电气间隙小于规定值。

(8) 在设备输出端断电后，壳内仍有带电部件时，是否在其上装设防护绝缘盖板，并标明"带电"字样，防止人身触电事故。

(9) 接线盒内的接地芯线是否比导电芯线长，即使导线被拉脱，接地芯线仍保持连接；接线盒内保持清洁，无杂物和导电线丝。

(10) 隔爆型电气设备安装地点有无滴水、淋水，周围围岩是否坚固；设备放置是否与地平面垂直，最大倾斜角度是否符合规定。

(11) 是否使用失爆设备及失爆的小型电器。

五、预防井下电气火灾的安全检查

对预防井下电气火灾的检查应注意以下各项：

(1) 电缆发生短路故障，高低压开关由于断流容量不足而不能断弧，引燃电缆。在检查中要检查高低压开关断流容量，校验高、低压开关设备及电缆的动稳定性及热稳定性，校验整定系统中的继电保护是否灵敏可靠。

(2) 为防止已着火的电缆脱离电源或火源后继续燃烧，必须采用合格的矿用阻燃橡套电缆。

(3) 电缆不准盘圈成堆或压埋送电，检查电缆悬挂要符合《煤矿安全规程》要求。

(4) 必须有断电保护，并按《煤矿安全规程》进行整定，保证灵敏可靠。若开关因短路跳闸，不查明原因不许反复强行送电。

(5) 高压电缆接线盒是否符合规定，接线盒处是否有可燃物。

(6) 矿用变压器接线端子接触不良，或变压器检修时掉入异物会造成高压短路。变压器不定期化验，会造成绝缘油失效，使变压器升温，发生过热造成套管炸裂，绝缘油喷出着火。

(7) 井下不准用灯泡取暖，照明灯应悬挂，不准将照明灯放置在易燃物上。

(8) 架线电机车运行时产生电弧，当架空线距木棚太近或接触木棚时，高温电弧可能引燃木棚着火。另外，当架线断落在高压铠装电缆外皮上，直流电弧沿电缆燃烧，烧毁电缆的铠装和油浸纸绝缘。为预防上述事故发生，应严格按规定架设架线。架线电机车行驶的巷道，必须是锚喷、砌碹或混凝土棚支护。

(9) 检查变配电硐室是否备有足够的消防灭火器材，机电硐室不得用可燃性材料支护，并应有防火门。

六、人体触电的原因及预防措施

1. 人体触电的原因

(1) 作业人员违反《煤矿安全规程》、操作规程有关规定,带电作业、安装,带电检查、修理、处理故障;忘记停电、停错电、不验电、放电等。

(2) 不执行停、送电制度,停电开关没闭锁,没按要求悬挂"有人工作,严禁送电"警示牌,执行谁停电谁送电安全作业制度不严,误送电。

(3) 没设可靠的漏电保护、漏电保护失效或甩掉不用;漏电保护失效且保护接地网断线的情况下人触及带电的设备外壳。

(4) 不按要求使用绝缘用具、带电拉隔离开关等误操作导致人体触电。

(5) 不按要求携带较长的导电材料,在有架线的巷道行走时触及架线。

(6) 工作中,触及破损电缆、裸露带电体等。

2. 人体触电预防措施

(1) 避免人体接触低压带电体,避免人体接近高压带电体。电气设备的带电部分用外壳封闭,并设置闭锁装置;高压线或井下电机车架空线设置在安全高度。对导电部分裸露的高压母线及高压设备无法用外壳封闭的,设遮栏,防止人员靠近;设置的遮拦门上安设闭锁装置,人员误入高压电气室时,确保门开电断,防止人体触电。各变配电所的入口处或门口,悬挂"非工作人员,禁止入内"警示牌;无人值班的变配电所,关门加锁。

(2) 对人员易接触的电气设备尽量采用较低电压;如煤电钻电压、信号照明电压使用127 V;远距离控制电压使用36 V等。

(3) 井下采用变压器中性点不接地系统,设置漏电保护、保护接地等安全用电技术防止人体触电。

(4) 严格遵守各项安全用电制度和《煤矿安全规程》的相关规定。

第三节 煤矿运输提升与采掘机械的安全要求与安全检查

一、矿井提升设备的安全要求

(一) 提升系统的检修、检查的要求

为确保提升系统的安全运行,必须对设备进行预防性计划检修,具体包括日检、周检、月检,小修、中修、大修,并要制定出检修周期、检修内容和质量标准等。

对所安装的提升设备,经验收后方可投入使用。投入运行后的设备,必须每年进行一次检查,每2年进行一次测试,认定合格后方可继续使用。检查验收和测试的内容包括:

① 《煤矿安全规程》所规定的各种保险装置。

② 天轮的垂直和水平程度、有无轮缘变形和轮辐弯曲现象。

③ 电气、机械传动装置和控制系统的情况。

④ 各种调整和自动记录装置以及深度指示器的动作状况和精密程度。

⑤ 检查常用闸和保险闸的各部间隙及连接、固定情况,并验算其制动力矩和防滑条件。

⑥ 测试保险闸空动时间和制动减速度。对摩擦式提升机,要检验在制动过程中钢丝绳是否打滑。

⑦ 测试盘形闸的贴闸压力。
⑧ 井架的变形、损坏、锈蚀和振动情况。
⑨ 井筒罐道的垂直度及固定情况。

检查和试验结果必须写成书面报告，对所发现的缺陷，必须提出整改措施。

《煤矿安全规程》规定：提升装置的各部分，包括提升容器、连接装置、防坠器、罐耳、罐道、阻车器、罐座、摇台、装卸设备、大轮和钢丝绳，以及提升绞车各部分，包括滚筒、制动装置、深度指示器、防过卷装置、限速器、调绳装置、传动装置、电动机和控制设备以及各种保护和闭锁装置等，每天必须由专职人员检查一次，每月还必须组织有关人员检查一次。发现问题，必须立即处理，检查和处理结果都应留有纪录。

（二）提升容器的安全运行

（1）立井中升降人员，应使用罐笼或带乘人间的箕斗。在井筒作业或因其他原因，需要使用普通箕斗或救急罐升降人员时，必须制定安全措施。凿井期间，立井中升降人员可采用吊桶，但必须遵守有关规定。

（2）专为升降人员和升降人员与物料的罐笼（包括有乘人间的箕斗）必须符合下列要求：
① 乘人层顶部应设置可以打开的铁盖或铁门，两侧装设扶手。
② 罐底必须满铺钢板，如果需要设孔时，必须设置牢固可靠的门；两侧用钢板挡严，并不得有孔。
③ 进出口必须装设罐门罐帘，高度不得小于 1.2 m。罐门或罐帘下部边缘至罐底的距离不得超过 250 mm，罐帘横杆的间距不得大于 200 mm。罐门不得向外开，门轴必须防脱。
④ 提升矿车的罐笼内必须装有阻车器。
⑤ 单层罐笼和多层罐笼的最上层净高（带弹簧的主拉杆除外）不得小于 1.9 m，其他各层净高不得小于 1.8 m。带弹簧的主拉杆必须设保护套筒。
⑥ 罐笼内每人占有的有效面积应不小于 0.18 m^2。罐笼每层内 1 次能容纳的人数应明确规定。超过规定人数时，把钩工必须制止。

（3）提升装置的最大载重量和最大载重差，应在井口公布，严禁超载和超载重差运行。箕斗提升必须采用定重装载。

（4）升降人员或升降人员和物料的单绳提升罐笼、带乘人间的箕斗，必须装设可靠的防坠器。

（5）检修人员站在罐笼或箕斗顶上工作时，必须遵守下列规定：
① 在罐笼或箕斗顶上，必须装设保险伞和栏杆。
② 必须佩戴保险带。
③ 提升容器的速度，一般为 0.3～0.5 m/s，最大不得超过 2 m/s。
④ 检修用信号必须安全可靠。

（6）立井中用罐笼升降人员时的加速度和减速度，都不得超过 0.75 m/s^2。最大速度不得超过下列公式所求得的数值，且最大不得超过 12 m/s。

$$v=0.5\sqrt{H}$$

式中　v——最大提升速度，m/s；
　　　H——提升高度，m。

立井中用吊桶升降人员的最大速度，在使用钢丝绳罐道时，不得超过上述公式求得数值的 1/2；无罐道时，不得超过 1 m/s。

(7) 立井升降物料时，提升容器的最大速度，不得超过用下列公式所求得数值：

$$v=0.6\sqrt{H}$$

式中　v——最大提升速度，m/s；

　　　H——提升高度，m。

立井中用吊桶升降物料时的最大速度：在使用钢丝绳罐道时，不得超过用上述公式求得数值 2/3；无罐道时，不得超过 2 m/s。

(三) 提升信号及信号把钩工

1. 井口和井底系统必须有把钩工

人员上下井时，必须遵守乘罐制度，听从把钩工指挥。开车信号发出后严禁进出罐笼。严禁在同一层罐笼内人员和物料混合提升。

2. 提升信号装置及信号工

每一提升装置，必须装有从井底信号工发给井口信号工和从井口信号工发给提升机司机的信号装置。井口信号装置必须与提升机的控制回路闭锁，只有在井口信号工发出信号后，提升机才能启动。除常用的信号装置外，还必须有备用信号装置。井底车场与井口之间，井口与提升机司机台之间，除有上述信号装置外，还必须装设直通电话。

一套提升装置服务几个水平使用时，从各水平发出的信号必须有区别。

井底车场的信号必须经由井口信号工转发，不得直接向提升机司机发信号。但有下列情况之一时，不受此限：

① 发送紧急停车信号；

② 箕斗提升（不包括带乘人间的箕斗的人员提升）；

③ 单容器提升；

④ 井上下信号连锁的自动化提升系统。

用多层罐笼升降人员或物料时，井上、下各层出车平台都必须设有信号工。各信号工发送信号时，必须遵守下列规定：

① 井下各水平的总信号工收齐该水平各层信号工的信号后，方可向井口总信号工发出信号；

② 井口总信号工收齐井口各层信号工信号并接到井下总信号工信号后，才可向提升机司机发出信号；

信号系统必须设有保证按上述顺序发出信号的闭锁装置。

3. 立井罐笼提升时，井口必须设置的安全设施及有关规定

在立井提升的地面井口和各个水平的井口，都必须装有防止人员、矿车及其他物件坠入井底的安全门、阻车器，防止发生人员、矿车等坠井事故。《煤矿安全规程》规定，井口安全门必须同提升信号及罐位信号闭锁，只有在人员上下时，安全门才能打开，其他时间处于关闭；井口阻车器必须同罐位信号闭锁，只有罐笼在井口停车位置停稳后，才能打开阻车器；为防止摇台同罐笼发生冲撞，摇台必须同提升信号闭锁，即摇台未抬起，发不出开车信号。

(四) 提升钢丝绳及连接装置

1. 钢丝绳的使用和维护

在钢丝绳的使用中，一定要满足《煤矿安全规程》中规定的滚筒直径与钢丝绳直径的比

值要求，以减轻钢丝绳的弯曲疲劳；绳槽直径必须合理，绳槽过小时会引起钢丝绳过度挤压而提前断丝，绳槽过大时会使钢丝绳在绳槽中支持面积减小，增大其接触应力，导致绳与绳槽的加速磨损。

有接头的钢丝绳，只准在下列设备中使用：
① 平巷运输设备；
② 30°以下倾斜井巷中专为升降物料的绞车；
③ 斜巷无极绳绞车；
④ 斜巷架空乘人装置；
⑤ 斜巷钢丝绳牵引带式输送机。

在倾斜井巷中使用的钢丝绳，其插接长度不得小于钢丝绳直径的1 000倍。

钢丝绳使用过程中应注意涂油，定期并正确地涂油对提高钢丝绳使用寿命作用很大。涂油的主要作用有：
① 保护外部钢丝不受锈蚀；
② 起润滑作用，减少股间和丝间的磨损；
③ 阻止湿气和水分侵入绳内，并经常补充绳芯油量。涂油应采用专用的钢丝绳油，并注意与钢丝绳厂家制造时所用的油脂相适应。摩擦轮式提升绳只准使用增摩脂。

严禁用布条之类的东西捆缚在钢丝绳上作提升容器位置的标记，这样会破坏钢丝绳在捆缚处的防护和润滑，导致该处严重锈蚀，国内外都曾因此发生过断绳事故。

2. 日常检查及定期检验

为确保钢丝绳的使用安全，防止断绳事故发生，对钢丝绳要进行定期地检查和试验。提升钢丝绳，每天必须以不大于0.3 m/s的速度进行详细检查，并记录断丝情况。钢丝绳如果遭受卡罐或突然停车等猛烈拉力时，必须立即停车检查。钢丝绳做多层缠绕时，由下层转到上层的临界段必须加强检查，并且每季度移绳1/4圈。

提升用钢丝绳（30°以下斜井提物例外）和平衡尾绳，在使用前都要经过试验。试验合格的备用钢丝绳，必须妥善保管，防止损坏或锈蚀。

除摩擦式提升机用钢丝绳和平衡尾绳以及30°以下斜井专为升降物料用的钢丝绳外，提升钢丝绳在使用过程中要定期做剁头试验。

提升钢丝绳的定期检验应使用符合条件的设备和方法进行，检验周期应符合下列要求：
① 升降人员或升降人员和物料用的钢丝绳，自悬挂时起每隔6个月检验一次；悬挂吊盘的钢丝绳，每隔12个月检验一次。
② 升降物料用的钢丝绳，自悬挂时起12个月时进行每一次检验，以后每隔6个月检验一次。摩擦轮式绞车用的钢丝绳、平衡钢丝绳以及直径为18 mm及其以下的专为升降物料用的钢丝绳（立井提升用绳除外），不受此限。

3. 钢丝绳的使用期限及更换标准

摩擦轮式提升钢丝绳的使用期限应不超过2年，平衡钢丝绳的使用期限应不超过4年。到期后如果钢丝绳的断丝、直径缩小和锈蚀程度不超过《煤矿安全规程》的规定，可继续使用，但不得超过1年。

井筒中悬挂水泵、抓岩机的钢丝绳，使用期限一般为1年；悬挂水管、风管、输料管、安全梯和电缆的钢丝绳，使用期限为2年。到期后经检查鉴定，锈蚀程度不超过《煤矿安全规程》的规定，可以继续使用。

提升装置使用中的钢丝绳做定期检验时，安全系数有下列情况之一的，必须更换：

① 专为升降人员用的小于7；
② 升降人员和物料用的钢丝绳，升降人员时小于7，升降物料时小于6；
③ 专为升降物料和悬挂吊盘用的小于5。

各种股捻钢丝绳在1个捻距内断丝断面积与钢丝总面积之比，达到下列数值的，必须更换：

① 升降人员或升降人员和物料用的钢丝绳为5%；
② 专为升降物料用的钢丝绳、平衡钢丝绳、防坠器的制动钢丝绳（包括缓冲绳）和兼作运人的钢丝绳牵引带式输送机的钢丝绳为10%；
③ 罐道钢丝绳为15%；
④ 架空乘人装置、专为无极绳运输用的和专为运物料的钢丝绳牵引带式输送机用的钢丝绳为25%。

以钢丝绳标称直径为准计算的直径减小量达到下列数值时，必须更换：

① 提升钢丝绳或制动钢丝绳为10%；
② 罐道钢丝绳为15%。使用密封钢丝绳外层钢丝厚度磨损量达到50%时，必须更换。

钢丝绳在运行中遭受到卡罐、突然停车等猛烈拉力时，必须立即停车检查，发现下列情况之一者，必须将受力段剁掉或更换全绳：

① 钢丝绳产生严重扭曲或变形；
② 断丝超过《煤矿安全规程》第四百零五条的规定；
③ 直径减小量超过《煤矿安全规程》第四百零六条的规定；
④ 遭受猛烈拉力的一段长度伸长0.5%以上。在钢丝绳使用期间，如断丝数突然增加或伸长突然加快，必须立即更换。

钢丝绳的钢丝有变黑、锈皮、点蚀麻坑等损伤时，不得用作升降人员。

钢丝绳锈蚀严重，或点蚀麻坑形成沟纹，或外层钢丝松动时，不论断丝数多少或绳径是否变化，必须立即更换。

4. 连接装置

立井提升容器与提升钢丝绳的连接，应采用楔形连接装置。每次更换钢丝绳时，必须对连接装置的主要受力部件进行探伤检验，合格后方可继续使用。楔形连接装置的累计使用期限，单绳提升不得超过10年，多绳提升不得超过15年。

倾斜井巷运输时，矿车之间的连接、矿车与钢丝绳之间的连接，必须使用不能自行脱落的连接装置，并加装保险绳。

倾斜井巷运输用的钢丝绳连接装置，在每次换钢丝绳时，必须用2倍于其最大静荷重的拉力进行试验。

倾斜井巷运输用的矿车连接装置，必须至少每年进行1次2倍于其最大静荷重的拉力试验。

（五）制动与安全保护装置

1. 制动装置的有关规定和要求

为了使制动装置能发挥作用，保证提升机安全顺利地工作，制动装置的使用和维护必须按照《煤矿安全规程》第四百二十八条至四百三十三条及有关技术规范的要求进行。

（1）提升机必须装备有司机不离开座位即能操纵的常用闸（即工作闸）和保险闸（即安全闸）。保险闸必须能自动发生制动作用。当常用闸和保险闸共同使用1套闸瓦制动时，操纵和控制机构必须分开。双滚筒提升机的2套闸瓦的传动装置必须分开。对具有2套闸瓦只有1套传动装置的双滚筒绞车，应改为每个滚筒各自有其控制机构的弹簧闸。提升机除设有机械制动外，还应设有电气制动装置。严禁司机离开工作岗位和擅自调整制动闸。

（2）保险闸必须采用配重式或弹簧式的制动装置，除可由司机操纵外，还必须能自动抱闸，并同时自动切断提升装置电源。常用闸必须采用可调节的机械制动装置。

（3）保险闸或保险闸第一级由保护回路断电时起至闸瓦接触到闸轮上的空动时间：压缩空气驱动闸瓦式制动闸不得超过 0.5 s；储能液压驱动式制动闸不得超过 0.6 s；盘式制动闸不得超过 0.3 s。对斜井提升，为保证上提紧急制动不发生松绳而必须延时制动时，上提空动时间不受此限。盘式制动闸的闸瓦与制动盘之间的间隙应不大于 2 mm。保险闸施闸时，杠杆和闸瓦不得发生显著的弹性摆动。

（4）提升机的常用闸和保险闸制动时，所产生的力矩与实际提升最大静荷重旋转力矩之比 K 不得小于 3。在调整双滚筒提升机滚筒旋转的相对位置时，制动装置在各滚筒闸轮上所发生的力矩，不得小于该滚筒所悬重量（钢丝绳重量和提升容器重量之和）形成的旋转力矩的 1.2 倍。计算制动力矩时，闸轮和闸瓦摩擦系数应根据实测确定，一般采用 0.30～0.35，常用闸和保险闸的力矩应分别计算。

（5）在立井和倾斜井巷中，提升装置的保险闸发生作用时，全部机械的减速度必须符合表 6—6 的规定。

表 6—6　　　　　　　全部机械的减速度规定值　　　　　　　单位：m/s²

运行状态 \ 倾角	$\theta<15°$	$15°\leqslant\theta\leqslant30°$	$>30°$
上提重物	$\leqslant Ac$	$\leqslant Ac$	$\leqslant 5$
下放重载	$\geqslant 0.75$	$\geqslant 0.3Ac$	$\geqslant 1.5$

注：$Ac=g(\sin\theta+f\cos\theta)$。式中，$Ac$ 为自然减速度，m/s²；g 为重力加速度，m/s²；θ 为井巷倾角，（°）；f 为绳端载荷的运行阻力系数，一般取 0.01～0.015。

摩擦式提升绞车常用闸或保险闸的制动，除必须符合上述（3）、（4）条的规定外，还必须满足以下防滑要求：

① 各种载荷（满载或空载）和各种提升状态（上提或下放重物）下，保险闸所能产生的制动减速度的计算值不得超过滑动极限。钢丝绳在摩擦轮间摩擦系数的取值不得大于0.25 s，由钢丝绳自重所引起的不平衡重必须计入。

② 在各种载荷及各种提升状态下，保险闸发生作用时，钢丝绳都不出现滑动。严禁日常用闸进行紧急制动。

（6）提升机除有制动装置外，应加设定车装置，以便调整位置或修理制动装置时使用。

2. 提升系统的安全保护

（1）在提升速度大于 3 m/s 的提升系统内，必须设防撞梁和托罐装置。防撞梁不得兼作他用，必须能够挡住过卷后上升的容器或平衡锤；托罐装置必须能够将撞击防撞梁后再下落的容器或配重托住，并保证其下落的距离不超过 0.5 m。

(2) 立井提升装置的过卷高度和下放距离应符合下列规定：

① 罐笼和箕斗提升，过卷高度和过放距离不得小于表 6－7 中所设数值。

② 吊桶提升，其过卷高度不得小于表 6－7 确定数值的 1/2。

③ 在过卷高度或过放距离内，应安设性能可靠的缓冲装置，缓冲装置应能将全速过卷（过放）的容器或平衡锤平稳地停住，并保证不再反向下滑（或反弹），吊桶提升不受此限。

④ 过放距离内不得积水和堆积杂物。

表 6－7　　　　　　　　　立井提升装置的过卷高度和过放距离

提升速度/（m/s）	≤3	4	6	8	≥10
过卷高度、过放距离/m	4.0	4.75	6.5	8.25	10.0

注：提升速度为表中所列速度的中间值时，用插值法计算。

(3) 提升装置必须装设下列保险装置，并符合要求：

① 防止过卷装置，当提升容器超过正常终端停止位置（或出车平台）0.5 m 时，必须能自动断电，并能使保险闸发生制动作用。

② 防止过速装置，当提升速度超过最大速度 15% 时，必须能自动断电，并能使保险闸发生作用。

③ 过负荷和欠电压保护装置。

④ 限速装置，提升速度超过 3 m/s 的提升机必须装设限速装置，以保证提升容器（或平衡锤）到达终端位置时的速度不超过 2 m/s；如果限速装置为凸轮板，其在一个提升行程内的旋转角度应不小于 270°。

⑤ 深度指示器失效保护装置，当指示器失效时，能自动断电并使保险闸发生作用。

⑥ 闸间隙保护装置，当闸间隙超过规定值时，能自动报警和自动断电。

⑦ 松绳保护装置，缠绕式提升机必须设置松绳保护装置并接入安全回路和报警回路，在钢丝绳松弛时能自动断电并报警。箕斗提升时，松绳保护装置动作后，严禁煤仓放煤。

⑧ 满仓保护装置，当箕斗提升的井口煤仓仓满时能报警或自动断电。

⑨ 减速功能保护装置，当提升容器（或平衡锤）到达减速位置时，能示警并开始减速。

防止过卷装置、防止过速装置、限速装置和减速功能保护装置应设置为相互独立的双线形式。立井、斜井缠绕式提升机应加设定车装置。此外还应有提升容器的防坠装置及防止圆尾绳旋转的回转装置等。

（六）倾斜井巷提升安全

1. 《煤矿安全规程》中对倾斜井巷提升的具体规定

(1) 斜井提升容器的最大速度和最大加、减速度应符合下列要求：

① 升降人员时的速度，不得超过 5 m/s，并不得超过人车设计的最大允许速度；升降人员时的加速度和减速度，不得超过 0.5 m/s²。

② 用矿车升降物料时，速度不得超过 5 m/s。

③ 用箕斗升降物料时，速度不得超过 7 m/s；当铺设固定道床并采用大于或等于 38 kg/m 钢轨时，速度不得超过 9 m/s。

(2) 人员上下的主要倾斜井巷，垂深超过 50 m 时应采用机械运送人员。

(3) 倾斜井巷运送人员的人车必须有顶盖，车辆上必须装有可靠的防坠器。当断绳时，防坠器能自动发生作用，也能人工操纵。

(4) 倾斜井巷运送人员的人车必须有跟车人，跟车人必须坐在设有手动防坠器把手或制动器把手的位置上。每班运送人员前，必须检查人车的连接装置、保险链和防坠器，并必须先放1次空车。

(5) 用架空乘人装置运送人员时应遵守下列规定：

① 巷道倾角不得超过设计规定的数值。

② 蹬座中心至巷道一侧的距离不得小于0.7 m，运行速度不得超过1.2 m/s，乘坐间距不得小于5 m。

③ 驱动装置必须有制动器。

④ 吊杆和牵引钢丝绳之间的连接不得自动脱扣。

⑤ 在下人地点的前方，必须设有能自动停车的安全装置。

⑥ 在运行中人员要坐稳，不得引起吊杆摆动，不得手扶牵引钢丝绳，不得触及邻近的任何物体。

⑦ 严禁同时运送携带爆炸物品的人员。

⑧ 每日必须对整个装置检查一次，发现问题，及时处理。

(6) 斜井人车必须设置使跟车人在运行途中任何地点都能向司机发送紧急停车信号的装置。多水平运输时，从各水平发出的信号必须有区别。人员上、下地点应悬挂信号牌，任一区段行车时，各水平必须有信号显示。

(7) 倾斜井巷内使用串车提升时必须遵守下列规定：

① 在倾斜井巷内安设能够将运行中断绳、脱钩的车辆阻止住的跑车防护装置。

② 各车场安设能够防止带绳车辆误入非运行车场或区段的阻车器。

③ 在上部平车场人口安设能够控制车辆进入摘挂钩地点的阻车器。

④ 在上部平车场接近变坡点处，安设能够阻止未连接的车辆滑入斜巷的阻车器。

⑤ 在变坡点下方略大于一列车长度的地点，设置能够防止未连挂的车辆继续往下跑车的挡车栏。

⑥ 各车场安设甩车时能发出警号的信号装置。

上述挡车装置必须经常关闭，放车时方准打开。兼作行驶人车的倾斜井巷，在提升人员时，倾斜井巷中的挡车装置和跑车防护装置必须是常开状态，并可靠地锁住。

(8) 倾斜井巷使用绞车提升时必须遵守下列规定：

① 轨道的铺设质量符合《煤矿安全规程》第三百五十三条的规定，并采取轨道防滑措施。

② 托绳轮（辊）按设计要求设置，并保持转动灵活。

③ 倾斜井巷上端有足够的过卷距离。过卷距离根据巷道倾角、设计载荷、最大提升速度和实际制动力等参量计算确定，并有1.5倍的备用系数。

④ 串车提升的各车场设有信号硐室及躲避硐；运人斜井各车场设有信号和候车硐室，候车硐室具有足够的空间。

(9) 斜井提升时，严禁蹬钩、行人。运送物料时，开车前把钩工必须检查牵引车数、各车的连接和装载情况。牵引车数超过规定、连接不良或装载物料超重、超高、超宽或偏载严重有翻车危险时，严禁发出开车信号。

2. 防跑车装置和跑车防护装置

倾斜井巷使用串车运输时，为防止因脱扣、连接装置折断等原因引发跑车事故，降低事故危害，必须装设防跑车装置和跑车防护装置。

（1）防跑车装置。防跑车装置就是能够防止在倾斜井巷中发生跑车的装置，主要有防跑车保险绳和防跑车阻车器等。

（2）对跑车防护装置的要求：a. 在阻挡跑车时，吸收能量大，缓冲效果好，把跑车和跑车防护装置撞击造成的损失降到最低；b. 跑车事故处理后，跑车防护装置复位方便，能及时恢复正常行车；c. 正常行车时，跑车防护装置的能量消耗小；d. 结构简单，动作可靠，检查维护方便。

二、带式输送机安全规定

（1）采用滚筒驱动带式输送机运输时，应遵守下列规定：

① 必须使用阻燃输送带。带式输送机托辊的非金属材料零部件和包胶滚筒的胶料，其阻燃性和抗静电性必须符合有关规定。

② 巷道内应有充分照明。

③ 必须装设驱动滚筒防滑保护、堆煤保护和防跑偏装置。

④ 应装设温度保护、烟雾保护和自动洒水装置。

⑤ 在主要运输巷道内安设的带式输送机还必须装设：输送带张紧力下降保护装置和防撕裂保护装置；在机头和机尾防止人员与驱动滚筒和导向滚筒相接触的防护栏。

⑥ 倾斜井巷中使用的带式输送机，上运时，必须同时装设防逆转装置和制动装置；下运时，必须装设制动装置。

⑦ 液力耦合器严禁使用可燃性传动介质（调速型液力耦合器不受此限）。

⑧ 带式输送机巷道中行人跨越带式输送机处应设过桥。

⑨ 带式输送机应加设软启动装置，下运带式输送机应加设软制动装置。

（2）采用钢丝绳牵引带式输送机运输时，必须遵守下列规定：

① 必须装设下列保护装置，并定期进行检查和试验：过速保护；过电流和欠电压保护；钢丝绳和输送带脱槽保护；输送带局部过载保护；钢丝绳张紧车到达终点和张紧重锤落地保护。

② 在倾斜井巷中，必须装设弹簧式或重锤式制动闸，制动闸的性能应符合下列要求：制动力矩与设计最大静拉力差在闸轮上作用力矩之比不得小于 2，也不得大于 3；在事故断电或各种保护装置发生作用时能自动施闸。

（3）井巷中采用钢丝绳牵引带式输送机或钢丝绳芯带式输送机运送人员时，应遵守下列规定：

① 在上、下人员的 20 m 区段内输送带至巷道顶部的垂距不得小于 1.4 m，行驶区段内的垂距不得小于 1 m。下行带乘人时，上、下输送带间的垂距不得小于 1 m。

② 输送带的宽度不得小于 0.8 m，运行速度不得超过 1.8 m/s。钢丝绳牵引带式输送机的输送带绳槽至带边的宽度不得小于 60 mm。

③ 乘坐人员的间距不得小于 4 m。乘坐人员不得站立或仰卧，应面向行进方向，并严禁携带笨重物品和超长物品，严禁抚摸输送带侧帮。

④ 上、下人员的地点应设有平台和照明。上行带下人平台的长度不得小于 5 m，宽度不得小于 0.8 m，并有栏杆。上、下人的区段内不得有支架或悬挂装置。下人地点应有标志或声光信号，在距下人区段末端前方 2 m 处，必须设有能自动停车的安全装置。在卸煤口，必须设有防止人员坠入煤仓的设施。

⑤ 运送人员前，必须卸除输送带上的物料。

⑥ 应装有在输送机全长任何地点可由搭乘人员或其他人员操作的紧急停车装置。

⑦ 钢丝绳芯带式输送机应设断带保护装置。

三、电机车运行安全规定

（1）瓦斯矿井中使用机车运输时，应遵守下列规定：

① 低瓦斯矿井进风（全风压通风）的主要运输巷道内，可使用架线电机车，但巷道必须使用不燃性材料支护。

② 在高瓦斯矿井进风（全风压通风）的主要运输巷道内，应使用矿用防爆特殊型蓄电池电机车或矿用防爆柴油机车。如果使用架线电机车，必须遵守下列规定：沿煤层或穿过煤层的巷道必须砌碹或锚喷支护；有瓦斯涌出的掘进巷道的回风流，不得进入有架线的巷道中；采用碳素滑板或其他能减小火花的集电器；架线电机车必须装设便携式甲烷检测报警仪。

③ 掘进的岩石巷道中，可使用矿用防爆特殊型蓄电池电机车或矿用防爆柴油机车。

④ 瓦斯矿井的主要回风巷和采区进、回风巷内，应使用矿用防爆特殊型蓄电池电机车或矿用防爆柴油机车。

⑤ 煤（岩）与瓦斯突出矿井和瓦斯喷出区域中，如果在全风压通风的主要风巷内使用机车运输，必须使用矿用防爆特殊型蓄电池电机车或矿用防爆柴油机车。

（2）采用机车运输时，应遵守下列规定：

① 列车或单独机车都必须前有照明，后有红灯。

② 正常运行时，机车必须在列车前端。

③ 同一区段轨道上，不得行驶非机动车辆。如果需要行驶时，必须经井下运输调度站同意。

④ 列车通过的风门，必须设有当列车通过时能够发出在风门两侧都能接收到声光信号的装置。

⑤ 巷道内应装设路标和警标。机车行近巷道口、硐室口、弯道、道岔、坡度较大或噪声大等地段，以及前面有车辆或视线有障碍时，都必须减低速度，并发出警号。

⑥ 必须有用矿灯发送紧急停车信号的规定。非危险情况，任何人不得使用紧急停车信号。

⑦ 两机车或两列车在同一轨道同一方向行驶时，必须保持不少于 100 m 的距离。

⑧ 列车的制动距离每年至少测定一次。运送物料时不得超过 40 m；运送人员时不得超过 20 m。

⑨ 在弯道或司机视线受阻的区段，应设置列车占线闭塞信号；在新建和改扩建的大型矿井井底车场和运输大巷，应设置信号集中闭塞系统。

（3）用人车运送人员时，应遵守下列规定：

① 每班发车前，应检查各车的连接装置、轮轴和车闸等。

② 严禁同时运送有爆炸性的、易燃性的或腐蚀性的物品，或附挂物料车。

③ 列车行驶速度不得超过 4 m/s。

④ 人员上下车地点应有照明，架空线必须安设分段开关或自动停送电开关，人员上下车时必须切断该区段架空线电源。

⑤ 双轨巷道乘车场必须设信号区间闭锁，人员上下车时，严禁其他车辆进入乘车场。

（4）乘车人员必须遵守下列规定：

① 听从司机及乘务人员的指挥，开车前必须关上车门或挂上防护链。

② 人体及所携带的工具和零件严禁露出车外。

③ 列车行驶中和尚未停稳时，严禁上、下车和在车内站立。

④ 严禁在机车上或任何两车厢之间搭乘。

⑤ 严禁超员乘坐。

⑥ 车辆掉道时，必须立即向司机发出停车信号。

⑦ 严禁扒车、跳车和坐矿车。

（5）井下用机车运送爆炸材料时，应遵守下列规定：

① 炸药和电雷管不得在同一列车内运输。如用同一列车运输，装有炸药与装有电雷管的车辆之间，以及装有炸药或电雷管的车辆与机车之间，必须用空车分别隔开，隔开长度不得小于 3 m。

② 硝酸甘油类炸药和电雷管必须装在专用的、带盖的有木质隔板的车厢内，车厢内部应铺有胶皮或麻袋等软质垫层，并只准放一层爆炸材料箱。其他类炸药箱可以装在矿车内，但堆放高度不得超过矿车上缘。

③ 爆炸材料必须由井下爆炸材料库负责人或经过专门训练的专人护送。跟车人员、护送人员和装卸人员应坐在尾车内，严禁其他人员乘车。

④ 列车的行驶速度不得超过 2 m/s。

⑤ 装有爆炸材料的列车不得同时运送其他物品或工具。

（6）自轨面算起，电机车架空线的悬挂高度应符合下列要求：

① 在行人的巷道内、车场内以及人行道与运输巷道交叉的地方不小于 2 m；在不行人的巷道内不小于 1.9 m。

② 在井底车场内，从井底到乘车场不小于 2.2 m。

③ 在地面或工业场地内，不与其他道路交岔的地方不小于 2.2 m。

（7）电机车架空线与巷道顶或棚梁之间的距离不得小于 0.2 m。

四、采掘设备的安全运行

1. 采煤机的安全使用

（1）采煤机上必须装有能停止工作面刮板输送机运行的闭锁装置。采煤机因故暂停时，必须打开隔离开关和离合器。采煤机停止工作或检修时，必须切断电源，并打开其磁力起动器的隔离开关。启动采煤机前，必须先巡视采煤机四周，确认对人员无危险时，方可接通电源。

（2）工作面遇有坚硬夹矸或黄铁矿结核时，应采取松动爆破措施处理，严禁用采煤机强行截割。

（3）工作面倾角在 15°以上时，必须有可靠的防滑装置。

（4）采煤机必须安装内、外喷雾装置。截煤时必须喷雾降尘，内喷雾压力不得小于 2 MPa，外喷雾压力不得小于 1.5 MPa，喷雾流量应与机型相匹配。如果内喷雾装置不能正常喷雾，外喷雾压力不得小于 4 MPa。无水或喷雾装置损坏时，必须停机。

(5) 采用动力载波控制的采煤机,当两台采煤机由一台变压器供电时,应分别用不同的载波频率,并保证所有的动力载荷互不干扰。

(6) 采煤机上的控制按钮,必须设在靠采空区一侧,并加保护罩。

(7) 使用有链牵引采煤机时,在开机和改变牵引方向前,必须发出信号,只有在收到返回信号后,才能开机或改变牵引方向,防止牵引链跳动或断链伤人。必须经常检查牵引链及其两端的固定连接件,发现问题,及时处理。采煤机运行时,所有人员必须避开牵引链。

(8) 更换截齿和滚筒上下 3 m 以内有人工作时,必须护帮护顶,切断电源,打开采煤机隔离开关和离合器,并对工作面输送机施行闭锁。

(9) 采煤机用刮板输送机作轨道时,必须经常检查刮板输送机的溜槽连接、挡煤板导向管的连接,防止采煤机牵引链因过载而断链;采煤机为无链牵引时,齿(销、链)轨的安设必须紧固、完整,并经常检查。必须按作业规程规定和设备技术性能要求操作、推进刮板输送机。

2. 刮板输送机的安全使用

(1) 启动前必须发出信号,向工作人员示警,然后断续启动,如果转动方向正确,又无其他情况,方可正式启动运转。

(2) 防止强行启动。一般情况下都要先启动刮板输送机,然后再往输送机的溜槽里装煤。在机械化采煤工作面,同样应先启动刮板输送机,然后再开动采煤机。

(3) 在进行爆破时,必须把整个设备,特别是管路、电缆等保护好。

(4) 不要向溜槽里装入大块煤或矸石,如发现应该立即处理,以防损坏刮板链或引起采煤机掉道事故。

(5) 一般情况下不准输送机运送支柱和木料等物。必须运输时,要制定防止顶人、顶机组和顶倒支柱的安全措施,并通知司机。

(6) 启动程序一般应由外向里(由放煤眼到工作面),沿逆煤流方向依次启动。

(7) 刮板输送机应尽可能在空载状态下停机。

(8) 工作面停止出煤前,应将溜槽里的煤拉动干净,然后由里向外沿顺煤流方向依次停止运转。

(9) 运转时要及时供水、洒水降尘。停机时要停水。无煤时不应长时间的空运转。

(10) 运转中发现断链、刮板严重变形、机头掉链、溜槽拉坏、出现异常声音和温度过高等事故,都应立即停机检查处理,防止事故扩大。

(11) 刮板输送机与顺槽转载机运输能力、相互位置应配合适当,防止煤炭堆积在链轮附近,被回空链带入溜槽底部。应经常保持机头、机尾的清洁。

(12) 在运转中,要特别注意刮板链的松紧程度。刮板链在松弛状态下运转时会出现卡链和跳链现象,使链条和链轮损坏,并发生断链或底链掉道等故障。检查刮板链松紧程度最简单的方法是:点动机尾电动机(或反向点动机头电动机),拉紧底链。如果在机尾(或机头)出现 2 个以上完全松弛的链环,需重新紧链。

(13) 操作人员(司机)必须经过培训持证上岗。

3. 掘进机的安全使用

(1) 掘进机必须装有只准以专用工具开、闭的电气控制回路开关,专用工具必须由专职司机保管。司机离开操作台时,必须断开掘进机上的电源开关。

(2) 在掘进机非操作侧,必须装有能紧急停止运转的按钮。

(3) 掘进机必须装有前照明灯和尾灯。

(4) 开动掘进机前,必须发出警报。只有在铲板前方和截割臂附近无人时,方可开动掘进机。

(5) 掘进机作业时,应使用内、外喷雾装置,内喷雾装置的使用水压不得小于 3 MPa,外喷雾装置的使用水压不得小于 1.5 MPa;如果内喷雾装置的使用水压小于 3 MPa 或无内喷雾装置,则必须使用外喷雾装置和除尘器。

(6) 掘进机停止工作和维修以及交班时,必须将掘进机切割头落地,并断开掘进机上的电源开关和磁力起动器的隔离开关。

(7) 检修掘进机时,严禁其他人员在截割臂和转截桥下方停留或作业。

4. 通风机的安全运行

(1) 主要通风机的安全使用

① 备用主要通风机必须能在 10 min 内开动。

② 严禁采用局部通风机作为主要通风机使用。

③ 装有主要通风机的出风井口应安装防爆门,防爆门每 6 个月检查维修一次。

④ 生产矿井主要通风机必须装有反风设施,并能在 10 min 内改变巷道中的风流方向;当风流方向改变后,主要通风机的供风量不应小于正常供风量的 40%。

⑤ 因检修、停电或其他原因停止主要通风机运转时,必须制定停风措施。主要通风机停止运转期间,对于由一台主要通风机担负全矿通风的矿井,必须打开井口防爆门和有关风门,利用自然风压通风。

⑥ 在通风系统中,如果某一分区风路的风阻过大,主要通风机不能供给其足够风量时,可在井下安设辅助通风机。严禁在煤(岩)与瓦斯突出矿井中安设辅助通风机。

(2) 主要通风机安全运行中应注意的问题

① 运转中要经常注意主要通风机的声音和振动,若有异常情况应停机检查。

② 经常检查轴承温度,滚动轴承温度应小于 75 ℃,滑动轴承温度应小于 65 ℃。

③ 经常保证润滑系统油的质量及油量。

④ 若发现叶轮和机壳内壁有摩擦声,或叶轮松动的声音,必须停机检查。

⑤ 轴流式通风机叶片角度应保持一致。

⑥ 叶轮平衡,能在任何位置上保持停止状态。

⑦ 主轴及传动轴的水平偏差不大于 0.2%。

⑧ 弹性耦合器的胶皮圈外径与孔径差不大于 2 mm。

⑨ 齿轮耦合器的齿厚磨损不超过原齿厚的 30%。

⑩ 电动机、启动设备、开关柜符合完好标准,接地装置合格,各种仪表指示正确。

⑪ 通风机房防火设施齐全。

(3) 局部通风机安全运行中应注意的问题

① 所有掘进工作面都必须采用局部通风机通风或全风压通风,禁止采用扩散通风。

② 安装局部通风机要由生产部门提出申请,风量、风压经通风部门审查符合要求,供电系统经供电部门审查符合要求,由有关部门批准后方可安装。局部通风机的安装和使用必须符合《煤矿安全规程》要求。

③ 安装局部通风机必须同时安装风电闭锁装置。所有煤(半煤岩)巷、有瓦斯涌出的岩

巷以及石门揭穿突出煤层的掘进工作面都必须安装风电甲烷闭锁。

④ 局部通风机及其附属设备的使用要符合煤矿安全质量标准化标准。局部通风机及其供电设备的使用和日常的检查与维护，要符合有关规定。

⑤ 局部通风机要保持经常运转，不得随意停开。临时停工的地点，不准停风。因检修等原因需停局部通风机时，应制定措施并经批准方可停机。

⑥ 局部通风机要有专人负责，实行挂牌管理，以保证局部通风机的连续、可靠、稳定运转。局部通风机司机要经过培训并考试合格，持证上岗。

⑦ 局部通风机自下井之日起，不准超过半年，必须升井检修。停用的局部通风机不得长期搁置井下，应在1个月内升井检修。

局部通风机管理台账要明确记录各台局部通风机的下井日期，周期性检修及日常检修日期、停用日期和升井检修日期。

5. 综采液压支架安全使用

(1) 液压支架搬运、安装时的安全措施：

① 起吊设备时，必须有专人检查起吊工具和绳索。发现有断股、断绳变形的禁止使用。起吊钢丝绳的破断力要大于设备重量的5倍。

② 在设备装、卸点，必须派专人监护安全工作，禁止勾头下方和起吊点下停留人员。

③ 装、卸设备所用的工具要进行认真的检查，无问题后再使用，起吊设备时必须有专人观看起吊点棚梁的动静。发现异常，立即停止起吊，处理后再开始起吊。

④ 在装、卸车点，必须有顶板管理人员进行敲帮问顶，发现有活矸和煤块要及时处理，并检查周围支护情况，确认无问题后再进行起吊。

⑤ 装车后，应注意光洁面、电器原件、电缆、高压胶管、密封面的防尘、防水、防碰等保护，必要时加防护罩。

⑥ 设备装车后一定要捆绑牢固，设备都要标号，按次序装卸车，超长件要用刚性连接杆连接平板车。

⑦ 运输中各交叉点，下放、上提点都要设专人按运输安全管理来指挥车辆通过。

(2) 液压支架在工作面调向入位的安全措施：

① 支架在调向入位中要注意调向区的支柱，要根据实际情况进行回柱，支架入位后要及时支护，要防止在调架过程中撞倒支柱发生冒顶事故。

② 指定专人观察顶板和支护情况，及时打掉活矸和煤块，若顶板压力大，支柱变形时，回柱前要先支好点柱再回单体柱。回柱时要先清理好退路，一人站在支护完整的安全地点扶柱，另一人用放液工具慢慢放液，同时观察顶板，如有变化及时撤离。

③ 拉架时，必须有专人站在支护完整，绞车拉架的相反方向，观察顶板；其他人员要在观察人员的后面。回柱和拉架调向时，要有统一的指挥信号。调向区内严禁有人。

④ 支架进入工作面期间，要停止其他作业，工人要撤离开绞车的绳道。支架下方不得有人。

⑤ 在调向和运输中，要随时补上碰倒的点柱和棚梁。拖运支架的小绞车，必须安装牢固。

⑥ 液压支架在安装或撤离时，所用工具，必须连接牢固，支撑牢靠，防止滑脱或断裂伤人。此外滑轮的吊钩开口应向下，并用绳绑好。

⑦ 牵引支架的绳扣，必须固定在支架的底座上，不得固定在底座以上的其他部位，以免重心不稳发生翻倒。

(3) 液压支架在安装、撤除时，要认真贯彻执行"综合机械化采煤设备运输、安装、拆除安全技术暂行规定"

五、煤矿机械安全检查要点

(一) 矿井提升系统的安全检查重点

(1) 对制动装置的安全检查。

(2) 对保险装置的安全检查：

① 防止过卷装置；

② 深度指示器；

③ 闸间隙保护；

④ 其他保险装置。

(3) 立井提升的安全检查：

① 升降人员容器的检查；

② 防止井筒坠物的检查；

③ 防止罐笼运行中摇摆的检查；

④ 罐顶作业防止坠人的检查；

⑤ 提升信号的检查；

⑥ 管理及各项规章制度的检查。

矿井提升安全运行的检查表，见表6-8。

表6-8　　　　　　　　矿井提升安全运行的检查表

序号	检查项目及内容	检查结果	备注
1	提升绞车安全装置的检查： 1. 制动装置符合《煤矿安全规程》规定和完好标准 2. 过卷开关安装位置符合规定，动作灵敏可靠，过卷高度（距离）符合规定 3. 脚踏开关动作灵敏可靠 4. 过负荷和欠压保护整定正确，动作可靠 5. 限速和超速保护符合《煤矿安全规程》要求，动作灵敏可靠 6. 深度指示器的减速行程开关、过卷警铃和自动断电保护装置动作可靠，有后备保护 7. 闸瓦磨损开关安装位置适当，动作灵敏可靠 8. 松绳保护动作灵敏可靠 9. 箕斗有满仓保护，动作灵敏可靠 10. 负力提升及升降人员的绞车动力制动能自动投入正常使用 11. 各种仪表齐全，指示正确灵敏 12. 提升信号及通信符合《煤矿安全规程》要求		

续表 1—5

序号	检查项目及内容	检查结果	备注
2	立井提升安全检查： 1. 升降人员的容器及防坠器符合《煤矿安全规程》要求 2. 连接装置安全系数符合《煤矿安全规程》要求 3. 安全门与提升信号闭锁 4. 阻车器与罐笼停止位置连锁 5. 摇台与提升信号闭锁 6. 罐道、罐耳间隙符合《煤矿安全规程》的要求		
3	安全技术管理及规章制度的检查： 1. 连接装置、安全保护装置、钢丝绳等要求定期检查、试验的项目查看检查、试验记录 2. 把钩工、司机持证操作以及岗位责任制		

(4) 倾斜井巷车辆运送人员的检查：

① 倾斜井巷环境、斜巷断面、管线敷设是否符合《煤矿安全规程》规定；巷道支护是否达到合格；巷道两侧有无杂物，堆放物品与行车的安全距离是否符合规定；

② 轨道铺设是否平直、稳固、不悬空，轨型是否符合规定要求；

③ 是否有足够的照明和完备的声光信号；

④ 倾斜巷道各车场有无信号硐室和躲避硐，是否设阻车器或挡车栏；

⑤ 过卷开关上端有无过卷距离，过卷距离是否根据巷道的倾角、设计载荷、最大提升速度和实际制动力矩计算确定，并有 1.5 倍的备用系数；

⑥ 倾斜巷道运输时，是否严禁蹬钩，行车时是否严禁行人；

⑦ 倾斜井巷运输矿车的钢丝绳、连接装置是否设专人负责检查，安全系数及有关要求是否符合《煤矿安全规程》的规定；

⑧ 挂钩工是否严格按操作规程作业，在矿车停稳后摘挂钩；

⑨ 司机下放重载时，是否因违章操作而出现超速；

⑩ 钢丝绳严重锈蚀、过度磨损或断丝超限时，是否及时更换；

⑪ 司机操作运行中是否有过大的加减速度；

⑫ 矿车的插销、环链及连接件是否认真检查，有无漏检或挂钩工没挂好防脱插销或防脱失灵的现象；

⑬ 道床有无煤和石块造成行车颠簸的现象发生。

矿井倾斜井巷运输安全检查表，见表 6—9。

表 6—9　　　　　　　矿井倾斜井巷运输安全检查表

单位：　　　　　倾巷地点：　　　　　年　月　日

序号	检查项目及内容	检查结果	备注
1	绞车道断面、支护及行车安全间隙		
2	架设的管路、电缆、两侧堆积杂物对行车的影响		

续表 6-9

序号	检查项目及内容	检查结果	备注
3	有水斜巷水沟畅通		
4	设阻车器、挡车器或挡车栏，要与绞车有电气闭锁，有声光信号		
5	地滚齐全有效，转弯处装设转动的立滚		
6	充足的照明，完备的声光信号；各车场有甩车、顶车的声光信号		
7	主运轨道及道岔质量达优良，其余合格		
8	行车时严禁蹬钩，严禁行人		
9	兼作行人的绞车道，有醒目的行车不行人标志、信号，开车时红灯显示，人行道有梯蹬、扶手和躲避硐，车场设信号硐室		
10	人车斜巷有乘车制度，严禁矿车运人，人车有跟车工，人车防坠器定期试验，动作灵活可靠，使用斜井人车专用信号，双钩提升错码信号		
11	斜井上端有足够的过卷距离		
12	有专人对人车、矿车、连接装置、钢丝绳、保险装置定期检查、试验、维修		
13	岗位人员持证操作，执行岗位责任制及操作规程的检查		

（二）井下电机车运输的安全检查

在矿井平巷电机车运输中，常见的事故有行车中将行人碰伤，运行中司机或蹬钩工本身被挤伤，机车电火花引起瓦斯、煤尘事故。为预防上述事故的发生，在现场要重点检查以下内容：

1. 电机车运行区域的检查

（1）低瓦斯矿井进风主运输巷中使用架线电机车的巷道有无防火措施。

（2）高瓦斯进风巷使用架线电机车时，在瓦斯涌出的区域，是否装有瓦斯自动检测报警断电装置。

（3）在瓦斯矿井的主要回风道和采区进、回风道内；在煤（岩）与瓦斯突出矿井和瓦斯喷出区域中，进风的主要运输巷道内或主要回风道内是否使用防爆特殊型电机车，是否在机车内装设瓦斯自动检测报警断电装置。

2. 防爆特殊型电机车的电气设备的检查

（1）各电气设备是否安装紧固，有无松动、失爆现象。

（2）连接各电气设备之间的电缆是否完整无损，连接紧固。

（3）防爆特殊型电机车在运行中是否打开电气设备；发现电源装置有异常现象，是否断电停车，由其他机车拖回库检查。

（4）熔断器是否符合要求，是否用其他不合格的材料代用。

（5）各电气设备是否超额定值运行。

3. 防爆特殊型电源装置的检查

(1) 电源装置是否有防爆合格标志和警告牌"危险"标志；"不能随便开盖"的字迹是否损坏或拆除。

(2) 电源装置所有零件是否完整无损，连接线是否有脱焊、松动、断裂，橡胶绝缘套有无破损，特殊工作栓是否完整，机座有无脱落，电池槽有无损坏，封口剂有无裂纹等缺陷。

(3) 电源装置漏电流值是否符合《煤矿安全规程》规定。

(4) 电源装置失去防爆性能，有下列情况时，停止使用进行处理：

① 蓄电池组的连接线及极柱焊接处，只要有一根断裂，熔化开裂时；

② 橡胶绝缘套已损坏，极柱及带电部分已裸露时；

③ 由蓄电池组本身或其他原因造成短路时；

④ 蓄电池槽和盖损坏漏酸，特殊工作栓丢失损坏，蓄电池封口剂开裂漏酸时；

⑤ 漏电流超过规定值；

⑥ 电源插销连接器发生故障时；

⑦ 蓄电池箱和箱盖严重变形时。

4. 电机车运行的检查

(1) 电机车安全设施。

① 电机车的灯、铃（喇叭）、闸、连接器和撒砂装置，是否正常或防爆部分是否失去防爆性能。

② 列车或单独机车是否前有照明、后有红尾灯。

③ 对闸是否灵活可靠。

④ 施闸时列车制动距离运送物料时是否超过 40 m；运送人员时是否超过 20 m。

⑤ 运行的电机车是否有司机室棚。

(2) 电机车运行。

① 在电机车运行时，司机是否集中精神瞭望前方；接近风门、道口、硐室出口、弯道、道岔、坡度大或噪声大等处所及司机视线有障碍时，或两列车会车时，是否减低速度，发出警告信号。

② 机车在运行中，司机是否将头和身子探出车外。

③ 正常运行中，机车是否在列车前端（调车或处理事故时，不受此限）。

④ 顶车时，蹬钩工引车，减速行驶，蹬钩工是否站在前边第一个车空里，以防顶车掉道挤伤人员。

⑤ 两机车或两列车在同一轨道同一方向行驶时，是否保持不小于 100 m 的距离。

⑥ 列车停车后，是否压道岔，是否超过警冲标位置。

⑦ 停车后是否将控制器手把扳回零位；司机离开机车时，是否切断电源取下换向手把，扳紧车闸，关闭车灯。

5. 窄轨铁路的检查

(1) 钢轨轨型是否与行驶车辆的吨位及地点相适应。

(2) 轨道扣件是否齐全、紧固并与轨型一致；轨枕是否齐全，材质、规格是否符合标准，位置是否正常，轨枕是否用道砟填实，道床有无浮煤、杂物、淤泥及积水。

(3) 接头平整度是否达到标准。

(4) 轨距是否符合规定的允许偏差。
(5) 除曲线段外轨加高外，两股钢轨是否水平。
(6) 坡度误差，50 m 内高差是否超过 50 mm。
(7) 道岔轨距按标准加宽后偏差是否符合规定。
(8) 道岔水平偏差和接头子整度、轨面及内侧错差是否符合规定要求。
(9) 道岔轨尖端是否与基本轨密贴，尖轨损伤长度、尖轨面宽、尖轨开程是否符合规定。
(10) 转辙器拉杆零件是否齐全，连接牢固，动作灵活可靠。

6. 电机车牵引网路的检查

(1) 电机车架空线悬挂高度。
① 架空线的悬挂高度，自轨面算起是否小于下列规定：在行人的巷道内、车场内以及人行道同运输巷道交叉的地方为 2 m；在不行人的巷道内为 1.9 m。
② 在井底车场内，从井底到乘车场为 2.2 m。
③ 井下架空线两悬挂点的弛度不大于 30 mm。
④ 平硐采用架线电机车运输时，在工业场地内，不同道路交叉的地方为 2.2 m。
(2) 架空线的分段开关。为预防人员触电，架空线是否在下列地点设分段开关。
① 有人员上下车的地点（人车站）。
② 干线和主要支线分岔处。
③ 干线长度大于 500 m 时。
(3) 架线电机车车库和检修硐室。
① 在人员上下车时或该区段有人作业时，是否切断该区段架空线电源。
② 使用架线式电机车的人行车场是否装设自动停送电开关，保证上下车时架线无电。
(4) 对架空线漏电的检查。
① 架空线与集中带电部分距金属管线的空气绝缘间隙是否小于 300 mm。
② 个别地段与金属管线交叉满足不了要求时，是否采取加强绝缘的措施。
③ 架空线和巷道顶或棚梁之间的距离是否大于 0.2 m；悬吊绝缘子距电机车架空线的距离，每侧是否超过 0.25 m。
④ 横吊线上的拉紧绝缘子和带绝缘的吊线器是否保持清洁，绝缘子有无裂纹或损坏。
⑤ 架空线对地的绝缘电阻，在分段的情况下是否符合《煤矿安全规程》规定。
(5) 对杂散电流和不回电轨道连接的检查。
① 架线式电机车使用的钢轨接缝处、各平行轨之间、道岔各部分与岔心之间是否用良线或焊接工艺连接，连接电阻是否符合《煤矿安全规程》规定。
② 两平行轨道是否每隔 50 m 连接一根导线，导线电阻是否与长度相同。
③ 不回电的轨道是否在电机车轨道连接处加绝缘架线，第一绝缘点是否设在两种轨道的连接处，第二绝缘点距第一绝缘点是否大于一列车的长度；绝缘点处是否保持干净、干燥。
④ 绞车道附近两绝缘点是否能保证被绝缘点分开的钢轨不被钢丝绳或矿车所短路。
⑤ 牵引变电所总回流线是否与附近所有轨道相连；连接点是否紧密。

7. 平巷和倾斜井巷车辆运送人员的检查

(1) 平巷车辆运送人员的检查。
① 车辆运行的沿途巷道断面、巷道两侧敷设的管、线、电缆与车体最突出部分之间的安

全距离，是否符合《煤矿安全规程》的规定。

② 轨道质量是否达到优良。

③ 车辆是否有顶盖。新建和改扩建矿井，是否用空矿车运送人员；现有生产矿井中，使用空矿车运送人员时，是否制定了安全措施；是否使用翻斗车、底卸式矿车、物料车和平板车运送人员。

④ 斜井人车是否有可靠的防坠器，当发生断绳、跑车时防坠器能否自动动作，并能手动操作停车；斜巷是否用矿车运送人员。为了保证人车安全可靠地运行，是否按有关规定，对防坠器进行检查和试验。

⑤ 运送人员的列车有无跟车人。跟车人是否受过培训，经考试合格发证后持证上岗。跟车人在运送人员前，是否检查人车的连接装置、保险链和防坠器；防坠器是否每天至少进行一次静止手动落闸检查，保证防坠器的操作和传动机构灵活动作。

⑥ 运送人员时列车行驶速度是否超过 3 m/s，斜井升降人员最大速度是否超过 5 m/s。

⑦ 用架线式电机车牵引运送人员时，架空线质量综合评定是否优良；是否设分段开关；人员上下车时是否切断该区段架空线电源。

⑧ 乘车人员是否携带易爆、易燃或腐蚀性物品上车；携带工具和零件是否露出车外；有无扒、登、跳车现象；是否超负荷载人。

⑨ 斜巷人车是否使用人车专用信号。

⑩ 使用人车的斜巷各车场的躲避硐有无足够的空间作候车硐室。

(2) 倾斜井巷车辆运送人员的检查。

① 倾斜井巷环境、斜巷断面、管线敷设是否符合《煤矿安全规程》规定；巷道两侧堆放物品与行车的安全距离是否符合规定。

② 轨道铺设是否平直、稳固、不悬空，轨型是否符合规定。水沟是否畅通，水能否冲道床，地轮是否齐全有效。

③ 是否有足够的照明和完备的声、光信号。

④ 斜巷各车辆有无信号硐室和躲避硐，是否设挡车器或挡车栏。

⑤ 过卷开关上端有无过卷距离，过卷距离是否符合规定。

⑥ 斜巷运输时，是否严禁登钩。行车时是否严禁行人。绞车道上有无悬挂"行车不许行人"标志和信号。

⑦ 倾斜井巷运输矿车的钢丝绳、连接装置是否设专人负责检查，安全系数及有关要求是否符合《煤矿安全规程》的规定。

⑧ 挂钩工是否严格按操作规程作业，如开车前挂钩工是否检查牵引车数，有无多拉车；连接有无不良现象，防脱是否失效；装载物料超重、超高、超宽时，是否发出开车信号。运送大件或有关人员乘矿车运行时，有无安全措施，是否经领导批准。

⑨ 保护装置不完备的小型电绞车，安装基础是否固定；绞车是否有常用闸和保险闸；深度指示器及安设的防过卷装置制动力矩倍数是否符合《煤矿安全规程》规定。

⑩ 斜井兼作人行道时是否设有专用人行道、躲避硐、行车信号。

钢丝绳严重锈蚀、过度磨损或断丝超限时，是否及时更换。

矿车的插销、环链及连接件是否认真检查，有无漏检或挂钩工没挂好防脱插销或防脱失灵的现象。

道床有无煤和石块造成行车颠簸的现象。

(三) 井下带式输送机运输的安全检查

1. 井下一般输送带的检查

(1) 带式输送机是否设置胶带打滑或低速自动停机的保护装置；综合保护器是否投入使用，动作是否灵敏可靠。

(2) 胶带下料仓是否设置满仓停机安全装置，是否进行满仓停机装置试验，动作是否灵敏可靠。

(3) 带式输送机是否使用合格的易熔合金保护塞，安装是否正确，是否用其他代用。

(4) 是否使用阻燃胶带，使用非阻燃胶带时是否设有烟雾保护。

(5) 胶带巷是否设有消防水管，机头、机尾和巷道每隔 50 m 是否设一个消防栓，有无配备水龙带和灭火器。

(6) 为预防外因火源，井下带式输送机附近是否用火电焊。

(7) 带式输送机头尾 10 m 处是否用不燃材料支护。

(8) 沿机有无启动报警，联锁是否起作用，不报警能否启动主机。

(9) 检修和清扫胶带是否在停机、停电后进行。

(10) 运煤胶带是否乘人，是否有人踏胶带行走或跨越、穿过胶带。

(11) 道口处有无胶带桥供行人通过。

(12) 沿机有无防胶带跑偏保护和胶带纵向撕裂保护，主带式输送机和给料机有无联锁电路。

(13) 每台带式输送机是否有专职司机持证上岗，带式输送机开动后是否经常巡视胶带运行情况。

(14) 胶带巷是否班班清理，保持整洁畅通，有无杂物、浮煤和积水，有无与其他物品相摩擦。

2. 斜井钢丝绳带式输送机运送人员的检查

(1) 对巷道断面与空间的检查。上、下人员 20 m 区段内胶带至巷道顶部的净高、行驶区段内的净高和下胶带乘人时，上下胶带的净高是否符合《煤矿安全规程》规定。运送人员的胶带宽度、运送速度和胶带槽至胶带边的宽度是否符合《煤矿安全规程》规定。

(2) 乘坐人员及地点的检查。乘坐人员之间的间距是否小于 4 m；乘坐人员是否站立或仰卧，是否面向前方，是否携带笨重物品和手摸胶带侧帮。上下人员的地点是否设平台和照明，在平台处有无带式输送机的悬挂装置，下人地点是否有明显的下人标志和信号，在人员下机前方 2 m 处，是否设有防止人员坠入煤仓的措施。上下班运送人员前，是否卸下胶带上的物料；是否有人、物混运的现象。

(四) 通风机的安全检查重点

1. 主要通风机的检查

(1) 主要通风机房必须装置 2 套同等能力的通风机（包括电动机），其中一套备用。备用通风机必须能在 10 min 内开动。2 套通风机能力要相等，如不等，至少也要满足矿井正常生产时对风量、风压的需要。

(2) 主要通风机必须保持完好状态，保证经常运转。

① 检查运转是否正常，有无异声、异味及异常振动；

② 检查轴承温度，滚动轴承不得超过 75 ℃，滑动轴承不得超过 60 ℃，主电机的温度不得超过产品说明书规定；

③ 检查水柱计及测压管有无损坏、堵塞和变形；

④ 检查电压表、电流表、功率表、功率因数表、温度表等仪表是否灵敏可靠，并每年进行一次校验；

⑤ 检查各注油部位的油质、油量是否适当，有无渗漏油现象；

⑥ 检查过流和无压释放保护装置动作是否可靠，保护接地是否符合标准；

⑦ 检查联轴器的工作状况，转动及带电裸露部分要有保护栅栏和警告牌。

（3）主要通风机的出风井口，应安装防爆门，防爆门不得小于出风门的断面积，并正对出风门的风流方向。

（4）新安装矿井主要通风机投产前，必须进行性能测定和试运转工作，以后每年至少进行一次性能测定。

（5）禁止利用主要通风机房作其他用途。主要通风机房必须安装水柱计、电流表、电压表、功率表、轴承温度计等仪表，还必须有通达矿调度室的电话。

（6）主要通风机应由专职司机负责运转，司机应每小时将通风机运转情况记入运转记录簿内，如果发现有异常变化，必须立即报告矿调度室。

（7）主要通风机因检修、停电或其他原因需要停风时，必须制定停风措施，报矿总工程师批准。

2. 局部通风机的检查

局部通风机应安装在入风巷道中，距回风巷道口不小于 10 m；入风巷道的风量要大于局部通风机的吸入风量；局部通风机不应产生循环风；局部通风机的电源接头处、局部通风机与风筒连接处，都不应有漏风；局部通风机要用两根 8 号铅丝吊挂牢固，适合用垫凳安装在巷道的底板，垫凳的高度不小于 300 mm；局部通风机要有整流器、高压垫圈和吸风罩，有专用电源，有"三专两闭锁"装置；局部通风机入风处有净化风流装置。

※ 国家题库中与本章相关的试题

一、判断题

1. 在每次更换钢丝绳时，必须对连接装置的主要受力部件进行探伤检验，合格后方可继续使用。（　）
2. 平巷人车行驶速度不得超过 5 m/s。（　）
3. 矿井提升钢丝绳锈蚀分为 4 个等级。（　）
4. 立井使用罐笼提升时，井口安全门必须与罐位和提升信号闭锁。（　）
5. 滚筒驱动的带式输送机可以不使用阻燃输送带。（　）
6. 刮板输送机严禁乘人，在制订安全措施情况下可以运送物料。（　）
7. 移动刮板输送机的液压装置，必须完整可靠。（　）
8. 倾斜井巷内使用串车提升时必须在倾斜井巷内安设能够将运行中断绳、脱钩的车辆阻止住的跑车防护装置。（　）
9. 耙装机在拐弯巷道装（岩）煤时，为了保证安全，在拐弯处钢丝绳内侧必须设专人指挥。（　）
10. 推移刮板输送机时，严禁从刮板输送机两端头开始向中间推移溜槽，以免发生中部槽凸翘。（　）
11. 工作面遇有坚硬夹矸或黄铁矿结核时，应采取松动爆破措施处理，严禁用采煤机强行截割。（　）

第六章 煤矿机电与运输提升安全管理 311

12. 为保证采煤机、刮板输送机的安全使用，《煤矿安全规程》规定，要求在采煤机上必须安装有能停止工作面刮板输送机的闭锁装置。（　）
13. 提升用钢丝绳的钢丝有变黑、锈皮、点蚀麻坑等损伤时，也可用作升降人员，但必须加强维护。（　）
14. 《煤矿安全规程》规定：提升钢丝绳必须每季检查一次，对使用中的钢丝绳，应根据井巷条件和锈蚀情况，至少每月涂油一次。（　）
15. 输送带跑偏的主要原因之一是输送带受力不均匀造成的。（　）
16. 开动掘进机前，必须发出警报信号，只有在铲板前方和截割臂附近无人时，方可开动掘进机。（　）
17. 使用中的立井罐笼防坠器每年必须进行一次不脱钩检查性试验。（　）
18. 使用中的立井罐笼防坠器每年进行一次脱钩试验。（　）
19. 升降物料用的钢丝绳，自悬挂时起18个月进行第一次检验，以后每隔6个月检验一次。（　）
20. 专为升降物料用的钢丝绳在一个捻距内断丝断面积与钢丝总断面积之比，达到5%时必须更换。（　）
21. 提升钢丝绳必须每天检查一次。（　）
22. 人力推车时严禁在矿车两侧推车。（　）
23. 井底车场的信号工可以直接向绞车司机发送紧急停车信号。（　）
24. 深度指示器失效保护是提升装置必须装设的主要保险装置之一。（　）
25. 阻车器一般设在上部车场入口处，平时应处在打开状态，往井下推车时方准关闭，以免误操作发生跑车事故。（　）
26. 巷道坡度大于7‰时，禁止使用人力推车。（　）
27. 采用机车运输时，列车的制动距离每年至少测定一次，运送物料时不得超过40 m。（　）
28. 使用人力推车，同向推车的间距，在坡度大于5‰时，不得小于10 m。（　）
29. 工作水泵和备用水泵的总能力，应能在20 h排出矿井24 h的最大涌水量。（　）
30. 禁止采煤机带负荷启动和频繁开动。（　）
31. 采煤机停止工作或检修时，必须切断电源，并打开其磁力起动器的隔离开关。（　）
32. 用刮板输送机运送物料时，必须有防止顶人和顶倒支架的安全措施。（　）
33. 移动刮板输送机时，必须有防止冒顶、顶伤人员和损坏设备的安全措施。（　）
34. 刮板输送机工作时，要及时供水、洒水降尘。停机时水不能停。（　）
35. 掘进机司机离开操作台时，必须断开电气控制开关和掘进机上的隔离开关。（　）
36. 耙装机操作时，两个制动闸可同时闸紧。（　）
37. 倾斜井巷运送人员的人车必须有跟车人，跟车人必须坐在设有手动防坠器把手或制动器把手的位置上。（　）
38. 采用机车运输时，列车或单独机车都必须前有照明，后有红灯。（　）
39. 架线电机车的架线高度自轨面算起，在井底车场内，从井口到乘车场不小于2 m。（　）
40. 提升装置的最大载重量和最大载重差，应在井口公布，严禁超载和超载重差运行。（　）
41. 提升矿车的罐笼内必须装有阻车器。（　）
42. 升降人员或升降人员和物料的单绳提升罐笼必须装设可靠的防坠器。（　）
43. 立井中，用罐笼升降人员时的加速度和减速度都不得超过 0.5 m/s²。（　）
44. 立井中，用罐笼升降人员时的最大速度不得超过12 m/s。（　）
45. 立井在提升速度大于3 m/s的提升系统中，必须设防撞梁和托罐装置。（　）
46. 对斜井人车防坠器，每日做一次手动落闸试验。（　）
47. 对斜井人车防坠器，每半年必须做一次静止松绳落闸试验。（　）

48. 对斜井人车防坠器，每年必须做一次重载全速脱钩试验。（ ）
49. 带式输送机巷道中行人跨越带式输送机处应设过桥。（ ）
50. 井下用机车运送爆破材料时，列车的行驶速度不得超过 2 m/s。（ ）
51. 矿井轨道同一线路必须使用同一型号钢轨。（ ）
52. 矿井轨道铺设质量要求：轨道接头的间隙不得大于 5 mm。（ ）
53. 井下机车司机离开座位时，切断电源，扳紧车闸，方可以离开。（ ）
54. 井下机车运输必须有用矿灯发送紧急停车信号的规定。（ ）
55. 井下采用矿用防爆柴油机车，其油箱的最大容量不得超过 1 天的用油量。（ ）
56. 井下采用矿用防爆型柴油动力装置时，其表面温度不得超过 105 ℃。（ ）
57. 矿井井下轨道中道床应经常清理，应无杂物、无浮煤、无积水。（ ）
58. 架线电机车运行轨道，在钢轨接缝处，必须用导线或采用轨缝焊接工艺加以连接。（ ）
59. 井下架线电机车使用的直流电压，不得超过 600 V。（ ）
60. 电机车架空线与棚梁之间的距离不得小于 0.25 m。（ ）
61. 为防止电机车架空线悬垂，架空线悬挂点的间距在直线段应在 4 m 之内。（ ）
62. 井下大巷可以采用材料车运送人员。（ ）
63. 井下矿用防爆型蓄电池电机车的电气设备需要检修时，可就地进行。（ ）
64. 用架空乘人装置运送人员，其运行速度不得超过 1.5 m/s。（ ）
65. 用架空乘人装置运送人员，乘坐间距不得小于 5 m。（ ）
66. 禁止在同一层罐笼内，人员与物料混合提升。（ ）
67. 用吊桶升降人员时，应当采用不旋转的钢丝绳。（ ）
68. 罐门或罐帘下部边缘至罐底的距离不得超过 300 mm。（ ）
69. 开车信号发出后严禁进出罐笼。（ ）
70. 倾斜井巷运输时，矿车之间的连接、矿车与钢丝绳之间的连接，必须使用不能自行脱落的连接装置，并加装保险绳。（ ）
71. 平巷运送人员的列车，可以附挂物料车。（ ）
72. 立井提升钢丝绳，每天必须由专职人员检查一次。（ ）
73. 井底车场的信号工可以直接向提升机司机发送提人信号。（ ）
74. 用多层罐笼升降人员、物料时，井上、井下各层出车平台都必须设有信号工。（ ）
75. 按照《煤矿安全规程》规定，在用绳的定期检验可以只做每根钢丝的拉断和弯曲这两种试验。（ ）
76. 摩擦轮式提升钢丝绳的正常使用期限应当不超过 2 年。（ ）
77. 立井提升时，可以使用有接头的钢丝绳。（ ）
78. 在倾斜井巷中使用有接头的钢丝绳，其插接长度是钢丝绳捻距的 5 倍。（ ）
79. 倾斜井巷运输用的钢丝绳连接装置，在每次换钢丝绳时，必须用 2 倍于其最大静荷重的拉力进行试验。（ ）
80. 倾斜井巷运输用的矿车连接装置，必须至少每年进行 1 次 2 倍于其最大静荷重的拉力试验。（ ）
81. 矿车的车梁、连接插销其安全系数应不小于 6。（ ）
82. 钢丝绳的绳头固定在滚筒上时，可以系在滚筒轴上。（ ）
83. 斜井升降人员时的加速度和减速度，不得超过 0.75 m/s^2。（ ）
84. 立井提升绞车可以用常用闸进行紧急制动。（ ）
85. 使用中的矿井主要提升装置，必须每 4 年进行 1 次测试。（ ）
86. 空气压缩机上必须有压力表和安全阀。（ ）
87. 空气压缩机上的安全阀动作压力为额定压力的 1.5 倍。（ ）
88. 空气压缩机必须装设温度保护装置，在超温时能自动切断电源。（ ）

89. 采煤机必须安装内、外喷雾装置。( )
90. 提升机的保险闸必须能自动发生制动作用。( )
91. 提人罐笼内每人占有的有效面积应不小于 0.18 m²。( )
92. 井口主信号工误发信号后，应立即发正确信号。( )
93. 过电流保护的作用主要是防止发生人身触电事故。( )
94. 煤矿井下电缆主线芯的截面应满足供电线路过负荷的要求。( )
95. 电网过流是引起电气火灾的主要原因。( )
96. 漏电电流不会引起瓦斯、煤尘爆炸。( )
97. 煤矿井下无人值班的变电硐室必须关门加锁，并有值班人员巡回检查。( )
98. 装设保护接地可防止设备或电缆漏电引起的人身触电事故。( )
99. 煤矿井下电缆连接应做到无"鸡爪子"、无"羊尾巴"、无明接头。( )
100. 矿井的两回路电源线路上可以分接其他负荷。( )
101. 10 kV 及其以下的矿井架空电源线路不得共杆架设。( )
102. 矿井电源线路上严禁装设负荷定量器。( )
103. 地面中性点直接接地的变压器或发电机可以直接向井下供电。( )
104. 瓦斯矿井总回风巷、主要回风巷、采区回风巷、工作面和工作面进回风巷可选用矿用防爆型电气设备和矿用一般型电气设备。( )
105. 煤（岩）与瓦斯突出矿井的井底车场的主泵房内，可使用矿用增安型电动机。( )
106. 手持式电气设备的操作手柄和工作中必须接触的部分必须有良好绝缘。( )
107. 在煤矿井下，容易碰到的、裸露的带电体及机械外露的转动和传动部分必须加装护罩或遮栏等防护设施。( )
108. 井下电缆应带有供保护接地用的足够截面的导体。( )
109. 井下防爆电气设备变更额定值使用和进行技术改造时，必须经国家授权的矿用产品质量监督检验部门检验合格后，方可投入运行。( )
110. 提升装置是绞车、摩擦轮、天轮、导向轮、钢丝绳、罐道、提升容器和保险装置等的总称。( )
111. 煤矿井下硐室外可以使用油浸式低压电气设备。( )
112. 井下高压电动机、动力变压器的高压控制设备，应具有短路、过负荷、接地和欠压释放保护。( )
113. 井下由采区变电所、移动变电站或配电点引出的馈电线上，应装设短路、过负荷和漏电保护装置。( )
114. 井下低压电动机的控制设备，应具备短路、过负荷、单相断线、漏电闭锁保护装置及远程控制装置。( )
115. 井下供移动变电站的高压馈电线上，必须装设有选择性的动作于跳闸的单相接地保护装置。( )
116. 井下低压馈电线上，必须装设检漏保护装置或有选择性的漏电保护装置，保证自动切断漏电的馈电线路。( )
117. 检漏继电器应灵敏可靠，严禁甩掉不用。( )
118. 直接向井下供电的高压馈电线上，应装设自动重合闸。( )
119. 经由地面架空线路引入井下的供电线路和电机车架线，必须在入井处装设防雷电装置。( )
120. 通信线路必须在入井处装设熔断器和防雷电装置。( )
121. 井下机电设备硐室内必须设置足够数量的扑灭电气火灾的灭火器材。( )
122. 井下溜放煤、矸、材料的溜道中严禁敷设电缆。( )
123. 井下严禁采用铝包电缆。( )
124. 带电搬迁是指设备在带电状态下进行搬动（移动）安设位置的操作。为不影响生产可以带电搬迁。( )

125. 水平巷道或倾斜井巷中悬挂的电缆必须平直，并能在意外受力时自由坠落。（　）
126. 电缆不应悬挂在风管或水管上，不得遭受淋水。（　）
127. 在有瓦斯抽采管路的巷道内，电缆（包括通信、信号电缆）必须与瓦斯抽采管路分挂在巷道两侧。（　）
128. 不同型电缆之间可以直接连接。（　）
129. 电缆线芯必须使用齿形压线板（卡爪）或线鼻子与电气设备进行连接。（　）
130. 煤矿井下可用电机车架空线作照明电源。（　）
131. 矿灯应集中统一管理。每盏矿灯必须编号，经常使用矿灯的人员必须专人专灯。（　）
132. 欠电压释放保护装置即低电压保护装置，当供电电压低至规定的极限值时，能自动切断电源的继电保护装置。（　）
133. 所有电气设备的保护接地装置（包括电缆的铠装、铅皮、接地芯线）和局部接地装置，应与主接地极连接成1个总接地网。（　）
134. 井下电气设备的局部接地极可设置于电气设备就近潮湿处。（　）
135. 橡套电缆的接地芯线，除用作监测接地回路外，不得兼作他用。（　）
136. 井下防爆电气设备的运行、维护和修理，必须符合防爆性能的各项技术要求。（　）
137. 防爆性能遭受破坏的电气设备，在保证安全的前提下，可以继续使用。（　）
138. 井下电气设备的检查、维护和调整，必须由采区电钳工进行。（　）
139. 井下高压电气设备的修理和调整工作，应有工作票和施工措施。（　）
140. 煤矿井下，严禁用铜丝、铁丝、铝丝代替保险丝。（　）
141. 非煤矿用高压油断路器严禁用于煤矿井下。（　）
142. 电气设备的失爆主要是由于安装、检修质量不符合标准及使用、维护不当造成的。（　）
143. 电击是指电流流过人体内部，造成人体内部器官损伤和破坏，甚至导致人死亡。（　）
144. 电伤是指强电流瞬间通过人体的某一局部或电弧对人体表面造成的烧伤、灼伤。（　）
145. 常用的50～60 Hz的工频交流电对人体的伤害最严重。（　）
146. 电流通过人体时间越长，电击伤害程度越重。（　）
147. 脚到脚的触电对心脏的影响最大。（　）
148. 过电流会使设备绝缘老化，绝缘降低、破损，降低设备的使用寿命。（　）
149. 电气短路不会引起瓦斯、煤尘爆炸。（　）
150. 电动机内部有异物、偏轴扫膛以及外部负荷引起的运行阻力大都会导致电动机过负荷。（　）
151. 设置过电流保护的目的就是线路或电气设备发生过电流故障时，能及时切断电源防止过电流故障引发电气火灾、烧毁设备等现象的发生。（　）
152. 爬电距离是指两个裸露的导体之间的最短距离。（　）
153. 绝缘材料耐泄痕性能越好，爬电距离就越小；反之，就越大。（　）
154. 分散性漏电是指电网的某一处因绝缘破损导致漏电。（　）
155. 集中性漏电是因淋水、潮湿导致电网中某段线路或某些设备绝缘下降至危险值而形成的漏电。（　）
156. 在煤矿井下36 V及以上电气设备必须设保护接地。（　）
157. 煤矿井下不准甩掉无压释放器、过电流保护装置。（　）
158. 保护接地可有效防止因设备外壳带电引起的人身触电事故。（　）
159. 井下蓄电池充电室内必须采用矿用防爆型电气设备。测定电压时，可使用普通型电压表，但必须在揭开电池盖10 min以后进行。（　）
160. 井口和井底车场必须有把钩工。（　）
161. 人员上下井时，必须遵守乘罐制度，听从把钩工指挥。（　）

162. 每一提升装置，必须装有从井底信号工发给井口信号工和从井口信号工发给绞车司机的信号装置。
（　　）
163. 立井提升装置的过放距离内不得积水和堆积杂物。（　　）
164. 主要提升装置必须配有正、副司机，在交接班升降人员的时间内，必须正司机操作，副司机巡视检查设备。（　　）
165. 在总回风巷和专用回风巷中可以敷设电缆。（　　）
166. 立井井筒中所用的电缆中间不得有接头；因井筒太深需设接头时，应将接头设在中间水平巷道内。
（　　）
167. 列车通过的风门，必须设有当列车通过时能够发出在风门两侧都能接收到声光信号的装置。（　　）
168. 井下机电设备硐室的过道应保持畅通，可以存放无关的设备和物件。（　　）
169. 设置在水沟中的局部接地极应用面积不小于 0.5 m²、厚度不小于 3 mm 的钢板或具有同等有效面积的钢管制成，并应平放于水沟深处。（　　）
170. 在机械提升的进风的倾斜井巷（不包括输送机上、下山）和使用木支架的立井井筒中敷设电缆时，必须有可靠的安全措施。（　　）
171. 对井下各水平中央变（配）电所、主排水泵房和下山开采的采区排水泵房供电的线路，不得少于两回路。当任一回路停止供电时，其余回路应能担负全部负荷。（　　）
172. 井下机电设备硐室入口处必须悬挂"非工作人员禁止入内"字样的警示牌。（　　）

二、单选题

1. 上下车场挂车时，余绳不得超过（　　）m。
  A. 1　　　　　　B. 2　　　　　　C. 3　　　　　　D. 4
2. 提升速度超过（　　）m/s 的提升绞车必须装设限速装置。
  A. 2　　　　　　B. 2.5　　　　　C. 3　　　　　　D. 4
3. 架线电机车运输时，在行人的巷道内，自轨面算起，架线的高度不得低于（　　）m。
  A. 1.8　　　　　B. 1.9　　　　　C. 2.0　　　　　D. 2.2
4. 提升钢丝绳检验周期，升降人员或升降人员和物料用的钢丝绳，自悬挂时起每隔（　　）个月检验一次。
  A. 3　　　　　　B. 6　　　　　　C. 9　　　　　　D. 12
5. 提升装置使用中专为升降人员用的钢丝绳安全系数小于（　　）时，必须更换。
  A. 5　　　　　　B. 6　　　　　　C. 7　　　　　　D. 9
6. 提升装置装设的过卷保护装置是当提升容器超过正常终端停车位置（　　）m 时，必须能自动断电，并能使保险闸发生制动作用。
  A. 0.1　　　　　B. 0.2　　　　　C. 0.3　　　　　D. 0.5
7. 提升装置装设的过速保护装置是当提升速度超过最大速度（　　）%时，必须能自动断电，并能使保险闸发生作用。
  A. 5　　　　　　B. 10　　　　　C. 15　　　　　D. 20
8. 提升装置装设的限速保护装置是用来保证提升容器到达终端位置时的速度不超过（　　）m/s。
  A. 0.5　　　　　B. 1　　　　　　C. 2　　　　　　D. 3
9. 提升绞车的（　　）是指在提升系统发生异常现象，需要紧急停车时，能按预先给定的程序施行紧急制动的装置。
  A. 常用闸　　　　B. 工作闸　　　　C. 保险闸
10. 升降人员或升降人员和物料用的钢丝绳在 1 个捻距内断丝断面积与钢丝总断面积之比，达到（　　）%时，必须更换。
  A. 5　　　　　　B. 6　　　　　　C. 10　　　　　D. 15

11. 提升绞车的盘式制动闸的闸瓦与制动盘之间的间隙应不大于（　　）mm。
   A. 1　　　　　　　B. 2　　　　　　　C. 2.5　　　　　　D. 3
12. 提升绞车的盘式制动闸的空动时间不得超过（　　）s。
   A. 0.1　　　　　　B. 0.3　　　　　　C. 0.5　　　　　　D. 0.6
13. 调度绞车施闸时，闸把不得达到水平位置，应当比水平位置上翘（　　）。
   A. 10°～20°　　　B. 20°～30°　　　C. 30°～40°　　　D. 40°～50°
14. 两机车或两列车在同一轨道同一方向行驶时，必须保持不少于（　　）m 的距离。
   A. 50　　　　　　B. 100　　　　　　C. 150　　　　　　D. 200
15. 倾斜井巷使用串车提升时，在上部平车场变坡点下方（　　）的地点，设置能防止未连挂的车辆继续往下跑车的挡车栏。
   A. 15 m　　　　　B. 20 m　　　　　C. 30 m　　　　　D. 略大于一列车长度
16. 井下采用人力推车时，同向推车的间距，在轨道坡度小于或等于 5‰时，不得小于（　　）m。
   A. 5　　　　　　　B. 10　　　　　　　C. 20　　　　　　　D. 30
17. 列车的制动距离每年至少测定一次，运送人员时不得超过（　　）m。
   A. 10　　　　　　B. 20　　　　　　C. 30　　　　　　D. 40
18. 主要排水设备中工作水泵的能力，应能在（　　）h 内排出矿井 24 h 的正常涌水量。
   A. 16　　　　　　B. 20　　　　　　C. 26　　　　　　D. 30
19. 主要排水设备中检修水泵的能力应不小于工作水泵能力的（　　）%。
   A. 5　　　　　　　B. 10　　　　　　C. 20　　　　　　　D. 25
20. 每年雨季前必须对（　　）进行 1 次联合排水试验。
   A. 工作水泵　　　　B. 备用水泵　　　　C. 全部工作水泵和备用水泵
21. 使用采煤机时，当工作面倾角在（　　）以上时，必须装设可靠的防滑装置。
   A. 10°　　　　　　B. 15°　　　　　　C. 20°　　　　　　D. 25°
22. 采煤机进行班检时，应当由当班司机负责进行，检查时间不少于（　　）min。
   A. 10　　　　　　B. 20　　　　　　C. 30　　　　　　D. 45
23. 采煤机换截齿或距滚筒上下（　　）m 内有人工作时，都必须切断电源，打开采煤机隔离开关和离合器。
   A. 1　　　　　　　B. 2　　　　　　　C. 3　　　　　　　D. 4
24. 采煤工作面刮板输送机必须安设能发出停止和启动信号的装置，发出信号点的间距不得超过（　　）m。
   A. 8　　　　　　　B. 12　　　　　　C. 15　　　　　　D. 20
25. 耙斗装载机耙取岩石时，若受阻过大或过负荷，要将耙斗退（　　）m，重新耙取。
   A. 1　　　　　　　B. 1～2　　　　　C. 2　　　　　　　D. 3
26. 架线式电机车的架线高度在井底车场内，从井底车场到乘车场不小于（　　）m。
   A. 2.0　　　　　　B. 2.2　　　　　　C. 2.3　　　　　　D. 2.5
27. 井下使用人力推车在坡度大于（　　）‰时，严禁推车。
   A. 3　　　　　　　B. 5　　　　　　　C. 7　　　　　　　D. 9
28. 架线式电机车在运送人员时，车速不得超过（　　）m/s。
   A. 3　　　　　　　B. 4　　　　　　　C. 5　　　　　　　D. 6
29. 在凿井初期，尚未装设罐道时，吊桶升降距离不得超过（　　）m。
   A. 40　　　　　　B. 45　　　　　　C. 50　　　　　　D. 55
30. 专为升降物料用提升绞车的钢丝绳，自悬挂时起 12 个月进行第 1 次试验，以后每隔（　　）个月试验 1 次。

A. 3　　　　　　　B. 5　　　　　　　C. 6　　　　　　　D. 9

31. 立井提升专为升降人员和物料的罐笼，进出口必须装设罐门或罐帘，罐门高度不得小于(　　)m。
A. 0.8　　　　　　B. 1.0　　　　　　C. 1.2　　　　　　D. 1.5

32. 提升钢丝绳或制动钢丝绳的直径减小量达到(　　)%时，必须更换。
A. 5　　　　　　　B. 10　　　　　　C. 15　　　　　　D. 50

33. 立井中新安装升降人员或升降人员和物料的提升装置，卷筒上缠绕的钢丝绳层数不准超过(　　)层。
A. 1　　　　　　　B. 2　　　　　　　C. 3　　　　　　　D. 4

34. 采用矿用防爆型柴油动力装置时，其表面温度不得超过(　　)℃。
A. 85　　　　　　B. 120　　　　　　C. 150　　　　　　D. 180

35. 采用矿用防爆型柴油动力装置，燃油的闪点应高于(　　)℃。
A. 50　　　　　　B. 70　　　　　　C. 80　　　　　　D. 90

36. 新建或改扩建的矿井中，对运行7 t及其以上机车或3 t及其以上矿车的轨道，应采用不低于(　　)kg/m的钢轨。
A. 24　　　　　　B. 30　　　　　　C. 33　　　　　　D. 38

37. 人员上下的主要倾斜井巷，垂深超过(　　)m时，应采用机械运送人员。
A. 40　　　　　　B. 50　　　　　　C. 80　　　　　　D. 100

38. 用架空乘人装置运送人员时，蹬座中心至巷道一侧的距离不得小于(　　)m。
A. 0.5　　　　　　B. 0.6　　　　　　C. 0.7　　　　　　D. 0.9

39. 电机车架空线悬吊绝缘子距电机车架空线的距离，每侧不得超过(　　)m。
A. 0.15　　　　　B. 0.20　　　　　　C. 0.25　　　　　　D. 0.30

40. 卡轨车、齿轨车和胶套轮车运行的轨道，应采用不小于(　　)kg/m的钢轨。
A. 18　　　　　　B. 22　　　　　　C. 24　　　　　　D. 30

41. 提升容器的罐耳在安装时与罐道之间所留的间隙，使用木罐道时每侧不得超过(　　)mm。
A. 5　　　　　　　B. 8　　　　　　　C. 10　　　　　　D. 12

42. 罐道和罐耳的磨损在使用组合钢罐道时任一侧的磨损量超过原有厚度的(　　)%时，必须更换。
A. 10　　　　　　B. 25　　　　　　C. 40　　　　　　D. 50

43. 检修人员站在罐笼或箕斗顶上工作时，提升容器的最大速度不得超过(　　)m/s。
A. 0.3　　　　　　B. 0.5　　　　　　C. 1.5　　　　　　D. 2.0

44. 摩擦轮式提升，平衡钢丝绳的使用期限应不超过(　　)年。
A. 1　　　　　　　B. 2　　　　　　　C. 3　　　　　　　D. 4

45. 立井提升容器与提升钢丝绳的楔形连接装置，单绳提升累计使用期限不得超过(　　)年。
A. 8　　　　　　　B. 10　　　　　　C. 12　　　　　　D. 15

46. 斜井人车使用的连接装置的安全系数不得小于(　　)。
A. 6　　　　　　　B. 8　　　　　　　C. 10　　　　　　D. 13

47. 矸石山绞车的滚筒和导向轮的最小直径与钢丝绳直径之比，不得小于(　　)。
A. 40　　　　　　B. 50　　　　　　C. 60　　　　　　D. 70

48. 天轮到滚筒上的钢丝绳的最大内、外偏角都不得超过(　　)。
A. 1°　　　　　　B. 1°15′　　　　　C. 1°30′　　　　　D. 1°45′

49. 滚筒上缠绕2层或2层以上钢丝绳时，滚筒边缘高出最外一层钢丝绳的高度，至少为钢丝绳直径的(　　)倍。
A. 1.5　　　　　　B. 2　　　　　　　C. 2.5　　　　　　D. 3

50. 用于辅助物料运输的滚筒直径在(　　)m及其以下的绞车，可用手动闸。

A. 0.6　　　　　B. 0.8　　　　　C. 1.0　　　　　D. 1.2

51. 立井提升绞车保险闸或保险闸第一级制动空动时间,储能液压驱动闸瓦式制动闸不得超过(　　)s。
A. 0.3　　　　　B. 0.5　　　　　C. 0.6　　　　　D. 0.7

52. 井巷中采用钢丝绳牵引带式输送机或钢丝绳芯带式输送机运送人员时,乘坐人员的间距不得小于(　　)m。
A. 2　　　　　　B. 3　　　　　　C. 4　　　　　　D. 5

53. 装有炸药和装有电雷管车辆之间,必须用空车隔开,隔开长度不得小于(　　)m。
A. 1.5　　　　　B. 3.0　　　　　C. 4.5　　　　　D. 6.0

54. 采煤机截煤时,必须喷雾降尘,内喷雾压力不得小于(　　)MPa。
A. 1　　　　　　B. 2　　　　　　C. 2.5　　　　　D. 3

55. 掘进机作业时,内喷雾装置的使用水压不得小于(　　)MPa。
A. 2　　　　　　B. 3　　　　　　C. 4　　　　　　D. 5

56. 主要运输巷道的轨道铺设质量应达到在直线段和加宽后的曲线段轨距上偏差为+5 mm,下偏差为(　　)mm。
A. -5　　　　　B. -2　　　　　C. 0　　　　　　D. +2

57. 架线电机车运行轨道在两平行钢轨之间,每隔(　　)m应连接1根断面不小于50 mm² 的铜线或其他具有等效电阻的导线。
A. 25　　　　　 B. 50　　　　　 C. 75　　　　　 D. 100

58. 采煤机截煤时,如果内喷雾装置不能正常喷雾,外喷雾压力不得小于(　　)MPa。
A. 2　　　　　　B. 3　　　　　　C. 4　　　　　　D. 5

59. 空气压缩机必须使用闪点不低于(　　)℃的压缩机油。
A. 105　　　　　B. 155　　　　　C. 215　　　　　D. 255

60. 下列说法中,错误的是(　　)。
A. 外壳严重变形或出现裂缝为失爆
B. 隔爆接合面严重锈蚀为失爆,可涂油漆防锈
C. 外壳内随意增加元件使电气距离少于规定值造成失爆
D. 电缆进、出口没有使用合格的密封圈易造成失爆

61. 在煤矿井下,电气设备进行验电、放电、接地工作时,要求瓦斯浓度必须在(　　)%以下才能进行。
A. 0.5　　　　　B. 1.0　　　　　C. 1.5　　　　　D. 2.0

62. 用于运送人员的钢丝绳牵引带式输送机或钢丝绳芯带式输送机输送带的宽度不得小于(　　)m。
A. 0.5　　　　　B. 0.6　　　　　C. 0.8

63. 电动机及开关地点附近20 m风流中瓦斯浓度达到(　　)%,必须停止工作,切断电源,撤出人员,进行处理。
A. 0.5　　　　　B. 1.0　　　　　C. 1.5　　　　　D. 2.0

64. 密封圈外径大于60 mm时,密封圈外径与电缆引入装置内径之差不大于(　　)mm。
A. 1　　　　　　B. 1.5　　　　　C. 2　　　　　　D. 2.5

65. 密封圈内径与电缆外径之差应不大于(　　)mm。
A. 0.5　　　　　B. 1　　　　　　C. 1.5　　　　　D. 2

66. 当电网停电后,矿井监控系统必须保证正常工作时间不小于(　　)h。
A. 1　　　　　　B. 1.5　　　　　C. 2

67. 对于有漏电闭锁功能的漏电继电器,其闭锁电阻的整定值为动作电阻整定值的(　　)倍。
A. 1　　　　　　B. 2　　　　　　C. 3　　　　　　D. 4

68. 高瓦斯和煤与瓦斯突出矿井的采煤工作面或回风流中的瓦斯浓度超过（　　）%时，闭锁装置能切断工作面及回风巷内的动力电源并闭锁。
   A. 0.5　　　　　　B. 1　　　　　　C. 1.5　　　　　　D. 2
69. 油断路器经（　　）次切断短路故障后，其绝缘油应加试1次电气耐压试验，并检查有无游离碳。
   A. 1　　　　　　　B. 2　　　　　　C. 3　　　　　　　D. 4
70. 矿井高压电网必须采取措施限制单相接地电容电流不超过（　　）A。
   A. 20　　　　　　　B. 25　　　　　　C. 30　　　　　　 D. 35
71. 电气设备的防护等级是指（　　）。
   A. 绝缘等级　　　　　　　　　　　　B. 防爆等级
   C. 外壳防水和防外物的等级　　　　　D. 外壳表面温度允许等级
72. 矿用隔爆兼本质安全型防爆电气设备的防爆标志是（　　）。
   A. Exid Ⅱ　　　　B. Exdib Ⅰ　　　C. Exid Ⅰ　　　　D. Exd Ⅰ
73. 本质安全型防爆电气设备适用于（　　）。
   A. 全部电气设备　　　　　　　　　　B. 大功率电气设备
   C. 通信、监控、信号和控制等小功率电气设备
74. 普通便携式测量用仪器、仪表，只准在瓦斯浓度（　　）%以下的地点使用。
   A. 0.5　　　　　　B. 1　　　　　　C. 1.2　　　　　　D. 1.5
75. 漏电闭锁装置的主要作用是对（　　）的供电干线或分支线的对地绝缘状态进行监视。
   A. 送电　　　　　　B. 未送电　　　　C. 送电及未送电　　D. A、B、C都对
76. 隔爆型电气设备放置与地平面垂直，最大倾角不得超过（　　）。
   A. 10°　　　　　　B. 12°　　　　　C. 15°　　　　　　D. 20°
77. 低压隔爆开关空闲的接线嘴，应用密封圈及厚度不小于（　　）mm的钢板封堵压紧。
   A. 1　　　　　　　B. 1.5　　　　　C. 2　　　　　　　D. 2.5
78. 本质安全型防爆电源（　　）。
   A. 必须与其防爆联检合格的本质安全型负载配套使用
   B. 可以与其他本质安全型防爆电源并联使用
   C. 可以与其他本质安全型防爆电源串联使用
   D. 可以配接各种负载
79. 低压馈电开关过电流继电器整定时，除满足所供电动机正常工作及最大电动机启动外，应按线路最远点（　　）最小短路电流值进行校验。
   A. 单相　　　　　　B. 两相　　　　　C. 三相　　　　　　D. 接地
80. 热继电器主要用于电动机的（　　）保护。
   A. 过负荷　　　　　B. 短路　　　　　C. 单相接地
81. 井下选择高压动力电缆截面时，应按最大运行方式下发生（　　）故障，校验电缆的热稳定性。
   A. 三相短路　　　　B. 两相短路　　　C. 单相接地　　　　D. 过流
82. 铠装电缆的实际选用长度，应比敷设电缆巷道的设计长度增加（　　）%。
   A. 2　　　　　　　B. 5　　　　　　C. 10　　　　　　 D. 15
83. 要求煤矿井下电气设备的完好率、小型电器的合格率、防爆电器的失爆率分别应是（　　）。
   A. 90%　95%　0　　B. 90%　90%　0　　C. 95%　95%　0　　D. 95%　95%　5%
84. 煤矿用特殊型电气设备的标志为（　　）。
   A. Exd Ⅰ　　　　　B. Exe Ⅰ　　　　C. Exm Ⅰ　　　　　D. Exs Ⅰ
85. 提升机盘型闸液压制动系统（　　）过大将直接影响提升机制动力的大小，严重时会出现刹不住车现象。

A. 压力　　　　　B. 减速度　　　　　C. 残压　　　　　D. 速度

86. 提升机盘闸制动系统包括液压站和（　　）两部分。
A. 盘式制动器　　B. 减速器　　　　　C. 电动机　　　　D. 滚筒

87. 提升机当操作手把在紧闸位置，电液调压装置动线圈没有电流流过时，液压站所残有的压力称（　　）。
A. 油压　　　　　B. 残压　　　　　　C. 调压　　　　　D. 定压

88. 矿井提升机制动系统由（　　）和传动机构组成。
A. 闸　　　　　　B. 深度指示器　　　C. 滚筒　　　　　D. 电动机

89. 在倾斜井巷中使用有接头钢丝绳，其插接长度不得小于钢丝绳直径的（　　）倍。
A. 100　　　　　 B. 200　　　　　　 C. 500　　　　　 D. 1 000

90. 提升钢丝绳、罐道钢丝绳必须（　　）检查1次。
A. 1天　　　　　B. 1个月　　　　　C. 每季　　　　　D. 每年

91. 罐笼承接装置分为罐座、（　　）和支罐机3种形式。
A. 摇台　　　　　B. 防坠器　　　　　C. 罐耳　　　　　D. 罐道

92. 井架的作用是（　　）天轮和承受全部提升重量等。
A. 导向　　　　　B. 支撑　　　　　　C. 装载　　　　　D. 升降

93. 立井罐笼防坠器的空行程时间，一般不超过（　　）s。
A. 0.2　　　　　B. 0.25　　　　　　C. 0.3　　　　　 D. 0.35

94. 矿井提升钢丝绳的钢丝是由优质碳素结构圆钢冷拔而成的，一般直径为（　　）mm。
A. 0.1~1.0　　　B. 0.2~1.0　　　　 C. 0.3~3.0　　　 D. 0.4~4.0

95. 井下电机车的轨距有600 mm、762 mm和（　　）mm 三种。
A. 800　　　　　B. 850　　　　　　 C. 880　　　　　 D. 900

96. 用来阻止矿车自溜滑行的机械装置是（　　）。
A. 阻车器　　　　B. 推车机　　　　　C. 爬车机　　　　D. 翻车机

97. 井巷中采用钢丝绳牵引带式输送机运送人员时，运行速度不得超过（　　）m/s。
A. 1.2　　　　　B. 1.5　　　　　　 C. 1.8　　　　　 D. 2

98. 运送硝酸甘油类炸药或电雷管时，罐笼升降速度，不得超过（　　）m/s。
A. 2　　　　　　B. 3　　　　　　　 C. 4

99. 下列设备中，不能使用有接头的钢丝绳是（　　）。
A. 平巷运输设备　　　　　　　　　　B. 斜巷钢丝绳牵引带式输送机
C. 斜巷无极绳绞车　　　　　　　　　D. 30°以上倾斜井巷中专为升降物料的绞车

100. 对使用中的钢丝绳，应根据井巷条件及锈蚀情况，至少每（　　）涂油一次。
A. 周　　　　　　B. 月　　　　　　　C. 季　　　　　　D. 半年

101. 年产（　　）t以上的煤矿没有双回路供电系统的，应当立即停止生产，排除隐患。
A. 30 000　　　 B. 50 000　　　　　C. 60 000

102. 年产（　　）t以下的矿井采用单回路供电时，必须有备用电源；备用电源的容量必须满足通风、排水、提升等的要求。
A. 60 000　　　 B. 50 000　　　　　C. 30 000

103. 严禁井下配电变压器中性点（　　）接地。
A. 经大电阻　　　B. 直接　　　　　　C. 间接

104. 在较短时间内危及生命的电流，称为（　　）。
A. 致命电流　　　B. 感知电流　　　　C. 摆脱电流

105. （　　）是指人体某一部位触及一相带电体的触电事故。

A. 两相触电　　　　B. 单相触电　　　　C. 跨步电压触电

106. 井下电力网的（　　）不得超过其控制用的断路器在井下使用的开断能力，并应校验电缆的热稳定性。

A. 短路电流　　　　B. 过负荷电流　　　C. 工作电流

107. 井下机电设备硐室内各种设备与墙壁之间应留出（　　）m以上的通道。

A. 0.3　　　　　　　B. 0.4　　　　　　　C. 0.5

108. 井下低压配电系统同时存在（　　）电压时，低压电气设备上应明显地标出其电压额定值。

A. 3种或3种以上　　B. 2种或2种以上　　C. 4种或4种以上

109. 井下机电设备硐室内各种设备与设备之间应留出（　　）m以上的通道。

A. 0.8　　　　　　　B. 0.7　　　　　　　C. 0.5

110. 煤矿井下，非专职人员或非值班电气人员（　　）擅自操作电气设备。

A. 严禁　　　　　　B. 不应　　　　　　C. 不得

111. 矿用隔爆型电气设备的标志为（　　）。

A. Exib Ⅰ　　　　　B. Exd Ⅰ　　　　　C. Exdib Ⅰ

112. 煤矿井下供电，高压不超过（　　）V。

A. 6 000　　　　　　B. 3 300　　　　　　C. 10 000

113. 煤矿井下远距离控制线路的额定电压，不超过（　　）V。

A. 220　　　　　　　B. 127　　　　　　　C. 36

114. 煤矿井下供电，低压不超过（　　）V。

A. 380　　　　　　　B. 660　　　　　　　C. 1 140

115. 煤矿井下照明、信号、电话和手持式电气设备的供电额定电压，不超过（　　）V。

A. 220　　　　　　　B. 127　　　　　　　C. 36

116. 采区电气设备使用（　　）V供电时，必须制定专门的安全措施。

A. 3 300　　　　　　B. 1 140　　　　　　C. 660

117. 非煤矿用高压油断路器用于井下时，其使用的开断电流不应超过额定值的（　　）。

A. 1/3　　　　　　　B. 1/4　　　　　　　C. 1/2

118. 煤矿井下（　　）kW及以上的电动机，应采用真空电磁起动器控制。

A. 30　　　　　　　B. 40　　　　　　　C. 50

119. 地面变电所和井下中央变电所的高压馈电线上，必须装设（　　）的单相接地保护装置。

A. 有漏电闭锁　　　B. 有漏电保护　　　C. 有选择性

120. 在煤矿井下，每天必须对低压检漏装置的运行情况进行（　　）次跳闸试验。

A. 1　　　　　　　　B. 2　　　　　　　　C. 3

121. 每班使用前，必须对煤电钻综合保护装置进行1次（　　）试验。

A. 合闸　　　　　　B. 跳闸　　　　　　C. 运行

122. 下列保护中，不属于煤矿井下安全用电三大保护的是（　　）。

A. 过流保护　　　　B. 保护接地　　　　C. 欠压保护

123. 从井下机电设备硐室出口防火铁门起（　　）m内的巷道，应砌碹或用其他不燃性材料支护。

A. 10　　　　　　　B. 5　　　　　　　　C. 6

124. 井下变电硐室长度超过（　　）m时，必须在硐室的两端各设1个出口。

A. 5　　　　　　　　B. 6　　　　　　　　C. 10

125. 井下必须选用取得煤矿矿用产品（　　）标志的阻燃电缆。

A. 安全　　　　　　B. 防爆　　　　　　C. 一般

126. 在水平巷道或倾角在（　　）以下的井巷中，电缆应用吊钩悬挂。

A. 10°　　　　　　B. 20°　　　　　　C. 30°

127. 井下电缆悬挂点间距,在水平巷道或倾斜井巷内不得超过(　)m,在立井井筒内不得超过6 m。
A. 5　　　　　　　B. 3　　　　　　　C. 7

128. 井下电缆与压风管、供水管在巷道同一侧敷设时,必须敷设在管子上方,并保持(　)m以上的距离。
A. 0.3　　　　　　B. 0.4　　　　　　C. 0.5

129. 综合机械化采煤工作面,照明灯间距不得大于(　)m。
A. 10　　　　　　 B. 12　　　　　　 C. 15

130. 矿井完好的矿灯总数,至少应比经常用灯的总人数多(　)%。
A. 5　　　　　　　B. 10　　　　　　 C. 15

131. 发出的矿灯,最低应能连续正常使用(　)h。
A. 8　　　　　　　B. 10　　　　　　 C. 11

132. 矿灯必须装有可靠的(　)保护装置。
A. 短路　　　　　 B. 过流　　　　　 C. 漏电

133. 高瓦斯矿井使用的矿灯应装有(　)保护器。
A. 短路　　　　　 B. 断路　　　　　 C. 漏电

134. 井下防爆型的通信、信号和控制等装置,应优先采用(　)型。
A. 隔爆　　　　　 B. 本质安全　　　 C. 防爆特殊

135. 矿井中的电气信号,除信号集中闭塞外应能(　)发声和发光。
A. 连续　　　　　 B. 交替　　　　　 C. 同时

136. 井下照明和信号装置,应采用具有短路、过载和(　)保护的照明信号综合保护装置配电。
A. 漏电　　　　　 B. 欠压　　　　　 C. 过压

137. 在每次换班(　)h内,灯房人员必须把没有还灯人员的名单报告矿调度室。
A. 1　　　　　　　B. 2　　　　　　　C. 3

138. 电压在(　)V以上和由于绝缘损坏可能带有危险电压的电气设备的金属外壳、构架,铠装电缆的钢带(或钢丝)、铅皮或屏蔽护套等必须有保护接地。
A. 24　　　　　　 B. 36　　　　　　 C. 42

139. 井下接地网上任一保护接地点测得的接地电阻值不应超过(　)Ω。
A. 1　　　　　　　B. 2　　　　　　　C. 3

140. 井下每一移动式和手持式电气设备至局部接地极之间的保护接地用的电缆芯线和接地连接导线的电阻值,不得超过(　)Ω。
A. 1　　　　　　　B. 2　　　　　　　C. 3

141. 井下电气设备保护接地的主接地极应在(　)各埋设1块。
A. 水仓、水沟中　 B. 主、副水仓中　 C. 水沟、潮湿处

142. 井下电气设备保护接地的主接地极应用耐腐蚀的钢板制成,其面积不得小于(　)m²、厚度不得小于5 mm。
A. 0.5　　　　　　B. 0.75　　　　　 C. 0.8

143. 低压配电点或装有(　)台以上电气设备的地点应装设局部接地极。
A. 2　　　　　　　B. 3　　　　　　　C. 4

144. 井下电气设备保护接地设置在水沟中的局部接地极应用面积不小于(　)m²、厚度不小于3 mm的钢板制成。
A. 0.6　　　　　　B. 0.75　　　　　 C. 0.8

145. 连接主接地极的接地母线,应采用截面不小于(　)mm²的铜线。

A. 30　　　　　　　B. 40　　　　　　　C. 50

146. 井下高压停、送电的操作，可根据书面申请或其他可靠的联系方式，得到批准后，由（　　）电工执行。
A. 专责　　　　　　B. 值班　　　　　　C. 专职

147. 井下使用中的防爆电气设备的防爆性能检查每（　　）1次。
A. 周　　　　　　　B. 月　　　　　　　C. 季

148. 井下配电系统继电保护装置整定检查每（　　）1次。
A. 月　　　　　　　B. 3个月　　　　　　C. 6个月

149. 井下高压电缆的泄漏和耐压试验每（　　）1次。
A. 季　　　　　　　B. 6个月　　　　　　C. 年

150. 井下固定敷设电缆的绝缘和外部检查每（　　）1次。
A. 季　　　　　　　B. 6个月　　　　　　C. 年

151. 绕线式电动机的启动电流为额定电流的（　　）倍。
A. 1.5~1.8　　　　　B. 2~4　　　　　　C. 5~7

152. 井下保护接地网接地电阻值测定每（　　）1次。
A. 季　　　　　　　B. 6个月　　　　　　C. 年

153. （　　）是指当电力网路中漏电电流达到危险值时，能自动切断电源的装置。
A. 检漏装置　　　　B. 接地装置　　　　C. 过流保护装置

154. 过电流是指电气设备或电缆的实际工作电流超过其（　　）值。
A. 最高电流　　　　B. 额定电流　　　　C. 瞬时电流

155. 我国规定通过人体的极限安全电流为（　　）mA。
A. 20　　　　　　　B. 30　　　　　　　C. 50

156. 可能导致人死亡的致命电流为（　　）mA。
A. 30　　　　　　　B. 40　　　　　　　C. 50

157. 引起人的感觉的最小电流称（　　）电流。
A. 感知　　　　　　B. 摆脱　　　　　　C. 致命

158. 人体电阻一般在（　　）Ω之间。
A. 500~1 500　　　　B. 1 000~2 000　　　C. 1 500~2 000

159. 在立井井筒或倾角为（　　）及以上的井巷内，应采用聚氯乙烯绝缘粗钢丝铠装聚氯乙烯护套电力电缆、交联聚乙烯绝缘粗钢丝铠装聚氯乙烯护套电力电缆。
A. 45°　　　　　　　B. 35°　　　　　　　C. 55°

160. 鼠笼式异步电动机的启动电流为额定电流的（　　）倍。
A. 4~7　　　　　　B. 5~7　　　　　　C. 5~9

161. 1 140 V低压电网的漏电动作电阻值为（　　）kΩ。
A. 40　　　　　　　B. 30　　　　　　　C. 20

162. 660 V低压电网的漏电动作电阻值为（　　）kΩ。
A. 11　　　　　　　B. 15　　　　　　　C. 20

163. 在变压器中性点不接地系统中将电气设备正常情况下不带电的金属外壳及构架等与大地作良好的电气连接称为（　　）接地。
A. 接地　　　　　　B. 保护　　　　　　C. 工作

164. 煤矿井下电网电压的波动范围可达（　　）。
A. 75%~105%　　　　B. 85%~110%　　　　C. 75%~110%

165. 煤矿电力用户分为（　　）类。

A. 1　　　　　　　B. 2　　　　　　　C. 3

166. 突然停电可能造成人员伤亡或重大经济损失的电力用户为（　　）类用户。
A. 一　　　　　　　B. 二　　　　　　　C. 三

167. 防护等级用（　　）连同两位数字标志。
A. IP　　　　　　　B. IC　　　　　　　C. IS

168. （　　）可作为保护接地的后备保护。
A. 过流保护　　　　B. 漏电保护　　　　C. 电压保护

169. （　　）会导致人身触电。
A. 过流　　　　　　B. 漏电　　　　　　C. 断相

170. 失爆是指电气设备的隔爆外壳失去了（　　）。
A. 耐爆性　　　　　B. 隔爆性　　　　　C. 耐爆性或隔爆性

171. （　　）是指遇火点燃时，燃烧速度很慢，离开火源后即自行熄灭的电缆。
A. 阻燃电缆　　　　B. 不延燃电缆　　　C. 橡套电缆

172. （　　）是各接地极和接地导线、接地引线的总称。
A. 总接地网　　　　B. 接地装置　　　　C. 保护接地

三、多选题

1. 《煤矿安全规程》规定，采煤机停止工作或检修时，必须（　　）。
A. 切断电源　　　　　　　　　　B. 先巡视采煤机四周有无人员
C. 打开离合器　　　　　　　　　D. 合上离合器

2. 在工作面遇有坚硬夹矸或黄铁矿结核时，下列说法正确的是（　　）。
A. 可以强行截割　　　　　　　　B. 采取松动爆破处理
C. 严禁用采煤机强行截割　　　　D. 绕行割煤

3. 采煤机更换截齿和滚筒上下3 m内有人工作时，必须做到（　　）。
A. 护帮护顶　　　　　　　　　　B. 切断电源
C. 打开隔离开关和离合器　　　　D. 对工作面输送机施行闭锁

4. 下面关于采煤机喷雾装置说法正确的是（　　）。
A. 喷雾装置损坏时，必须停机
B. 必须安装内、外喷雾装置
C. 喷雾装置的喷雾压力可以随意选取
D. 如果内喷雾装置不能正常喷雾，外喷雾压力不得小于2 MPa。

5. 使用装煤（岩）机进行装煤（岩）前，必须（　　）。
A. 断电　　　　　　　　　　　　B. 在矸石或煤堆上洒水
C. 冲洗顶帮　　　　　　　　　　D. 对煤层注水

6. 使用耙装机作业时，必须遵守的规定有（　　）。
A. 必须有照明　　　　　　　　　B. 将机身和尾轮固定牢靠
C. 必须悬挂甲烷断电仪的传感器　D. 刹车装置必须完整、可靠

7. 开动掘进机前，必须做到以下要求中的（　　）时，才可开动掘进机。
A. 有专人放哨　　　　　　　　　B. 必须发出警报
C. 铲板前方无人　　　　　　　　D. 截割臂附近无人

8. 掘进机停止工作和检修以及交班时，必须做到（　　）。
A. 将掘进机切割头落地　　　　　B. 断开掘进机电源开关
C. 断开磁力启动器的隔离开关　　D. 发出警报

9. 在倾斜井巷使用耙装机时，必须满足的要求有（　　）。

A. 必须有防止机身下滑的措施
B. 倾角大于20°时，司机前方必须打护身柱或设挡板
C. 严禁使用钢丝绳牵引的耙装机
D. 在倾斜井巷移动耙装机时，下方不得有人

10. 采煤机用刮板输送机作轨道时，必须经常检查（　　），防止采煤机牵引链因过载而断链。
A. 刮板输送机的溜槽连接　　　　　B. 挡煤板导向管的连接
C. 电缆槽的连接　　　　　　　　　D. 顶板情况

11. 掘进机作业时，如果内喷雾装置的使用水压小于3 MPa或无内喷雾装置，则必须使用（　　）。
A. 人力喷雾　　B. 外喷雾装置　　C. 除尘器　　D. 水管喷水

12. 耙斗装岩机在操作使用时，下列说法正确的是（　　）。
A. 开车前一定要发出信号
B. 操作时两个制动闸要同时闸紧
C. 在拐弯巷道工作时，要设专人指挥
D. 操作时，钢丝绳的速度要保持均匀

13. 运送、安装和拆除液压支架时，必须有安全措施，并明确规定（　　）。
A. 运送方式　　B. 安装质量　　C. 拆装工艺　　D. 控制顶板的措施

14. 倾斜井巷中使用的带式输送机，向上运时，需要装设（　　）。
A. 防逆转装置　　B. 制动装置　　C. 断带保护装置　　D. 防跑偏装置

15. 采用钢丝绳牵引带式输送机时，必须装设的保护装置有（　　）。
A. 过速保护
B. 断带保护
C. 钢丝绳和输送带脱槽保护
D. 输送带局部过载保护

16. 造成带式输送机发生火灾事故的原因，叙述正确的是（　　）。
A. 使用阻燃输送带
B. 输送带打滑
C. 输送带严重跑偏被卡住
D. 液力偶合器采用可燃性工作介质

17. 造成带式输送机输送带打滑的原因，叙述正确的有（　　）。
A. 超载运行　　B. 输送带张力过小　　C. 输送带受力不均匀　　D. 摩擦系数减小

18. 带式输送机运转中，整条输送带跑偏的原因可能是（　　）。
A. 滚筒不平行
B. 输送带接头不正
C. 输送带松弛
D. 输送带受力不均匀

19. 对双滚筒分别驱动的带式输送机，如果清扫装置不能清扫干净输送带表面的黏附物料，可能带来的后果有（　　）。
A. 增大输送带的磨损
B. 造成输送带的跑偏
C. 两滚筒牵引力和功率分配不均，造成一台电机超载
D. 造成输送带张力下降

20. 操作带式输送机时，下列选项正确的是（　　）。
A. 运转前按规定要求进行检查，做好启动前的准备工作
B. 检查完相关内容后，就可启动输送机
C. 停机前，应将输送机上的煤卸空
D. 司机离开岗位时要切断电源

21. 在带式输送机的运转中，发生断带事故的主要原因是（　　）。
A. 输送带张力过大
B. 装载分布严重不均或严重超载
C. 输送带接头质量不符合要求
D. 输送带磨损超限、老化

22. 采煤工作面移动刮板输送机时，必须有（　　）的安全措施。
A. 防止冒顶　　B. 防止顶伤人员　　C. 防止损坏设备　　D. 防止输送机弯曲

23. 液力偶合器的易熔合金塞熔化，工作介质喷出后，下列做法不正确的是（　　）。
A. 换用更高熔点的易熔合金塞　　B. 随意更换工作介质
C. 注入规定量的原工作介质　　D. 增加工作液体的注入量

24. 使用刮板输送机时，下列说法正确的是（　　）。
A. 刮板输送机启动前必须发信号，向工作人员示警，然后断续启动
B. 启动顺序一般是由里向外，顺煤流启动
C. 刮板输送机应尽可能在空载下停机
D. 刮板输送机的运输煤量与区段平巷转载机的输送煤量无关

25. 刮板输送机采取的安全保护装置和措施有（　　）。
A. 断链保护措施　　B. 安装过载保护装置
C. 安装故障停运转保护装置　　D. 防止机头、机尾翻翘的锚固措施

26. 刮板输送机运转中发现以下情况（　　）时，应立即停机检查处理。
A. 断链　　B. 刮板严重变形　　C. 溜槽严重磨损　　D. 出现异常声音

27. 下面关于转载机的说法，正确的有（　　）。
A. 转载机可以运送材料
B. 转载机一般不应反向运转
C. 转载机的链条必须有适当的预紧力
D. 转载机机尾应与刮板输送机保持正确的搭接位置

28. 检修人员站在罐笼或箕斗顶上工作时，必须遵守下列规定中的（　　）。
A. 必须装设保险伞和栏杆　　B. 必须佩带保险带
C. 提升容器的速度，一般为 0.3～0.5 m/s　　D. 检修用信号必须安全可靠

29. 提升机司机在巡回检查时，对发现的问题应当采取的措施包括（　　）。
A. 所有问题应立即汇报等待处理　　B. 司机不能处理的再及时汇报
C. 对不能立即产生危害的问题继续观察　　D. 必须认真填写运转日志

30. 提升机管理工作应有的规章制度包括（　　）。
A. 操作规程、干部上岗查岗制　　B. 岗位责任制
C. 交接班制　　D. 监护制和巡回检查制

31. 提升机运行中出现（　　）时，应使用保险闸紧急制动。
A. 主要零部件损坏　　B. 加速太慢启动不起来
C. 工作闸操作失灵　　D. 接近正常停车位置不能正常减速

32. 提升机停车期间司机离开操作位置时，必须做到（　　）。
A. 将安全闸移至施闸位置　　B. 主令控制器手把扳到中间零位
C. 切断电源　　D. 严禁切断电源

33. 提升司机自检自修的具体内容是（　　）。
A. 各部位的连接螺栓如有松动或损坏应及时拧紧或更换
B. 制动闸间隙的调整
C. 各润滑部位必须保证良好的润滑
D. 灯光声响信号的灯泡损坏或位置不准时应由司机负责更换或调整

34. 提升钢丝绳必须每天检查一次，检查项目有（　　）。
A. 断丝　　B. 磨损　　C. 锈蚀　　D. 变形

35. 提升钢丝绳出现下列情形中的（　　）时，必须立即更换。
A. 锈蚀严重　　B. 点蚀麻坑形成沟纹或外层钢丝松动
C. 断丝数或绳径超过规定　　D. 有点蚀麻坑

36. 对钢丝绳绳头固定在滚筒上的规定是（　　）。
    A. 必须有特备的卡绳装置　　　　　　B. 滚筒上经常保留三圈以上的钢丝绳
    C. 无卡绳装置时可将绳系在滚筒轴上　D. 钢丝绳弯曲不得成锐角
37. 倾斜井巷串车提升时，必须设置的安全装置有（　　）。
    A. 阻车器　　　　　　　　　　　　　B. 挡车栏
    C. 各车场甩车时能发出警号的信号装置　D. 斜巷防跑车装置
38. 在信号安全装置方面，《煤矿安全规程》规定，机车的（　　）中任何一项不正常或防爆部分失爆时都不得使用该机车。
    A. 灯　　　　　　　　　　　　　　　B. 警铃（喇叭）
    C. 连接装置或撒砂装置　　　　　　　D. 制动闸
39. 电机车司机离开座位时，必须（　　）。
    A. 切断电动机电源　B. 取下控制手把　C. 扳紧车闸　D. 关闭车灯
40. 机车行近（　　）时，都必须减速，并发出警号。
    A. 道岔　　　　　　　　　　　　　　B. 弯道、巷道口
    C. 坡度及噪声较大地段　　　　　　　D. 前有车辆或视线受阻
41. 蓄电池电机车的安全装置有（　　）。
    A. 闭锁装置　　B. 安全开关　　C. 电源插销　　D. 隔爆插销徐动机构
42. 用人车运送人员时，乘车人员必须遵守的规定有（　　）。
    A. 听从乘务人员的指挥　　　　　　　B. 严禁超员乘坐
    C. 严禁扒车、跳车和坐矿车　　　　　D. 人体及所携带的工具严禁露出车外
43. 《煤矿安全规程》规定，严禁采用（　　）作为主要通风机使用。
    A. 局部通风机　B. 风机群　　　C. 离心式通风机　D. 轴流式通风机
44. 《煤矿安全规程》规定，改变主要通风机（　　）时，必须经矿技术负责人批准。
    A. 功率　　　　B. 效率　　　　C. 转速　　　　　D. 叶片角度
45. 主要通风机房内必须安装各种仪表、电话，并有（　　）等。
    A. 反风操作系统图　　　　　　　　　B. 司机岗位责任制
    C. 操作规程　　　　　　　　　　　　D. 工作原理图
46. 装有主要通风机的出风口应安装防爆门，它的作用是当井下一旦发生（　　）时，爆炸气浪将防爆门掀起，防止毁坏通风机。
    A. 矿井涌水　　B. 漏气　　　　C. 瓦斯爆炸　　　D. 煤尘爆炸
47. 《煤矿安全规程》规定，水冷式空气压缩机必须有（　　）。
    A. 断水信号显示装置　B. 安全阀　C. 电流表　　　　D. 压力表
48. 对于井下主排水设备的管理，应建立巡回检查制度，巡回检查（　　）的运行情况，发现问题及时反映，及时处理。
    A. 水泵　　　　B. 排水系统　　C. 电气部分　　　D. 仪表
49. 水泵不得在泵内（　　）情况下运行，不得在闸阀闭死的情况下长时间运行。
    A. 有水　　　　B. 无水　　　　C. 有异常声音　　D. 汽蚀
50. 以下属于煤矿一类用户，需要采用来自不同电源母线的两回路进行供电的是（　　）。
    A. 主要通风机　B. 井下主排水泵　C. 副井提升机　D. 采区变电所
51. 井下检修或搬迁电气设备前，通常作业程序包括（　　）。
    A. 停电　　　　B. 瓦斯检查　　C. 验电
    D. 放电　　　　E. 悬挂警示牌
52. 《煤矿安全规程》规定，矿井必须备有井上、下配电系统图，图中应注明（　　）。

A. 电动机、变压器、配电装置等装设地点
B. 设备的型号、容量、电压、电流种类及其他技术性能
C. 风流的方向
D. 保护接地装置的安设地点

53. 局部通风机供电系统中的"三专"是指(　　)。
A. 专用开关　　　B. 专用保护　　　C. 专用线路　　　D. 专用变压器

54. 《煤矿安全规程》规定,操作井下电气设备应遵守的规定有(　　)。
A. 非专职人员或非值班电气人员不得擅自操作电气设备
B. 操作高压电气设备主回路时,操作人员必须戴绝缘手套,并穿电工绝缘靴或站在绝缘台上
C. 操作低压电气设备主回路时,操作人员必须戴绝缘手套或穿电工绝缘靴
D. 手持式电气设备的操作手柄和工作中必须接触的部分必须有良好绝缘

55. 井下供电应坚持做到"三无"、"四有"、"两齐"、"三全"、"三坚持",其中"两齐"是指(　　)。
A. 供电手续齐全　　B. 设备硐室清洁整齐　　C. 绝缘用具齐全　　D. 电缆悬挂整齐

56. 下列属于供电安全作业制度的有(　　)。
A. 工作票制度　　B. 工作许可制度　　C. 工作监护制度　　D. 停、送电制度

57. 按照《煤矿安全规程》要求,下列地点中的(　　)应单独装设局部接地极。
A. 每一台电压在36 V以上的电气设备
B. 连接高压动力电缆的金属连接装置
C. 装有电气设备的硐室和单独装设的高压电气设备
D. 采区变电所(包括移动变电站和移动变压器)

58. 下列选项中,可以作为接地母线连接主接地极的有(　　)。
A. 厚度不小于4 mm、截面不小于100 mm² 的扁钢
B. 厚度不小于4 mm、截面不小于50 mm² 的扁钢
C. 截面不小于50 mm² 的铜线
D. 截面不小于100 mm² 的镀锌铁线

59. 下列因素中,能够影响触电危险程度的有(　　)。
A. 触电时间　　B. 电流流经人体途径　　C. 触电电流的频率　　D. 人的健康状态

60. 以下选项中,属于防触电措施的是(　　)。
A. 设置漏电保护　　　　　　B. 装设保护接地
C. 采用较低的电压等级供电　　D. 电气设备采用闭锁机构

61. 煤矿井下低压漏电保护应满足的主要要求包括(　　)。
A. 安全性　　B. 可靠性　　C. 选择性　　D. 灵敏性

62. 低压检漏装置运行期间,每天需要检查和试验的项目包括(　　)。
A. 局部接地极和辅助接地极的安设情况　　B. 欧姆表的指示数值
C. 跳闸试验　　　　　　　　　　　　　　D. 调节补偿效果

63. 下列属于过电流故障的是(　　)。
A. 两相断线　　B. 断相　　C. 过负荷　　D. 短路

64. 造成电动机出现过负荷的原因主要有(　　)。
A. 频繁启动　　B. 机械卡堵　　C. 电源电压低　　D. 启动时间长

65. 造成短路故障的主要原因有(　　)。
A. 误操作　　B. 电源电压低　　C. 绝缘击穿　　D. 机械性绝缘损伤

66. 在井下架线电机车牵引网络中,杂散电流可能导致的主要危害有(　　)。
A. 导致牵引网络发生短路故障　　B. 引起电雷管先期爆炸

C. 腐蚀轨道　　　　　　　　　　　D. 产生火花，引爆瓦斯

67. 为减小架线电机车牵引网络中的杂散电流，可以采取的措施有（　　）。
A. 降低轨道与轨床间的绝缘　　　　B. 加强回电轨道与不回电轨道的绝缘点的绝缘
C. 加强架空线的绝缘　　　　　　　D. 可靠连接轨道与道岔的接缝

68. 《煤矿安全规程》规定，进行以下作业选项中的（　　），需要安全监控设备停止运行时，须报告矿调度室，并制定安全措施后方可进行。
A. 拆除与安全监控设备关联的电气设备的电源线
B. 改变与安全监控设备关联的电气设备的电源线
C. 改变与安全监控设备关联的电气设备的控制线
D. 检修与安全监控设备关联的电气设备

69. 在矿用产品安全标志有效期内，出现下列情形中的（　　）时，应暂停使用安全标志。
A. 未能保持矿用产品质量稳定合格的
B. 矿用产品性能及生产现状不符合要求的
C. 在煤炭生产与建设中发现矿用产品存在隐患的
D. 安全标志使用不符合规定要求的

70. 下列措施中，能够预防井下电气火灾的有（　　）。
A. 按电气保护整定细则整定保护装置
B. 采用矿用阻燃橡套电缆
C. 校验高、低压开关设备及电缆的热稳定性和动稳定性
D. 电缆悬挂要符合《煤矿安全规程》规定

71. 出现下列情形中的（　　）时，可能引发电气火灾。
A. 设备内部元器件接触不良，接触电阻大　　B. 变压器油绝缘性能恶化
C. 电缆线路漏电　　　　　　　　　D. 电缆线路过负荷，保护失效

72. 隔爆型电气设备的外壳具有（　　）。
A. 隔爆性　　　B. 耐爆性　　　C. 传爆性　　　D. 本安性

73. 隔爆型电气设备隔爆接合面的三要素是（　　）。
A. 间隙　　　B. 宽度　　　C. 粗糙度　　　D. 隔爆面平整度

74. 防爆电气设备入井前，应检查其（　　）；检查合格并签发合格证后，方准入井。
A. "产品合格证"　　　　　　　　　B. "煤矿矿用产品安全标志"
C. 安全性能　　　　　　　　　　　D. "防爆合格证"

75. 下列属于失爆的情况有（　　）。
A. 隔爆壳内有锈皮脱落　　　　　　B. 隔爆结合面严重锈蚀
C. 密封挡板不合格　　　　　　　　D. 外壳连接螺丝不齐全

76. 《煤矿安全规程》规定，井下防爆电气设备的（　　），必须符合防爆性能的各项技术要求。
A. 运行　　　B. 维护　　　C. 整定　　　D. 修理

77. 防爆电气设备按使用环境的不同分为（　　）类。
A. Ⅰ　　　B. Ⅱ　　　C. Ⅲ　　　D. Ⅳ

78. 防护等级就是（　　）的能力。
A. 防外物　　　B. 防水　　　C. 防火　　　D. 防撞击

79. 隔爆型电气设备隔爆面的防锈一般采用（　　）等方法。
A. 热磷处理　　　B. 涂磷化底漆　　　C. 涂防锈油剂　　　D. 涂油漆

80. 使用矿灯的人员，严禁（　　）矿灯。
A. 拆开　　　B. 敲打　　　C. 撞击　　　D. 借用

81. 不同型号电缆之间严禁直接连接，必须经过符合要求的（　　）进行连接。
   A. 接线盒　　　　B. 连接器　　　　C. 母线盒　　　　D. 插座
82. 在（　　）中不应敷设电缆。
   A. 总回风巷　　　B. 专用回风巷　　C. 总进风巷　　　D. 专用进风巷
83. 溜放（　　）的溜道等地点中严禁敷设电缆。
   A. 煤　　　　　　B. 矸　　　　　　C. 材料　　　　　D. 设备
84. 井下巷道内的电缆，沿线每隔一定距离，在拐弯或分支点以及连接不同直径电缆的接线盒两端，穿墙电缆的墙的两边都应设置注有（　　）的标志牌，以便识别。
   A. 编号　　　　　B. 用途　　　　　C. 电压　　　　　D. 截面
85. 在（　　）的电缆可采用铝芯电缆；其他地点的电缆必须采用铜芯电缆。
   A. 进风斜井　　　　　　　　　　　B. 井底车场
   C. 井下中央变电所至采区变电所之间　D. 井底车场附近
86. 在立井井筒或倾角30°及其以上的井巷中，电缆应用（　　）或其他夹持装置进行敷设。
   A. 夹子　　　　　B. 卡箍　　　　　C. 钢丝　　　　　D. 吊钩
87. 电缆与（　　）在巷道同一侧敷设时，必须设在管子上方，并保持0.3 m以上的距离。
   A. 压风管　　　　B. 供水管　　　　C. 瓦斯抽采管路　D. 风筒
88. 《煤矿安全规程》规定，以下选项中的（　　）的电话，应能与矿调度室直接联系。
   A. 井下主要水泵房　　　　　　　　B. 井下中央变电所
   C. 矿井地面变电所　　　　　　　　D. 地面通风机房
89. （　　）的地面标高，应分别比其出口与井底车场或大巷连接处的底板标高高出0.5 m。
   A. 井下中央变电所　B. 主要排水泵房　C. 采区变电所　　D. 移动变电站
90. 采掘工作面配电点的位置和空间必须能满足（　　）的要求，并用不燃性材料支护。
   A. 设备检修　　　B. 巷道运输　　　C. 矿车通过　　　D. 其他设备安装

第七章 煤矿灾害预防与事故应急管理

本章培训与考核要点：
- 熟悉我国煤矿事故应急救援体系；
- 了解煤矿救护队的任务、组织；
- 熟悉重大危险源的辨识、评价与监控；
- 熟悉煤矿重大事故应急救援预案编制的方法、内容和要求；
- 掌握煤矿灾害预防和处理计划编制与实施的方法、内容和要求；
- 掌握煤矿重大事故抢险救灾决策要点；
- 熟悉现场急救基本知识。

第一节 煤矿事故应急救援体系

我国国家矿山应急救援体系是依据《安全生产法》、《矿山安全法》、《煤矿安全监察条例》和其他法律法规的规定而建立的。该体系由矿山应急救援管理系统、组织系统、技术支持系统、装备保障系统和通讯信息系统五部分组成。

1. 矿山应急救援管理系统

该系统由国家矿山应急救援委员会、国家局矿山救援指挥中心、省级矿山救援指挥中心、市级及县级矿山应急救援指挥部门及矿山应急救援管理部门等组织（机构）组成。

国家矿山应急救援委员会是在国家局领导下负责矿山应急救援决策和协调的组织。

国家局矿山救援指挥中心受国家局委托，组织协调全国矿山应急救援工作，其机构设置及职能如下：组织协调全国矿山应急救援工作；负责国家矿山应急救援体系建设工作；组织起草有关矿山救援方面的规章、规程和安全技术标准；承办矿山应急救援新技术、新装备的推广应用工作；负责矿山救护比武、矿山救护队伍资质认证工作，承办全国矿山救护技术交流与合作项目；完成国家局交办的其他事项。根据职责范围，矿山救援指挥中心设四个处，即综合处、救援处、技术处和管理处。

在国家局矿山救援指挥中心的指导协调下，建立了省级矿山救援指挥中心，协调指挥辖区矿山应急救援工作。经国家局批复相继成立了山东矿山救援指挥中心、湖南矿山救援指挥中心、河南矿山救援指挥中心、黑龙江煤矿抢险救援指挥中心、安徽煤矿救援指挥中心、辽宁煤矿救援指挥中心、贵州煤矿救援指挥中心、甘肃煤矿救援指挥中心及宁夏煤矿救援指挥中心等多个省级矿山救援指挥中心。

2. 矿山应急救援组织系统

该系统分为救护队和医疗队伍。救护队由区域矿山救援基地、重点矿山救护队和矿山救护队组成。急求医疗队伍包括国家局矿山医疗救护中心、区域和重点医疗救护中心和企业医疗救护站，负责矿山灾变事故的救护及医疗。

3. 矿山应急救援技术支持系统

该系统包括国家矿山应急救援专家组、国家局矿山救援技术研究实验中心、国家局矿山救援技术培训中心，负责为应急救援工作提供技术和培训服务。

国家矿山救援技术专家组，从全国矿山、科研院校聘请救援技术专家，分设瓦斯（煤尘）、火灾、水灾、顶板、综合、医疗六个专业组。

以中国矿业大学、煤炭科学研究总院、西安科技大学、武汉安全环保研究院等单位为基础，建设矿山救援技术研究中心，承担矿山救援技术研究、科研攻关、制定技术标准，为救灾提供技术咨询和服务。以华北科技学院、平顶山煤矿安全技术培训中心为基础，建设矿山救援技术培训中心，负责全国救护中队以上指挥员的技术培训。

4. 矿山应急救援装备保障系统

该系统的基本框架是：国家局矿山救援指挥中心购置先进的、具备较高技术含量的救灾装备与仪器仪表，储存在区域矿山救援基地，用于支援重大、复杂灾害的抢险救灾；区域矿山救援基地要按规定进行装备并加快现有救护装备更新改造，配备较先进、救灾技术设备，用于区域内或跨区域矿山灾害的应急救援；重点矿山救护队负责省（市、自治区）内重大特大矿山事故的应急救援，按规定配齐常规救援装备并保持装备的完好性。

5. 矿山应急救援信息系统

该系统以国家局中心网站为中心点，建立完善的抢险救灾通讯信息网络。使国家局矿山指挥中心、省级矿山救援指挥中心、各级矿山救护队、各级矿山医疗救护中心、各矿山救援技术研究实验培训中心、地（市）及县（区）应急救援管理部门和矿山企业之间，建立并保持畅通的通讯信息通道，并逐步建立起救灾远程会商视频系统。矿山应急救援通讯信息系统在国家局矿山救援指挥中心与国家局调度中心之间实现电话、信息直通。

6. 煤矿救护队

煤矿救护队是煤矿事故救援体系的重要组织体制之一，是处理矿井火、瓦斯、煤尘、水、顶板等灾害的专业队伍；煤矿救护队员是煤矿井下一线特种作业人员。

煤矿救护队必须认真执行党的安全生产方针，坚持"加强战备，严格训练，主动预防，积极抢救"的原则。煤矿救护队的任务是：

（1）救护井下遇险遇难人员；

（2）处理井下火、瓦斯、煤尘、水和顶板等灾害事故；

（3）参加危及井下人员安全的地面灭火工作；

（4）参加排放瓦斯、震动性爆破，封闭火区、反风演习和其他需要佩戴氧气呼吸器的安全技术工作；

（5）参加审查矿井灾害预防和处理计划，协助矿井搞好安全和消除事故隐患的工作；

（6）负责辅助救护队的培训和业务指导工作；

（7）协助煤矿搞好职工救护知识的教育。

煤矿救护队的组织：《煤矿安全规程》规定，煤矿救护大队应由不少于2个中队组成，是本矿区的救援指挥中心和演习训练、培训中心。煤矿救护中队是独立作战的基层单位，由3个以上的救护小队组成。救护小队是执行作战任务的最小集体，由9人以上组成。

第二节 重大危险源的辨识、评价与监控

一、重大危险源的辨识

1. 重大危险源辨识的概念

《重大危险源辨识》（GB 18218—2000）中关于重大危险源的定义是：长期地或临时地生产、加工、搬运、使用或储存危险物质，且危险物质的数量等于或超过临界量的单元。

2. 重大危险源的分类

重大危险源分为生产场所重大危险源和储存区重大危险源两种。

3. 重大危险源的辨识指标

单元内存在危险物质的数量等于或超过《重大危险源辨识》规定的临界量，即被定为重大危险源。单元内存在危险物质的数量根据处理物质种类的多少区分为以下两种情况：

（1）单元内存在的危险物质为单一品种时，则该物质的数量即为单元内危险物质的总量，若等于或超过相应的临界量，则定为重大危险源。

（2）单元内存在的危险物质为多品种时，其计算公式为

$$q_1/Q_1 + q_2/Q_2 + \cdots + q_n/Q_n \geqslant 1$$

式中　$q_1, q_2, \cdots, q_n$——每种危险物质的实际存在量，t；

　　　$Q_1, Q_2, \cdots, Q_n$——与各危险物质相对应的生产场所或储存区的临界量，t。

若计算结果满足上式，则定为重大危险源。

二、重大危险源的评价

（1）资料收集。根据评价的对象和范围收集相关资料，包括：国内外相关法规和标准，同类设备、设施或工艺的生产和事故情况，评价对象的地理、气象条件及社会环境状况等。

（2）危险危害因素的辨识与分析。根据所评价的设备与设施、场所的地理与气象条件、工程建设方案、工艺流程、装置布置、主要设备和仪表、原材料、中间体、产品的物理化学性质等，辨识和分析可能发生的事故类型、原因和机制。

（3）划分评价单元。在危险分析的基础上，对重大危险源划分评价单元，根据评价目的和评价对象的复杂程度选择具体的一种或多种评价方法。对事故发生的可能性和严重程度进行定性或定量评价，在此基础上对重大危险源进行危险分级，以确定管理的重点。

（4）安全对策。根据评价和分级结果，对高于标准值的重大危险源必须采取特殊的工程技术或组织管理措施，以降低或控制危险。

三、重大危险源的监控

1. 政府部门对于重大危险源的宏观监控

（1）在对存在的重大危险源进行普查、分级，并制定有关重大危险源监察管理法规的基础上，明确存在重大危险源的企业对于危险源的管理责任、管理要求（包括组织制度、报告制度、监控管理制度及措施、隐患整改方案、应急措施方案等），促使企业建立重大危险源控制机制，确保安全。

（2）依据有关法规对存在重大危险源的企业实施分级管理，针对不同级别确定规范的现场监督方法，督促企业执行有关法规，建立监控机制，并督促隐患整改。

（3）建立健全新建、改建企业重大危险源申报、分级制度，使重大危险源管理规范化、制度化。同时与专业技术中介组织配合，根据企业的行业、规模等具体情况提供监控的管理及技术指导。

（4）在各地开展工作的基础上，逐步建立全国范围内的重大危险源信息系统，以便各级安全监督部门及时了解、掌握重大危险源状况，从而建立企业负责、安全监督部门监督的重大危险源监控体系。

安全监督部门在重大危险源监控中的主要职责为：

① 接受重大危险源申报，并进行登记。

② 接受重大危险源安全评价报告，并审核。

③ 按重大危险源危险级别，实行分级监察和管理，建立所辖范围的重大危险源信息管理网络系统和安全管理责任制。

2. 企业对重大危险源的监控

重大危险源所在企业的法定代表人为重大危险源申报和管理的责任人，由其指定专门的人员和机构负责重大危险源的管理，主要应履行以下职责：

（1）掌握企业重大危险源的分布情况，了解发生事故的可能性及其严重度，负责现场安全管理。

（2）对职工进行安全教育和培训，提高安全意识，对重大危险源所在区域进行安全标识。

（3）对重大危险源进行定期检查和巡检，随时掌握重大危险源的动态变化情况。

（4）当重大危险源发生变化时，及时变更管理制度，如在生产工艺、设备、材料、生产过程等因素发生变化之前应进行危险分析和安全评价。

（5）编制场内事故应急救援处理预案，配备充足和必需的应急救援器材与工具，每年至少进行一次预案演习。

企业应根据重大危险源的具体情况，建立可靠、有效的安全监控系统，以便及时采取措施，保证安全。

第三节 煤矿事故应急救援预案的编制

一、事故应急救援的原则与任务

1. 事故应急救援的基本原则

事故应急救援工作的基本原则是：在预防为主的前提下，坚持统一指挥、分级负责、区域为主、单位自救和社会救援相结合的原则。

事故应急救援是一项涉及面广、专业性很强的工作，应成立救援指挥部，在指挥部的统一指挥下，协同作战，迅速、有效地组织和实施应急救援，尽可能地避免和减少损失。

2. 事故应急救援的基本任务

事故应急救援的基本任务包括以下几个方面：

（1）立即组织营救受害人员，组织撤离或者采取其他措施保护危害区域内的其他人员。营救受害人员是应急救援的首要任务。

（2）及时控制危险源，并对事故造成的危害进行检验、监测，测定事故的危害区域、危害性质及危害程度。及时控制危险源是应急救援工作的重要任务。

(3) 做好现场清洁，消除危害后果。针对事故对人体、动植物、土壤、水源、空气造成的现实危害和可能危害，迅速采取封闭、隔离、洗消等措施。对事故外溢的有毒有害物质和可能对人或环境继续造成危害的物质，应及时组织人员予以清除，消除危害后果，防止对人的继续危害和对环境的污染。对危险化学品事故造成的危害还要进行监测、处置，直至符合国家环境保护标准为止。

(4) 查清事故原因，评估危害程度。

二、煤矿应急救援预案编制步骤

(1) 成立编写组织机构。煤矿事故应急救援预案的编制工作涉及面广、专业性强，需要成立一个由各方面专业人员组成的编写小组，矿长任组长。

(2) 危险危害分析和应急能力评估。辨识存在的重大危险源和可能发生的重大事故风险，并进行影响范围和后果分析，如瓦斯、煤尘爆炸事故、矿井火灾事故（井上、井下）、冲击地压、顶板事故、透水事故等等，分析应急资源需求，评估现有的应急能力。

(3) 编制应急预案。是基于危险危害因素分析和应急能力评估的结果，确定最佳的应急策略的过程。预案的应急处理策略要符合国家安全方针政策，符合煤矿安全的各种规范标准，还要符合矿井实际情况。编写时应按照煤矿事故应急救援预案的文件体系、应急响应程序、预案的内容、级别和层次要求进行编写。

(4) 应急预案的评审与发布。预案编制后应组织开展预案的评审工作，包括内部评审和外部评审，以确保应急预案的科学性、合理性以及与实际情况的符合性。预案经评审完善后，由主要负责人签署发布，并按规定报送上级有关部门备案。

(5) 应急预案的实施。预案经批准发布后，应组织落实预案中的各项工作，如开展应急预案宣传、全员教育和培训，落实应急资源并定期检查，组织开展应急演习和训练，对应急预案实施动态管理与更新，并不断完善。

三、应急救援预案的核心内容

煤矿事故应急救援预案是针对可能发生的重大事故所需的应急准备和响应行动而制定的指导性文件，其重要内容包括方针与原则、应急策划、应急准备、应急响应、现场恢复、预案管理与评审改进六大要素。其编制的主要内容和格式为：

1. 应急预案概况

应急救援预案概况主要描述基本情况。包括煤矿的地址、规模、经济性质、从业人数等内容，适当提供简述并有必要的说明，明确方针和原则作为指导应急救援工作的纲领。如煤矿应急预案体现保护人员安全优先、防止和控制事故蔓延优先、保护环境优先的原则；同时体现事故损失控制、预防为主、常备不懈、统一指挥、高效协调以及持续改进的思想。

2. 预防程序

预防程序是对潜在事故、可能的次生与衍生事故进行分析并说明所采取的预防和控制事故的措施。

3. 准备程序

在煤矿事故应急救援预案中应明确下列内容：

(1) 应急救援组织机构设置和职责划分。重大事故应急救援涉及许多部门，因此应首先明确在应急救援中承担相应任务的组织机构及职责。机构组成应包括主要负责人及有关管理人员、事故专家组、矿山救护队等，并有明确的职责划分。

(2) 应急资源。应急资源的配备是应急响应的保证。在煤矿事故应急救援预案中应明确预案的资源配备情况，应包括应急救援保障、救援需要的技术资料、应急设备和物资等，并确保其有效使用。其中后勤保障组织主要负责应急救援所需的各种设备、设施、物资以及生活、医药等的后勤保障。

(3) 教育、训练与演练。煤矿事故应急救援预案中应确定应急教育培训计划、演练计划；应急救援预案应传达到所有从业人员。培训和演练的实施要作出相应的评估。通过预案演习，分析应急预案存在的不足，并予以改正和完善。

(4) 签订协议当煤矿有关的应急力量与资源相对薄弱时，应事先寻求与外部救援力量并签订互助协议。

4. 应急程序

(1) 接警与通知。迅速、准确收集事故的性质、规模等初始信息，并按预先确定的通报程序，迅速向企业主管部门、政府有关部门、应急机构等发出事故通知。一般采用 24 小时实时报警机制，事先拟定事故通报程序。依据煤矿事故的性质、严重程度、事态发展趋势和控制能力实行分级响应机制，启动不同级别的响应机制，救灾指挥权限、调动的资源、启用的救护等级是不同的。

(2) 指挥与控制。建立统一指挥、协调和决策的程序。以便对事故进行初始评估，确认紧急状态，迅速有效地进行应急决策，合理调配使用应急资源进行救灾。应急救援中心主要负责协调事故应急救援期间各个机构的运转。其中通讯是应急指挥、协调和与外界联系的重要保障。

(3) 抢险与救援。抢险与救援是应急救援工作的核心内容之一。其目的是为了尽快地控制事故的发展，防止事故的蔓延。

(4) 事态监测与评估。在应急救援过程中必须对事故的发展态势及影响及时进行动态的监测，建立对事故现场及场外监测和评估的程序。

(5) 警戒与治安。根据事故现场位置，预案中应规定煤矿井上、井下警戒区域，加强煤矿升井、入井管制和交通管制，维护现场治安秩序。

(6) 人员紧急疏散、安置。依据对可能发生煤矿事故性质、场所、设施及周围情况的分析，确定事故现场人员清点、撤离的方式、方法；确定控制风流并通知引导现场人员紧急疏散的措施；为灾区创造自救条件；绘制矿井撤人路线图和井巷工程平面图。

(7) 事故危险区的隔离。依据可能发生的煤矿事故危害类别、危害程度，以及对周围人群的影响，确定事故现场的隔离区域。

(8) 受伤人员医疗救护。采取及时有效的现场急救以及合理的就近医院救治，根据不同情况，制定具有可操作性的医疗方案。

(9) 公共关系。适当的时候，应将事故的信息、影响、救援进展情况等及时向媒体和公众进行统一发布。该部分应明确信息发布的审核和批准程序。

(10) 应急人员安全。预案中应明确应急人员安全防护措施、个体防护等级、现场安全监测的规定；应急人员进出现场的程序；应急人员紧急撤离的条件和程序。

5. 恢复程序

事故被控制住以后应立即着手现场恢复工作，包括短期恢复和长期恢复。煤矿事故应急救援预案中应明确：现场保护与现场清理措施、事故应急救援终止程序、恢复正常状态程序、事故调查与后果评价程序等。注意制定现场恢复阶段的安全技术措施，保证人员安全。

6. 预案管理与评审改进

煤矿事故应急救援预案应明确预案制定、修改、更新、批准和发布的管理程序；应保证在定期演练后或实施应急救援后对预案进行评审，不断完善和改进。

通常煤矿事故应急救援预案的格式为：封面（包括标题、单位名称、预案编号、实施日期、签发人（签字）、公章）；目录；引言、概况；术语、符号和代号；预案内容；附录；附加说明等。

四、各类应急预案的衔接

《生产经营单位安全生产事故应急预案编制导则》（AQ/T9002—2006）中提出，应针对可能发生的事故，按照有关规定和要求编制应急预案。生产经营单位发生的安全生产事故一旦超出厂界或超出本单位自身的应急能力，就需要社会及政府的应急援助。因此，生产经营单位安全生产事故应急预案必须与所在区域和当地政府的应急预案有效衔接，确保应急救援工作的成效，如发生事故后的及时上报，向政府的救援请求，外部应急救援队伍到现场后的协同作战等。生产经营单位应将应急预案到政府有关部门进行备案，使政府有关部门掌握生产经营单位的应急救援工作情况。同时，生产经营单位应与政府有关部门保持紧密联系，确保应急救援工作能顺畅开展。

第四节　矿井灾害预防和处理计划的编制与实施

按照《煤矿安全规程》的要求，煤矿企业必须编制年度灾害预防和处理计划，并根据具体情况及时修改。灾害预防和处理计划由矿长负责组织实施。煤矿企业每年必须至少组织1次矿井救灾演习。

一、矿井灾害预防与处理计划的编制

（一）灾害预防和处理计划编制的原则

鉴于矿井灾害的危险性和复杂性，灾害预防和处理计划要根据具体情况及时修改。因此，在编制灾害预防与处理计划时根据其最终目的，应坚持以下原则：

（1）贯彻执行预防为主的方针，坚持防治结合的原则，保障矿井安全生产。

（2）作为事故处理和抢救人员的行动纲领。

（3）便于将事故消灭在初始阶段或防止事故扩大，将损失减小到最低程度。

（二）灾害预防和处理计划的内容

灾害预防和处理计划的内容包括矿井重大灾害的评价与确定、重大灾害的针对性预防措施、灾区人员撤离与自救的组织措施、处理事故必需的资料和各有关人员的职责。主要由文字说明、附图、救灾与避灾所需要的材料设备和必要的工程规划表组成。

1. 文字说明

主要包括以下内容：

（1）可能发生的事故和地点，发生事故的主、客观因素，事故的性质、原因和可能发生的预兆。

（2）出现各种事故时，保证人员安全撤退和自救所必须采取的措施。

(3) 预防和处理各种事故及恢复生产的各种具体有效的技术措施。

(4) 实施预防措施的单位及负责人。

(5) 救灾指挥部的人员组成、分工和其他有关人员的名单、通知方法和顺序。人员的分工要明确具体，通知的方法要迅速及时。

2. 安全迅速撤退人员的措施

(1) 及时通知灾区和受威胁区域人员的最有效的方法及所需要的材料设备。

(2) 人员安全撤退的路线及该路线上所设置的照明设备、路标、自救器及临时避难硐室的位置。

(3) 风流控制的方法、步骤及其适用条件。

(4) 发生事故后对井下人员的统计方法。

(5) 各种情况下的救护队接近灾区实施救护的行动路线。

(6) 向遇险人员供给新鲜空气、食物和水的方法。

3. 有关的各种必备的技术资料及附图

如矿井通风系统图、反风实验报告以及反风时保证反风设施完好可靠的检查报告；矿井供电系统图和井下各种通讯设备的安装地点；井下消防、洒水管路，排水管路和压风管路的系统图；地面、井下对照图，图中应标明井口的位置和标高、地面交通情况、钻孔、水井、水管、储水池及其他可供处理事故用的材料、设备及其工具的存放地点等。

（三）预防矿井事故发生措施的编制要求

要规定执行各项安全措施的具体办法；对职工进行安全技术教育的安排；定期组织安全检查，及时处理不安全因素；根据矿井瓦斯涌出的情况及规律、煤尘爆炸的倾向性、积水区域和火灾发生的可能性等因素，提出预防各种重大灾害事故的组织措施、技术措施，并规定经常检查这些预防措施的落实情况；必须规定为预防事故发生所必须完成的安全技术措施工程，增添的设备和必备的安全检测仪器、仪表的数量、安装地点、管理的办法和负责人等。

（四）处理灾害和恢复生产措施的编制原则

(1) 处理火灾事故，应根据已探明的火区地点和范围制定控制火势及灭火方法，风流调度的原则和方法，防止产生瓦斯、煤尘爆炸的措施、步骤，防火墙的位置、材料和修建的顺序等。

(2) 处理爆炸事故，关键是制定出如何迅速恢复通风，用适当的风量冲洗灾区，避免出现或消除火源，防止出现瓦斯连续爆炸的措施。

(3) 其他事故的预防和处理措施，也应根据本矿井具体情况制定。

二、灾害预防和处理计划的编制、审批与实施

(1) 灾害预防与处理计划必须由矿总工程师组织通风、采掘、机电、地质等有关单位人员进行编制，并有矿山救护队参加，还应征得驻矿安全监察部门的同意。

(2) 要通过充分的调查，找出不安全因素和漏洞。在总结经验教训的基础上进行编制。

(3) 组织全矿有关人员对计划进行讨论、补充、修改。

(4) 必须在每年开始前1个月报矿务局（公司）总工程师批准。

(5) 在每季开始前15天，矿总工程师应根据矿井生产的变化情况，组织有关部门补充、修改。煤矿生产的场所随生产的变化而变化，采场的条件也在随时间的变更而不同，因此要

根据生产的实际及时修改，这也是《煤矿安全规程》明确要求的。

（6）计划由矿长负责实施。

（7）已批准的计划应立即向全体职工（包括全体矿山救护队员）贯彻，组织认真学习。使每一位职工都能熟悉避灾路线。各基层单位的领导和主要的技术人员应负责组织本单位的职工学习，并进行考试，使每一位职工都能全面掌握，领会其精髓。

（8）每季至少组织一次矿井救灾演习。通过演习积累经验，寻找不足。对演习中发现的问题，必须立即采取措施进行整改。

第五节　煤矿重大灾害事故抢险救灾

当矿井发生事故后，如何安全、迅速、有效地抢救人员，保护设备，控制和缩小事故影响范围，防止事故的扩大，减小其危害程度，尽可能地降低事故造成的人员伤亡和财产损失，是救灾工作的关键。因此，作为煤矿企业的管理人员，掌握煤矿各种重大灾害事故的特点和抢险救灾的技术以及决策要点是十分必要的。

一、煤矿重大事故抢险救灾决策要点

（一）瓦斯爆炸事故抢险救灾决策要点

当获悉井下发生爆炸后，应利用一切可能的手段了解灾情，判断灾情的发展趋势，及时果断地做出决定，下达救灾命令。

1. 必须了解（询问）的内容

（1）爆炸地点及其波及范围。

（2）人员分布及其伤亡情况。

（3）通风情况，如风量大小、风流方向、风门等通风构筑物的损坏情况等。

（4）灾区瓦斯情况，如瓦斯浓度、烟雾大小、CO 浓度及其流向等。

（5）是否发生了火灾。

（6）主要通风机的工作情况，如通风机是否正常运转，防爆门是否被吹开，通风机房水柱计读数是否有变化等。

2. 必须分析判断的内容

（1）通风系统的破坏程度，可根据灾区通风情况和主要通风机房水柱计读值 h_S 的变化情况做出判断。h_S 比正常通风时数值增大，说明灾区内巷道冒顶，通风系统被堵塞。h_S 比正常通风时数值减小，说明灾区风流短路。其产生原因可能是：

① 风门被摧毁。

② 人员撤退时未关闭风门。

③ 回风井口防爆门（盖）被冲击波冲开。

④ 反风进风闸门被冲击波击落下堵塞了风硐，风流从反风进风口进入风硐，然后由通风机排出。

⑤ 可能是爆炸后引起明火火灾，高温烟气在上行风流中产生火风压，使主要通风机风压降低。

（2）是否会产生连续爆炸。若爆炸后产生冒顶，风道被堵塞，风量减少，继续有瓦斯涌出，并存在高温热源，则能产生连续爆炸。

(3) 是否会诱发火灾。
(4) 可能的影响范围。

3. 必须做出的决定并下达的命令

(1) 切断灾区电源。
(2) 撤出灾区和可能影响区的人员。
(3) 向矿务局汇报并召请救护队。
(4) 成立抢救指挥部，并制定救灾方案。
(5) 保证主要通风机和空气压缩机正常运转。
(6) 保证升降人员的井筒正常提升。
(7) 清点井下人员、控制入井人员。
(8) 矿山救护队到矿后，按照救灾方案布置救护队抢救遇险人员、侦察灾情、扑灭火灾、恢复通风系统、防止再次爆炸。
(9) 命令有关单位准备救灾物资，医院准备抢救伤员。

矿井发生瓦斯爆炸事故后，灾区内充满了爆炸烟雾和有毒有害气体，这时，只有佩用氧气呼吸器的救护员才能进入灾区工作。

(二) 冒顶事故抢险救灾决策要点

处理冒顶事故的主要任务是抢救遇险人员及恢复通风等。抢救遇险人员时，首先应直接与遇险人员联络（呼叫、敲打、使用地音探听器等），来确定遇险人员所在的位置和人数。如果遇险人员所在地点通风不好，必须设法加强通风。若因冒顶遇险人员被堵在里面，应利用压风管、水管及开掘巷道、打钻孔等方法，向遇险人员输送新鲜空气、饮料和食物。在抢救中，必须时刻注意救护人员的安全。如果觉察到有再次冒顶危险时，首先应加强支护，有准备地做好安全退路。在冒落区工作时，要派专人观察周围顶板变化，注意检查瓦斯变化情况。在消除冒落矸石时，要小心地使用工具，以免伤害遇险人员。在处理时，应根据冒顶事故的范围大小、地压情况等，采取不同的抢救方法，如掏小洞、撞楔法等。

(三) 水灾事故抢险救灾决策要点

(1) 迅速判定水灾的性质，了解突水地点、影响范围、静止水位，估计突出水量、补给水源及有影响的地面水体。
(2) 掌握灾区范围，搞清事故前人员分布，分析被困人员可能躲避的地点，根据事故地点和可能波及的地区撤出人员。
(3) 关闭有关地区的防水闸门，切断灾区电源。
(4) 根据突水量的大小和矿井排水能力，积极采取排、堵、截水的技术措施。启动全部排水设备加速排水，防止整个矿井被淹，注意水位的变化。
(5) 加强通风，防止瓦斯和其他有害气体的积聚和发生熏人事故。
(6) 若排水时间较长，不能及时解救遇险人员时，应利用洒水管道改为压缩空气管道，向井下避灾人员输送压缩空气，以延长其生存时间。如有可能时，应请求海军部队派潜水员支援，让潜水员给避灾人员运送瓶装 O_2、食品和药品。
(7) 排水后进行侦察、抢险时，要防止冒顶、掉底和二次突水。
(8) 抢救和运送长期被困井下的人员时，要防止突然改变他们已适应的环境和生存条件，造成不应有的伤亡。

(四) 火灾事故抢险救灾决策要点

在接到报警通知后，要按照矿井灾害预防和处理计划及火灾实情行事，实施紧急应变措施（停电撤人），立即召请救护队，建立抢救指挥部，制定救人灭火对策。处理与扑灭井下火灾时，应根据灾区及可能影响范围的具体情况，迅速正确地决定通风方式，调度和控制风流，以防止火灾烟气弥漫，防止引起瓦斯爆炸，防止火风压引起风流逆转而扩大灾害，保证救灾人员的安全，有利于抢救遇险人员，创造有利的灭火条件。在制定对策时，要设法避免火风压引起风流紊乱和产生瓦斯煤尘爆炸造成事故扩大。

二、煤矿重大事故抢险救灾的一般措施

(一) 处理爆炸事故的一般措施

（1）抢救遇险、遇难人员是处理爆炸事故的中心工作，其他工作必须为此工作服务。在遇难人员没有全部救出之前，抢救工作不得停止。

（2）爆炸引起火灾而灾区有遇难人员时，必须采用直接灭火法灭火。只有在火势很大确定人员全部遇难时，才可以考虑采用封闭灾区的方法进行综合灭火。

（3）遇险、遇难人员未全部救出前，清除巷道堵塞物的工作一刻也不能停止。经验证明，在因爆炸引起的冒顶而堵塞的巷道中，往往能救出活着的遇险人员。

（4）在紧急救人的情况下，爆炸产生的大量有毒有害气体严重威胁回风方向的工作人员时，在保证进风方向的人员已安全撤离的情况下，可以考虑采用反风措施。

（5）灾区经过侦察后，确定没有二次爆炸危险时，为了便于抢救遇难人员，应迅速对灾区进行通风，排除有毒有害气体。

（6）确认灾区内没有活着的遇难人员时，救护队不应冒险进入灾区抢运，切忌犯"用活人换死人"的错误。

（7）抢救遇难人员的工作结束，灾区恢复通风后，应组织有关人员对灾区进行全面调查，查清爆炸事故发生的原因。

(二) 处理矿井火灾的一般措施

《煤矿安全规程》规定处理矿井火灾事故时应遵循的原则是：

（1）控制烟雾的蔓延，不致危及井下人员安全。

（2）防止火灾扩大。

（3）防止引起瓦斯、煤尘爆炸，防止火风压引起风流逆转而造成危害。

（4）保证救灾人员的安全，并有利于抢救遇险人员。

（5）创造有利的灭火条件。

为此，在矿井发生火灾时应采取的措施为：

① 采取通风措施限制火风压时，通常是采取控制风速、调节风量、减少回风侧风阻或设水幕洒水措施。要注意防止风速过大造成煤尘飞扬，而引起煤尘爆炸。

② 在处理火灾事故的过程中要十分注意顶板的变化，以防止因燃烧使支架损坏造成顶板垮落伤人，或者是顶板垮落后造成风流方向风量变化，而引起灾区一系列不利于安全抢救的连锁反应。

③ 在矿井火灾的初期阶段，应根据现场的实际情况，积极组织人力、物力、控制火。用水、砂子、黄土、干粉、手雷、泡沫等直接灭火。

④ 在采用挖除火源的灭火措施时,应先将火源附近的巷道加强支护,在急倾斜煤层中应把位于挖掘火源处后方的上山眼加以隔绝,以免燃烧的煤和矿石下落,截断指战员的回路。

⑤ 扑灭瓦斯燃烧引起的火灾时,可采用砂子、岩粉和泡沫、干粉、惰气灭火,并注意防止采用震动性的灭火手段。灭火时,多台灭火机要沿瓦斯的整个燃烧线一起喷射。

⑥ 火灾范围大、火势发展很快、人员难以接近火源时,应采用高倍数泡沫灭火机和惰气发生装置等大型灭火设备直接灭火。

⑦ 在人力、物力不足或用直接灭火法无效时,为防止火势发展,应采取隔绝法灭火和综合灭火措施。

(三) 处理矿井透水事故的一般措施

1. 矿井透水后强排水措施

矿井发生透水事故后,必须根据矿井透水地点、突水量、井巷工程条件及淹没区域充水条件,预测矿井淹没过程中不同标高的最大涌水量以及未被淹没泵房的设备能力等资料,选择最佳强排水措施。

(1) 下山或倾斜巷道的下部透水未淹至上部巷道前的强排水措施:

一般采取安装卧式离心泵排水。这种办法是安装比较简单,但随着强排水的进展透水量逐渐减少时,需要不断地往下移泵接头,或是随着透水量的不断增加,水泵能力低于透水速度,需要不断地往上或高处移泵。

这时可以采取单泵一级,双泵一级,小泵群组合一级或串联泵多级排水,因地制宜地加以选择。

(2) 矿井突水水平的排水泵房未被淹没前的强排水,此时矿井突出水量及可能最大突水的预测是关键。

① 认真测定涌水量和预测最大可能的涌水量;

② 启动足够的排水能力强行排水。若突水量较大,核实能力不足时,有条件的矿井可以关闭有关井底车场水闸门限制放水;

③ 有条件时可向低标高井巷部分放水。

(3) 突水水平泵房被淹,水位仍上涨时的强排水

减缓水位上涨,即封堵未淹井巷内一切可以封堵的涌水,对在排水能力不足情况下减缓水位淹没速度能起到很好的作用,如关闭未淹井巷涌水钻孔,对部分下放的涌水采取闸墙封堵或建临时排水站。总之,要努力防止上巷涌水下灌而增加淹没矿井的水量。

2. 恢复被淹井巷的安全措施

(1) 经常检查瓦斯。当井筒空气中瓦斯浓度达1%时,停止向井下输电排水,要加强通风,使瓦斯浓度降到1%以下。

(2) 及时检查有毒有害气体,定期取样分析。排水时,每班取气样一次,当水位接近井底时,每两个小时取气样一次。此时,看水泵的人员应由佩戴氧气呼吸器的救护队员担任。

(3) 严禁在井筒内或井口附近使用明火灯,也不准出现其他火源,防止井下瓦斯大量涌出引起爆炸事故。

(4) 在井筒内进行安装排水管或进行其他工作的人员,都必须佩戴安全带和自救器。

(5) 在恢复井巷时,应特别注意防止冒顶和坠井事故。

(6) 在整个恢复工作时期,必须十分注意通风工作。因为在被淹井巷内常积存着大量有

害气体，如 CO_2，H_2S，CH_4 等，当水位降低时，压力解除，上述气体可能大量排出。因此，必须事先准备好局部通风机，随着水位的下降，进行局部通风，排除瓦斯。

(四) 处理冒顶事故的一般措施

1. 处理冒顶时的通风和处理冒落物的措施

(1) 冒顶后的通风措施。

① 冒落地区的通风措施。

发生冒顶事故后，风流被切断，当冒落地区有瓦斯积聚的可能时，救护队应根据事故现场的具体情况，迅速采取通风措施。其具体办法是：

a. 组织清除冒落堵塞物，使被切断的风流恢复原来的状况。

b. 清除堵塞物工程量大时，可利用原安装在事故区的水管或风管向冒顶地点送风，或打钻送风。

c. 安装局部通风机向冒顶地点通风。但应注意防止局部通风机发生循环风。

② 向被冒顶隔离人员输送空气的措施。

人员被冒顶隔堵后，如果采用清理堵塞物，掘进小巷道等方法在短时间内难以接近时，救护队应利用原来的压风管，水管，输送机或打钻孔等方法，向被堵人员输送空气。

利用埋在冒落岩石下面的刮板输送机，往冒落带里输送空气，是一种简便易行的方法。即在冒落区的外部加强支护，维护好顶板。将输送机的溜槽、牵引链在冒落带附近拆掉，在未拆掉的最后一节溜槽的末端装上堵头。把胶皮风筒从局部通风引到这节溜槽，就可以利用被埋压的刮板输送机下部溜槽的空隙，往冒落区压送空气。当冒顶距离长，冒落严实时，压入的风流便难以回风。在这种情况下，就应采用其他方法向被堵人员输送空气。

(2) 处理冒落物的措施。

救护队在处理冒顶事故时，需要移动，破碎冒落的矿石，切断金属，木柱，岩石，运输冒落物等工作。

① 移动岩石可使用大小不同规格的液压千斤顶和卧式液压起重机。

② 破碎大块冒落岩石可在岩石上打一个直径为 40~50 mm 的钻孔，再把柱状专用岩石破碎器送入孔内，加液压后破碎器上的侧面一排小活塞柱产生位移，可以把大块岩石涨裂开。

③ 切断冒落物中的金属、岩石、木料时，可用气动、手动两用的金属锯，岩石锯和木锯。在瓦斯浓度不超限的情况下，救护队还可使用轻便型（15 kg 左右）背提两用氧气切割机快速切割金属。

④ 处理冒顶时为快速抢运冒落物，可利用原铺设的刮板输送机。

2. 冒顶处理的方法

在处理冒顶事故时，必须注意防止冒顶范围继续扩大，确保抢救人员自身安全。只有这样，才能更快的将被隔堵、埋压的遇险遇难人员救出。

(1) 处理冒顶的一般原则。

① 先外后里。先检查冒落带以外附近 5 m 范围内支架的完整性。有问题先处理。必要时可采取加固措施，例如加密支架、加打木垛、前后拉紧顶牢，加打抬板，插严背实，以增加后路支架有足够的支护能力和稳定性，确保后路畅通。特别是倾斜巷道的支架与支架的连接要牢靠，防止发生支架失稳连续倒塌事故，将冒顶范围扩大。

② 先支后拆。需要回撤或排除原支架时，事先必须在旧支架附近打临时支架，并要有一定的支撑力。如需更换棚腿，应该先用内注式单体液压支柱或金属摩擦支柱在棚梁下打好支柱，再回彻旧棚腿，如需更换整架棚子，应先紧靠该棚子棚好一架，再回彻原棚子。

③ 由上至下。处理倾斜巷道冒顶事故时，应该由上向下进行，防止顶板冒落矿石砸着下面的抢救人员。特别是倾角在15°以上时，还应在处理地点的上方6~10 m处设置护身遮拦，以防巷道倾斜上方的煤矸滚落伤人。

④ 先近后远。对一条巷道内发生多处冒顶事故时，必须坚持先处理外面的一处（即离安全出口较近的），逐渐向前发展再处理里面的那一处（即离安全出口较远的）直至在巷道里各处冒落带都处理好。

⑤ 先顶后帮。在处理冒顶事故时，必须注意先支撑好顶板，在护好两帮，确保抢救人员的安全。例如在巷道一侧由于片帮埋压人员，抢救时必须在顶梁下先在片帮侧打上一根立柱，然后对冒落岩石进行清理，救出遇险遇难人员。

(2) 处理冒顶的方案。

① 全断面处理（即整巷法或一次成巷法）。当冒顶范围一般不超过15 m、垮落矸石块度不大、人工可以搬动时，可采取全断面处理方案。沿冒顶处的两头，由外向里，一次架设的新棚子与原棚子断面基本一致。这种方案的优点是避免多次松动原已破碎的顶板，缺点是进度较慢。

② 小断面处理（即小巷法）。如果顶板冒落的岩石非常破碎，采取全断面处理方案不易通过时，可先沿煤壁在底部掘进一条小子巷，支架形式可采用人字形掩护支架或小断面梯形支架，以此作为临时支架，整理冒落范围，使风流贯通，然后再扩大为永久支架。这种方案的优点是处理冒顶的进度快，缺点是需要进行二次支护，另外小断面处理有可能会错过遇险遇难人员。它适用于被隔堵、埋压人员位置明确时的抢救工作和急于恢复采面或巷道用作运输、行人和通风之用的冒顶处理。

③ 绕道处理。一般在冒顶范围很大、冒落高度很高和顶板岩石极不稳定的条件下，采用以上两种方案极其困难时，可采用开补绕道，然后由绕道向冒落带进行处理、抢救遇险遇难人员。根据采煤工作面冒顶区在工作面的位置不同，有以下情况：

a. 冒顶发生在采煤工作面。可以沿工作面煤壁从回风平巷重开一条补巷先绕过冒顶区。未冒顶的工作面将机尾缩至工作面内完整处，继续前进。当工作面同补巷采成一条直线时，输送机延长至回风平巷，冒顶区埋压的设备、支架材料，可在补巷中直接扒开岩石取出，如不好取，可用掘子巷的办法分段收回（小巷间距为15~30 m）。在采煤工作面补巷时也可以平行工作面留3~5 m煤柱掘进。这时回收完设备、支架和材料后，应在煤柱上打眼爆破，与原采煤方向相反、直达冒顶带，避免煤柱支撑顶板，给以后回采造成困难。在这种情况下制定采煤工作面控顶距离加大的安全措施。

b. 冒顶发生在巷道中。巷道发生冒顶时，可以选择最短的距离和最佳的施工条件掘进一条补巷，直达冒顶区隔堵人员的位置，掘透后由补巷将遇险人员救出。

（五）突出事故抢险救灾的一般措施

(1) 切断灾区和受影响区的电源，但必须在远距离断电，防止产生电火花引起爆炸。当瓦斯影响区遍及全矿井时，要慎重考虑停电后会不会造成全矿被水淹，若不会被水淹，则应在灾区以外切断电源。若有被水淹的危险时，应加强通风，特别是加强电器设备处的通风，做到"送电的设备不停电，停电的设备不送电"。

(2) 撤出灾区和受威胁区的人员。

(3) 派人到进、回风井口及其 50 m 范围内检查瓦斯，设置警戒，熄灭警戒内的一切火源，严禁一切机动车辆进入警戒区。

(4) 派遣救护队（救护队员应佩戴呼吸器、携带灭火器等）下井侦察情况，抢救遇险人员，恢复通风系统等。

(5) 要求灾区内不准随意启闭电器开关，不要扭动矿灯开关和灯盏，严密监视原有的火区，查清突出后是否出现新火源，防止引爆瓦斯。

(6) 发生突出事故后不得停风和反风，防止风流紊乱扩大灾情，并制定恢复通风的措施，尽快恢复灾区通风，并将高浓度瓦斯绕过火区和人员集中区直接引入总回风道。

(7) 组织力量抢救遇险人员。安排救护队员在灾区救人，非救护队员（佩有隔离式自救器）在新鲜风流中配合救灾。救人时本着先明（在巷道中可以看见的）后暗（被煤岩堵埋的），先活后死的原则进行。

(8) 制定并实施预防再次突出的措施。必要时撤出救灾人员。

(9) 当突出后破坏范围很大，巷道恢复困难时，应在抢救遇险人员后对灾区进行封闭。

(10) 保证压缩空气机正常运转，以利避灾人员利用压风自救装置进行自救。保证副井正常提升，以利井下人员升井和救灾人员下井。

(11) 若突出后造成火灾或爆炸，则按处理火灾或爆炸事故进行救灾。

第六节　井下避灾与现场急救

矿井发生事故后，矿山救护队不可能立即到达事故地点进行抢救。事实证明，在事故初期，事故现场人员如能及时采取措施，正确开展自救互救，则可减少事故危害程度，减少人员伤亡。

一、井下避灾的行动原则

1. 及时报告灾情

(1) 在保证自身安全的情况下，通过直观感觉和经验，观察和分析判断事故性质、地点、灾害程度，尽快向矿调度室汇报。

(2) 迅速向事故可能波及的区域发出警报。

(3) 只汇报看到的异常现象（烟、火）、听到的异常声音、感觉到的异常冲击（气浪）。

(4) 汇报时不能凭想象判定事故性质（如，看见烟就认定发生火灾，遇到气浪冲击就认定发生爆炸），以免领导作出错误失策。

(5) 不能不汇报而自行处理灾变。特别是爆炸、火灾、瓦斯突出等事故，工人是无能力处理的。

2. 积极抢救

(1) 根据现场灾情和条件，现场人员及时利用现场的设备材料在保证自身安全条件下，全力抢险。

(2) 抢险时要保持统一指挥，严禁各行其是或单一行动。

(3) 严禁冒险蛮干，并要注意灾区条件变化，特别是气体和顶板情况。

3. 安全撤离

当灾害发展迅猛，无法进行现场抢救，或灾区条件急剧恶化，可能危及现场人员安全，以及接到命令要求撤离时，现场人员应有组织的撤离灾区。

撤离灾区时应遵守下列行动准则：

(1) 沉着冷静。要保持清醒的头脑，临危不乱；大家树立坚定的信心安全撤出灾区，并在各环节上做好充分准备，谨慎妥善行动。

(2) 认真组织。在老工人和党员干部带领下，统一行动、听指挥，不得各自行其是，盲目蛮干。

(3) 团结互助，照顾好伤员和老弱者。

(4) 选择正确的避灾路线。尽量选择安全条件好、距离短的路线，切忌图省事或抱着侥幸心理冒险行动，也不能犹豫不决而贻误时机。

(5) 加强安全防护。撤退前，所有人员要使用好必备的防护用品和器具（如自救器、湿毛巾）。行动途中不得狂奔乱跑，遇积水区、冒落区、溜煤眼等危险地区，应先探明情况，谨慎行进。

(6) 撤退中时刻注意风向及风量的变化，注意是否出现火、烟或爆炸征兆。

4. 妥善避灾

撤退中若遇通道堵塞或自救器有效时间已到，无人继续撤离时，应找永久避难硐室或自己建造临时避难硐室待救。避难时注意事项有：

(1) 在室外留有明显标志（如矿灯、衣物）。

(2) 保持安静不急躁，尽量俯卧于巷道底板或水沟内。

(3) 室内只留一盏矿灯。

(4) 发出呼吸信号（如敲打铁管或岩石，但不能敲打支架）。

(5) 团结互助，坚定信心，相互安慰。

(6) 时刻注意避难地点气体和顶板情况。遇到烟气侵袭等情况时，应采取安全措施或设法安全撤离。

二、自救器的使用

《煤矿安全规程》规定："入井人员必须随身携带自救器"。自救器有过滤式和隔离式两类。隔离式自救器中根据其氧气来源不同又分为化学氧隔离式自救器和压缩氧隔离式自救器两种。

（一）过滤式自救器

过滤式自救器是利用装有氧化剂的滤毒装置将有毒空气氧化成无毒空气供佩戴者呼吸用的呼吸保护器。仅能防护一氧化碳一种气体，对其他毒气不起防护作用，例如阻燃抗静胶带被外源火点燃后产生的氯化氢，工业塑料制品被外源火点燃后产生的氰化氢都不起防护作用，而且氯化氢和氰化氢的毒性比一氧化碳大得多。

过滤式自救器不提供人呼吸所需的氧气，因此佩戴它逃生时一定要选择巷道中氧气浓度不小于18%和一氧化碳浓度不大于1.5%的线路。美国在1981年，原苏联在1990年就停止生产和使用这种自救器，我国正在逐步减少使用。

1. 过滤式自救器防护特点

(1) 仅能将一氧化碳氧化成二氧化碳。
(2) 对其他毒气（氮化氢、氰化氢等）不起防护作用。
(3) 不提供人呼吸所需的氧气。
(4) 要求逃生线路中氧气浓度大于18%和一氧化碳浓度不大于1.5%。

2. 过滤式自救器的使用方法

(1) 取下保护罩。
(2) 用拇指掀起红色开启扳手，一直扳到打开外壳密封。
(3) 用拇指和食指握住红色开启扳手，拉开封口带。
(4) 拔开外壳上盖。
(5) 握住头带，把药罐从外壳中拉出。
(6) 从口具中拉开鼻夹。
(7) 把口具片塞进嘴里，咬住牙垫，唇紧贴住口具，马上用口腔呼吸。
(8) 拉开鼻夹，把它夹在鼻子上。

初步佩戴完成，自救器已开始提供疗效保护。取下矿工帽，把头带套在头顶上戴上矿帽，开始撤离危险区。自救器如外壳破瘪，过滤罐取不出来，可佩戴着外壳和药罐逃生。

3. 使用过滤式自救器时要注意的事项

(1) 在井下工作时，当发现火灾或爆炸现象时，必须立即佩戴自救器撤离现场。
(2) 吸气时会有干、热的感觉，这是自救器有效工作的正常现象，必须佩戴到安全地带才能取下。
(3) 佩用时要求行走速度不超过5.5 km/h，严禁狂奔，也不能取下鼻夹，口具或通过口具讲话。

（二）隔离式自救器

隔离式自救器提供人呼吸所需氧气，人的呼吸在人身与自救器之间循环进行，与外界空气成分无关，所以它能防护各种毒气。隔离式自救器中根据其氧气来源不同又分为化学氧隔离式自救器和压缩氧隔离式自救器两种。

1. 化学氧隔离式自救器

化学氧自救器是隔离式自救器的一种，它利用化学生氧物质产生氧气，供人员从火灾、爆炸、突出灾区撤退脱险用。

化学氧隔离式自救器的防护特点：

(1) 提供人员逃生时所需氧气。
(2) 整个呼吸在人体与自救器之间循环进行，与外界空气成分无关，能防护各种毒气。
(3) 用于从火灾、爆炸、突出的灾区中逃生。

化学氧隔离式自救器的使用方法按如下程序进行：

(1) 佩用位置：将腰带卡与腰带环内，并固定在背部后侧腰间。
(2) 开启扳手：使用时，先将自救器沿腰带转到右侧腹前左手托底，右手下拉护罩挂钩脱离壳体丢掉。再用右手掰锁口带扳手至封条断开后，丢开锁口带。
(3) 去掉上外壳：左手抓住下外壳，右手将上外壳用力拔下丢掉。
(4) 套上挎带：将带组套在脖子上。

(5) 提起口具并立即带好：用力提起口具，靠拴在口具与启动环间的尼龙绳的张力将启动针伴出，此时气囊逐渐鼓起。立即拔掉口具塞并同时将口具放入口中，口具片置于唇齿之间，牙齿紧紧咬住牙垫，紧闭嘴唇。

若尼龙绳被拉断，气囊未鼓，可以直接拉起启动环。

(6) 夹好鼻夹：两手同时抓住两个鼻夹垫的圆柱形把柄，将弹簧拉开，憋住一口气，使鼻夹垫准确夹住鼻子。

(7) 调整挎带，去掉外壳：如果挎带过长，抬不起头，可以拉动挎带上的大圆环，使挎带缩短，系在小圆环上，然后抓住下外壳两侧，向下用力将外壳丢掉。

(8) 系好腰带：将腰带上头绕过后腰插入腰带另一头的圆环内系好。

(9) 退出灾区：上述操作完毕后，开始撤离灾区。若感到吸气不足时，应放慢脚步，做长呼吸，待气量充足时再快步行走。

使用化学氧隔离式自救器时要注意的事项：

(1) 使用自救器时，应注意观察漏气指示器的变化情况，如发现指示变红，则仪器需要维护，并停止使用。

(2) 携带自救器时，尽量减少碰撞，严禁当坐垫或用其他工具敲砸自救器，特别是内罐。

(3) 长期存放处，应避免日光照射和热源直接影响，不要与易燃和有强腐蚀性物质同放一室，存放地点应尽量保持干燥。

(4) 过期和不能使用的自救器，可以打开外壳，拧开启动器盖，用水充分冲洗内部的生氧药品，然后才能处理，切不可乱丢内罐和药品，以免引起火灾事故。

2. 压缩氧隔离式自救器

压缩氧隔离式自救器是利用装在氧气瓶中的压缩氧化供氧的隔离式呼吸保护器，是一种可反复多次使用的自救器。每次使用后，只需要更换吸收二氧化碳的氢氧化钙吸收剂和重新充装氧气，即可重复使用。

压缩氧隔离式自救器的防护特点：

(1) 提供人员逃生时所需氧气，能防护各种毒气。

(2) 可反复多次重复使用。

(3) 用于有毒气或缺氧的环境条件下。

(4) 可用于压风自救系统的配套装备。

压缩氧隔离式自救器的使用方法按如下程序进行：

(1) 携带时挎在肩膀上。

(2) 使用时，先打开外壳封口带扳手。

(3) 先打开上盖，然后左手抓住氧气瓶，右手用力向上提上盖，氧气瓶开关即自动打开，最后将主机从下壳中拖出。

(4) 摘下帽子，跨上挎带。

(5) 拔开口具塞，将口具放入嘴内，牙齿咬住牙垫。

(6) 将鼻夹夹在鼻子上，开始呼吸。

(7) 在呼吸的同时，按动补给按钮，大约 $1\sim 2$ s 将气囊充满，立即停止。

(8) 挂上腰钩。

使用压缩氧隔离式自救器时要注意的事项：

(1) 高压氧瓶储装有 20 MPa 的氧气，携带过程中要防止撞击磕碰，或当坐垫使用。
(2) 携带过程中严禁开启扳手。
(3) 佩用本自救器撤离时，严禁摘掉口具、鼻夹或通过口具讲话。

三、现场急救

搞好煤矿现场创伤急救的目的，在于尽可能地减轻伤员痛苦，防止病情恶化，防止和减少并发症的发生，并可挽救伤员生命。

（一）现场急救基本原则

矿工互救必须遵守"三先三后"的原则：
(1) 窒息（呼吸道完全堵塞）或心跳呼吸骤停的伤员，必须先进行人工呼吸或心脏复苏后再搬运。
(2) 对出血伤员，先止血、后搬运。
(3) 对骨折的伤员，先固定、后搬运。

（二）现场急救的关键

现场创伤急救的关键在于"及时"，人员受伤害后，2 min 内进行急救的成功率可达 70%，4~5 min 内进行急救的成功率可达 43%，15 min 以后进行急救的成功率则较低。据统计，现场创伤急救做得好，可减少 20% 伤员的死亡。

（三）现场急救方法

现场创伤急救的方法包括人工呼吸、心脏复苏、止血、创伤包扎、骨折临时固定和伤员搬运。

1. 人工呼吸

(1) 口对口呼吸法。口对口人工呼吸法大多用于触电者，方法如下：
① 让伤员平卧仰面，头部尽量后仰，鼻朝天，解开腰带、领扣和衣服。
② 撬开嘴，清除口中异物，并将舌头拉出来，以防止堵塞喉咙。
③ 深吸一口气，贴伤员嘴大口吹气（捏紧伤员鼻子）。
④ 松开伤员的鼻子，让其自己呼吸。
如此反复操作，每分钟 14~16 次，直至伤员能自己呼吸。

(2) 俯卧压背人工呼吸法。俯卧压背人工呼吸法大多用于溺水者，方法如下：
① 伤员背部朝上，操作者骑跨在伤员的背上，双膝跪在他的大腿两旁，两手放在下背部两边，拇指指向脊椎柱，其余四指向外上方伸开。
② 握住伤员的肋骨，向前倾身，慢慢压伤员背部，以自身的重量压迫伤员的胸廓，使胸腔缩小。操作者身体抬起，两手松开，回到原来姿势，使伤员胸廓自然扩张，肺部松开，吸入空气。

如此反复操作，每分钟大约 14~16 次，直至伤员能自己呼吸为止。

(3) 仰卧半臂压胸人工呼吸法。此法不适用于有毒气体中毒或窒息，以及有肋骨骨折的伤员，方法如下：
① 伤员仰卧，腰背部垫一个低枕或衣物，使其胸部抬起，肺部扩张。
② 操作者跪在伤员头部的两边，面对伤员，两手握其小臂，上举放平，2 s 后再曲其两臂，用自己的肘部在胸部压迫两肋约 2 s，使伤员胸廓受压后，把肺部的空气呼出来。

③ 把伤员的两臂向上拉直，使其肺部张开，呼吸进空气。

如此反复均匀而有节奏地进行，每分钟 14～16 次，呼气时压胸，吸气时举臂，直至伤员复苏，能自己呼吸为止。

2. 心脏复苏

心脏复苏是抢救心跳已经停止的伤员的有效办法。其方法如下：

（1）伤员仰卧，操作者站立或跨跪在伤员腰部的两旁。

（2）操作者两手相叠，手掌贴胸平放，借助自己的体重用力垂直向下挤压伤员的胸部，压下深度为 3～4 cm。

（3）挤压后，突然放松，让胸部自行弹起。

反复有节奏地挤压和放松，每分钟约 60～80 次，直至伤员复苏。

3. 止血法

止血方法很多，常用暂时性止血方法有指压止血法、加垫屈肢止血法、止血带止血法和加压包扎止血法等。

指压止血法用于四肢大出血的暂时性止血方法；加垫屈肢止血法是当前臂和小腿出血不能制止且没有骨折和关节脱位时采用；止血带止血法是用止血带压迫伤口的近心端进行止血的方法；加压包扎止血法主要适用于静脉出血的止血。

4. 包扎

现场进行创伤包扎可就地取材，用毛巾、手帕、衣服撕成的布条等进行包扎。

包扎时注意事项：

（1）包扎时，应做到动作迅速敏捷，不可触碰伤口，以免引起出血、疼痛和感染。

（2）不能用井下的污水冲洗伤口。伤口表面的异物（如煤块、矸石等）应去除，但深部异物需运至医院取出，防止重复感染。

（3）包扎动作要轻柔、松紧度要适宜，不可过松或过紧，结头不要打在伤口上，应使伤员体位舒适，绷扎部位应维持在功能位置。

（4）脱出的内脏不可纳回伤口，以免造成体腔内污染。

（5）包扎范围应超出伤口边缘 5～10 cm。

5. 骨折的固定

骨折固定可减轻伤员的疼痛，防止因骨折端移位而刺伤邻近组织、血管、神经，也是防止创伤休克的有效急救措施。

操作要点如下：

（1）要进行骨折固定时，应使用夹板、绷带、三角巾、棉垫等物品。

（2）骨折固定应包括上、下两个关节，在肩、肘、腕、股、膝、踝等关节处应垫棉花或衣物，以免压破关节处皮肤，固定应以伤肢不能活动为度，不可过松或过紧。

（3）搬运时要做到轻、快、稳。

6. 伤员搬运

搬运时应尽量做到不增加伤员的痛苦，避免造成新的损伤及并发症。

现场常用的搬运方法有担架搬运法、单人或双人徒手搬运法等。

（1）担架搬运法。

① 担架可用特制的担架，也可用绳索、衣服、毛毯等做成简易担架。

② 由3~4人合成一组，小心谨慎地将伤员移上担架。
③ 伤员头部在后，以便后面抬担架的人随时观察伤员的变化。
④ 抬担架时应尽量做到轻、稳、快。
⑤ 向高处抬时（如走上坡），前面的人要放低，后面的人要抬高，以保持担架水平状；走下坡时相反。

(2) 单人徒手搬运法。单人搬运法适用于伤势比较轻的伤病员，采取背、抱或扶持等方法。

(3) 双人徒手搬运法。一人搬托双下肢，一人搬托腰部。在不影响病伤的情况下，还可用椅式、轿式和拉车式。

四、对不同伤员的现场急救

1. 对中毒或窒息人员的急救

(1) 立即将伤员从危险区抢运到新风中，取平卧位。
(2) 立即将伤员口、鼻内的黏液、血块、泥土、碎煤等除去，解开上衣和腰带，脱掉胶鞋。
(3) 用衣服覆盖在伤员身上保暖。
(4) 根据心跳、呼吸、瞳孔等特征和伤员的神志情况，初步判定伤情的轻重。
(5) 当伤员出现眼红肿、流泪、畏光、喉痛、咳嗽、胸闷现象时，说明是受二氧化硫中毒所致。

当出现眼红肿、流泪、喉痛及手指、头发呈黄褐色现象时，说明伤员是受二氧化氮中毒。一氧化碳中毒的显著特征是嘴唇呈桃红色、两颊有红斑点。

对二氧化硫、二氧化氮的中毒者只能进行口的人工呼吸，不能进行压胸或压背法的人工呼吸。

(6) 人工呼吸持续的时间以恢复自主性呼吸或到伤员真正死亡时为止。当救护队来到后，转由救护人用苏生器苏生。

2. 对外伤人员的急救

对外伤人员的急救，包括对烧伤人员、出血人员和骨折人员的急救。分别采用包扎伤面、止血和骨折临时固定，到后迅速送到地面，到医院救治。

3. 对溺水者的急救

突水中，人员溺水时，可能造成呼吸困难而窒息死亡。应采取如下措施急救：

(1) 转送：把溺水者从水中救出后，立即送到比较温暖和空气流动的地方，松开腰带，脱掉湿衣服，盖上干衣服保温。
(2) 检查：检查溺水者的口鼻，如果有泥水和污物堵塞，应迅速清除，擦洗干净，以保持呼吸道通畅。
(3) 控水：将溺水者取俯卧位，用木料、衣服等垫在肚子下面；施救者左腿跪下，把溺水者的腹部放在施救者右侧大腿上，使其头朝下；并压其背部，迫使水从体内流出。
(4) 上述控水效果不理想时，应立即做俯卧压背法人工呼吸或口对口吹气，或胸外心脏按压。

4. 对触电者的急救

(1) 立即切断电源，或使触电者脱离电源。

(2) 迅速观察伤员有无呼吸和心跳。如发现已停止呼吸或心音微弱，应立即进行人工呼吸或胸外心脏按压。

(3) 若呼吸和心跳都已停止，应同时进行人工呼吸和胸外心脏按压。

(4) 对遭受电击者，如有其他损伤、如跌伤、出血等应作相应的急救处理。

5. 对冒顶埋压人员现场急救

(1) 扒伤员时须注意不要损伤人体。靠近伤员身边时，扒掘动作要轻巧稳重，以免对伤员造成伤害。

(2) 如果确知伤员头部位置，应先扒去其头部煤岩块，以使头部尽早露出外面。头部扒出后，要立即清除口腔、鼻腔的污物。与此同时再扒身体其他部位。

(3) 此类伤员常常发生骨折，因此在扒掘与抬离时必须十分小心。严禁用手去拖拉伤员双脚或用其他粗鲁动作，以免增加伤势。

(4) 当伤员有呼吸困难或停止呼吸，可进行口对口人工呼吸。

(5) 有大出血者，应立即止血。

(6) 有骨折者，应用夹板固定。如怀疑有脊柱骨折的，应该用硬板担架转运，千万不能由人扶持或抬运。

(7) 转运时须有医务人员护送，以便对发生的危险情况给予急救。

6. 对长期被困在井下的人员急救

(1) 严禁用矿灯照射遇险者的眼睛，应用毛巾，衣服片、纸张等蒙住其眼睛。

(2) 用棉花或纸张等堵住双耳。

(3) 注意保温。

(4) 不能立即升井，应将其放在安全地点逐渐适应环境和稳定情绪。待情绪稳定、体温、脉搏、呼吸及血压等稍有好转后，方可升井送医院。

(5) 搬运时要轻抬轻放、缓慢行走，注意伤情变化。

(6) 升井后和治疗初期，劝阻亲属探视，以免伤员过度兴奋发生意外。

(7) 不能让其吃过量或硬食物，限量吃一些稀软易消化的食物，使肠胃功能逐渐恢复。

※国家题库中与本章相关的试题

一、判断题

1. 应急预案是针对重大危险源制定的。专项预案应该包括各种自然灾害及大面积传染病的预案。（   ）

2. 应急救援预案是指政府和企业为减少事故后果而预先制定的抢险救灾方案，是进行事故救援活动的行动指南。
（   ）

3. 应急救援预案分企业预案和区域预案。矿井作为企业，一般委托设计院、科研所制定企业预案。
（   ）

4. 应急救援预案只传达贯彻到班组长以上的管理人员。（   ）

5. 应急预案中应考虑在各主要工作岗位安排有实践经验和掌握急救知识和救护技术的人担任急救员。
（   ）

6. 井下储存 4 t 工业炸药的库房是重大危险源。（   ）

7. 某矿坑木场发生火灾，应执行当地政府的救援预案。（   ）

8. 有含水陷落柱的矿井应该制定水害防治预案。（   ）

第七章 煤矿灾害预防与事故应急管理

9. 有冲击地压的矿井应该制定具有针对性的专项预案。（　　）
10. 井下职工遇有火灾或爆炸事故无法撤退时，应选择距事故点较近的地段构筑临时避难硐室。（　　）
11. 规模较小的煤矿企业，可以不设立常设的应急救援组织，但必须和大矿签订一份救援合同。（　　）
12. 某 120 万 t 规模的矿井，成立了含有 5 个小队，每队有 7 名队员的救护中队。（　　）
13. 进入灾区的救护队员佩戴了氧气压力 8 MPa 的正压氧呼吸器准备进入灾区。（　　）
14. 仅依据《煤矿安全规程》处理煤矿井下水灾和其他各种灾害。（　　）
15. 矿井发生重大事故后，必须立即成立抢险指挥部并设立地面基地。矿山救护队队长为抢险指挥部成员。（　　）
16. 采区可以不设消防材料库。（　　）
17. 当井下发生爆炸事故后，风机房水柱计增大，只能说明反向风门自动关闭。（　　）
18. 某矿三采区 1122 工作面发生瓦斯爆炸后，立即从中央变电所切断该采区的电源。（　　）
19. 煤矿企业的应急救援预案就是《矿井灾害预防和处理计划》。（　　）
20. 《矿井灾害预防和处理计划》中必须有井上、下对照图。（　　）
21. 重大危险源和重大隐患是相同的。（　　）
22. 富燃料燃烧是下风侧氧气的浓度近似为零。（　　）
23. 低浓度瓦斯爆炸，应尽快恢复灾区通风。（　　）
24. 煤矿企业每年必须组织一次应急救援演练。（　　）
25. 《矿井灾害预防和处理计划》是在认真辨识并评估本矿危险源的基础上，总结本矿或矿区防灾抗灾经验的前提下编写的。（　　）
26. 《矿井灾害预防和处理计划》应该组织区队长进行学习考试，因为员工在事故发生时听从现场领导的指挥，可以不学习。（　　）
27. 《矿井灾害预防和处理计划》中应该含有通风系统图、反风试验报告以及反风时保证反风设施完好的检查报告。（　　）
28. 地面矸石山的爆炸与其堆放的几何体积有关。（　　）
29. 采区进风巷发生火灾时，可采取积极方法直接灭火，风流短路，把烟气引入专用回风巷。（　　）
30. 当有人坠入采区煤仓时，必须用放煤的办法把遇险人从放煤口放出来。（　　）
31. 当采面发生煤壁片帮埋住人员时，不要停止工作面运输机，直到把遇险人员拉到安全地点为止。（　　）
32. 发生火灾或爆炸事故后，遇险人员在撤退有困难时应在现场指挥的带领下，可以迅速转入独头巷道，关闭局部通风机，或者切断风筒堵住入口。（　　）
33. 受困的遇险人员，应定时的敲打铁管或钢轨，发出求救信号。（　　）
34. 发生高浓度瓦斯爆炸时，应该加大通风量，把瓦斯浓度降低到爆炸限以下。（　　）
35. 在已经掘进 700 m 岩巷的 300 m 处发生了火灾，烧断了风筒，经过 2 h 后，火被救护队员熄灭，可以断定在迎头避灾的 9 名工人已经窒息。（　　）
36. 当进风井筒或井底车场发生火灾时，可停主要通风机并打开井口防爆门（盖）。（　　）
37. 井底车场发生严重火灾，必须尽快组织反风。（　　）
38. 在使用减小风量的方法控制火势时，瓦斯浓度上升接近 2%，就应立即停止使用此方法，恢复正常通风，甚至增加灾区风量。（　　）
39. 灭火时，如果瓦斯达到 2% 并且仍继续增加，救护队指挥员必须立即将人员撤到安全地点。（　　）
40. 扑灭上、下山巷道火灾时，必须采取防止火风压造成风流逆转的措施。（　　）
41. 火灾发生后，应该采取一切的方法积极灭火。（　　）
42. 突出事故发生后，切断灾区和受影响区的电源，但必须在近距离断电，防止产生电火花引起爆炸。（　　）

43. 平卧不动的人一般耗氧量为 0.24 L/min。（　　）
44. 处理冒顶事故时，首先应该加强后路支架的安全可靠性。（　　）
45. 在矿井突水时的抢险救灾中，应加强通风，防止瓦斯和其他有害气体积聚和防止发生熏人事故。（　　）
46. 熟悉掌握应急救援预案，是避免抢险救灾决策失误的重要方法。（　　）
47. 8 个月发火期的自燃煤层是重大危险源。（　　）
48. 重大危险源分为生产场所重大危险源和贮存区重大危险源两种。（　　）
49. 重大事故的应急救援行动涉及许多部门，因此应该先明确在应急救援中承担相应任务的组织机构及其职责。（　　）
50. 事故应急救援系统中的后勤保障组织主要负责应急救援所需的各种设备、设施、物资以及生活、医药等的后勤保障。（　　）
51. 矿山救护队必须具备分析化验矿井灾区空气成分的能力。（　　）
52. 对于瓦斯涌出量大的煤层或采空区，在采用通风处理瓦斯不合理时，应采用抽放措施。（　　）
53. 为防止瓦斯积聚，局部通风机除交接班外，其他时间一律不准停风。（　　）
54. 局部通风机要实行挂牌制度，设专人管理，严格禁止非专门人员操作局部通风机。（　　）
55. 在有安全措施的前提下，专用排瓦斯巷内可以进行生产作业和设置电气设备。（　　）
56. 地面大气压力的急剧下降会造成井下瓦斯涌出异常。（　　）
57. 在工作面接近采区边界或基本顶来压时，涌入工作面的瓦斯一般会突然增加。（　　）
58. 高瓦斯矿井掘进工作面局部通风机必须使用"三专"，即"专用变压器，专用开关，专人看管"。（　　）
59. 井下爆破要严格执行瓦斯检查工、安全检查工和爆破工"三人连锁放炮"制度。（　　）
60. 爆破作业工作面必须执行装药前、装药后和爆破前都必须检查瓦斯的"一炮三检"制度。（　　）
61. 井下带电检修、搬迁电气设备时，必须有安全措施。（　　）
62. 矿井必须从采掘生产管理上采取措施防止瓦斯积聚。（　　）
63. 井下工作过程中，使用矿灯灯泡烧毁，应在进风巷中更换。（　　）
64. 必须带入井下的易燃物品要经过矿技术负责人批准，并指定专人负责其安全。（　　）
65. 井下在进、回风巷内从事电气焊作业时，每次都必须制定安全措施。（　　）
66. 低瓦斯矿井采掘工作面每班至少检查 1 次瓦斯。（　　）
67. 瓦斯检查人员发现瓦斯超限，有权立即停止工作，撤出人员，并向有关人员汇报。（　　）
68. 通风瓦斯日报必须每天送矿长、矿技术负责人审阅。（　　）
69. 矿井必须建立完善的防尘、供水系统，没有防尘供水管路的采掘工作面不得生产。（　　）
70. 采煤工作面回风巷应安设风流净化水幕。（　　）
71. 矿井应每季度至少检查一次煤尘隔爆设施安装地点、数量、水量或岩粉量及安装质量是否符合要求。（　　）
72. 井下所有煤仓和溜煤眼都应该把煤放净，避免发生煤炭自燃。（　　）
73. 溜煤眼可兼作风眼使用。（　　）
74. 生产矿井每延伸一个新水平，应进行 1 次煤尘爆炸性实验工作。（　　）
75. 采煤机必须安装内外喷雾装置。（　　）
76. 掘进机作业时，应使用内外喷雾装置，水压应符合《煤矿安全规程》要求。（　　）
77. 液压支架和放顶煤采煤工作面的放煤口，必须安装喷雾装置，降柱、移架或放煤时同步喷雾。（　　）
78. 开采有煤尘爆炸危险煤层的矿井，必须有预防和隔绝煤尘爆炸的措施。（　　）
79. 开采有煤尘爆炸危险煤层的矿井，必须及时清除巷道中浮尘；清扫或冲洗沉积煤尘，应定期对巷道

第七章 煤矿灾害预防与事故应急管理 355

刷浆。( )
80. 矿井每两年应制定综合防尘措施，预防和隔绝煤尘爆炸措施及管理制度，并组织实施。( )
81. 在采煤工作面中，不采用对孔隙率小于4%的煤层注水。( )
82. 采掘工作面爆破后，必须对爆破地点进行冲刷顶帮。( )
83. 煤与瓦斯突出矿井在编制年度、季度、月生产建设计划同时，必须编制防治突出措施计划。( )
84. 煤与瓦斯突出矿井主要巷道应布置在岩层中。( )
85. 在同一突出煤层的同一区段集中应力影响范围内，可以布置2个工作面相向回采或掘进。( )
86. 在煤与瓦斯突出矿井工作面采用串联通风时，必须制定安全措施。( )
87. 煤与瓦斯突出矿井采掘工作面回风巷应尽量少设置风门、风窗等设施。( )
88. 井巷揭穿突出煤层的地点应尽量避开地质构造带。( )
89. 煤与瓦斯突出矿井，在无突出危险工作面进行采掘时，可不采取安全防护措施。( )
90. 煤与瓦斯突出矿井，开采保护层时，采空区应留煤（岩）柱。( )
91. 煤与瓦斯突出矿井的入井人员必须携带过滤式自救器。( )
92. 采取金属骨架措施预防煤与瓦斯突出时，揭穿煤层后，应拆除或回收骨架。( )
93. 煤炭自燃发火都有一定的潜伏期。( )
94. 煤层的自然发火期是不会改变的。( )
95. 煤炭自燃火灾是不可能通过人的知觉而发现的。( )
96. CO气体含量指标是一种早期识别煤炭自燃火灾的方式。( )
97. 每个永久性防火墙附近必须设置栅栏、警标以及禁止人员入内的说明牌。( )
98. 具有爆炸危险性的火区，必须先封闭进风侧控制火势，再封闭回风侧。( )
99. 进风井口应设防火铁门，若不设，必须有防止烟火进入矿井的安全措施。( )
100. 在井下和井口房，可以采用可燃性材料搭设临时操作间、休息间。( )
101. 井下严禁使用电炉和灯泡取暖。( )
102. 井下用的润滑油、棉纱、布头和纸等必须存放在盖严的铁桶内，用过后可就地堆放。( )
103. 严禁将剩油、废油泼洒在井巷或硐室内。( )
104. 井上、下必须设置消防材料库。( )
105. 消防材料库储存的材料，工具的品种和数量要符合有关规定并定期检查和更换。( )
106. 井下主要硐室和工作场所应备有灭火器材。( )
107. 井下工作人员必须熟悉灭火器材的使用方法和存放地点。( )
108. 生产矿井延深开拓新水平时，不须对所有煤层的自燃倾向性进行鉴定。( )
109. 煤层顶板暴露的面积越小，煤层顶板压力就越大。( )
110. 当发现井下发生火灾时，应立即行使紧急避险权。( )
111. 巷道替换支架时，必须先拆旧支架，再支新支架。( )
112. 煤壁压力越大，一般片帮煤越多，这就说明冒顶危险性越大。( )
113. 顶板管理中，要严格执行敲帮问顶制度，危石必须挑下，无法挑下时应采取临时支护措施，严禁空顶作业。( )
114. 顶板冒落前，往往会出现离层现象。为减少顶板事故，要加强"问顶"工作。( )
115. 支护失效而空顶的地点，重新支护时应先施工，再护顶。( )
116. 采煤工作面支架的初撑力应能保证直接顶与基本顶之间不离层。( )
117. 煤层顶板越松软、破碎，煤层顶板压力就越小。( )
118. 接近水淹或可能积水的井巷、老空或相邻煤矿时必须先进行探水。( )
119. 接近含水层、导水断层、溶洞和导水陷落柱时可以不进行探水。( )
120. 采掘工作面或其他地点发现有挂红、挂汗、空气变冷、出现雾气、水叫、顶板淋水加大、顶板来压、底板鼓起或产生裂隙出现渗水、水色发浑、有臭味等突水预兆时，必须停止作业，采取措施，立即报告矿调度室，发出警报，撤出所有受水威胁地点的人员。（　）

121. 心肺复苏术是对心跳、呼吸骤停所采用的最初紧急措施。（　）
122. 当病人牙关紧闭不能张口或口腔有严重损伤者可改用口对鼻人工呼吸。（　）
123. 心肺复苏的内容包括开放气道、口对口人工呼吸和人工循环。（　）
124. 心肺复苏的胸外心脏按压和人工呼吸比例为30:2。（　）
125. 口对口人工呼吸每次吹气量不要过大，最大不能大于2 000 mL。（　）
126. 胸外心脏按压的深度为4~5 cm，频率为80~100次/min。（　）
127. 心肺复苏有效时，可见瞳孔由大变小，并有对光反射。（　）
128. 对烧伤人员的急救应迅速扑灭伤身上的火，尽快脱离火源。（　）
129. 昏迷伤员的舌后坠堵塞声门，应用手从下颌骨后方托向前侧，将舌牵出使声门通畅。（　）
130. 井下发生火灾或瓦斯爆炸时应立即佩戴自救器。（　）
131. 骨折固定的范围应包括骨折远近端的两个关节。（　）
132. 面部出血用拇指压迫面动脉即可止血。（　）
133. 头后部出血可用两只手的拇指压耳后与枕骨粗隆之间的枕动脉搏动处。（　）
134. 颈部出血可用大拇指压迫同侧气管外侧与胸锁乳突肌前缘中点强烈搏动的颈总动脉。（　）
135. 上肢出血，可用四指压迫腋窝部搏动强烈的腋动脉。（　）
136. 腋窝和肩部出血，可用拇指压迫同侧锁骨上窝中部的锁骨下动脉。（　）
137. 前臂出血，可用手指压迫上臂肱二头肌内侧的肱动脉。（　）
138. 手部出血可用两手拇指同时压迫腕的尺动脉和桡动脉。（　）
139. 手指或脚趾出血可用拇指、食指分别压迫手指或脚趾两侧的动脉。（　）
140. 下肢出血可用拇指压住大腿根部跳动的股动脉。（　）
141. 小腿出血可用一手固定膝关节正面，另一手拇指摸到腘窝处跳动的腘动脉，用力压迫即可止血。（　）
142. 压迫包扎法常用于一般的伤口出血。（　）
143. 止血带止血法适用于任何四肢出血。（　）
144. 填塞法的缺点是止血不够彻底且增加感染机会。（　）
145. 现场可用铁丝代替止血带进行止血。（　）
146. 止血带能有效地控制四肢出血，而且损伤最小。（　）
147. 扎止血带时间越长越好。（　）
148. 缚扎止血带松紧要适宜，以出血停止、远端摸不到动脉搏动为准。（　）
149. 在松止血带时，应快速松开。（　）
150. 螺旋包扎法适用于头部、腕部、胸部及腹部等处的包扎。（　）
151. 螺旋反折包扎法主要用于粗细不等的四肢受伤包扎。（　）
152. "8"字形包扎法多用于关节处的包扎及锁骨骨折的包扎。（　）
153. 三角巾包扎法适用于身体各部位。（　）
154. 腹部外伤有内脏脱出时，要及时还纳。（　）
155. 异物插入眼球时应立即将异物从眼球拔出。（　）
156. 人员受伤后必须在原地检伤，实施包扎、止血、固定等救治后再搬运。（　）
157. 呼吸心搏骤停者，应先行心肺复苏术，然后再搬运。（　）
158. 当伤员出现眼红肿、流泪、畏光、咳嗽、胸闷现象时，说明是NO_2中毒所致。（　）

二、单选题

1. 煤矿井下处理爆炸事故的关键是，如何迅速恢复灾区通风和（　）。
  A. 防止爆炸引起火灾　B. 灾区人员安全撤出　C. 控制瓦斯浓度

2. 在编制处理火灾事故的应急预案时，首先确定（　　）的方法和步骤，明确采用的灭火方法。
A. 控制火势　　　　　B. 调控风流　　　　　C. 救援方案
3. 矿山救护队应该在接到命令以后（　　）min内出动。
A. 1　　　　　　　　B. 2　　　　　　　　C. 3
4. 一个低瓦斯矿的岩巷掘进工作面发生了瓦斯爆炸，则短时间内（　　）发生二次爆炸或火灾。
A. 可能　　　　　　B. 不可能　　　　　　C. 不一定
5. 火势较大的明火火灾的处理关键是（　　）。
A. 正确调动风流　　B. 高强度灭火　　　　C. 封闭巷道
6. U形开采的回风巷发生火灾，并且由富氧燃烧向富燃料燃烧转化，应该（　　）。
A. 加大供风量　　　B. 减少供风量　　　　C. 维持不变
7. 进风侧空气的瓦斯含量不能超过（　　）%是处理火灾时要考虑的重要因素。
A. 1　　　　　　　B. 2　　　　　　　　C. 0.75
8. 当掘进头发生火灾后局部通风机停止了运转，救护队员侦察灾区内瓦斯浓度在（　　）%以下时，可以启动局部通风机继续供风。
A. 1　　　　　　　B. 2　　　　　　　　C. 3
9. 处理煤尘爆炸的首要问题是（　　）。
A. 防止二次爆炸　　B. 防止火灾事故　　　C. 防止引起瓦斯爆炸
10. 处理低浓度瓦斯爆炸的要点是（　　）。
A. 尽快恢复灾区通风　　　　　　　　　B. 首先扑灭可能引起的火灾
C. 尽快组织局部返风
11. 进入灾区的救护小队队员不能少于（　　）人。
A. 6　　　　　　　B. 8　　　　　　　　C. 10
12. 矿山救护队员在灾区工作一个呼吸器班后，至少应该休息（　　）h，才能重新佩戴呼吸器工作。
A. 6　　　　　　　B. 8　　　　　　　　C. 10
13. 发生煤与瓦斯突出事故后，指挥人员应派人到进、回风井口及其（　　）m范围内检查瓦斯，设置警戒，熄灭警戒内的一切火源，严禁机动车辆进入警戒区。
A. 40　　　　　　　B. 50　　　　　　　　C. 60
14. 重大灾害事故的共性之一是具有（　　）。
A. 可预见性　　　　B. 临时性　　　　　　C. 继发性
15. 处理掘进巷道火灾时，（　　）的控制是关键。
A. 局部通风机　　　B. 主要通风机　　　　C. 火势
16. 发生煤与瓦斯突出事故后，撤出灾区和（　　）的人员是抢险救灾的首要任务。
A. 进风流　　　　　B. 回风流　　　　　　C. 受威胁区
17. 在现场勘察时，煤尘爆炸区别于瓦斯爆炸的主要因素是现场（　　）。
A. 温度高　　　　　B. CO浓度大　　　　C. 有皮渣和黏块　　　D. 破坏性大
18. 在有两个回风井的矿井中，两个回风井是一大一小两种主要通风机，则该矿井反风时大小风机的启动顺序是（　　）。
A. 先大后小　　　　B. 先小后大　　　　　C. 同时启动　　　　　D. 不分先后
19. 掘进工作面迎头由于爆破发生火灾后，应（　　）。
A. 立即关闭局部通风机　　　　　　　　B. 立即切断附近设备电源进行洒水灭火
C. 撤出所有人员
20. 发生煤与瓦斯突出事故后，应该（　　）。
A. 停风　　　　　　B. 反风　　　　　　　C. 保持或立即恢复正常通风

21. 全矿井停电恢复供电后，应首先启动（　　）。
   A. 主要水泵　　　　B. 副井提升　　　　C. 主要通风机
22. 发生在上行风流中的火灾，产生的火风压会使火源所在巷道风量（　　）。
   A. 增加　　　　　　B. 减小　　　　　　C. 不变
23. 处理高瓦斯下山掘进煤巷迎头火灾时，在通风条件下，瓦斯浓度不超过（　　）%时可直接灭火。
   A. 2　　　　　　　B. 2.5　　　　　　C. 3
24. 独头掘进水平巷道发生火灾时，最难处理的是（　　）。
   A. 迎头火灾　　　　B. 中部火灾　　　　C. 入口火灾
25. 据统计，煤矿井下发生瓦斯爆炸的点火源主要来自（　　）。
   A. 采煤机截割煤岩产生的热能　　　B. 电器设备失爆
   C. 采空区矸石坠落撞击产生的能量　　D. 爆破作业
26. 在启封火区工作完毕后的（　　）h中，每班必须由矿山救护队检查通风、测定水温、空气温度和空气成分。
   A. 24　　　　　　　B. 48　　　　　　　C. 72
27. 对重大危险源现场事故应急救援处理预案的编制应由（　　）负责。
   A. 市应急救援机构　B. 人大　　　　　　C. 企业
28. 安全监测所使用的仪器仪表必定定期进行调试、校正以控制其故障率，每月至少（　　）次。
   A. 1　　　　　　　B. 2　　　　　　　C. 3
29. 重大事故应急救援体系应实行分级响应机制，其中三级响应级别是指（　　）。
   A. 需要多个政府部门协作解决的　　　B. 需要国家的力量解决的
   C. 只涉及一个政府部门权限所能解决的　D. 必须利用一个城市所有部门的力量解决的
30. 应急响应是在事故发生后立即采取的应急与救援行动，其中包括（　　）。
   A. 应急队伍的建设　　　　　　　　B. 信息收集与应急决策
   C. 事故损失评估　　　　　　　　　D. 应急预案的演练
31. 应急救援中心主要负责（　　）。
   A. 尽可能、尽快地控制并消除事故，营救受害人员
   B. 对潜在重大危险的评估
   C. 协调事故应急救援期间各个机构的运作
   D. 事故和救援信息的统一发布
32. 应急演练的基本任务是检验、评价和（　　）应急能力。
   A. 保护　　　　　　B. 论证　　　　　　C. 协调　　　　　　D. 保持
33. 《矿井灾害预防与处理计划》是煤矿企业为了防止事故发生和一旦发生后预先制定的（　　）方案，是进行事故救援活动指南。
   A. 人员撤离　　　　B. 抢险救灾　　　　C. 事故处理
34. 《矿井灾害预防与处理计划》由（　　）负责组织实施。
   A. 矿长　　　　　　B. 总工程师　　　　C. 救护队长
35. 矿井（　　）必须至少组织1次矿井救灾演习。
   A. 每月　　　　　　B. 每季度　　　　　C. 每年
36. 《矿井灾害预防与处理计划》必须由（　　）负责组织通风、采掘、机电、地质等单位有关人员编制，并有矿山救护队参加。
   A. 救护队长　　　　B. 矿长　　　　　　C. 矿总工程师或技术负责人
37. 《矿井灾害预防与处理计划》必须在每年开始前（　　）报矿务局（矿）总工程师或技术负责人批准。
   A. 15天　　　　　　B. 20天　　　　　　C. 1个月

38. 在每季开始前( )天矿总工程师根据自然条件和采掘工程变动情况,组织有关部门对《矿井灾害预防与处理计划》进行修改和补充。
   A. 15   B. 20   C. 30
39. 采煤工作面瓦斯管理的重点是( )瓦斯。
   A. 回风巷   B. 采空   C. 回风隅角
40. 安设局部通风机的进风巷道所通过的风量要( )局部通风机吸风量。
   A. 大于   B. 小于   C. 等于
41. 局部通风机因故停止运转,在恢复通风前应首先检查停风区中( )。
   A. 顶板   B. 瓦斯   C. 电气设备
42. 压入式局部通风机和启动装置必须设在新鲜风流中,距离回风口不小于( )m。
   A. 8   B. 10   C. 15
43. 局部通风机和开关附近10 m以内瓦斯浓度积聚不超过( )%时,方可人工开动局部通风机。
   A. 0.5   B. 0.75   C. 1
44. 对于瓦斯涌出量较大,回风隅角长期超限的工作面,不易采用( )处理积聚瓦斯。
   A. 挂风障引流法 B. 风筒导风法 C. 移动泵站抽放法
45. 对于自然发火严重的煤层,工作面回风隅角瓦斯应采用( )处理。
   A. 移动泵站抽放法 B. 风筒导风法 C. 尾巷排放瓦斯法
46. 用尾巷法排放瓦斯时,尾巷中的瓦斯浓度不得超过( )%。
   A. 2   B. 2.5   C. 3
47. 当巷道冒落空间较大,积聚的瓦斯量较大时,应采用( )处理。
   A. 充填法   B. 引风法   C. 风筒分支法
48. 爆破工作人员应尽量在( )进行爆破操作。
   A. 进风巷中   B. 回风巷中   C. 爆破地点
49. 临时停工的地点不得停风,否则必须切断电源,设置栅栏、揭示警标禁止人员进入,并向矿调度室报告。停工区内瓦斯或二氧化碳浓度达到( )%不能立即处理时,必须在24 h内封闭完毕。
   A. 2.5   B. 3   C. 4
50. 井下防爆电气设备在入井前必须有专门的( )进行安全检查。
   A. 设备维修工 B. 防爆设备检查员 C. 安全检查员
51. 高瓦斯矿井采掘工作面每班至少检查( )次瓦斯。
   A. 1   B. 2   C. 3
52. 井下停风地点栅栏处风流中瓦斯浓度每( )至少检查1次瓦斯。
   A. 班   B. 天   C. 周
53. 井下密闭处的瓦斯浓度每( )至少检查1次瓦斯浓度。
   A. 班   B. 天   C. 周
54. 停风区中的瓦斯或二氧化碳浓度超过3%时,必须制定安全措施,报( )批准,组织排放。
   A. 通风区(队)长 B. 矿总工程师 C. 矿长
55. 采用载体催化元件的甲烷检测设备每( )天,必须使用校准气样和空气样调校一次。
   A. 7   B. 15   C. 30
56. 每( )天必须对甲烷超限断电功能进行测试。
   A. 7   B. 15   C. 30
57. 胶带输送机道或煤巷中的防尘管路每隔( )m至少设一个三通阀门。
   A. 20   B. 50   C. 100
58. 炮采工作面内的防尘管路每隔( )m应至少设一个三通阀门。

A. 20　　　　　　　B. 50　　　　　　　C. 100

59. 井下主要隔爆水棚的用水量按巷道断面计算不得小于（　　）L/m²。

A. 200　　　　　　B. 400　　　　　　C. 500

60. 井下辅助隔爆水棚的用水量按巷道断面计算不得小于（　　）L/m²。

A. 200　　　　　　B. 400　　　　　　C. 500

61. 井下主要隔爆水棚的棚区长度不小于（　　）m。

A. 10　　　　　　　B. 20　　　　　　　C. 30

62. 井下辅助隔爆水棚的棚区长度不小于（　　）m。

A. 10　　　　　　　B. 20　　　　　　　C. 30

63. 煤层注水主要是用来（　　）的一项技术措施。

A. 防火　　　　　　B. 防突　　　　　　C. 防尘

64. 突出煤层严禁采用（　　）采煤。

A. 炮采　　　　　　B. 机采　　　　　　C. 放顶煤

65. 煤与瓦斯突出矿井掘进工作面局部通风机应采用（　　）通风。

A. 压入式　　　　　B. 抽出式　　　　　C. 混合式

66. 在有突出威胁区内，根据煤层突出危险程度，采掘工作面每推进30～100 m应用工作面预测方法连续进行不少于（　　）次的区域性预测验证。

A. 1　　　　　　　B. 2　　　　　　　C. 3

67. 选择开采保护层时，应先选择开采（　　）。

A. 无突出危险煤层　B. 有突出危险煤层　C. 下保护层

68. 正在开采的保护层采煤工作面，必须超前被保护层的掘进工作面，其超前距离不得小于保护层与被保护层之间法线距离的2倍，并不得小于（　　）m。

A. 10　　　　　　　B. 20　　　　　　　C. 30

69. 石门揭穿突出煤层前，当地质构造比较复杂时，在工作面距煤层法线距离（　　）m之外，至少打2个前探钻孔。

A. 10　　　　　　　B. 20　　　　　　　C. 30

70. 震动爆破诱导突出时，应采用毫秒雷管，延期总时间不得超过（　　）ms。

A. 120　　　　　　B. 130　　　　　　C. 140

71. 在突出矿井开采煤层群时，应优先选择（　　）的防治措施。

A. 震动爆破　　　　B. 水力冲孔　　　　C. 开采保护层

72. 在同一采煤工作面中，（　　）使用不同类型和不同性能的支柱。

A. 允许　　　　　　B. 不得　　　　　　C. 严禁

73. 在地质条件复杂的采煤工作面中必须使用不同类型的支柱时，必须制定（　　）措施。

A. 安全　　　　　　B. 支护　　　　　　C. 回柱

74. 采煤工作面必须按作业规程的规定及时支护，严禁（　　）作业。

A. 漏顶　　　　　　B. 空班　　　　　　C. 空顶

75. 井口和工业场地内建筑物的高程必须（　　）当地历年的最高洪水位。

A. 高于　　　　　　B. 等于　　　　　　C. 低于

76. 采煤工作面回采结束后，必须在（　　）天内进行永久性封闭。

A. 15　　　　　　　B. 30　　　　　　　C. 45

77. 矿井地面的消防水池必须经常保持不小于（　　）m³的水量。

A. 200　　　　　　B. 100　　　　　　C. 150

78. 有爆炸危险性的火区，在封闭时必须（　　）。

A. 先封闭进风侧，再封闭回风侧　　　　B. 先封闭回风侧，再封闭进风侧
C. 进风侧和回风侧同时封闭

79. 井下电焊、气焊和喷灯焊接等工作完毕后，工作地点应用水喷洒，并应有专人在工作地点检查（　）h，发现异常，立即处理。
A. 0.5　　　　　　B. 1　　　　　　C. 2

80. 井口房和通风机房附近（　）m以内，不得有烟火或用火炉取暖。
A. 30　　　　　　B. 20　　　　　C. 40

81. 井下电焊、气焊和喷灯焊接等工作地点的风流中，瓦斯浓度不得超过（　）%。
A. 0.75　　　　　B. 0.5　　　　　C. 1.0

82. 井下主要巷道内的带式输送机机头前后两端各（　）m范围内必须采用不燃性材料支护。
A. 20　　　　　　B. 40　　　　　C. 50

83. 启封火区和恢复火区初期通风等工作，必须由（　）负责进行，火区回风风流所经过巷道中的人员必须全部撤出。
A. 通防科　　　　B. 矿山救护队　　C. 矿总工程师

84. 在启封火区工作完毕后的（　）内，每班必须由矿山救护队检查通风工作，并测定水温、空气温度和空气成分。只有在确认火区完全熄灭、通风等情况良好后，方可进行生产工作。
A. 1周　　　　　B. 半月　　　　　C. 3天

85. 水仓、沉淀池和水沟中的淤泥，应及时清理，每年雨季前必须清理（　）次。
A. 3　　　　　　B. 2　　　　　　C. 1

86. 发生在下行风流中的火灾，产生的火风压不会使火源所在巷道风路中（　）。
A. 风量增加　　　B. 风量减小　　　C. 风流逆转

87. 发生矿井水灾事故时，要启动（　）排水设备排水，防止整个矿井被淹。
A. 正常　　　　　B. 备用　　　　　C. 全部

88. 高瓦斯矿井下山掘进煤巷中段发生火灾时，不得采用（　）。
A. 直接灭火　　　B. 隔绝灭火　　　C. 联合灭火

89. 为保证顶板的稳定性，采煤工作面应与主要节理方向（　）。
A. 垂直或斜交　　B. 平行　　　　　C. 平行或斜交

90. 每次降大到暴雨时和降雨后，必须派专人检查矿区及其附近地面有无裂缝隙、老窑陷落和岩溶塌陷等现象。发现漏水情况，必须（　）。
A. 报告领导　　　B. 及时处理　　　C. 停止生产

91. 《煤矿安全规程》规定，采掘工作面或其他地点发现有突水预兆时，必须（　），采取措施。
A. 进行处理　　　B. 进行检查　　　C. 停止作业并报告调度室

92. 新掘进巷道内建筑的防水闸门，必须进行注水耐压试验，试验的压力不得低于设计水压，其稳压时间应在（　）h以上，试压时应有专门安全措施。
A. 12　　　　　　B. 24　　　　　C. 36

93. 水闸门必须灵活可靠，并保证每（　）进行2次关闭试验。
A. 年　　　　　　B. 季　　　　　　C. 月

94. 煤矿主要排水设备中的备用水泵的排水能力应不小于工作水泵能力的（　）%。
A. 70　　　　　　B. 60　　　　　C. 50

95. 在煤矿井下生产过程中，如发生人员骨折，其他人员应采用（　）的急救原则。
A. 等待救护人员到来　　B. 立即送往医院　　C. 先固定后搬运

96. 对煤矿井下发生重伤事故时，在场人员对受伤者应立即（　）。
A. 就地抢救　　　B. 送出地面　　　C. 打急救电话

97. 对前臂开放性损伤，大量出血时，上止血带的部位应在（　　）。
A. 前臂中上 1/3 处　　　B. 上臂中上 1/3 处　　　C. 上臂下 1/3 处

98. 对小腿动脉出血，止血带的部位应在（　　）。
A. 大腿的中下 1/3 处　　B. 大腿的中 1/3 处　　　C. 大腿上 1/3 处

99. 有一物体扎入人员的身体中，此时救助者应如何处理（　　）。
A. 拔出扎入的物体　　　　　　　　B. 拔出扎入的物体实施加压包扎
C. 固定扎入的物体后送往医院

100. 对脊椎骨折的病人，搬运时应采用（　　）搬运。
A. 硬板担架　　　　B. 单人肩负法　　　C. 两个人一人抬头，一人抱脚的方法

101. 有人触电导致呼吸停止、心脏停搏，此时在场人员应（　　）。
A. 迅速将伤员送往医院　　　　　　B. 迅速做心肺复苏
C. 立即打急救电话，等待急救人员赶到

102. 腹部外伤，肠外溢时，现场处理原则为（　　）。
A. 将肠管送回腹腔，再用敷料盖住伤口　　B. 直接用三角巾做全腹部包扎
C. 盖上碗后再用三角巾包扎

103. 正常人瞳孔直径为（　　）mm。
A. 1～2　　　　　B. 2～3　　　　　C. 3～4

104. 进行心脏复苏时，病人的正确体位应为（　　）。
A. 仰卧位　　　　B. 俯卧位　　　　C. 侧卧位

105. 休克早期血压的变化是（　　）。
A. 收缩压下降，脉压差小　　　　　B. 收缩压升高，脉压差小
C. 收缩压正常，脉压差小

106. 过滤式自救器只适用于空气中一氧化碳浓度不大于（　　）%，氧气浓度不低于 18% 的条件下。
A. 2　　　　　　　B. 1.5　　　　　　C. 2.5

107. （　　）是救活触电者的首要因素。
A. 请医生急救　　B. 送往医院　　　C. 使触电者尽快脱离电源

108. 踝关节扭伤，为防止皮下出血和组织肿胀，在早期应选用（　　）。
A. 局部按摩　　　B. 红外线照射　　C. 湿冷敷

109. 创伤急救，必须遵守"三先三后"的原则，对窒息或心跳呼吸刚停止不久的病人应该（　　）。
A. 先复苏后搬运　　B. 先送医院后处理　　C. 先搬运后复苏

110. 对（　　）损伤的伤员，不能用一人抬头、一人抱腿或人背的方法搬运。
A. 面部　　　　　B. 脊柱　　　　　C. 头部

111. 正常人两眼瞳孔是等大、等圆的，遇到光线能迅速（　　）。
A. 扩张变大　　　B. 收缩变小　　　C. 保持不变

112. 下列（　　）创伤属于闭合伤。
A. 刀刺伤　　　　B. 震荡伤　　　　C. 烧伤

113. 正常人每分钟呼吸频率为（　　）次。
A. 16～20　　　　B. 10～15　　　　C. 20～25

114. 现场急救应优先转运（　　）。
A. 已死亡的病人　　　　　　　　　B. 伤情严重但救治及时可以存活的伤员
C. 经救护后伤情已基本稳定的伤员

115. 创伤急救，必须遵守"三先三后"的原则，对出血病人应该（　　）。
A. 先止血后搬运　　B. 先送医院后处理　　C. 先搬运后止血

116. 创伤急救，必须遵守"三先三后"的原则，对骨折病人应该（　）。
A. 先搬运后止血　　B. 先固定后搬运　　C. 先送医院后处置
117. 采用胸外心脏按压术抢救伤员时，按压速率每分钟约（　）次。
A. 50～60　　B. 80～100　　C. 60～80
118. 开放性气胸急救处理首先要（　）。
A. 清创缝合术　　B. 胸腔闭式引流　　C. 用厚敷料封闭伤口
119. 出血颜色鲜红，出血时常呈间歇状向外喷射，这是属于（　）出血。
A. 静脉　　B. 动脉　　C. 毛细血管
120. 对（　）损伤的伤员，要严禁让其站起、坐立和行走。
A. 脊柱　　B. 腹部　　C. 头部
121. 将伤员转运时，应让伤员的头部在（　），救护人员要时刻注意伤员的面色、呼吸、脉搏，必要时要及时抢救。
A. 前面　　B. 后面　　C. 前面、后面无所谓
122. 胸外伤后，出现胸壁软化，是因为（　）。
A. 单根肋骨单处骨折　　B. 相邻多根肋骨多处骨折
C. 单根肋骨多处骨折
123. 骨折、关节脱位共有的特殊体征是（　）。
A. 弹性固定　　B. 异常活动　　C. 畸形
124. 下列（　）不是骨折的专有体征。
A. 功能障碍　　B. 创伤处畸形　　C. 假关节活动
125. 伤员头顶部伤口，宜用（　）包扎方法。
A. 四头带　　B. 丁字带　　C. 回反形绷带
126. 下列（　）体征可判断为开放性气胸。
A. 紫绀　　B. 气管向健侧移位　　C. 伤口有气体出入的"嘶嘶"声
127. 判断创伤性血胸的主要依据是（　）。
A. 胸穿抽出不凝固血液　　B. 脉速、血压下降　　C. 气促、呼吸困难
128. 损伤性血气胸呼吸困难的主要原因是（　）。
A. 气体交换量减少　　B. 回心血量减少　　C. 心脏排血阻力增加
129. 骨折现场急救正确的是（　）。
A. 骨折都应初步复位后再临时固定
B. 对骨端外露者应先复位后固定，以免继续感染
C. 一般应将骨折肢体在原位固定
130. 脾破裂引起（　）。
A. 过敏性休克　　B. 失血性休克　　C. 感染性休克
131. 冻僵病人复温最好的方法是（　）。
A. 大量饮热茶、热酒　　B. 肌肉注射兴奋剂　　C. 置于38～42℃温水浸泡
132. 溺水者急救时首先应（　）。
A. 口对口人工呼吸　　B. 胸外心脏按压　　C. 畅通呼吸道

三、多选题

1. 应急救援的基本任务是（　）。
A. 及时营救遇难人员　　　　　　　　B. 及时控制危险源
C. 清除事故现场危害后果　　　　　　D. 查清事故原因，评估危害程度
2. 煤矿井底车场消防材料库应该存放（　）。

A. 平板锹　　　　B. 风筒布　　　　C. 水泥　　　　D. 铁钉、砖

3. 一氧化碳是有害气体，应该加以重点监控。那么井下一氧化碳的来源有（　　）。
A. 煤的氧化、自燃及火灾　　　　B. 爆破
C. 瓦斯、煤尘爆炸　　　　　　　D. 朽烂的木质材料

4. 在煤矿井下的应急救援预案中，安全撤退人员的具体措施是（　　）。
A. 通知和引导人员撤退　　　　B. 控制风流
C. 为灾区创造自救条件　　　　D. 建立井下保健站

5. 用水灭火时，必须具备（　　）条件。
A. 火源明确　　　　　　　　　B. 水源、人力、物力充足
C. 有畅通的回风道　　　　　　D. 瓦斯浓度不超过2%

6. 采掘工作面遇到下列情况之一（　　）时，必须确定探水线进行探水。
A. 接近水淹或可能积水的井巷、老空或相邻煤矿
B. 接近已经有三维地震详细资料的含水层、导水断层、溶洞和导水陷落柱
C. 接近可能与河流、湖泊、水库、蓄水池、水井等相通的断层破碎带
D. 接近有出水可能的钻孔

7. 矿井火灾时期风流控制包括（　　）。
A. 风量控制　　　B. 风向控制　　　C. 风阻　　　D. 通风设施

8. （　　）是防治冲击地压的根本性措施。
A. 合理的开拓布置　B. 煤层注水　　C. 开采方式　　D. 放震动炮

9. 瓦斯、煤尘爆炸事故的抢险救灾决策前，必须分析判断的内容（　　）。
A. 是否切断灾区电源　　　　　B. 是否会诱发火灾和连续爆炸
C. 通风系统的破坏程度　　　　D. 可能的影响范围

10. 被视为重大危险源的矿井有（　　）。
A. 高瓦斯矿　　　　　　　　　B. 煤与瓦斯突出的矿
C. 煤层自燃发火期小于等于8个月的矿　D. 水文地质条件极复杂的矿

11. 瓦斯抽采是控制瓦斯事故的重要手段。瓦斯抽采泵吸入管路中应设置的传感器有（　　）。
A. 流量　　　B. 温度　　　C. 压力　　　D. 开停

12. 减少掘进巷道瓦斯涌出的主要方法有（　　）。
A. 加大工作面风量　　　　　　B. 掘前预抽瓦斯
C. 工作面迎头打排放瓦斯钻孔　D. 湿润煤体与洒水

13. 开采容易自然发火煤层时，必须对采空区采取注阻化泥浆或（　　）防火措施。
A. 灌浆　　　B. 喷洒阻化剂　　C. 加快回采速度　　D. 注惰性气体

14. 避免火风压造成风流逆转的主要措施有（　　）。
A. 积极灭火，控制火势　　　　B. 正确调度风流，避免事故扩大
C. 减小排烟风路阻力　　　　　D. 现场建立可视监测系统

15. 处理上山巷道透水事故时，应注意事项有（　　）。
A. 防止二次透水、积水和淤泥的冲击
B. 透水点下方要有能存水及沉积物的足够有效空间，否则人员要撤到安全地点
C. 保证人员在作业中的通讯联系和安全退路
D. 防止人员缺氧窒息

16. 井下不同地点的硐室发生火灾，采取的方法和措施正确的是（　　）。
A. 爆炸材料库着火时，应首先将雷管运出，然后将其他爆炸材料运出；因高温运不出时，应关闭防火门，退至安全地点

B. 绞车房着火时，应将火源下方的矿车固定，防止烧断钢丝绳造成跑车伤人
C. 蓄电池电机车库着火时，必须切断电源，采取措施，防止氢气爆炸
D. 水泵房电器设备发生火灾时，当即用水浇火点

17. 安全工程技术的任务就是实现安全系统的优化，重点内容是（　　）。
A. 控制人、机、环境三项安全要素
B. 协调人、物、能量、信息四元素
C. 从整体出发研究安全系统的结构、关系和运行过程
D. 加大安全投入，搞好安全基础设施建设

18. 我国重特大事故多发的主要原因有（　　）。
A. 安全第一的思想没有牢固树立起来
B. 煤矿安全管理薄弱，安全生产措施不落实
C. "一通三防"工作滑坡，安全欠账多，矿井总体防灾能力下降
D. 小煤矿问题仍然比较突出

19. 重大危险源控制系统由以下（　　）部分组成。
A. 重大危险源的辨识　　　　　　　B. 重大危险源的评价
C. 重大危险源的管理　　　　　　　D. 事故应急救援预案

20. 应急预案能否在应急救援中成功发挥作用，不仅取决于应急预案自身的完善程度，还取决于应急准备的充分与否。应急准备应包括（　　）。
A. 各应急组织及其职责权限的明确　　　B. 准备应急救援法律法规
C. 公众教育、应急人员的培训和预案演练　D. 应急资源的准备
E. 测量和监测结果记录

21. 根据《重大危险源辨识》标准，与重大危险源有关的物质种类有（　　）。
A. 爆炸性物质　　B. 易燃物质　　C. 活性化学物质　　D. 有毒物质

22. 煤矿职工应该对常见的职业病具有预防常识和配备使用相应的劳动防护用品，这些常见的职业病有（　　）。
A. 煤工尘肺　　B. 矽肺　　C. 听力损伤　　D. 皮肤病和心理障碍

23. 根据发火原因不同，矿井火灾可分为（　　）。
A. 油料火灾　　B. 人为火灾　　C. 外因火灾　　D. 内因火灾

24. 火灾的发生要有三个条件，即通常所说的燃烧三要素（　　）。
A. 煤炭　　B. 氧气　　C. 热源　　D. 可燃物

25. 井下发生火灾时，风流紊乱的危害是（　　）。
A. 风流减少　　B. 风流逆转　　C. 烟流逆退　　D. 烟流滚退

26. 煤炭自燃大体上可以划分为三个主要阶段，它们分别是（　　）。
A. 准备期　　B. 预热期　　C. 自热期　　D. 燃烧期

27. 煤炭自燃必须具备的条件有（　　）。
A. 煤炭具有自燃倾向性　　　　　　B. 有连续供氧的条件
C. 热量易于积聚　　　　　　　　　D. 周围温度高

28. 矿井必须建立防治自然发火网点观测制度，对全矿井的自燃危险区域定期进行观测，其观测内容包括（　　）等气体成分以及气温、水温、风量等指标。
A. 一氧化碳　　B. 二氧化碳　　C. 瓦斯　　D. 氮气

29. 预防性灌浆的作用是（　　）。
A. 杜绝漏风、防止氧化　　　　　　B. 抑制煤炭自热氧化的发展
C. 利于自热煤体的散热　　　　　　D. 降低煤炭着火温度

30. 下列物质中用于井下防火的阻化剂有（　　）。
   A. 液态氮　　　　B. 氯化铵　　　　C. 氯化钙　　　　D. 二氧化碳
31. 影响煤自燃因素有（　　）。
   A. 煤层厚度和倾角　B. 地质构造　　　C. 煤的灰分　　　D. 煤层埋藏深度
32. 《煤矿安全规程》规定，井下和井口房内不得从事（　　）等焊接工作。
   A. 电焊　　　　　B. 铆焊　　　　　C. 气焊　　　　　D. 喷焊
33. 每个永久性防火墙附近必须设置（　　），禁止人员入内，并挂牌说明。
   A. 测风站　　　　B. 传感器　　　　C. 警标　　　　　D. 栅栏
34. 矿尘的分类方法很多，按其成分的不同，可划分为（　　）。
   A. 呼吸性粉尘　　B. 岩尘　　　　　C. 浮游矿尘　　　D. 煤尘
35. 煤尘爆炸必须同时具备的条件是（　　）。
   A. 足够的氧气　　　　　　　　　　B. 煤尘本身具有爆炸性
   C. 浮尘达到爆炸浓度　　　　　　　D. 有足以点燃煤尘的热源和感应期
36. 矿井应每周至少检查1次煤尘隔爆设施的（　　）是否符合要求。
   A. 安装地点　　　B. 数量　　　　　C. 水量或岩粉量　D. 安装质量
37. 粉尘的危害有（　　）。
   A. 污染环境　　　B. 造成尘肺病　　C. 发生煤尘爆炸　D. 损害设备
38. 影响煤尘爆炸界限的因素有（　　）。
   A. 惰性气体的混入　　　　　　　　B. 可燃气体的混入
   C. 空气中的氧气浓度　　　　　　　D. 瓦斯的混入
39. 预防煤尘爆炸的措施有（　　）。
   A. 降尘　　　　　B. 冲洗煤尘　　　C. 使用水炮泥　　D. 防止点火源的出现
40. 防水煤柱的尺寸，应根据相邻矿井的地质构造、（　　）以及岩层移动规律等因素，在矿井设计中规定。
   A. 水文地质条件　　　　　　　　　B. 煤层赋存条件
   C. 围岩性质、开采方法　　　　　　D. 经济效益情况
41. 井巷揭穿（　　）前，必须编制探放水和注浆堵水设计。
   A. 煤层　　　　　B. 含水层　　　　C. 隔水层　　　　D. 地质构造带
42. 采掘工作面遇到下列情况中的（　　）时，必须确定探水线进行探水。
   A. 接近水淹或可能积水的井巷、老空或相邻煤矿时
   B. 接近含水层、导水断层、溶洞和导水陷落柱时
   C. 接近可能与河流、湖泊、水库、蓄水池、水井等相通的断层破碎带时
   D. 接近有出水可能的钻孔时
43. 煤矿企业必须查清矿区及其附近地面（　　），建立疏水、防水和排水系统。
   A. 水流系统的汇水、渗漏情况　　　B. 疏水能力和有关水利工程情况
   C. 当地历年降水量　　　　　　　　D. 当地历年最高洪水位资料
44. 在（　　）采掘时，必须留设防水煤（岩）柱。
   A. 水体下　　　　B. 含水层下　　　C. 承压含水层上　D. 导水断层附近
45. 矿井水灾的水源包括（　　）。
   A. 大气降水　　　B. 地表水　　　　C. 地下水　　　　D. 采空区积水
46. 井下透水前预兆主要有（　　）等。
   A. 挂红、挂汗　　B. 裂隙渗水　　　C. 淋水加大　　　D. 有水叫声
47. 探放老窑水的钻孔布置原则是（　　）。

A. 必须方便钻孔施工　　B. 保证安全生产　　C. 探水工作量最小　　D. 不漏掉老窑
48. 常用防水煤柱的主要类型有（　　）。
A. 断层防水煤柱　　　　　　　　　　B. 井田边界防水煤柱
C. 上、下水平（或相邻采区）防水煤柱　　D. 水淹区防水煤柱
49. 瓦斯在煤层中的赋存状态有（　　）。
A. 吸附状态　　　B. 游离状态　　C. 沉积状态　　D. 吸收状态
50. 影响煤层瓦斯含量的因素有（　　）。
A. 煤的变质程度　　　　　　　　　　B. 煤层埋藏深度
C. 顶、底板致密度　　　　　　　　　D. 有流通的地下水通过煤层
51. 划分矿井瓦斯等级的依据是（　　）。
A. 瓦斯浓度　　　　　　　　　　　　B. 相对瓦斯涌出量
C. 绝对瓦斯涌出量　　　　　　　　　D. 瓦斯的涌出形式
52. 划分矿井瓦斯等级的主要作用是（　　）。
A. 确定矿井产量　　　　　　　　　　B. 用于风量计算
C. 确定矿井的瓦斯管理制度　　　　　D. 确定采煤方法
53. 瓦斯爆炸必须同时具备的条件是（　　）。
A. 瓦斯浓度在爆炸范围内　　　　　　B. 一定的氧气浓度
C. 在煤矿井下　　　　　　　　　　　D. 高温热源及一定的存在时间
54. 影响瓦斯爆炸界限的因素有（　　）。
A. 惰性气体的混入　　　　　　　　　B. 可燃气体的混入
C. 空气中的氧气浓度　　　　　　　　D. 爆炸性煤尘的混入
55. 矿井瓦斯爆炸后产生的危害有（　　）。
A. 电磁辐射　　　B. 高温　　　　C. 冲击波　　　D. 有害气体
56. 造成瓦斯积聚的原因主要有（　　）。
A. 通风管理不善　　　　　　　　　　B. 通风设施质量差
C. 瓦斯异常涌出　　　　　　　　　　D. 局部通风机停止运转
57. 下列（　　）容易积聚高浓度的瓦斯。
A. 风硐内　　　　B. 工作面上隅角　　C. 采空区　　　D. 盲巷内
58. 防止瓦斯积聚和超限的措施主要有（　　）。
A. 加强通风　　　　　　　　　　　　B. 加强瓦斯检查
C. 及时处理局部积聚的瓦斯　　　　　D. 瓦斯抽采
59. 瓦斯抽采方法的选定与（　　）有关。
A. 矿井瓦斯抽采地点　　　　　　　　B. 煤层地质条件
C. 瓦斯赋存状态　　　　　　　　　　D. 抽采瓦斯目的
60. 提高瓦斯抽采量的途径有（　　）。
A. 缩小钻孔直径　　B. 提高抽放负压　　C. 增大煤层透气性　　D. 加强通风
61. 能引爆瓦斯的热源有（　　）。
A. 明火　　　　　B. 机械摩擦火花　　C. 爆破火花　　D. 地面雷击
62. 巷道发生冒顶事故的原因大致包括（　　）等几个方面。
A. 自然地质因素　　　　　　　　　　B. 工程质量因素
C. 采掘工艺影响　　　　　　　　　　D. 未严格执行顶板安全制度
63. 采煤工作面顶板事故按力源分类，有（　　）。
A. 大型　　　　　B. 漏垮型　　　　C. 压垮型　　　D. 推垮型

64. 单体支柱工作面的顶板管理要求有（　　）等。
A. 严禁空顶
B. 禁止由切眼向采空区侧倒推采
C. 必须实行全承载支护
D. 易发生片帮的工作面应备有锚杆、固化剂等防治片帮的材料和设备

65. 巷道冒顶事故防治主要从掌握地质资料与开采技术、（　　）等方面着手。
A. 严格顶板安全检查制度　　　　B. 提高支护稳定性
C. 选择适宜的支护形式　　　　　D. 加强临时支护

66. 开采冲击地压煤层时，冲击危险程度可采用（　　）等方法确定。
A. 力学参数　　B. 地音法　　C. 钻粉率指标法　　D. 微震法

67. 对冲击地压煤层，巷道支护严禁采用（　　）等刚性支架。
A. 锚杆　　　　B. 混凝土　　　C. 金属　　　　D. 木支架

68. 在无冲击地压煤层中的三面或四面被采空区所包围的地区、（　　）时，必须制定防治冲击地压的安全措施。
A. 构造应力区　　B. 集中应力区　　C. 回收煤柱　　D. 煤层变薄带

69. 在倾斜巷道更换巷道支护时，必须有防止（　　）的安全措施。
A. 矸石滚落　　B. 物料滚落　　C. 迎山角　　　D. 支架歪倒

70. 煤巷采用锚喷支护时，必须对喷体做（　　）检查，并有检查和试验记录。
A. 密度　　　　B. 厚度　　　　C. 平整　　　　D. 强度

71. 采煤工作面来压预报包括来压（　　）的预报。
A. 强度　　　　B. 速度　　　　C. 时间　　　　D. 地点

72. 影响冲击地压的地质因素主要包括（　　）和力学特性等。
A. 煤层厚度　　B. 开采深度　　C. 地质构造　　D. 煤岩结构

73. 烧伤的急救原则是（　　）。
A. 消除致病原因　　B. 使创面不受污染　　C. 防止进一步损伤
D. 大量使用抗生素　　E. 及时使用破伤风

74. 口对口人工呼吸时，吹气的正确方法是（　　）。
A. 病人口唇包裹术者口唇　　　　B. 闭合鼻孔
C. 吹气量至胸廓扩张时止　　　　D. 频率为8~12次/min
E. 每次吹气量500 mL

75. 现场止血的方法有（　　）。
A. 直接压迫止血法　　B. 动脉行径按压法　　C. 压迫包扎法
D. 填塞法　　　　　　E. 止血带止血法

76. 下列（　　）项是心肺复苏有效的特征。
A. 可扪及颈动脉、股动脉搏动　　B. 出现应答反应
C. 瞳孔由小变大　　　　　　　　D. 收缩压在65 mmHg以上
E. 呼吸改善

77. （　　）是创伤早期引起的休克。
A. 神经性休克　　B. 失血性休克　　C. 心源性休克
D. 感染中毒性休克　　E. 过敏性休克

78. 深昏迷包括（　　）。
A. 全身肌肉松弛　　B. 对外界任何刺激无反应　　C. 各种反射消失
D. 生命体征不稳定　　E. 全身肌肉紧张

79. 人工呼吸包括(　　)方式。
A. 口对口人工呼吸　　　B. 口对鼻人工呼吸　　　C. 侧卧对压法
D. 仰卧压胸法　　　　　E. 俯卧压背法

80. 以下关于胸外心脏按压术说法正确的是(　　)。
A. 伤员仰卧于地上或硬板床上　　　　　B. 按胸骨正中线中下 1/3 处
C. 按压频率 80~100 次/min　　　　　　D. 按压深度 4~5 cm（有胸骨下陷的感觉即可）
E. 按压应平稳而有规律地进行，不能间断

81. 以下有关心肺复苏的有效指标的说法正确的是(　　)。
A. 面色由紫绀转为红润　　　　　B. 可见病人有眼球活动，甚至手脚开始活动
C. 出现自主呼吸　　　　　　　　D. 可见瞳孔由小变大，并有对光反射
E. 可见瞳孔由大变小，并有对光反射

82. 现场人员停止心肺复苏的条件(　　)。
A. 威胁人员安全的现场危险迫在眼前　　B. 出现微弱自主呼吸
C. 呼吸和循环已有效恢复　　　　　　　D. 由医师或其他人员接手并开始急救
E. 医师已判断病人死亡

83. 关于对烧伤人员的急救正确的是(　　)。
A. 迅速扑灭伤员身上的火，尽快脱离火源，缩短烧伤时间
B. 立即检查伤员伤情，检查呼吸、心跳
C. 防止休克、窒息，疮面污染
D. 用较干净的衣服把伤面包裹起来，防止感染
E. 把严重伤员尽快送往医院，搬运时，动作要轻、稳

84. 对溺水者的急救正确的是(　　)。
A. 救出溺水者后，立即送到比较温暖、空气流通的地方
B. 以最快的速度检查溺水者的口鼻，清除泥水和污物，畅通呼吸道
C. 使溺水者俯卧
D. 使溺水者侧卧
E. 人工呼吸及心脏复苏

85. 对触电者的急救以下说法正确的是(　　)。
A. 立即切断电源，或使触电者脱离电源
B. 迅速测量触电者体温
C. 使触电者俯卧
D. 迅速判断伤情，对心搏骤停或心音微弱者，立即心肺复苏
E. 用干净衣物包裹创面

86. 绷带包扎法包括(　　)。
A. 环形绷带法　　　B. "S"形包扎法　　　C. 螺旋包扎法
D. 螺旋反折包扎法　E. "8"字形包扎法

87. 关于搬运的原则，以下说法正确的是(　　)。
A. 必须在原地检伤
B. 呼吸心搏骤停者，应先行复苏术，然后再搬运
C. 对昏迷或有窒息症状的伤员，肩要垫高，头后仰，面部偏向一侧或侧卧位，保持呼吸道畅通
D. 一般伤员可用担架、木板等搬运
E. 搬运过程中严密观察伤员的面色、呼吸及脉搏等，必要时及时抢救

88. 以下关于急性中毒现场抢救的说法正确的是(　　)。

A. 切断毒源和脱离中毒现场，迅速将中毒者移至通风好，空气新鲜处
B. 保暖，避免活动和紧张
C. 解开衣领，通畅呼吸道，用简易方法给氧
D. 对心跳、呼吸停止者，实施正确有效的心肺复苏术
E. 体表或眼遭刺激性、腐蚀性化学物污染时，应立即脱去衣服，用大量清水反复冲洗

89. 使用止血带应注意（　　）。
A. 扎止血带时间越短越好
B. 必须作出显著标志，注明使用时间
C. 避免勒伤皮肤
D. 缚扎部位原则是尽量靠近伤口以减少缺血范围
E. 缚扎止血带要很紧

90. 病人心跳、呼吸突然停止时的表现有（　　）。
A. 瞳孔缩小
B. 瞳孔散大
C. 意识突然消失
D. 面色苍白或紫绀
E. 全身肌肉松软

91. 心脏复苏的方式有（　　）。
A. 心前区叩击术
B. 背后叩击术
C. 胸外心脏按压术
D. 背后心脏按压术
E. 左侧心脏按压术

92. 保持呼吸道畅通的方法有（　　）。
A. 头后仰
B. 稳定侧卧法
C. 托颌牵舌法
D. 击背法
E. 手清理气道法

第八章 职业危害

本章培训与考核要点：
- 熟悉煤矿职业危害因素与职业病的相关知识；
- 了解煤矿职业卫生健康监护基本要求。

第一节 职业危害因素与职业病

一、职业危害因素

在生产劳动过程中存在的对职工的健康和劳动能力产生有害作用并导致疾病的因素，称为职业危害因素。按其来源可分为三类：

（1）与生产过程有关的职业危害因素：来源于原料、中间产物、产品、生产设备与工艺的工业毒物、粉尘、噪声、振动、高温、电离辐射及非电离辐射、污染性因素等职业性危害因素，它们均与生产过程有关。

（2）劳动组织中的职业危害因素：主要是指因为劳动组织不合理而产生的职业性危害因素，如劳动时间过长、劳动强度过大、劳动制度不合理、长时间强迫体位劳动、作业安排与劳动者生理条件不相适应等造成长期过度疲劳、过度紧张等，均可损害劳动者的健康。

（3）与作业环境有关的职业危害因素：主要有作业场所不符合卫生标准和要求；缺乏必要的卫生技术设施，如缺少通风、采暖、防尘防毒、防噪声设施，照明不良，阴暗潮湿，温度过高或过低等。

二、职业病

职业病是指劳动者在生产劳动过程及其他职业活动中，接触职业危害因素引起的疾病。《职业病防治法》对职业病的诊断、确诊、报告等作了明确的规定。根据1987年发布的《职业病范围和职业病患者处理办法的规定》，我国法定职业病分为9大类99种。卫生部卫法监发〔2002〕第108号的《职业病目录》规定的职业病为10大类115种，具体名单为：尘肺（13种）；职业放射性疾病（11种）；职业中毒（56种）；物理因素所致职业病（5种）；生物因素所致职业病（3种）；职业性皮肤病（8种）；职业性眼病（3种）；职业性耳鼻喉口腔疾病（3种）；职业性肿瘤（8种）；其他职业病（5种）。

三、煤矿主要职业危害的基本情况

在煤矿企业中，主要的职业危害因素有生产性粉尘、有害气体、生产性噪声和震动、不良气象条件和放射性物质等。

1. **生产性粉尘**

生产性粉尘是煤矿的主要职业危害因素，可产生于煤炭生产的全过程，如岩尘、煤尘、水泥尘和混合性粉尘等。可引起矽肺病、煤工尘肺病和水泥尘肺病。

2. 有害气体

在矿井空气中，由于多种原因可存在 CH_4、CO、CO_2、氮氧化物及 H_2S 气体等。

（1）CO_2。CO_2 主要存在于煤层和煤块内，在采煤过程中与 CH_4 一道排出。此外，巷道内木材腐烂，人群呼吸以及爆破也可产生 CO_2。由于 CO_2 相对密度大（1.53），一般多积聚于巷道低处及通风不良的废巷中。其危害性在于 CO_2 排挤空气中的氧气，而引起缺氧。当空气中的 CO_2 浓度达到5%时，即能引起缺氧现象；达到10%时，可使人窒息而死。

（2）CO 和氮氧化物。CO 和氮氧化物产生的主要来源是爆破。使用硝酸甘油炸药可产生大量的 CO，而使用硝铵炸药则常产生大量的氮氧化物。CO 是化学窒息性气体，可以对血液或组织产生特殊的化学作用，使氧的运送和组织利用氧的功能发生障碍，并能阻断组织呼吸致"内窒息"。氮氧化物为刺激性气体，较难溶于水，因而可达呼吸道深部的细支气管和肺泡，对肺组织产生强烈的刺激和腐蚀作用，可引起肺水肿等。

（3）H_2S。H_2S 在煤矿一般少见，一般存在于煤层一定区域或鸡窝煤内，在落煤时逸出，因而可使靠近落煤地点的采煤工作人员发生 H_2S 中毒。H_2S 也属化学窒息性气体，急性中毒时，可引起肺水肿和中毒性脑病。

3. 生产性噪声和振动

煤矿生产性噪声和震动主要来源于机械化生产。其危害大小主要取决于生产过程、生产工艺和使用工具，如风动工具比电动工具产生的噪声和震动大。煤矿的噪声危害往往比震动的危害严重，如井下局部通风机、综采机组、掘进机井下泵房、井上的压风机房、洗煤厂、选煤厂等作业场所的生产性噪声都比较严重，强度一般在 90~110 dB（A）。噪声可引起噪声聋，震动可引起局部震动疾病等职业危害。

4. 不良气象条件

矿井内气象条件的基本特点是气温高、湿度大，不同地点风速大小不等和温差大等。这对工人的健康有很大影响。

5. 放射性物质

煤矿井下氡及其子体往往比地面高，对工人健康有一定影响。

另外，劳动强度大，作业姿势不良也是煤矿井下作业的特点，容易造成职工腰腿痛和各种外伤等。

四、煤矿职业危害的防治

我国煤矿企业的有毒有害因素种类很多，但发病人数最多、危害最大的是尘肺病。世界各国都没有特效办法治疗尘肺病，唯一的办法是预防。实践证明，只要认真贯彻"以人为本、预防为主、综合治理"的方针，严格管理，经常坚持使用综合防尘措施，把粉尘浓度降至国家卫生标准，尘肺病是可以控制的。

1. 综合防尘的组织措施

该措施包括建立健全综合防尘机构，组织和配备防尘专业人员，做到定岗、定人、定职责；制定切实可行的综合防尘管理制度；领导重视，严格监督检查等。

2. 综合防尘的技术措施

该措施主要研究和实施各项综合防尘措施，如加强通风，建立完善的供水系统，采煤工作面应进行煤层注水；湿式打眼，使用水炮泥，爆破前后应冲洗煤壁，爆破时应喷雾降尘，出煤时应洒水；采煤机、掘进机作业时必须安装内、外喷雾装置，载煤时必须喷雾降尘等防尘措施。

冻结法凿井和在遇水膨胀的岩层中掘进不能采用湿式钻眼时，可采用干式钻眼，但必须采取捕尘措施，并使用个体防护用品，如防尘口罩。井下煤仓放煤口、煤眼放煤口、输送机转载点及地面筛分厂、破碎车间、带式输送机走廊都必须安设喷雾洒水装置或除尘器等。另外，根据各煤矿的生产特点和机械化程度，采取相应的防尘措施。

3. 综合防尘的保健措施

该措施主要是对广大接尘工人和尘肺病人进行健康监护，了解并记录职业接触史和健康状况，组织定期检查身体，掌握职业禁忌症。对尘肺病人追踪观察，除定期检查身体外，还要认真贯彻落实国家规定的职业病相关待遇政策，按规定组织疗养与治疗，想尽办法提高尘肺病病人的生活质量，减少病人痛苦，延长其寿命，让广大尘肺病病人真正体会到社会主义国家的优越性。

第二节 煤矿粉尘浓度的监测与管理

粉尘监测是为了监督、检查煤矿有关职业危害防治及劳动安全法规的贯彻执行情况，评价粉尘危害程度和防尘设施的降尘效果，为研究接触粉尘剂量与工人健康的关系、制定防尘对策、修订粉尘浓度标准提供依据。

一、粉尘的卫生标准

粉尘的卫生标准，即根据不同种类的粉尘对人体的危害程度和特点制定出的粉尘最高允许浓度。

1. 空气中总粉尘的卫生标准

该标准是指在正常工作条件下，对工人经常停留的工作地点，任何一次有代表性的采样测定中，总粉尘浓度均不得超过规定的最高允许浓度。它表示在整个工作期间，作业工人在该浓度下长期接触不会引起尘肺病。作业场所空气中粉尘浓度标准在1979年《工业企业设计卫生标准》中作了规定。该标准分别在1988年和1989年作了补充修订，如表8-1所列。

表8-1　　　　　　　　　作业场所空气中粉尘的卫生标准

物质名称	游离 SiO_2 含量/%	最高允许浓度/（mg/m^3）
粉尘（石英、石英岩等）	>10	2
水泥粉尘	<10	6
煤尘	<10	

2. 定点呼吸性粉尘的卫生标准

定点呼吸性粉尘标准包括矽尘和煤尘两个标准，即《车间空气中呼吸性矽尘卫生标准》和《车间空气中呼吸性煤尘卫生标准》，如表8-2所列。

表 8-2　　　　　　　　　1996 年颁布的呼吸性粉尘卫生标准

粉尘种类	游离 SiO_2 含量/%	最高允许浓度/(mg/m^3)
呼吸性矽尘	>10~50	1
	>50~80	0.5
	>80	0.3
呼吸性水泥尘	<10	2
呼吸性煤尘	<10	3.5

3. 呼吸性粉尘接触浓度的管理标准

目前国家尚未制定出呼吸性粉尘时间加权平均浓度的卫生标准。原劳动部矿山安全卫生监察局公布了《作业场所空气中呼吸性煤尘接触浓度的管理标准》（LD 39-1992）及《作业场所空气中呼吸性岩尘接触浓度的管理标准》（LD 41-1992），如表 8-3 所列。

表 8-3　　　　　　　　1992 年颁布的呼吸性粉尘接触浓度的管理标准

粉尘标准	游离 SiO_2 含量/%	接触浓度的管理标准（TMA）/(mg/m^3)
呼吸性煤尘	<5	6
呼吸性岩尘	≤5	4
	>5~10	3
	>10~20	2
	>20~30	1.3
	>30~40	1.0
	>40~50	0.7
	>50	0.5

注：① TMA 即工人一个工作班接触粉尘的时间加权平均浓度。
② 采样器采样流量为 2 L/min

《煤矿安全规程》规定的作业场所空气粉尘浓度标准，如表 8-4 所列。

表 8-4　　　　　　　　　　作业场所空气中粉尘浓度标准

粉尘中游离 SiO_2 含量/%	最高允许浓度/(mg/m^3)	
	总粉尘	呼吸性粉尘
<10	10	3.5
10~50	2	1
10~80	2	0.5
≥80	2	0.3

二、煤矿粉尘监测管理制度

做好煤矿粉尘监测工作，各煤矿必须设立测尘组织机构，建立测法管理制度和测尘数据

报告制度,并配备专职测尘人员。煤矿企业必须按国家规定对生产性粉尘进行监测,并遵守下列规定:

(1) 总粉尘的测定:作业场所的粉尘浓度,井下每月测定两次,地面及露天煤矿每月测定一次;粉尘分散度,每6个月测定一次。

(2) 呼吸性粉尘的测定:

① 定点呼吸性粉尘监测每月测定一次;

② 工班个体呼吸性粉尘监测,采、掘工作面每3个月测定一次,其他工作面或作业场所每6个月测定一次,每个采样工种分2个班次连续采样,一个班次内至少采集2个有效样品,先后采集的有效样品不得少于4个。

(3) 粉尘中游离SiO_2含量,每6个月测定一次,在变更工作面时也必须测定一次;各接尘作业场所每次测定的有效样品数不得少于3个。

(4) 粉尘监测人员及设备配备要求,如表8-5所列。

表8-5　　粉尘监测人员及设备配备要求

测尘点数量	测尘人员数量	测尘仪器数量
<20	≥1人	≥2台
20～40	≥2人	≥4台
40～60	≥3人	≥6台
>60	≥4人	≥8台
露天煤矿和地面工厂	≥2人	≥4台

(5) 各煤矿企业应认真执行测尘结果报告制度。

第三节　职业健康监护

煤矿职业健康监护是对从事有职业危害因素作业的人群进行健康检查,包括上岗前、在岗期间、离岗时和应急职业健康检查。

及时发现和掌握从事煤矿职业危害作业人员健康状况及职业危害、职业病和工作相关疾病的发生情况,能够为保护劳动者健康权益和采取相应的防治措施提供依据。

一、职业健康的检查

1. 职业健康检查的内容

(1) 上岗前职业健康检查。对新录用、变更工作岗位或工作内容的劳动者上岗前进行健康检查,特别是对该岗位接触职业危害因素作业可能影响人体健康的相关项目的检查。根据检查结果,评价劳动者上岗前的健康状况,鉴定是否有职业禁忌症。检查的内容包括:活动性肺结核;慢性肺部疾病、严重的慢性上呼吸道或支气管疾病,如萎缩性鼻炎、严重的慢性支气管炎、支气管哮喘和支气管扩张、明显的肺气肿、肺化脓症及肺原虫病等;明显影响肺功能的胸膜、胸廓疾病,如严重的胸膜肥厚、粘连性胸膜炎、胸腔积液、严重的先天性或后天性胸廓畸形;严重的心血管疾病,如高血压、动脉硬化、器质性心脏病等。

(2) 在岗期间职业健康检查。根据劳动者所在工作岗位职业危害因素对健康的影响,选定重点检查项目,定期进行职业健康检查。

(3) 离岗时职业健康检查。因某种原因，准备调离从事职业危害工种的劳动者，根据其所在的工作环境存在的职业危害因素及其对劳动者健康的影响规律，选定重点检查项目进行检查，根据检查结果评价劳动者健康状况是否与职业危害因素有关，或是否患有职业病，以明确法律责任。

(4) 应急职业健康检查。当发生职业危害事故，对遭受伤残或者可能患职业病危害的劳动者，及时组织并进行健康检查和医学观察。依据检查结果发现危害因素，评价劳动者健康危害程度并提出预防措施，控制职业危害的继续蔓延和发展。

2. 职业健康检查的方法

根据所接触职业危害因素的种类，按《职业健康监护管理办法》的有关规定，确定检查项目和周期。检查项目可分为一般检查项目、特殊检查项目和选择检查项目。

(1) 一般检查项目，如内科、外科、心电图、胸腹部B超检查等。

(2) 特殊检查项目，依据接触职业危害因素种类确定，如接触粉尘的劳动者应拍胸部X光片，做肺功能检查等。从事岩尘作业的工人每2～3年拍胸片一次，混合工种的工人每3～4年拍胸片一次，纯采煤工每4～5年拍胸片一次；尘肺病病人和可疑病人每年拍片一次。接触噪声的劳动者，应查耳聋。从事铅作业的劳动者应查血铅、尿铅等。

(3) 选择检查项目，根据作业场所职业危害的种类和程度，以及对劳动者健康损伤的程度确定。

检查过程中要注意以下两点：

① 详细询问职业劳动者及生产环境状况，如询问井下接尘工人从事的工种、煤矿井下机械化程度、防尘措施、粉尘浓度等情况；

② 询问职业劳动者以往的疾病史，以及有哪些不良卫生习惯和嗜好等。

二、职业健康监护的评价

职业健康监护评价可分为个体评价和群体评价：个体评价主要反映接触职业危害因素作业对劳动者个体健康的影响；群体评价包括工作环境中职业病危害因素的浓度、范围，检测点合格率，剂量（浓度）—反应（对劳动者健康的影响）关系等。个体评价的内容有以下几个方面：

1. 上岗前职业健康检查结果评价

该评价以了解劳动者的健康状况，发现职业禁忌或易感人群为目的。其内容是分析该岗位存在的职业危害因素可能对人体健康的影响，做出劳动者是否适合从事该岗位工作的评价，为生产经营单位安置劳动者的岗位工作提供依据。

2. 在岗期间职业健康检查结果评价

该评价以动态观察劳动者的健康状况，及时发现对健康的损害因素和职业病人为目的。其内容是分析个体和群体健康水平，发现职业危害因素对健康影响的规律，评价劳动者健康变化与职业危害因素的关系，判断劳动者是否适合继续从事该岗位工作。

3. 离岗后职业健康检查结果评价

该评价以分清劳动者的健康状况与职业危害的责任为目的。其内容是根据职业健康检查结果，分析劳动者的健康状况与职业危害因素的关系。对于有远期危害效应的危害因素，提出进行离岗后医学观察的内容和时限，为安置劳动者和保护劳动者健康权益提供依据。

4. 应急健康检查结果评价

该评价的目的是判断劳动者健康损害（中毒）程度，及健康损伤与职业危害因素的关系，明确健康损伤的致病因素，为及时救治中毒者提供有效措施。

三、职业健康监护评价的原则

1. 严肃性

职业健康监护制度是《职业病防治法》建立的主要制度之一，是落实生产经营单位义务，实现劳动者健康权益的重要保障。因此，在职业健康监护评价时，要以职业病防治的法律法规和标准为依据，针对职业健康监护中发现的问题，提出符合职业禁忌、职业危害、健康损害、疑似职业病等判别标准的处理意见。

2. 严谨性

职业健康监护内容广泛，职业病危害因素种类繁多，在工作场所中有时不是单一的职业危害因素，以及劳动者个体的健康状况千差万别，这些因素给职业健康监护评价工作带来很多困难。这就要求在职业健康检查全过程中，必须依据科学方法和程序，根据危害因素确定检查项目，在职业史的采集、体格检查、辅助检查、化验检查过程中，以及体检结果的收集、分析等每个环节，都必须一丝不苟地完成，保证评价结论的正确性和可靠性。

3. 公正性

职业健康监护评价涉及生产经营单位和劳动者的健康权益和相关利益，在评价时，必须依据国家、地方有关职业病方面的方针政策、法律法规和标准等，以保障劳动者健康及其相关权益为基础，对健康检查中发现的异常检查指标；提出明确的要求和评价结论。

四、职业健康监护的档案管理

1. 建立职业健康监护档案的意义

劳动者的职业健康监护档案是劳动者健康变化与职业危害因素关系的客观记录，是职业病诊断鉴定的重要依据之一，也是区分健康损害责任的重要证据，同时也是评价治理职业危害的依据。因此，规范职业健康监护档案的内容、保存期限、保存责任人等意义十分重大。

2. 职业健康监护档案的内容

根据卫生部颁布的《职业健康监护管理办法》的规定，职业健康监护档案包括劳动者的职业史、职业危害接触史、职业健康检查结果和职业病诊疗等有关个人健康资料。职业史是指劳动者的工作经历，记录劳动者以往工作过的起始时间和所在单位的名称及从事的工种和岗位等。职业危害接触史是指劳动者从事职业危害作业的工种、岗位及其变动情况、接触工龄，以及接触职业危害因素的种类、强度或浓度等。

3. 职业健康监护档案的管理

职业健康监护档案应由劳动者所在单位建立，并按照规定的期限妥善保存；劳动者有权查阅、复印其本人的职业健康监护档案。一个企业职业健康监护档案质量的高低直接反映了该企业职业病防治工作的好坏。职业健康监护档案应由专人严格管理。

※国家题库中与本章相关的试题

一、判断题

1. 用人单位必须采用有效的职业病防护设施，并为劳动者提供符合职业病防治要求的个人使用的职业

病防护用品。　　　　　　　　　　　　　　　　　　　　　　　　　　　　　　（　）

2. 用人单位应当按照规定，在必要时对工作场所进行职业病危害因素检测评价。（　）

3. 用人单位与劳动者订立劳动合同时，应当将工作过程中可能产生的职业病危害及其后果、职业病防护措施和待遇等如实告知劳动者，并在劳动合同中写明，不得隐瞒或者欺骗。（　）

4. 对从事接触职业病危害作业的劳动者，用人单位应当按照国务院卫生行政部门的规定组织上岗前、在岗期间和离岗时的职业健康检查，并将检查结果如实告知劳动者。（　）

5. 建设项目在竣工验收前，建设单位应当进行职业病危害控制效果评价。建设项目竣工验收时，其职业病防护设施经卫生行政部门验收合格后，方可投入正式生产和使用。（　）

6. 劳动者离开用人单位时，有权索取本人职业健康监护档案复印件，用人单位可适当收取复印费等费用。（　）

7. 疑似职业病病人在诊断、医学观察期间的费用、由用人单位承担。（　）

8. 用人单位对从事接触职业病危害作业的劳动者，未经上岗前职业健康检查，可以先安排其上岗，然后在适当的时候进行职业健康检查。（　）

9. 用人单位对不适宜继续从事原工作的职业病病人，应当调离原岗位，并妥善安置。（　）

10. 职业病防治法中所称用人单位是指企业、事业单位和政府机关。（　）

11. 职业健康检查费用由劳动者个人承担。（　）

12. 职业卫生监督执法人员依法执行职务时应当出示其监督执法证件。（　）

13. 职业病防治法规定劳动者依法享有职业卫生保护的权力。（　）

14. 煤尘爆炸事故的受害者中的大多数是由于二氧化碳中毒造成的。（　）

15. 抽放容易自燃和自燃煤层的采空区瓦斯时，必须经常检查一氧化碳浓度和气体温度等有关参数的变化，发现有自然发火征兆时，应立即采取措施。（　）

16. 本班未进行工作的采掘工作面，瓦斯和二氧化碳可不检查。（　）

17. 生产矿井采掘工作面空气温度不得超过 26 ℃，机电设备硐室的空气温度不得超 30 ℃；当空气温度超过时，必须缩短超温地点工作人员的工作时间，并给予高温保健待遇。（　）

18. 采掘工作面的空气温度超 30 ℃，机电设备硐室的空气温度超过 34 ℃时，必须停止作业。（　）

19. 除水采矿井和水采区外，矿井必须建立完善的防尘供水系统。没有防尘供水管路的采掘工作面不得生产。（　）

20. 炮采工作面应采取湿式打眼，使用水炮泥；爆破前、后应冲洗煤壁，爆破时应喷雾降尘，出煤时洒水。（　）

21. 井下煤仓放煤口、溜煤眼放煤口、输送机转载点和卸载点，以及地面筛分厂、破碎车间、带式输送机走廊、转载点等地点，都必须安设喷雾装置或除尘器，作业时进行喷雾降尘或用除尘器除尘。（　）

22. 矿井每年应制定综合防尘措施、预防和隔绝煤尘爆炸措施及管理制度，并组织实施。（　）

23. 呼吸性粉尘是指能被吸入人体呼吸系统的悬浮粉尘。（　）

24. 煤矿应当建立劳动防护用品专项经费管理制度及劳动防护用品采购、验收、保管、发放、使用、更换、报废等管理制度。（　）

25. 煤矿企业已经按规定配发给从业人员劳动防护用品，从业人员在劳动过程中是否佩带、使用由自己决定。（　）

26. 煤矿企业作业场所的总粉尘浓度，井下每月测定 1 次，地面及露天煤矿每月测定 1 次。（　）

27. 确诊为尘肺病的职工，只要本人愿意，可以继续从事接触粉尘的工作。（　）

28. 煤矿企业对检查出的职业病患者，必须按国家规定及时给以治疗、疗养和调离有害作业岗位，并做好健康监护及职业病报告工作。（　）

29. 煤矿企业只要努力搞好职业病危害因素的控制，可以不监测或少监测职业病危害因素的浓度或强度。（　）

30. 为做好煤矿粉尘监测工作，煤矿企业应设立测尘组织机构，建立测尘管理制度和测尘数据报告制度，并配备专职测尘人员。（ ）
31. 用人单位设有依法公布的职业病目录所列职业病的危害项目的，应当及时依法申报，接受监督。（ ）
32. 煤矿企业必须加强职业病危害的防治与管理，做好作业场所的职业卫生和劳动保护工作。采取有效措施控制尘、毒危害，保证作业场所符合国家职业卫生标准。（ ）
33. 作业场所悬浮粉尘中的游离二氧化硅含量越高，对作业人员的人体危害越大。（ ）

二、单选题

1. 职业病防治工作坚持（ ）的方针，实行分类管理、综合治理。
 A. 预防为主、防治结合　　　　　　　B. 标本兼治、防治结合
 C. 安全第一、预防为主
2. 用人单位应当实施由（ ）的职业病危害因素日常监测，并确保监测系统处于正常运行状态。
 A. 兼职工人　　B. 单位职工　　C. 专人负责
3. 建设项目的职业病防护设施应当与主体工程（ ）。
 A. 同时施工，同时投入生产　　　　　B. 同时设计，同时施工
 C. 同时设计，同时施工，同时投入生产和使用
4. 用人单位违反职业病防治法的规定，造成重大职业病危害事故或者其他严重后果，构成犯罪的，对直接负责的主管人员和其他直接责任人员，依法（ ）。
 A. 追究民事责任　　B. 给予经济处罚　　C. 追究刑事责任
5. 职业病防治法的立法宗旨是为了预防、控制和消除职业病危害，防治职业病，（ ）。
 A. 保护劳动者健康及其相关权益
 B. 保护劳动者健康，促进经济发展
 C. 保护劳动者健康及相关权益，促进经济发展
6. 国家实行职业卫生监督制度，（ ）负责煤矿作业场所职业卫生监察工作。
 A. 国务院卫生行政部门　　　　　　　B. 国家煤矿安全监察局
 C. 中华全国总工会
7. 工作场所的职业病危害因素强度或者浓度应当符合（ ）。
 A. 国家职业卫生标准　　　　　　　　B. 世界卫生组织标准
 C. 国际劳工组织标准
8. 工作场所的职业病防护设施的设置应（ ）。
 A. 按企业规定统一设置　　　　　　　B. 与职业病危害防护相适应
 C. 根据生产规模设置
9. 职业病危害预评价、职业病危害控制效果评价由依法设立的取得省级以上人民政府卫生行政部门资质认证的（ ）进行。
 A. 医疗卫生机构　　B. 职业卫生技术服务机构　　C. 中介机构
10. （ ）应当设置或者指定职业卫生管理机构或者组织，配备专职或者兼职的职业卫生专业人员，负责本单位的职业病防治工作。
 A. 卫生行政部门　　B. 用人单位　　C. 工会组织
11. 产生职业病危害的用人单位，应当在（ ）设置公告栏，公布有关职业病防治的规章制度、操作规程、职业病危害事故应急救援措施和工作场所职业病危害因素检测结果。
 A. 醒目位置　　B. 矿长办公室　　C. 矿区内
12. 职业卫生监督执法人员依法执行职务时，被检查单位应当（ ），不得拒绝和阻碍。
 A. 停止作业并接受检查　　　　　　　B. 接受检查并予以支持配合

C. 认真对待

13. 各企业、事业单位对已确诊为尘肺的职工，（　　）。
    A. 必须调离粉尘作业岗位　　　　　　　　B. 尊重病人意愿，是否继续从事粉尘作业
    C. 由单位决定，是否从事粉尘作业

14. 用于预防和治理职业病危害、工作场所职业病危害因素检测、健康监护和职业卫生培训等费用（　　）。
    A. 由国家和企业共同负担　　　　　　　　B. 企业和受益员工共同负担
    C. 在生产成本中据实列支

15. 严禁从事煤矿生产工作的人员有（　　）患者。
    A. 鼻炎　　　　　　B. 肺结核病　　　　　　C. 癫痫病和精神分裂症

16. 个体防尘要求作业人员佩戴（　　）和防尘安全帽。
    A. 防尘眼镜　　　　B. 防尘口罩　　　　　　C. 防尘耳塞

17. 按照《煤矿安全规程》的相关规定，1期尘肺病患者每年复查（　　）次。
    A. 1　　　　　　　B. 2　　　　　　　　　C. 3

18. 消除尘肺病，预防是根本，（　　）是关键。
    A. 个体防护　　　　B. 综合防尘　　　　　　C. 治疗救护

19. 职业卫生法律、法规和标准的制定部门是（　　）。
    A. 卫生部门　　　　B. 安全监察部门　　　　C. 工会部门

20. 《煤矿安全规程》规定，煤矿作业场所的噪声不应超过85 dB（A），大于85 dB（A）时，需配备个体防护用品；大于或等于（　　）dB（A）时，还应采取降低作业场所噪声的措施。
    A. 88　　　　　　　B. 90　　　　　　　　C. 94

21. 作业场所悬浮粉尘的分散度越高，对作业人员的人体危害（　　）。
    A. 越小　　　　　　B. 越大　　　　　　　　C. 无关

22. 对个人使用的职业病防护用品，以下说法正确的是（　　）
    A. 给工人配发了职业病防护用品，对职业病危害因素的控制可以放松
    B. 职业病防护用品市场上品种繁多，可以随便购买
    C. 所购买的职业病防护用品应符合国家或行业标准

23. 国际劳工组织和世界卫生组织联合发起的全球消除尘肺病的规划，远期目标是到（　　）年全球消除尘肺病。
    A. 2010　　　　　　B. 2030　　　　　　　C. 2025

24. 继消灭天花、脊髓灰质炎之后，全球倡导消灭的第三个疾病是（　　）
    A. 肺癌　　　　　　B. 糖尿病　　　　　　　C. 尘肺病

25. 消除尘肺病的关键是（　　）
    A. 经常轮换工种　　B. 搞好治疗　　　　　　C. 搞好防尘

26. 按照《煤矿安全规程》的规定，工班个体呼吸性粉尘监测，采、掘（剥）工作面每（　　）个月测定1次。
    A. 1　　　　　　　B. 3　　　　　　　　　C. 6

27. 按照《煤矿安全规程》的规定，工班个体呼吸性粉尘监测，每次每个采样工种先后采集的有效样品不得少于（　　）个。
    A. 3　　　　　　　B. 4　　　　　　　　　C. 5

28. 按照《煤矿安全规程》的规定，粉尘中游离二氧化硅含量，每（　　）个月测定一次，在变更工作面时也必须测定1次。
    A. 3　　　　　　　B. 6　　　　　　　　　C. 12

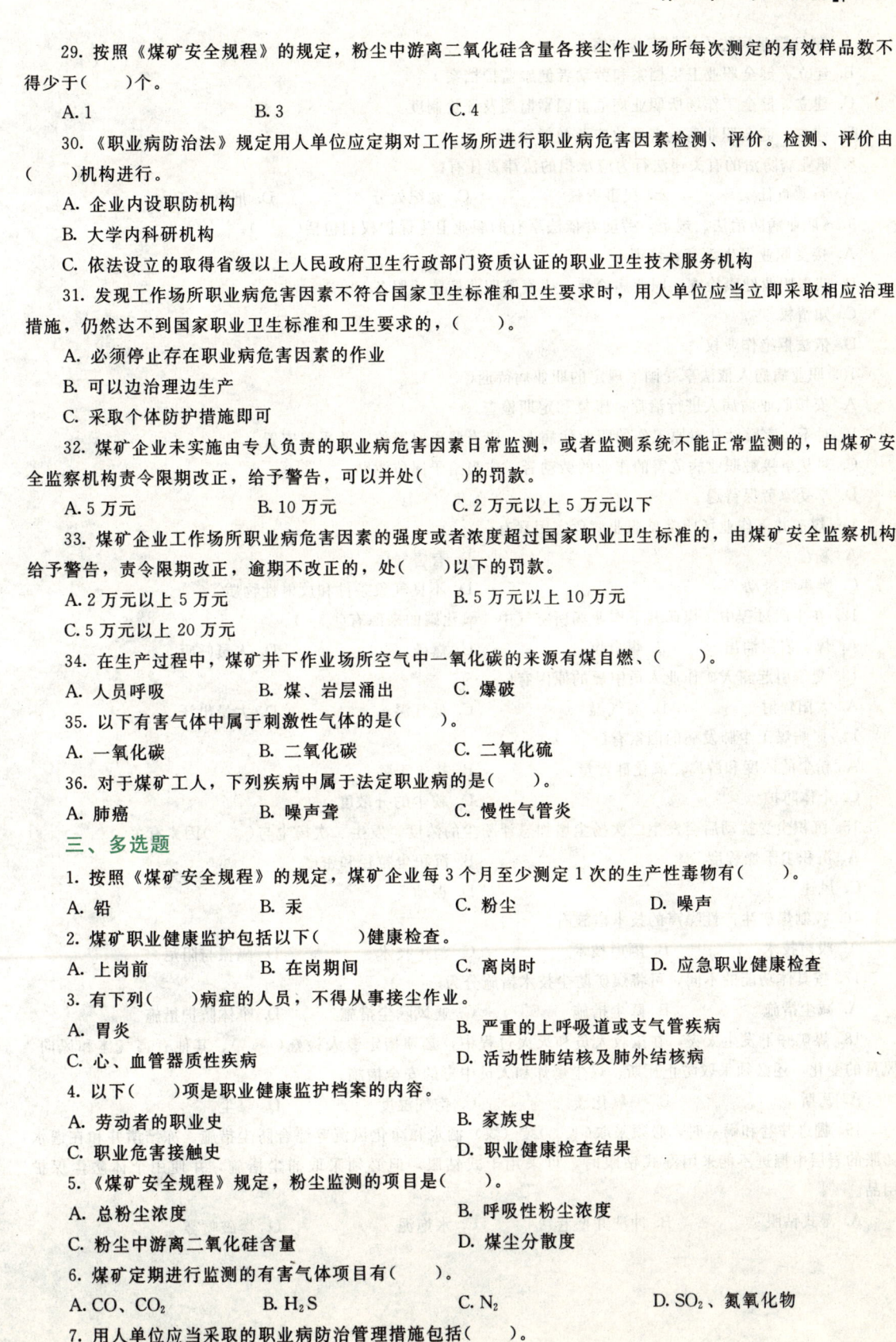

29. 按照《煤矿安全规程》的规定，粉尘中游离二氧化硅含量各接尘作业场所每次测定的有效样品数不得少于（　　）个。

　　A. 1　　　　　　　　B. 3　　　　　　　　C. 4

30. 《职业病防治法》规定用人单位应定期对工作场所进行职业病危害因素检测、评价。检测、评价由（　　）机构进行。

　　A. 企业内设职防机构

　　B. 大学内科研机构

　　C. 依法设立的取得省级以上人民政府卫生行政部门资质认证的职业卫生技术服务机构

31. 发现工作场所职业病危害因素不符合国家卫生标准和卫生要求时，用人单位应当立即采取相应治理措施，仍然达不到国家职业卫生标准和卫生要求的，（　　）。

　　A. 必须停止存在职业病危害因素的作业

　　B. 可以边治理边生产

　　C. 采取个体防护措施即可

32. 煤矿企业未实施由专人负责的职业病危害因素日常监测，或者监测系统不能正常监测的，由煤矿安全监察机构责令限期改正，给予警告，可以并处（　　）的罚款。

　　A. 5万元　　　　　　B. 10万元　　　　　　C. 2万元以上5万元以下

33. 煤矿企业工作场所职业病危害因素的强度或者浓度超过国家职业卫生标准的，由煤矿安全监察机构给予警告，责令限期改正，逾期不改正的，处（　　）以下的罚款。

　　A. 2万元以上5万元　　　　　　　　B. 5万元以上10万元

　　C. 5万元以上20万元

34. 在生产过程中，煤矿井下作业场所空气中一氧化碳的来源有煤自燃、（　　）。

　　A. 人员呼吸　　　　　B. 煤、岩层涌出　　　C. 爆破

35. 以下有害气体中属于刺激性气体的是（　　）。

　　A. 一氧化碳　　　　　B. 二氧化碳　　　　　C. 二氧化硫

36. 对于煤矿工人，下列疾病中属于法定职业病的是（　　）。

　　A. 肺癌　　　　　　　B. 噪声聋　　　　　　C. 慢性气管炎

三、多选题

1. 按照《煤矿安全规程》的规定，煤矿企业每3个月至少测定1次的生产性毒物有（　　）。

　　A. 铅　　　　　　　　B. 汞　　　　　　　　C. 粉尘　　　　　　　D. 噪声

2. 煤矿职业健康监护包括以下（　　）健康检查。

　　A. 上岗前　　　　　　B. 在岗期间　　　　　C. 离岗时　　　　　　D. 应急职业健康检查

3. 有下列（　　）病症的人员，不得从事接尘作业。

　　A. 胃炎　　　　　　　　　　　　　　　　　B. 严重的上呼吸道或支气管疾病

　　C. 心、血管器质性疾病　　　　　　　　　　D. 活动性肺结核及肺外结核病

4. 以下（　　）项是职业健康监护档案的内容。

　　A. 劳动者的职业史　　　　　　　　　　　　B. 家族史

　　C. 职业危害接触史　　　　　　　　　　　　D. 职业健康检查结果

5. 《煤矿安全规程》规定，粉尘监测的项目是（　　）。

　　A. 总粉尘浓度　　　　　　　　　　　　　　B. 呼吸性粉尘浓度

　　C. 粉尘中游离二氧化硅含量　　　　　　　　D. 煤尘分散度

6. 煤矿定期进行监测的有害气体项目有（　　）。

　　A. CO、CO_2　　　B. H_2S　　　　　　C. N_2　　　　　　　D. SO_2、氮氧化物

7. 用人单位应当采取的职业病防治管理措施包括（　　）。

A. 制订职业病防治计划实施方案
B. 建立、健全职业卫生档案和劳动者健康监护档案
C. 建立、健全工作场所职业病危害因素监测及评价制度
D. 建立、健全职业病危害事故应急救援预案

8. 职业病防治的有关违法行为应承担的法律责任有（　　）。
A. 行政责任　　　　B. 民事责任　　　　C. 党纪处分　　　　D. 刑事责任

9. 《职业病防治法》规定，劳动者依法享有的职业卫生保护权利包括（　　）。
A. 接受职业卫生教育、培训
B. 获得职业健康检查、职业病诊疗、康复等职业病防治服务
C. 知情权
D. 依法拒绝作业权

10. 职业病病人依法享受国家规定的职业病待遇（　　）。
A. 安排职业病病人进行治疗、康复和定期检查
B. 对不适宜继续从事原工作的职业病病人，应当调离原岗位，并妥善安置
C. 对从事接触职业病危害的作业的劳动者，应当给予岗位津贴
D. 享受原劳保待遇

11. 煤矿井下作业场所常见职业病危害因素有（　　）。
A. 粉尘　　　　　　　　　　　　B. 有害气体
C. 噪声和振动　　　　　　　　　D. 不良气象条件和放射性物质

12. 在生产过程中，煤矿井下作业场所空气中二氧化碳的来源有（　　）。
A. 煤、岩层涌出　　B. 煤自燃　　　　C. 爆破　　　　　D. 人员呼吸

13. 夏季引起露天矿作业人员中暑的原因有（　　）。
A. 太阳辐射　　　　B. 高气温　　　　C. 低气温　　　　D. 大量出汗

14. 影响煤工尘肺发病的因素有（　　）。
A. 粉尘的浓度和游离二氧化硅含量　　B. 接尘工龄
C. 个体防护　　　　　　　　　　　　D. 粉尘的分散度

15. 沉积尘受扰动后会发生二次扬尘增加悬浮粉尘的浓度，发生二次扬尘与（　　）因素有关。
A. 沉积尘干燥程度　　　　　　　　　B. 沉积尘粒径和密度
C. 风速　　　　　　　　　　　　　　D. 振动

16. 控制煤矿生产性噪声的技术措施有（　　）。
A. 吸声技术　　　　B. 隔声技术　　　C. 消声技术　　　D. 隔振与阻尼

17. 按具体功能的不同，可将煤矿防尘技术措施分为（　　）。
A. 减尘措施　　　　B. 降尘措施　　　C. 通风除尘措施　　D. 个体防护措施

18. 煤矿井下发生火灾，在抢救人员和灭火过程中，必须指定专人检查（　　）、其他有害气体和风向、风量的变化，还必须采取防止瓦斯、煤尘爆炸和人员中毒的安全措施。
A. 瓦斯　　　　　　B. 一氧化碳　　　C. 空气温度　　　D. 煤尘

19. 掘进井巷和硐室时，必须采取（　　）装（煤）洒水和净化风流等综合防尘措施。冻结凿井和在遇水膨胀的岩层中掘进不能采用湿式钻眼时，可采用干式钻眼，但必须采取捕尘措施，并使用个体防尘保护用品。
A. 湿式钻眼　　　　B. 冲洗井壁巷帮　　C. 水炮泥　　　　D. 爆破喷雾

参考答案

第一章 煤矿安全生产形势与法律法规

一、判断题

1. ×; 2. √; 3. √; 4. √; 5. √; 6. √; 7. ×; 8. √; 9. ×; 10. √; 11. ×; 12. √; 13. √; 14. ×; 15. √; 16. √; 17. √; 18. √; 19. √; 20. √; 21. √; 22. ×; 23. √; 24. √; 25. √; 26. ×; 27. ×; 28. √; 29. ×; 30. √; 31. √; 32. √; 33. √; 34. ×; 35. √; 36. ×; 37. ×; 38. √; 39. ×; 40. √; 41. √; 42. √; 43. √; 44. √; 45. √; 46. ×; 47. √; 48. √; 49. √; 50. ×; 51. √; 52. √; 53. √; 54. √; 55. ×; 56. √; 57. √; 58. √; 59. √; 60. √; 61. ×; 62. √; 63. √; 64. √; 65. √; 66. √; 67. √; 68. ×; 69. √; 70. √; 71. √; 72. √; 73. √; 74. ×; 75. √; 76. ×; 77. √; 78. √; 79. √; 80. √; 81. √; 82. √; 83. √; 84. √; 85. √; 86. √; 87. ×; 88. √; 89. ×; 90. √; 91. √; 92. ×; 93. √; 94. √; 95. √; 96. √; 97. √; 98. √; 99. √; 100. √; 101. √; 102. √; 103. √; 104. √; 105. √; 10600. ×; 107. √; 108. ×; 109. ×; 110. ×; 111. √; 112. √; 113. √; 114. √; 115. √; 116. √; 117. √; 118. √; 119. ×; 120. ×; 121. ×; 122. √; 123. √; 124. √; 125. √; 126. √; 127. √; 128. ×; 129. √; 130. ×; 131. ×; 132. √; 133. √; 134. ×; 135. ×; 136. ×; 137. √; 138. √; 139. √; 140. √; 141. ×; 142. √; 143. √; 144. √; 145. √; 146. √; 147. √; 148. ×; 149. ×; 150. √; 151. √; 152. ×; 153. √; 154. ×; 155. √; 156. √; 157. √; 158. √; 159. √; 160. √; 161. √; 162. √; 163. √; 164. √; 165. √; 166. √; 167. ×; 168. √; 169. ×; 170. ×; 171. √; 172. ×; 173. √; 174. √; 175. √; 176. √; 177. ×; 178. √; 179. √; 180. √; 181. √; 182. √; 183. √; 184. √; 185. √; 186. √; 187. √; 188. √; 189. √; 190. √; 191. √; 192. √; 193. ×; 194. √; 195. √; 196. ×; 197. √; 198. √; 199. √; 200. √; 201. √; 202. √; 203. √; 204. √; 205. √; 206. √; 207. √; 208. √; 209. √; 210. √; 211. √; 212. √; 213. √; 214. √; 215. √; 216. √; 217. √; 218. √; 219. √; 220. ×; 221. √; 222. ×; 223. √; 224. √; 225. √; 226. ×; 227. √; 228. ×; 229. √; 230. √; 231. √; 232. √; 233. √; 234. ×; 235. √

二、单选题

1. B; 2. A; 3. B; 4. A; 5. B; 6. C; 7. B; 8. A; 9. B; 10. B; 11. B; 12. C; 13. A; 14. A; 15. B; 16. C; 17. C; 18. A; 19. C; 20. A; 21. B; 22. C; 23. A; 24. B; 25. C; 26. B; 27. C; 28. C; 29. B; 30. A; 31. C; 32. B; 33. C; 34. A; 35. B; 36. A; 37. A; 38. B; 39. C; 40. A; 41. C; 42. C; 43. A; 44. B; 45. A; 46. C; 47. A; 48. C; 49. C; 50. B; 51. A; 52. C; 53. C; 54. A; 55. C; 56. C; 57. C; 58. C; 59. C; 60. C; 61. A; 62. A; 63. C; 64. A; 65. A; 66. A; 67. C; 68. A; 69. B; 70. C; 71. A; 72. C; 73. B; 74. C; 75. C; 76. C; 77. B; 78. A; 79. B; 80. A; 81. B; 82. C; 83. A; 84. C; 85. B; 86. A; 87. B; 88. C; 89. B; 90. B; 91. C; 92. C; 93. B; 94. B; 95. C; 96. B; 97. C; 98. C; 99. C; 100. C; 101. A; 102. C; 103. C; 104. C; 105. A; 106. C; 107. A; 108. C; 109. B; 110. A; 111. C; 112. C; 113. A; 114. B; 115. B; 116. A; 117. C; 118. B; 119. C; 120. B; 121. A; 122. C; 123. C; 124. C; 125. C; 126. B; 127. C; 128. C; 129. C; 130. C; 131. C; 132. B; 133. C; 134. C; 135. B; 136. A; 137. C; 138. A; 139. C; 140. C; 141. B; 142. B; 143. B; 144. B; 145. C; 146. B; 147. C; 148. A; 149. B; 150. A; 151. C; 152. C; 153. C; 154. C; 155. C; 156. B; 157. A; 158. C; 159. A; 160. B; 161. A; 162. A; 163. C; 164. C; 165. A; 166. A; 167. C; 168. C; 169. C; 170. C; 171. A; 172. C; 173. C; 174. C; 175. C; 176. C; 177. A; 178. C; 179. C; 180. A; 181. B; 182. B; 183. C; 184. A; 185. A; 186. A; 187. B; 188. C; 189. B; 190. C; 191. C; 192. A; 193. A; 194. B; 195. C; 196. A;

197. C；198. A；199. A；200. B；201. A；202. B；203. A；204. C；205. B；206. A；207. B；208. A；209. A；210. B；211. C；212. B；213. B；214. A；215. B；216. B；217. C；218. B；219. A；220. C；221. C；222. A；223. B；224. B；225. A；226. A；227. C；228. B；229. A；230. A；231. B；232. C；233. A；234. C；235. B；236. C；237. A；238. C；239. A；240. A

三、多选题

1. ABD；2. ABCD；3. ABD；4. ABCD；5. BCD；6. ABC；7. ACD；8. BCD；9. ABD；10. ABC；11. ABC；12. ABCD；13. ABC；14. ABCD；15. BCD；16. ABC；17. ABCD；18. ABCD；19. ABD；20. BCD；21. ABCD；22. AD；23. ABD；24. BCD；25. ACD；26. ABCD；27. ABCD；28. ABD；29. ABD；30. AB；31. ABCD；32. ABC；33. CD；34. AC；35. BD；36. AC；37. AC；38. ABD；39. BC；40. AB；41. BD；42. ABCD；43. AC；44. CD；45. AD；46. CD；47. ABCD；48. ABCD；49. BD；50. ABD；51. ABCD；52. AC；53. ABC；54. ABC；55. BCD；56. CD；57. ABC；58. ABD；59. BCD；60. ACD；61. ABD；62. ABC；63. ACD；64. ABCD；65. ABCD；66. CD；67. AB；68. ABC；69. BD；70. ACD；71. ABCD；72. CD；73. ABCD；74. ACD；75. ABC；76. ABCD；77. ABC；78. ABD；79. BC；80. ABC；81. BD；82. AD；83. ABCD；84. ABCD；85. ABCD；86. ABCD；87. ACD；88. AC；89. AB；90. BCD；91. ACD；92. CD；93. CD；94. ABCD；95. ABCD；96. ABCD；97. ABCD；98. ABCD；99. ABCD；100. ABCD；101. ABCD；102. ABCD；103. ACD；104. CD；105. BC；106. ABCD；107. AC；108. BCD；109. ABCD；110. ACD；111. ABCD；112. CD；113. ABCD；114. ABCD；115. ABCD；116. ABCD；117. AB；118. ABCD；119. ABC；120. ABC；121. BCD；122. ABCD；123. ABC；124. ABCD；125. ABC；126. ABCD；127. ABCD；128. BCD；129. CD；130. ABCD；131. ABD；132. BCD；133. ABCD；134. ABCD；135. ABD；136. ABCD；137. BCD；138. BD；139. BCD；140. ABCD；141. ABCD；142. ABCD；143. ABCD；144. ABCD；145. ABCD；146. ABCD；147. ABCD；148. ABCD；149. ABCD；150. ABC；151. ACD；152. ABCD；153. ABCD；154. ABC；155. AB；156. ABCD；157. ABCD；158. ABCD；159. ABD；160. ABC；161. ABCD；162. ABCD；163. BCD；164. ABCD；165. ABCD；166. ABCD；167. ACD；168. BCD；169. ABCD

第二章　煤矿安全管理

一、判断题

1. √；2. ×；3. √；4. √；5. √；6. √；7. √；8. √；9. √；10. √；11. √；12. √；13. √；14. ×；15. √；16. ×；17. √；18. √；19. ×；20. ×；21. ×；22. √；23. √；24. √；25. √；26. ×；27. √；28. √；29. √；30. √；31. √；32. ×；33. √；34. √；35. √；36. √；37. √；38. ×；39. ×；40. √；41. √；42. √；43. ×；44. √；45. √；46. √；47. ×；48. √；49. √；50. ×；51. ×；52. √；53. √；54. ×；55. ×；56. ×；57. ×；58. ×；59. √；60. √；61. √；62. √；63. √；64. √；65. √；66. ×；67. √；68. ×；69. √；70. √；71. ×；72. √；73. √；74. ×；75. √；76. ×；77. √；78. ×；79. ×；80. ×；81. √；82. ×；83. √；84. √；85. √；86. √；87. √；88. √；89. ×；90. √；91. ×；92. ×；93. √；94. √；95. √；96. √；97. ×；98. ×；99. √；100. ×；101. ×；102. √；103. ×；104. ×；105. ×；106. √；107. ×；108. √；109. ×；110. ×

二、单选题

1. D；2. C；3. B；4. A；5. D；6. B；7. C；8. B；9. D；10. A；11. C；12. B；13. A；14. C；15. D；16. D；17. D；18. C；19. A；20. B；21. C；22. A；23. A；24. D；25. A；26. A；27. C；28. D；29. A；30. D；31. A；32. B；33. C；34. C；35. B；36. B；37. C；38. C；39. B；40. A；41. A；42. A；43. C；44. A；45. B；46. C；47. C；48. C；49. B；50. C；51. C；52. C；53. A；54. C；55. C；56. C；57. C；58. C；59. C；60. A；61. A；62. D；63. C；64. C；65. C；66. A；67. B；68. A；69. B；70. A；71. A；72. C；73. C；74. C；75. C；76. B；77. C；78. A；79. B；80. B；81. B；82. A；83. C；84. B；85. B；86. C；87. B；88. C；89. A；90. A；91. C；92. B；93. A；94. C；95. C；96. B；97. C

三、多选题

1. ACD； 2. ABCD； 3. AC； 4. ABCD； 5. ABCD； 6. CD； 7. ABCD； 8. ABC； 9. ABD； 10. ABCD；
11. BD； 12. ABCD； 13. ABCD； 14. ABCD； 15. ABC； 16. ABC； 17. AB； 18. ABCD； 19. ABCD； 20. BCD；
21. ABCD； 22. ABCD； 23. ABCD； 24. BCD； 25. ACDE； 26. ABC； 27. ABC； 28. ABC； 29. ABC；
30. ABCD； 31. ABC； 32. BC； 33. BC； 34. ABCDE； 35. AC； 36. ABD； 37. ABCE； 38. CDE； 39. ABCD；
40. ABC； 41. ACE； 42. ACD； 43. ABC； 44. ABCD； 45. ABCD； 46. ABCD； 47. ABCD； 48. ABCD；
49. ACD； 50. BCD； 51. ABCD； 52. ABCD； 53. BCD； 54. ACD； 55. ABCD； 56. ABCD； 57. ABCD； 58. ABC

第三章　煤矿开采安全管理

一、判断题

1. √； 2. √； 3. √； 4. √； 5. √； 6. ×； 7. √； 8. √； 9. √； 10. ×； 11. √； 12. ×； 13. √； 14. √； 15. √；
16. √； 17. ×； 18. √； 19. ×； 20. ×； 21. √； 22. √； 23. ×； 24. √； 25. √； 26. √； 27. ×； 28. ×； 29. √；
30. ×； 31. √； 32. ×； 33. √； 34. √； 35. √； 36. ×； 37. ×； 38. √； 39. ×； 40. ×； 41. √； 42. √； 43. ×；
44. ×； 45. √； 46. √； 47. ×； 48. ×； 49. √； 50. √； 51. √； 52. √； 53. √； 54. ×； 55. √； 56. √； 57. √；
58. √； 59. √； 60. √； 61. √； 62. √； 63. √； 64. √； 65. √； 66. √； 67. √； 68. √； 69. √； 70. √； 71. √；
72. √； 73. √； 74. √； 75. √； 76. √； 77. √； 78. √； 79. ×； 80. √； 81. ×； 82. √； 83. √； 84. √； 85. √；
86. √； 87. ×； 88. √； 89. √； 90. √； 91. √； 92. √； 93. √； 94. √； 95. √； 96. √； 97. √； 98. √； 99. √；
100. √； 101. ×； 102. √； 103. √； 104. √； 105. ×； 106. ×； 107. √； 108. √； 109. ×； 110. √； 111. √；
112. √； 113. √； 114. ×； 115. √； 116. √； 117. √； 118. ×； 119. √； 120. √； 121. √； 122. √； 123. √；
124. √； 125. √； 126. √； 127. √； 128. √； 129. √； 130. √； 131. √； 132. √； 133. √； 134. √； 135. √；
136. √； 137. √； 138. ×； 139. ×； 140. √； 141. √； 142. √； 143. √； 144. √； 145. ×； 146. √； 147. √；
148. ×； 149. ×； 150. √； 151. √； 152. ×； 153. √； 154. √； 155. √； 156. ×； 157. √； 158. √； 159. ×；
160. √； 161. √； 162. √； 163. √； 164. √； 165. √； 166. √； 167. √； 168. √； 169. √； 170. √； 171. √；
172. √； 173. √； 174. √； 175. √； 176. √； 177. √； 178. √； 179. √； 180. √； 181. √； 182. √； 183. √；
184. ×； 185. √； 186. √； 187. √； 188. √； 189. √； 190. ×； 191. ×； 192. √； 193. √； 194. √； 195. √；
196. √； 197. √； 198. √； 199. √； 200. √； 201. √； 202. √； 203. ×； 204. √； 205. √； 206. √； 207. √；
208. √； 209. √； 210. √； 211. √； 212. √； 213. √； 214. √； 215. √； 216. √； 217. √； 218. √； 219. √；
220. √； 221. ×； 222. ×； 223. √； 224. √； 225. ×； 226. √； 227. ×； 228. ×； 229. √； 230. ×； 231. √；
232. √； 233. √； 234. √； 235. √； 236. √； 237. ×； 238. √； 239. √； 240. √； 241. ×； 242. √； 243. √

二、单选题

1. C； 2. B； 3. B； 4. B； 5. C； 6. A； 7. B； 8. C； 9. B； 10. C； 11. A； 12. A； 13. A； 14. C； 15. B； 16. B；
17. C； 18. D； 19. C； 20. A； 21. A； 22. A； 23. B； 24. A； 25. B； 26. A； 27. B； 28. B； 29. A； 30. A； 31. A；
32. A； 33. A； 34. A； 35. C； 36. A； 37. A； 38. B； 39. A； 40. A； 41. A； 42. A； 43. B； 44. B； 45. C； 46. C；
47. A； 48. A； 49. A； 50. A； 51. A； 52. A； 53. A； 54. A； 55. A； 56. B； 57. A； 58. C； 59. B； 60. A； 61. A；
62. B； 63. B； 64. A； 65. C； 66. A； 67. A； 68. C； 69. A； 70. B； 71. B； 72. A； 73. C； 74. A； 75. A； 76. B；
77. A； 78. A； 79. B； 80. B； 81. B； 82. B； 83. B； 84. C； 85. A； 86. C； 87. B； 88. A； 89. A； 90. A； 91. A；
92. A； 93. A； 94. B； 95. B； 96. C； 97. B； 98. A； 99. B； 100. A； 101. C； 102. A； 103. C； 104. A； 105. B；
106. B； 107. C； 108. A； 109. A； 110. C； 111. A； 112. B； 113. A； 114. A； 115. A； 116. A； 117. B； 118. B；
119. A； 120. A； 121. C； 122. A； 123. C； 124. B； 125. A； 126. A； 127. A； 128. C； 129. A； 130. A；
131. C； 132. C； 133. A； 134. B； 135. B； 136. A； 137. B； 138. C； 139. C； 140. B； 141. C； 142. B； 143. A；
144. B； 145. A； 146. A； 147. A； 148. B； 149. B； 150. C； 151. B； 152. A； 153. C； 154. C； 155. B； 156. B；
157. B； 158. C； 159. B； 160. C； 161. A； 162. C； 163. B； 164. C； 165. A； 166. C； 167. C； 168. C； 169. A；
170. A； 171. B； 172. B； 173. C； 174. A； 175. C； 176. B； 177. C； 178. A； 179. A； 180. C； 181. A； 182. B；
183. B； 184. A； 185. C； 186. C； 187. A； 188. B； 189. C； 190. B； 191. C； 192. C； 193. A； 194. B； 195. B；

196. C；197. A；198. A；199. B；200. B；201. B；202. A；203. A；204. B；205. B；206. B；207. A；208. A；
209. B；210. A；211. A；212. B；213. B；214. C；215. B；216. B；217. B；218. A；219. A；220. B；
221. A；222. A

三、多选题

1. ABCD ；2. ABC；3. ABCDE；4. ABC；5. ABC；6. ABC；7. ABC；8. ACD；9. ABD；10. AB；
11. ABCD；12. ABCDE；13. ABCDE；14. ABC；15. BC；16. ABC；17. ABC；18. ABCD；19. AB；
20. ABC；21. BC；22. ABC；23. ABC；24. CD；25. ABCD；26. ABCD；27. ABCD；28. ABCDE；29. CD；
30. ABC；31. ABDE；32. ABC；33. ABCD；34. AB；35. AB；36. ABD；37. AB；38. ABD；39. BCD；
40. BC；41. ABCD；42. ABCD；43. ABCD；44. ABCD；45. AC；46. ABCD；47. ABCD；48. ACD；49. ABCD；
50. ABCD；51. ABC；52. ABCD；53. ABC；54. ABC；55. ABCDE；56. ACD；57. ABCDE；58. ABCD；
59. ABCD；60. AB；61. AB；62. ABCD；63. ACDE；64. BD；65. ADE；66. ABC；67. ABC；68. ABC；
69. BC；70. ABC；71. ABC；72. ABCD；73. ABC；74. ABC；75. ABC；76. BD；77. AB；78. ABCD；
79. ABCD；80. ABCD；81. ABCD；82. ABCDE；83. AB；84. AC；85. ABCD；86. ABC；87. ABD；88. ABD；
89. ABC；90. ABCD；91. ABCD；92. ABC；93. ABC；94. AB；95. ABCD；96. ABC；97. ABD；98. AB；
99. BC；100. ABC；101. ABCD；102. ABC；103. ABC；104. ABCD；105. ABCD；106. ABCD；107. ABCD；
108. ABCD；109. ABCD；110. ABD；111. ABC；112. ABC；113. AB；114. ABC；115. ABCD；116. ABCDE；
117. AD；118. ABCD；119. ABC；120. ABCD；121. ABCD；122. ABC

第四章 煤矿"一通三防"安全管理

一、判断题

1. √；2. ×；3. √；4. ×；5. √；6. √；7. ×；8. ×；9. √；10. √；11. √；12. ×；13. √；14. √；15. ×；
16. ×；17. ×；18. ×；19. ×；20. ×；21. √；22. √；23. √；24. √；25. √；26. √；27. √；28. √；29. √；
30. ×；31. ×；32. ×；33. ×；34. √；35. √；36. √；37. √；38. √；39. √；40. √；41. √；42. ×；43. √；
44. √；45. √；46. ×；47. √；48. √；49. √；50. √；51. √；52. √；53. √；54. √；55. √；56. √；57. √；
58. ×；59. √；60. ×；61. √；62. ×；63. √；64. √；65. √；66. √；67. √；68. √；69. ×；70. √；71. √；
72. √；73. √；74. √；75. √；76. ×；77. ×；78. √；79. √；80. √；81. ×；82. √；83. √；84. √；85. ×；
86. ×；87. √；88. √；89. √；90. √；91. √；92. √；93. √；94. √；95. √；96. √；97. ×；98. √；
99. √；100. √；101. ×；102. ×；103. √；104. √；105. ×；106. √；107. √；108. √；109. √；110. √；
111. √；112. ×；113. √；114. √；115. √；116. √；117. √；118. √；119. ×；120. √；121. √；122. ×；
123. ×；124. √；125. √；126. √；127. √；128. √；129. √；130. √；131. √；132. √；133. √；134. √；
135. √；136. √；137. ×；138. √；139. √；140. √；141. √；142. √；143. ×；144. √；145. √；146. ×；
147. √；148. √；149. √；150. √；151. √；152. √；153. √；154. √；155. √；156. √；157. √；158. √；
159. √；160. √；161. √；162. √；163. √；164. √；165. √；166. √；167. √；168. √；169. √；170. √；
171. √；172. √；173. √；174. √；175. √；176. √；177. √；178. √；179. √；180. √；181. ×；182. ×；
183. √；184. √；185. ×；186. √；187. √；188. √；189. √；190. √；191. √；192. √；193. √；194. √；
195. √；196. √；197. ×；198. ×；199. ×；200. ×；201. √；202. √；203. √；204. √；205. ×；206. √；
207. √；208. ×；209. √；210. √；211. ×；212. √；213. √；214. ×；215. √；216. √；217. √；218. √；
219. √；220. √；221. ×；222. ×；223. √；224. √

二、单选题

1. A；2. D；3. D；4. A；5. A；6. C；7. C；8. A；9. B；10. B；11. C；12. D；13. C；14. A；15. B；
16. B；17. B；18. B；19. A；20. D；21. A；22. C；23. A；24. A；25. C；26. D；27. D；28. A；29. D；30. B；
31. B；32. B；33. D；34. B；35. A；36. A；37. D；38. D；39. D；40. D；41. D；42. A；43. D；44. D；45. D；
46. C；47. A；48. A；49. D；50. C；51. C；52. A；53. A；54. D；55. D；56. C；57. D；58. C；59. A；60. D；
61. B；62. C；63. C；64. D；65. A；66. A；67. D；68. D；69. D；70. C；71. C；72. D；73. D；74. A；75. A；

76. A；77. B；78. B；79. D；80. B；81. C；82. D；83. C；84. C；85. C；86. D；87. C；88. B；89. D；90. B；
91. C；92. B；93. C；94. B；95. B；96. A；97. D；98. B；99. D；100. D；101. A；102. A；103. C；104. B；
105. C；106. C；107. A；108. B；109. C；110. A；111. C；112. D；113. D；114. C；115. A；116. B；117. D；
118. C；119. B；120. A；121. A；122. D；123. C；124. B；125. A；126. A；127. B；128. C；129. A；130. C；
131. B；132. C；133. B；134. C；135. C；136. C；137. B；138. C；139. A；140. D；141. C；142. C；143. A；
144. C；145. B；146. C；147. B；148. B；149. B；150. A；151. C；152. A；153. C；154. A；155. C；156. A；
157. A；158. A；159. B；160. C；161. A；162. B；163. C；164. D；165. C；166. A；167. C；168. C；169. B；
170. D；171. A；172. B；173. C；174. D；175. A；176. B；177. C；178. C；179. D；180. C；181. D；182. C；
183. B；184. A；185. C；186. D；187. C；188. B；189. A；190. B；191. C；192. A；193. D；194. B；195. A；
196. A；197. D；198. C；199. D；200. C；201. B；202. B；203. B；204. B；205. D；206. A；207. D；208. A；
209. A；210. C；211. B；212. D；213. A；214. B；215. D；216. A；217. D；218. A；219. B；220. D；221. A；
222. B；223. A；224. A；225. C；226. A；227. C；228. D

三、多选题

1. ABCD；2. ABC；3. ABC；4. ABCD；5. ABC；6. ABCD；7. ABC；8. ABCD；9. ABCD；10. ABCD；
11. ACD；12. ABC；13. ABC；14. ABC；15. ABCD；16. ABC；17. AB；18. AB；19. ABCD；20. ABCD；
21. ABCD；22. ABCD；23. ABCD；24. ABCD；25. ABCD；26. ABC；27. ABCD；28. CD；29. ABC；30. AB；
31. AB；32. ABCD；33. ABCD；34. BC；35. ABC；36. ABCD；37. ABCD；38. AB；39. ABCD；40. ABC；
41. ABCD；42. ABCD；43. ABC；44. BCD；45. ABCD；46. ABC；47. ABCD；48. ABCD；49. ABCD；
50. ABCD；51. ABCD；52. ABC；53. ABCD；54. ABCD；55. AB；56. ABCD；57. ABCD；58. ABCD；
59. ABCD；60. ABC；61. ABC；62. ABCD；63. ABD；64. ABCD；65. AB；66. ABCD；67. ABC；68. ABCD；
69. ABC；70. ABD；71. AC；72. ABCD；73. BD；74. ABCD；75. BC；76. ABD；77. ABCD；78. ABCD；
79. ABD；80. ABD；81. BD；82. ABCD；83. ABCD；84. ABCD；85. ABC；86. ABCD；87. BCD；88. ABCD；
89. ABD；90. BCD；91. ABDE；92. AC；93. ABCE；94. BCD；95. ABDE；96. ABD；97. ABC；98. ABCDE；
99. ABCD；100. ABCD；101. ABCD；102. BCD；103. AC；104. ABCD；105. ABCD；106. ABCD；
107. ABCD；108. ACD；109. ACD；110. ABCDE；111. ABC；112. ABCD；113. ACD；114. CD；115. ABCD；
116. ABCD；117. ABC；118. ABCD；119. ABC；120. BD；121. AC；122. BCD；123. ABC；124. ABCD；
125. BCD；126. ABC；127. ABCD；128. ABCD；129. ABCD；130. ABCD

第五章　煤矿爆破安全

一、判断题

1. √；2. ×；3. ×；4. √；5. ×；6. ×；7. ×；8. ×；9. ×；10. √；11. ×；12. √；13. ×；14. √；15. ×；
16. √；17. ×；18. √；19. ×；20. √；21. √；22. ×；23. ×；24. √；25. √；26. ×；27. √；28. √；29. ×；
30. √；31. ×；32. √；33. √；34. ×；35. √；36. √；37. ×；38. √；39. √；40. ×；41. ×；42. √；43. ×；
44. √；45. √；46. √；47. ×；48. ×；49. √；50. ×；51. √；52. ×；53. √；54. √；55. ×；56. √；57. ×；
58. ×；59. ×；60. √；61. ×；62. √；63. √

二、单选题

1. A；2. B；3. B；4. C；5. B；6. A；7. C；8. C；9. A；10. B；11. C；12. B；13. B；14. B；15. C；16. B；
17. A；18. C；19. B；20. B；21. A；22. C；23. B；24. C；25. B；26. A；27. C；28. C；29. B；30. A；31. C；
32. B；33. B；34. A；35. A；36. B；37. B；38. C；39. A；40. C；41. C；42. B；43. A；44. A；45. C；46. A；
47. C；48. A；49. C；50. A；51. C；52. A；53. C；54. A；55. B；56. B；57. B；58. C；59. A；60. C

三、多选题

1. BC；2. ACD；3. ABC；4. ABD；5. ACD；6. BCD；7. ABC；8. BC；9. AB；10. ABCD；11. ACD；
12. CD；13. ABD；14. CD；15. ABCD；16. ABCD；17. ABCD；18. ABC；19. ABC；20. ABCD；21. ABCD；
22. ABCD；23. AD；24. ABCD；25. ABC；26. ACD；27. ABC；28. ABC；29. ABD；30. ABCD；

31. ABD；32. ABD

第六章 煤矿机电与运输提升安全管理

一、判断题

1. √；2. ×；3. ×；4. √；5. ×；6. √；7. √；8. √；9. ×；10. √；11. √；12. √；13. √；14. ×；15. √；16. √；17. ×；18. √；19. ×；20. ×；21. √；22. √；23. √；24. √；25. ×；26. √；27. √；28. ×；29. √；30. √；31. √；32. √；33. √；34. √；35. √；36. ×；37. √；38. √；39. ×；40. √；41. √；42. √；43. ×；44. √；45. √；46. ×；47. √；48. √；49. √；50. √；51. √；52. √；53. ×；54. √；55. ×；56. ×；57. √；58. √；59. √；60. ×；61. √；62. ×；63. ×；64. ×；65. √；66. √；67. √；68. ×；69. √；70. √；71. √；72. √；73. √；74. √；75. √；76. √；77. ×；78. ×；79. √；80. √；81. √；82. ×；83. √；84. ×；85. ×；86. √；87. ×；88. √；89. √；90. √；91. √；92. ×；93. √；94. √；95. √；96. ×；97. √；98. √；99. √；100. ×；101. √；102. √；103. √；104. √；105. √；106. √；107. √；108. √；109. √；110. √；111. ×；112. √；113. √；114. √；115. √；116. √；117. √；118. ×；119. √；120. √；121. √；122. √；123. √；124. ×；125. √；126. √；127. √；128. ×；129. √；130. √；131. √；132. √；133. √；134. √；135. √；136. √；137. √；138. ×；139. √；140. √；141. ×；142. √；143. √；144. √；145. √；146. √；147. √；148. √；149. √；150. √；151. √；152. √；153. √；154. √；155. √；156. √；157. √；158. √；159. √；160. √；161. √；162. √；163. √；164. ×；165. ×；166. √；167. √；168. √；169. ×；170. √；171. √；172. √

二、单选题

1. A；2. C；3. C；4. B；5. C；6. D；7. C；8. C；9. C；10. A；11. B；12. B；13. C；14. B；15. D；16. B；17. B；18. B；19. D；20. C；21. B；22. C；23. C；24. C；25. D；26. C；27. C；28. C；29. A；30. C；31. C；32. B；33. A；34. C；35. B；36. B；37. B；38. C；39. C；40. B；41. C；42. D；43. D；44. D；45. D；46. D；47. B；48. C；49. C；50. C；51. C；52. C；53. C；54. B；55. C；56. B；57. B；58. C；59. C；60. B；61. B；62. C；63. C；64. C；65. B；66. C；67. C；68. B；69. C；70. A；71. C；72. B；73. C；74. C；75. B；76. C；77. C；78. A；79. B；80. A；81. A；82. B；83. C；84. D；85. C；86. A；87. B；88. A；89. D；90. A；91. A；92. B；93. C；94. C；95. D；96. A；97. C；98. A；99. D；100. B；101. C；102. A；103. B；104. A；105. B；106. A；107. C；108. B；109. A；110. C；111. B；112. C；113. C；114. C；115. B；116. A；117. C；118. B；119. C；120. A；121. B；122. C；123. B；124. B；125. A；126. C；127. B；128. A；129. C；130. B；131. C；132. A；133. C；134. B；135. C；136. C；137. C；138. B；139. C；140. C；141. B；142. C；143. C；144. A；145. C；146. C；147. C；148. C；149. C；150. A；151. C；152. A；153. A；154. B；155. B；156. C；157. A；158. B；159. A；160. B；161. C；162. A；163. B；164. C；165. C；166. A；167. A；168. B；169. B；170. A；171. A；172. B

三、多选题

1. AC；2. BC；3. ABCD；4. AB；5. BC；6. ABCD；7. BCD；8. ABC；9. ABD；10. AB；11. BC；12. ACD；13. ABCD；14. ABCD；15. ACD；16. BCD；17. ABD；18. ABCD；19. ABC；20. ACD；21. ABCD；22. ABC；23. ABD；24. AC；25. ABCD；26. ABCD；27. BCD；28. ABCD；29. BCD；30. ABCD；31. ACD；32. ABC；33. ACD；34. ABCD；35. ABC；36. ABD；37. ABCD；38. ABCD；39. ABC；40. ABCD；41. ABCD；42. ABCD；43. AB；44. CD；45. ABC；46. CD；47. ABD；48. ABCD；49. BCD；50. ABC；51. ABCDE；52. ABD；53. ACD；54. ABD；55. BD；56. ABCD；57. BCD；58. ACD；59. ABCD；60. ABCD；61. ABCD；62. ABC；63. BCD；64. ABCD；65. ACD；66. BCD；67. BCD；68. ABCD；69. ABCD；70. ABCD；71. ABCD；72. AB；73. ABC；74. ABC；75. ABCD；76. ABD；77. AB；78. AB；79. ABC；80. ABC；81. ABC；82. AB；83. ABC；84. ABCD；85. ABCD；86. AB；87. AB；88. ABCD；89. AB；90. ABCD

第七章 煤矿灾害预防与事故应急管理

一、判断题

1. √；2. √；3. ×；4. ×；5. √；6. ×；7. ×；8. √；9. √；10. √；11. √；12. ×；13. ×；14. ×；15. √；16. √；17. ×；18. ×；19. ×；20. √；21. ×；22. √；23. √；24. √；25. √；26. ×；27. √；28. √；29. √；30. ×；31. ×；32. √；33. √；34. ×；35. √；36. √；37. √；38. √；39. √；40. √；41. √；42. √；43. √；44. √；45. √；46. √；47. ×；48. √；49. √；50. √；51. √；52. √；53. √；54. √；55. √；56. √；57. √；58. ×；59. ×；60. ×；61. ×；62. √；63. ×；64. √；65. ×；66. ×；67. √；68. √；69. √；70. √；71. ×；72. √；73. √；74. √；75. √；76. √；77. √；78. √；79. √；80. √；81. √；82. √；83. √；84. √；85. ×；86. ×；87. √；88. √；89. √；90. ×；91. √；92. √；93. √；94. √；95. √；96. √；97. √；98. √；99. √；100. ×；101. √；102. ×；103. √；104. √；105. √；106. √；107. √；108. ×；109. ×；110. ×；111. ×；112. √；113. √；114. √；115. ×；116. √；117. √；118. √；119. √；120. √；121. √；122. √；123. ×；124. √；125. ×；126. √；127. √；128. √；129. √；130. √；131. √；132. √；133. √；134. √；135. √；136. √；137. √；138. √；139. √；140. √；141. √；142. √；143. ×；144. √；145. ×；146. ×；147. ×；148. √；149. √；150. √；151. √；152. √；153. √；154. ×；155. ×；156. √；157. √；158. ×

二、单选题

1. A；2. A；3. A；4. B；5. A；6. A；7. A；8. B；9. A；10. A；11. A；12. B；13. B；14. C；15. A；16. C；17. C；18. B；19. B；20. C；21. C；22. A；23. A；24. B；25. D；26. C；27. C；28. A；29. D；30. B；31. C；32. D；33. B；34. A；35. C；36. C；37. C；38. A；39. C；40. A；41. B；42. B；43. C；44. A；45. B；46. B；47. C；48. A；49. C；50. C；51. C；52. B；53. C；54. B；55. C；56. A；57. C；58. C；59. C；60. A；61. C；62. B；63. C；64. C；65. A；66. B；67. A；68. C；69. C；70. B；71. C；72. C；73. A；74. C；75. C；76. C；77. A；78. C；79. B；80. B；81. B；82. A；83. B；84. C；85. C；86. A；87. C；88. C；89. A；90. C；91. C；92. B；93. A；94. A；95. C；96. A；97. B；98. A；99. C；100. A；101. B；102. C；103. C；104. A；105. B；106. B；107. C；108. C；109. A；110. B；111. B；112. B；113. A；114. B；115. A；116. B；117. B；118. C；119. B；120. A；121. B；122. B；123. C；124. A；125. C；126. C；127. A；128. A；129. C；130. B；131. C；132. C；

三、多选题

1. ABCD；2. ABCD；3. ABC；4. ABC；5. ABCD；6. ABCD；7. AB；8. AB；9. BCD；10. ABD；11. ABC；12. ABCD；13. ABD；14. ABC；15. ABC；16. ABC；17. ABC；18. ABCD；19. ABCD；20. ACD；21. ABCD；22. ABC；23. CD；24. BCD；25. ABCD；26. ACD；27. ABC；28. ABC；29. ABC；30. BC；31. ABD；32. ACD；33. CD；34. BD；35. ABCD；36. ABCD；37. ABCD；38. ABCD；39. ABCD；40. ABC；41. BD；42. ABCD；43. ABCD；44. ABCD；45. ABCD；46. ABCD；47. BCD；48. ABCD；49. ABD；50. ABCD；51. BCD；52. BC；53. ABD；54. ABD；55. BCD；56. ABCD；57. BCD；58. ABCD；59. ABCD；60. BC；61. ABCD；62. ABCD；63. BCD；64. ABCD；65. ABCD；66. BCD；67. BC；68. ABC；69. ABD；70. BD；71. ACD；72. BCD；73. ABC；74. BC；75. ABCDE；76. AE；77. AB；78. ABCD；79. ABDE；80. ABCDE；81. ABCE；82. ACDE；83. ABCDE；84. ABCE；85. ADE；86. ACDE；87. ABCDE；88. ABCDE；89. ABCD；90. BCDE；91. AC；92. ABCDE

第八章 职业危害

一、判断题

1. √；2. ×；3. √；4. √；5. √；6. ×；7. √；8. ×；9. √；10. ×；11. ×；12. √；13. √；14. ×；15. √；16. ×；17. √；18. √；19. √；20. √；21. √；22. √；23. ×；24. √；25. ×；26. ×；27. ×；28. √；29. ×；30. √；31. √；32. √；33. √

二、单选题

1. A；2. C；3. C；4. C；5. C；6. B；7. A；8. A；9. B；10. B；11. A；12. B；13. A；14. C；15. C；16. B；

17. A； 18. B； 19. A； 20. B； 21. B； 22. C； 23. B； 24. C； 25. C； 26. B； 27. B； 28. B； 29. B； 30. C； 31. A； 32. C； 33. C； 34. C； 35. C； 36. B

三、多选题

1. AB； 2. ABCD； 3. BCD； 4. ACD； 5. ABCD； 6. ABD； 7. ABCD； 8. AD； 9. ABCD； 10. ABC； 11. ABCD； 12. ABCD； 13. ABD； 14. ABCD； 15. ABCD； 16. ABCD； 17. ABCD； 18. ABD； 19. ABCD

参考文献

[1] 徐景德. 煤矿安全生产管理人员安全培训教材 [M]. 徐州：中国矿业大学出版社，2004.

[2] 宁廷全. 煤矿安全管理人员 [M]. 北京：煤炭工业出版社，2006.

[3] 赵铁锤. 县乡政府煤矿安全生产监管责任制与矿长安全工作常用手册 [M]. 北京：人民日报出版社，2005.

[4] 国家安全生产监督管理总局宣传教育中心. 煤矿主要负责人安全生产培训教材 [M]. 北京：冶金工业出版社，2007.

[5] 国家安全生产监督管理总局宣传教育中心. 煤矿主要负责人安全生产培训教材 [M]. 徐州：中国矿业大学出版社，2008.

[6] 周辉，吕清华. 绞车操作工、信号把钩工 [M]. 北京：煤炭工业出版社，2007.

[7] 王定平，霍成祥. 巷道掘砌工 [M]. 北京：煤炭工业出版社，2004.

[8] 国家安全生产监督管理总局宣传教育中心. 煤矿从业人员安全生产培训教材 [M]. 徐州：中国矿业大学出版社，2008.

[9] 张凤杰. 采煤机司机 [M]. 徐州：中国矿业大学出版社，2007.

[10] 宁廷全. 瓦斯检查员、瓦斯抽采工、通风安全监测工 [M]. 北京：煤炭工业出版社，2007.

[11] 国家安全生产监督管理总局宣传教育中心. 煤矿安全生产管理人员培训教材 [M]. 北京：冶金工业出版社，2007.

[12] 李德海. 煤矿主要负责人及安全生产管理人员安全培训（复训）教材 [M]. 徐州：中国矿业大学出版社，2006.

[13] 周心权. 煤矿企业主要负责人、煤矿安全生产管理人员（复训教材）[M]. 北京：煤炭工业出版社，2005.